JN022578

ポケット

農林水産統計

—令和3年版—

2021

大臣官房統計部

令和 3 年 11 月

農林水産省

総目次

統計表目次

〔概況編〕

〔食料編〕

Ⅰ　食料消費と食料自給率

〔農業編〕

I　農用地及び農業用施設

〔農山村編〕

〔林業編〕

〔水産業編〕

Ⅰ　漁業構造

利用者のために

1　本統計書は、国内外の農林水産業の現状を概観できるよう農林水産統計調査結果のみならず農林水産省の各種データのほか、他府省の統計をも広範囲に収録した総合統計書です。出先で利用できるよう携帯性を優先したＢ６サイズで製本し、速報値等も掲載しています。

　　なお、サイズに合わせて抜粋して掲載しているデータもありますが、原則7月末までに公表された統計データを編集しました。掲載している統計データは、本書発刊後、確定又は訂正される場合がありますので、利用に当たっては、各統計表の出典資料において確認の上、御利用ください。

2　統計表表示上の約束について
(1)　統計数値の四捨五入

　　原則として、統計表の表示単位未満の数値は、四捨五入しました。

　　なお、農林水産省統計部による耕地面積、農産物の生産量及び畜産の戸数に関する統計数値については、次表の四捨五入基準によって表示しました（ただし、表章上、単位を千ha等で丸めた場合は除く。）。したがって、計と内訳が一致しない場合があります。

原数	7桁以上	6桁	5桁	4桁	3桁以下
四捨五入する桁（下から）	3桁	2桁	2桁	1桁	四捨五入しない
（例）四捨五入する数値（原数）	1,234,567	123,456	12,345	1,234	123
四捨五入した数値（統計数値）	1,235,000	123,500	12,300	1,230	123

　　また、統計数値の四捨五入の関係から、構成比の内訳の計が100%にならない場合があります。

(2)　表中の記号
　　「0」、「0.0」、「0.00」：　単位に満たないもの
　　　　　　　　　　　　　　（例　0.4t→0t、0.04千戸→0.0千戸、0.004人→0.00人）
　　「－」：　事実のないもの
　　「…」：　事実不詳又は調査を欠くもの
　　「‥」：　未発表のもの
　　「x」：　個人又は法人その他の団体に関する秘密を保護するため、統計数値を公表しないもの（(3)も参照）
　　「△」：　負数又は減少したもの
　　「nc」：　計算不能

(3)　秘匿措置について

　　統計調査結果について、調査対象者数が2以下の場合には調査結果の秘密保護の観点から、当該結果を「x」表示とする秘匿措置を施しています。

　　なお、全体（計）からの差引きにより、秘匿措置を講じた当該結果が推定できる場合には、本来秘匿措置を施す必要のない箇所についても「x」表示としています。

(4) 統計数値の出典
　　各統計表の脚注に作成機関名、資料名の順で表示しました。
　　なお、出典が団体等の場合、法人の種類名は原則省略しています。

(5) 年又は年次区分の表示
　　年又は年次区分を表章する場合、暦年にあっては年（令和3年、2021年）、
　　会計年度にあっては年度（令和3年度）とし、これら以外の年度にあっては、
　　具体の年度区分の名称を付しました。

年度の種類

年又は年度区分	期間	備考
暦年	1月～12月	
会計年度	4月～3月	始まる月の属する年をとる。
肥料年度	7月～6月	〃
農薬年度	10月～9月	終わる月の属する年をとる。
砂糖年度	10月～9月	始まる月の属する年をとる。
でん粉年度	10月～9月	〃

(6) その他
　ア　累年数値で前年版までに掲載した数値と異なる数値を掲載した場合があ
　　りますが、これは修正された数値です。
　イ　貿易統計の金額
　　　財務省関税局「貿易統計」の金額については、輸出がFOB価格、輸入は
　　原則としてCIF価格です。
　　　FOB（free on board）価格：
　　　　　　　　本船渡し価格（本船に約定品を積み込むまでの費用を売り
　　　　　　　手が負担する取引条件）
　　　CIF（cost, insurance and freight）価格：
　　　　　　　　保険料・運賃込み価格（本船に約定品を積み込むまでの費
　　　　　　　用、仕向け港までの運賃及び保険料を売り手が負担する取引
　　　　　　　条件）
　ウ　諸外国の国名については、出典元の表記に準じています。
　　　なお、掲載スペースの都合で簡略な表記としている場合があります。

3　地域区分
(1)　全国農業地域

全国農業地域名	所属都道府県
北海道	北海道
東北	青森、岩手、宮城、秋田、山形、福島
北陸	新潟、富山、石川、福井
関東・東山	茨城、栃木、群馬、埼玉、千葉、東京、神奈川、山梨、長野
東海	岐阜、静岡、愛知、三重
近畿	滋賀、京都、大阪、兵庫、奈良、和歌山
中国	鳥取、島根、岡山、広島、山口
四国	徳島、香川、愛媛、高知
九州	福岡、佐賀、長崎、熊本、大分、宮崎、鹿児島
沖縄	沖縄

(2)　地方農政局等管轄区域

地方農政局等名	管轄区域
北海道	北海道
東北	(1)の東北と同じ
関東	茨城、栃木、群馬、埼玉、千葉、東京、神奈川、山梨、長野、静岡
北陸	(1)の北陸と同じ
東海	岐阜、愛知、三重
近畿	(1)の近畿と同じ
中国四国	鳥取、島根、岡山、広島、山口、徳島、香川、愛媛、高知
九州	(1)の九州と同じ
沖縄	沖縄

4 農林業経営体の分類

用語	定義
農林業経営体	農林産物の生産を行うか又は委託を受けて農林業作業を行い、生産又は作業に係る面積・頭数が、次の規定のいずれかに該当する事業を行う者をいう。 (1) 経営耕地面積が30a以上の規模の農業 (2) 農作物の作付面積又は栽培面積、家畜の飼養頭羽数又は出荷羽数、その他の事業の規模が次の農林業経営体の基準以上の農業 　①露地野菜作付面積　　　　15a 　②施設野菜栽培面積　　　　350㎡ 　③果樹栽培面積　　　　　　10a 　④露地花き栽培面積　　　　10a 　⑤施設花き栽培面積　　　　250㎡ 　⑥搾乳牛飼養頭数　　　　　1頭 　⑦肥育牛飼養頭数　　　　　1頭 　⑧豚飼養頭数　　　　　　　15頭 　⑨採卵鶏飼養羽数　　　　　150羽 　⑩ブロイラー年間出荷羽数　1,000羽 　⑪その他　　　　調査期日前1年間における農業生産物の総販売額50万円に相当する事業の規模 (3) 権原に基づいて育林又は伐採（立木竹のみを譲り受けてする伐採を除く。）を行うことができる山林（以下「保有山林」という。）の面積が3ha以上の規模の林業（調査実施年を計画期間に含む「森林経営計画」若しくは「森林施業計画」を策定している者又は調査期日前5年間に継続して林業を行い、育林若しくは伐採を実施した者に限る。） (4) 農作業の受託の事業 (5) 委託を受けて行う育林若しくは素材生産又は立木を購入して行う素材生産の事業（ただし、素材生産については、調査期日前1年間に200㎡以上の素材を生産した者に限る。）
農業経営体	「農林業経営体」のうち、(1)、(2)又は(4)のいずれかに該当する事業を行う者をいう。
林業経営体	「農林業経営体」のうち、(3)又は(5)のいずれかに該当する事業を行う者をいう。
個人経営体	個人（世帯）で事業を行う経営体をいう。 なお、法人化して事業を行う経営体は含まない。
団体経営体	個人経営体以外の経営体をいう。

資料：農林水産省統計部「2020年農林業センサス」（以下5まで同じ。）

5 農家等の分類

用語	定義
農家	調査期日現在で、経営耕地面積が10 a 以上の農業を営む世帯又は経営耕地面積が10 a 未満であっても、調査期日前1年間における農産物販売金額が15万円以上あった世帯をいう。 　なお、「農業を営む」とは、営利又は自家消費のために耕種、養畜、養蚕、又は自家生産の農産物を原料とする加工を行うことをいう。
販売農家	経営耕地面積が30 a 以上又は調査期日前1年間における農産物販売金額が50万円以上の農家をいう。
（主副業別） 主業農家	農業所得が主（農家所得の50％以上が農業所得）で、調査期日前1年間に自営農業に60日以上従事している65歳未満の世帯員がいる農家をいう。
準主業農家	農外所得が主（農家所得の50％未満が農業所得）で、調査期日前1年間に自営農業に60日以上従事している65歳未満の世帯員がいる農家をいう。
副業的農家	調査期日前1年間に自営農業に60日以上従事している65歳未満の世帯員がいない農家（主業農家及び準主業農家以外の農家）をいう。
（専兼業別） 専業農家	世帯員の中に兼業従事者（調査期日前1年間に他に雇用されて仕事に従事した者又は自営農業以外の自営業に従事した者）が1人もいない農家をいう。
兼業農家	世帯員の中に兼業従事者が1人以上いる農家をいう。
第1種 兼業農家	農業所得を主とする兼業農家をいう。
第2種 兼業農家	農業所得を従とする兼業農家をいう。
自給的農家	経営耕地面積が30 a 未満かつ調査期日前1年間における農作物販売金額が50万円未満の農家をいう。
土地持ち非農家	農家以外で耕地及び耕作放棄地を合計で5 a 以上所有している世帯をいう。

6　大海区区分図
　　漁業の実態を地域別に明らかにするとともに、地域間の比較を容易にするため、海況、気象等の自然条件、水産資源の状況等を勘案して定めた区分（水域区分ではなく地域区分）をいいます。

①　北海道斜里郡斜里町と目梨郡羅臼町の境界
②　北海道松前郡松前町と福島町の境界
③　青森県下北郡佐井村とむつ市の境界
④　千葉県と茨城県の境界
⑤　和歌山県と三重県の境界
⑥　和歌山県日高郡美浜町と日高町の境界
⑦　徳島県海部郡美波町と阿南市の境界
⑧　愛媛県八幡浜市八幡浜漁業地区と川之石漁業地区の境界
⑨　大分県大分市佐賀関漁業地区と神崎漁業地区の境界
⑩　鹿児島県と宮崎県の境界
⑪　福岡県北九州市旧門司漁業地区と田野浦漁業地区の境界
⑫　山口県下関市下関漁業地区と壇ノ浦漁業地区の境界
⑬　山口県と島根県の境界
⑭　石川県と富山県の境界

注：　市町村については、平成31年1月1日現在である。

北海道太平洋北区：　①・②間に属する市区町村（太平洋側）
太平洋北区　　　　：　③・④間に属する市区町村
太平洋中区　　　　：　④・⑤間に属する市区町村
太平洋南区　　　　：　⑤・⑥間、⑦・⑧間及び⑨・⑩間に属する市区町村（太平洋側）
北海道日本海北区：　①・②間に属する市区町村（日本海側）
日本海北区　　　　：　③・⑭間に属する市区町村
日本海西区　　　　：　⑬・⑭間に属する市区町村
東シナ海区　　　　：　⑩・⑪間及び⑫・⑬間に属する市区町村（東シナ海側）並びに沖縄県
瀬戸内海区　　　　：　⑥・⑫間、⑦・⑧間及び⑨・⑪間に属する市区町村（瀬戸内海側）

7 漁業経営体の分類

用語	定義
漁業経営体	過去1年間に利潤又は生活の資を得るために、生産物を販売することを目的として、海面において水産動植物の採捕又は養殖の事業を行った世帯又は事業所をいう。 　ただし、過去1年間における漁業の海上作業従事日数が30日未満の個人経営体は除く。
個人経営体	個人で漁業を営んだものをいう。
団体経営体	個人経営体以外の漁業経営体をいう。
会社	会社法（平成17年法律第86号）第2条第1項に基づき設立された株式会社、合名会社、合資会社及び合同会社をいう。 　なお、特例有限会社は株式会社に含む。
漁業協同組合	水産業協同組合法（以下「水協法」という。）に基づき設立された漁協及び漁連をいう。 　なお、内水面組合（水協法第18条第2項に規定する内水面組合をいう。）は除く。
漁業生産組合	水協法第2条に規定する漁業生産組合をいう。
共同経営	二人以上の漁業経営体（個人又は法人）が、漁船、漁網等の主要生産手段を共有し、漁業経営を共同で行うものであり、その経営に資本又は現物を出資しているものをいう。 　これに該当する漁業経営体の調査は、代表者に対してのみ実施した。
その他	都道府県の栽培漁業センターや水産増殖センター等、上記以外のものをいう。

資料：農林水産省統計部「2018年漁業センサス」

8 転載（引用）について

　本書の内容を他に転載（引用）する場合は、「ポケット農林水産統計　令和3年版」（農林水産省統計部）による旨を記載して下さい。

　なお、掲載している統計データは、本書発行後、確定又は訂正される場合がありますので、利用に当たっては、各統計表の出典資料において御確認の上、御利用ください。

9 本統計書についてのお問合せ先

農林水産省大臣官房統計部統計企画管理官　統計広報推進班

電話　（代表）03-3502-8111（内線3589）

　　　（直通）03-6744-2037

ＦＡＸ　　　03-3501-9644

※　本書に関するご意見・ご要望は、上記問い合わせ先のほか、当省ホームページでも受け付けております。

【　https://www.contactus.maff.go.jp/j/form/tokei/kikaku/160815.html　】

概　況　編

I 国内

1 土地と人口

(1) 総面積、耕地面積、林野面積及び排他的経済水域面積

区分	単位	平成17年	22	27	令和元	2
1) 総面積	千ha	37,791	37,795	37,797	37,798	37,798
耕地面積	〃	4,692	4,593	4,496	4,397	4,372
2) 耕地率	%	12.6	12.3	12.1	11.8	11.7
林野面積	千ha	24,861	24,845	24,802	…	24,770
3) 林野率	%	66.7	66.6	66.5	…	66.4
4) 排他的経済水域面積 　（領海を含む。）	万km²	447	447	447	447	447

資料：総面積は国土交通省国土地理院「全国都道府県市区町村別面積調」（各年10月１日現在）
　　　耕地面積及び耕地率は農林水産省統計部「耕地及び作付面積統計」（各年７月15日現在）
　　　林野面積及び林野率は農林水産省統計部「農林業センサス」（各年２月１日現在）
　　　排他的経済水域面積（領海を含む。）は国土交通省海上保安庁「日本の領海等概念図」
注：1)は、北方四島及び竹島を含み、河川・湖沼も含む。
　　2)は、総土地面積（北方四島及び竹島を除く。）に占める耕地面積の割合である。
　　3)は、総土地面積（北方四島及び竹島を除く。）に占める林野面積の割合である。
　　4)は、領海（領海の基線の陸地側水域を含む。）＋排他的経済水域（接続水域を含む。）

(2) 総世帯数、総農家数、林家数及び海面漁業経営体数（個人経営体）

区分	単位	平成17年	22	27	令和元	2
総世帯数	千戸	49,566.3	51,950.5	53,448.7	…	55,719.6
総農家数	〃	2,848.2	2,527.9	2,155.1	…	1,747.1
販売農家数	〃	1,963.4	1,631.2	1,329.6	1,130.1	1,027.9
自給的農家数	〃	884.7	896.7	825.5	…	719.2
林家数	〃	919.8	906.8	829.0	…	690.0
海面漁業経営体数（個人経営体）	千経営体	118.9	98.3	80.6	68.9	65.3

資料：総世帯数は、総務省統計局「国勢調査」（各年10月１日現在）
　　　総農家数及び林家数は、農林水産省統計部「農林業センサス」（各年２月１日現在）、ただし、販売
　　　農家数の令和元年は、農林水産省統計部「農業構造動態調査」（2月１日現在（令和元年は平成31年））
　　　海面漁業経営体数（個人経営体）は、平成17年から27年は農林水産省統計部「漁業就業動向調査」
　　　（各年11月１日現在）、令和元年及び２年は「漁業構造動態調査（各年１１月１日現在）」
　注：海面漁業経営体数（個人経営体）の令和２年は概数値

(3) 総人口と個人経営体の世帯員数

単位：千人

区分	平成17年	22	27	令和元	2
総人口	127,768	128,057	127,095	126,167	126,227
個人経営体の世帯員数	8,370	6,503	4,880	3,984	3,490
うち65歳以上の個人経営体の世帯員数	2,646	2,231	1,883	1,801	1,557

資料：総人口は総務省統計局「国勢調査」（各年10月１日現在）
　　　ただし、令和元年は、総務省統計局「人口推計」（各年10月１日現在）
　　　個人経営体の世帯員数（令和元年以前は販売農家の世帯員数）は、農林水産省統計部「農林業センサ
　　　ス」（各年２月１日現在）
　　　ただし、令和元年は、農林水産省統計部「農業構造動態調査」（2月１日現在（令和元年は平成31年））

1 土地と人口（続き）
(4) 都道府県別総世帯数・総人口・総面積

都道府県	平成27年			令和2年			令和2年	令和2年
	総人口			総人口			総世帯数	総面積
	計	男	女	計	男	女		
	千人	千人	千人	千人	千人	千人	千戸	km²
全国	127,095	61,842	65,253	126,227	61,360	64,867	55,720	377,976
北海道	5,382	2,537	2,845	5,229	2,466	2,763	2,471	83,424
青森	1,308	615	694	1,239	584	655	511	9,646
岩手	1,280	616	664	1,211	583	628	492	15,275
宮城	2,334	1,140	1,194	2,303	1,123	1,180	980	1) 7,282
秋田	1,023	480	543	960	452	508	385	11,638
山形	1,124	540	584	1,069	517	552	398	1) 9,323
福島	1,914	946	968	1,834	904	930	741	13,784
茨城	2,917	1,454	1,463	2,869	1,431	1,437	1,181	6,097
栃木	1,974	982	993	1,934	965	969	794	6,408
群馬	1,973	973	1,000	1,940	960	981	802	6,362
埼玉	7,267	3,628	3,638	7,347	3,652	3,695	3,153	1) 3,798
千葉	6,223	3,096	3,127	6,287	3,118	3,169	2,767	1) 5,158
東京	13,515	6,667	6,849	14,065	6,902	7,163	7,219	1) 2,194
神奈川	9,126	4,559	4,567	9,240	4,587	4,653	4,220	2,416
新潟	2,304	1,115	1,189	2,202	1,069	1,134	864	1) 12,584
富山	1,066	515	551	1,036	503	533	404	1) 4,248
石川	1,154	559	595	1,133	550	583	469	4,186
福井	787	381	405	767	374	393	291	4,191
山梨	835	408	427	810	397	413	338	1) 4,465
長野	2,099	1,022	1,077	2,050	1,001	1,049	830	1) 13,562
岐阜	2,032	984	1,048	1,980	961	1,019	779	10,621
静岡	3,700	1,821	1,879	3,635	1,792	1,844	1,480	1) 7,777
愛知	7,483	3,741	3,742	7,546	3,762	3,784	3,226	1) 5,173
三重	1,816	884	932	1,771	865	907	741	1) 5,774
滋賀	1,413	697	716	1,414	698	717	570	1) 4,017
京都	2,610	1,249	1,361	2,580	1,232	1,348	1,188	4,612
大阪	8,839	4,256	4,583	8,843	4,236	4,607	4,127	1,905
兵庫	5,535	2,642	2,893	5,469	2,601	2,869	2,399	8,401
奈良	1,364	644	720	1,325	624	701	544	3,691
和歌山	964	453	510	923	435	488	394	4,725
鳥取	573	274	300	554	264	289	219	3,507
島根	694	333	361	672	324	347	269	6,708
岡山	1,922	922	999	1,890	908	981	798	1) 7,114
広島	2,844	1,376	1,468	2,801	1,357	1,444	1,241	8,480
山口	1,405	665	740	1,343	637	706	597	6,113
徳島	756	360	396	720	343	376	308	4,147
香川	976	472	504	951	459	492	406	1) 1,877
愛媛	1,385	654	731	1,336	633	702	601	5,676
高知	728	343	386	692	327	365	315	7,104
福岡	5,102	2,410	2,691	5,139	2,431	2,708	2,316	1) 4,987
佐賀	833	393	440	812	384	428	312	2,441
長崎	1,377	646	731	1,313	617	696	558	4,131
熊本	1,786	841	945	1,739	823	917	718	1) 7,409
大分	1,166	552	614	1,125	534	591	488	1) 6,341
宮崎	1,104	519	585	1,070	505	565	470	1) 7,735
鹿児島	1,648	773	875	1,589	748	841	727	1) 9,187
沖縄	1,434	705	729	1,468	723	745	613	2,283

資料：平成27年、令和2年の総人口及び総世帯数は総務省統計局「国勢調査」（10月1日現在）
　　　総面積は、国土交通省国土地理院「全国都道府県市区町村別面積調」（令和2年10月1日現在）
注：総面積には河川・湖沼を含む。
　　1)は、都県にまたがる境界未定地域があり、参考値である。

(5)　人口動態（出生・死亡）

年次	出生数	死亡数	自然増減数	1)人口動態率（1,000分比）		
				出生率	死亡率	自然増減率
	千人	千人	千人			
平成28年	977	1,308	△ 331	7.8	10.5	△ 2.6
29	946	1,341	△ 394	7.6	10.8	△ 3.2
30	918	1,362	△ 444	7.4	11.0	△ 3.6
令和元	865	1,381	△ 516	7.0	11.2	△ 4.2
2 （概数）	841	1,373	△ 532	6.8	11.1	△ 4.3

資料：厚生労働省「人口動態統計」
注：本表は、日本における日本人の事象（出生・死亡）を集計したものである。
　　 1)は、年間出生数、死亡数及び自然増減数をそれぞれ10月1日現在の日本人人口で
　　　除した1,000分比である。

(6)　日本の将来推計人口

年次	人口				割合		
	計	0～14歳	15～64歳	65歳以上	0～14歳	15～64歳	65歳以上
	千人	千人	千人	千人	%	%	%
平成27年　(2015)	127,095	15,945	77,282	33,868	12.5	60.8	26.6
32　(2020)	125,325	15,075	74,058	36,192	12.0	59.1	28.9
37　(2025)	122,544	14,073	71,701	36,771	11.5	58.5	30.0
42　(2030)	119,125	13,212	68,754	37,160	11.1	57.7	31.2
47　(2035)	115,216	12,457	64,942	37,817	10.8	56.4	32.8
52　(2040)	110,919	11,936	59,777	39,206	10.8	53.9	35.3
57　(2045)	106,421	11,384	55,845	39,192	10.7	52.5	36.8
62　(2050)	101,923	10,767	52,750	38,406	10.6	51.8	37.7
67　(2055)	97,441	10,123	50,276	37,042	10.4	51.6	38.0
72　(2060)	92,840	9,508	47,928	35,403	10.2	51.6	38.1
77　(2065)	88,077	8,975	45,291	33,810	10.2	51.4	38.4

資料：国立社会保障・人口問題研究所「日本の将来推計人口（平成29年推計）」（出生中位（死亡中位）
　　　推計）
注：　各年10月1日現在の総人口（日本における外国人を含む。）。平成27（2015）年は、総務省統計局
　　　「平成27年国勢調査　年齢・国籍不詳をあん分した人口（参考表）」による。

2　雇用
(1)　労働力人口（15歳以上）

年次	15歳以上人口 (A)	労働力人口						完全失業者	非労働力人口	労働力人口比率 (B)/(A)
		計			就業者					
		計 (B)	男	女	計	男	女			
	万人	万人	万人	万人	万人	万人	万人	万人	万人	%
平成28年	11,111	6,673	3,781	2,892	6,465	3,655	2,810	208	4,432	60.0
29	11,108	6,720	3,784	2,937	6,530	3,672	2,859	190	4,382	60.5
30	11,101	6,830	3,817	3,014	6,664	3,717	2,946	166	4,263	61.5
令和元	11,092	6,886	3,828	3,058	6,724	3,733	2,992	162	4,197	62.1
2	11,080	6,868	3,823	3,044	6,676	3,709	2,968	191	4,204	62.0

資料：総務省統計局「労働力調査年報」（以下(3)まで同じ。）
注：1　毎月末日に終わる1週間（12月は20日から26日までの1週間）の活動状態を調査したものであり、
　　　月別数値（1月～12月）の単純平均値である。（以下(3)まで同じ。）
　　2　労働力人口は、15歳以上人口のうち、就業者と完全失業者との合計である。

2 雇用（続き）
(2) 産業別就業者数（15歳以上）

単位：万人

産業分類	平成28年	29	30	令和元	2
全産業	6,465	6,530	6,664	6,724	6,676
農業、林業	203	201	210	207	200
農業	197	195	203	200	194
林業	6	6	7	8	6
非農林業	6,262	6,330	6,454	6,517	6,477
漁業	20	20	18	15	13
鉱業、採石業、砂利採取業	3	3	3	2	2
建設業	495	498	503	499	492
製造業	1,045	1,052	1,060	1,063	1,045
電気・ガス・熱供給・水道業	30	29	28	28	32
情報通信業	208	213	220	229	240
運輸業、郵便業	339	340	341	347	347
卸売業、小売業	1,063	1,075	1,072	1,059	1,057
金融業、保険業	163	168	163	166	166
不動産業、物品賃貸業	124	125	130	129	140
学術研究、専門・技術サービス業	221	230	239	240	244
宿泊業、飲食サービス業	391	391	416	420	391
生活関連サービス業、娯楽業	234	234	236	242	235
教育、学習支援業	308	315	321	334	339
医療、福祉	811	814	831	843	862
複合サービス事業	62	57	57	54	51
サービス業（他に分類されないもの）	415	429	445	455	452
公務（他に分類されるものを除く）	231	229	232	241	247

(3) 農林業・非農林業、従業上の地位別就業者数（15歳以上）

単位：万人

| 年次 | 就業者 | 農業、林業 | | | | | | | | 非農林業 | | | | |
| | | 計 | 農業 | | | | 林業 | | | 漁業 | | | |
			小計	自営業主	家族従業者	雇用者		雇用者			小計	自営業主	家族従業者	雇用者
平成28年	6,465	203	197	92	56	49	6	5	6,262	20	8	4	8
29	6,530	201	195	89	54	52	6	5	6,330	20	8	4	8
30	6,664	210	203	94	57	52	7	6	6,454	18	7	4	7
令和元	6,724	207	200	90	55	55	8	7	6,517	15	6	3	6
2	6,676	200	194	87	54	53	6	5	6,477	13	5	2	6

(4) 産業別従業者数規模別民営事業所数（平成26年7月1日現在）

単位：事業所

産業分類	計	1～4人	5～9	10～29
1) 全産業	5,541,634	3,225,428	1,090,283	881,001
2) 農林漁業	32,822	11,671	9,621	9,264
2) 農業，林業	29,342	10,590	8,655	8,051
2) 漁業	3,480	1,081	966	1,213
非農林漁業	5,508,812	3,213,757	1,080,662	871,737
鉱業，採石業，砂利採取業	1,980	830	513	514
建設業	515,079	291,229	127,382	79,466
製造業	487,061	235,442	98,837	96,116
電気・ガス・熱供給・水道業	4,506	1,151	787	1,182
情報通信業	66,236	30,763	12,813	12,700
運輸業、郵便業	134,118	40,936	23,650	40,449
卸売業、小売業	1,407,235	809,916	298,416	232,645
金融業、保険業	87,015	32,226	16,528	27,017
不動産業、物品賃貸業	384,240	317,540	41,263	18,623
学術研究、専門・技術サービス業	228,411	155,238	42,313	22,614
宿泊業、飲食サービス業	725,090	427,261	148,179	120,095
生活関連サービス業、娯楽業	486,006	378,202	55,811	37,108
教育、学習支援業	169,956	109,583	25,503	24,728
医療、福祉	418,640	144,445	118,768	107,438
複合サービス事業	34,848	14,179	12,343	6,251
サービス業（他に分類されないもの）	358,391	224,816	57,556	44,791

産業分類	30～49	50～99	100～299	300人以上	出向・派遣従業者のみ
1) 全産業	161,096	101,321	49,065	12,247	21,193
2) 農林漁業	1,348	587	142	7	182
2) 農業，林業	1,210	533	122	7	174
2) 漁業	138	54	20	–	8
非農林漁業	159,748	100,734	48,923	12,240	21,011
鉱業，採石業，砂利採取業	67	20	9	3	24
建設業	10,074	4,789	1,429	238	472
製造業	23,817	17,903	10,772	3,371	803
電気・ガス・熱供給・水道業	352	464	407	77	86
情報通信業	3,648	2,997	2,079	756	480
運輸業、郵便業	13,233	9,569	4,633	718	930
卸売業、小売業	32,132	19,320	7,864	1,277	5,665
金融業、保険業	6,132	2,937	1,036	326	813
不動産業、物品賃貸業	2,371	1,170	594	162	2,517
学術研究、専門・技術サービス業	3,539	2,331	1,320	406	650
宿泊業、飲食サービス業	18,873	7,199	1,720	316	1,447
生活関連サービス業、娯楽業	7,284	4,231	1,165	147	2,058
教育、学習支援業	4,641	2,962	1,426	533	580
医療、福祉	22,003	15,602	7,551	1,975	858
複合サービス事業	503	532	751	218	71
サービス業（他に分類されないもの）	11,079	8,708	6,167	1,717	3,557

資料：総務省・経済産業省「平成26年経済センサス－基礎調査」
注：原則として、単一の経営者が事業を営んでいる1区画の場所を1事業所としている。
　　1)は、公務を除く。
　　2)は、個人経営の事業所を除く。

2 雇用（続き）

(5) 産業別月間給与額及び農畜産物の家族労働報酬

　　ア　産業別常用労働者一人平均月間現金給与額

単位：円

産業別	平成28年	29	30	令和元	2
調査産業計	315,590	316,966	323,553	322,612	318,387
建設業	386,049	389,037	405,221	416,315	417,398
製造業	378,447	383,658	392,305	391,044	377,584
電気・ガス	557,079	555,821	557,255	563,261	566,175
情報通信業	487,441	486,425	498,273	492,792	491,153
運輸業、郵便業	340,132	344,573	356,637	361,528	343,692
卸売業、小売業	272,488	274,008	286,188	282,477	282,486
金融業、保険業	466,011	477,827	482,054	481,413	486,467
飲食サービス業等	126,652	124,059	126,227	125,083	117,574

資料：厚生労働省「毎月勤労統計調査年報」
注：1　調査産業は日本標準産業分類に基づく産業大分類のうち、「A－農業、林業」、「B－漁業」、
　　　「S－公務」及び「T－分類不能の産業」を除く産業について調査したものであり、常用労働者
　　　5人以上の事業所におけるものである。
　　2　現金給与額は、所得税、社会保険料、組合費、購売代金等を差し引く前の金額である。

イ　主要農畜産物の生産に係る1日当たり家族労働報酬

単位：円

区分	平成27年産 （平成27年度）	28	29	30	令和元
農作物					
米	－	4,933	5,875	6,210	7,126
小麦	－	－	－	－	－
原料用かんしょ	3,866	4,040	2,708	1,865	2,370
原料用ばれいしょ	－	－	2,150	－	－
てんさい	－	－	－	－	－
さとうきび	4,475	10,052	5,249	4,038	6,000
大豆	－	－	－	－	－
畜産物					
牛乳	23,679	24,983	25,604	25,219	25,081
子牛	16,480	22,951	19,764	17,538	17,272
去勢若齢肥育牛	35,811	40,829	20,436	8,143	11,649
乳用雄育成牛	99,757	64,811	41,777	38,564	29,718
乳用雄肥育牛	21,639	8,653	－	－	－
交雑種育成牛	95,261	69,944	13,692	66,738	52,066
交雑種肥育牛	38,169	34,451	－	221	15,591
肥育豚	28,060	32,098	38,841	23,156	22,091

資料：農作物は、農林水産省統計部「農業経営統計調査　農産物生産費統計」。
　　　畜産物は、農林水産省統計部「農業経営統計調査　畜産物生産費統計」。
注：1　農作物は年産、畜産物の平成30年までは年度、令和元年は暦年の数値である。
　　2　1日当たり家族労働報酬は、家族労働報酬÷家族労働時間×8時間（1日換算）。
　　　ただし、家族労働報酬＝粗収益－（生産費総額－家族労働費）。
　　　なお、算出の結果、当該項目がマイナスになった場合は「－」表章としているので、
　　　利用に当たっては留意されたい。

3　食料自給率の推移

単位：%

年度	穀物（飼料用も含む。）自給率	主食用穀物自給率	1) 供給熱量ベースの総合食料自給率	2) 生産額ベースの総合食料自給率	3) 飼料自給率	4) 供給熱量ベースの食料国産率	5) 生産額ベースの食料国産率
昭和40年度	62	80	73	86	55	76	90
50	40	69	54	83	34	61	87
60	31	69	53	82	27	61	85
平成7	30	65	43	74	26	52	76
12	28	60	40	71	26	48	74
13	28	60	40	70	25	48	73
14	28	61	40	70	25	49	73
15	27	60	40	71	23	48	74
16	28	60	40	70	25	48	74
17	28	61	40	70	25	48	73
18	27	60	39	69	25	48	73
19	28	60	40	67	25	48	72
20	28	61	41	66	26	50	71
21	26	58	40	70	25	49	74
22	27	59	39	70	25	47	74
23	28	59	39	67	26	47	71
24	27	59	39	68	26	47	72
25	28	59	39	66	26	47	71
26	29	60	39	64	27	48	69
27	29	61	39	66	28	48	70
28	28	59	38	68	27	46	71
29	28	59	38	66	26	47	70
30	28	59	37	66	25	46	69
令和元	28	61	38	66	25	46	70
2（概算）	**28**	**60**	**37**	**67**	**25**	**46**	**71**

資料：農林水産省大臣官房政策課食料安全保障室「食料需給表」
注：1) の算出は次式による。ただし、自給率では、畜産物に飼料自給率を、加工品に原料自給率を乗じる。
　　一方、4) の国産率では、加工品には原料自給率を乗じるが、畜産物には飼料自給率を乗じない。
　　　　自給率＝国産供給熱量／供給熱量×100（供給熱量ベース）
　　2) の算出は次式による。ただし、自給率では、畜産物は輸入飼料額を、加工品は原料輸入額を控除する。
　　一方、5) の国産率では、　加工品は原料輸入額を控除するが、畜産物は輸入飼料額を控除しない。
　　　　自給率＝食料の国内生産額／食料の国内消費仕向額×100（生産額ベース）
　　3) は、ＴＤＮ（可消化養分総量）に換算した数量を用いて算出している。
　　4) 平成28年度以前の食料国産率の推移は、令和2年8月に、遡及して算定を行った。

4 物価・家計
(1) 国内企業物価指数

平成27年＝100

類別	平成28年	29	30	令和元	2
総平均	96.5	98.7	101.3	101.5	100.3
工業製品	97.0	98.9	101.1	101.2	100.4
飲食料品	100.1	99.9	100.5	101.5	102.3
繊維製品	99.6	99.6	101.0	102.8	103.4
木材・木製品	100.7	102.8	105.4	105.0	104.1
パルプ・紙・同製品	99.5	99.6	102.0	107.7	109.5
化学製品	92.9	94.8	97.5	94.5	90.5
石油・石炭製品	83.6	98.9	115.6	110.1	92.2
プラスチック製品	97.0	96.0	97.1	98.6	98.2
窯業・土石製品	99.6	99.7	101.6	104.8	106.9
鉄鋼	94.1	102.9	108.3	110.6	110.1
非鉄金属	87.1	98.1	101.7	96.4	97.6
金属製品	99.8	101.4	104.2	106.8	108.9
はん用機器	100.3	100.0	100.4	102.0	103.8
生産用機器	100.4	100.1	100.8	102.4	103.5
業務用機器	101.6	102.0	101.8	102.2	102.9
電子部品・デバイス	96.8	97.9	97.9	97.8	98.7
電気機器	97.5	95.5	95.4	94.7	95.2
情報通信機器	99.4	97.9	96.8	95.3	95.7
輸送用機器	99.2	98.7	98.5	98.5	99.8
その他工業製品	100.0	100.2	100.5	101.9	104.1
農林水産物	102.5	107.6	109.8	108.9	107.9
鉱産物	94.2	94.3	98.1	101.9	99.7
電力・都市ガス・水道	87.2	90.7	96.4	100.5	95.0
スクラップ類	91.4	120.2	137.0	114.5	105.6

資料：日本銀行調査統計局「企業物価指数」（以下(2)まで同じ。）
注： 国内で生産した国内需要家向けの財を対象とし、生産者段階における出荷時点の価格を調査したもの
である。

(2) 輸出・輸入物価指数

平成27年＝100

類別	平成28年	29	30	令和元	2
輸出総平均	90.7	95.5	96.8	93.1	90.2
繊維品	89.8	92.3	93.3	92.2	89.6
化学製品	87.6	99.6	105.4	92.6	81.7
金属・同製品	88.2	104.0	110.0	104.7	103.6
はん用・生産用・業務用機器	95.3	97.0	97.0	96.0	95.4
電気・電子機器	89.5	92.4	90.5	86.9	85.3
輸送用機器	92.7	94.5	93.3	91.0	90.4
その他産品・製品	84.3	88.8	97.1	94.6	84.1
輸入総平均	83.6	92.7	99.7	94.4	84.8
飲食料品・食料用農水産物	88.2	92.8	93.2	90.7	89.4
繊維品	95.3	95.2	95.1	93.8	92.8
金属・同製品	80.0	98.3	102.8	100.0	101.8
木材・木製品・林産物	88.5	94.8	102.5	98.0	92.7
石油・石炭・天然ガス	68.6	91.8	115.1	104.4	74.8
化学製品	89.7	96.0	101.5	93.7	84.4
はん用・生産用・業務用機器	90.0	93.0	96.4	96.1	94.3
電気・電子機器	87.8	87.8	86.1	80.9	76.3
輸送用機器	94.0	96.2	96.3	95.8	95.1
その他産品・製品	90.5	92.6	93.5	92.1	89.8

注： 輸出物価指数は輸出品の通関段階における船積み時点の価格を、輸入物価指数は輸入品の通関段階
における荷降ろし時点の価格を調査したものである。なお、指数は円ベースである。

(3)　農業物価指数
ア　農産物価格指数

平成27年＝100

類別	平成28年	29	30	令和元	2
総合	107.4	108.5	111.8	109.3	111.0
米	112.4	122.5	130.4	131.1	128.9
麦	97.2	114.4	142.6	138.5	144.1
雑穀	98.5	100.4	112.9	85.4	54.7
豆	95.6	97.3	100.0	109.8	111.7
いも	108.8	94.2	85.4	89.0	108.3
野菜	107.8	100.7	107.6	94.8	98.9
果菜	103.9	97.6	102.9	97.5	105.3
葉茎菜	107.7	103.0	110.3	93.0	91.7
根菜	124.1	103.7	117.0	90.1	99.5
まめ科野菜	109.0	102.4	105.2	97.7	102.1
果実	110.2	110.6	114.4	116.4	133.1
工芸農作物	98.5	110.2	102.8	99.5	95.0
花き	103.7	101.5	103.8	109.1	101.1
畜産物	104.2	106.2	103.7	104.2	102.0
鶏卵	92.8	94.0	85.4	80.2	81.3
生乳	101.5	103.0	103.7	105.6	106.1
肉畜	99.2	101.9	96.3	96.9	97.1
子畜	123.1	125.2	122.6	121.9	108.1
成畜	123.3	123.9	122.4	116.5	103.9
稲わら	106.7	108.7	109.7	111.9	114.3

資料：農林水産省統計部「農業物価統計」（以下イまで同じ。）
注：1　農業物価指数は、農業経営体が販売する農産物の生産者価格及び農業経営体が購入する農業
　　　生産資材価格を毎月把握し、農業における投入・産出の物価変動を測定するものであり、農産
　　　物価格指数及び農業生産資材価格指数からなっている（以下イまで同じ。）。
　　2　指数の基準時は、平成27年（2015年）の1年間であり、指数の算定に用いるウエイトは、平
　　　成27年農業経営統計調査の「経営形態別経営統計（個別経営）」結果による全国1農業経営体
　　　当たり平均を用いて、農産物については農業粗収益から作成し、農業生産資材については農業
　　　経営費から作成した（以下イまで同じ。）。
　　3　指数採用品目は、農産物122品目、農業生産資材141品目である（以下イまで同じ。）。
　　4　指数の算式は、ラスパイレス式（基準時加重相対法算式）である（以下イまで同じ。）。

イ　農業生産資材価格指数

平成27年＝100

類別	平成28年	29	30	令和元	2
総合	98.5	98.8	100.7	101.9	101.8
種苗及び苗木	100.6	101.1	101.5	102.8	105.5
畜産用動物	118.0	121.2	118.3	118.6	106.4
肥料	98.2	92.7	94.3	98.0	98.8
無機質	98.2	92.6	94.2	98.0	98.8
有機質	99.0	96.1	97.5	98.5	99.5
飼料	93.1	92.4	96.1	97.3	97.9
農業薬剤	100.0	99.4	99.4	100.5	102.3
諸材料	100.0	99.6	100.8	104.3	107.6
光熱動力	86.5	95.7	107.0	106.8	99.1
農機具	100.2	100.2	100.3	100.8	102.4
小農具	100.3	100.5	100.6	101.6	103.5
大農具	100.2	100.1	100.2	100.6	102.2
自動車・同関係料金	100.0	100.1	100.5	101.7	103.7
建築資材	100.7	101.3	102.4	104.4	106.1
農用被服	102.2	102.5	102.8	104.3	107.8
賃借料及び料金	100.7	100.3	100.8	101.6	103.8

4 物価・家計（続き）
(4) 消費者物価指数（全国）

平成27年＝100

種別	平成28年	29	30	令和元	2
総合	99.9	100.4	101.3	101.8	101.8
生鮮食品を除く総合	99.7	100.2	101.0	101.7	101.5
持家の帰属家賃を除く総合	99.9	100.5	101.7	102.3	102.3
生鮮食品及びエネルギーを除く総合	100.6	100.7	101.0	101.6	101.8
食料（酒類を除く）及びエネルギーを除く総合	100.3	100.3	100.4	100.8	100.7
食料	101.7	102.4	103.9	104.3	105.8
1)生鮮食品	104.6	104.3	108.3	104.9	108.4
生鮮食品を除く食料	101.2	102.1	103.1	104.2	105.3
穀類	101.7	103.2	104.9	105.9	106.0
米類	103.8	108.8	113.9	114.2	114.3
パン	101.2	101.6	102.3	103.2	102.8
麺類	100.3	99.7	99.3	101.4	102.4
他の穀類	100.6	100.4	100.9	101.5	100.6
魚介類	101.8	107.1	110.6	112.1	111.7
うち生鮮魚介	101.9	108.5	111.4	111.9	110.8
肉類	101.6	103.0	103.4	104.3	105.3
うち生鮮肉	102.3	104.6	105.8	107.2	108.7
乳卵類	100.3	99.7	101.9	104.1	104.4
牛乳・乳製品	100.7	100.0	102.1	105.1	105.4
卵	98.8	98.8	101.2	100.3	100.6
野菜・海藻	103.7	101.7	106.4	101.1	104.6
うち生鮮野菜	105.0	100.8	105.8	97.5	102.1
果物	106.8	105.8	109.0	110.6	117.2
うち生鮮果物	107.0	105.9	109.2	110.6	117.7
油脂・調味料	100.7	101.0	101.0	100.8	100.3
菓子類	102.5	103.1	103.1	105.1	107.3
調理食品	101.4	101.7	102.3	103.2	104.0
飲料	100.3	100.6	100.5	100.7	100.2
うち茶類	99.0	98.1	97.5	97.0	96.3
酒類	99.6	102.7	103.1	102.6	103.3
外食	100.8	101.1	102.0	103.5	105.7
住居	99.9	99.7	99.6	99.8	100.4
光熱・水道	92.7	95.2	99.0	101.3	98.8
家具・家事用品	99.6	99.1	98.0	100.2	102.5
被服及び履物	101.8	102.0	102.2	102.6	103.7
保健医療	100.9	101.8	103.3	104.0	104.3
交通・通信	98.0	98.3	99.6	99.0	98.8
教育	101.6	102.2	102.7	101.1	93.2
教養娯楽	101.0	101.3	102.1	103.8	103.1
諸雑費	100.7	100.9	101.4	101.4	99.3
2)エネルギー	89.8	94.6	101.1	102.5	98.2
教育関係費	101.7	102.4	102.8	101.8	95.9
教養娯楽関係費	100.8	101.0	101.8	103.3	102.7
情報通信関係費	99.2	97.4	95.4	93.7	94.3

資料：総務省統計局「消費者物価指数年報」
注：1)は、生鮮魚介、生鮮野菜及び生鮮果物である。
　　2)は、電気代、都市ガス代、プロパンガス、灯油及びガソリンである。

5　国民経済と農林水産業の産出額
(1)　国民経済計算
　ア　国内総生産勘定（名目）

単位：10億円

項目	平成29年	30	令和元
国内総生産（生産側）	553,073.0	556,189.6	561,267.0
雇用者報酬	271,992.2	281,235.3	286,784.5
営業余剰・混合所得	108,621.0	100,221.2	93,289.8
固定資本減耗	130,074.1	132,362.2	134,647.7
生産・輸入品に課される税	45,525.7	45,914.8	46,693.8
（控除）補助金	3,007.2	2,938.2	3,005.3
統計上の不突合	△ 132.6	△ 605.7	2,856.5
国内総生産（支出側）	553,073.0	556,189.6	561,267.0
民間最終消費支出	302,053.6	305,032.7	305,618.8
政府最終消費支出	107,361.4	108,905.2	111,268.1
総固定資本形成	138,308.9	140,098.7	142,434.5
在庫変動	1,147.6	2,041.9	2,120.2
財貨・サービスの輸出	97,293.5	101,946.5	97,463.6
（控除）財貨・サービスの輸入	93,092.0	101,835.4	97,638.3
（参考）			
海外からの所得	31,153.7	33,399.5	34,288.1
（控除）海外に対する所得	10,693.1	12,215.0	12,591.8
国民総所得	573,533.7	577,374.2	582,963.3

資料：内閣府経済社会総合研究所「国民経済計算年報」（以下エまで同じ。）
注：　この数値は、平成23年に国際連合によって勧告された国際基準（2008SNA）に基づき推計された結果
　　である（以下エまで同じ。）。

5 国民経済と農林水産業の産出額（続き）
(1) 国民経済計算（続き）
イ 国内総生産（支出側、名目・実質：連鎖方式）

単位：10億円

項目	平成29年		30		令和元	
	名目	実質	名目	実質	名目	実質
国内総生産（支出側）	553,073.0	551,220.0	556,189.6	554,300.5	561,267.0	555,798.8
民間最終消費支出	302,053.6	301,929.0	305,032.7	302,750.1	305,618.8	301,832.5
家計最終消費支出	294,588.2	294,444.5	298,095.5	295,818.4	298,405.0	294,650.7
国内家計最終消費支出	296,379.1	296,108.9	300,506.7	298,101.8	301,014.9	297,035.8
居住者家計の海外での直接購入	1,734.5	1,833.5	1,854.5	1,908.5	1,962.0	2,092.7
（控除）非居住者家計の国内での直接購入	3,525.3	3,507.1	4,265.7	4,194.6	4,571.9	4,471.0
対家計民間非営利団体最終消費支出	7,465.4	7,484.7	6,937.2	6,930.3	7,213.9	7,182.1
政府最終消費支出	107,361.4	107,345.3	108,905.2	108,435.0	111,268.1	110,476.4
総資本形成	139,456.4	139,303.1	142,140.6	140,373.6	144,554.7	141,770.8
総固定資本形成	138,308.9	138,101.0	140,098.7	138,369.6	142,434.5	139,579.8
民間	110,709.6	110,693.5	111,886.8	110,801.4	113,445.0	111,641.5
住宅	21,455.7	21,194.4	20,411.1	19,829.9	21,461.8	20,598.4
企業設備	89,253.9	89,500.5	91,475.7	90,993.9	91,983.2	91,050.9
公的	27,599.3	27,407.7	28,211.9	27,567.6	28,989.5	27,936.1
住宅	673.0	667.8	638.4	622.2	581.3	557.1
企業設備	6,573.6	6,558.3	6,722.2	6,611.0	6,670.5	6,493.1
一般政府	20,352.7	20,181.6	20,851.3	20,334.4	21,737.7	20,884.3
在庫変動	1,147.6	1,243.9	2,041.9	2,037.9	2,120.2	2,204.6
民間企業	1,147.6	1,241.0	2,054.8	2,062.1	2,171.8	2,306.6
原材料	49.2	82.3	323.2	299.1	412.3	460.5
仕掛品	642.2	671.3	532.9	551.9	431.4	464.2
製品	348.1	358.8	593.8	596.3	607.9	613.5
流通品	108.0	122.5	604.9	612.4	720.3	768.8
公的	0.0	△ 2.5	△ 12.9	△ 11.2	△ 51.6	△ 58.3
公的企業	△ 0.5	0.3	13.6	13.8	21.1	21.5
一般政府	0.5	△ 2.9	△ 26.5	△ 23.9	△ 72.7	△ 75.0
財貨・サービスの純輸出	4,201.5	2,822.8	111.1	2,875.6	△ 174.7	1,791.4
財貨・サービスの輸出	97,293.5	101,643.8	101,946.5	105,465.2	97,463.6	103,961.8
財貨の輸出	77,253.5	80,678.1	81,226.3	84,172.0	76,030.9	81,910.9
サービスの輸出	20,040.0	20,967.1	20,720.2	21,293.8	21,432.6	22,042.6
（控除）財貨・サービスの輸入	93,092.0	98,821.0	101,835.4	102,589.6	97,638.3	102,170.3
財貨の輸入	72,342.2	77,441.2	80,099.8	80,824.8	75,649.8	80,076.8
サービスの輸入	20,749.8	21,389.8	21,735.6	21,791.1	21,988.5	22,117.0

注： 1 実質値は、平成23暦年連鎖価格である。
　　 2 「財貨・サービスの純輸出」の実質値は、連鎖方式での計算ができないため
　　　 「財貨・サービスの輸出」－「財貨・サービスの輸入」により求めている。

ウ 国民所得の分配（名目）

単位：10億円

項目	平成29年	30	令和元
国民所得（要素費用表示）	401,073.7	402,641.0	401,770.6
雇用者報酬	272,101.5	281,350.2	286,892.4
賃金・俸給	230,472.6	238,647.6	243,196.7
雇主の社会負担	41,628.8	42,702.5	43,695.7
雇主の現実社会負担	39,540.4	40,463.3	41,278.5
雇主の帰属社会負担	2,088.5	2,239.2	2,417.1
財産所得（非企業部門）	24,508.1	26,027.4	25,884.4
一般政府	△ 2,156.7	△ 1,145.9	△ 453.3
利子	△ 3,965.8	△ 3,170.2	△ 2,599.8
法人企業の分配所得（受取）	2,132.7	2,343.7	2,487.3
その他の投資所得（受取）	0.3	0.4	0.4
賃貸料	△ 323.9	△ 319.8	△ 341.2
家計	26,361.6	26,824.4	26,021.9
利子	4,409.4	4,493.8	5,236.9
配当（受取）	8,459.8	8,798.9	7,551.5
その他の投資所得（受取）	10,306.8	10,356.0	10,064.2
賃貸料（受取）	3,185.6	3,175.6	3,169.4
対家計民間非営利団体	303.1	349.0	315.8
利子	110.2	115.1	118.5
配当（受取）	159.7	197.4	160.9
その他の投資所得（受取）	1.2	1.7	1.5
賃貸料	32.1	34.7	34.9
企業所得（企業部門の第1次所得バランス）	104,464.2	95,263.4	88,993.8
民間法人企業	66,654.4	61,578.7	56,317.6
非金融法人企業	58,165.1	51,118.4	46,000.0
金融機関	8,489.2	10,460.3	10,317.5
公的企業	2,811.9	2,617.6	2,124.8
非金融法人企業	599.2	684.4	404.7
金融機関	2,212.7	1,933.2	1,720.0
個人企業	34,998.0	31,067.1	30,551.5
農林水産業	2,727.3	2,190.1	2,077.9
その他の産業（非農林水産・非金融）	11,532.9	8,510.4	8,431.7
持ち家	20,737.7	20,366.6	20,041.9

注： 「企業所得（第1次所得バランス）」は、営業余剰・混合所得（純）に財産所得の受取を加え、
財産所得の支払を控除したものである。

5 国民経済と農林水産業の産出額（続き）
(1) 国民経済計算（続き）
エ 経済活動別国内総生産（名目・実質：連鎖方式）

単位：10億円

項目	平成29年		30		令和元	
	名目	実質	名目	実質	名目	実質
国内総生産	553,073.0	551,220.0	556,189.6	554,300.5	561,267.0	555,798.8
計	550,565.6	549,595.0	553,818.3	553,229.1	555,987.1	551,170.8
農林水産業	6,241.1	5,153.5	5,821.6	4,816.6	5,652.3	4,883.3
農業	5,166.2	4,280.9	4,792.8	3,985.3	4,660.8	4,104.8
林業	242.6	217.4	249.1	216.6	249.9	219.8
水産業	832.3	651.0	779.8	611.5	741.6	559.1
鉱業	385.6	405.7	384.4	398.7	386.9	381.0
製造業	113,025.7	114,767.5	115,057.3	118,976.0	113,974.8	117,923.2
うち食料品	13,620.1	13,670.1	13,505.9	13,642.2	13,533.8	13,500.5
電気・ガス・水道・廃棄物処理業	16,206.6	16,603.3	16,303.5	16,946.4	16,969.9	16,498.0
建設業	30,122.9	29,809.6	29,903.0	29,460.8	30,020.8	28,935.1
卸売・小売業	71,969.7	71,847.5	70,702.4	70,137.5	70,430.6	69,064.1
運輸・郵便業	29,386.5	29,286.8	29,572.7	28,884.2	29,929.0	28,670.5
宿泊・飲食サービス業	14,245.7	13,624.5	14,092.6	13,429.7	13,617.8	12,559.5
情報通信業	26,820.5	27,012.6	27,212.8	27,648.0	27,265.5	27,966.2
金融・保険業	22,332.0	23,040.9	22,755.8	23,141.0	22,790.0	22,885.3
不動産業	65,393.1	65,237.4	65,254.1	65,412.8	65,588.6	65,954.3
専門・科学技術、業務支援サービス業	44,106.4	43,424.4	45,014.4	43,673.5	45,646.7	43,587.6
公務	27,024.7	26,759.5	27,497.9	26,898.5	27,876.1	27,095.3
教育	19,042.4	18,881.6	19,157.2	18,902.8	19,210.2	18,958.1
保健衛生・社会事業	41,765.7	41,491.3	42,791.5	42,627.4	44,205.7	43,883.8
その他のサービス	22,497.0	22,229.5	22,296.9	22,018.4	22,422.0	22,059.1
輸入品に課される税・関税	9,078.0	9,583.0	9,784.3	9,660.4	9,670.8	9,588.7
(控除)総資本形成に係る消費税	6,437.9	6,286.4	6,807.3	6,503.0	7,247.5	6,533.2
国内総生産(不突合を含まず)	553,205.7	552,904.9	556,795.2	556,394.9	558,410.4	554,231.8
統計上の不突合	△ 132.6	△ 1,684.9	△ 605.7	△ 2,094.4	2,856.5	1,567.0

注：1 実質値は、平成23暦年連鎖価格である。
　　2 「統計上の不突合」の実質値は、連鎖方式での計算ができないため、
　　　「国内総生産」－「国内総生産（不突合を含まず。）」により求めている。

(2) 農業・食料関連産業の経済計算
ア 農業・食料関連産業の国内生産額

単位：10億円

項目	平成29年	30	令和元（概算）
農業・食料関連産業	117,022.6	117,508.2	118,476.4
農林漁業	12,893.7	12,623.5	12,455.4
農業	11,077.8	10,859.7	10,754.3
林業（特用林産物）	224.7	231.4	221.6
漁業	1,591.2	1,532.4	1,479.5
関連製造業	39,468.0	39,947.1	39,971.3
食品製造業	37,486.1	37,846.6	37,867.1
資材供給産業	1,981.9	2,100.6	2,104.2
関連投資	2,248.4	2,332.2	2,442.9
関連流通業	33,954.2	34,039.4	34,658.2
外食産業	28,458.4	28,566.1	28,948.5
1) （参考）全経済活動	1,028,758.5	1,049,445.3	1,049,115.2

注：1)は、内閣府「国民経済計算」による経済活動別の産出額の合計である。

イ 農業・食料関連産業の国内総生産

単位：10億円

項目	平成29年	30	令和元（概算）
農業・食料関連産業	54,915.9	54,337.6	53,817.4
農林漁業	6,176.1	5,855.9	5,484.6
農業	5,192.8	4,924.9	4,670.1
林業（特用林産物）	104.6	107.5	102.3
漁業	878.6	823.5	712.1
関連製造業	14,339.3	14,231.8	14,217.8
食品製造業	13,880.8	13,754.7	13,745.8
資材供給産業	458.6	477.1	472.0
関連投資	1,100.9	1,155.0	1,212.6
関連流通業	21,371.5	22,487.0	22,438.2
外食産業	11,928.1	10,607.9	10,464.2
1) （参考）全経済活動	553,073.0	556,189.6	561,267.0

資料：農林水産省統計部「農業・食料関連産業の経済計算」（以下ウまで同じ。）
　　　1)は、内閣府「国民経済計算」による国内総生産（GDP）の値である。

5 国民経済と農林水産業の産出額（続き）
(2) 農業・食料関連産業の経済計算（続き）
　ウ　農業の経済計算
　　(ア)　農業生産

単位：10億円

項目	平成29年	30	令和元（概算）
農業生産額	11,077.8	10,859.7	10,754.3
中間投入	5,884.9	5,934.8	6,084.2
農業総生産	5,192.8	4,924.9	4,670.1
固定資本減耗	1,474.0	1,471.8	1,486.0
間接税	451.0	427.7	408.8
経常補助金（控除）	863.4	776.3	801.3
農業純生産	4,131.2	3,801.6	3,576.6

(イ)　農業総資本形成（名目）

単位：10億円

項目	平成29年	30	令和元（概算）
農業総資本形成	2,435.1	2,477.4	2,383.3
農業総固定資本形成	2,446.5	2,519.1	2,432.3
土地改良	817.4	853.5	939.7
農業用建物	335.8	448.0	292.7
農機具	1,109.0	1,025.7	1,018.5
動植物の成長	184.3	191.9	181.4
在庫純増	△ 11.4	△ 41.7	△ 49.0

(3) 農林水産業の産出額・所得
ア 農業総産出額及び生産農業所得

	部門	単位	平成27年	28	29	30	令和元
実数	農業総産出額	億円	87,979	92,025	92,742	90,558	88,938
	耕種計	〃	56,245	59,801	59,605	57,815	56,300
	米	〃	14,994	16,549	17,357	17,416	17,426
	麦類	〃	432	312	420	398	527
	雑穀	〃	87	80	93	90	106
	豆類	〃	684	554	687	623	758
	いも類	〃	2,261	2,372	2,102	1,955	1,992
	野菜	〃	23,916	25,567	24,508	23,212	21,515
	果菜類	〃	10,118	10,512	10,014	10,289	9,676
	葉茎菜類	〃	10,277	11,031	10,832	9,622	8,955
	根菜類	〃	3,522	4,024	3,662	3,301	2,885
	果実	〃	7,838	8,333	8,450	8,406	8,399
	花き	〃	3,529	3,529	3,438	3,327	3,264
	工芸農作物	〃	1,862	1,871	1,930	1,786	1,699
	その他作物	〃	643	635	620	603	614
	畜産計	〃	31,179	31,626	32,522	32,129	32,107
	肉用牛	〃	6,886	7,391	7,312	7,619	7,880
	乳用牛	〃	8,397	8,703	8,955	9,110	9,193
	うち生乳	〃	7,314	7,391	7,402	7,474	7,628
	豚	〃	6,214	6,122	6,494	6,062	6,064
	鶏	〃	9,049	8,754	9,031	8,606	8,231
	うち鶏卵	〃	5,465	5,148	5,278	4,812	4,549
	ブロイラー	〃	3,415	3,441	3,578	3,608	3,510
	その他畜産物	〃	634	657	730	731	740
	加工農産物	〃	555	598	615	615	530
	生産農業所得	〃	32,892	37,558	37,616	34,873	33,215
(参考) 農業総産出額に占める 生産農業所得の割合		%	37.4	40.8	40.6	38.5	37.3
構成比	農業総産出額	%	100.0	100.0	100.0	100.0	100.0
	耕種計	〃	63.9	65.0	64.3	63.8	63.3
	米	〃	17.0	18.0	18.7	19.2	19.6
	麦類	〃	0.5	0.3	0.5	0.4	0.6
	雑穀	〃	0.1	0.1	0.1	0.1	0.1
	豆類	〃	0.8	0.6	0.7	0.7	0.9
	いも類	〃	2.6	2.6	2.3	2.2	2.2
	野菜	〃	27.2	27.8	26.4	25.6	24.2
	果菜類	〃	11.5	11.4	10.8	11.4	10.9
	葉茎菜類	〃	11.7	12.0	11.7	10.6	10.1
	根菜類	〃	4.0	4.4	3.9	3.6	3.2
	果実	〃	8.9	9.1	9.1	9.3	9.4
	花き	〃	4.0	3.8	3.7	3.7	3.7
	工芸農作物	〃	2.1	2.0	2.1	2.0	1.9
	その他作物	〃	0.7	0.7	0.7	0.7	0.7
	畜産計	〃	35.4	34.4	35.1	35.5	36.1
	肉用牛	〃	7.8	8.0	7.9	8.4	8.9
	乳用牛	〃	9.5	9.5	9.7	10.1	10.3
	うち生乳	〃	8.3	8.0	8.0	8.3	8.6
	豚	〃	7.1	6.7	7.0	6.7	6.8
	鶏	〃	10.3	9.5	9.7	9.5	9.3
	うち鶏卵	〃	6.2	5.6	5.7	5.3	5.1
	ブロイラー	〃	3.9	3.7	3.9	4.0	3.9
	その他畜産物	〃	0.7	0.7	0.8	0.8	0.8
	加工農産物	〃	0.6	0.6	0.7	0.7	0.6

資料：農林水産省統計部「生産農業所得統計」（以下イまで同じ。）

注：1　農業総産出額は、当該年（暦年）に生産された農産物の生産量（自家消費分を含む。）
　　　から農業に再投入される種子、飼料などの中間生産物を控除した品目別生産数量に、品目
　　　別農家庭先販売価格を乗じて推計したものである。

　　2　生産農業所得は、1の農業総産出額に農業経営統計調査から得られる係数（※）を乗じ、
　　　経常補助金の実額を加算したものである。

$$※ \quad \frac{農業粗収益（経常補助金を除く。）－物的経費（減価償却費及び間接税を含む。）}{農業粗収益（経常補助金を除く。）}$$

5 国民経済と農林水産業の産出額（続き）
(3) 農林水産業の産出額・所得（続き）
イ 都道府県別農業産出額及び生産農業所得（令和元年）

都道府県		計	農業産出額									
			耕種									工芸農作物
			小計	米	麦類	雑穀	豆類	いも類	野菜	果実	花き	
		億円	億円	億円	億円	億円	億円	億円	億円	億円	億円	億円
北海道	(1)	12,558	5,207	1,254	327	41	421	542	1,951	71	128	433
青森	(2)	3,138	2,253	596	0	2	12	15	642	914	16	38
岩手	(3)	2,676	1,107	603	2	5	10	4	259	130	41	44
宮城	(4)	1,932	1,194	839	2	0	22	4	265	27	27	1
秋田	(5)	1,931	1,569	1,126	x	4	21	9	281	84	28	10
山形	(6)	2,557	2,180	898	x	7	13	2	460	719	69	4
福島	(7)	2,086	1,640	814	0	5	3	15	438	273	67	13
茨城	(8)	4,302	2,976	809	7	6	14	308	1,575	102	132	10
栃木	(9)	2,859	1,693	671	43	10	9	15	784	76	68	5
群馬	(10)	2,361	1,302	156	12	2	4	8	912	83	51	63
埼玉	(11)	1,678	1,428	354	13	1	2	23	796	55	152	18
千葉	(12)	3,859	2,609	689	x	1	73	207	1,305	114	174	6
東京	(13)	234	215	1	x	0	0	8	121	35	43	1
神奈川	(14)	655	504	33	0	0	2	14	333	71	42	1
新潟	(15)	2,494	2,018	1,501	0	2	12	22	317	86	68	10
富山	(16)	654	566	452	3	2	12	3	56	24	11	0
石川	(17)	551	459	299	1	0	4	14	97	34	6	1
福井	(18)	468	424	309	5	3	4	7	81	9	4	0
山梨	(19)	914	830	61	0	0	1	3	110	595	38	1
長野	(20)	2,556	2,242	473	3	12	5	15	818	743	139	1
岐阜	(21)	1,066	693	229	3	0	7	3	323	55	62	6
静岡	(22)	1,979	1,414	198	x	0	1	36	607	234	164	149
愛知	(23)	2,949	2,131	298	9	0	10	9	1,010	190	545	18
三重	(24)	1,106	640	285	6	0	8	4	139	65	39	42
滋賀	(25)	647	539	378	5	1	18	4	106	7	13	6
京都	(26)	666	507	174	0	0	8	7	248	20	10	35
大阪	(27)	320	300	72	x	0	0	3	136	67	17	0
兵庫	(28)	1,509	940	480	2	0	21	7	348	36	40	1
奈良	(29)	403	341	110	x	0	1	3	104	77	34	6
和歌山	(30)	1,109	1,054	76	x	0	0	2	144	740	57	6
鳥取	(31)	761	475	151	x	0	1	8	213	69	27	3
島根	(32)	612	359	193	x	1	3	4	94	39	18	3
岡山	(33)	1,417	835	324	8	0	10	6	205	249	24	1
広島	(34)	1,168	700	247	x	0	1	11	236	172	26	1
山口	(35)	629	451	204	2	0	2	8	148	47	28	2
徳島	(36)	961	698	133	x	0	0	75	349	88	36	4
香川	(37)	803	482	120	4	0	0	8	242	63	27	6
愛媛	(38)	1,207	958	152	2	0	1	6	190	527	28	3
高知	(39)	1,117	1,035	112	0	0	0	21	715	104	63	11
福岡	(40)	2,027	1,626	376	34	0	15	11	702	239	168	26
佐賀	(41)	1,135	791	155	31	0	10	5	335	193	31	20
長崎	(42)	1,513	952	116	2	0	1	105	453	146	74	40
熊本	(43)	3,364	2,186	368	8	1	5	50	1,220	313	96	91
大分	(44)	1,195	741	210	5	0	3	18	309	119	47	23
宮崎	(45)	3,396	1,157	172	0	0	1	71	661	123	67	44
鹿児島	(46)	4,890	1,573	209	x	1	2	272	532	110	121	299
沖縄	(47)	977	518	5	0	0	0	11	146	60	93	192

その他作物	小計	肉用牛	乳用牛	生乳	豚	鶏	鶏卵	ブロイラー	その他畜産物養蚕を含む。	加工農産物	生産農業所得	(参考)農業産出額に占める生産農業所得の割合	
億円	億円	億円	億円	億円	億円	億円	億円	億円	億円	億円	億円	%	
39	7,350	1,049	5,006	3,945	455	327	179	141	513	–	5,368	42.7	(1)
17	885	162	91	78	221	399	178	204	13	0	1,162	37.0	(2)
8	1,569	292	268	234	276	722	135	549	9	0	912	34.1	(3)
4	736	274	137	121	127	198	131	57	1	0	725	37.5	(4)
x	362	60	30	26	187	78	64	x	7	0	729	37.8	(5)
x	371	122	87	71	127	32	14	x	4	5	1,061	41.5	(6)
10	435	133	91	76	71	138	108	17	2	11	748	35.9	(7)
13	1,243	168	219	194	354	499	453	25	3	83	1,470	34.2	(8)
13	1,156	228	437	369	258	231	210	x	2	9	1,055	36.9	(9)
12	1,058	161	262	211	430	192	120	61	13	1	897	38.0	(10)
16	249	36	70	59	56	80	79	x	6	1	627	37.4	(11)
x	1,248	100	269	226	442	425	326	52	12	2	1,233	32.0	(12)
x	19	2	12	10	2	2	2	–	1	0	96	41.0	(13)
9	148	13	44	37	50	41	41	–	1	2	250	38.2	(14)
1	474	34	58	50	141	240	166	27	1	1	938	37.6	(15)
2	84	12	15	13	22	36	35	–	0	4	237	36.2	(16)
2	91	13	26	23	17	35	35	–	0	1	212	38.5	(17)
1	44	9	8	7	1	26	24	1	0	1	179	38.2	(18)
20	78	14	23	19	9	31	15	15	1	6	334	36.5	(19)
32	279	64	120	101	43	43	14	28	9	34	977	38.2	(20)
5	372	117	44	38	38	170	126	20	3	1	422	39.6	(21)
x	461	76	117	102	71	165	123	33	32	105	690	34.9	(22)
42	813	108	223	187	223	227	185	29	33	5	1,004	34.0	(23)
52	442	89	80	67	81	192	172	14	0	24	429	38.8	(24)
1	107	63	25	21	3	15	14	x	0	2	244	37.7	(25)
5	125	16	40	34	9	59	48	7	2	33	222	33.3	(26)
x	19	1	14	12	2	2	1	–	0	0	112	35.0	(27)
7	569	169	116	95	18	264	152	81	2	0	481	31.9	(28)
x	56	11	32	28	3	10	9	x	0	6	135	33.5	(29)
x	49	8	7	6	1	28	11	14	5	6	427	38.5	(30)
x	286	54	79	68	45	106	21	85	0	0	276	36.3	(31)
x	252	90	88	77	29	42	30	12	4	1	243	39.7	(32)
8	581	97	136	118	15	331	241	76	1	0	429	30.3	(33)
x	467	71	62	54	89	242	215	19	3	1	363	31.1	(34)
10	178	47	23	18	16	89	43	38	3	0	236	37.5	(35)
x	263	69	39	32	35	118	20	74	2	0	339	35.3	(36)
11	320	50	52	44	25	193	123	48	1	–	272	33.9	(37)
48	249	26	43	36	110	68	44	23	2	0	456	37.8	(38)
8	81	16	26	24	20	19	8	9	1	2	362	32.4	(39)
56	389	66	100	82	49	168	111	26	6	12	918	45.3	(40)
9	340	163	18	15	49	108	14	92	2	5	606	53.4	(41)
14	558	254	61	50	127	114	44	70	2	3	593	39.2	(42)
34	1,148	427	330	276	194	173	76	77	23	29	1,442	42.9	(43)
9	444	152	88	76	83	120	46	57	2	9	507	42.4	(44)
16	2,209	780	96	79	521	810	89	687	3	30	1,142	33.6	(45)
x	3,227	1,278	107	88	847	990	263	695	5	90	1,481	30.3	(46)
x	459	239	35	34	132	50	36	14	3	0	362	37.1	(47)

5 国民経済と農林水産業の産出額（続き）
(3) 農林水産業の産出額・所得（続き）
ウ 市町村別農業産出額（推計）（令和元年）

順位	都道府県	市町村	農業産出額	主要部門				(参考)平成30年	
				1位		2位		順位	農業産出額
				部門	産出額	部門	産出額		
			億円		億円		億円		億円
1	宮崎県	都城市	877.0	豚	283.2	肉用牛	205.7	2	754.1
2	愛知県	田原市	851.1	花き	333.7	野菜	300.1	1	848.7
3	北海道	別海町	668.2	乳用牛	638.8	肉用牛	19.8	4	660.2
4	茨城県	鉾田市	613.0	野菜	339.9	いも類	127.5	3	708.4
5	新潟県	新潟市	564.5	米	329.4	野菜	137.0	5	586.5
6	千葉県	旭市	490.2	豚	192.5	野菜	148.2	6	522.9
7	静岡県	浜松市	470.2	果実	131.4	野菜	125.8	7	486.7
8	青森県	弘前市	461.2	果実	394.1	米	40.4	11	429.8
9	鹿児島県	鹿屋市	454.6	肉用牛	189.8	豚	102.7	9	442.2
10	熊本県	熊本市	447.1	野菜	240.5	果実	74.3	8	473.6
11	栃木県	那須塩原市	443.9	乳用牛	217.6	鶏卵	68.5	17	366.3
12	鹿児島県	曽於市	438.3	豚	161.7	肉用牛	134.9	19	362.5
13	愛知県	豊橋市	382.1	野菜	198.9	豚	45.4	10	434.2
14	熊本県	菊池市	375.6	肉用牛	100.2	豚	91.9	14	386.5
15	群馬県	前橋市	350.3	豚	75.3	乳用牛	75.2	15	375.7
16	鹿児島県	南九州市	348.2	鶏卵	74.7	工芸農作物	66.8	12	413.4
17	熊本県	八代市	344.8	野菜	250.2	米	46.3	20	359.5
18	鹿児島県	大崎町	341.6	豚	132.5	ブロイラー	123.5	21	349.3
19	岩手県	一関市	338.0	ブロイラー	84.3	豚	76.2	27	313.3
20	宮城県	登米市	332.8	米	139.9	肉用牛	100.6	23	333.4
21	鹿児島県	出水市	314.9	鶏卵	97.5	ブロイラー	72.2	38	267.5
22	千葉県	香取市	314.6	米	76.9	いも類	72.5	16	368.5
23	宮崎県	宮崎市	313.9	野菜	172.1	肉用牛	45.0	18	363.7
24	宮崎県	小林市	313.3	肉用牛	119.5	野菜	69.2	33	290.3
25	山形県	鶴岡市	312.6	米	149.5	野菜	100.5	25	325.6
26	秋田県	横手市	295.6	米	144.6	野菜	43.7	31	295.8
27	福岡県	久留米市	292.1	野菜	129.6	米	36.9	30	297.8
28	埼玉県	深谷市	290.3	野菜	178.6	鶏卵	25.1	29	299.6
29	北海道	北見市	286.4	野菜	152.6	乳用牛	42.9	24	329.3
30	北海道	標茶町	285.1	乳用牛	234.8	肉用牛	32.5	41	250.4

資料：農林水産省統計部「市町村別農業産出額（推計）」（以下エまで同じ。）
注：農業産出額の上位30市町村を掲載した。

エ 部門別市町村別農業産出額（推計）（令和元年）

順位	米			豆類			いも類		
	都道府県	市町村	農業産出額	都道府県	市町村	農業産出額	都道府県	市町村	農業産出額
			億円			億円			億円
1	新潟県	新潟市	329.4	北海道	音更町	37.3	茨城県	鉾田市	127.5
2	秋田県	大仙市	166.1	北海道	帯広市	28.7	千葉県	成田市	84.5
3	新潟県	長岡市	157.3	北海道	芽室町	24.2	千葉県	香取市	72.5
4	山形県	鶴岡市	149.5	千葉県	八街市	21.5	茨城県	行方市	71.6
5	秋田県	横手市	144.6	北海道	更別村	20.0	徳島県	鳴門市	46.5

順位	野菜			果実			花き		
	都道府県	市町村	農業産出額	都道府県	市町村	農業産出額	都道府県	市町村	農業産出額
			億円			億円			億円
1	茨城県	鉾田市	339.9	青森県	弘前市	394.1	愛知県	田原市	333.7
2	愛知県	田原市	300.1	山梨県	笛吹市	195.3	埼玉県	羽生市	x
3	熊本県	八代市	250.2	山形県	東根市	151.4	静岡県	浜松市	63.0
4	熊本県	熊本市	240.5	山形県	天童市	137.7	茨城県	神栖市	x
5	愛知県	豊橋市	198.9	山梨県	甲州市	133.1	福岡県	久留米市	36.0

順位	工芸農作物			肉用牛			乳用牛		
	都道府県	市町村	農業産出額	都道府県	市町村	農業産出額	都道府県	市町村	農業産出額
			億円			億円			億円
1	沖縄県	宮古島市	89.9	宮崎県	都城市	205.7	北海道	別海町	638.8
2	鹿児島県	南九州市	66.8	鹿児島県	鹿屋市	189.8	北海道	中標津町	241.5
3	鹿児島県	志布志市	28.2	鹿児島県	曽於市	134.9	北海道	標茶町	234.8
4	北海道	北見市	26.9	宮崎県	小林市	119.5	栃木県	那須塩原市	217.6
5	静岡県	牧之原市	26.6	鹿児島県	指宿市	109.2	北海道	清水町	161.9

順位	豚			鶏卵			ブロイラー		
	都道府県	市町村	農業産出額	都道府県	市町村	農業産出額	都道府県	市町村	農業産出額
			億円			億円			億円
1	宮崎県	都城市	283.2	鹿児島県	出水市	97.5	宮崎県	日向市	210.8
2	千葉県	旭市	192.5	新潟県	村上市	81.2	宮崎県	都城市	162.4
3	鹿児島県	曽於市	161.7	静岡県	富士宮市	78.8	鹿児島県	大崎町	123.5
4	群馬県	桐生市	157.2	香川県	三豊市	76.7	鹿児島県	垂水市	106.7
5	鹿児島県	大崎町	132.5	鹿児島県	南九州市	74.7	青森県	横浜町	x

注：農業産出額の各部門別上位5市町村を掲載した。

5 国民経済と農林水産業の産出額（続き）
(3) 農林水産業の産出額・所得（続き）
オ 林業産出額及び生産林業所得（全国）

単位：億円

区分	平成27年	28	29	30	令和元
林業産出額	4,544.7	4,702.6	4,863.4	5,020.3	4,976.3
木材生産	2,340.8	2,370.0	2,560.9	2,648.3	2,700.0
製材用素材等	2,182.7	2,150.2	2,250.0	2,289.2	2,304.3
輸出丸太	75.9	67.9	96.4	111.6	109.2
燃料用チップ素材	82.2	151.9	214.5	247.6	286.6
薪炭生産	53.1	54.9	54.5	55.4	58.1
栽培きのこ類生産	2,105.2	2,213.9	2,200.8	2,256.6	2,170.2
1)林野副産物採取	45.5	63.8	47.4	59.9	48.0
(参考)生産林業所得	2,510.2	2,601.1	2,695.4	2,665.9	2,645.2
うち木材生産	1,440.8	1,461.1	1,578.3	1,509.6	1,539.0

資料：農林水産省統計部「林業産出額」（以下カまで同じ。）
注：1　林業産出額は、当該年（暦年）に生産された品目別生産量に、品目別の販売価格（木材生産は山元土場価格、それ以外の品目は庭先販売価格）を乗じて推計したものである。
　　2　生産林業所得は、1の林業産出額に林業経営統計調査、産業連関構造調査（栽培きのこ生産業投入調査）等から得られる所得率を乗じて推計したものである。
1)は、平成28年以降の数値に野生鳥獣の産出額を含む。

カ　都道府県別林業産出額（令和元年）

単位：億円

都道府県	林業産出額	部門別林業産出額				都道府県	林業産出額	部門別林業産出額			
		木材生産	薪炭生産	栽培きのこ類生産	林野副産物採取			木材生産	薪炭生産	栽培きのこ類生産	林野副産物採取
合計	4,549.2	2,294.0	38.9	2,170.2	46.1	三重	49.9	36.7	0.4	12.4	0.4
北海道	466.9	357.5	2.1	97.7	9.6	滋賀	9.0	5.3	0.0	3.2	0.4
青森	87.1	82.8	0.2	3.1	1.1	京都	26.1	12.8	0.1	12.3	0.8
岩手	192.5	149.3	5.1	35.9	2.2	大阪	3.4	0.4	x	2.7	x
宮城	85.7	49.2	0.3	35.7	0.5	兵庫	38.1	24.4	x	9.5	x
秋田	162.0	119.6	0.1	41.3	1.0	奈良	28.0	19.1	1.3	6.5	1.0
山形	73.7	27.1	0.4	44.1	2.1	和歌山	42.5	19.8	8.3	13.7	0.8
福島	106.4	74.9	0.3	30.9	0.4	鳥取	36.0	23.3	0.1	11.5	1.1
茨城	70.3	43.4	0.0	26.7	0.1	島根	61.5	42.3	1.2	17.2	0.8
栃木	102.6	62.9	0.2	39.3	0.1	岡山	63.4	49.3	0.1	12.8	1.4
群馬	63.6	19.3	0.2	44.1	0.0	広島	77.6	32.6	0.0	44.1	1.0
埼玉	15.0	5.8	0.0	9.1	0.0	山口	31.1	24.7	0.7	5.5	0.3
千葉	23.0	5.8	0.0	16.9	0.3	徳島	109.7	32.5	0.2	76.3	0.7
東京	4.2	2.3	0.0	1.8	0.1	香川	43.5	0.7	0.2	42.3	0.2
神奈川	3.6	1.5	0.0	2.1	0.0	愛媛	73.2	60.8	0.5	11.1	0.7
新潟	469.3	12.4	0.1	455.5	1.3	高知	80.6	59.2	8.6	11.4	1.3
富山	35.9	7.5	0.0	28.2	0.1	福岡	140.0	22.3	0.4	116.2	1.2
石川	27.7	13.6	0.1	12.8	1.2	佐賀	17.8	15.7	x	1.4	x
福井	15.7	10.2	0.1	5.2	0.1	長崎	65.5	11.4	0.1	53.4	0.6
山梨	12.8	9.8	0.0	2.9	0.1	熊本	152.4	132.2	1.6	18.2	0.4
長野	566.9	52.4	0.3	509.4	4.8	大分	195.8	138.7	1.3	55.2	0.6
岐阜	85.4	54.0	0.5	30.4	0.4	宮崎	287.8	231.5	1.8	53.7	0.8
静岡	117.5	37.0	0.2	79.9	0.4	鹿児島	88.1	73.7	0.8	12.7	0.8
愛知	33.5	25.7	0.1	7.4	0.3	沖縄	6.8	0.2	0.1	6.4	0.0

注：　都道府県別林業産出額には、オで推計している木材生産におけるパルプ工場へ入荷されるパルプ用素材、輸出丸太及び燃料用チップ素材の産出額、薪炭生産におけるまきの産出額、林野副産物採取における木ろう及び生うるしの産出額を含まない。また、全国値には含まない木材生産における県外移出されたしいたけ原木の産出額を含む。
　　このため、都道府県別林業産出額の合計は、オにおける林業産出額（全国）とは一致しない。

キ　漁業産出額及び生産漁業所得

単位：億円

区分	平成27年	28	29	30	令和元
漁業産出額計	15,621	15,599	15,741	15,406	14,676
海面漁業	9,957	9,620	9,614	9,379	8,684
海面養殖業	4,673	4,887	4,979	4,861	4,802
内水面漁業	184	198	198	185	164
1)内水面養殖業	809	894	949	982	1,026
生産漁業所得	7,998	8,009	8,145	7,957	7,161
(参考)					
種苗生産額（海面）	193	210	271	199	212
種苗生産額（内水面）	44	47	49	46	30

資料：農林水産省統計部「漁業・養殖業生産統計年報（併載：漁業産出額）」（以下クまで同じ。）
注：1　漁業産出額は、当該年（暦年）に漁獲（収獲）された水産物の魚種別の数量に、魚種別産地
　　　市場価格等を乗じて推計したものである。
　　2　生産漁業所得は、1の漁業産出額に漁業経営調査又は産業連関構造調査（内水面養殖業投入
　　　調査）から得られる所得率を乗じて漁業産出額全体の所得を推計したものである。
　　3　平成29年漁業産出額の公表から、中間生産物である「種苗」を漁業産出額から除外し、種苗
　　　生産額として参考表章することとした。それに伴い漁業産出額及び生産漁業所得については、
　　　過去に遡及して推計した。
1)は、平成30年からにしきごいを含む。

ク　都道府県別海面漁業・養殖業産出額（令和元年）

単位：億円

都道府県	海面			都道府県	海面		
	計	漁業	養殖業		計	漁業	養殖業
合計	13,484	8,682	4,802	大阪	40	38	1
北海道	2,307	2,068	239	兵庫	485	266	219
青森	527	381	146	和歌山	130	70	61
岩手	346	257	89	鳥取	212	201	11
宮城	834	585	250	島根	206	203	3
秋田	26	26	0	岡山	71	22	48
山形	20	20	-	広島	240	55	185
福島	88	87	1	山口	146	129	17
茨城	218	x	x	徳島	105	60	45
千葉	236	213	23	香川	198	70	127
東京	208	x	x	愛媛	862	201	662
神奈川	172	167	5	高知	488	257	231
新潟	120	114	6	福岡	289	108	181
富山	113	112	0	佐賀	312	45	267
石川	146	142	4	長崎	1013	629	384
福井	94	89	5	熊本	381	57	325
静岡	491	464	27	大分	406	125	281
愛知	194	159	35	宮崎	323	229	94
三重	422	241	181	鹿児島	760	212	549
京都	45	34	11	沖縄	210	119	91

注：　都道府県別海面漁業産出額には、キで推計している捕鯨業を含まない。このため、都道府県別
　　　海面漁業産出額の合計は、キにおける漁業産出額計とは一致しない。

6 農林漁業金融

(1) 系統の農林漁業関連向け貸出金残高（令和2年3月末現在）

単位：億円

金融機関	総貸出額	計	農業関連	林業関連	漁業関連
組合金融機関	491,047	25,582	20,961	88	4,533
農林中金	183,141	5,663	4,727	88	848
信農連	82,067	4,279	4,279	－	－
信漁連	4,434	2,809	－	－	2,809
農協	220,098	11,953	11,953	－	－
漁協	1,307	875	－	－	875

資料：農林中央金庫「農林漁業金融統計」（以下(2)まで同じ。）
注： 1 億円未満切り捨てである。
　　 2 「総貸出額」は、貸出金合計である。
　　 3 「農業関連」は、農業者、農業法人及び農業関連団体等に対する農業生産・農業経営に必要な資金、農産物の生産・加工・流通に関係する事業に必要な資金等である。
　　 4 「林業関連」の農林中金は、森林組合＋林業者＋施設法人。
　　 5 「漁業関連」には、水産業者に対する水産業関係資金以外の貸出金残高（生活資金等）を含まない。また、公庫転貸資金のうち、転貸漁協における漁業者向け貸出金を含む。
　　 6 本表の中では略称を用いており、正式名称は次のとおりである（略称：正式名称）。
　　　 農林中金：農林中央金庫、信連：都道府県信用農業協同組合連合会
　　　 信漁連：都道府県信用漁業協同組合連合会
　　　 農協：農業協同組合、漁協：漁業協同組合

(2) 他業態の農林漁業に対する貸出金残高（令和2年3月末現在）

単位：億円

金融機関	総貸出額	計	農業・林業	漁業
民間金融機関	5,916,322	12,647	9,981	2,666
国内銀行銀行勘定	5,142,693	10,263	8,147	2,116
信用金庫	726,750	2,040	1,490	550
その他	46,879	344	344	0
政府系金融機関	490,830	31,154	29,340	1,814
日本政策金融公庫（農林水産事業）	31,961	27,522	26,399	1,123
沖縄振興開発金融公庫	8,641	182	157	25
その他	450,228	3,450	2,784	666

注： 1 民間金融機関のその他は、国内銀行信託勘定及び国内銀行海外店勘定である。
　　 2 政府系金融機関のその他は、商工組合中央金庫、日本政策投資銀行、日本政策金融公庫（国民生活事業、中小企業事業）及び国際協力銀行である。

(3) 制度金融
ア 日本政策金融公庫農林水産事業資金
(ア) 年度別資金種目別貸付件数・金額(事業計画分類、全国)(各年度末現在)

区分	平成30年度		令和元		2	
	件数	金額	件数	金額	件数	金額
	件	100万円	件	100万円	件	100万円
合計	15,297	558,344	14,831	483,955	24,164	705,831
経営構造改善計	10,982	394,788	10,445	346,968	9,908	325,418
農業経営基盤強化	8,257	331,089	7,809	295,650	7,619	283,960
青年等就農	2,338	12,966	2,290	13,259	1,994	13,902
経営体育成強化	144	3,839	152	5,415	184	4,948
林業構造改善事業推進	–	–	1	50	–	–
林業経営育成	7	168	2	77	–	–
漁業経営改善支援	79	19,647	52	15,964	34	14,856
中山間地域活性化	142	26,110	131	16,104	74	7,677
振興山村・過疎地域経営改善	–	–	1	137	–	–
農業改良	15	970	7	313	3	76
基盤整備計	2,914	37,782	2,973	38,085	2,917	37,696
農業基盤整備	1,663	9,163	1,675	9,924	1,643	8,817
補助	1,494	6,994	1,523	7,287	1,518	6,837
非補助	169	2,169	152	2,637	125	1,980
畜産基盤整備	21	8,042	23	8,855	21	7,741
担い手育成農地集積	1,017	11,394	1,070	11,748	1,073	11,496
林業基盤整備	180	7,505	177	7,004	157	9,243
造林	120	2,873	116	2,367	104	3,758
林道	–	–	–	–	–	–
利用間伐推進	60	4,631	61	4,637	53	5,485
伐採調整	–	–	–	–	–	–
森林整備活性化	28	312	26	374	22	242
漁業基盤整備	5	1,367	2	180	1	160
一般施設計	452	116,607	408	78,032	426	75,931
農林漁業施設	230	48,798	238	30,917	265	24,884
農業施設	58	37,324	51	17,077	59	13,133
林業施設	118	8,246	127	11,414	137	9,495
水産施設	54	3,474	60	2,425	68	2,233
農山漁村経営改善	–	–	–	–	1	23
畜産経営環境調和推進	1	50	2	195	2	197
特定農産加工	85	21,851	66	15,260	67	24,107
食品産業品質管理高度化促進	16	4,225	12	3,127	19	2,701
漁船	–	–	–	–	–	–
水産加工	56	6,776	43	5,741	32	5,687
食品流通改善	55	30,394	40	17,323	34	9,393
食品安定供給施設整備	1	160	1	70	–	–
新規用途事業等	–	–	–	–	1	401
塩業	1	200	–	–	–	–
乳業施設	–	–	–	–	–	–
農業競争力強化支援	7	4,154	6	5,400	6	8,561
経営維持安定計	927	8,404	992	19,156	10,903	266,052
漁業経営安定	–	–	1	430	–	–
農林漁業セーフティネット	927	8,404	991	18,726	10,903	266,052
農業	906	7,272	829	14,004	8,144	174,739
林業	7	121	2	33	182	7,496
漁業	14	1,012	160	4,689	2,577	83,817
災害	22	763	13	1,713	10	735

資料：日本政策金融公庫農林水産事業「業務統計年報」(以下(イ)まで同じ。)
注：沖縄県を含まない。

6 農林漁業金融（続き）
(3) 制度金融（続き）
　ア　日本政策金融公庫農林水産事業資金（続き）
　　(イ)　年度別資金種目別貸付金残高件数・金額（農林漁業分類、全国）
　　　（各年度末現在）

区分	平成30年度		令和元		2	
	件数	金額	件数	金額	件数	金額
	件	100万円	件	100万円	件	100万円
合計	161,800	3,122,921	160,221	3,196,102	168,581	3,485,435
農業計	127,737	1,941,265	126,553	2,013,111	133,015	2,223,131
農業経営基盤強化	63,266	1,296,868	64,424	1,385,549	65,037	1,444,816
青年等就農	8,198	41,890	10,368	51,724	12,143	60,976
経営体育成強化	2,662	36,897	2,633	37,059	2,631	37,084
農業改良	2,003	16,144	1,479	12,109	1,129	8,644
農地等取得	1,496	2,153	1,028	1,437	673	904
未墾地取得	–		–			
土地利用型農業経営体質強化	9	8	6	3	4	2
振興山村・過疎地域経営改善	6	7	3	3	1	0
農業構造改善事業推進	–		–		–	
農業構造改善支援	3	9	3	5	2	2
総合施設	10	32	5	22	1	2
畑作営農改善	–		–			
農業基盤整備	26,944	113,374	25,128	110,257	23,405	106,631
畜産基盤整備	46	17,044	57	19,070	62	20,417
担い手育成農地集積	12,136	68,736	11,699	69,965	11,277	70,326
農林漁業施設	888	300,467	825	282,249	805	271,474
畜産経営環境調和推進	28	2,140	23	2,018	20	1,936
農林漁業セーフティネット（農業）	7,977	55,652	7,557	55,716	14,827	216,650
農業経営維持安定	1,330	6,731	1,159	4,900	1,017	3,584
自作農維持	776	127	204	37	29	11
ＣＤＳ譲受債権	5	28	9	58	14	90
林業計	28,639	642,302	28,140	626,788	27,572	615,496
林業構造改善事業推進	2	37	2	72	2	67
林業経営育成	140	2,547	132	2,470	120	2,360
振興山村・過疎地域経営改善	11	696	12	777	12	721
林業基盤整備	18,651	328,244	18,338	326,726	17,754	327,290
森林整備活性化	2,358	27,667	2,356	26,785	2,363	25,560
農林漁業施設	647	69,569	729	73,368	806	72,919
林業経営安定	6,796	213,071	6,538	196,161	6,306	178,860
農林漁業セーフティネット（林業）	34	472	33	429	209	7,718
漁業計	2,658	104,768	2,657	112,299	5,083	197,109
漁業経営改善支援	404	68,162	419	74,359	414	79,888
漁業経営再建整備	–		–		–	
振興山村・過疎地域経営改善	7	400	7	302	7	222
沿岸漁業構造改善事業推進	–		–		–	
漁業基盤整備	27	2,025	23	1,857	18	1,722
農林漁業施設	381	12,916	417	13,639	449	13,793
漁船	73	7,669	67	6,042	60	4,776
漁業経営安定	–		1	409	1	367
沿岸漁業経営安定	63	153	41	95	16	57
農林漁業セーフティネット（漁業）	1,703	13,442	1,682	15,596	4,118	96,285
加工流通計	2,766	434,585	2,871	443,904	2,911	449,699
中山間地域活性化	994	92,621	1,065	97,302	1,088	94,112
特定農産加工	696	137,935	700	134,312	708	141,848
食品産業品質管理高度化促進	105	18,290	108	19,576	121	20,082
水産加工	439	42,335	458	43,778	464	44,620
食品流通改善	467	131,047	472	132,383	460	125,142
食品安定供給施設整備	33	2,921	31	2,275	28	1,760
新規用途事業等	3	13	3	10	3	409
塩業	15	3,744	14	3,383	13	3,029
乳業施設	5	1,372	5	1,293	5	791
農業競争力強化支援	9	4,309	15	9,592	21	17,906

イ　農業近代化資金及び漁業近代化資金の融資残高及び利子補給承認額
　（各年度末現在）

単位：100万円

年度	農業近代化資金		漁業近代化資金	
	融資残高（12月末）	利子補給承認額	融資残高（12月末）	利子補給承認額
平成27年度	158,046	41,392	104,615	34,985
28	151,221	47,942	112,072	34,988
29	165,728	59,255	120,909	40,947
30	181,798	61,283	131,514	40,213
令和元	194,758	65,717	142,273	48,215

資料：農林水産省経営局、水産庁資料

ウ　農業信用基金協会、漁業信用基金協会及び農林漁業信用基金（林業）
　が行う債務保証残高（各年度末現在）

単位：100万円

年度	農業信用基金協会	漁業信用基金協会	（独）農林漁業信用基金（林業）
平成27年度	6,528,816	220,821	40,142
28	6,511,190	212,657	36,787
29	6,586,228	205,027	35,115
30	6,812,185	205,613	35,938
令和元	7,063,162	205,102	38,951

資料：農林水産省経営局、水産庁、農林漁業信用基金資料
注：　この制度は、農林漁業者が農業近代化資金等、必要な資金を借り入れることにより融資
　　機関に対して負担する債務を農業信用基金協会、漁業信用基金協会及び（独）農林漁業信用
　　基金（林業）が保証するものである。

エ　林業・木材産業改善資金、沿岸漁業改善資金貸付残高
　（各年度末現在）

単位：100万円

年度	林業・木材産業改善資金	沿岸漁業改善資金
平成27年度	4,664	6,025
28	4,017	4,937
29	4,019	4,151
30	4,125	3,375
令和元	4,023	2,762

資料：農林水産省林野庁、水産庁資料
注：　この制度は、農林漁業者等が経営改善等を目的として新たな技術の
　　導入等に取り組む際に必要な資金を、都道府県が無利子で貸付を行う
　　ものである。

6 農林漁業金融（続き）
(3) 制度金融（続き）
オ 災害資金融資状況（令和2年12月末現在）

単位：100万円

災害種類		被害見込金額	融資枠	貸付実行額
昭和62年	8月28日～9月1日 暴風雨等	62,956	2,700	2,229
63	6月下旬～10月上旬 低温等	365,400	28,000	20,810
平成2	9月11日～20日 豪雨及び暴風雨	59,989	2,700	1,415
3	9月12日～28日 暴風雨及び豪雨	471,165	25,000	17,558
	7月中旬～8月中旬 低温	166,100	6,000	3,798
5	北海道南西沖地震	9,756	2,000	9
	5月下旬～9月上旬 天災	1,236,294	200,000	37,140
6	5月上旬～10月中旬 干ばつ	151,722	3,000	369
10	9月15日～10月2日 前線による豪雨及び暴風雨	107,675	3,000	789
11	9月13日～25日 豪雨及び暴風雨	98,611	7,000	745
15	5月中旬～9月上旬 低温及び日照不足	393,800	21,000	3,003
16	8月17日～9月8日 天災	171,825	8,000	1,076
23	東北地方太平洋沖地震	333,800	117,500	-

資料：農林水産省経営局資料
注： 「天災融資法」による融資であり、地震・台風・干ばつ・低温などの気象災害が政令で
災害指定された場合を対象としている。

(4) 組合の主要勘定（各年度末現在）
ア 農協信用事業の主要勘定、余裕金系統利用率及び貯貸率

年度	貸方								借方
	貯金			借入金				3)払込済出資金	現金
	計	1)当座性	2)定期性	計	信用事業	経済事業	共済事業		
	億円	億円	億円	億円	億円	億円	億円	億円	億円
平成27年度	959,187	311,292	647,895	4,713	2,995	764	953	15,704	4,239
28	984,244	326,829	657,415	5,335	3,652	759	924	15,567	4,143
29	1,013,060	345,262	667,797	6,331	4,625	825	881	15,647	4,011
30	1,032,245	366,077	666,168	6,487	5,610	857	20	15,724	4,188
令和元	1,041,148	390,053	651,095	7,084	6,247	836	1	15,735	4,338

年度	借方（続き）									
	預け金	系統	有価証券・金銭の信託	4)貸出金			公庫貸付金	経済未収金	固定資産	外部出資
				計	短期	長期				
	億円	億円	億円	億円	億円	億円	億円	億円	億円	億円
平成27年度	704,465	702,061	41,630	222,529	9,020	211,749	1,760	5,241	32,130	36,695
28	736,284	734,097	40,802	216,836	8,249	206,909	1,678	5,052	32,017	38,230
29	766,447	764,084	39,208	217,493	7,705	208,167	1,621	5,083	32,083	38,437
30	786,095	783,492	39,370	217,725	6,925	209,245	1,556	5,022	31,728	40,857
令和元	789,293	787,115	40,308	220,099	6,663	211,987	1,449	4,934	31,238	42,369

資料：農林中央金庫「農林漁業金融統計」（以下イまで同じ。）
注：1)は、当座・普通・購買・貯蓄・通知・出資予約・別段貯金である。
2)は、定期貯金・譲渡性貯金・定期積金である。
3)は、回転出資金を含む。
4)の短期は1年以下、長期は1年を超えるものである。

イ 漁協信用事業の主要勘定、余裕金系統利用率及び貯貸率

年度	貸方								借方
	貯金			借入金				払込済出資金	現金
	計	1)当座性	2)定期性	計	公庫	信用事業	経済事業		
	億円	億円	億円	億円	億円	億円	億円	億円	億円
平成27年度	7,853	3,611	4,242	857	12	638	219	1,077	55
28	7,936	3,644	4,293	827	9	621	206	1,075	53
29	7,779	3,529	4,249	789	8	581	208	1,060	55
30	7,784	3,531	4,252	740	8	544	196	986	58
令和元	**7,629**	**3,416**	**4,213**	**736**	**6**	**531**	**205**	**989**	**66**

年度	借方（続き)							事業未収金	固定資産	外部出資
	預け金	系統	有価証券	3)貸出金						
				計	公庫	短期	長期			
	億円	億円	億円	億円	億円	億円	億円	億円	億円	億円
平成27年度	7,889	7,807	4	1,544	87	435	1,109	225	693	330
28	8,013	7,931	4	1,481	77	397	1,084	202	698	330
29	7,862	7,778	4	1,418	67	387	1,031	209	679	327
30	7,846	7,764	−	1,353	58	378	975	184	695	359
令和元	**7,666**	**7,602**	**−**	**1,308**	**46**	**365**	**942**	**171**	**727**	**360**

注：水産加工業協同組合を含む。
　　1)は、当座・普通・貯蓄・別段・出資予約貯金である。
　　2)は、定期貯金・定期積金である。
　　3)の短期は1年以下、長期は1年を超えるものである。

7 財政
(1) 国家財政
　ア 一般会計歳出予算

単位：億円

年度	総額	地方税交付金等	一般歳出	防衛関係費	社会保障関係費	中小企業対策費
平成29年度	974,547	155,671	583,591	51,251	324,735	1,810
30	977,128	155,150	588,958	51,911	329,732	1,771
31	1,014,571	159,850	599,359	52,066	340,627	1,740
令和2	1,026,580	158,093	617,184	52,625	356,914	1,723
3	**1,066,097**	**159,489**	**669,020**	**53,235**	**358,421**	**1,745**

資料：財務省資料
注：1 各年度とも当初予算額である。
　　2 計数整理の結果、異動を生じることがある。
　　3 一般会計歳出予算総額の平成31年度及び令和2年度は、「臨時、特別の措置」の金額を含む。
　　4 社会保障関係費の令和2年度は3年度との比較対象のため組み替えてある。

7　財政　（続き）
（1）　国家財政　（続き）
イ　農林水産関係予算

単位：億円

年度	計	公共事業費	農業農村整備事業費	非公共事業費
平成29年度	23,071	6,833	3,084	16,238
30	23,021	6,860	3,211	16,161
31	23,108	6,966	3,260	16,142
令和2	23,109	6,989	3,264	16,120
3	23,050	6,995	3,333	16,055

資料：農林水産省資料（以下カまで同じ。）
注：1　各年度とも当初予算額である（以下ウまで同じ。）。
　　2　計数整理の結果、異動を生じることがある。
　　3　平成31年度及び令和2年度は、「臨時、特別の措置」を除いた金額。

ウ　農林水産省所管一般会計歳出予算（主要経費別）

単位：100万円

区分	令和2年度	3
農林水産省所管	2,522,429	2,123,443
文教及び科学振興費		
科学技術振興費	96,725	95,595
公共事業関係費		
治山治水対策事業費	77,139	59,848
農林水産基盤整備事業費	507,574	443,788
災害復旧等事業費	19,582	19,811
食料安定供給関係費	1,590,916	1,277,275
その他の事項経費	230,493	227,126

注：令和2年度予算額は3年度との比較対象のため組み替え掲載
　したので成立予算額とは符合しない。

エ　農林水産省所管特別会計

単位：億円

会計	歳入				
	決算額			当初予算額	
	平成29年度	30	31	令和2	3
食料安定供給	9,794	9,700	9,678	12,732	12,250
国有林野事業債務管理	3,423	3,489	3,564	3,646	3,616

会計	歳出				
	決算額			当初予算額	
	平成29年度	30	31	令和2	3
食料安定供給	8,419	8,138	8,507	12,676	12,164
国有林野事業債務管理	3,423	3,489	3,564	3,646	3,616

オ 農林水産関係公共事業予算

単位：億円

区分	平成29年度	30	31	令和2	3
公共事業関係費	6,833	6,860	6,966	6,989	6,995
一般公共事業費計	6,641	6,667	6,770	6,793	6,797
農業農村整備	3,084	3,211	3,260	3,264	3,333
林野公共	1,800	1,800	1,827	1,830	1,868
治山	597	597	606	607	619
森林整備	1,203	1,203	1,221	1,223	1,248
水産基盤整備	700	700	710	711	726
海岸	40	40	45	45	63
農山漁村地域整備交付金	1,017	917	927	943	807
災害復旧等事業費	193	193	196	196	198

注： 1　各年度とも当初予算額である。
　　 2　計数整理の結果、異動を生じることがある。

カ 農林水産関係機関別財政投融資計画

単位：億円

機関	平成29年度	30	31	令和2	3
計	2,564	4,908	5,379	5,268	7,061
株式会社　日本政策金融公庫	2,350	4,830	5,300	5,200	7,000
国立研究開発法人　森林研究・整備機構	59	58	57	56	51
食料安定供給特別会計（国営土地改良事業勘定）	25	20	22	12	10
株式会社　農林漁業成長産業化支援機構	130	－	－	－	－

注： 1　各年度とも当初計画額である。
　　 2　株式会社日本政策金融公庫の金額は、農林水産業者向け業務の財政投融資計画額である。

7　財政（続き）
(2)　地方財政
ア　歳入決算額

単位：億円

区分	平成30年度			令和元		
	都道府県	市町村	純計額	都道府県	市町村	純計額
歳入合計	503,728	598,909	1,013,453	509,140	614,051	1,032,459
地方税	206,201	201,313	407,514	207,036	205,079	412,115
地方譲与税	22,322	4,186	26,509	21,848	4,290	26,138
地方特例交付金	549	995	1,544	1,558	3,125	4,683
地方交付税	85,677	79,805	165,482	86,313	81,080	167,392
市町村たばこ税都道府県交付金	3	–	–	9	–	–
利子割交付金	–	340	–	–	185	–
配当割交付金	–	861	–	–	990	–
株式等譲渡所得割交付金	–	726	–	–	582	–
地方消費税交付金	–	23,849	–	–	22,756	–
ゴルフ場利用税交付金	–	302	–	–	300	–
特別地方消費税交付金	–	–	–	–	0	–
自動車取得税交付金	–	1,407	–	–	734	–
軽油引取税交付金	–	1,312	–	–	1,290	–
分担金、負担金	2,622	6,803	6,050	2,791	5,962	5,160
使用料、手数料	8,521	13,731	22,252	8,500	13,191	21,691
国庫支出金	56,789	91,552	148,341	59,252	98,602	157,854
交通安全対策特別交付金	295	216	511	282	207	489
都道府県支出金	–	39,133	–	–	41,659	–
財産収入	2,093	4,041	6,135	2,203	4,138	6,341
寄附金	244	5,583	5,825	202	5,330	5,531
繰入金	13,721	22,640	36,360	15,036	22,512	37,548
繰越金	14,284	16,670	30,953	13,999	17,063	31,061
諸収入	36,256	20,803	50,892	34,103	20,741	47,749
地方債	54,150	51,191	105,084	56,009	52,948	108,705
特別区財政調整交付金	–	10,682	–	–	10,992	–

資料：総務省自治財政局「地方財政白書」（以下イまで同じ。）

イ　歳出決算額

単位：億円

区分	平成30年度			令和元		
	都道府県	市町村	純計額	都道府県	市町村	純計額
歳出合計	489,573	579,817	980,206	493,390	594,363	997,022
議会費	774	3,427	4,194	780	3,394	4,168
総務費	27,755	70,499	92,860	31,091	71,564	96,700
民生費	77,927	210,756	256,659	81,829	217,867	265,337
衛生費	15,774	48,232	62,367	15,813	49,298	63,540
労働費	1,523	1,014	2,488	1,508	983	2,443
農林水産業費	23,507	13,621	32,517	24,376	13,786	33,192
農業費	5,274	5,582	9,061	5,119	5,422	8,726
畜産業費	1,151	652	1,529	1,369	760	1,750
農地費	8,751	4,633	11,620	9,078	4,723	11,865
林業費	5,770	1,432	6,731	6,011	1,544	7,095
水産業費	2,561	1,323	3,576	2,798	1,337	3,756
商工費	30,838	17,175	47,603	30,314	17,935	47,821
土木費	55,543	65,214	118,806	59,044	64,290	121,274
消防費	2,318	18,530	20,012	2,425	19,341	20,920
警察費	33,012	–	32,982	33,587	–	33,558
教育費	99,976	69,952	168,782	101,810	74,820	175,235
災害復旧費	6,568	4,298	10,394	5,908	4,755	10,090
公債費	68,054	55,944	123,674	66,465	55,272	121,414
諸支出金	5,756	1,152	6,866	317	1,055	1,328
前年度繰上充用金	–	3	3	–	3	3
利子割交付金	340	–	–	185	–	–
配当割交付金	861	–	–	990	–	–
株式等譲渡所得割交付金	726	–	–	582	–	–
地方消費税交付金	23,849	–	–	22,756	–	–
ゴルフ場利用税交付金	302	–	–	300	–	–
特別地方消費税交付金	–	–	–	0	–	–
自動車取得税交付金	1,407	–	–	734	–	–
軽油引取税交付金	1,312	–	–	1,290	–	–
特別区財政調整交付金	10,682	–	–	10,992	–	–

8 日本の貿易
(1) 貿易相手国上位10か国の推移（暦年ベース）
ア 輸出入

区分	2016（平成28年）		2017（29）		2018（30）		2019（令和元）		2020（2）	
	国名		国名		国名		国名		国名	
	金額	割合	金額	割合	金額	割合	金額	割合	金額	割合
	億円	％	億円	％	億円	％	億円	％	億円	％
輸出入総額（順位）	1,360,777	100.0	1,536,657	100.0	1,641,821	100.0	1,555,312	100.0	1,362,376	100.0
1	中国		中国		中国		中国		中国	
	293,804	21.6	333,490	21.7	350,914	21.4	331,357	21.3	325,750	23.9
2	米国		米国		米国		米国		米国	
	214,650	15.8	232,037	15.1	244,851	14.9	238,947	15.4	200,491	14.7
3	韓国		韓国		韓国		韓国		韓国	
	77,425	5.7	91,280	5.9	93,430	5.7	82,709	5.3	76,064	5.6
4	台湾		台湾		台湾		台湾		台湾	
	67,630	5.0	74,056	4.8	76,767	4.7	76,162	4.9	75,983	5.6
5	タイ		オーストラリア		オーストラリア		オーストラリア		タイ	
	51,641	3.8	61,606	4.0	69,390	4.2	65,374	4.2	52,613	3.9
6	オーストラリア		タイ		タイ		タイ		オーストラリア	
	48,531	3.6	58,507	3.8	63,332	3.9	60,557	3.9	51,166	3.8
7	ドイツ		ドイツ		ドイツ		ドイツ		ベトナム	
	43,116	3.2	47,518	3.1	51,749	3.2	49,277	3.2	41,795	3.1
8	香港		香港		サウジアラビア		ベトナム		ドイツ	
	38,638	2.8	41,787	2.7	41,871	2.6	42,479	2.7	41,412	3.0
9	インドネシア		ベトナム		ベトナム		香港		香港	
	32,189	2.4	37,672	2.5	41,494	2.5	38,905	2.5	34,999	2.6
10	マレーシア		インドネシア		インドネシア		アラブ首長国連邦		マレーシア	
	31,963	2.3	37,329	2.4	41,220	2.5	36,382	2.3	30,439	2.2

資料：財務省関税局「貿易統計」（以下(2)まで同じ。）
注：2020（令和2年）値は、確々報値（暫定値）で月別値の合計である。（以下ウまで同じ。）
　　割合は総額に対する構成比である。（以下ウまで同じ。）

イ　輸出

区分	2016（平成28年） 国名		2017（29） 国名		2018（30） 国名		2019（令和元） 国名		2020（2） 国名	
	金額	割合	金額	割合	金額	割合	金額	割合	金額	割合
	億円	%	億円	%	億円	%	億円	%	億円	%
輸出総額（順位）	700,358	100.0	782,865	100.0	814,788	100.0	769,317	100.0	684,005	100.0
1	米国		米国		中国		米国		中国	
	141,429	20.2	151,135	19.3	158,977	19.5	152,545	19.8	150,819	22.0
2	中国		中国		米国		中国		米国	
	123,614	17.7	148,897	19.0	154,702	19.0	146,819	19.1	126,122	18.4
3	韓国		韓国		韓国		韓国		韓国	
	50,204	7.2	59,752	7.6	57,926	7.1	50,438	6.6	47,666	7.0
4	台湾		台湾		台湾		台湾		台湾	
	42,677	6.1	45,578	5.8	46,792	5.7	46,885	6.1	47,392	6.9
5	香港		香港		香港		香港		香港	
	36,515	5.2	39,741	5.1	38,323	4.7	36,654	4.8	34,145	5.0
6	タイ		タイ		タイ		タイ		タイ	
	29,744	4.2	33,004	4.2	35,625	4.4	32,906	4.3	27,226	4.0
7	シンガポール		シンガポール		シンガポール		ドイツ		シンガポール	
	21,546	3.1	25,406	3.2	25,841	3.2	22,051	2.9	18,876	2.8
8	ドイツ		ドイツ		ドイツ		シンガポール		ドイツ	
	19,171	2.7	21,246	2.7	23,056	2.8	21,988	2.9	18,752	2.7
9	オーストラリア		オーストラリア		オーストラリア		ベトナム		ベトナム	
	15,321	2.2	17,956	2.3	18,862	2.3	17,971	2.3	18,258	2.7
10	英国		ベトナム		ベトナム		オーストラリア		マレーシア	
	14,834	2.1	16,881	2.2	18,142	2.2	15,798	2.1	13,435	2.0

8 日本の貿易（続き）
(1) 貿易相手国上位10か国の推移（暦年ベース）（続き）
ウ 輸入

区分	2016（平成28年）		2017（29）		2018（30）		2019（令和元）		2020（2）	
	国名		国名		国名		国名		国名	
	金額	割合	金額	割合	金額	割合	金額	割合	金額	割合
	億円	%	億円	%	億円	%	億円	%	億円	%
輸入総額（順位）	660,420	100.0	753,792	100.0	827,033	100.0	785,995	100.0	678,371	100.0
1	中国		中国		中国		中国		中国	
	170,190	25.8	184,593	24.5	191,937	23.2	184,537	23.5	174,931	25.8
2	米国		米国		米国		米国		米国	
	73,221	11.1	80,903	10.7	90,149	10.9	86,402	11.0	74,369	11.0
3	オーストラリア		オーストラリア		オーストラリア		オーストラリア		オーストラリア	
	33,211	5.0	43,650	5.8	50,528	6.1	49,576	6.3	38,211	5.6
4	韓国		韓国		サウジアラビア		韓国		台湾	
	27,221	4.1	31,527	4.2	37,329	4.5	32,271	4.1	28,591	4.2
5	台湾		サウジアラビア		韓国		サウジアラビア		韓国	
	24,953	3.8	31,150	4.1	35,505	4.3	30,158	3.8	28,398	4.2
6	ドイツ		台湾		アラブ首長国連邦		台湾		タイ	
	23,945	3.6	28,478	3.8	30,463	3.7	29,276	3.7	25,387	3.7
7	タイ		ドイツ		台湾		アラブ首長国連邦		ベトナム	
	21,897	3.3	26,272	3.5	29,975	3.6	28,555	3.6	23,537	3.5
8	サウジアラビア		タイ		ドイツ		タイ		ドイツ	
	21,249	3.2	25,502	3.4	28,693	3.5	27,651	3.5	22,660	3.3
9	インドネシア		アラブ首長国連邦		タイ		ドイツ		サウジアラビア	
	19,889	3.0	23,288	3.1	27,707	3.4	27,226	3.5	19,696	2.9
10	アラブ首長国連邦		インドネシア		インドネシア		ベトナム		アラブ首長国連邦	
	18,802	2.8	22,307	3.0	23,789	2.9	24,509	3.1	17,506	2.6

(2) 品目別輸出入額の推移（暦年ベース）
ア 輸出額

単位：兆円

区分	平成29年 (2017年)	30 (2018)	令和元 (2019)	2 (2020)	備考（令和2年）
輸出総額	78.3	81.5	76.9	68.4	
1) 食料品	0.6	0.7	0.8	0.8	
原料品	1.1	1.2	1.0	1.0	
鉱物性燃料	1.1	1.3	1.4	0.7	
化学製品	8.2	8.9	8.7	8.5	
原料別製品	8.7	9.1	8.4	7.5	鉄鋼 2.6兆円
					非鉄金属 1.6兆円
一般機械	15.7	16.5	15.1	13.1	原動機 2.2兆円
					半導体等製造装置 2.5兆円
					ポンプ・遠心分離機 1.2兆円
電気機器	13.7	14.1	13.2	12.8	半導体等電子部品 4.1兆円
					電気回路等の機器 1.7兆円
					電気計測機器 1.5兆円
輸送用機器	18.2	18.9	18.1	14.5	自動車 9.6兆円
					自動車の部分品 2.9兆円
					船舶 1.1兆円
					航空機類 0.3兆円
その他	10.9	10.7	10.2	9.4	科学光学機器 2.0兆円
					写真用・映画用材料 0.5兆円

資料：財務省関税局「貿易統計」
注：令和2年値は、確々報値（暫定値）で月別値の合計である。
　　1)は、飲料及びたばこを含む。

8 日本の貿易（続き）
(2) 品目別輸出入額の推移（暦年ベース）（続き）
イ 輸入額

単位：兆円

区分	平成29年 (2017年)	30 (2018)	令和元 (2019)	2 (2020)	備考（令和2年）
輸入総額	75.4	82.7	78.6	67.8	
1) 食料品	7.0	7.2	7.2	6.7	肉類 1.4兆円
原料品	4.7	5.0	4.9	4.6	非鉄金属鉱 1.4兆円
鉱物性燃料	15.8	19.3	17.0	11.3	原粗油 4.6兆円
					液化天然ガス 3.2兆円
					石炭 1.7兆円
					石油製品 1.2兆円
化学製品	7.6	8.6	8.2	7.8	医薬品 3.2兆円
					有機化合物 1.6兆円
原料別製品	6.8	7.5	7.1	6.6	非鉄金属 1.7兆円
一般機械	7.2	7.9	7.6	7.0	電算機器(含周辺機器) 2.4兆円
					原動機 0.9兆円
電気機器	12.0	12.3	12.0	11.3	通信機 2.8兆円
					半導体等電子部品 2.5兆円
輸送用機器	3.2	3.5	3.6	2.6	自動車 1.2兆円
その他	10.9	11.4	11.2	10.0	衣類・同付属品 2.7兆円
					科学光学機器 1.7兆円

資料：財務省関税局「貿易統計」
注：令和2年値は、確々報値（暫定値）で月別値の合計である。
　　1)は、飲料及びたばこを含む。

(3) 州別輸出入額

単位：10億円

年次	総額	アジア州	ヨーロッパ州	北アメリカ州	南アメリカ州	アフリカ州	大洋州
輸出							
平成28年	70,036	39,806	9,351	17,203	828	839	2,010
29	78,286	45,359	10,440	18,392	951	843	2,301
30	81,479	47,312	10,966	18,827	1,072	900	2,402
令和元	76,932	43,801	10,650	18,434	1,009	984	2,053
2	**68,400**	**41,117**	**9,078**	**14,996**	**674**	**848**	**1,688**
輸入							
平成28年	66,042	39,767	10,578	9,303	1,754	798	3,843
29	75,379	45,414	11,584	10,376	2,105	931	4,969
30	82,703	49,775	12,734	11,399	2,145	991	5,659
令和元	78,600	46,384	12,607	10,935	2,168	918	5,587
2	**67,837**	**40,292**	**10,721**	**9,553**	**2,001**	**921**	**4,348**

資料：財務省関税局「貿易統計」
注：令和2年値は、確々報値（暫定値）で月別値の合計である。

(4) 農林水産物輸出入概況

区分	平成28年 (2016年)	29 (2017)	30 (2018)	令和元 (2019)	2 (2020)	
					実数	対前年増減率
	100万円	100万円	100万円	100万円	100万円	%
1) 輸出 （FOB）						
総額 （A）	70,035,770	78,286,457	81,478,753	76,931,665	68,400,483	△ 11.1
農林水産物計 （B）	750,214	807,060	906,757	912,095	925,681	1.5
農産物	459,349	496,645	566,061	587,753	655,185	11.5
林産物	26,817	35,489	37,602	37,038	42,893	15.8
水産物	264,048	274,925	303,095	287,305	227,603	△ 20.8
総額に対する割合 (B)／(A) (%)	1.1	1.0	1.1	1.2	1.4	
2) 輸入 （CIF）						
総額 （C）	66,041,974	75,379,231	82,703,304	78,599,510	67,837,102	△ 13.7
農林水産物計 （D）	8,547,960	9,373,216	9,668,791	9,519,761	8,894,201	△ 6.6
農産物	5,827,307	6,425,870	6,621,999	6,594,559	6,212,541	△ 5.8
林産物	1,122,787	1,172,217	1,255,818	1,184,811	1,217,696	2.8
水産物	1,597,866	1,775,129	1,790,974	1,740,391	1,463,965	△ 15.9
総額に対する割合 (D)／(C) (%)	12.9	12.4	11.7	12.1	13.1	－
貿易収支 （A－C）	3,993,796	2,907,226	△ 1,224,552	△1,667,845	563,381	－
うち農林水産物 （B－D）	△ 7,797,746	△ 8,566,156	△ 8,762,033	△8,607,665	△7,968,521	－

資料：農林水産省輸出・国際局「農林水産物輸出入概況」（以下(6)まで同じ。）
注：財務省が発表している「貿易統計」を基に、我が国の農林水産物輸出入概況を取りまとめたものである。
　　1)は、FOB価格（free on board、運賃・保険料を含まない価格）である。
　　2)は、CIF価格（cost, insurance and freight、運賃・保険料込みの価格）である。

8 日本の貿易（続き）
(5) 農林水産物の主要国・地域別輸出入実績
ア 輸出額

順位		国・地域名		平成28年(2016年)		29(2017)	
令和元	2			輸出額	構成比	輸出額	構成比
				100万円	%	100万円	%
1	1	香港	(1)	185,300	24.7	187,690	23.3
2	2	中華人民共和国	(2)	89,872	12.0	100,715	12.5
3	3	アメリカ合衆国	(3)	104,461	13.9	111,547	13.8
4	4	台湾	(4)	93,080	12.4	83,784	10.4
6	5	ベトナム	(5)	32,291	4.3	39,516	4.9
5	6	大韓民国	(6)	51,126	6.8	59,669	7.4
7	7	タイ	(7)	32,900	4.4	39,057	4.8
8	8	シンガポール	(8)	23,387	3.1	26,131	3.2
9	9	オーストラリア	(9)	12,364	1.6	14,805	1.8
10	10	フィリピン	(10)	11,540	1.5	14,375	1.8
11	11	オランダ	(11)	11,417	1.5	13,425	1.7
14	12	マレーシア	(12)	7,335	1.0	7,669	1.0
12	13	カナダ	(13)	8,325	1.1	9,764	1.2
13	14	カンボジア	(14)	3,501	0.5	5,789	0.7
17	15	インドネシア	(15)	6,134	0.8	6,485	0.8
15	16	フランス	(16)	6,491	0.9	7,212	0.9
16	17	ドイツ	(17)	6,673	0.9	6,710	0.8
21	18	ロシア	(18)	3,133	0.4	3,873	0.5
18	19	英国	(19)	6,129	0.8	7,156	0.9
23	20	アラブ首長国連邦	(20)	5,486	0.7	6,533	0.8
	参考	EU(28か国)	(21)	42,277	5.6	45,249	5.6
		金額上位20か国計	(22)	700,944	93.4	751,906	93.2
		農林水産物計	(23)	750,214	100.0	807,060	100.0

イ 輸入額

順位		国・地域名		平成28年(2016年)		29(2017)	
令和元年	2			輸入額	構成比	輸入額	構成比
				100万円	%	100万円	%
1	1	アメリカ合衆国	(1)	1,577,732	18.5	1,711,605	18.3
2	2	中華人民共和国	(2)	1,164,234	13.6	1,210,978	12.9
3	3	カナダ	(3)	508,884	6.0	562,739	6.0
4	4	タイ	(4)	518,387	6.1	569,389	6.1
5	5	オーストラリア	(5)	486,076	5.7	538,619	5.7
9	6	ベトナム	(6)	230,357	2.7	262,757	2.8
6	7	ブラジル	(7)	320,109	3.7	298,394	3.2
7	8	インドネシア	(8)	304,241	3.6	363,181	3.9
8	9	イタリア	(9)	158,044	1.8	288,511	3.1
10	10	大韓民国	(10)	227,668	2.7	273,499	2.9
11	11	チリ	(11)	227,828	2.7	270,929	2.9
12	12	フィリピン	(12)	227,235	2.7	227,475	2.4
14	13	ニュージーランド	(13)	193,072	2.3	209,019	2.2
13	14	フランス	(14)	191,710	2.2	209,212	2.2
15	15	マレーシア	(15)	196,815	2.3	205,569	2.2
16	16	ロシア	(16)	169,870	2.0	187,114	2.0
17	17	メキシコ	(17)	115,923	1.4	123,447	1.3
18	18	スペイン	(18)	105,521	1.2	123,618	1.3
19	19	ノルウェー	(19)	105,137	1.2	105,982	1.1
20	20	台湾	(20)	95,842	1.1	103,580	1.1
	参考	EU(28か国)	(21)	1,103,479	12.9	1,317,083	14.1
		金額上位20か国計	(22)	7,124,683	83.3	7,845,615	83.7
		農林水産物計	(23)	8,547,960	100.0	9,373,216	100.0

30(2018)		令和元(2019)		2 (2020)			
輸出額	構成比	輸出額	構成比	輸出額	構成比	対前年増減率	
100万円	%	100万円	%	100万円	%	%	
211,501	23.3	203,684	22.3	206,608	22.3	1.4	(1)
133,756	14.8	153,679	16.8	164,526	17.8	7.1	(2)
117,644	13.0	123,785	13.6	119,173	12.9	△3.7	(3)
90,342	10.0	90,384	9.9	98,053	10.6	8.5	(4)
45,790	5.0	45,385	5.0	53,482	5.8	17.8	(5)
63,479	7.0	50,144	5.5	41,512	4.5	△17.2	(6)
43,518	4.8	39,504	4.3	40,257	4.3	1.9	(7)
28,370	3.1	30,566	3.4	29,643	3.2	△3.0	(8)
16,129	1.8	17,383	1.9	16,526	1.8	△4.9	(9)
16,546	1.8	15,384	1.7	15,401	1.7	0.1	(10)
13,777	1.5	14,352	1.6	14,231	1.5	△0.8	(11)
8,648	1.0	10,600	1.2	12,197	1.3	15.1	(12)
10,009	1.1	10,988	1.2	10,913	1.2	△0.7	(13)
7,469	0.8	10,873	1.2	10,599	1.1	△2.5	(14)
6,716	0.7	6,914	0.8	7,844	0.8	13.5	(15)
7,452	0.8	7,880	0.9	7,703	0.8	△2.3	(16)
7,220	0.8	7,219	0.8	7,451	0.8	3.2	(17)
5,011	0.6	3,612	0.4	6,793	0.7	88.1	(18)
7,202	0.8	6,787	0.7	5,589	0.6	△17.7	(19)
3,370	0.4	3,460	0.4	3,584	0.4	3.6	(20)
47,918	5.3	49,438	5.4	49,296	5.3	△0.3	(21)
843,950	93.1	852,582	93.5	872,083	94.2	2.3	(22)
906,757	100.0	912,095	100.0	925,681	100.0	1.5	(23)

30(2018)		令和元(2019)		2 (2020)			
輸入額	構成比	輸入額	構成比	輸入額	構成比	対前年増減率	
100万円	%	100万円	%	100万円	%	%	
1,807,695	18.7	1,647,011	17.3	1,557,779	17.5	△5.4	(1)
1,247,749	12.9	1,190,996	12.5	1,190,784	13.4	0.0	(2)
587,478	6.1	569,486	6.0	519,349	5.8	△8.8	(3)
571,550	5.9	566,117	5.9	519,296	5.8	△8.3	(4)
570,337	5.9	546,299	5.7	454,326	5.1	△16.8	(5)
276,353	2.9	296,534	3.1	342,446	3.9	15.5	(6)
262,507	2.7	362,068	3.8	339,849	3.8	△6.1	(7)
371,431	3.8	357,090	3.8	333,237	3.7	△6.7	(8)
328,141	3.4	303,270	3.2	311,827	3.5	2.8	(9)
277,858	2.9	289,127	3.0	278,023	3.1	△3.8	(10)
269,868	2.8	276,679	2.9	249,762	2.8	△9.7	(11)
240,013	2.5	241,038	2.5	219,498	2.5	△8.9	(12)
213,082	2.2	224,534	2.4	209,322	2.4	△6.8	(13)
217,434	2.2	226,414	2.4	198,769	2.2	△12.2	(14)
198,398	2.1	191,552	2.0	178,457	2.0	△6.8	(15)
201,263	2.1	184,216	1.9	152,970	1.7	△17.0	(16)
132,795	1.4	143,615	1.5	137,388	1.5	△4.3	(17)
127,598	1.3	135,872	1.4	120,155	1.4	△11.6	(18)
106,768	1.1	110,448	1.2	96,993	1.1	△12.2	(19)
103,896	1.1	101,974	1.1	90,539	1.0	△11.2	(20)
1,376,317	14.2	1,393,506	14.6	1,280,278	14.4	△8.1	(21)
8,112,217	83.9	7,964,338	83.7	7,500,770	84.3	△5.8	(22)
9,668,791	100.0	9,519,761	100.0	8,894,201	100.0	△6.6	(23)

8 日本の貿易（続き）
(6) 主要農林水産物の輸出入実績（令和2年金額上位20品目）
ア 輸出数量・金額

農林水産物順位	区分	単位	数量	金額	農林水産物順位	区分	単位	数量	金額
				100万円					100万円
1	アルコール飲料				6	さば（生鮮・冷蔵・冷凍）			
	平成28年（2016）	kl	124,710	42,996		平成28年（2016）	t	210,675	17,986
	29 （2017）	〃	168,938	54,503		29 （2017）	〃	232,084	21,885
	30 （2018）	〃	175,495	61,827		30 （2018）	〃	249,517	26,690
	令和元 （2019）	〃	152,983	66,083		令和元 （2019）	〃	169,458	20,612
	2 （2020）	〃	113,945	71,030		2 （2020）	〃	171,739	20,444
	中華人民共和国	〃	18,907	17,292		ベトナム	〃	47,155	5,987
	アメリカ合衆国	〃	12,676	13,840		タイ	〃	28,429	3,067
	香港	〃	9,668	9,975		エジプト	〃	20,480	2,484
2	ソース混合調味料				7	かつお・まぐろ類（生鮮・冷蔵・冷凍）			
	平成28年（2016）	t	51,931	27,372		平成28年（2016）	t	24,236	9,794
	29 （2017）	〃	55,156	29,590		29 （2017）	〃	37,434	14,262
	30 （2018）	〃	60,097	32,539		30 （2018）	〃	56,076	17,943
	令和元 （2019）	〃	63,191	33,657		令和元 （2019）	〃	41,654	15,261
	2 （2020）	〃	66,350	36,542		2 （2020）	〃	63,910	20,388
	アメリカ合衆国	〃	12,349	7,860		タイ	〃	41,763	9,578
	台湾	〃	13,483	6,685		ベトナム	〃	11,125	3,786
	香港	〃	6,529	3,492		香港	〃	306	1,596
3	清涼飲料水				8	菓子（米菓を除く）			
	平成28年（2016）	kl	86,860	19,431		平成28年（2016）	t	13,883	18,162
	29 （2017）	〃	104,979	24,505		29 （2017）	〃	13,694	18,222
	30 （2018）	〃	109,560	28,167		30 （2018）	〃	14,998	20,364
	令和元 （2019）	〃	126,747	30,391		令和元 （2019）	〃	14,423	20,156
	2 （2020）	〃	145,238	34,164		2 （2020）	〃	13,503	18,809
	中華人民共和国	〃	28,763	9,825		中華人民共和国	〃	3,251	5,137
	香港	〃	21,403	5,114		香港	〃	3,537	5,019
	アメリカ合衆国	〃	24,109	4,594		台湾	〃	1,835	2,458
4	ホタテ貝（生鮮・冷蔵・冷凍・塩蔵・乾燥）				9	なまこ（調製）			
	平成28年（2016）	t	62,301	54,834		平成28年（2016）	t	…	…
	29 （2017）	〃	47,817	46,254		29 （2017）	〃	749	20,740
	30 （2018）	〃	84,443	47,675		30 （2018）	〃	627	21,070
	令和元 （2019）	〃	84,004	44,672		令和元 （2019）	〃	613	20,775
	2 （2020）	〃	77,582	31,446		2 （2020）	〃	671	18,117
	中華人民共和国	〃	60,646	14,614		香港	〃	487	15,402
	台湾	〃	2,500	5,695		台湾	〃	56	1,455
	大韓民国	〃	9,062	3,235		中華人民共和国	〃	110	949
5	牛肉				10	ぶり（生鮮・冷蔵・冷凍）			
	平成28年（2016）	t	1,909	13,552		平成28年（2016）	t	8,036	13,473
	29 （2017）	〃	2,707	19,156		29 （2017）	〃	9,047	15,380
	30 （2018）	〃	3,560	24,731		30 （2018）	〃	9,000	15,765
	令和元 （2019）	〃	4,340	29,675		令和元 （2019）	〃	29,509	22,920
	2 （2020）	〃	4,845	28,874		2 （2020）	〃	37,673	17,262
	カンボジア	〃	1,175	7,734		アメリカ合衆国	〃	5,600	9,587
	香港	〃	1,091	5,405		ベトナム	〃	17,910	2,747
	アメリカ合衆国	〃	525	4,196		中華人民共和国	〃	6,066	1,238

注：品目ごとの国（地域）は、令和2年の品目ごとの輸出金額の上位3位までを掲載した。

アメリカ合衆国

農林水産物順位	区分	単位	数量	金額	農林水産物順位	区分	単位	数量	金額
				100万円					100万円
11	丸太				16	りんご			
	平成28年 (2016)	千㎥	650	8,466		平成28年 (2016)	t	32,458	13,299
	29 (2017)	〃	971	13,683		29 (2017)	〃	28,724	10,948
	30 (2018)	〃	1,137	14,800		30 (2018)	〃	34,236	13,970
	令和元 (2019)	〃	1,130	14,714		令和元 (2019)	〃	35,888	14,492
	2 (2020)	〃	1,384	16,339		2 (2020)	〃	26,927	10,702
	中華人民共和国	〃	1,157	13,029		台湾	〃	18,279	7,094
	大韓民国	〃	120	1,816		香港	〃	7,068	2,895
	台湾	〃	83	1,059		タイ	〃	806	309
12	緑茶				17	スープ ブロス			
	平成28年 (2016)	t	4,108	11,551		平成28年 (2016)	t	13,050	8,334
	29 (2017)	〃	4,642	14,357		29 (2017)	〃	15,580	9,498
	30 (2018)	〃	5,102	15,333		30 (2018)	〃	18,667	11,510
	令和元 (2019)	〃	5,108	14,642		令和元 (2019)	〃	17,624	10,982
	2 (2020)	〃	5,274	16,188		2 (2020)	〃	16,610	10,673
	アメリカ合衆国	〃	1,941	8,436		アメリカ合衆国	〃	2,657	2,207
	台湾	〃	1,407	1,550		台湾	〃	3,018	1,718
	ドイツ	〃	307	1,162		香港	〃	2,509	1,393
13	たばこ				18	植木等			
	平成28年 (2016)	t	14,550	21,873		平成28年 (2016)		…	8,033
	29 (2017)	〃	8,491	13,820		29 (2017)		…	12,632
	30 (2018)	〃	7,170	18,513		30 (2018)		…	11,962
	令和元 (2019)	〃	5,574	16,375		令和元 (2019)		…	9,288
	2 (2020)	〃	6,565	14,203		2 (2020)		…	10,552
	香港	〃	1,440	7,879		中華人民共和国		…	6,648
	台湾	〃	569	2,544		ベトナム		…	2,156
	中華人民共和国	〃	65	1,351		香港		…	988
14	粉乳				19	練り製品			
	平成28年 (2016)	t	5,026	7,728		平成28年 (2016)	t	11,146	9,272
	29 (2017)	〃	5,357	8,398		29 (2017)	〃	11,451	9,520
	30 (2018)	〃	5,953	8,827		30 (2018)	〃	12,957	10,667
	令和元 (2019)	〃	7,449	11,263		令和元 (2019)	〃	12,776	11,168
	2 (2020)	〃	9,524	13,714		2 (2020)	〃	11,639	10,382
	ベトナム	〃	5,592	9,123		アメリカ合衆国	〃	3,265	3,108
	台湾	〃	1,662	1,617		香港	〃	3,367	2,659
	香港	〃	692	1,232		中華人民共和国	〃	2,186	2,226
15	播種用の種等				20	インスタントコーヒー			
	平成28年 (2016)	t	1,352	14,623		平成28年 (2016)	t	1,457	2,419
	29 (2017)	〃	1,222	15,166		29 (2017)	〃	1,365	2,363
	30 (2018)	〃	1,002	12,751		30 (2018)	〃	1,482	2,792
	令和元 (2019)	〃	990	13,108		令和元 (2019)	〃	2,014	3,493
	2 (2020)	〃	898	12,516		2 (2020)	〃	6,170	9,231
	中華人民共和国	〃	220	3,419		ロシア	〃	2,438	2,922
	アメリカ合衆国	〃	56	1,242		中華人民共和国	〃	950	2,135
	デンマーク	〃	1	1,062		アメリカ合衆国	〃	1,490	1,940

8 日本の貿易（続き）
(6) 主要農林水産物の輸出入実績（令和2年金額上位20品目）（続き）
    イ　輸入数量・金額

農林水産物順位	区分	単位	数量	金額	農林水産物順位	区分	単位	数量	金額
				100万円					100万円
1	たばこ				6	アルコール飲料			
	平成28年 (2016)	t	129,691	439,597		平成28年 (2016)	kl	669,273	266,637
	29 (2017)	〃	125,888	529,660		29 (2017)	〃	674,899	286,763
	30 (2018)	〃	119,339	589,391		30 (2018)	〃	596,358	292,552
	令和元 (2019)	〃	117,652	598,699		令和元 (2019)	〃	582,447	305,597
	2 (2020)	〃	108,990	580,975		2 (2020)	〃	522,563	256,223
	イタリア	〃	18,101	193,326		フランス	〃	66,694	99,946
	大韓民国	〃	21,760	105,333		英国	〃	35,290	31,145
	セルビア	〃	9,809	61,927		アメリカ合衆国	〃	42,628	29,442
2	豚肉				7	鶏肉調製品			
	平成28年 (2016)	t	861,182	452,830		平成28年 (2016)	t	422,149	209,748
	29 (2017)	〃	932,069	491,047		29 (2017)	〃	486,935	252,135
	30 (2018)	〃	924,993	486,795		30 (2018)	〃	513,789	267,049
	令和元 (2019)	〃	958,997	505,078		令和元 (2019)	〃	512,642	263,773
	2 (2020)	〃	891,848	475,106		2 (2020)	〃	469,734	237,907
	アメリカ合衆国	〃	254,336	133,328		タイ	〃	304,954	161,553
	カナダ	〃	233,421	124,020		中華人民共和国	〃	159,255	73,853
	スペイン	〃	103,684	56,376		ベトナム	〃	2,035	1,145
3	牛肉				8	さけ・ます（生鮮・冷蔵・冷凍）			
	平成28年 (2016)	t	504,384	288,764		平成28年 (2016)	t	230,149	179,534
	29 (2017)	〃	573,978	350,476		29 (2017)	〃	226,593	223,529
	30 (2018)	〃	608,551	384,716		30 (2018)	〃	235,131	225,671
	令和元 (2019)	〃	616,435	385,119		令和元 (2019)	〃	240,941	221,816
	2 (2020)	〃	601,132	357,372		2 (2020)	〃	250,762	199,609
	オーストラリア	〃	263,313	162,214		チリ	〃	167,368	120,216
	アメリカ合衆国	〃	255,077	150,702		ノルウェー	〃	37,065	44,849
	カナダ	〃	38,021	17,881		ロシア	〃	27,436	18,898
4	とうもろこし				9	木材チップ			
	平成28年 (2016)	千t	15,342	333,154		平成28年 (2016)	千t	11,900	232,469
	29 (2017)	〃	15,306	345,799		29 (2017)	〃	12,170	236,339
	30 (2018)	〃	15,802	372,183		30 (2018)	〃	12,449	251,996
	令和元 (2019)	〃	15,983	384,109		令和元 (2019)	〃	12,171	260,013
	2 (2020)	〃	15,770	351,591		2 (2020)	〃	9,491	187,706
	アメリカ合衆国	〃	10,006	224,557		ベトナム	〃	3,306	55,782
	ブラジル	〃	5,527	120,493		オーストラリア	〃	1,476	33,139
	南アフリカ共和国	〃	152	3,106		チリ	〃	1,419	32,498
5	生鮮・乾燥果実				10	冷凍野菜			
	平成28年 (2016)	t	1,721,221	317,464		平成28年 (2016)	t	944,811	169,863
	29 (2017)	〃	1,749,744	324,809		29 (2017)	〃	1,010,554	187,689
	30 (2018)	〃	1,790,047	347,827		30 (2018)	〃	1,053,718	195,680
	令和元 (2019)	〃	1,830,003	347,049		令和元 (2019)	〃	1,091,248	201,473
	2 (2020)	〃	1,864,791	346,894		2 (2020)	〃	1,033,989	187,074
	フィリピン	〃	961,249	95,001		中華人民共和国	〃	473,034	88,981
	アメリカ合衆国	〃	228,203	91,569		アメリカ合衆国	〃	311,928	45,662
	ニュージーランド	〃	115,755	49,112		タイ	〃	46,124	11,967

注：品目ごとの国（地域）は、令和2年の品目ごとの輸入金額の上位3位までを掲載した。

農林水産物順位	区分	単位	数量	金額	農林水産物順位	区分	単位	数量	金額
				100万円					100万円
11	製材				16	ナチュラルチーズ			
	平成28年 (2016)	千㎥	6,315	231,476		平成28年 (2016)	t	248,399	101,121
	29 (2017)	〃	6,323	250,953		29 (2017)	〃	263,437	124,770
	30 (2018)	〃	5,968	258,419		30 (2018)	〃	276,177	136,179
	令和元 (2019)	〃	5,700	229,387		令和元 (2019)	〃	293,570	138,536
	2 (2020)	〃	4,933	184,475		2 (2020)	〃	282,507	130,725
	カナダ	〃	1,180	46,325		オーストラリア	〃	71,914	31,335
	ロシア	〃	812	30,933		ニュージーランド	〃	59,069	26,319
	フィンランド	〃	786	23,161		アメリカ合衆国	〃	36,202	18,209
12	小麦				17	鶏肉			
	平成28年 (2016)	千t	5,447	148,009		平成28年 (2016)	t	551,181	121,304
	29 (2017)	〃	5,706	171,467		29 (2017)	〃	569,466	150,911
	30 (2018)	〃	5,652	181,103		30 (2018)	〃	560,321	131,260
	令和元 (2019)	〃	5	161		令和元 (2019)	〃	562,888	135,675
	2 (2020)	〃	5,374	162,764		2 (2020)	〃	534,995	117,267
	アメリカ合衆国	〃	2,632	76,411		ブラジル	〃	396,970	79,086
	カナダ	〃	1,938	59,455		タイ	〃	123,614	35,408
	オーストラリア	〃	797	26,431		アメリカ合衆国	〃	12,137	2,170
13	かつお・まぐろ類 (生鮮・冷蔵・冷凍)				18	コーヒー豆 (生豆)			
	平成28年 (2016)	t	238,246	189,115		平成28年 (2016)	t	435,140	143,353
	29 (2017)	〃	247,448	205,313		29 (2017)	〃	406,330	149,169
	30 (2018)	〃	221,216	200,102		30 (2018)	〃	401,144	127,636
	令和元 (2019)	〃	219,530	190,906		令和元 (2019)	〃	436,546	125,290
	2 (2020)	〃	210,584	160,323		2 (2020)	〃	391,611	113,347
	台湾	〃	57,073	30,941		ブラジル	〃	116,816	32,451
	中華人民共和国	〃	31,465	20,111		コロンビア	〃	60,430	22,602
	大韓民国	〃	19,100	17,958		ベトナム	〃	100,311	17,567
14	えび (活・生鮮・冷蔵・冷凍)				19	菜種			
	平成28年 (2016)	t	167,380	198,730		平成28年 (2016)	千t	2,366	113,376
	29 (2017)	〃	174,939	220,481		29 (2017)	〃	2,441	129,334
	30 (2018)	〃	158,488	194,108		30 (2018)	〃	2,337	124,270
	令和元 (2019)	〃	159,079	182,774		令和元 (2019)	〃	2,359	112,531
	2 (2020)	〃	150,406	160,032		2 (2020)	〃	2,252	103,041
	ベトナム	〃	28,673	34,184		カナダ	〃	2,194	99,761
	インド	〃	37,430	32,507		オーストラリア	〃	59	3,260
	インドネシア	〃	23,316	26,667		中華人民共和国	〃	0	10
15	大豆				20	牛の臓器・舌			
	平成28年 (2016)	千t	3,131	166,042		平成28年 (2016)	千㎥	66,171	83,042
	29 (2017)	〃	3,218	173,527		29 (2017)	〃	69,443	87,172
	30 (2018)	〃	3,236	170,090		30 (2018)	〃	72,820	87,359
	令和元 (2019)	〃	3,392	167,316		令和元 (2019)	〃	79,343	99,339
	2 (2020)	〃	3,163	159,160		2 (2020)	〃	76,719	96,019
	アメリカ合衆国	〃	2,376	115,828		アメリカ合衆国	〃	42,605	63,753
	カナダ	〃	313	22,141		オーストラリア	〃	16,400	16,553
	ブラジル	〃	448	18,463		カナダ	〃	5,719	6,767

Ⅱ　海外

1　農業関係指標の国際比較

項目	単位	米国	カナダ	EU-27	フランス	ドイツ	英国
基本指標							
人口	万人	32,710	3,707	44,454	6,499	8,312	6,714
国土面積	100万ha	983	988	417	55	36	24
名目GDP（暦年）	億米ドル	214,332	17,415	156,303	27,155	38,611	28,264
実質GDP成長率（暦年）	％	2.2	1.9	1.7	1.5	0.6	1.4
消費者物価上昇率	〃	1.8	1.9	1.4	1.3	1.4	1.8
失業率	〃	3.7	5.7	7.6	8.5	3.2	3.8
農業指標							
農林水産業総生産	億米ドル	1,754	318	2,507	434	279	166
名目GDP対比	％	0.8	1.8	1.6	1.6	0.7	0.6
農林水産業就業者数	万人	219	29	883	70	51	35
全産業就業者数対比	％	1.4	1.5	4.4	2.5	1.2	1.0
農用地面積	100万ha	406	58	164	29	17	17
耕地面積	〃	160	39	111	19	12	6
		(2017年)	(2016年)	(2016年)	(2016年)	(2016年)	(2016年)
農業経営体数	万戸	204.2	19.3	1,028.3	45.7	27.6	18.5
平均経営面積	ha／戸	178.5	332.0	15.2	60.9	60.5	90.1
国民一人当たり農用地面積	ha／人	1.24	1.57	0.37	0.44	0.20	0.26
農用地の国土面積対比	％	41.3	5.9	39.2	52.1	46.2	72.3
農産物自給率		(2017年)	(2017年)	－	(2017年)	(2017年)	(2017年)
穀物	％	119	178	－	170	112	94
うち食用	〃	148	284	－	172	121	92
小麦	〃	148	297	－	187	131	97
いも類	〃	103	159	－	136	121	90
豆類	〃	193	312	－	84	16	46
肉類	〃	113	139	－	100	112	72
牛乳・乳製品	〃	112	101	－	118	118	90
砂糖	〃	75	11	－	222	154	58
野菜	〃	87	61	－	72	46	46
果実	〃	73	22	－	62	27	10
貿易							
総輸出額	億米ドル	16,443	4,461	55,186	5,564	14,933	4,683
農産物輸出額	〃	1,397	453	5,338	666	779	282
総輸出額対比	％	8.5	10.2	9.7	12.0	5.2	6.0
総輸入額	億米ドル	25,675	4,534	52,728	6,432	12,399	6,925
農産物輸入額	〃	1,422	349	4,704	550	906	571
総輸入額対比	％	5.5	7.7	8.9	8.6	7.3	8.2
貿易収支	億米ドル	△ 9,232	△ 73	2,457	△ 868	2,534	△ 2,242
農産物貿易収支	〃	△ 26	104	634	115	△ 127	△ 289
農業予算額		(2019年)	(2019-20年)	(2019年)	(2019年)	(2019年)	(2019年)
		億米ドル	億加ドル	億ユーロ	億ユーロ	億ユーロ	億ポンド
各国通貨ベース	－	511	26	584	149	70	42
円ベース	億円	55,699	2,110	71,280	18,151	8,482	5,896
国家予算対比	％	1.1	0.7	－	4.5	2.0	0.5
農業生産額対比	〃	12.5	3.4	14.0	19.3	11.9	13.7
為替レート		米ドル	加ドル	ユーロ	ユーロ	ユーロ	ポンド
2020年	円	106.77	79.66	122.40	122.40	122.40	137.45
2019年	〃	109.01	82.16	122.04	122.04	122.04	139.42
2018年	〃	110.42	85.23	130.16	130.16	130.16	146.85

資料：FAO「FAOSTAT」（2021年6月10日現在）、UN「National Accounts Main Aggregates Database」（2021年6月10日現在）、
「Comtrade Database」（2021年6月10日現在）、IMF「World Economic Outlook Database April 2021」、ILO「ILOSTAT」
（2021年6月10日現在）、農林水産省大臣官房統計部「農林業センサス」、農林水産省大臣官房政策課食料安全保障室
「食料需給表」、内閣府「海外経済データ」、三菱UFJリサーチ＆コンサルティング「外国為替相場」、
「輸出・国際局資料」。中国は、香港、マカオ及び台湾を除く。

注：　耕地面積（Cropland area）は、耕作可能地面積（Arable area）と永年作物地面積（Land under permanent
crops area）の合計。

豪州	ニュージーランド	中国	韓国	日本	備考（項目ごとの資料について）
2,490	474	142,765	5,117	12,720	FAOSTAT、2018年。
774	27	956	10	38	FAOSTAT、2018年。内水面を含む。
13,802	2,068	143,429	16,465	50,825	National Accounts Main Aggregates Database、2019年。
1.9	2.4	5.8	2.0	0.3	World Economic Outlook Database、2019年。各国通貨ベース。
1.6	1.6	2.9	0.4	0.5	World Economic Outlook Database、2019年。
5.2	4.1	3.6	3.8	2.4	World Economic Outlook Database、2019年。
262	115	10,649	267	593	National Accounts Main Aggregates Database、2019年。
1.9	5.6	7.4	1.6	1.2	GDP(名目)における農林水産業部分である。
33	15	19,438	140	228	ILOSTAT、2019年。
2.6	5.8	25.3	5.1	3.4	ILOSTAT、2019年。
359	10	528	2	4	FAOSTAT、2018年。
31	1	135	2	4	
(2018-19年)	(2020年)	(2017年)	(2020年)	(2020年)	輸出・国際局資料、日本は農林業センサス。
8.9	4.9	18,890.0	100.7	107.6	
4,293.3	270.7	0.7	1.6	3.1	
14.41	2.21	0.37	0.03	0.03	
46.4	38.8	55.2	16.5	11.6	
(2017年)	–	–	–	(2019年度)	食料需給表。日本は、2019年度概算値。
345	–	–	–	28	
375	–	–	–	63	
402	–	–	–	16	
85	–	–	–	73	
512	–	–	–	7	
148	–	–	–	52	
130	–	–	–	59	
359	–	–	–	34	
92	–	–	–	79	
99	–	–	–	38	
2,664	396	24,986	5,422	7,056	Comtrade Database、2019年。FAOSTAT、2019年。
338	245	570	66	52	EUは域内貿易を含む。
12.7	61.9	2.3	1.2	0.7	
2,215	423	20,690	5,033	7,209	
147	48	1,340	275	590	
6.6	11.3	6.5	5.5	8.2	
449	△ 27	4,296	389	△ 152	
191	197	△ 769	△ 209	△ 538	輸出・国際局資料、EUは27カ国。米国・カナダ・フランス・ドイツ・英国・豪州・
(2019-20年)	(2019-20年)	(2019年)	(2019年)	(2019年)	ニュージーランド・中国は実績ベース。EU・韓国は当初予算ベース。日本は当
億豪ドル	億NZドル	億人民元	兆ウォン	億円	初予算ベース(一般会計)。米国の農業予算は、栄養支援プログラム(フードス
26	10	22,863	20	17,297	タンプ)を含まない。EUは共通農業政策予算であり、加盟各国予算の積み上
1,959	692	360,752	18,800	17,297	げではない。フランス、ドイツ、英国の農業予算は共通農業政策支出額であ
0.4	0.7	9.6	4.3	1.7	り、EUからの当該国分支出額を含む。豪州、ニュージーランド、中国、韓国
3.0	3.1	18.4	33.0	16.1	は、林業・水産業を含む。
豪ドル	NZドル	人民元	ウォン	–	外国為替相場。
73.67	71.40	15.47	0.09	–	
75.82	73.90	15.78	0.09	–	
82.57	78.50	16.69	0.10	–	

2　土地と人口
(1)　農用地面積（2018年）

単位：千ha

国名	1)陸地面積	2)耕地	3)永年作物地
世界	**13,028,122**	**1,394,979**	**169,942**
インド	297,319	156,416	13,000
アメリカ合衆国	914,742	157,737	2,700
ロシア	1,637,687	121,649	1,793
中国	938,821	118,900	16,000
ブラジル	835,814	55,762	7,756
カナダ	896,559	38,687	170
オーストラリア	769,202	30,974	332
インドネシア	187,752	26,300	25,000
ナイジェリア	91,077	34,000	6,500
アルゼンチン	273,669	39,200	1,068
日本	**36,450**	**4,142**	**278**

資料：総務省統計局「世界の統計 2021」（以下(2)まで同じ。）
注：1　土地利用の定義は国によって異なる場合がある。
　　2　日本を除き、耕地と永年作物地の合計が多い10か国を抜粋している。
　　1)は、内水面（主要な河川及び湖沼）及び沿岸水域を除いた総土地面積である。
　　2)は、一時的に作物の収穫が行われている土地、採草地、放牧地及び休閑地の合計。
　　3)は、ココア、コーヒーなどの収穫後の植替えが必要ない永年性作物を長期間にわ
　　　たり栽培・収穫している土地である。

(2)　世界人口の推移

単位：100万人

年次	1)世界			3)北アメリカ	南アメリカ	ヨーロッパ	アフリカ	オセアニア
		アジア	2)日本					
1950年	**2,536**	1,405	**84**	173	169	549	228	13
2000	**6,143**	3,741	**127**	312	522	726	811	31
2015	**7,380**	4,433	**127**	357	624	743	1,182	40
2030	**8,548**	4,974	**119**	391	706	741	1,688	48
2050	**9,735**	5,290	**102**	425	762	710	2,489	57

注：1)は、各年7月1日現在の推計人口及び将来推計人口（中位推計値）である。
　　2)は、各年10月1日現在の常住人口である。1950～2015年は国勢調査人口であり、2030年及
　　　び2050年は国立社会保障・人口問題研究所による将来推計人口（中位推計値）である。
　　　外国の軍人・外交官及びその家族を除く。
　　3)は、アメリカ合衆国，カナダ，グリーンランド，サンピエール島・ミクロン島及び
　　　バミューダ島のみの合計。

3　雇用
就業者の産業別構成比（2018年）

単位：%

国名	農林、漁業	鉱業	製造業	電気、ガス、水道	建設	1) 卸売・小売	宿泊、飲食	運輸、倉庫、通信	金融、保険	2) 不動産業、事業活動	3) その他
1) アメリカ	1.4	0.4	10.7	1.3	7.5	13.0	6.6	9.8	5.0	12.3	32.1
カナダ	1.9	1.5	9.3	0.8	7.6	16.5	6.6	6.9	4.4	13.9	30.6
フランス	2.5	0.1	11.7	1.6	6.7	12.7	3.9	8.3	3.3	11.3	38.0
ドイツ	1.3	0.2	19.1	1.4	6.7	13.9	3.8	8.2	3.0	11.2	31.3
イギリス	1.1	0.4	8.9	1.4	7.3	12.9	5.4	9.0	4.1	13.4	36.2
オーストラリア	2.6	1.9	7.9	1.2	9.3	14.3	7.1	8.7	3.5	11.4	31.9
ニュージーランド	5.9	0.2	9.8	0.9	9.4	14.5	6.0	8.1	2.9	13.2	29.3
韓国	5.0	0.1	16.8	0.7	7.6	13.9	8.4	8.4	3.1	10.9	25.1
日本	**3.4**	**0.0**	**16.3**	**0.9**	**7.5**	**16.5**	**6.2**	**8.9**	**2.8**	**10.1**	**27.2**

資料：労働政策研究・研修機構「データブック国際労働比較2019」
注：1　産業分類は、国際標準産業分類（ISIC-rev.4）による。
　　2　15歳以上を対象とした。
　　　1)は、自動車、オートバイ修理業を含む。
　　　2)は、専門、科学及び技術サービス、管理・支援サービス業を含む。
　　　3)は、雇い主としての世帯活動、並びに世帯による自家利用のための分別不能な材及び
　　　　サービス生産活動、治外法権期間及び団体の活動が対象。

4 食料需給
(1) 主要国の主要農産物の自給率

単位：％

国名	年次	穀類 2)	いも類	豆類	野菜類	果実類	肉類	卵類	牛乳・乳製品 3)	魚介類 4)	砂糖類	油脂類
アメリカ	2018	128	101	191	86	67	114	103	102	65	78	90
カナダ	2018	197	154	337	59	25	136	93	97	92	41	264
ドイツ	2018	101	134	11	42	37	122	71	106	27	118	93
スペイン	2018	71	62	15	210	129	152	113	89	59	34	79
フランス	2018	176	130	77	72	65	103	99	104	29	348	91
イタリア	2018	63	54	43	149	109	74	98	85	17	12	35
オランダ	2018	10	150	0	347	39	253	218	157	129	211	51
スウェーデン	2018	102	78	73	34	6	76	96	84	69	92	22
イギリス	2018	82	87	45	43	13	77	93	88	65	57	58
スイス	2018	45	94	36	52	42	88	64	101	2	58	39
オーストラリア	2018	239	91	274	92	102	164	100	109	33	375	93
日本 1)	2018	28	73	7	78	38	51	96	59	55	34	13
	2019	28	73	7	79	38	52	96	59	53	34	13
	2020	28	73	8	80	38	53	97	61	55	36	13

資料：農林水産省大臣官房政策課食料安全保障室「食料需給表」（以下(4)まで同じ。）
注：1 日本以外の各国の自給率は、ＦＡＯ「Food Balance Sheets」等を基に農林水産省大臣官房
　　政策課食料安全保障室で試算した。また、試算に必要な飼料のデータがある国に対して試算
　　している（以下(4)まで同じ。）。
　　2 日本の年次は年度である。（以下(4)まで同じ。）
　1)日本の2020年度の数値は、概算値である（以下(4)まで同じ。）。
　2)のうち、米については玄米に換算している。
　3)は、生乳換算によるものであり、バターを含む。
　4)は、飼肥料も含む魚介類全体についての自給率である。

(2) 主要国の一人1年当たり供給食料

単位：kg

国名	年次	穀類 1)	いも類	豆類	野菜類	果実類	肉類	卵類	牛乳・乳製品 2)	魚介類	砂糖類 3)	油脂類
アメリカ	2018	113.0	55.9	8.6	112.9	94.9	123.2	16.2	253.0	22.2	33.0	21.0
カナダ	2018	112.8	78.3	16.2	101.7	101.0	91.8	15.0	239.3	21.9	33.6	30.5
ドイツ	2018	116.0	58.7	3.2	89.8	82.8	78.8	13.2	284.5	12.7	36.6	16.0
スペイン	2018	118.6	56.1	7.0	124.8	106.3	98.8	14.3	183.2	42.4	32.1	30.4
フランス	2018	140.0	49.6	3.0	99.1	88.2	79.0	11.7	301.9	33.3	40.3	17.7
イタリア	2018	162.6	35.5	5.7	125.0	133.2	81.7	11.7	231.7	29.8	31.3	26.4
オランダ	2018	93.9	70.9	3.8	58.0	102.9	69.2	17.6	342.1	21.9	33.9	20.7
スウェーデン	2018	110.6	52.6	3.1	83.2	62.8	73.2	12.4	318.1	32.6	33.6	8.4
イギリス	2018	128.1	76.8	5.7	77.3	79.8	77.3	11.2	243.7	18.6	29.8	15.2
スイス	2018	104.8	39.2	2.4	92.8	89.3	65.0	10.1	346.9	16.8	44.3	23.3
オーストラリア	2018	98.5	48.8	4.0	90.5	77.1	113.0	8.4	275.4	26.4	35.6	26.5
日本	2018	103.3	21.7	9.1	104.0	48.5	50.4	20.5	95.2	44.7	18.1	19.9
	2019	102.6	22.9	9.2	103.2	46.3	50.8	20.7	95.5	44.6	17.9	20.3
	2020	99.1	21.5	9.2	101.8	46.7	50.8	20.1	94.3	41.7	16.6	19.9

注：供給粗食料ベースの数値である。
　1)のうち、米については玄米に換算している。
　2)は、生乳換算によるものであり、バターを含む。
　3)は、日本は精糖換算数量、日本以外は粗糖換算数量である。

(3) 主要国の一人1日当たり供給栄養量

国名	年次	熱量			たんぱく質			脂質			PFC供給熱量比率		
		実数	比率		実数	動物性		実数	油脂類		たんぱく質(P)	脂質(F)	炭水化物(C)
			動物性	植物性		実数	比率		実数	比率			
		kcal	%	%	g	g	%	g	g	%	%	%	%
アメリカ	2018	3,614.0	28	72	111.8	73.3	66	170.2	87.1	51	12.4	42.4	45.3
カナダ	2018	3,452.0	26	74	102.1	56.4	55	163.2	88.8	54	11.8	42.5	45.6
ドイツ	2018	3,295.0	33	67	101.9	63.1	62	148.6	67.4	45	12.4	40.6	47.0
スペイン	2018	3,143.0	27	73	104.3	65.4	63	152.0	81.9	54	13.3	43.5	43.2
フランス	2018	3,339.0	33	67	104.0	61.6	59	149.6	56.4	38	12.5	40.3	47.2
イタリア	2018	3,381.0	25	75	103.8	55.7	54	148.8	80.1	54	12.3	39.6	48.1
オランダ	2018	3,147.0	37	63	104.4	69.5	67	139.8	56.9	41	13.3	40.0	46.8
スウェーデン	2018	3,011.0	35	65	102.3	67.2	66	133.4	49.7	37	13.6	39.9	46.5
イギリス	2018	3,176.0	30	70	101.0	57.1	57	137.8	55.2	40	12.7	39.0	48.2
スイス	2018	3,169.0	35	65	92.8	58.7	63	153.0	59.2	39	11.7	43.5	44.8
オーストラリア	2018	3,221.0	32	68	100.5	66.9	67	156.9	72.2	46	12.5	43.8	43.7
日本	2018	2,428.5	22	78	78.7	43.8	56	81.3	38.7	48	13.0	30.1	56.9
	2019	2,340.0	22	78	79.6	44.8	56	82.9	39.7	48	13.6	31.9	54.5
	2020	2,268.7	22	78	77.9	43.7	56	81.9	39.4	48	13.7	32.5	53.8

注：酒類等を含まない。

(4) 主要国の供給熱量総合食料自給率の推移

単位：%

国名	1961年昭和36年	1971 46	1981 56	1991 平成3	2001 13	2010 22	2011 23	2012 24	2013 25	2014 26	2015 27	2016 28	2017 29	2018 30	2019 令和元	2020 2
アメリカ	119	118	162	124	122	135	127	126	130	133	129	138	131	132	－	－
カナダ	102	134	171	178	142	225	258	244	264	232	255	257	255	266	－	－
ドイツ	67	73	80	92	99	93	92	96	95	100	93	91	95	86	－	－
スペイン	93	100	86	94	94	92	96	73	93	80	83	89	83	100	－	－
フランス	99	114	137	145	121	130	129	134	127	124	132	119	130	125	－	－
イタリア	90	82	83	81	69	62	61	61	60	59	62	63	59	60	－	－
オランダ	67	70	83	73	67	68	66	68	69	72	64	64	70	65	－	－
スウェーデン	90	88	95	83	85	72	71	70	69	80	77	76	78	63	－	－
イギリス	42	50	66	77	61	69	72	67	63	74	71	65	68	65	－	－
スイス	－	－	－	－	54	52	56	55	50	55	51	48	52	51	－	－
オーストラリア	204	211	256	209	265	182	205	229	223	213	214	202	233	200	－	－
日本	78	58	52	46	40	39	39	39	39	39	39	38	38	37	38	37

注：1 供給熱量総合食料自給率は、総供給熱量に占める国産供給熱量の割合である。
　　　なお、畜産物については、飼料自給率を考慮している。
　　2 酒類等を含まない。
　　3 この表における「－」は未集計である。
　　4 スイスについてはスイス農業庁「農業年次報告書」による。

5　物価

(1)　生産者物価指数（2019年）

2010年＝100

国名	国内供給品	国内生産品	農林水産物	工業製品	輸入品
アメリカ合衆国	…	108.2	4) 107.0	107.3	…
カナダ	…	…	5) 125.1	7) 117.8	…
フランス	3) 104.8	…	5)6) 122.4	108.1	3) 100.1
ドイツ	…	…	5) 117.5	108.9	2)10) 101.8
イギリス	…	…	126.9	115.7	116.1
オーストラリア	115.9	…	…	7)8) 115.9	…
ニュージーランド	…	…	130.5	7)8)9) 115.4	…
2) 韓国	104.7	102.5	114.0	7) 102.3	…
1) 2) 日本	99.4	101.5	108.9	101.2	94.4

資料：総務省統計局「世界の統計2021」（以下(3)まで同じ。）
注：　生産者物価指数（ＰＰＩ：Producer Price Index）：生産地から出荷される時点又は生産過程
　　に入る時点における、財・サービス価格の変化を示す指数。通常「取引価格」であり、控除でき
　　ない間接税を含み、補助金を除く。産業の範囲は国により異なるが、農林水産業、鉱工業、製造
　　業、電気・ガス・水供給業などである。
　　　　ここでは次の分類による。
　　　　　国内供給品
　　　　　　国内市場向け国内生産品
　　　　　　　農林水産物
　　　　　　　工業製品
　　　　　　輸入品
　　1)は、企業物価指数。日本銀行「企業物価指数（2015年基準）」による。
　　2)は、2015年＝100。
　　3)は、農林水産業を除く。
　　4)は、食料・飼料を除く。
　　5)は、農業のみである。
　　6)は、海外県（仏領ギアナ、グアドループ島、マルチニーク島、マヨット島及びレユニオン）を含む。
　　7)は、製造業のみである。
　　8)は、輸出品を含む。
　　9)は、サービス業を含む。
　　10)は、農林水産業、水供給業、下水処理・廃棄物管理・浄化活動を除く。

(2)　消費者物価指数

2010年＝100

国名	2016年	2017	2018	2019
1)　アメリカ合衆国	110.1	112.4	115.2	117.2
カナダ	110.2	112.0	114.5	116.8
2)　フランス	105.8	106.9	108.8	110.0
ドイツ	107.7	109.4	111.2	112.9
イギリス	112.1	114.9	117.6	119.6
1)　オーストラリア	113.5	115.7	117.9	119.8
ニュージーランド	108.6	110.7	112.4	114.2
1)　韓国	110.9	113.1	114.7	115.2
3) 4)　日本	99.9	100.4	101.3	101.8

注：　消費者が購入する財・サービスを一定量に固定し、これに要する費用の変化を指数値で示したもの。
　　国によって、対象とする地域、調査世帯等が限定される場合がある。
　　1)は、一部地域を除く。
　　2)は、海外県（仏領ギアナ、グアドループ島、マルチニーク島及びレユニオン）を含む。
　　3)は、総務省統計局「2015年基準消費者物価指数」による。
　　4)は、2015年＝100とする。

(3) 国際商品価格指数・主要商品価格

品目（産地・取引市場など）	7)価格／単位	2010年	2013	2014	2015	2016
国際商品価格指数(2010年=100)						
一次産品（総合）(ウエイト:1,000)	—	100.0	120.3	112.9	73.0	65.7
1)エネルギーを除く一次産品	—	100.0	104.7	100.6	83.0	81.5
2)食料　　（ウエイト:167）	—	100.0	118.0	113.1	93.7	95.7
3)飲料　　（ウエイト:18）	—	100.0	83.7	101.0	97.9	93.0
4)農産原材料　（ウエイト:77）	—	100.0	108.8	111.0	96.0	90.5
5)金属　　（ウエイト:107）	—	100.0	90.4	81.2	62.6	59.2
6)エネルギー　（ウエイト:631）	—	100.0	130.4	120.7	66.6	55.6
主要商品価格						
米（タイ産:バンコク）	ドル／t	520.6	518.8	…	…	…
小麦（アメリカ産:カンザスシティ）	ドル／t	194.5	265.8	242.5	185.6	143.2
とうもろこし（アメリカ産:メキシコ湾岸アメリカ港）	ドル／t	186.0	259.0	192.9	169.8	159.2
大豆（アメリカ産:ロッテルダム先物取引）	ドル／t	384.9	517.2	457.8	347.4	362.7
バナナ（中央アメリカ・エクアドル産:アメリカ輸入価格）	ドル／t	881.4	926.4	931.9	958.7	1,002.4
牛肉（オーストラリア・ニュージーランド産:アメリカ輸入価格:冷凍骨なし）	セント／ポンド	152.5	183.6	224.1	200.5	178.2
羊肉（ニュージーランド産:ロンドン卸売価格:冷凍）	セント／ポンド	145.7	106.7	130.6	107.9	106.9
落花生油(ロッテルダム)	ドル／t	1,403.9	1,773.0	1,313.0	1,336.9	1,502.3
大豆油（オランダ港:先物取引）	ドル／t	924.8	1,011.1	812.7	672.2	721.2
パーム油（マレーシア産:北西ヨーロッパ先物取引）	ドル／t	859.9	764.2	739.4	565.1	639.8
砂糖（自由市場:ニューヨーク先物取引）	セント／ポンド	20.9	17.7	17.1	13.2	18.5
たばこ（アメリカ輸入価格:非加工品）	ドル／t	4,333.2	4,588.8	4,990.8	4,908.3	4,806.2
コーヒー（アザーマイルド:ニューヨーク）	セント／ポンド	194.4	141.1	202.8	160.5	164.5
茶（ケニア産:ロンドン競売価格）	セント／kg	316.7	266.0	237.9	340.4	287.4
ココア豆（ニューヨーク・ロンドン国際取引価格）	ドル／t	3,130.6	2,439.1	3,062.8	3,135.2	2,892.0
綿花(リバプールインデックスA)	セント／ポンド	103.5	90.4	83.1	70.4	74.2
原皮（アメリカ産:シカゴ卸売価格）	セント／ポンド	72.0	94.7	110.2	87.7	74.1
ゴム（マレーシア産:シンガポール港）	セント／ポンド	165.7	126.8	88.8	70.7	74.5
羊毛（オーストラリア・ニュージーランド産,イギリス:粗い羊毛）	セント／kg	820.1	1,117.0	1,034.6	927.8	1,016.4
鉄鉱石（中国産:天津港）	ドル／t	146.7	135.4	97.4	56.1	58.6
金(ロンドン:純度99.5%)	ドル／トロイオンス	1,224.7	1,411.5	1,265.6	1,160.7	1,249.0
銀(ニューヨーク:純度99.9%)	セント／トロイオンス	2,015.3	2,385.0	1,907.1	1,572.1	1,714.7
銅(ロンドン金属取引所)	ドル／t	7,538.4	7,331.5	6,863.4	5,510.5	4,867.9
ニッケル(ロンドン金属取引所)	ドル／t	21,810.0	15,030.0	16,893.4	11,862.6	9,595.2
鉛(ロンドン金属取引所)	ドル／t	2,148.2	2,139.7	2,095.5	1,787.8	1,866.7
亜鉛(ロンドン金属取引所)	ドル／t	2,160.4	1,910.2	2,161.0	1,931.7	2,090.0
すず(ロンドン金属取引所)	ドル／t	20,367.2	22,281.6	21,898.9	16,066.6	17,933.8
アルミニウム(ロンドン金属取引所)	ドル／t	2,173.0	1,846.7	1,867.4	1,664.7	1,604.2
原油（各スポットの価格平均値）	ドル／バーレル	79.0	104.1	96.2	50.8	42.8

注：国際商品価格指数：国際的に取引される主要商品の市場価格に基づき、IMFが算出したものである。
　　1)は、燃料及び貴金属を除く45品目によるものである。
　　2)は、穀類、肉類、魚介類、果実類、植物油、豆類、砂糖などである。
　　3)は、ココア豆、コーヒー及び茶である。
　　4)は、綿花、原皮、ゴム、木材及び羊毛である。
　　5)は、アルミニウム、銅、鉄鉱石、鉛、ニッケル、すず、ウラン及び亜鉛である。
　　6)は、石炭、天然ガス及び石油である。
　　7)は、取引市場で通常使用される数量単位当たりの価格である。

6 国民経済と農林水産業
(1) 各国の国内総生産

国名	2016年		2017	
	名目GDP	一人当たり	名目GDP	一人当たり
	10億米ドル	米ドル	10億米ドル	米ドル
アメリカ	18,745	58,017	19,543	60,106
カナダ	1,528	42,383	1,649	45,192
フランス	2,472	38,349	2,594	40,134
ドイツ	3,469	42,124	3,681	44,537
英国	2,703	41,178	2,665	40,350
オーストラリア	1,266	51,918	1,385	55,915
ニュージーランド	186	39,428	204	42,330
中国	11,227	8,120	12,265	8,823
韓国	1,499	29,274	1,623	31,601
日本	5,004	39,411	4,931	38,903

資料：内閣府経済財政分析統括官「海外経済データ」（令和3年5月）
　　　（IMF "World Economic Outlook Datebase, April 2021"）

(2) 農業生産指数

(2014～2016年＝100)

国名	1)総合			2)食料			1人当たり食料		
	2016年	2017	2018	2016年	2017	2018	2016年	2017	2018
世界	101.4	103.8	104.9	101.5	103.8	104.9	100.3	101.5	101.4
アメリカ合衆国	104.8	104.0	106.5	104.7	103.4	106.0	104.0	102.1	104.0
カナダ	106.4	107.0	106.1	106.6	107.1	106.3	105.6	105.1	103.3
フランス	95.6	101.9	99.2	95.3	101.6	98.7	94.9	101.0	97.9
ドイツ	97.8	97.5	93.2	97.8	97.5	93.2	97.3	96.5	91.7
イギリス	98.0	102.1	99.4	98.0	102.1	99.4	97.3	100.8	97.5
オーストラリア	97.4	107.9	98.3	97.6	107.4	97.1	96.2	104.5	93.3
ニュージーランド	100.5	97.5	99.6	100.7	97.7	100.0	99.7	95.9	97.3
中国	101.2	102.4	102.9	101.4	102.6	103.0	100.8	101.5	101.5
韓国	98.3	97.5	100.7	98.3	97.5	100.7	98.0	96.9	100.0
日本	99.3	99.6	99.2	99.3	99.6	99.2	99.5	99.9	99.8

資料：総務省統計局「世界の統計　2020」
注：　ラスパイレス式による。農畜産物一次産品のうち、家畜飼料、種子及びふ化用卵などを除く。
　　　ＦＡＯにおける指数の作成においては、1商品1価格とし、為替レートの影響を受けないよう、
　　　国際商品価格を用いて推計している。
　　　1)は、全ての農作物及び畜産物である。
　　　2)は、食用かつ栄養分を含有する品目であり、コーヒー、茶などを除く。

2018		2019		2020	
名目GDP	一人当たり	名目GDP	一人当たり	名目GDP	一人当たり
10億米ドル	米ドル	10億米ドル	米ドル	10億米ドル	米ドル
20,612	63,056	21,433	65,254	20,933	63,416
1,722	46,532	1,742	46,400	1,643	43,278
2,791	43,044	2,717	41,811	2,599	39,907
3,966	47,832	3,862	46,473	3,803	45,733
2,861	43,064	2,833	42,417	2,711	40,406
1,421	56,465	1,392	54,464	1,359	52,825
210	42,803	210	42,166	209	41,127
13,842	9,920	14,341	10,243	14,723	10,484
1,725	33,433	1,647	31,846	1,631	31,497
5,037	39,819	5,149	40,802	5,049	40,146

(3) 平均経営面積及び農地面積の各国比較

区分	単位	日本 (概算値)	米国	EU(27)	ドイツ	フランス	英国	豪州
平均経営面積	ha	3.1	178.5	15.2	60.5	60.9	90.1	4,293.3
日本＝1	倍	1	58	5	20	20	29	1,385
農地面積	万ha	442	40,581	16,375	1,665	2,866	1,735	35,890
国土面積に占める割合	％	11.6	41.3	39.2	46.2	52.1	72.3	46.4

資料： 農林水産省統計部「2020農林業センサス」、「令和2年耕地及び作付面積統計」、
　　　　FAOSTAT、国際部資料
注： 1　日本の平均経営面積及び農地面積には、採草・放牧地等を含まない。
　　　2　日本の平均経営面積は一経営体当たりの経営耕地面積である（農業経営体）。
　　　3　日本の「国土面積に占める割合」は、北方領土等を除いた国土面積に対する割合である。

6 国民経済と農林水産業 (続き)
(4) 農業生産量 (2018年)

順位	1) 穀類		2) 米		3) 小麦	
	国名	生産量	国名	生産量	国名	生産量
		千t		千t		千t
	世界	**2,962,868**	**世界**	**782,000**	**世界**	**734,045**
1	中国	610,036	中国	212,129	中国	131,441
2	アメリカ合衆国	467,951	インド	172,580	インド	99,700
3	インド	318,320	インドネシア	83,037	ロシア	72,136
4	インドネシア	113,291	バングラデシュ	56,417	アメリカ合衆国	51,287
5	ロシア	109,838	ベトナム	44,046	フランス	35,798
6	ブラジル	103,065	タイ	32,192	カナダ	31,769
7	アルゼンチン	70,591	ミャンマー	25,418	パキスタン	25,076
8	ウクライナ	69,109	フィリピン	19,066	ウクライナ	24,653
9	フランス	62,740	ブラジル	11,749	オーストラリア	20,941
10	バングラデシュ	60,818	パキスタン	10,803	ドイツ	20,264
11	カナダ	58,096	カンボジア	10,647	トルコ	20,000
12	ベトナム	48,924	アメリカ合衆国	10,170	アルゼンチン	18,518
13	パキスタン	42,742	**日本**	**9,728**	イラン	14,500
14	ドイツ	37,956	ナイジェリア	6,809	カザフスタン	13,944
(15)	**(日本)**	**10,697**	韓国	5,195	**(日本)**	**765**

順位	大麦		ライ麦		えん麦	
	国名	生産量	国名	生産量	国名	生産量
		千t		千t		千t
	世界	**141,423**	**世界**	**11,274**	**世界**	**23,051**
1	ロシア	16,992	ドイツ	2,201	ロシア	4,719
2	フランス	11,193	ポーランド	2,167	カナダ	3,436
3	ドイツ	9,584	ロシア	1,916	スペイン	1,487
4	オーストラリア	9,254	中国	* 1,045	オーストラリア	1,228
5	スペイン	9,130	ベラルーシ	503	ポーランド	1,166
6	カナダ	8,380	デンマーク	482	中国	* 1,005
7	ウクライナ	7,349	ウクライナ	394	ブラジル	898
8	トルコ	7,000	スペイン	388	イギリス	850
9	イギリス	6,510	トルコ	320	フィンランド	818
10	アルゼンチン	5,061	カナダ	236	アメリカ合衆国	815
11	カザフスタン	3,971	アメリカ合衆国	214	ドイツ	578
12	デンマーク	3,486	オーストリア	177	チリ	571
13	アメリカ合衆国	3,333	チェコ	120	アルゼンチン	492
14	ポーランド	3,048	フランス	110	フランス	428
(15)	**(日本)**	**175**	イギリス	95	**(日本)**	**0**

資料：総務省統計局「世界の統計 2020」(以下9(4)まで同じ。)
注： 1 生産量の多い15か国を掲載した。ただし、日本が16位以下で出典資料に記載されている場合
　　　には、15位の国に代えて括弧付きで掲載した。
　　 2 暫定値又は推計値には「＊」を付した。
　　 1)は、米、小麦、大麦、ライ麦、えん麦、とうもろこしなどである。
　　 2)は、脱穀、選別後の米粒である。
　　 3)には、スペルト麦を含む。

順位	とうもろこし		4)いも類		ばれいしょ	
	国名	生産量	国名	生産量	国名	生産量
		千t		千t		千t
	世界	1,147,622	**世界**	832,132	**世界**	368,169
1	アメリカ合衆国	392,451	中国	150,144	中国	*90,259
2	中国	257,174	ナイジェリア	115,704	インド	48,529
3	ブラジル	82,288	インド	54,580	ウクライナ	22,504
4	アルゼンチン	43,462	タイ	32,213	ロシア	22,395
5	ウクライナ	35,801	コンゴ民主共和国	31,663	アメリカ合衆国	20,607
6	インドネシア	30,254	ガーナ	30,317	バングラデシュ	9,744
7	インド	27,820	ウクライナ	22,504	ドイツ	8,921
8	メキシコ	27,170	ロシア	22,395	フランス	7,871
9	ルーマニア	18,664	ブラジル	22,325	ポーランド	7,478
10	カナダ	13,885	アメリカ合衆国	21,851	オランダ	6,030
11	フランス	12,667	インドネシア	19,633	ベラルーシ	5,865
12	南アフリカ	12,510	コートジボワール	12,427	カナダ	5,791
13	ロシア	11,419	マラウイ	12,205	イラン	5,321
14	ナイジェリア	10,155	ベトナム	11,598	ペルー	5,121
(15)	（日本）	0	（日本）	3,420	（日本）	2,262

順位	かんしょ		大豆		5)落花生	
	国名	生産量	国名	生産量	国名	生産量
		千t		千t		千t
	世界	91,945	**世界**	348,712	**世界**	45,951
1	中国	*53,009	アメリカ合衆国	123,664	中国	17,333
2	マラウイ	5,669	ブラジル	117,888	インド	6,695
3	ナイジェリア	4,030	アルゼンチン	37,788	ナイジェリア	2,887
4	タンザニア	3,835	中国	*14,189	スーダン	2,884
5	エチオピア	1,835	インド	13,786	アメリカ合衆国	2,477
6	インドネシア	1,806	パラグアイ	11,046	ミャンマー	1,599
7	ウガンダ	1,530	カナダ	7,267	タンザニア	940
8	インド	1,400	ウクライナ	4,461	アルゼンチン	921
9	ベトナム	1,375	ロシア	4,027	チャド	894
10	アンゴラ	1,275	ボリビア	2,942	セネガル	846
11	アメリカ合衆国	1,242	南アフリカ	1,540	ギニア	770
12	マダガスカル	1,089	ウルグアイ	1,334	ニジェール	594
13	ルワンダ	1,082	イタリア	1,139	カメルーン	594
14	ケニア	871	インドネシア	954	ブラジル	563
(15)	日本	797	（日本）	211	（日本）	16

注：4)は、ばれいしょ、かんしょ、キャッサバ、ヤム芋、タロ芋などである。
　　5)は、殻付きである。

6　国民経済と農林水産業（続き）
(4)　農業生産量（2018年）（続き）

順位	6)キャベツ		トマト		きゅうり	
	国名	生産量	国名	生産量	国名	生産量
		千t		千t		千t
	世界	**69,382**	**世界**	**182,256**	**世界**	**75,219**
1	中国	33,189	中国	61,523	中国	56,240
2	インド	9,035	インド	19,377	イラン	2,284
3	韓国	2,537	アメリカ合衆国	12,612	トルコ	1,848
4	ロシア	2,496	トルコ	12,150	ロシア	1,604
5	ウクライナ	1,672	エジプト	6,625	メキシコ	1,072
6	インドネシア	1,408	イラン	6,577	ウクライナ	985
7	**日本**	**1,380**	イタリア	5,798	ウズベキスタン	857
8	ルーマニア	1,068	スペイン	4,769	アメリカ合衆国	701
9	ポーランド	985	メキシコ	4,559	スペイン	644
10	アメリカ合衆国	885	ブラジル	4,110	**日本**	**550**
11	ベトナム	873	ナイジェリア	3,914	ポーランド	539
12	トルコ	765	ロシア	2,900	カザフスタン	460
13	ウズベキスタン	743	ウクライナ	2,324	エジプト	458
14	ケニア	674	ウズベキスタン	2,284	インドネシア	434
(15)	台湾	651	**（日本）**	**724**	オランダ	410

順位	たまねぎ		オレンジ		りんご	
	国名	生産量	国名	生産量	国名	生産量
		千t		千t		千t
	世界	**96,774**	**世界**	**75,413**	**世界**	**86,142**
1	中国	24,700	ブラジル	16,714	中国	39,233
2	インド	22,071	中国	*9,104	アメリカ合衆国	4,653
3	アメリカ合衆国	3,284	インド	8,367	ポーランド	4,000
4	エジプト	2,958	アメリカ合衆国	4,833	トルコ	3,626
5	イラン	2,407	メキシコ	4,738	イラン	2,519
6	パキスタン	2,120	スペイン	3,640	イタリア	2,415
7	トルコ	1,931	エジプト	3,246	インド	2,327
8	バングラデシュ	1,738	インドネシア	2,510	ロシア	*1,859
9	ロシア	1,642	トルコ	1,900	フランス	1,737
10	メキシコ	1,573	イラン	1,889	チリ	1,727
11	スーダン	1,566	南アフリカ	1,776	ウクライナ	1,462
12	ブラジル	1,550	パキスタン	1,590	ドイツ	1,199
13	韓国	1,521	イタリア	1,522	ブラジル	1,195
14	インドネシア	1,503	アルジェリア	1,134	ウズベキスタン	1,130
(15)	**（日本）**	**1,155**	**（日本）**	**36**	**（日本）**	**756**

注：6)には、白菜、赤キャベツ、芽キャベツ、ちりめんキャベツなどを含む。

順位	7)ぶどう		8)バナナ		9)コーヒー豆	
	国名	生産量	国名	生産量	国名	生産量
		千 t		千 t		千 t
	世界	79,126	世界	115,738	世界	10,303
1	中国	13,397	インド	30,808	ブラジル	3,557
2	イタリア	8,514	中国	11,222	ベトナム	1,616
3	アメリカ合衆国	6,891	インドネシア	7,264	インドネシア	722
4	スペイン	6,673	ブラジル	6,752	コロンビア	721
5	フランス	6,198	エクアドル	6,506	ホンジュラス	481
6	トルコ	3,933	グアテマラ	6,144	エチオピア	470
7	インド	2,920	グアテマラ	4,027	ペルー	370
8	アルゼンチン	2,573	コロンビア	3,707	インド	327
9	チリ	2,500	アンゴラ	3,492	グアテマラ	246
10	イラン	2,032	タンザニア	3,469	ウガンダ	211
11	南アフリカ	1,902	コスタリカ	2,529	メキシコ	158
12	エジプト	1,759	メキシコ	2,354	ラオス	154
13	オーストラリア	1,664	ベトナム	2,087	ニカラグア	142
14	ブラジル	1,592	ルワンダ	1,739	中国	100
(15)	**(日本)**	175	**(日本)**	0	コートジボアール	89

順位	10)ココア豆		11)茶		葉たばこ	
	国名	生産量	国名	生産量	国名	生産量
		千 t		千 t		千 t
	世界	5,252	世界	6,338	世界	6,095
1	コートジボワール	1,964	中国	2,610	中国	2,241
2	ガーナ	948	インド	1,345	ブラジル	762
3	インドネシア	594	ケニア	493	インド	750
4	ナイジェリア	333	スリランカ	304	アメリカ合衆国	242
5	カメルーン	308	トルコ	270	インドネシア	181
6	ブラジル	239	ベトナム	270	ジンバブエ	132
7	エクアドル	235	インドネシア	141	ザンビア	116
8	ペルー	135	イラン	109	タンザニア	107
9	ドミニカ共和国	85	ミャンマー	109	パキスタン	107
10	コロンビア	53	**日本**	83	アルゼンチン	104
11	シエラレオネ	50	アルゼンチン	82	マラウイ	95
12	パプアニューギニア	45	バングラデシュ	78	モザンビーク	94
13	トーゴ	41	ウガンダ	62	北朝鮮	91
14	メキシコ	28	ブルンジ	54	バングラデシュ	89
(15)	ウガンダ	28	タイ	51	**(日本)**	17

注：7)には、ワイン用を含む。
　　8)は、料理用を除く。
　　9)は、生の豆である。
　　10)は、生の豆及び焙煎済みの豆である。
　　11)は、緑茶、紅茶などである。

6　国民経済と農林水産業（続き）
(4)　農業生産量（2018年）（続き）

順位	12)牛		12)豚		12)羊	
	国名	飼養頭数	国名	飼養頭数	国名	飼養頭数
		千頭		千頭		千頭
	世界	**1,489,745**	**世界**	**978,332**	**世界**	**1,209,467**
1	ブラジル	213,523	中国	441,589	中国	164,079
2	インド	184,464	アメリカ合衆国	74,550	オーストラリア	70,067
3	アメリカ合衆国	94,298	ブラジル	41,444	インド	61,666
4	中国	*63,271	スペイン	30,804	ナイジェリア	42,972
5	エチオピア	62,600	ベトナム	28,152	スーダン	40,846
6	アルゼンチン	53,929	ロシア	26,445	イラン	39,671
7	パキスタン	46,084	ロシア	23,076	イギリス	33,781
8	メキシコ	34,820	メキシコ	17,839	トルコ	33,678
9	スーダン	31,223	カナダ	14,170	チャド	33,215
10	チャド	29,063	フランス	13,325	エチオピア	31,688
11	タンザニア	27,428	ミャンマー	12,934	モンゴル	30,555
12	オーストラリア	26,396	デンマーク	12,781	パキスタン	30,498
13	コロンビア	25,557	フィリピン	12,604	アルジェリア	28,693
14	バングラデシュ	24,086	オランダ	12,419	ニュージーランド	27,296
(15)	**（日本）**	**3,842**	**（日本）**	**9,189**	**（日本）**	**15**

順位	12)鶏		牛乳		13)鶏卵	
	国名	飼養羽数	国名	生産量	国名	生産量
		100万羽		千t		千t
	世界	**23,707**	**世界**	**683,217**	**世界**	**76,770**
1	中国	5,274	アメリカ合衆国	98,690	中国	*26,590
2	インドネシア	2,384	インド	89,834	アメリカ合衆国	6,466
3	アメリカ合衆国	1,973	ブラジル	33,840	インド	5,237
4	ブラジル	1,468	ドイツ	33,065	メキシコ	2,872
5	イラン	1,072	中国	30,746	ブラジル	2,666
6	インド	801	ロシア	30,346	**日本**	**2,628**
7	メキシコ	568	フランス	25,541	ロシア	2,486
8	パキスタン	524	ニュージーランド	21,392	インドネシア	1,644
9	ロシア	507	トルコ	20,037	トルコ	963
10	トルコ	354	パキスタン	16,722	ウクライナ	922
11	**日本**	**323**	イギリス	15,311	マレーシア	857
12	マレーシア	321	ポーランド	14,171	フランス	848
13	ベトナム	317	メキシコ	12,006	パキスタン	848
14	ミャンマー	309	イタリア	11,944	ドイツ	846
(15)	バングラデシュ	282	**（日本）**	**7,289**	スペイン	839

注：12)は、家畜・家きんである。
　　13)には、ふ化用を含む。

順位	はちみつ		生繭		実綿	
	国名	生産量	国名	生産量	国名	生産量
		t		t		千 t
	世界	1,850,868	世界	609,332	世界	71,029
1	中国	446,900	中国	403,018	インド	17,712
2	トルコ	114,113	インド	161,127	インド	14,657
3	アルゼンチン	79,468	ウズベキスタン	17,912	アメリカ合衆国	11,430
4	イラン	77,567	イラン	13,244	ブラジル	4,956
5	ウクライナ	71,279	タイ	4,286	パキスタン	4,828
6	アメリカ合衆国	69,104	ブラジル	3,054	トルコ	2,570
7	インド	67,442	ベトナム	2,511	オーストラリア	* 2,500
8	ロシア	65,006	ルーマニア	1,150	ウズベキスタン	2,293
9	メキシコ	64,253	北朝鮮	905	メキシコ	1,163
10	エチオピア	* 50,000	アフガニスタン	679	ギリシャ	837
11	ブラジル	42,346	アゼルバイジャン	514	アルゼンチン	814
12	カナダ	39,116	カンボジア	158	ベナン	* 758
13	スペイン	36,394	エジプト	119	マリ	* 750
14	タンザニア	30,584	キルギス	112	トルクメニスタン	618
(15)	**(日本)**	2,886	日本	110	ブルキナファソ	482

順位	14)亜麻		15)ジュート		16)天然ゴム	
	国名	生産量	国名	生産量	国名	生産量
		t		t		千 t
	世界	868,374	世界	3,633,550	世界	14,335
1	フランス	660,107	インド	1,951,864	タイ	4,744
2	ベルギー	80,907	バングラデシュ	1,613,762	インドネシア	3,630
3	ベラルーシ	39,507	中国	30,497	ベトナム	1,138
4	ロシア	36,715	ウズベキスタン	15,939	インド	978
5	中国	13,157	ネパール	11,159	中国	824
6	イギリス	12,343	南スーダン	* 3,500	マレーシア	782
7	オランダ	8,783	ジンバブエ	2,697	コートジボワール	461
8	エジプト	7,900	エジプト	2,172	フィリピン	423
9	チリ	3,180	ベトナム	532	グアテマラ	350
10	アルゼンチン	2,661	ブータン	341	ミャンマー	213
11	イタリア	1,593	タイ	270	ブラジル	200
12	ウクライナ	680	ペルー	263	ナイジェリア	145
13	台湾	259	カンボジア	223	スリランカ	83
14	ラトビア	200	エルサルバドル	162	メキシコ	76
(15)	ルーマニア	119	カメルーン	104	リベリア	71

注 : 14)は、茎から取り出した繊維であり、麻くずを含む。
　　15)には、ジュート類似繊維を含む。
　　16)には、安定化又は濃縮したラテックス及び加硫ゴムラテックスを含む。

6　国民経済と農林水産業（続き）
(5)　工業生産量

順位	食品								
	1)牛肉			1)豚肉			4)鳥肉		
	国名	年次	生産量	国名	年次	生産量	国名	年次	生産量
			千t			千t			千t
1	ブラジル	2015	8,471	ドイツ	2016	8,387	ブラジル	2015	10,843
2	イタリア	2016	1,597	スペイン	2016	4,882	ロシア	2016	4,444
3	2) スーダン	2014	1,476	ブラジル	2015	2,760	ポーランド	2016	2,627
4	ドイツ	2016	1,242	オランダ	2016	2,157	ドイツ	2016	1,928
5	フランス	2016	1,113	イタリア	2016	2,098	トルコ	2016	1,916
6	スペイン	2016	777	ロシア	2016	2,042	オランダ	2016	1,890
7	イギリス	2016	758	ポーランド	2016	1,645	スペイン	2016	1,830
8	アイルランド	2016	659	3) 日本	2016	1,279	イギリス	2014	1,667
9	3) ニュージーランド	2016	648	デンマーク	2016	1,241	ペルー	2016	1,514
(10)	3) (日本)	2016	464	ベルギー	2016	505	メキシコ	2016	1,333

順位	食品（続き）								
	5)冷凍魚類			8)塩干魚類			9)大豆油		
	国名	年次	生産量	国名	年次	生産量	国名	年次	生産量
			千t			千t			千t
1	6) ロシア	2016	4,029	日本	2016	484	10) 中国	2014	* 11,700
2	ベトナム	2016	1,763	ポーランド	2016	113	10) アメリカ合衆国	2014	9,706
3	7) 日本	2016	1,402	イギリス	2016	79	アルゼンチン	2016	8,670
4	ペルー	2016	275	アイスランド	2016	63	ブラジル	2015	6,575
5	アイスランド	2016	257	ポルトガル	2016	42	10) インド	2014	* 1,247
6	チリ	2016	211	スペイン	2016	34	10) パラグアイ	2014	* 713
7	イギリス	2016	155	リトアニア	2016	34	ロシア	2016	640
8	トルコ	2016	100	デンマーク	2016	31	スペイン	2015	524
9	ポルトガル	2016	95	ドイツ	2016	28	10) ボリビア	2014	475
(10)	スーダン	2014	91	エクアドル	2016	27	10) 日本	2016	442

注：1　生産量の多い10か国を掲載した。ただし、日本が11位以下で出典資料に記載
　　　されている場合には、10位の国に代えて（ ）付きで掲載した。
　　2　暫定値又は推計値には「＊」を付した。
1)は、生鮮、冷蔵又は冷凍の肉である。
2)は、牛肉以外を含む。
3)は、枝肉としての重量である。
4)は、生鮮、冷蔵又は冷凍の家きんの肉であり、食用くず肉を含む。
5)は、冷凍の魚類及び魚類製品である。
6)は、魚の缶詰を含む。
7)は、魚のすり身を含む。
8)は、乾燥・塩漬・燻製の魚及び魚粉である。
9)は、未精製のものである。
10)は、精製されたものを含む。

順位	食品（続き）								
	11)マーガリン			12)バター			13)チーズ		
	国名	年次	生産量	国名	年次	生産量	国名	年次	生産量
			千t			千t			千t
1	ブラジル	2015	809	ドイツ	2016	528	フランス	2016	2,021
2	ロシア	2016	495	フランス	2016	426	イタリア	2016	1,424
3	ドイツ	2016	349	ロシア	2016	253	ロシア	2016	1,390
4	エジプト	2015	288	イギリス	2016	221	ブラジル	2015	1,063
5	オランダ	2016	227	ポーランド	2016	193	ポーランド	2016	851
6	**日本**	**2016**	**225**	イタリア	2016	133	オランダ	2016	613
7	ベルギー	2016	181	ベラルーシ	2016	118	トルコ	2016	611
8	メキシコ	2016	143	ブラジル	2015	108	イギリス	2016	552
9	ウクライナ	2016	135	ウクライナ	2016	103	スペイン	2016	495
(10)	イタリア	2016	127	**（日本）**	**2016**	**66**	**（日本）**	**2016**	**144**

順位	食品（続き）								
	14)小麦粉			15)粗糖			18)蒸留酒		
	国名	年次	生産量	国名	年次	生産量	国名	年次	生産量
			千t			千t			100kL
1	アメリカ合衆国	2016	19,933	16)ブラジル	2016	38,987	**日本**	**2016**	**33,868**
2	トルコ	2016	9,383	16)インド	2016	24,794	ブラジル	2015	18,747
3	ロシア	2016	9,124	16)タイ	2016	9,258	イギリス	2014	8,403
4	ブラジル	2016	8,285	アメリカ合衆国	2016	7,752	19)ロシア	2016	8,125
5	パキスタン	2015	6,003	17)ロシア	2016	6,045	ボスニア・ヘルツェゴビナ	2016	7,876
6	インドネシア	2016	5,841	16)パキスタン	2016	5,612	ドイツ	2016	3,738
7	ドイツ	2016	5,461	メキシコ	2016	5,597	ウクライナ	2016	2,493
8	イタリア	2016	5,382	16)オーストラリア	2016	4,619	メキシコ	2016	2,275
9	**日本**	**2016**	**4,860**	16)グアテマラ	2016	2,904	スペイン	2016	1,522
(10)	フランス	2016	4,220	16)インドネシア	2016	2,225	アルゼンチン	2016	1,510

注：11)は、液体マーガリンを除く。
　　12)は、ミルクから得たバターその他の油脂及びデイリースプレッドである。
　　13)は、凝乳（カード）を含む。
　　14)は、小麦又はメスリン（小麦とライ麦を混合したもの。）から製造されたものである。
　　15)は、てん菜糖及び甘しょ糖であり、香味料又は着色料を添加したものを除く。
　　16)は、精製糖を含む。
　　17)は、グラニュー糖である。
　　18)は、ウィスキー、ラム酒、ジン、ウォッカ、リキュール、コーディアルなどである。
　　19)は、ウォッカ及びリキュールである。

6　国民経済と農林水産業（続き）
(5)　工業生産量　（続き）

順位	食品（続き）											
	20）ワイン			22）ビール			23）ミネラルウォーター					
	国名	年次	生産量	国名	年次	生産量	国名	年次	生産量			
			100kL			100kL			100kL			
1	スペイン	2016	41,878	中国	2016	450,644	ドイツ	2014	128,128			
2	ポルトガル	2016	11,287	ブラジル	2015	140,274	トルコ	2016	119,805			
3	アルゼンチン	2016	9,416	メキシコ	2016	104,422	スペイン	2016	74,899			
4	21）ロシア	2016	8,867	ドイツ	2016	83,139	ロシア	2016	59,867			
5	チリ	2016	7,222	ロシア	2016	78,274	ブラジル	2015	53,569			
6	ドイツ	2016	7,130	イギリス	2016	51,470	ポーランド	2016	43,200			
7	21）**日本**	**2016**	**3,798**	ポーランド	2016	40,498	**日本**	**2016**	**31,762**			
8	ブラジル	2015	3,276	ベトナム	2016	38,451	韓国	2015	27,606			
9	ウクライナ	2016	2,881	スペイン	2016	37,005	ルーマニア	2016	19,292			
(10)	ハンガリー	2016	1,866	**日本**	**2016**	**26,659**	ウクライナ	2016	17,715			

順位	食品（続き）			繊維					
	24）ソフトドリンク			25）毛糸			26）綿糸		
	国名	年次	生産量	国名	年次	生産量	国名	年次	生産量
			100kL			t			千t
1	メキシコ	2016	197,600	トルコ	2016	68,049	パキスタン	2015	3,360
2	**日本**	**2016**	**170,734**	イタリア	2016	42,328	トルコ	2016	1,248
3	ブラジル	2015	162,452	イギリス	2014	15,566	ブラジル	2015	486
4	ドイツ	2016	121,886	**日本**	**2016**	**11,050**	ウズベキスタン	2016	367
5	イギリス	2015	83,405	リトアニア	2016	10,666	韓国	2015	254
6	ロシア	2016	61,025	ポーランド	2016	5,591	スペイン	2016	69
7	フランス	2016	55,332	チェコ	2016	5,518	ロシア	2016	58
8	スペイン	2016	51,126	ロシア	2016	5,118	メキシコ	2016	58
9	ポーランド	2016	42,937	ポルトガル	2016	3,545	**日本**	**2016**	**55**
(10)	トルコ	2016	40,350	スペイン	2015	3,538	イタリア	2016	37

注：20）は、グレープマスト、スパークリングワイン、ベルモット酒及び香味付けしたワインを含む。
　　21）は、その他の果実酒を含む。
　　22）は、麦芽から製造されたものである。
　　23）は、無加糖・無香料のミネラルウォーター及び炭酸水である。
　　24）は、水及びフルーツジュースを除く。
　　25）は、紡毛糸、梳毛糸及び獣毛糸である。
　　26）は、縫糸以外である。

順位	木材・パルプ・紙								
	27)製材			29)合板			30)木材パルプ		
	国名	年次	生産量	国名	年次	生産量	国名	年次	生産量
			千㎥			千㎥			千t
1	アメリカ合衆国	2016	55,627	中国	2016	*117,317	アメリカ合衆国	2016	*42,242
2	カナダ	2016	*48,161	アメリカ合衆国	2016	9,398	ブラジル	2016	18,210
3	中国	2016	34,375	ロシア	2016	3,812	カナダ	2016	8,914
4	28)ロシア	2016	23,736	インドネシア	2016	*3,800	日本	2016	8,030
5	スウェーデン	2016	21,449	日本	2016	3,063	中国	2016	*7,479
6	ドイツ	2016	*21,109	ブラジル	2016	*2,700	インドネシア	2016	*6,400
7	フィンランド	2016	11,370	インド	2016	*2,521	ロシア	2016	5,555
8	オーストリア	2016	9,256	マレーシア	2016	2,484	フィンランド	2016	5,119
9	ブラジル	2016	*8,600	トルコ	2016	2,395	チリ	2016	4,238
(10)	日本	2016	8,419	カナダ	2016	2,205	スウェーデン	2016	3,816

順位	化学・石油・セメント						機械器具		
	窒素質肥料			33)カリ質肥料			34)コンバイン		
	国名	年次	生産量	国名	年次	生産量	国名	年次	生産量
			千t			t			台
1	中国	2016	41,055	31)ロシア	2016	7,770,000	日本	2016	20,867
2	31)ロシア	2016	9,475	中国	2016	6,650,200	ロシア	2016	6,057
3	ポーランド	2016	4,752	ベラルーシ	2016	6,180,050	メキシコ	2016	4,437
4	ブラジル	2014	3,376	韓国	2016	717,634	ブラジル	2015	1,894
5	32)パキスタン	2015	2,626	ポーランド	2015	57,956	ポーランド	2016	1,135
6	エジプト	2015	2,384	ウクライナ	2016	4,767	アルゼンチン	2016	649
7	オランダ	2016	2,290	カザフスタン	2016	1,455	アルジェリア	2015	603
8	トルコ	2016	1,771	チリ	2016	474	カザフスタン	2016	544
9	ウクライナ	2016	1,670	ポルトガル	2016	1	クロアチア	2016	381
(10)	ドイツ	2016	1,339				フィンランド	2016	367

注：27)は、針葉樹の木材を加工したものであり、厚さ6ミリメートルを超えるものである。
　　28)は、非針葉樹の木材を加工したものを含む。
　　29)は、合板、ベニヤパネルと同様の集成材である。
　　30)は、化学パルプ（ソーダパルプ及び硫酸塩パルプ）である。
　　31)は、有効成分100%である。
　　32)は、窒素100%である。
　　33)は、カーナライト、カリ岩塩及び天然カリウム塩を除く。
　　34)は、収穫脱穀機である。

6 国民経済と農林水産業（続き）
(6) 肥料使用量

単位：千t

国名	1)窒素質肥料			2)りん酸質肥料			3)カリ質肥料		
	2016年	2017	2018	2016年	2017	2018	2016年	2017	2018
世界	107,944	109,905	108,658	44,088	42,984	40,648	35,884	38,286	38,854
中国	30,388	29,545	28,141	13,811	9,904	7,748	10,745	10,500	10,681
インド	16,735	16,958	17,628	6,705	6,854	6,968	2,508	2,779	2,779
アメリカ合衆国	11,706	11,772	11,644	3,988	4,173	4,081	4,632	4,874	4,585
ブラジル	4,353	5,173	5,120	4,544	5,154	5,101	5,627	6,256	6,767
インドネシア	2,964	2,952	3,237	838	785	817	1,642	2,088	2,165
パキスタン	3,242	3,447	3,447	1,209	1,258	1,258	29	54	54
カナダ	2,461	2,471	2,769	971	1,023	1,130	393	427	427
オーストラリア	1,474	1,494	1,411	948	980	955	255	273	294
ベトナム	1,549	1,563	1,573	824	873	750	599	764	579
フランス	2,192	2,234	2,248	410	451	430	393	463	451
日本	380	389	389	340	355	355	310	307	307

注：1 日本を除き、2017年の窒素質肥料、りん酸質肥料及びカリ質肥料の合計が多い10か国
を抜粋している。
2 植物栄養素（N、P、K）の成分量である。
1)は、硫酸アンモニア、硝酸アンモニア、尿素などである。
2)は、過りん酸石灰、熔成りん肥などである。
3)は、硫酸カリ、塩化カリなどである。

7 林業
(1) 森林の面積

国名	2)陸地面積	3)森林面積（2020年）			人工林
		総面積	陸地に占める割合		
	千ha	千ha	%		千ha
ロシア	1,637,687	815,312	49.8		18,880
ブラジル	835,814	496,620	59.4		11,224
カナダ	909,351	346,928	38.2		18,163
アメリカ合衆国	914,742	309,795	33.9		27,521
1) 中国	942,470	219,978	23.3		84,696
コンゴ民主共和国	226,705	126,155	55.6		58
オーストラリア	768,230	134,005	17.4		2,390
インドネシア	187,752	92,133	49.1		4,526
ペルー	128,000	72,330	56.5		1,088
インド	297,319	72,160	24.3		13,269
日本	**36,456**	**24,935**	**68.4**		**10,184**

注： 日本を除き、2020年の森林面積が多い10か国を抜粋している。
　　　1)は、香港、マカオ及び台湾を含む。
　　　2)は、内水面（主要な河川及び湖沼）を除いた総土地面積である。
　　　3)は、高さ5メートル以上の樹木で覆われた0.5ヘクタール以上の土地で、林地に対する
　　　　樹冠面積が10パーセント以上のものである（現在、幼木であっても、将来樹冠面積１０
　　　　パーセント、高さ5メートル以上に達すると予想されるものを含む。）。人工林を含む。
　　　　国立公園、自然保護地域、各種保護地域、防風林、ゴム園などを含み、果樹林などのよ
　　　　うに、農林業としての利用目的が明確なものを除く。

(2) 木材生産量（2019年）

単位：千㎥

国名	1)総量	薪炭材	2)用材	製材・ベニヤ材
世界	**3,966,439**	**1,945,250**	**2,021,189**	**1,152,346**
アメリカ合衆国	459,129	71,427	387,702	187,160
インド	351,761	302,244	49,517	47,804
中国	340,119	159,882	180,237	96,352
ブラジル	266,288	123,299	142,989	55,421
ロシア	218,400	15,206	203,194	136,198
カナダ	145,168	1,174	143,994	126,629
インドネシア	123,757	40,411	83,346	33,114
エチオピア	116,082	113,147	2,935	11
コンゴ民主共和国	91,313	86,702	4,611	329
ナイジェリア	76,563	66,541	10,022	7,600
スウェーデン	75,500	7,000	68,500	37,000
ドイツ	76,167	22,742	53,425	40,713
フィンランド	63,964	8,013	55,951	23,332
チリ	63,717	16,122	47,595	21,507
ベトナム	57,335	20,000	37,335	16,300
ガーナ	49,853	47,639	2,214	1,464
フランス	49,869	24,214	25,655	16,926
ウガンダ	49,507	44,177	5,330	3,553
ポーランド	44,084	5,231	38,853	17,122
メキシコ	46,477	38,522	7,955	6,411
日本	**30,349**	**6,932**	**23,417**	**17,620**

注： 1　加工前の生産量である。
　　　2　日本を除き、木材生産量が多い20か国を抜粋している。
　　　1)は、森林及び森林外から伐採・回収されたすべての樹木であり、倒木を含む。
　　　2)は、製材・ベニヤ材、パルプ材などの産業用素材である。

8 水産業
(1) 水産物生産量－漁獲・養殖 (2018年)

単位：千 t

国名	水産物			魚類・甲殻類・軟体類			藻類		
	合計	漁獲・採集	2)養殖	合計	漁獲	2)養殖	合計	採集	2)養殖
世界	211,870	97,389	114,481	178,529	96,434	82,095	33,341	955	32,386
世界（海洋）	148,439	85,367	63,072	115,169	84,412	30,756	33,270	954	32,316
中国	49,341	12,867	36,474	30,652	12,684	17,968	18,689	183	18,506
インドネシア	17,952	6,751	11,201	8,587	6,707	1,881	9,365	44	9,320
アメリカ合衆国	4,938	4,734	204	4,926	4,722	204	12	12	...
ロシア	4,883	4,848	35	4,870	4,840	30	13	8	5
インド	4,453	3,643	* 811	4,425	3,620	* 805	* 28	* 23	5
ベトナム	4,556	3,191	1,365	4,537	3,191	1,346	19	...	19
日本	4,183	3,180	1,003	3,717	3,104	613	466	76	390
ペルー	7,231	7,189	42	7,193	7,150	42	39	39	0
ノルウェー	4,013	2,658	1,355	3,843	2,489	1,355	170	169	0
フィリピン	3,869	1,887	1,982	2,390	1,887	503	1,479	0	1,478
1) **世界（内水面）**	63,431	12,022	51,409	63,360	12,021	51,339	71	1	70
中国	31,625	1,964	29,660	31,555	1,964	29,591	70	1	70
インド	* 7,961	1,700	* 6,261	* 7,961	1,700	* 6,261	...	...	...
インドネシア	4,055	509	3,546	4,055	509	3,546	...	...	...
バングラデシュ	3,407	1,217	2,191	3,407	1,217	2,191	...	...	...
ベトナム	2,944	156	2,788	2,944	156	2,788	...	...	...
ミャンマー	1,996	* 889	1,107	1,996	* 889	1,107	...	...	...
エジプト	* 1,564	269	* 1,295	* 1,564	269	* 1,295	...	...	...
ブラジル	* 753	* 225	* 528	* 753	* 225	* 528	...	...	...
カンボジア	* 774	* 536	* 239	* 774	* 536	* 239	...	...	...
ナイジェリア	683	392	291	683	392	291	...	...	...
日本	57	27	30	57	27	30	...	...	...

注： 1 海洋及び内水面の水産物合計が多い10か国と内水面の日本を抜粋している。
　　 2 ＦＡＯ水棲（すいせい）動植物国際標準統計分類（ISSCAAP）による。漁獲・採集及び養殖による水産物の生体重量である。食用以外の商業用・産業用・レクリエーション用を含むが、鯨、アザラシ、ワニ、さんご、真珠、海綿などを除く。
　　 3 暫定値又は推計値には「＊」を付した。
　　 1)は、湖沼、河川、池など陸地内の水面での漁業である。
　　 2)は、所有権を明確にして人工的に魚介類や藻類の発生・生育を図る給餌養殖、広い海域へ種苗（稚魚）をまいて成長させ、成魚にして捕獲する栽培漁業などである。

(2) 水産物生産量－種類別 (2018年)

単位：t

国名	計	養殖	漁獲 計	魚類 さけ・ます類	ひらめ・かれい類	たら類
世界	211,869,985	114,481,243	96,433,763	1,134,386	975,893	9,316,361
中国	80,965,663	66,134,354	14,647,819	…	…	…
インドネシア	22,006,839	14,747,241	7,215,215	…	21,555	…
インド	＊12,414,190	＊7,071,302	5,320,253	…	51,009	84
ベトナム	7,500,362	4,153,323	3,347,039	…	…	…
ペルー	7,311,996	103,598	7,169,805	145	229	76,416
ロシア	5,320,928	204,032	5,108,854	714,665	129,161	2,506,241
アメリカ合衆国	5,225,031	468,185	4,744,418	264,843	248,157	2,088,152
フィリピン	4,354,279	2,304,361	2,049,572	…	619	…
バングラデシュ	4,276,641	2,405,416	1,871,225	…	…	…
日本	4,239,779	1,032,654	3,130,925	102,186	49,192	177,526

国名	漁獲（続き） 魚類（続き） にしん・いわし類	かつお・まぐろ類	甲殻類 1)かに類	えび類	軟体類 いか・たこ類	その他	採集 藻類
世界	19,820,354	7,913,008	1,581,274	3,759,737	3,636,575	48,296,175	954,979
中国	774,399	505,499	669,498	1,089,433	1,053,845	10,555,145	183,490
インドネシア	430,977	1,257,263	193,810	287,612	245,458	4,778,541	44,383
インド	584,649	194,020	57,354	447,789	220,844	3,764,504	＊22,635
ベトナム	…	357,241	25,273	142,489	258,969	2,563,067	…
ペルー	6,198,927	120,361	1,640	39,151	364,193	368,743	38,592
ロシア	664,589	2,004	56,778	29,335	102,451	903,630	8,042
アメリカ合衆国	801,637	233,377	124,169	200,420	73,654	710,009	12,428
フィリピン	405,101	553,937	35,960	38,217	52,002	963,736	346
バングラデシュ	…	4,075	…	…	…	1,867,150	…
日本	751,700	304,661	24,100	14,700	117,500	1,589,360	76,200

注： 1 水産物生産量が多い10か国を抜粋している。
2 暫定値又は推計値には「＊」を付した。
1)は、タラバガニ（ヤドカリ類に属する。）を除く。

8　水産業（続き）
(3)　水産物生産量－海域別漁獲量 （2018年）

単位：千 t

海域・国（地域）	漁獲量	海域・国（地域）	漁獲量	海域・国（地域）	漁獲量
世界	84,412	地中海、黒海		太平洋北西部	
		トルコ	284	中国	12,055
(1)北極海		イタリア	193	ロシア	3,464
ロシア	0	アルジェリア	115	日本	2,851
		チュニジア	106	韓国	943
(2)大西洋北西部				台湾	416
アメリカ合衆国	850	大西洋南西部		北朝鮮	* 204
カナダ	593	アルゼンチン	815	香港	* 124
グリーンランド	168	ブラジル	* 489		
（日本）	3	スペイン	117	太平洋北東部	
		中国	106	アメリカ合衆国	2,892
(3)大西洋北東部		（日本）	0	カナダ	191
ノルウェー	2,279				
アイスランド	1,259	大西洋南東部		太平洋中西部	
ロシア	1,051	南アフリカ	556	インドネシア	4,852
デンマーク	787	ナミビア	487	ベトナム	3,191
イギリス	690	アンゴラ	413	フィリピン	1,887
フェロー諸島	657	（日本）	11	タイ	1,104
フランス	401			マレーシア	697
オランダ	393	大西洋南氷洋		韓国	292
スペイン	311	ノルウェー	207	パプアニューギニア	237
ドイツ	236	（日本）	0	台湾	210
アイルランド	221			キリバス	197
スウェーデン	215	インド洋西部		日本	184
ポーランド	177	インド	2,236	カンボジア	* 154
フィンランド	155	イラン	723	ミクロネシア連邦	130
ポルトガル	135	オマーン	553		
グリーンランド	134	パキスタン	364	太平洋中東部	
（日本）	2	モザンビーク	* 231	メキシコ	1,169
		スペイン	213	アメリカ合衆国	176
(4)大西洋中西部		モルディブ	151	パナマ	105
アメリカ合衆国	705	セーシェル	146	（日本）	6
メキシコ	297	イエメン	* 131		
ベネズエラ	* 228	マダガスカル	111	太平洋南西部	
（日本）	1	（日本）	7	ニュージーランド	404
				（日本）	11
(5)大西洋中東部		インド洋東部			
モロッコ	1,330	インドネシア	1,855	太平洋南東部	
モーリタニア	953	インド	1,384	ペルー	7,150
ナイジェリア	486	ミャンマー	* 1,144	チリ	2,108
セネガル	453	マレーシア	752	エクアドル	482
ガーナ	287	バングラデシュ	655	中国	380
ギニア	257	タイ	407	パナマ	51
カメルーン	251	スリランカ	395	（日本）	7
ロシア	216	オーストラリア	125		
ベリーズ	212	（日本）	9	太平洋南氷洋	
シエラレオネ	* 200			韓国	1
ジョージア	113	インド洋南氷洋			
スペイン	101	フランス	6		
（日本）	10	（日本）	0		

注：1　水産物生産量－漁獲・養殖のうち、魚類、甲殻類及び軟体類の海洋における漁獲量
　　　　10万トン以上の国（漁獲量10万トン以上の国がない海域については漁獲量第1位の国）
　　　　について、海域ごとに掲載した。日本については漁獲量が10万トン未満であっても
　　　　括弧付きで掲載した。
　　　2　暫定値又は推計値には「＊」を付した。

9 貿易
(1) 国際収支 (2019年)

単位：100万米ドル

国 (地域)	経常収支	1)貿易・サービス収支	2)第一次所得収支	3)第二次所得収支
アメリカ合衆国	△ 498,350	△ 616,424	256,997	△ 138,923
カナダ	△ 35,409	△ 29,295	△ 4,010	△ 2,103
ユーロ圏	357,792	436,636	90,316	△ 169,159
フランス	△ 18,549	△ 27,499	61,524	△ 52,574
ドイツ	274,505	224,616	103,238	△ 53,353
イギリス	△ 106,886	△ 33,120	△ 38,573	△ 35,194
オーストラリア	7,122	47,036	△ 39,158	△ 756
中国	141,336	164,122	△ 33,037	10,250
韓国	59,971	53,835	12,199	△ 6,063
日本	**184,540**	**4,578**	**192,611**	**△ 12,649**

国 (地域)	4)資本移転等収支	5)金融収支	外貨準備	誤差脱漏
アメリカ合衆国	△ 10	△ 395,910	4,660	102,450
カナダ	△ 67	△ 32,832	△ 1,241	2,644
ユーロ圏	△ 22,359	314,940	7,349	△ 20,496
フランス	2,177	△ 62,010	3,163	△ 45,638
ドイツ	△ 339	229,572	△ 594	△ 44,592
イギリス	△ 1,015	△ 130,116	△ 1,162	△ 22,215
オーストラリア	△ 544	5,523	2,952	△ 1,054
中国	△ 327	△ 57,043	△ 19,288	△ 198,051
韓国	△ 64	60,951	1,466	1,044
日本	**△ 3,809**	**221,802**	**24,701**	**41,071**

注：　一定期間における当該国のあらゆる対外経済取引を体系的に記録したもの（国際通貨基金
（IMF）の国際収支マニュアル第6版による）。
　　1)は、生産活動の成果である諸品目の取引を計上。貿易収支は、財貨の取引（輸出入）を
　　計上する項目で、一般商品、仲介貿易商品及び非貨幣用金に区分。輸出、輸入ともにFOB
　　価格。サービス収支は、輸送、旅行及びその他サービスに区分される。
　　2)は、生産過程に関連した所得及び財産所得を計上。雇用者報酬、投資収益及びその他第
　　一次所得に区分される。
　　3)は、経常移転による所得の再配分を計上。「移転」とは、「交換」と対比させる取引の
　　概念であり、当事者の一方が経済的価値のあるものを無償で相手方に提供する取引である。
　　4)は、資本移転及び非金融非生産資産の取得処分を計上。
　　5)は、直接投資、証券投資、金融派生商品、その他投資及び外貨準備から構成される。資
　　産・負債が増加した場合は「プラス」、減少した場合は「マイナス」となる。

9 貿易（続き）
(2) 商品分類別輸出入額（2019年）

単位:100万米ドル

商品分類	1) アメリカ合衆国 (一般貿易方式)		カナダ (一般貿易方式)		3) フランス (特別貿易方式)	
	輸出	輸入	輸出	2) 輸入	輸出	輸入
総額	1,644,280	2,567,490	446,080	453,360	556,364	643,208
食料品及び動物（食用）	104,415	121,873	40,140	31,049	46,988	50,417
飲料及びたばこ	7,542	28,763	1,270	4,487	19,044	6,113
非食品原材料	74,962	36,183	35,243	10,998	11,520	12,995
鉱物性燃料	199,591	209,965	98,601	32,927	15,441	66,032
動植物性油脂	2,741	6,289	3,214	794	1,265	1,985
化学製品	224,694	272,459	36,777	50,245	104,281	84,392
工業製品	136,707	269,438	48,371	51,770	56,018	77,745
機械類、輸送用機器	532,093	1,078,030	119,248	199,143	220,733	238,142
雑製品	168,624	421,162	25,134	55,457	73,422	103,759
その他	192,907	123,334	38,082	16,490	7,652	1,628

商品分類	中国 (一般貿易方式)		韓国 (一般貿易方式)		日本 (一般貿易方式)	
	輸出	輸入	輸出	輸入	輸出	輸入
総額	2,498,570	2,068,950	542,172	503,263	705,633	720,859
食料品及び動物（食用）	65,901	80,897	5,999	27,383	5,854	57,382
飲料及びたばこ	3,488	7,672	1,827	1,348	1,047	8,695
非食品原材料	16,420	283,722	6,347	29,993	9,444	45,213
鉱物性燃料	47,034	343,621	42,179	127,341	14,009	155,684
動植物性油脂	1,155	9,386	67	1,191	218	1,457
化学製品	161,966	219,017	74,007	52,065	78,632	74,606
工業製品	409,935	141,160	68,640	50,494	77,957	62,252
機械類、輸送用機器	1,196,740	785,800	305,238	162,642	410,867	203,483
雑製品	583,046	143,126	36,933	49,820	55,870	99,884
その他	12,887	54,548	934	987	51,735	12,202

注： 1　商品分類は、標準国際貿易分類（ＳＩＴＣ：Standard International Trade Classification）第４版の
　　　　大分類による。
　　　2　貿易方式は、保税倉庫の品物の記録方法により、一般的に「一般貿易方式」又は「特別貿易方式」が用
　　　　いられる。各方式の定義は次のとおりである。輸送途中で通過した国、商品の積替えは計上されない。
　　　　　　一般貿易方式：輸出…(1)　国産品（全部又は一部が国内で生産・加工された商品）の輸出。
　　　　　　　　　　　　　　　 (2)　市場に流通していた外国商品の再輸出。
　　　　　　　　　　　　　　　 (3)　保税倉庫に保管されていた外国商品の再輸出の合計。
　　　　　　　　　　　　　輸入…(1)　国内での消費・加工を目的とする商品の輸入。
　　　　　　　　　　　　　　　 (2)　外国商品の保税倉庫への搬入の合計。
　　　　　　特別貿易方式：輸出…(1)　国産品（全部又は一部が国内で生産・加工された商品）の輸出。
　　　　　　　　　　　　　　　 (2)　市場に流通していた外国商品の再輸出の合計。
　　　　　　　　　　　　　輸入…(1)　国内での消費・加工を目的とする商品の輸入。
　　　　　　　　　　　　　　　 (2)　国内での消費を目的とする外国商品の保税倉庫からの搬出
　　　　　　　　　　　　　　　 　の合計。
　　　3　輸出額は、ＦＯＢ価格（free on board：本船渡し価格）である。
　　　4　輸入額は、ＣＩＦ価格（cost, insurance and freight：保険料・運賃込み価格）である。
　　　1)は、プエルトリコ及び米領バージン諸島を含む。
　　　2)は、ＦＯＢ価格である。
　　　3)は、モナコを含む。
　　　4)は、ＣＩＦ価格及びＦＯＢ価格である。

単位：100万米ドル

ドイツ（特別貿易方式）		イギリス（一般貿易方式）		オーストラリア（一般貿易方式）		ニュージーランド（一般貿易方式）	
輸出	輸入	輸出	輸入	輸出	2) 輸入	輸出	4) 輸入
1,493,270	1,239,900	468,322	692,494	266,377	221,481	39,540	42,271
68,103	78,637	20,075	51,884	25,981	12,437	23,335	4,008
9,880	9,700	10,194	8,343	2,469	2,745	1,481	624
22,201	40,622	8,246	13,727	86,514	2,374	4,786	835
33,105	105,253	39,929	56,255	50,418	27,863	575	4,670
2,475	3,246	663	1,779	316	534	106	243
231,642	172,567	67,468	72,415	8,289	21,528	1,672	4,398
175,613	148,885	40,428	71,258	11,175	22,526	2,210	4,678
718,376	460,669	172,154	232,899	11,802	87,787	2,353	16,519
172,939	162,127	69,190	99,847	5,687	33,140	1,416	5,784
58,934	58,192	39,976	84,087	63,726	10,548	1,606	511

(3) 貿易依存度

単位：％

国（地域）	輸出依存度					輸入依存度				
	2013年	2014	2015	2016	2017	2013年	2014	2015	2016	2017
アメリカ合衆国	9.4	9.3	8.2	7.8	7.9	13.9	13.8	12.7	12.0	12.3
カナダ	25.2	26.5	26.3	25.7	25.7	25.6	26.3	27.6	27.0	26.8
ユーロ圏	19.1	19.1	19.4	19.0	19.7	17.6	17.3	17.2	16.5	17.6
フランス	20.7	20.4	20.8	20.4	20.7	24.3	23.8	23.6	23.2	24.1
ドイツ	38.4	38.3	39.3	38.4	39.2	31.4	30.9	31.2	30.4	31.5
イギリス	17.4	15.8	15.2	15.2	16.6	23.5	21.9	21.4	22.0	23.3
オーストラリア	16.7	16.5	15.2	15.2	16.7	16.0	16.3	16.9	15.5	16.5
中国	22.9	22.2	20.4	19.1	18.9	20.2	18.6	15.0	14.2	15.3
韓国	40.8	38.6	35.9	33.0	35.3	37.6	35.4	29.8	27.1	29.4
日本	13.9	14.2	14.2	13.1	14.3	16.1	16.7	14.8	12.3	13.8

注：国内総生産（GDP）に対する輸出額（FOB価格）及び輸入額（CIF価格）の割合である。

(4)　主要商品別輸出入額

単位：100万米ドル

区分	米			4）小麦、メスリン			5）とうもろこし		
	国名	2018年	2019	国名	2018年	2019	国名	2018年	2019
輸出									
1	インド	7,346	6,801	ロシア	8,432	6,403	1) アメリカ合衆国	12,921	8,013
2	タイ	5,619	4,206	1) アメリカ合衆国	5,458	6,266	ブラジル	4,110	7,290
3	ベトナム	2,621	2,434	カナダ	5,712	5,369	アルゼンチン	4,234	5,949
4	パキスタン	2,002	2,270	2) フランス	4,123	4,355	ルーマニア	1,027	1,391
5	1) アメリカ合衆国	1,691	1,877	オーストラリア	3,036	2,483	2) フランス	1,667	1,372
6	中国	887	1,059	アルゼンチン	2,419	2,296	ハンガリー	771	860
7	ミャンマー	922	782	ルーマニア	1,223	1,272	ロシア	853	618
8	イタリア	622	614	ドイツ	1,164	1,252	セルビア	267	551
9	カンボジア	411	421	カザフスタン	972	1,003	ブルガリア	269	465
10	（日本）	47	56	ブルガリア	864	951	（日本）	0	0
輸入									
1	サウジアラビア	1,315	1,415	エジプト	2,806	3,024	日本	3,371	3,524
2	中国	1,600	1,254	インドネシア	2,571	2,799	3) メキシコ	3,253	3,190
3	フィリピン	737	1,145	トルコ	1,289	2,302	韓国	2,133	2,353
4	1) アメリカ合衆国	967	1,086	イタリア	1,824	1,847	ベトナム	2,108	2,313
5	コートジボワール	692	604	フィリピン	1,683	1,847	スペイン	1,968	1,946
6	ベナン	874	570	3) ブラジル	1,502	1,491	エジプト	1,883	1,930
7	2) フランス	522	541	日本	1,639	1,473	オランダ	1,318	1,355
8	アラブ首長国連邦	700	535	ナイジェリア	1,359	1,266	イタリア	1,205	1,258
9	イギリス	481	531	オランダ	1,184	1,142	コロンビア	1,050	1,191
10	日本	491	490	3) メキシコ	1,169	1,129	ドイツ	988	1,126

区分	6）野菜、いも、豆類			7）果実、ナッツ			茶、マテ茶		
	国名	2018年	2019	国名	2018年	2019	国名	2018年	2019
輸出									
1	オランダ	7,690	7,972	1) アメリカ合衆国	14,451	14,835	中国	1,915	2,181
2	中国	6,930	7,879	スペイン	9,942	9,735	ケニア	1,392	1,134
3	メキシコ	6,991	7,430	メキシコ	6,184	7,185	インド	819	872
4	スペイン	7,186	7,388	オランダ	6,779	6,813	ドイツ	341	329
5	1) アメリカ合衆国	4,495	4,697	チリ	5,962	6,211	アラブ首長国連邦	300	301
6	カナダ	4,085	4,375	中国	5,009	5,958	1) アメリカ合衆国	301	284
7	ベルギー	2,547	2,492	ベトナム	5,902	5,622	ポーランド	215	262
8	2) フランス	2,203	2,451	トルコ	3,875	4,506	オランダ	301	247
9	イタリア	1,759	1,677	イタリア	3,922	3,602	ベトナム	219	234
10	（日本）	63	63	（日本）	225	228	（日本）	159	152
輸入									
1	1) アメリカ合衆国	10,810	11,419	1) アメリカ合衆国	18,089	18,628	1) アメリカ合衆国	663	687
2	ドイツ	6,499	6,584	中国	8,416	11,285	パキスタン	572	497
3	イギリス	4,321	4,296	ドイツ	10,536	10,054	ロシア	528	454
4	2) フランス	3,412	3,416	オランダ	6,987	7,195	イギリス	427	376
5	3) カナダ	3,084	3,343	イギリス	6,225	6,085	エジプト	320	277
6	オランダ	2,656	2,770	2) フランス	5,627	5,370	ドイツ	284	267
7	ベルギー	2,208	2,338	ロシア	4,984	5,001	2) フランス	264	261
8	日本	2,351	2,231	香港	4,390	4,561	サウジアラビア	265	253
9	イタリア	1,751	1,890	3) カナダ	4,536	4,521	モロッコ	220	232
10	ロシア	1,839	1,829	ブラジル	3,145	3,181	（日本）	215	212

注： 1　商品名は標準国際貿易分類（ＳＩＴＣ）による。
　　 2　主要商品の輸出入額上位10か国を掲載した。ただし、日本が11位以下の場合は、10位の国
　　　　に代えて括弧付きで掲載した。
　　 1)は、プエルトリコ及び米領バージン諸島を含む。
　　 2)は、モナコを含む。
　　 3)は、ＦＯＢ価格である。
　　 4)は、未製粉のもの。メスリンは、小麦とライ麦を混合したものである。
　　 5)は、未製粉のもの。種子を含み、スイートコーンは除く。
　　 6)は、生鮮、冷蔵、冷凍又は簡単な保存状態にしたものであり、いも、豆類は乾燥品を含む。
　　 7)は、生鮮又は乾燥品であり、採油用ナッツを除く。

単位：100万米ドル

区分	コーヒー、代用品			アルコール飲料			採油用種子		
	国名	2018年	2019	国名	2018年	2019	国名	2018年	2019
輸出									
1	ブラジル	4,962	5,167	2) フランス	16,931	16,951	ブラジル	33,432	26,347
2	ドイツ	3,501	3,251	イギリス	9,529	9,436	1) アメリカ合衆国	18,290	19,766
3	8) スイス	2,535	2,686	イタリア	9,079	9,173	カナダ	6,823	4,877
4	ベトナム	3,330	2,674	メキシコ	5,922	6,561	アルゼンチン	1,595	3,927
5	コロンビア	2,569	2,609	スペイン	4,645	4,304	パラグアイ	2,248	1,629
6	イタリア	1,788	1,788	1) アメリカ合衆国	4,488	4,300	2) フランス	1,251	1,259
7	インドネシア	1,389	1,484	ドイツ	4,311	4,077	インド	1,127	1,231
8	2) フランス	1,375	1,446	オランダ	3,376	3,454	ルーマニア	1,369	1,163
9	1) アメリカ合衆国	1,077	1,044	シンガポール	2,829	2,925	オランダ	1,158	1,107
10	（日本）	59	68	（日本）	560	606	（日本）	21	24
輸入									
1	1) アメリカ合衆国	6,116	6,259	1) アメリカ合衆国	21,110	22,287	中国	41,567	38,280
2	ドイツ	3,784	3,554	イギリス	6,414	6,297	ドイツ	4,574	4,413
3	2) フランス	3,063	2,948	ドイツ	5,614	5,272	オランダ	2,745	3,082
4	イタリア	1,845	1,698	中国	5,241	4,961	日本	2,994	2,982
5	日本	1,457	1,409	3) カナダ	3,469	3,434	3) メキシコ	2,756	2,181
6	イギリス	1,456	1,387	2) フランス	3,615	3,397	トルコ	1,702	1,912
7	3) カナダ	1,359	1,347	日本	2,647	2,804	エジプト	1,627	1,905
8	オランダ	1,462	1,287	オランダ	2,623	2,750	スペイン	1,714	1,615
9	ベルギー	1,157	1,143	ロシア	2,378	2,703	アルゼンチン	2,512	1,611
10	スペイン	1,098	1,041	シンガポール	2,546	2,455	インドネシア	1,478	1,443

区分	綿花			牛肉			9) 肉類（牛肉以外）		
	国名	2018年	2019	国名	2018年	2019	国名	2018年	2019
輸出									
1	1) アメリカ合衆国	6,626	6,221	オーストラリア	6,467	7,520	1) アメリカ合衆国	9,655	10,413
2	ブラジル	1,601	2,652	1) アメリカ合衆国	7,282	6,925	ブラジル	7,568	8,456
3	インド	2,334	1,147	ブラジル	5,458	6,546	ドイツ	6,361	7,046
4	オーストラリア	979	1,088	インド	3,383	3,109	スペイン	5,135	6,444
5	ギリシャ	404	593	アルゼンチン	1,932	3,074	オランダ	5,855	6,360
6	ベナン	452	457	オランダ	2,905	2,795	ポーランド	4,079	4,102
7	コートジボワール	287	362	ニュージーランド	2,143	2,376	オーストラリア	3,599	3,843
8	ブルキナファソ	320	352	カナダ	1,911	2,183	デンマーク	3,055	3,254
9	トルコ	255	305	アイルランド	2,339	2,153	カナダ	3,015	3,213
10	（日本）	5	6	（日本）	224	272	（日本）	28	28
輸入									
1	中国	3,197	3,605	中国	4,800	8,228	中国	6,205	10,443
2	ベトナム	2,770	2,453	1) アメリカ合衆国	5,282	5,595	日本	6,784	7,170
3	トルコ	1,408	1,597	日本	3,474	3,527	ドイツ	4,466	4,369
4	インド	631	1,344	韓国	2,692	2,923	香港	4,130	3,561
5	インドネシア	1,446	1,119	ドイツ	2,268	2,214	イギリス	3,434	3,247
6	パキスタン	1,053	711	イタリア	2,297	2,147	3) メキシコ	2,873	3,190
7	タイ	538	377	オランダ	1,971	1,866	2) フランス	3,138	2,983
8	3) メキシコ	392	318	香港	2,256	1,811	1) アメリカ合衆国	2,949	2,930
9	マレーシア	342	303	エジプト	1,188	1,524	イタリア	2,680	2,859
10	（日本）	161	142	2) フランス	1,471	1,435	韓国	2,395	2,270

注：8）は、リヒテンシュタインを含む。
　　9）は、生鮮、冷蔵又は冷凍したものであり、牛肉その他のくず肉を含む。

9 貿易 (続き)
(4) 主要商品別輸出入額 (続き)

単位：100万米ドル

区分	10) 羊毛			製材、まくら木			パルプ、くず紙		
	国名	2018年	2019	国名	2018年	2019	国名	2018年	2019
輸出									
1	オーストラリア	2,936	2,219	カナダ	8,381	6,516	1) アメリカ合衆国	9,413	8,518
2	中国	934	820	ロシア	4,610	4,629	ブラジル	8,360	7,477
3	モンゴル	359	372	1) アメリカ合衆国	4,107	3,268	カナダ	7,512	6,021
4	南アフリカ	468	362	スウェーデン	3,343	3,100	インドネシア	2,649	2,784
5	ニュージーランド	389	345	ドイツ	2,792	2,584	スウェーデン	2,868	2,729
6	チェコ	277	230	フィンランド	2,214	1,993	チリ	3,615	2,728
7	イタリア	258	219	オーストリア	1,770	1,625	フィンランド	3,107	2,668
8	アルゼンチン	222	213	ブラジル	1,267	1,262	オランダ	1,368	1,302
9	ウルグアイ	240	184	チリ	1,199	1,056	ドイツ	1,434	1,290
10	（日本）	1	1	（日本）	58	58	（日本）	1,047	666
輸入									
1	中国	3,533	2,660	中国	10,177	8,676	中国	24,011	19,240
2	イタリア	1,125	994	1) アメリカ合衆国	8,962	7,531	ドイツ	4,918	4,096
3	チェコ	369	294	日本	2,604	2,365	1) アメリカ合衆国	3,911	3,591
4	インド	346	252	イギリス	2,527	2,235	インド	2,571	2,442
5	ドイツ	257	240	ドイツ	1,854	1,642	イタリア	2,761	2,369
6	韓国	230	188	イタリア	1,574	1,387	韓国	2,134	1,724
7	イギリス	183	157	オランダ	1,395	1,319	インドネシア	1,770	1,543
8	ブルガリア	152	154	2) フランス	1,293	1,261	オランダ	1,744	1,417
9	ルーマニア	164	149	エジプト	1,046	946	日本	1,558	1,362
10	日本	160	148	ベルギー	973	883	2) フランス	1,731	1,288

区分	11) 魚類			13) 甲殻類、軟体動物			14) 真珠、貴石、半貴石		
	国名	2018年	2019	国名	2018年	2019	国名	2018年	2019
輸出									
1	12) ノルウェー	10,620	10,598	インド	5,143	5,279	インド	26,308	22,721
2	中国	8,133	7,931	エクアドル	3,244	3,913	1) アメリカ合衆国	22,433	20,126
3	チリ	5,439	5,436	中国	4,116	3,609	香港	18,885	16,563
4	スウェーデン	4,339	4,018	ベトナム	2,584	2,485	アラブ首長国連邦	14,137	11,954
5	1) アメリカ合衆国	3,658	3,511	インドネシア	1,935	1,857	ベルギー	15,026	11,620
6	ベトナム	3,487	3,336	スペイン	1,418	1,270	イスラエル	14,378	11,504
7	ロシア	2,957	2,895	アルゼンチン	1,527	1,255	ボツワナ	5,474	4,739
8	オランダ	2,422	2,443	タイ	1,099	1,026	ロシア	5,032	3,787
9	デンマーク	1,945	2,080	ペルー	685	937	タイ	3,010	2,874
10	（日本）	1,014	945	（日本）	546	547	（日本）	436	436
輸入									
1	1) アメリカ合衆国	9,814	9,576	中国	2,953	5,981	インド	28,161	23,705
2	日本	7,787	7,529	1) アメリカ合衆国	5,943	5,792	1) アメリカ合衆国	26,953	22,446
3	中国	5,855	6,547	日本	3,213	3,101	香港	23,031	19,738
4	スウェーデン	4,695	4,381	スペイン	3,562	3,094	アラブ首長国連邦	12,292	11,252
5	2) フランス	3,535	3,425	イタリア	2,029	1,766	ベルギー	13,880	10,427
6	スペイン	3,161	3,084	韓国	1,589	1,448	中国	9,542	8,575
7	ドイツ	2,845	2,915	2) フランス	1,342	1,237	イスラエル	6,540	4,762
8	イタリア	2,542	2,477	香港	1,374	1,178	8) スイス	3,512	3,216
9	韓国	2,644	2,392	タイ	654	607	タイ	2,818	2,470
10	ポーランド	2,303	2,320	オランダ	574	567	（日本）	1,428	1,253

注： 10)は、羊以外の獣毛及びウールトップを含む。
　　 11)は、生鮮、冷蔵又は冷凍したものである。
　　 12)は、スヴァールバル諸島及びヤンマイエン島を含む。
　　 13)は、生鮮、冷蔵又は冷凍であり、塩漬けなどを含む。
　　 14)は、未加工品、合成品及び再生品を含む。製品は除く。

食　料　編

I 食料消費と食料自給率

1 食料需給

(1) 令和2年度食料需給表（概算値）

品目	2)国内生産量	3)外国貿易		4)在庫の増減量	国内消費仕向量			一人1年当たり供給量	一人1日当たり供給量
		輸入量	輸出量			加工用	5)純食料		
	千t	千t	千t	千t	千t	千t	千t	kg	g
穀類	9,360	23,898	110	350	32,054	4,272	10,587	83.9	229.8
米	8,145	814	110	248	7,857	231	6,404	50.7	139.0
小麦	949	5,521	0	58	6,412	262	4,006	31.7	86.9
大麦	201	1,649	0	40	1,810	798	22	0.2	0.5
裸麦	20	25	0	9	36	5	17	0.1	0.4
1)雑穀	45	15,889	0	△ 5	15,939	2,976	138	1.1	3.0
いも類	2,893	1,099	26	0	3,966	1,025	2,446	19.4	53.1
でんぷん	2,177	142	0	△ 4	2,323	445	1,878	14.9	40.8
豆類	290	3,411	0	△ 142	3,843	2,512	1,126	8.9	24.4
野菜	11,474	2,946	59	0	14,361	0	11,176	88.5	242.6
果実	2,685	4,490	60	5	7,110	21	4,307	34.1	93.5
肉類	3,452	3,043	22	△ 67	6,540	0	4,231	33.5	91.8
鶏卵	2,596	102	20	0	2,678	0	2,161	17.1	46.9
牛乳及び乳製品	7,434	4,987	47	159	12,215	0	11,900	94.3	258.3
魚介類	3,714	3,885	721	84	6,794	0	2,959	23.4	64.2
海藻類	92	42	2	0	132	18	114	0.9	2.5
砂糖類							2,095	16.6	45.5
粗糖	138	960	0	△ 43	1,141	1,141	0	0.0	0.0
精糖	1,709	420	2	17	2,110	25	2,066	16.4	44.8
含みつ糖	26	8	0	8	26	0	26	0.2	0.6
糖みつ	76	134	0	△ 7	217	68	3	0.0	0.1
油脂類	1,965	1,113	41	△ 61	3,098	466	1,814	14.4	39.4
植物油脂	1,629	1,075	17	△ 80	2,767	338	1,744	13.8	37.9
動物油脂	336	38	24	19	331	128	70	0.6	1.5
みそ	472	0	16	△ 3	459	0	458	3.6	9.9
しょうゆ	697	3	40	△ 2	662	0	660	5.2	14.3

資料：農林水産省大臣官房政策課食料安全保障室「食料需給表」（以下(4)まで同じ。）

注：1 この食料需給表は、ＦＡＯの作成手引に準拠して作成したものである。

　　2 計測期間は、原則、令和2年4月から令和3年3月までの1年間である。

　　3 一人当たりの供給量算出に用いた総人口は、総務省「国勢調査」結果の総人口（令和2年10月1日現在）である。

　　4 「事実のないもの」及び「単位に満たないもの」は、全て「0」と表示した。

　　1)は、とうもろこし、こうりゃん、その他の雑穀の計である。

　　2)は、輸入した原材料により国内で生産された製品を含む。

　　3)のうち、いわゆる加工食品は、生鮮換算して計上している。なお、全く国内に流通しないものや、全く食料になり得ないものなどは計上していない。

　　4)は、当年度末繰越量と当年度始め持越量との差である。

　　5)は、粗食料に歩留率を乗じたもので、人間の消費に直接利用可能な食料の実際の数量を表している。

1 食料需給（続き）
(2) 国民一人1日当たりの熱量・たんぱく質・脂質供給量

品目	平成30年度			令和元			2 （概算値）		
	熱量	たんぱく質	脂質	熱量	たんぱく質	脂質	熱量	たんぱく質	脂質
	kcal	g	g	kcal	g	g	kcal	g	g
計	2,428.5	78.7	81.3	2,340.0	79.6	82.9	2,268.7	77.9	81.9
穀類	865.5	18.6	3.0	816.8	18.6	3.0	788.4	18.0	2.9
米	525.2	8.9	1.3	497.4	8.9	1.3	475.4	8.5	1.3
小麦	324.2	9.3	1.6	304.5	9.3	1.6	300.0	9.1	1.6
大麦	1.7	0.0	0.0	1.8	0.0	0.0	1.6	0.0	0.0
裸麦	1.5	0.0	0.0	1.5	0.0	0.0	1.2	0.0	0.0
1)雑穀	12.9	0.4	0.1	11.6	0.3	0.1	10.3	0.3	0.1
いも類	46.7	0.8	0.1	39.6	0.8	0.1	37.7	0.9	0.1
でんぷん	153.9	0.0	0.3	162.1	0.0	0.3	146.7	0.0	0.2
豆類	102.3	7.4	4.8	96.5	7.5	5.0	97.3	7.6	5.1
野菜	72.5	3.0	0.5	67.7	3.0	0.5	66.7	3.0	0.5
果実	63.8	0.9	1.3	63.5	0.8	1.3	64.9	0.9	1.4
肉類	192.9	16.9	12.8	177.6	17.0	12.8	178.3	17.1	12.9
鶏卵	72.0	5.9	4.9	68.2	5.9	4.9	66.6	5.7	4.8
牛乳及び乳製品	167.0	8.3	9.1	164.4	8.4	9.7	162.7	8.3	9.6
魚介類	95.9	12.7	4.4	91.2	13.6	4.4	82.9	12.6	3.9
海藻類	3.7	0.6	0.1	5.0	0.6	0.1	5.5	0.7	0.1
砂糖類	190.5	0.0	0.0	190.5	0.0	0.0	177.5	0.0	0.0
精糖	188.0	0.0	0.0	187.9	0.0	0.0	175.3	0.0	0.0
含みつ糖	2.3	0.0	0.0	2.4	0.0	0.0	2.0	0.0	0.0
糖みつ	0.2	0.0	0.0	0.2	0.0	0.0	0.2	0.0	0.0
油脂類	356.9	0.0	38.7	351.9	0.0	39.7	349.0	0.0	39.4
植物油脂	341.4	0.0	37.1	338.2	0.0	38.1	335.7	0.0	37.9
動物油脂	15.5	0.0	1.6	13.7	0.0	1.6	13.4	0.0	1.5
みそ	19.2	1.3	0.6	18.2	1.2	0.6	18.1	1.2	0.6
しょうゆ	10.9	1.2	0.0	11.6	1.2	0.0	11.0	1.1	0.0

注：一人当たり算出に用いた各年度の総人口（各年10月1日現在）は、次のとおりである。
　　30年度：1億2,644万人、令和元年度：1億2,617万人、2年度：1億2,623万人
　　1)は、とうもろこし、こうりゃん、その他の雑穀の計である。
　　令和元年度以降の供給熱量は、「日本食品標準成分表2020年版（八訂）」を参照しているが、単位熱量の
　　算定方法が大幅に改訂されているため、それ以前と比較する場合は留意されたい。

(3) 国民一人1年当たり供給純食料

単位：kg

品目	平成28年度	29	30	令和元	2 （概算値）
穀類	88.9	88.8	87.4	87.1	83.9
うち米	54.4	54.1	53.5	53.2	50.7
小麦	32.9	33.1	32.2	32.3	31.7
いも類	19.5	21.1	19.6	20.6	19.4
でんぷん	16.3	15.9	16.0	16.5	14.9
豆類	8.5	8.7	8.8	8.9	8.9
野菜	88.6	90.0	90.3	89.5	88.5
果実	34.4	34.2	35.5	34.0	34.1
肉類	31.6	32.7	33.3	33.5	33.5
鶏卵	16.9	17.4	17.4	17.6	17.1
牛乳及び乳製品	91.3	93.4	95.2	95.5	94.3
魚介類	24.8	24.4	23.7	25.3	23.4
海藻類	0.9	0.9	0.9	0.8	0.9
砂糖類	18.6	18.3	18.1	17.9	16.6
油脂類	14.2	14.1	14.1	14.5	14.4
みそ	3.6	3.7	3.7	3.7	3.6
しょうゆ	5.8	5.7	5.6	5.5	5.2

注：純食料は、粗食料に歩留率を乗じたもので、人間の消費に直接利用可能な食料の実際の数量である。

(4)　食料の自給率（主要品目別）

単位：％

品目	平成28年度	29	30	令和元	2 （概算値）
1)米	97	96	97	97	97
小麦	12	14	12	16	15
豆類	8	9	7	7	8
うち大豆	7	7	6	6	6
野菜	80	79	78	79	80
果実	41	40	38	38	38
2)肉類（鯨肉を除く。）	53	52	51	52	53
	(8)	(8)	(7)	(7)	(7)
2)うち牛肉	38	36	36	35	36
	(11)	(10)	(10)	(9)	(9)
2)鶏卵	97	96	96	96	97
	(13)	(12)	(12)	(12)	(12)
2)牛乳及び乳製品	62	60	59	59	61
	(27)	(26)	(25)	(25)	(26)
3)魚介類	53	52	55	53	55
砂糖類	28	32	34	34	36
4)穀物(飼料用も含む。)自給率	28	28	28	28	28
5)主食用穀物自給率	59	59	59	61	60
6)供給熱量ベースの 　総合食料自給率	38	38	37	38	37
	(35)	(36)	(35)	(35)	‥
7)生産額ベースの総合食料自給率	68	66	66	66	67
8)供給熱量ベースの食料国産率	46	47	46	46	46
9)生産額ベースの食料国産率	71	70	69	70	71

注：　1)については、国内生産と国産米在庫の取崩しで国内需要に対応している実態を踏まえ、平成10年
　　度から国内生産量に国産米在庫取崩し量を加えた数量を用いて、次式により品目別自給率、穀物自給
　　率及び主食用穀物自給率を算出した。
　　　自給率＝国産供給量（国内生産量＋国産米在庫取崩し量）／国内消費仕向量×100（重量ベース）
　　2)の（　）書きは、飼料自給率を考慮した値である。
　　3)は、飼肥料も含む魚介類全体についての自給率である。
　　4)の自給率＝穀物の国内生産量／穀物の国内消費仕向量×100（重量ベース）
　　5)の自給率＝主食用穀物の国内生産量／主食用穀物の国内消費仕向量×100（重量ベース）
　　6)の自給率＝国産供給熱量／供給熱量×100（供給熱量ベース）
　　　ただし、自給率では、畜産物に飼料自給率を、加工品に原料自給率を乗じる。　一方、8)の
　　国産率では加工品には原料自給率を乗じるが、畜産物には飼料自給率を乗じない。
　　　下段の（　）書きは、参考として、酒類を含む供給熱量総合食料自給率を示したものである。
　　ただし、算出に当たっては、国産供給熱量について把握可能な国産原料を基に試算した。
　　7)の自給率＝食料の国内生産額／食料の国内消費仕向額×100（生産額ベース）
　　　ただし、自給率では、畜産物は輸入飼料額を、加工品は輸入原料額を控除する。一方、9)の
　　国産率では、加工品は原料輸入額を控除するが、畜産物は輸入飼料額を控除しない。

1 食料需給（続き）
〔参考〕カロリーベースと生産額ベースの総合食料自給率(図)

カロリーベースと生産額ベース

供給熱量割合 [%]

供給熱量 2,269kcal／人・日
[国産供給熱量 843kcal／人・日]

その他 23%　268kcal[62kcal]
果実 31%　65kcal[20kcal]
大豆 21%　77kcal[16kcal]
野菜 76%　67kcal[51kcal]
魚介類 51%　83kcal[43kcal]
砂糖類 36%　177kcal[65kcal]
小麦 15%　300kcal[45kcal]
油脂類 3%　349kcal[11kcal]
畜産物 16%　47%　408kcal[64kcal]
米 98%　475kcal[467kcal]

凡 例

| 輸入部分 |
| 輸入飼料部分（自給としてカウントせず） |
| 自給部分 |

品目別供給熱量自給率 [%]

【令和2年度】
（カロリーベース総合食料自給率 37%）

※ラウンドの関係で合計と内訳が一致しない場合がある。
資料：農林水産省大臣官房政策課食料安全保障室資料

の総合食料自給率（令和2年度）

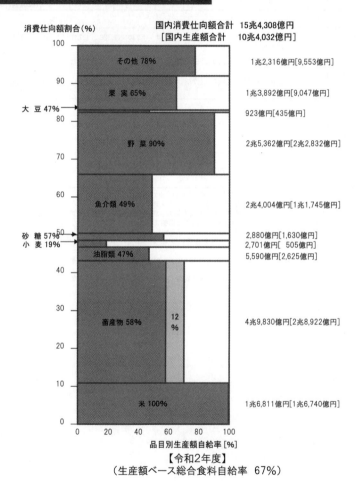

消費仕向額割合（%）

国内消費仕向額合計　15兆4,308億円
［国内生産額合計　　10兆4,032億円］

その他 78%　　　1兆2,316億円[9,553億円]

果 実 65%　　　1兆3,892億円[9,047億円]

大 豆 47%→　　　923億円[435億円]

野 菜 90%　　　2兆5,362億円[2兆2,832億円]

魚介類 49%　　　2兆4,004億円[1兆1,745億円]

砂 糖 57%→　　　2,880億円[1,630億円]
小 麦 19%→　　　2,701億円[505億円]
油脂類 47%　　　5,590億円[2,625億円]

畜産物 58%　　12%　　4兆9,830億円[2兆8,922億円]

米 100%　　　1兆6,811億円[1兆6,740億円]

品目別生産額自給率[%]

【令和2年度】
（生産額ベース総合食料自給率　67%）

1 食料需給（続き）
(5) 食料自給力指標の推移（国民一人1日当たり）

単位：kcal

区分		昭和40年度	50	60	平成7	17	27	28	29	30	令和元	2（概算値）
米・小麦中心の作付け	再生利用可能な荒廃農地においても作付けする場合	－	－	－	－	－	1,744	1,730	1,729	1,727	1,761	1,759
	現在の農地で作付けする場合	2,056	1,976	2,020	1,847	1,773	1,698	1,693	1,693	1,691	1,726	1,722
いも類中心の作付け	再生利用可能な荒廃農地においても作付けする場合	－	－	－	－	－	2,598	2,562	2,567	2,546	2,562	2,500
	現在の農地で作付けする場合	3,141	2,836	2,877	2,790	2,730	2,538	2,514	2,520	2,500	2,516	2,452

資料：農林水産省大臣官房政策課食料安全保障室資料（以下（6）まで同じ。）

注：1 食料自給力は、「我が国農林水産業が有する食料の潜在生産能力」を表す。
　　2 食料自給力指標とは、国内の農地等をフル活用した場合、国内生産のみでどれだけの食料を生産することが可能か（食料の潜在生産能力）を試算した指標である。
　　　なお、食料自給力指標については、次の2パターンを示すこととしている。
　　　　米・小麦中心の作付け： 栄養バランスを考慮しつつ、米・小麦を中心に熱量効率を最大化して作付けする場合
　　　　いも類中心の作付け ： 栄養バランスを考慮しつつ、いも類を中心に熱量効率を最大化して作付けする場合
　　3 「再生利用可能な荒廃農地においても作付けする場合」については、再生利用可能な荒廃農地面積のデータが存在する平成21年度以降について試算している。

(6) 都道府県別食料自給率

単位：％

区分	カロリーベース 平成30年度	カロリーベース 令和元（概算値）	生産額ベース 平成30年度	生産額ベース 令和元（概算値）	区分	カロリーベース 平成30年度	カロリーベース 令和元（概算値）	生産額ベース 平成30年度	生産額ベース 令和元（概算値）
全国	37	38	66	66	三重	40	39	63	64
北海道	196	216	214	211	滋賀	48	49	37	38
青森	120	123	238	241	京都	12	12	19	19
岩手	106	107	200	199	大阪	1	1	6	6
宮城	74	73	93	96	兵庫	16	15	38	38
秋田	190	205	150	163	奈良	14	14	22	23
山形	135	145	181	191	和歌山	28	28	113	110
福島	78	78	92	93	鳥取	62	61	130	135
茨城	70	66	120	122	島根	66	61	105	106
栃木	73	71	108	110	岡山	36	36	60	62
群馬	33	32	93	96	広島	22	21	38	39
埼玉	10	10	17	17	山口	32	29	44	44
千葉	26	24	62	59	徳島	41	41	113	116
東京	1	0	3	3	香川	33	33	90	92
神奈川	2	2	11	12	愛媛	36	35	114	114
新潟	107	109	108	112	高知	47	43	175	170
富山	78	76	63	63	福岡	20	19	37	36
石川	48	47	51	50	佐賀	95	72	151	136
福井	66	66	58	59	長崎	45	39	139	145
山梨	19	19	87	85	熊本	59	56	158	159
長野	53	53	130	134	大分	47	42	115	114
岐阜	24	25	43	43	宮崎	64	60	281	284
静岡	16	15	54	53	鹿児島	79	78	265	275
愛知	11	12	32	32	沖縄	27	34	63	63

2 国民栄養
(1) 栄養素等摂取量の推移 （総数、一人1日当たり）

栄養素	単位	平成27年	28	29	30	令和元
エネルギー	kcal	1,889	1,865	1,897	1,900	1,903
たんぱく質	g	69.1	68.5	69.4	70.4	71.4
うち動物性	〃	37.3	37.4	37.8	38.9	40.1
脂質	〃	57.0	57.2	59.0	60.4	61.3
うち動物性	〃	28.7	29.1	30.0	31.8	32.4
炭水化物	〃	258	253	255	251	248
カルシウム	mg	517	502	514	505	505
鉄	〃	7.6	7.4	7.5	7.5	7.6
ビタミンA	2) μ gRAE	534	524	519	518	534
〃 B$_1$	mg	0.86	0.86	0.90	0.90	0.95
〃 B$_2$	〃	1.17	1.15	1.20	1.16	1.18
〃 C	〃	98	89	94	95	94
1) 穀類エネルギー比率	％	41.2	40.9	40.4	40.0	39.5
1) 動物性たんぱく質比率	〃	52.3	52.8	52.7	53.5	54.3

資料：厚生労働省健康局「令和元年 国民健康・栄養調査報告」（以下(3)まで同じ。）
注：平成28年は抽出率等を考慮した全国補正値である。
　　1)は、個々人の計算値を平均したものである。
　　2)RAEとは、レチノール活性当量である。

2　国民栄養（続き）
(2)　食品群別摂取量（1歳以上、年齢階級別、一人1日当たり平均値）(令和元年)

単位：g

食品群	摂取量										
	計	1〜6歳	7〜14	15〜19	20〜29	30〜39	40〜49	50〜59	60〜69	70〜79	80歳以上
穀類	410.7	257.9	429.1	524.4	448.8	432.4	433.6	413.1	401.7	388.7	388.1
いも類	50.2	36.1	52.9	61.3	41.3	42.5	48.2	42.6	51.1	61.3	51.9
砂糖・甘味料類	6.3	4.0	5.7	6.1	5.8	5.5	5.9	6.0	6.7	7.3	7.4
豆類	60.6	31.0	43.9	40.8	46.8	44.8	51.7	64.6	76.7	76.1	65.1
種実類	2.5	1.5	1.7	1.3	1.3	2.9	2.1	3.0	3.2	3.2	2.2
野菜類	269.8	129.0	241.1	243.4	222.6	239.5	246.8	268.6	307.1	323.1	284.2
果実類	96.4	93.2	73.9	66.3	46.9	43.9	55.2	70.6	118.6	159.4	141.7
きのこ類	16.9	8.3	14.6	13.9	14.2	15.8	15.1	15.1	22.4	19.6	16.4
藻類	9.9	5.8	5.8	7.7	7.0	8.0	8.8	10.5	11.4	12.5	12.8
魚介類	64.1	29.7	45.2	43.3	50.8	50.8	52.8	59.2	77.7	88.9	73.8
肉類	103.0	63.1	110.1	168.3	130.7	116.1	130.3	106.9	94.5	81.5	66.5
卵類	40.4	19.6	33.5	54.7	38.9	37.7	40.4	40.1	43.7	44.5	38.4
乳類	131.2	211.7	302.7	149.1	111.9	77.5	96.0	101.3	117.3	127.8	127.5
油脂類	11.2	6.4	9.0	15.3	12.4	12.3	12.8	12.1	11.4	10.3	8.8
菓子類	25.7	23.5	35.9	34.6	21.9	26.5	22.6	24.3	25.2	25.1	24.3
嗜好飲料類	618.5	235.6	315.5	442.3	523.4	629.6	702.9	727.8	753.5	662.2	551.3
調味料・香辛料	62.5	32.4	53.1	59.1	63.5	64.1	60.6	62.8	71.2	67.8	57.2

(3)　朝食欠食率の推移　（20歳以上、性・年齢階級別）

単位：%

区分		平成27年	28	29	30	令和元
男性	計	14.3	15.4	15.0	13.9	14.3
	20〜29歳	24.0	37.4	30.6	29.9	27.9
	30〜39	25.6	26.5	23.3	28.3	27.1
	40〜49	23.8	25.6	25.8	24.5	28.5
	50〜59	16.4	18.0	19.4	18.0	22.0
	60〜69	8.0	6.7	7.6	8.2	9.6
	70歳以上	4.2	3.3	3.4	3.7	3.4
女性	計	10.1	10.7	10.2	8.6	10.2
	20〜29歳	25.3	23.1	23.6	18.9	18.1
	30〜39	14.4	19.5	15.1	12.7	22.4
	40〜49	13.7	14.9	15.3	12.6	17.1
	50〜59	11.8	11.8	11.4	13.0	14.4
	60〜69	6.7	6.3	8.1	5.3	6.8
	70歳以上	3.8	4.1	3.7	3.7	4.5

注：平成28年は抽出率等を考慮した全国補正値である。

3　産業連関表からみた最終消費としての飲食費
〔参考〕　飲食費のフロー（平成27年）

（単位：10億円）

資料：　農林水産省統計部「平成27年（2015年）農林漁業及び関連産業を中心とした産業連関表
　　　　（飲食費のフローを含む。）」
注：1　総務省等10府省庁「平成27年産業連関表」を基に農林水産省で推計。
注：2　旅館・ホテル、病院、学校給食等での食事は「外食」に計上するのではなく、使用され
　　　　た食材費を最終消費額として、それぞれ「生鮮品等」及び「加工品」に計上している。
注：3　加工食品のうち、精穀（精米・精麦等）、食肉（各種肉類）及び冷凍魚介類は加工度が
　　　　低いため、最終消費においては「生鮮品等」として取り扱っている。
注：4　　　　内は、各々の流通段階で発生する流通経費（商業マージン及び運賃）である。
注：5　　　　は食用農林水産物の輸入、　　　　は加工食品の輸入を表している。

3　産業連関表からみた最終消費としての飲食費（続き）
(1)　飲食費の帰属額及び帰属割合の推移

区分	平成7年		12		17		23		27	
	金額	構成比	金額	構成比	金額	構成比	金額	構成比	金額	構成比
	10億円	％	10億円	％	10億円	％	10億円	％	10億円	％
合計	82,455	100.0	80,611	100.0	78,374	100.0	76,204	100.0	83,846	100.0
農林漁業	12,798	15.5	11,405	14.1	10,582	13.5	10,477	13.7	11,274	13.4
国内生産	11,655	14.1	10,245	12.7	9,374	12.0	9,174	12.0	9,677	11.5
輸入食用農林水産物	1,143	1.4	1,160	1.4	1,208	1.5	1,303	1.7	1,598	1.9
食品製造業	24,995	30.3	25,509	31.6	24,346	31.1	23,966	31.5	26,986	32.2
国内生産	20,398	24.7	20,681	25.7	18,876	24.1	18,051	23.7	19,792	23.6
輸入加工食品	4,597	5.6	4,829	6.0	5,471	7.0	5,916	7.8	7,194	8.6
食品関連流通業	27,587	33.5	27,397	34.0	27,868	35.6	26,615	34.9	29,482	35.2
外食産業	17,075	20.7	16,299	20.2	15,577	19.9	15,146	19.9	16,104	19.2

資料：　農林水産省統計部「平成27年（2015年）農林漁業及び関連産業を中心とした産業連関表
　　　　（飲食費のフローを含む。）」（以下(2)まで同じ。）
注：　平成23年以前については、最新の「平成27年産業連関表」の概念等に合わせて再推計した
　　　数値である（以下(2)まで同じ。）。

(2)　食用農林水産物・輸入加工食品の仕向額

区分	仕向額			
	平成23年			
	計	国産食用農林水産物	輸入食用農林水産物	輸入加工食品
	10億円	10億円	10億円	10億円
合計	16,393	9,174	1,303	5,916
（構成比％）	(100.0)	(56.0)	(7.9)	(36.1)
最終消費向け	6,488	2,920	264	3,304
食品製造業向け	7,789	5,407	926	1,456
外食産業向け	2,116	847	113	1,156

区分	仕向額（続き）			
	27			
	計	国産食用農林水産物	輸入食用農林水産物	輸入加工食品
	10億円	10億円	10億円	10億円
合計	18,468	9,677	1,598	7,194
（構成比％）	(100.0)	(52.4)	(8.7)	(39.0)
最終消費向け	7,423	3,160	373	3,889
食品製造業向け	8,455	5,605	1,106	1,744
外食産業向け	2,590	912	118	1,560

区分	増減率			
	計	国産食用農林水産物	輸入食用農林水産物	輸入加工食品
	％	％	％	％
合計	12.7	5.5	22.6	21.6
（構成比％）	…	…	…	…
最終消費向け	14.4	8.2	41.3	17.7
食品製造業向け	8.6	3.7	19.4	19.8
外食産業向け	22.4	7.7	4.4	34.9

4　家計消費支出
(1)　1世帯当たり年平均1か月間の支出（二人以上の世帯）

単位：円

区分	平成28年	29	30	31	令和元
消費支出	282,188	283,027	287,315	293,379	277,926
食料	72,934	72,866	73,977	75,258	76,440
穀類	6,181	6,143	6,266	6,345	6,670
米	1,870	1,885	1,948	1,857	1,929
パン	2,484	2,456	2,511	2,643	2,591
麺類	1,373	1,348	1,374	1,411	1,654
他の穀類	454	454	432	435	496
魚介類	6,275	6,079	5,870	5,884	6,224
生鮮魚介	3,690	3,495	3,357	3,349	3,552
塩干魚介	1,108	1,101	1,052	1,044	1,099
魚肉練製品	676	676	647	663	690
他の魚介加工品	801	806	813	828	884
肉類	7,235	7,355	7,408	7,272	8,102
生鮮肉	5,856	5,974	6,038	5,876	6,583
加工肉	1,380	1,381	1,369	1,396	1,519
乳卵類	3,793	3,794	3,785	3,811	4,107
牛乳	1,291	1,273	1,244	1,263	1,323
乳製品	1,728	1,743	1,762	1,791	1,946
卵	774	778	779	758	838
野菜・海藻	8,895	8,763	8,894	8,491	9,237
生鮮野菜	6,016	5,885	5,985	5,621	6,213
乾物・海藻	710	701	719	720	748
大豆加工品	1,111	1,101	1,108	1,093	1,147
他の野菜・海藻加工品	1,059	1,076	1,083	1,057	1,128
果物	2,842	2,802	2,826	2,869	3,024
生鮮果物	2,619	2,560	2,569	2,603	2,726
果物加工品	223	243	257	266	298
油脂・調味料	3,466	3,493	3,529	3,554	3,907
油脂	362	359	361	375	415
調味料	3,104	3,134	3,168	3,179	3,492
菓子類	5,453	5,472	5,664	6,027	6,260
調理食品	9,494	9,635	9,917	10,397	10,757
主食的調理食品	3,957	3,982	4,094	4,354	4,490
他の調理食品	5,537	5,653	5,822	6,043	6,266
飲料	4,238	4,289	4,435	4,698	4,864
茶類	996	996	1,041	1,095	1,112
コーヒー・ココア	891	899	894	945	984
他の飲料	2,351	2,394	2,500	2,658	2,768
酒類	3,120	3,138	3,138	3,184	3,700
外食	11,942	11,902	12,247	12,726	9,587
一般外食	11,104	11,072	11,407	11,875	8,853
学校給食	838	830	840	850	734
住居	16,679	16,555	16,915	17,094	17,365
光熱・水道	21,177	21,535	22,019	21,951	21,836
家具・家事用品	10,329	10,560	10,839	11,486	12,538
被服及び履物	10,878	10,806	10,791	10,779	8,799
保健医療	12,888	12,873	13,227	13,933	14,211
交通・通信	39,054	39,691	42,107	43,632	39,910
教育	11,310	11,062	11,785	11,492	10,290
教養娯楽	28,159	27,958	27,581	29,343	24,285
その他の消費支出	58,780	59,120	58,074	58,412	52,251

資料：総務省統計局「家計調査結果」（以下（2）まで同じ。）

4 家計消費支出（続き）
(2) 1世帯当たり年間の品目別購入数量（二人以上の世帯）

区分	単位	平成28年	29	30	31	令和元
食料						
穀類						
米	kg	68.74	67.27	65.75	62.20	64.53
パン	g	45,099	44,840	44,526	46,011	45,857
麺類	〃	34,192	33,934	33,867	33,169	38,021
他の穀類	〃	9,269	9,066	8,450	8,281	9,455
魚介類						
生鮮魚介	〃	27,227	24,771	23,465	22,966	23,910
塩干魚介	〃	7,799	7,595	6,946	6,719	7,238
他の魚介加工品						
かつお節・削り節	〃	241	236	227	220	223
肉類						
生鮮肉	〃	47,202	47,792	49,047	48,694	53,573
加工肉						
ソーセージ	〃	5,222	5,315	5,301	5,322	5,742
乳卵類						
牛乳	L	78.51	78.03	76.24	75.80	78.17
乳製品						
チーズ	g	3,084	3,309	3,488	3,548	4,051
卵	〃	31,120	31,264	31,933	31,746	34,000
野菜・海藻						
生鮮野菜	〃	169,620	170,627	165,301	164,507	175,433
乾物・海藻						
わかめ	〃	918	876	865	861	866
大豆加工品						
豆腐	丁	81.20	80.16	83.66	80.83	84.41
他の野菜・海藻加工品						
だいこん漬	g	1,395	1,447	1,300	1,282	1,340
果物						
生鮮果物	〃	76,236	75,060	71,231	71,998	71,697
油脂・調味料						
油脂	〃	9,527	9,544	9,206	9,422	9,969
調味料						
しょう油	mL	5,618	5,249	4,981	4,708	4,832
飲料						
茶類						
緑茶	g	849	850	798	791	827
紅茶	〃	189	188	173	186	189
コーヒー・ココア						
コーヒー	〃	2,457	2,427	2,478	2,515	2,756
酒類						
発泡酒・ビール風アルコール飲料	L	30.22	27.98	26.43	27.15	31.35

注：数量の公表があるもののうち、(1)の品目に準じて抜粋して掲載した。

II　6次産業化等

1　六次産業化・地産地消法に基づく認定事業計画の概要

(1)　地域別の認定件数（令和3年6月30日時点）

単位：件

地方農政局等	総合化事業計画の認定件数	農畜産物関係	林産物関係	水産物関係	研究開発・成果利用事業計画の認定件数
合計	2,595	2,298	104	193	29
北海道	163	154	3	6	1
東北	379	343	12	24	4
関東	446	406	18	22	12
北陸	127	121	2	4	1
東海	243	208	14	21	0
近畿	389	353	13	23	3
中国四国	323	268	13	42	2
九州	465	391	28	46	6
沖縄	60	54	0	5	0

資料：農林水産省大臣官房新事業・食品産業部資料（以下(3)まで同じ。）
注：令和3年6月30日時点での累計である（以下(3)まで同じ。）。

(2)　総合化事業計画の事業内容割合（令和3年6月30日時点）

単位：%

内容	割合
加工	18.2
直売	2.9
輸出	0.4
レストラン	0.4
加工・直売	68.9
加工・直売・レストラン	7.1
加工・直売・輸出	2.1

(3)　総合化事業計画の対象農林水産物割合（令和3年6月30日時点）

単位：%

内容	割合
野菜	31.4
果樹	18.6
畜産物	12.6
米	11.8
水産物	5.6
豆類	4.4
その他	3.8
林産物	3.8
麦類	2.3
茶	2.0
そば	1.8
花き	1.6
野生鳥獣	0.3

注：複数の農林水産物を対象としている総合化事業計画については、その対象となる農林水産物全てを重複して対象とした。

2 農業及び漁業生産関連事業の取組状況
(1) 年間販売金額及び年間販売金額規模別事業体数割合

区分	総額	1事業体当たり年間販売金額	事業体数	計
	100万円	万円	事業体	%
平成30年度 農業生産関連事業計	2,104,038	3,395	61,970	100.0
令和元	**2,077,254**	**3,242**	**64,070**	**100.0**
農産加工	946,841	2,922	32,400	100.0
農産物直売所	1,053,366	4,453	23,650	100.0
観光農園	35,943	679	5,290	100.0
農家民宿	5,409	399	1,360	100.0
農家レストラン	35,696	2,623	1,360	100.0
平成30年度 漁業生産関連事業計	234,383	6,373	3,680	100.0
令和元	**230,102**	**6,367**	**3,610**	**100.0**
水産加工	175,132	11,699	1,500	100.0
水産物直売所	36,489	4,584	800	100.0
漁家民宿	6,659	740	900	100.0
漁家レストラン	11,822	2,808	420	100.0

資料：農林水産省統計部「6次産業化総合調査」（以下3(2)まで同じ。）
注：事業体数は、1の位を四捨五入している。

(2) 従事者数及び雇用者の男女別割合

区分	計	役員・家族	雇用者	
			小計	常雇い
	100人	100人	100人	100人
平成30年度 農業生産関連事業計	4,415	1,746	2,668	1,442
令和元	**4,377**	**1,711**	**2,666**	**1,446**
農産加工	1,921	728	1,193	559
農産物直売所	1,934	776	1,157	770
観光農園	337	140	197	49
農家民宿	57	38	19	3
農家レストラン	128	29	100	64
平成30年度 漁業生産関連事業計	295	99	196	126
令和元	**295**	**94**	**201**	**127**
水産加工	159	40	119	82
水産物直売所	62	25	37	24
漁家民宿	35	19	16	3
漁家レストラン	39	10	29	18

(3) 産地別年間仕入金額（農産物直売所は販売金額）（令和元年度）

単位：100万円

区分	計	自家生産物	購入農産物（農産物直売所は他の農家の農産物等）		
			自都道府県産	他都道府県産	輸入品
農産加工	399,335	97,546	228,984	51,825	20,980
農産物直売所	921,924	115,090	703,681	97,153	6,001

注：1 産地別年間仕入金額は、農産物の仕入金額の合計である。
　　なお、農産物直売所は、生鮮食品、農産加工品及び花き・花木の販売金額の合計である。
　2 「自家生産物」は、農業経営体のみの結果である。

年間販売金額規模別事業体数割合					
100万円未満	100～500	500～1,000	1,000～5,000	5,000万～1億	1億円以上
%	%	%	%	%	%
33.5	29.9	12.8	13.9	3.1	6.9
37.9	28.0	11.3	13.2	3.3	6.2
47.2	29.3	8.7	10.1	1.9	2.8
25.7	26.3	13.9	16.0	5.5	12.6
35.8	31.2	16.1	15.1	1.2	0.7
60.7	22.1	5.2	10.9	0.9	0.1
16.2	21.5	16.5	30.7	9.9	5.3
19.7	28.9	12.5	23.8	6.3	8.7
19.3	30.2	12.4	23.4	7.0	7.7
23.5	29.6	8.7	17.8	8.4	11.9
11.8	27.2	11.7	29.6	9.5	10.3
19.3	40.6	16.9	21.9	1.2	0.1
18.2	15.9	17.3	34.8	9.2	4.5

	雇用者の男女別割合			
臨時雇い	常雇い		臨時雇い	
	男性	女性	男性	女性
100人	%	%	%	%
1,226	28.9	71.1	32.7	67.3
1,220	27.5	72.5	33.9	66.1
634	37.1	62.9	38.5	61.5
387	20.0	80.0	27.6	72.4
148	40.5	59.5	33.4	66.6
16	26.5	73.5	41.1	58.9
35	24.1	75.9	20.6	79.4
71	39.5	60.5	28.5	71.5
74	41.7	58.3	33.5	66.5
37	42.6	57.4	35.8	64.2
13	41.4	58.6	40.7	59.3
13	21.9	78.1	21.9	78.1
11	41.3	58.7	30.9	69.1

2 農業及び漁業生産関連事業の取組状況（続き）
(4) 都道府県別農業生産関連事業の年間販売金額及び事業体数（令和元年度）

区分	農業生産関連事業計		農産加工						総額
	総額	事業体数	総額	事業体数	農業経営体		農業協同組合等		
					総額	農業経営体数	総額	事業体数	
	100万円	事業体	100万円	事業体	100万円	事業体	100万円	事業体	100万円
全国	2,077,254	64,070	946,841	32,400	366,937	30,640	579,904	1,770	1,053,366
北海道	152,182	3,030	118,628	1,280	27,100	1,180	91,528	100	28,802
青森	27,032	1,220	11,992	730	6,843	690	5,149	40	14,478
岩手	28,446	1,510	8,494	920	5,130	900	3,364	20	18,704
宮城	25,317	1,240	8,643	660	4,023	630	4,620	30	15,455
秋田	20,800	1,330	8,623	790	7,885	750	738	40	11,445
山形	32,554	1,670	9,418	700	5,762	660	3,656	50	21,512
福島	44,736	2,170	18,571	1,190	6,734	1,090	11,838	90	24,763
茨城	50,720	2,290	11,707	1,370	8,168	1,310	3,538	60	37,250
栃木	54,954	1,490	22,960	700	8,524	660	14,436	40	29,958
群馬	61,800	1,930	27,705	630	8,384	600	19,321	20	31,162
埼玉	56,785	1,770	9,983	620	8,040	600	1,943	20	44,744
千葉	70,416	2,690	22,976	840	5,895	810	17,081	30	44,346
東京	60,753	1,020	41,862	200	41,680	190	182	10	16,327
神奈川	33,861	1,580	5,241	410	3,749	400	1,492	20	27,434
新潟	31,328	1,870	10,122	1,030	4,564	990	5,558	40	19,503
富山	10,549	730	2,188	480	1,662	450	526	30	7,467
石川	23,242	650	9,598	440	4,592	390	5,006	50	12,549
福井	16,892	710	5,362	510	3,944	470	1,418	40	10,888
山梨	54,051	1,970	34,329	480	6,519	470	27,811	10	16,028
長野	72,662	4,120	28,166	2,340	12,727	2,270	15,439	70	39,052
岐阜	48,933	1,240	22,065	660	9,766	630	12,299	30	25,269
静岡	113,773	2,450	68,522	1,190	25,360	1,120	43,162	70	42,761
愛知	61,943	1,420	9,670	690	3,951	670	5,719	20	48,916
三重	49,361	1,120	23,305	660	13,916	620	9,389	40	21,782
滋賀	15,932	890	4,151	580	3,121	550	1,030	30	10,896
京都	18,197	1,100	5,604	590	4,772	560	832	30	11,857
大阪	22,524	590	1,181	210	1,043	200	138	10	20,062
兵庫	40,810	1,990	7,733	1,080	5,840	1,030	1,893	40	30,650
奈良	15,598	560	3,843	260	2,869	240	975	20	11,009
和歌山	34,015	1,720	17,727	1,400	9,699	1,370	8,028	30	15,766
鳥取	39,012	700	24,351	420	2,477	390	21,873	20	14,191
島根	15,181	990	5,781	640	3,577	600	2,205	40	8,690
岡山	22,549	1,180	4,049	780	2,939	700	1,110	90	17,352
広島	26,457	1,190	12,035	600	3,706	580	8,330	20	13,440
山口	53,794	1,110	35,445	470	4,032	400	31,412	70	17,085
徳島	18,363	600	6,679	370	5,242	360	1,437	20	11,330
香川	31,961	430	20,443	270	9,841	260	10,601	10	11,224
愛媛	76,898	1,020	47,883	630	4,723	610	43,160	20	28,213
高知	39,147	740	13,903	390	2,673	340	11,230	50	24,740
福岡	81,468	1,600	31,188	730	4,956	650	26,232	80	48,572
佐賀	33,195	520	15,833	260	4,814	250	11,019	10	15,968
長崎	28,706	680	9,423	360	2,567	340	6,856	20	18,613
熊本	73,749	1,610	37,819	900	12,679	830	25,139	70	34,113
大分	29,039	950	9,547	480	3,765	450	5,782	20	18,469
宮崎	65,175	1,050	44,415	620	17,739	600	26,676	30	18,957
鹿児島	72,971	1,300	42,547	680	15,005	630	27,541	50	28,604
沖縄	19,462	360	5,133	170	3,940	150	1,193	20	12,970

注：事業体数及び農業経営体数は、1の位を四捨五入している。

事業体数	農産物直売所				観光農園		農家民宿		農家レストラン	
	農業経営体		農業協同組合等							
	総額	農業経営体数	総額	事業体数	総額	農業経営体数	総額	農業経営体数	総額	事業体数
事業体	100万円	経営体	100万円	事業体	100万円	経営体	100万円	経営体	100万円	事業体
23,650	**175,413**	**13,520**	**877,953**	**10,140**	**35,943**	**5,290**	**5,409**	**1,360**	**35,696**	**1,360**
1,310	12,220	890	16,583	420	2,066	210	286	120	2,401	120
310	2,424	150	12,054	160	250	90	37	80	275	10
470	4,236	200	14,468	270	447	40	206	40	555	40
480	2,221	240	13,234	250	143	40	27	10	1,050	40
450	2,464	230	8,981	220	199	40	42	40	491	20
700	4,652	520	16,860	180	982	210	50	20	593	40
660	3,928	420	20,834	240	400	140	336	140	665	50
670	5,433	390	31,817	280	1,325	210	x	x	x	x
590	3,171	340	26,787	250	1,177	150	41	20	818	30
1,010	4,957	790	26,206	220	1,703	260	259	10	972	20
890	7,498	650	37,246	240	1,414	230	22	10	621	30
1,480	11,713	1,170	32,633	300	2,044	310	168	30	883	40
650	2,424	530	13,903	130	516	130	73	10	1,974	30
910	4,507	670	22,927	240	746	240	x	x	x	x
650	5,940	280	13,563	370	681	90	360	50	662	50
200	1,448	60	6,020	130	102	20	43	0	750	30
160	2,507	40	10,042	110	232	20	68	20	795	10
130	758	30	10,130	100	158	30	205	20	279	10
900	5,237	780	10,791	120	3,025	560	110	10	558	30
1,030	4,998	600	34,053	440	2,479	480	1,079	190	1,886	80
500	3,166	240	22,103	260	1,021	50	216	20	362	30
1,020	10,100	620	32,661	410	1,704	180	57	20	729	40
590	6,407	300	42,509	290	2,449	100	36	10	873	30
370	6,967	200	14,816	180	1,476	60	305	10	2,493	30
210	1,526	100	9,370	110	238	60	118	20	528	20
390	1,785	190	10,072	200	278	70	73	20	385	20
290	1,224	140	18,838	150	709	70	x	x	x	x
630	1,986	220	28,664	410	1,135	190	376	50	916	60
240	2,393	110	8,617	130	367	40	x	x	x	x
230	1,177	100	14,589	140	289	60	49	10	185	10
190	883	90	13,308	100	268	60	6	20	196	10
280	1,423	100	7,267	180	253	50	26	20	430	20
310	5,811	130	11,541	180	652	60	16	10	480	20
460	1,380	190	12,060	270	668	80	46	40	267	30
510	2,605	260	14,480	250	804	100	7	10	454	20
170	837	70	10,493	100	71	20	19	20	264	10
130	1,294	40	9,930	90	78	10	x	x	x	x
300	1,555	90	26,658	210	381	60	x	x	x	x
300	2,914	90	21,826	220	326	20	38	10	140	20
670	5,169	380	43,403	290	692	170	7	10	1,009	30
200	1,153	50	14,815	140	197	40	23	10	1,174	20
230	1,467	70	17,146	150	102	30	96	50	472	20
580	8,067	290	26,046	290	383	60	25	20	1,410	40
350	1,954	80	16,515	260	222	50	121	60	680	30
310	3,616	150	15,340	160	244	60	35	30	1,526	30
480	4,179	190	24,425	290	385	60	36	30	1,399	40
120	1,638	60	11,332	60	463	20	143	40	753	10

2 農業及び漁業生産関連事業の取組状況（続き）
(5) 都道府県別漁業生産関連事業の年間販売金額及び事業体数（令和元年度）

区分	漁業生産関連事業計		水産加工		水産物直売所		漁家民宿		漁家レストラン	
	総額	事業体数	総額	事業体数	総額	事業体数	総額	漁業経営体数	総額	事業体数
	100万円	事業体	100万円	事業体	100万円	事業体	100万円	経営体	100万円	事業体
全国	230,102	3,610	175,132	1,500	36,489	800	6,659	900	11,822	420
北海道	63,504	380	54,313	230	7,945	90	377	40	869	20
青森	13,287	90	11,947	40	1,060	30	93	20	187	10
岩手	1,920	60	1,660	40	85	10	109	10	66	10
宮城	4,603	110	3,879	30	398	40	298	30	28	10
秋田	658	20	207	10	389	10	36	0	26	0
山形	399	20	125	10	x	x	86	10	x	x
福島	106	10	-	-	x	x	89	0	x	x
茨城	4,595	10	4,243	0	x	x	x	x	220	0
千葉	4,547	70	2,513	20	1,079	20	76	10	879	10
東京	424	50	150	10	x	x	201	30	x	x
神奈川	3,193	140	1,523	70	924	40	24	10	722	20
新潟	1,500	100	377	20	769	20	204	50	149	10
富山	331	20	190	10	111	0	-	-	31	0
石川	2,018	90	696	20	729	20	200	30	394	20
福井	2,334	200	328	30	82	10	1,907	160	17	10
静岡	3,371	190	1,105	50	1,230	40	381	70	656	30
愛知	690	50	316	10	-	-	348	30	25	10
三重	16,967	130	14,672	40	1,256	10	494	50	545	30
京都	1,130	70	628	10	151	10	299	40	52	10
大阪	247	20	114	10	34	10	-	-	98	10
兵庫	4,814	110	2,870	40	1,419	40	243	20	282	10
和歌山	7,692	40	2,529	10	4,486	10	83	10	593	10
鳥取	3,361	30	2,451	10	821	10	x	x	x	x
島根	643	50	523	30	x	x	42	10	x	x
岡山	2,246	50	1,213	10	934	20	32	10	66	10
広島	8,375	140	6,346	40	1,721	70	37	10	271	20
山口	1,853	100	1,440	50	319	30	56	20	38	10
徳島	4,388	70	4,023	40	317	10	13	10	34	10
香川	4,664	50	4,367	30	167	10	21	10	109	10
愛媛	5,803	120	4,925	60	490	10	195	20	194	20
高知	1,047	40	752	20	23	0	12	10	261	10
福岡	2,568	130	519	40	1,123	40	57	10	870	40
佐賀	4,223	50	3,635	20	448	10	63	10	77	10
長崎	9,875	310	7,590	200	1,911	40	189	60	185	10
熊本	3,432	90	2,624	50	217	20	64	10	527	0
大分	6,730	60	5,915	30	675	10	38	10	102	10
宮崎	10,962	50	8,934	20	667	10	44	10	1,316	10
鹿児島	16,754	190	13,315	100	2,479	40	132	30	827	30
沖縄	4,851	140	2,176	30	1,639	40	94	30	942	40

注：事業体数及び漁業経営体数は、1の位を四捨五入している。

3　直接販売における販売先別年間販売金額（令和元年度）
(1)　農業経営体による農産物の直接販売における販売先別年間販売金額

単位：100万円

区分	直接販売による農産物の販売先					
	計	卸売市場	小売業	食品製造業	外食産業	消費者に直接販売
年間販売金額	2,984,965	1,043,751	831,583	559,325	87,318	462,988

注：　年間販売金額は、農業経営体が卸売市場、小売業、食品製造業、外食産業及び消費
　　者に直接販売した金額の合計である。

(2)　漁業経営体による水産物の直接販売における販売先別年間販売金額

単位：100万円

区分	直接販売による水産物の販売先					
	計	消費地卸売市場	小売業	食品製造業	外食産業	消費者に直接販売
年間販売金額	323,625	169,430	55,501	47,921	11,828	38,945

注：　年間販売金額は、漁業経営体が消費地卸売市場、小売業、食品製造業、外食産業及び消費者に直接販売
　　した金額の合計である。

4　農業生産関連事業を行っている経営体の事業種類別経営体数
　　（令和2年2月1日現在）
(1)　農業経営体

単位：経営体

全国・農業地域	農業生産関連事業を行っている実経営体数	事業種類別								
		農産物の加工	小売業	観光農園	貸農園・体験農園等	農家民宿	農家レストラン	海外への輸出	再生可能エネルギー発電	その他
全国	88,700	29,950	56,220	5,275	1,533	1,215	1,244	412	1,588	7,255
北海道	2,740	1,165	1,346	207	103	117	115	39	154	217
都府県	85,960	28,785	54,874	5,068	1,430	1,098	1,129	373	1,434	7,038
東北	12,092	4,517	7,372	566	119	209	181	70	141	883
北陸	5,916	2,269	3,757	151	51	80	85	49	31	393
関東・東山	22,499	6,968	13,639	2,576	650	279	266	113	456	2,412
東海	11,275	3,030	8,325	385	130	46	116	38	222	789
近畿	10,001	3,945	5,807	483	250	105	144	34	152	854
中国	9,621	2,642	6,952	344	77	91	88	13	119	560
四国	4,411	1,567	2,952	106	32	47	61	13	79	291
九州	9,753	3,696	5,857	436	109	201	175	41	230	820
沖縄	392	151	213	21	12	40	13	2	4	36

資料：農林水産省統計部「2020年農林業センサス」（以下(2)まで同じ。）

(2) 農業経営体のうち団体経営体

単位：経営体

全国・農業地域	農業生産関連事業を行っている実経営体数	事業種類別								
		農産物の加工	小売業	観光農園	貸農園・体験農園等	農家民宿	農家レストラン	海外への輸出	再生可能エネルギー発電	その他
全国	7,971	4,027	4,247	717	301	87	462	180	286	777
北海道	670	362	293	50	25	29	67	14	47	68
都府県	7,301	3,665	3,954	667	276	58	395	166	239	709
東北	1,021	567	507	91	24	12	53	28	26	103
北陸	739	371	433	46	20	5	43	29	10	53
関東・東山	1,528	724	788	201	89	16	86	38	63	187
東海	843	376	515	73	28	1	42	14	37	84
近畿	779	374	423	81	51	8	54	17	20	75
中国	783	380	446	82	24	5	32	6	16	62
四国	363	206	188	23	6	2	18	7	12	36
九州	1,125	612	582	63	26	5	59	25	55	100
沖縄	120	55	72	7	8	4	8	2	−	9

Ⅲ 食品産業の構造

1 食品製造業の構造と生産状況

(1) 事業所数（従業者4人以上の事業所）

単位：事業所

区分	平成27年	28	29	30	令和元
製造業計	217,601	191,339	188,249	185,116	181,877
うち食料品製造業	28,239	25,466	24,892	24,440	23,648
畜産食料品製造業	2,661	2,452	2,477	2,446	2,419
水産食料品製造業	5,920	5,324	5,154	5,060	4,824
野菜缶詰・果実缶詰・農産保存食料品製造業	1,801	1,588	1,545	1,501	1,448
調味料製造業	1,557	1,442	1,430	1,424	1,401
糖類製造業	139	125	128	128	129
精穀・製粉業	742	649	641	645	639
パン・菓子製造業	5,355	5,018	4,932	4,823	4,669
動植物油脂製造業	206	190	186	191	190
その他の食料品製造業	9,858	8,678	8,399	8,222	7,929
飲料・たばこ・飼料製造業	4,759	3,996	3,975	3,967	3,898
うち清涼飲料製造業	635	527	540	546	540
酒類製造業	1,542	1,466	1,464	1,459	1,455
茶・コーヒー製造業（清涼飲料を除く。）	1,475	1,103	1,088	1,055	1,003

資料： 経済産業省「工業統計調査」。ただし、平成27年は「経済センサス－活動調査」による。
以下(3)まで同じ。

(2) 従業者数（従業者4人以上の事業所）

単位：人

区分	平成27年	28	29	30	令和元
製造業計	7,497,792	7,571,369	7,697,321	7,778,124	7,717,646
うち食料品製造業	1,109,819	1,130,444	1,138,973	1,145,915	1,136,951
畜産食料品製造業	157,302	158,331	162,992	163,941	162,897
水産食料品製造業	146,567	142,620	139,355	139,372	137,979
野菜缶詰・果実缶詰・農産保存食料品製造業	46,004	46,371	45,571	44,784	44,066
調味料製造業	49,366	53,293	52,236	52,383	53,940
糖類製造業	6,148	6,455	6,656	6,723	6,785
精穀・製粉業	14,470	14,934	14,772	15,267	15,279
パン・菓子製造業	247,269	254,702	258,413	257,049	253,250
動植物油脂製造業	9,961	10,376	10,012	10,254	10,257
その他の食料品製造業	432,732	443,362	448,966	456,142	452,498
飲料・たばこ・飼料製造業	103,075	101,827	102,129	103,561	103,462
うち清涼飲料製造業	29,283	29,308	28,873	30,533	30,938
酒類製造業	34,563	35,196	35,490	35,248	34,595
茶・コーヒー製造業（清涼飲料を除く。）	19,608	18,524	18,875	18,668	18,611

(3) 製造品出荷額等 (従業者4人以上の事業所)

単位：100万円

区分	平成27年	28	29	30	令和元
製造業計	313,128,563	302,035,590	319,166,725	331,809,377	322,533,418
うち食料品製造業	28,102,190	28,426,447	29,055,931	29,781,548	29,857,188
畜産食料品製造業	6,677,706	6,535,162	6,749,891	6,875,274	6,850,275
水産食料品製造業	3,502,112	3,399,052	3,383,333	3,362,009	3,355,362
野菜缶詰・果実缶詰・農産保存食料品製造業	789,450	766,849	818,220	858,195	821,962
調味料製造業	1,860,209	1,980,981	2,041,406	2,039,633	2,058,869
糖類製造業	534,341	529,719	549,169	547,044	531,232
精穀・製粉業	1,304,133	1,311,420	1,358,701	1,442,742	1,459,327
パン・菓子製造業	5,142,128	5,149,542	5,248,559	5,443,131	5,475,803
動植物油脂製造業	989,221	958,875	969,020	1,020,948	1,002,124
その他の食料品製造業	7,302,890	7,794,848	7,937,631	8,192,572	8,302,235
飲料・たばこ・飼料製造業	10,240,415	9,773,607	9,515,514	9,781,259	9,601,994
うち清涼飲料製造業	2,326,029	2,148,023	2,228,200	2,465,110	2,462,333
酒類製造業	3,487,204	3,511,912	3,397,399	3,334,467	3,270,412
茶・コーヒー製造業（清涼飲料を除く。）	597,305	581,248	613,863	592,985	569,935

2 海外における現地法人企業数及び売上高 (農林漁業、食料品製造業)
(1) 現地法人企業数 (国・地域別) (令和元年度実績)

単位：社

区分	全地域	北米	アメリカ	カナダ	中南米	ブラジル	メキシコ	アルゼンチン	アジア	中国
計	25,693	3,273	3,038	235	1,390	293	411	32	17,372	7,639
製造業	11,199	1,148	1,074	74	400	135	214	10	8,652	3,951
1)うち食料品	528	85	79	6	15	8	2	1	356	164
非製造業	14,494	2,125	1,964	161	990	158	197	22	8,720	3,688
うち農林漁業	89	9	7	2	20	9	1	1	33	10

区分	アジア（続き） 中国（続き） 中国本土	香港	ASEAN4	フィリピン	マレーシア	タイ	インドネシア	NIEs3	台湾	韓国
計	6,430	1,209	4,866	601	782	2,350	1,133	2,851	943	799
製造業	3,744	207	2,728	318	410	1,331	669	909	390	339
1)うち食料品	154	10	103	4	14	54	31	45	14	14
非製造業	2,686	1,002	2,138	283	372	1,019	464	1,942	553	460
うち農林漁業	10	-	13	1	2	3	7	3	2	1

資料：経済産業省「第50回 海外事業活動基本調査」（以下(2)まで同じ。）
注：1)は、食料品製造業、飲料製造業、たばこ製造業及び飼料・有機質肥料製造業である。

2　海外における現地法人企業数及び売上高（農林漁業、食料品製造業）（続き）
(1)　現地法人企業数（国・地域別）（令和元年度実績）（続き）

単位：社

区分	アジア（続き）			中東	欧州	EU				
	NIEs3(続き)									
	シンガポール	インド	ベトナム				イギリス	フランス	ドイツ	イタリア
計	1,109	588	1,128	147	2,803	2,540	562	274	590	144
製造業	180	294	663	25	843	772	159	98	146	48
1）うち食料品	17	8	32	–	49	46	17	9	7	2
非製造業	929	294	465	122	1,960	1,768	403	176	444	96
うち農林漁業	–	2	5	2	10	6	1	1	–	–

区分	欧州（続き）					オセアニア			アフリカ	BRICs	ASEAN10
	EU（続き）			スイス	ロシア		オーストラリア	ニュージーランド			
	オランダ	ベルギー	スペイン								
計	365	103	97	52	120	537	412	69	171	7,431	7,312
製造業	64	30	40	7	29	87	62	20	44	4,202	3,635
1）うち食料品	5	2	–	2	–	21	14	7	2	170	156
非製造業	301	73	57	45	91	450	350	49	127	3,229	3,677
うち農林漁業	1	–	2	1	–	11	7	3	4	21	18

(2)　現地法人の売上高（令和元年度実績）

単位：100万円

区分	計	日本向け輸出額	親企業向け	その他の企業向け
計	263,086,067	23,115,693	18,288,692	4,827,001
製造業	121,618,532	12,194,589	10,755,140	1,439,449
1）うち食料品	4,791,432	368,690	281,320	87,370
非製造業	141,467,535	10,921,104	7,533,552	3,387,552
うち農林漁業	368,065	55,924	54,898	1,026

区分	現地販売額	日系企業向け	地場企業向け	その他の企業向け
計	154,121,365	38,988,602	101,743,942	13,388,821
製造業	66,843,102	27,239,124	34,512,523	5,091,455
1）うち食料品	3,866,434	275,565	3,551,213	39,656
非製造業	87,278,263	11,749,478	67,231,419	8,297,366
うち農林漁業	269,508	77,368	143,721	48,419

区分	第三国向け輸出額	北米	アジア	欧州	その他の地域
計	85,849,009	28,841,582	28,840,551	17,525,008	10,641,868
製造業	42,580,841	12,487,435	17,549,355	8,045,372	4,498,679
1）うち食料品	556,308	61,173	158,650	269,293	67,192
非製造業	43,268,168	16,354,147	11,291,196	9,479,636	6,143,189
うち農林漁業	42,633	8,600	19,169	11,720	3,144

注：1）は、食料品製造業、飲料製造業、たばこ製造業及び飼料・有機質肥料製造業である。

3 食品卸売業の構造と販売状況
(1) 事業所数

単位：事業所

区分	平成16年	19	24	26	28
卸売業計	375,269	334,799	371,663	382,354	364,814
うち各種商品卸売業	1,245	1,200	1,619	1,490	1,410
管理、補助的経済活動を行う事業所	…	…	10	26	58
従業者が常時100人以上の各種商品卸売業	28	26	30	23	29
その他の各種商品卸売業	1,217	1,174	1,579	1,441	1,323
飲食料品卸売業	84,539	76,058	73,006	76,653	70,613
管理、補助的経済活動を行う事業所	…	…	1,016	1,171	1,480
農畜産物・水産物卸売業	39,485	37,844	35,066	36,480	33,461
うち米麦卸売業	…	2,837	2,263	2,488	2,375
雑穀・豆類卸売業	…	972	811	818	817
米麦卸売業、雑穀・豆類卸売業（格付不能）	…	…	714	749	…
野菜卸売業	…	8,277	7,119	7,286	7,542
果実卸売業	…	2,224	1,637	1,671	1,692
野菜卸売業、果実卸売業（格付不能）	…	…	2,071	2,202	…
食肉卸売業	8,125	7,438	6,445	7,077	6,368
生鮮魚介卸売業	13,033	10,682	10,660	11,090	10,390
その他の農畜産物・水産物卸売業	2,634	5,414	3,346	3,099	2,732
食料・飲料卸売業	45,054	38,214	36,924	39,002	35,672
うち砂糖・味そ・しょう油卸売業	…	1,421	1,156	963	1,070
酒類卸売業	…	3,031	2,561	2,502	2,720
乾物卸売業	…	3,553	2,247	2,253	2,424
菓子・パン類卸売業	…	6,004	4,364	4,579	4,364
飲料卸売業	…	2,934	1,941	1,913	2,100
茶類卸売業	…	2,322	1,635	1,607	1,822
牛乳・乳製品卸売業	…	…	2,621	2,678	2,392
その他の食料・飲料卸売業	…	18,949	11,607	12,249	13,880
食料・飲料卸売業（格付不能）	…	…	8,792	10,258	…

資料： 経済産業省「商業統計」（平成24年及び28年の数値は、平成24年及び28年経済センサス活動調査の数値である。（以下4（3）まで同じ。）。

3 食品卸売業の構造と販売状況（続き）
(2) 従業者数

単位：千人

区分	平成16年	19	24	26	28
卸売業計	3,804	3,526	3,822	3,932	3,942
うち各種商品卸売業	38	33	41	37	39
管理、補助的経済活動を行う事業所	…	…	0	1	0
従業者が常時100人以上の各種商品卸売業	24	20	24	20	25
その他の各種商品卸売業	14	13	16	16	14
飲食料品卸売業	887	820	759	797	772
管理、補助的経済活動を行う事業所	…	…	13	11	12
農畜産物・水産物卸売業	406	393	348	364	346
うち米麦卸売業	…	26	16	19	18
雑穀・豆類卸売業	…	7	7	6	7
米麦卸売業、雑穀・豆類卸売業（格付不能）	…	…	8	5	…
野菜卸売業	…	105	89	92	101
果実卸売業	…	22	17	18	18
野菜卸売業、果実卸売業（格付不能）	…	…	22	24	…
食肉卸売業	75	74	60	67	66
生鮮魚介卸売業	129	106	98	102	95
その他の農畜産物・水産物卸売業	24	53	31	32	27
食料・飲料卸売業	482	427	397	422	414
うち砂糖・味そ・しょう油卸売業	…	11	9	7	8
酒類卸売業	…	42	34	31	39
乾物卸売業	…	26	17	15	18
菓子・パン類卸売業	…	58	42	47	48
飲料卸売業	…	43	32	24	36
茶類卸売業	…	19	12	10	14
牛乳・乳製品卸売業	…	…	28	23	28
その他の食料・飲料卸売業	…	228	140	152	176
食料・飲料卸売業（格付不能）	…	…	84	112	…

注： 従業者数とは、「個人業主」、「無給家族従業者」、「有給役員」及び「常用雇用者」の計
であり、臨時雇用者は含まない。

(3)　年間商品販売額

単位：10億円

区分	平成16年	19	24	26	28
卸売業計	405,497	413,532	365,481	356,652	436,523
うち各種商品卸売業	49,031	49,042	30,740	25,890	30,127
従業者が常時100人以上の各種商業卸売業	46,210	46,827	27,760	23,869	27,580
その他の各種商品卸売業	2,821	2,216	2,980	2,021	2,546
飲食料品卸売業	86,390	75,649	71,452	71,553	88,897
うち農畜産物・水産物卸売業	42,578	34,951	29,196	30,695	36,837
うち米麦卸売業	…	3,476	1,948	2,741	3,335
雑穀・豆類卸売業	…	650	1,131	957	1,033
野菜卸売業	…	7,985	7,480	8,459	9,650
果実卸売業	…	1,817	1,286	1,587	1,765
食肉卸売業	6,222	6,389	4,827	5,590	8,368
生鮮魚介卸売業	11,789	9,709	7,200	8,163	9,138
その他の農畜産物・水産物卸売業	1,888	4,925	2,520	3,195	3,289
食料・飲料卸売業	43,812	40,698	42,256	40,859	52,059
うち砂糖・味そ・しょう油卸売業	…	1,200	1,253	1,090	1,311
酒類卸売業	…	7,909	7,981	7,331	8,976
乾物卸売業	…	1,259	1,001	711	963
菓子・パン類卸売業	…	3,696	3,294	3,850	4,286
飲料卸売業	…	4,214	3,772	3,384	4,366
茶類卸売業	…	764	659	458	820
牛乳・乳製品卸売業	…	…	3,324	2,404	3,725
その他の食料・飲料卸売業	…	21,657	19,948	21,629	26,088

注：平成19年以前の数値は、各調査年の前年4月1日から調査年3月31日までの1年間の数値である。

4 食品小売業の構造と販売状況
(1) 事業所数

単位：事業所

区分	平成16年	19	24	26	28
小売業計	1,238,049	1,137,859	1,033,358	1,024,881	990,246
うち各種商品小売業	5,556	4,742	3,014	4,199	3,275
管理、補助的経済活動を行う事業所	…	…	105	117	149
百貨店、総合スーパー	1,983	1,856	1,427	1,706	1,590
その他の各種商品小売業 （従業者が常時50人未満のもの）	3,573	2,886	1,482	2,376	1,536
飲食料品小売業	444,596	389,832	317,983	308,248	299,120
管理、補助的経済活動を行う事業所	…	…	1,477	1,507	1,884
各種食料品小売業	38,531	34,486	29,504	26,970	27,442
野菜・果実小売業	27,709	23,950	20,986	19,443	18,397
食肉小売業	14,824	13,682	12,534	11,604	11,058
鮮魚小売業	23,021	19,713	15,833	14,050	13,705
酒小売業	60,191	47,696	37,277	33,478	32,233
菓子・パン小売業	77,653	66,205	62,077	62,113	61,922
その他の飲食料品小売業	202,667	184,100	138,295	139,083	132,479
1)コンビニエンスストア	42,372	42,644	30,343	34,414	49,463
米穀類小売業	20,956	16,769	12,027	10,030	9,792

注：1)は、飲食料品を中心とするものに限る。

(2) 従業者数

単位：千人

区分	平成16年	19	24	26	28
小売業計	7,762	7,579	7,404	7,686	7,654
うち各種商品小売業	541	523	364	405	357
管理、補助的経済活動を行う事業所	…	…	19	22	14
百貨店、総合スーパー	517	496	334	357	331
その他の各種商品小売業 （従業者が常時50人未満のもの）	24	27	11	26	12
飲食料品小売業	3,151	3,083	2,849	2,958	3,012
管理、補助的経済活動を行う事業所	…	…	40	56	43
各種食料品小売業	856	872	942	906	1,025
野菜・果実小売業	104	88	88	89	85
食肉小売業	59	56	60	58	59
鮮魚小売業	79	69	64	59	56
酒小売業	177	137	111	100	95
菓子・パン小売業	367	342	342	369	370
その他の飲食料品小売業	1,509	1,519	1,202	1,321	1,280
1)コンビニエンスストア	601	622	437	529	749
米穀類小売業	53	42	30	25	25

注：1)は、飲食料品を中心とするものに限る。

(3)　年間商品販売額

単位：10億円

区分	平成16年	19	24	26	28
小売業計	133,279	134,705	114,852	122,177	145,104
うち各種商品小売業	16,913	15,653	10,997	11,517	12,879
うち百貨店、総合スーパー	16,409	15,156	10,823	10,936	12,635
その他の各種商品小売業（従業者が常時50人未満のもの）	505	497	174	580	245
飲食料品小売業	41,334	40,813	32,627	32,207	41,568
うち各種食料品小売業	17,085	17,107	15,338	14,834	20,552
野菜・果実小売業	1,215	998	824	861	971
食肉小売業	690	656	633	584	729
鮮魚小売業	949	858	654	585	728
酒小売業	3,329	2,490	1,535	1,354	1,564
菓子・パン小売業	2,269	2,072	1,655	1,850	2,392
その他の飲食料品小売業	15,799	16,633	11,989	12,139	14,632
1)コンビニエンスストア	6,876	6,856	5,452	6,404	8,722
米穀類小売業	666	446	310	261	242

注：平成19年以前の数値は、各調査年の前年4月1日から調査年3月31日までの1年間の数値である。
　1)は、飲食料品を中心とするものに限る。

5　外食産業の構造と市場規模
(1)　事業所数及び従業者数

区分	平成26年	
	事業所数	従業者数
	事業所	人
飲食店	**619,711**	**4,231,432**
うち管理、補助的経済活動を行う事業所	2,126	31,113
食堂・レストラン	52,461	437,687
専門料理店	177,056	1,529,185
うち日本料理店	49,792	466,193
中華料理店	55,095	389,836
焼肉店	18,833	182,860
その他の専門料理店	53,336	490,296
そば・うどん店	31,114	217,056
すし店	24,069	250,822
酒場、ビヤホール	129,662	691,478
バー、キャバレー、ナイトクラブ	103,439	374,687
喫茶店	69,983	339,004
その他の飲食店	29,801	360,400
ハンバーガー店	5,972	193,295
お好み焼・焼きそば・たこ焼店	16,551	66,330
他に分類されないその他の飲食店	7,278	100,775
持ち帰り・配達飲食サービス業	**55,929**	**592,042**
うち管理、補助的経済活動を行う事業所	289	4,290
持ち帰り飲食サービス業	12,846	91,606
配達飲食サービス業	42,794	496,146

資料：総務省統計局「平成26年経済センサス−基礎調査」

5　外食産業の構造と市場規模（続き）
(2)　市場規模

単位：億円

区分	平成27年	28	29	30	令和元
外食産業計	254,078	254,553	256,804	257,221	260,439
給食主体部門	202,598	204,320	206,907	207,547	210,521
営業給食	168,893	170,664	173,116	173,941	176,987
飲食店	136,247	139,464	142,215	142,986	145,441
食堂・レストラン	97,923	99,325	101,155	101,246	102,906
そば・うどん店	12,373	12,499	12,856	13,018	13,133
すし店	14,386	15,187	15,231	15,432	15,457
その他の飲食店	11,565	12,453	12,973	13,290	13,945
機内食等	2,667	2,672	2,698	2,714	2,749
宿泊施設	29,979	28,528	28,203	28,241	28,797
集団給食	33,705	33,656	33,791	33,606	33,534
学校	4,982	4,899	4,882	4,883	4,840
事業所	17,463	17,495	17,527	17,319	17,260
社員食堂等給食	12,132	12,126	12,113	11,925	11,879
弁当給食	5,331	5,369	5,414	5,394	5,381
病院	8,014	7,917	7,954	7,908	7,881
保育所給食	3,246	3,345	3,428	3,496	3,553
料飲主体部門	51,480	50,233	49,897	49,674	49,918
喫茶店・居酒屋等	21,937	21,518	21,663	21,721	21,894
喫茶店	11,285	11,256	11,454	11,643	11,780
居酒屋・ビヤホール等	10,652	10,262	10,209	10,078	10,114
料亭・バー等	29,543	28,715	28,234	27,953	28,024
料亭	3,531	3,432	3,375	3,341	3,349
バー・キャバレー・ナイトクラブ	26,012	25,283	24,859	24,612	24,675
料理品小売業	71,384	75,444	76,166	76,888	78,126
弁当給食を除く	66,053	70,075	70,752	71,494	72,745
弁当給食	5,331	5,369	5,414	5,394	5,381
外食産業（料理品小売業を含む。)	320,131	324,628	327,556	328,715	333,184

資料：日本フードサービス協会「令和元年外食産業市場規模推計について」
注：1　数値は、同協会の推計である。
　　2　市場規模推計値には消費税を含む。
　　3　料理品小売業の中には、スーパー、百貨店等のテナントとして入店している場合の
　　　　売上高は含むが、総合スーパー、百貨店が直接販売している売上高は含まない。
　　4　平成28年及び29年の市場規模については、法人交際費等の確定値を反映している。

Ⅳ　食品の流通と利用
1　食品製造業の加工原材料の内訳の推移

区分	単位		平成23年	27
計	（金額）	10億円	7,788	8,455
〃	（比率）	％	100.0	100.0
国産食用農林水産物	（金額）	10億円	5,407	5,605
〃	（比率）	％	69.4	66.3
輸入食用農林水産物	（金額）	10億円	926	1,106
〃	（比率）	％	11.9	13.1
輸入加工食品	（金額）	10億円	1,456	1,744
〃	（比率）	％	18.7	20.6

資料：　農林水産省統計部「平成27年（2015年）農林漁業及び関連産業を中心とした産業連関表
　　　　（飲食費のフローを含む。）」
注：1　総務省等10府省庁「産業連関表」を基に農林水産省が推計した。
　　2　平成23年については、最新の「平成27年産業連関表」の概念等に合わせて再推計した数
　　　　値である。

2　業態別商品別の年間商品販売額（平成26年）

単位：100万円

業態分類	計	1)百貨店、総合スーパー	飲食料品小売			
			小計	野菜	果実	食肉
合計	36,962,551	4,655,825	32,306,727	2,529,360	1,041,794	2,372,816
1) 百貨店	1,354,859	1,354,859	…	…	…	…
1) 総合スーパー	3,300,965	3,300,965	…	…	…	…
専門スーパー	14,386,082	…	14,386,082	1,626,143	655,680	1,543,945
うち食料品スーパー	14,196,304	…	14,196,304	1,624,264	655,456	1,543,890
コンビニエンスストア	4,419,822	…	4,419,822	30,448	10,986	16,985
うち終日営業店	3,962,474	…	3,962,474	18,636	6,078	4,955
広義ドラッグストア	994,853	…	994,853	2,620	189	2,544
うちドラッグストア	691,014	…	691,014	1,491	19	1,208
その他のスーパー	2,626,360	…	2,626,360	215,054	90,330	191,781
うち各種商品取扱店	77,299	…	77,299	399	204	445
専門店	3,421,666	…	3,421,666	195,730	104,250	279,946
うち食料品専門店	3,406,895	…	3,406,895	195,461	104,202	279,930
家電大型専門店	-	…	-	-	-	-
中心店	3,751,083	…	3,751,083	319,189	130,364	218,624
うち食料品中心店	3,376,187	…	3,376,187	310,560	126,535	213,898
その他の小売店	69,681	…	69,681	1,480	859	5,295
うち各種商品取扱店	55,272	…	55,272	352	255	4,003
無店舗販売	2,637,180	…	2,637,180	138,695	49,135	113,696
うち通信・カタログ販売、インターネット販売	1,565,793	…	1,565,793	125,752	45,728	104,938

資料：経済産業省大臣官房調査統計グループ「平成26年商業統計表　業態別統計編（小売業）」
注：平成25年1月1日から同年12月31日までの1年間の当該事業所における有体商品の販売額である。
　　1)は、百貨店、総合スーパー商品分類による集計のため、他の一般商品分類には計上されない。

2 業態別商品別の年間商品販売額（平成26年）（続き）

単位：100万円

業態分類	飲食料品小売（続き）					
	卵・鳥肉	鮮魚	酒	菓子（製造）	菓子（非製造）	パン（製造）
合計	**575,385**	**2,306,081**	**2,790,294**	**754,798**	**2,520,376**	**501,979**
1）百貨店	…	…	…	…	…	…
1）総合スーパー	…	…	…	…	…	…
専門スーパー	379,521	1,418,809	1,116,742	92,448	850,145	75,117
うち食料品スーパー	379,512	1,418,612	1,075,261	86,650	838,778	74,904
コンビニエンスストア	5,717	13,444	352,811	21,529	543,067	48,273
うち終日営業店	2,630	4,383	303,209	16,112	473,051	18,295
広義ドラッグストア	5,137	332	106,155	2,254	101,522	410
うちドラッグストア	1,502	144	58,314	2,240	66,131	397
その他のスーパー	41,817	207,000	295,690	39,256	230,397	244,485
うち各種商品取扱店	179	190	998	40	7,829	43
専門店	58,934	290,184	324,018	526,643	407,737	98,795
うち食料品専門店	58,908	290,110	323,166	526,565	406,664	98,729
家電大型専門店	－	－	－	－	－	－
中心店	48,714	247,445	531,535	67,087	298,521	34,340
うち食料品中心店	46,476	242,413	497,588	62,333	261,928	33,132
その他の小売店	198	1,643	1,560	5,580	16,237	560
うち各種商品取扱店	14	120	1,013	4,099	14,497	294
無店舗販売	35,348	127,224	61,784	－	72,750	－
うち通信・カタログ販売、インターネット販売	34,023	115,009	36,709	－	64,528	－

業態分類	飲食料品小売（続き）					
	パン（非製造）	牛乳	飲料（牛乳を除く・茶類飲料を含む）	茶類（葉・粉・豆などのもの）	料理品（他から仕入れたもの又は作り置きのもの）	米穀類
合計	**987,793**	**639,084**	**2,987,959**	**330,084**	**3,536,985**	**747,292**
1）百貨店	…	…	…	…	…	…
1）総合スーパー	…	…	…	…	…	…
専門スーパー	466,145	296,243	605,341	98,545	1,194,592	282,201
うち食料品スーパー	464,559	296,233	560,683	98,301	1,192,564	275,750
コンビニエンスストア	324,298	113,413	876,637	24,668	1,398,078	27,578
うち終日営業店	282,210	107,248	798,787	20,981	1,326,504	24,923
広義ドラッグストア	27,255	20,345	85,328	8,178	3,202	24,595
うちドラッグストア	14,217	12,244	65,903	3,876	2,337	16,121
その他のスーパー	52,269	18,572	134,710	32,707	255,776	45,458
うち各種商品取扱店	276	62	4,678	1,190	504	458
専門店	13,223	74,304	136,978	58,937	311,830	141,049
うち食料品専門店	13,085	74,199	134,353	58,642	311,321	139,414
家電大型専門店	－	－	－	－	－	－
中心店	81,460	77,019	248,505	61,742	331,656	158,244
うち食料品中心店	73,900	74,935	213,774	56,468	313,595	124,591
その他の小売店	668	163	3,283	1,730	4,879	1,130
うち各種商品取扱店	336	81	3,067	1,465	4,835	442
無店舗販売	22,476	39,026	897,178	43,576	36,971	67,036
うち通信・カタログ販売、インターネット販売	14,789	34,317	68,570	16,226	25,429	56,857

単位：100万円

業態分類	飲食料品小売（続き）					
	豆腐・かまぼこ等加工食品	乾物	めん類（チルドめんを含む・冷凍めんを除く）	乳製品	冷凍食品（冷凍めんを含む）	他の飲食料品
合計	**1,222,351**	**398,432**	**530,632**	**462,097**	**437,678**	**4,633,456**
1) 百貨店	…	…	…	…	…	…
1) 総合スーパー	…	…	…	…	…	…
専門スーパー	796,198	215,069	245,021	269,573	227,639	1,930,962
うち食品スーパー	795,846	214,956	243,417	269,237	227,281	1,860,150
コンビニエンスストア	31,079	17,330	117,460	21,220	39,063	385,739
うち終日営業店	26,168	15,463	109,192	18,721	36,368	348,560
広義ドラッグストア	15,461	6,367	28,743	57,288	22,899	474,030
うちドラッグストア	4,439	2,258	13,736	42,099	7,797	374,539
その他のスーパー	78,676	30,098	30,599	27,021	27,051	337,613
うち各種商品取扱店	471	165	669	297	209	57,993
専門店	77,887	34,415	20,841	13,512	8,791	243,661
うち食料品専門店	77,856	34,355	20,098	13,484	8,754	237,598
家電大型専門店	－	－	－	－	－	－
中心店	138,539	75,592	59,823	38,530	31,581	552,573
うち食料品中心店	136,715	72,563	50,007	37,723	29,088	397,965
その他の小売店	606	1,186	784	160	238	21,444
うち各種商品取扱店	378	1,065	710	56	120	18,069
無店舗販売	83,906	18,376	27,360	34,793	80,417	687,433
うち通信・カタログ販売、インターネット販売	80,962	17,052	23,623	10,257	78,017	613,006

3 食品の多様な販売経路

(1) 卸売市場経由率の推移（重量ベース、推計）

単位：％

区分	平成26年度	27	28	29	30
青果	60.2	57.5	56.7	55.1	54.4
国産青果	84.4	81.2	79.5	78.5	79.2
水産物	51.9	52.1	52.0	49.2	47.1
食肉	9.5	9.2	8.6	8.3	8.2
花き	77.8	76.9	75.6	75.0	73.6

資料：農林水産省食料産業局「卸売市場をめぐる情勢について」（令和3年8月）
注： 農林水産省「食料需給表」、「青果物卸売市場調査報告」等により推計。卸売市場経由
　　率は、国内で流通した加工品を含む国産及び輸入の青果、水産物等のうち、卸売市場（水
　　産物についてはいわゆる産地市場は除く。）を経由したものの数量割合（花きについては
　　金額割合）の推計値である。

(2) 自動販売機の普及台数（令和2年）

単位：台

機種・中身商品例	普及台数
計	4,045,800
自動販売機	2,747,700
飲料自動販売機	2,284,600
清涼飲料（缶ボトル）	2,020,000
乳飲料（紙パック）	106,000
コーヒー・ココア（カップ）	137,000
酒・ビール	21,600
食品自動販売機（インスタント麺・冷凍食品・アイスクリーム・菓子他）	70,000
たばこ自動販売機	123,000
券類自動販売機（乗車券、食券・入場券他）	61,100
日用品雑貨自動販売機 　　（カード、衛生用品、新聞、玩具他）	209,000
自動サービス機（両替機、精算機、コインロッカー・各種貸出機他）	1,298,100

資料：日本自動販売システム機械工業会資料
注：普及台数は令和2年12月末現在である。

(3)　消費者向け電子商取引市場規模

単位：億円

業種	2019年	2020
物販系分野	100,515	122,333
食品、飲料、酒類	18,233	22,086
生活家電、AV機器、PC・周辺機器等	18,239	23,489
書籍、映像・音楽ソフト	13,015	16,238
化粧品、医薬品	6,611	7,787
生活雑貨、家具、インテリア	17,428	21,322
衣類・服装雑貨等	19,100	22,203
自動車、自動二輪車、パーツ等	2,396	2,784
その他	5,492	6,423
サービス系分野	71,672	45,832
旅行サービス	38,971	15,494
飲食サービス	7,290	5,975
チケット販売	5,583	1,922
金融サービス	5,911	6,689
理美容サービス	6,212	6,229
フードデリバリーサービス	7,706	3,487
その他　（医療、保険、住居関連、教育等）		6,036

資料：　経済産業省商務情報政策局「令和2年度 内外一体の経済成長戦略構築にかかる
　　　　国際経済調査事業（電子商取引に関する市場調査）報告書」

V 食品の価格形成

1 青果物の流通経費等

(1) 集出荷団体の流通経費等（100kg当たり）（平成29年度）

区分			単位	集出荷団体の販売収入				計	小計	選別・荷造労働費（生産者）を除いた集出荷経費
				計	卸売価格	荷主交付金・出荷奨励金等	その他の入金			
青果物平均	（金額）	(1)	円	17,870	17,553	179	138	6,387	3,320	2,464
（調査対象16品目）	（構成比）	(2)	％	100.0	98.2	1.0	0.8	35.7	18.6	13.8
野菜平均	（金額）	(3)	円	16,076	15,739	182	155	5,994	3,034	2,070
（調査対象14品目）	（構成比）	(4)	％	100.0	97.9	1.1	1.0	37.3	18.9	12.9
だいこん	（金額）	(5)	円	10,917	10,710	163	45	4,790	2,405	1,703
〃	（構成比）	(6)	％	100.0	98.1	1.5	0.4	43.9	22.0	15.6
にんじん	（金額）	(7)	円	11,639	11,077	156	406	5,403	2,694	1,980
〃	（構成比）	(8)	％	100.0	95.2	1.3	3.5	46.4	23.1	17.0
はくさい	（金額）	(9)	円	8,550	8,407	87	55	3,945	1,925	1,201
〃	（構成比）	(10)	％	100.0	98.3	1.0	0.6	46.1	22.5	14.0
キャベツ	（金額）	(11)	円	11,232	10,845	156	230	4,346	2,146	1,387
〃	（構成比）	(12)	％	100.0	96.6	1.4	2.1	38.7	19.1	12.3
ほうれんそう	（金額）	(13)	円	65,032	64,517	508	8	27,930	19,361	5,093
〃	（構成比）	(14)	％	100.0	99.2	0.8	0.0	42.9	29.8	7.8
ね　ぎ	（金額）	(15)	円	45,756	45,207	500	49	19,208	12,759	4,569
〃	（構成比）	(16)	％	100.0	98.8	1.1	0.1	42.0	27.9	10.0
な　す	（金額）	(17)	円	37,906	37,452	430	24	10,424	5,113	3,966
〃	（構成比）	(18)	％	100.0	98.8	1.1	0.1	27.5	13.5	10.5
トマト	（金額）	(19)	円	34,353	33,681	456	215	11,471	5,514	4,982
〃	（構成比）	(20)	％	100.0	98.0	1.3	0.6	33.4	16.1	14.5
きゅうり	（金額）	(21)	円	33,186	32,437	501	248	9,344	5,175	3,216
〃	（構成比）	(22)	％	100.0	97.7	1.5	0.7	28.2	15.6	9.7
ピーマン	（金額）	(23)	円	47,726	46,554	680	492	10,797	4,748	3,959
〃	（構成比）	(24)	％	100.0	97.5	1.4	1.0	22.6	9.9	8.3
さといも	（金額）	(25)	円	32,491	31,993	469	29	8,765	4,361	3,356
〃	（構成比）	(26)	％	100.0	98.5	1.4	0.1	27.0	13.4	10.3
たまねぎ	（金額）	(27)	円	8,534	8,486	33	15	3,586	1,528	1,490
〃	（構成比）	(28)	％	100.0	99.4	0.4	0.2	42.0	17.9	17.5
レタス	（金額）	(29)	円	16,216	15,709	179	328	6,972	3,607	2,193
〃	（構成比）	(30)	％	100.0	96.9	1.1	2.0	43.0	22.2	13.5
ばれいしょ	（金額）	(31)	円	13,431	13,393	38	0	4,555	1,864	1,836
〃	（構成比）	(32)	％	100.0	99.7	0.3	0.0	33.9	13.9	13.7
果実平均	（金額）	(33)	円	31,332	31,165	160	6	9,337	5,468	5,422
（調査対象2品目）	（構成比）	(34)	％	100.0	99.5	0.5	0.0	29.8	17.5	17.3
みかん	（金額）	(35)	円	31,499	31,276	214	9	7,771	3,622	3,578
〃	（構成比）	(36)	％	100.0	99.3	0.7	0.0	24.7	11.5	11.4
りんご	（金額）	(37)	円	31,166	31,056	107	3	10,899	7,304	7,261
〃	（構成比）	(38)	％	100.0	99.7	0.3	0.0	35.0	23.4	23.3

資料：農林水産省統計部「食品流通段階別価格形成調査」（以下2(5)ウまで同じ。）
注：1　集出荷・販売経費計、集出荷経費計及び生産者受取収入には、生産者による選別・荷造
労働費が重複して含まれる。
　　2　構成比は、1集出荷団体当たりの数値を用い算出しているため、表中の数値（100kg当
たり）を用い算出した値と一致しない場合がある。
　　1)は、卸売代金送金料及び負担金である。

集出荷・販売経費									生産者受取収入	
集出荷経費				販売経費						
包装・荷造材料費	選別・荷造労働費		その他集出荷経費	小計	出荷運送料	卸売手数料	上部団体手数料	1)その他		
	生産者	集出荷団体								
1,140	856	478	845	3,067	1,528	1,262	207	70	12,339	(1)
6.4	4.8	2.7	4.7	17.2	8.6	7.1	1.2	0.4	69.1	(2)
1,070	964	383	617	2,960	1,496	1,213	188	62	11,047	(3)
6.7	6.0	2.4	3.8	18.4	9.3	7.5	1.2	0.4	68.7	(4)
1,041	702	279	383	2,385	1,377	869	123	15	6,830	(5)
9.5	6.4	2.6	3.5	21.8	12.6	8.0	1.1	0.1	62.6	(6)
641	714	623	716	2,709	1,681	875	109	43	6,950	(7)
5.5	6.1	5.4	6.2	23.3	14.4	7.5	0.9	0.4	59.7	(8)
862	724	−	339	2,021	1,178	676	99	68	5,329	(9)
10.1	8.5	−	4.0	23.6	13.8	7.9	1.2	0.8	62.3	(10)
1,076	759	1	310	2,200	1,216	832	106	46	7,645	(11)
9.6	6.8	0.0	2.8	19.6	10.8	7.4	0.9	0.4	68.1	(12)
3,567	14,268	108	1,417	8,570	2,421	4,895	1,216	38	51,370	(13)
5.5	21.9	0.2	2.2	13.2	3.7	7.5	1.9	0.1	79.0	(14)
2,065	8,190	678	1,827	6,449	2,161	3,429	646	214	34,738	(15)
4.5	17.9	1.5	4.0	14.1	4.7	7.5	1.4	0.5	75.9	(16)
1,718	1,147	1,209	1,039	5,310	1,790	3,181	296	44	28,630	(17)
4.5	3.0	3.2	2.7	14.0	4.7	8.4	0.8	0.1	75.5	(18)
2,552	532	1,142	1,287	5,957	2,502	2,977	428	49	23,413	(19)
7.4	1.5	3.3	3.7	17.3	7.3	8.7	1.2	0.1	68.2	(20)
1,125	1,959	1,072	1,019	4,169	1,291	2,358	414	106	25,801	(21)
3.4	5.9	3.2	3.1	12.6	3.9	7.1	1.2	0.3	77.7	(22)
1,975	789	1,015	968	6,050	1,793	3,639	448	169	37,718	(23)
4.1	1.7	2.1	2.0	12.7	3.8	7.6	0.9	0.4	79.0	(24)
1,023	1,005	1,059	1,275	4,404	1,300	2,540	535	30	24,731	(25)
3.1	3.1	3.3	3.9	13.6	4.0	7.8	1.6	0.1	76.1	(26)
581	38	403	506	2,058	1,404	509	124	21	4,986	(27)
6.8	0.4	4.7	5.9	24.1	16.5	6.0	1.5	0.2	58.4	(28)
1,261	1,414	82	850	3,365	1,628	1,324	177	236	10,657	(29)
7.8	8.7	0.5	5.2	20.8	10.0	8.2	1.1	1.5	65.7	(30)
625	28	620	591	2,691	1,628	898	149	16	8,904	(31)
4.7	0.2	4.6	4.4	20.0	12.1	6.7	1.1	0.1	66.3	(32)
1,672	46	1,194	2,556	3,870	1,765	1,627	353	124	22,040	(33)
5.3	0.1	3.8	8.2	12.4	5.6	5.2	1.1	0.4	70.3	(34)
1,230	48	806	1,542	4,145	1,548	2,129	372	95	23,776	(35)
3.9	0.2	2.6	4.9	13.2	4.9	6.8	1.2	0.3	75.5	(36)
2,113	43	1,580	3,568	3,595	1,981	1,127	334	153	20,310	(37)
6.8	0.1	5.1	11.4	11.5	6.4	3.6	1.1	0.5	65.2	(38)

(2)　生産者の出荷先別販売金額割合
　　（青果物全体）

単位：％

区分	販売金額割合
計	100.0
集出荷団体（農協等）	71.0
卸売市場	11.8
小売業	4.3
食品製造業	2.4
外食産業	0.7
消費者に直接販売	7.8
自営の直売	4.3
その他の直売所	3.3
インターネット	0.2
その他	2.0

(3)　集出荷団体の出荷先別販売金額割合
　　（青果物全体）

単位：％

区分	販売金額割合
計	100.0
卸売市場	73.8
小売業	5.3
食品製造業	4.0
外食産業	0.6
卸売業者（市場外流通）	6.7
その他	9.7

(4)　小売業者の仕入先別仕入金額割合（調査対象16品目）

単位：％

区分	計	卸売市場の仲卸業者	卸売市場の卸売業者	集出荷団体	生産者	その他
青果物計 （調査対象16品目）	100.0	68.5	15.8	7.1	3.1	5.5

(5) 青果物の各流通段階の価格形成及び小売価格に占める各流通経費等の割合
　　（調査対象16品目）　（100kg当たり）　（試算値）
　　ア　4つの流通段階を経由（集出荷団体、卸売業者、仲卸業者及び小売業者）

区分	生産者受取価格 (2)-(9)-(10)	集出荷団体		仲卸業者		小売業者	
		卸売価格	卸売手数料	仕入金額に対する販売金額の割合	仲卸価格 (2)×(4)	仕入金額に対する販売金額の割合	小売価格 (5)×(6)
	(1) 円	(2) 円	(3) 円	(4) %	(5) 円	(6) %	(7) 円
青果物（調査対象16品目）	12,022	17,553	1,262	114.9	20,168	125.6	25,331

区分	流通経費				
	計 (9)+(10)+(11)+(12)	集出荷団体経費	卸売経費（卸売手数料） (3)	仲卸経費 (5)-(2)	小売経費 (7)-(5)
	(8) 円	(9) 円	(10) 円	(11) 円	(12) 円
青果物（調査対象16品目）	13,309	4,269	1,262	2,615	5,163

区分	小売価格に占める各流通経費等の割合						
	計	生産者受取価格 (1)/(7)	流通経費				
			小計 (8)/(7)	集出荷団体経費 (9)/(7)	卸売経費（卸売手数料） (10)/(7)	仲卸経費 (11)/(7)	小売経費 (12)/(7)
	(13) %	(14) %	(15) %	(16) %	(17) %	(18) %	(19) %
青果物（調査対象16品目）	100.0	47.5	52.5	16.9	5.0	10.3	20.4
			(100.0)	(32.1)	(9.5)	(19.6)	(38.8)

注：1　卸売経費（卸売手数料）、仲卸経費及び小売経費は利潤等を含む。
　　2　生産者受取価格は、生産者による選別・荷造労働費を含み、荷主交付金・出荷奨励金等及びその他の入金は含まない。
　　3　（　）内は、青果物（調査対象16品目）の流通経費計を100.0％とした各経費の割合である。

1 青果物の流通経費等（続き）
(5) 青果物の各流通段階の価格形成及び小売価格に占める各流通経費等
　の割合（調査対象16品目）（100kg当たり）（試算値）（続き）
　イ 生産者が小売業者に直接販売

区分	生産者	小売業者		流通経費	小売価格に占める流通経費等の割合		
	小売業者への販売価格（生産者受取価格）	仕入金額に対する販売金額の割合	小売価格	小売経費	計	生産者受取価格	小売経費
			(1)×(2)	(3)-(1)		(1)/(3)	(4)/(3)
	(1) 円	(2) %	(3) 円	(4) 円	(5) %	(6) %	(7) %
青果物（調査対象16品目）	13,982	129.0	18,037	4,055	100.0	77.5	22.5

注：1 小売経費は利潤等を含む。
　　2 小売価格及び小売経費は、小売業者が生産者から仕入れたと回答のあった青果物の
　　　仕入金額に対する販売金額の割合を用いて試算している。
　　3 生産者受取価格は、生産者が行う選別・荷造労働費や包装・荷造材料費、商品を小
　　　売業者へ搬送する運送費や労働費等の経費が一部含まれている場合がある。

　ウ 生産者が消費者に直接販売

区分	生産者受取価格	消費者に直接販売		販売価格に占める流通経費等の割合		
		販売価格	販売経費	計	生産者受取価格	販売経費
	(2)-(3)				(1)/(2)	(3)/(2)
	(1) 円	(2) 円	(3) 円	(4) %	(5) %	(6) %
青果物（調査対象16品目）	11,761	14,679	2,918	100.0	80.1	19.9

注： 生産者受取価格は、生産者が行う選別・荷造労働費や包装・荷造材料費、商品を直売所へ
　　搬送する運送費や労働費等の経費が一部含まれている場合がある。

2 水産物の流通経費等
(1) 産地卸売業者の流通経費等（1業者当たり平均）（平成29年度）
ア 販売収入、産地卸売手数料及び生産者への支払金額

区分	1業者当たり	100kg当たり	販売収入に占める割合	産地卸売手数料等に占める割合
	千円	円	%	%
販売収入①				
1)産地卸売金額又は産地卸売価格	7,627,360	25,639	100.0	-
産地卸売手数料等計②	349,972	1,176	4.6	100.0
産地卸売手数料	253,996	854	3.3	72.6
2)その他の手数料	32,148	108	0.4	9.2
3)買付販売差額	63,828	215	0.8	18.2
4)生産者への支払金額(①-②)	7,277,388	24,463	95.4	-

注：割合は、1業者当たりの数値を用い算出している（以下イまで同じ。）。
　　1)は、買入れたものを販売した際の金額を含む。
　　2)は、産地卸売業者が水揚料、選別料等を産地卸売手数料以外に産地卸売金額から控除している場合の手数料である。
　　3)は、買入れたものを販売した際の差額である。
　　4)は、水産物の販売収入から産地卸売手数料等を控除した金額である。

イ 産地卸売経費

区分	1業者当たり	100kg当たり	販売収入に占める割合	産地卸売経費に占める割合
	千円	円	%	%
計	297,223	999	3.9	100.0
包装・荷造材料費	11,337	38	0.1	3.8
運送費	5,027	17	0.1	1.7
集荷費	921	3	0.0	0.3
保管費	9,388	32	0.1	3.2
事業管理費	255,440	859	3.3	85.9
廃棄処分費	90	0	0.0	0.0
支払利息	3,944	13	0.1	1.3
その他の事業管理費	251,406	845	3.3	84.6
交付金	15,110	51	0.2	5.1

注：産地卸売経費は、水産物の取扱いに係る経費であり、それ以外の商品の経費は除いた。

2 水産物の流通経費等（続き）
(2) 産地出荷業者の流通経費等（1業者当たり平均）（平成29年度）

区分	1業者当たり	販売収入に占める割合	産地出荷経費に占める割合
	千円	%	%
販売収入計	1,556,295	100.0	－
1)販売金額	1,554,993	99.9	－
完納奨励金 （売買参加者交付金）	1,043	0.1	－
出荷奨励金	259	0.0	－
仕入金額	1,211,052	77.8	－
産地出荷経費計	309,851	19.9	100.0
卸売手数料	28,106	1.8	9.1
包装材料費	48,910	3.1	15.8
車両燃料費	3,343	0.2	1.1
支払運賃	69,803	4.5	22.5
商品保管費	11,127	0.7	3.6
商品廃棄処分費	18	0.0	0.0
支払利息	4,056	0.3	1.3
その他の産地出荷経費	144,488	9.3	46.6

注： 産地出荷経費は、水産物の仕入・販売に係る経費で、それ以外の商品の仕入・
　　販売経費は除いた。
　　1)は、消費地市場での卸売金額以外に産地の小売業者等に販売した金額を含む。

(3)　漁業者の出荷先別販売金額割合（水産物全体）

単位：％

区分	販売金額割合
計	100.0
卸売市場	77.5
産地卸売市場	67.7
消費地卸売市場	9.8
小売業	5.5
食品製造業	5.4
外食産業	0.6
消費者に直接販売	3.1
自営の直売	0.9
その他の直売所	2.2
インターネット	0.0
その他	7.9

(4)　小売業者の仕入先別仕入金額割合（調査対象10品目）

単位：％

区分	計	消費地卸売市場		産地卸売市場		生産者 （漁業者）	その他
		仲卸業者	卸売業者	産地出 荷業者	産地卸 売業者		
水産物計 （調査対象10品目）	100.0	44.3	24.4	8.1	9.4	4.4	9.4

2　水産物の流通経費等（続き）

(5)　水産物の各流通段階の価格形成及び小売価格に占める各流通経費等の割合
（調査対象10品目）（100kg当たり）（試算値）

ア　5つの流通段階を経由（産地卸売業者、産地出荷業者、卸売業者、仲卸
業者及び小売業者）

区分	生産者受取価格	産地卸売業者		産地出荷業者			仲卸業者		小売業者	
		産地卸売金額に対する生産者への支払金額の割合	産地卸売価格	仕入金額に対する卸売金額の割合	卸売価格	卸売手数料	仕入金額に対する販売金額の割合	仲卸価格	仕入金額に対する販売金額の割合	小売価格
		(3)×(2)			(3)×(4)			(5)×(7)		(8)×(9)
	(1)	(2)	(3)	(4)	(5)	(6)	(7)	(8)	(9)	(10)
	円	％	円	％	円	円	％	円	％	円
水産物（調査対象10品目）	25,955	95.4	27,207	177.9	48,401	1,929	116.4	56,339	145.8	82,142

区分	流通経費					
	計	産地卸売経費	産地出荷業者経費	卸売経費（卸売手数料）	仲卸経費	小売経費
	(12)+(13)+(14)+(15)+(16)	(3)−(1)	(5)−(3)−(6)	(6)	(8)−(5)	(10)−(8)
	(11)	(12)	(13)	(14)	(15)	(16)
	円	円	円	円	円	円
水産物（調査対象10品目）	56,187	1,252	19,265	1,929	7,938	25,803

区分	小売価格に占める流通経費等の割合								
	計	生産者受取価格	産地卸売価格	流通経費					
				小計	産地卸売経費	産地出荷業者経費	卸売経費（卸売手数料）	仲卸経費	小売経費
		(1)/(10)	(3)/(10)	(11)/(10)	(12)/(10)	(13)/(10)	(14)/(10)	(15)/(10)	(16)/(10)
	(17)	(18)	(19)	(20)	(21)	(22)	(23)	(24)	(25)
	％	％	％	％	％	％	％	％	％
水産物（調査対象10品目）	100.0	31.6	33.1	68.4	1.5	23.5	2.3	9.7	31.4
				(100.0)	(2.2)	(34.3)	(3.4)	(14.1)	(45.9)

注：1　各流通段階の流通経費は利潤等を含む。
　　2　（　）内は、流通経費計を100.0％とした各流通経費の割合である。

イ　漁業者が小売業者に直接販売

区分	漁業者	小売業者		流通経費		小売価格に占める流通経費等の割合		
	小売業者への販売価格（生産者受取価格）	仕入金額に対する販売金額の割合	小売価格	小売経費	計	生産者受取価格	小売経費
			(1)×(2)	(3)-(1)		(1)/(3)	(4)/(3)
	(1)　円	(2)　%	(3)　円	(4)　円	(5)　%	(6)　%	(7)　%
水産物（調査対象10品目）	34,754	149.6	51,992	17,238	100.0	66.8	33.2

注 : 1　小売経費は利潤等を含む。
　　2　小売価格及び小売経費は、小売業者が漁業者から仕入れたと回答のあった水産物の仕入金額に対する販売金額の割合を用いて試算している。
　　3　生産者受取価格は、漁業者が行う選別・荷造労働費や包装・荷造材料費、商品を小売業者へ搬送する運送費や労働費等の経費が一部含まれている場合がある。

ウ　漁業者が消費者に直接販売

区分	生産者受取価格	消費者に直接販売		販売価格に占める流通経費等の割合		
		販売価格		計	生産者受取価格	販売経費
			販売経費			
	(2)-(3)				(1)/(2)	(3)/(2)
	(1)　円	(2)　円	(3)　円	(4)　%	(5)　%	(6)　%
水産物（調査対象10品目）	33,226	36,545	3,319	100.0	90.9	9.1

注 : 　生産者受取価格は、漁業者が行う選別・荷造労働費や包装・荷造材料費、商品を直売所へ搬送する運送費や労働費等の経費が一部含まれている場合がある。

3　食料品年平均小売価格（東京都区部・大阪市）（令和2年）

単位：円

類・品目	数量単位	令和2年 東京都区部	令和2年 大阪市	銘柄
穀類				
うるち米（コシヒカリ）	1袋	2,426	2,379	国内産、精米、単一原料米、5kg袋入り、コシヒカリ
うるち米（コシヒカリ以外）	〃	2,246	2,251	国内産、精米、単一原料米、5kg袋入り、コシヒカリを除く。
食パン	1kg	440	458	普通品
あんパン	100g	92	85	あずきあん入り、丸型、普通品
カップ麺	1個	159	155	中華タイプ、78g入り
中華麺	1kg	411	391	蒸し中華麺、焼きそば、3食（麺450g）入り、ソース味
もち	1袋	743	631	包装生もち、1kg袋入り、普通品
魚介類				
まぐろ	100g	433	425	めばち又はきはだ、刺身用、さく、赤身
さけ	〃	366	403	「トラウトサーモン」又は「アトランティックサーモン（ノルウェーサーモン）」、刺身用、さく又はブロック
ぶり	〃	277	311	切り身（刺身用を除く。）
えび	〃	324	316	輸入品、冷凍、「パック包装」又は「真空包装」、無頭（10〜14尾入り）
塩さけ	〃	224	206	ぎんざけ、切り身
たらこ	〃	450	453	並
魚介漬物	〃	216	205	みそ漬、さわら又はさけ、並
肉類				
牛肉	〃	924	699	国産品、ロース
豚肉	〃	239	252	国産品、バラ（黒豚を除く。）
豚肉	〃	199	189	もも（黒豚を除く。）
鶏肉	〃	128	136	ブロイラー、もも肉
ソーセージ	〃	180	187	ウインナーソーセージ、袋入り、JAS規格品・特級
乳卵類				
牛乳	1本	216	215	牛乳、店頭売り、1,000mL紙容器入り
ヨーグルト	1個	164	159	プレーンヨーグルト、400g入り
鶏卵	1パック	223	245	白色卵、サイズ混合、10個入りパック詰
野菜・海藻				
キャベツ	1kg	189	204	
ねぎ	〃	705	766	白ねぎ
レタス	〃	432	495	玉レタス
たまねぎ	〃	249	243	赤たまねぎを除く。
きゅうり	〃	628	681	
トマト	〃	716	701	ミニトマト（プチトマト）を除く。
干しのり	1袋	445	443	焼きのり、全形10枚袋入り、普通品
豆腐	1kg	241	245	木綿豆腐、並
納豆	1パック	97	106	糸引き納豆、大大豆納豆、小粒又は極小粒、「50g×3個」又は「45g×3個」

資料：総務省統計局「小売物価統計調査年報（動向編）」
注：　2015年基準消費者物価指数の小分類ごとに、主として全国のウエイトが大きい品目を農林水産省統計部において抜粋している。

単位：円

類・品目	数量単位	令和2年 東京都区部	大阪市	銘柄
果物				
りんご	1 kg	683	703	「ふじ」又は「つがる」、1個200～400 g
みかん	〃	704	710	温州みかん（ハウスみかんを除く。）、1個70～130 g
いちご	〃	1,970	2,112	国産品
バナナ	〃	259	274	フィリピン産（高地栽培などを除く。）
油脂・調味料				
食用油	1本	292	320	キャノーラ（なたね）油、1,000 gポリ容器入り
乾燥スープ	1箱	323	335	粉末、ポタージュ、コーンクリーム、箱入り（8袋、140.8 g入り）
つゆ・たれ	1本	272	335	めんつゆ、希釈用、3倍濃縮、1Lポリ容器入り
菓子類				
ケーキ	1個	457	461	いちごショートケーキ、1個（70～120 g）
せんべい	100 g	124	115	うるち米製せんべい、しょう油味、個装タイプ袋入り、普通品
チョコレート	1枚	208	209	板チョコレート、50 g
アイスクリーム	1個	264	266	バニラアイスクリーム、110mLカップ入り
調理食品				
弁当	〃	547	520	持ち帰り弁当、幕の内弁当、並
〃	〃	501	517	持ち帰り弁当、からあげ弁当、並
すし（弁当）	1パック	738	685	にぎりずし（飲食店を除く。）、8～10個入り、並
サラダ	100 g	152	161	ポテトサラダ、並
からあげ	〃	191	209	鶏肉、骨なし、並
飲料				
緑茶	〃	567	445	煎茶（抹茶入りを含む。）、100～300 g袋入り
茶飲料	1本	84	88	緑茶飲料、525mLペットボトル入り
炭酸飲料	1本	110	88	コーラ、500mLペットボトル入り
酒類				
焼酎	〃	1,614	1,633	単式蒸留しょうちゅう、主原料は麦又はさつまいも、1,800mL紙容器入り、アルコール分25度
ビール	1パック	1,168	1,193	淡色、350mL缶入り、6缶入り
ビール風アルコール飲料	〃	692	708	350mL缶入り、6缶入り
外食				
中華そば	1杯	563	616	ラーメン、しょう油味（豚骨しょう油味を含む。）
すし	1人前	1,353	1,163	にぎりずし、並
焼肉	〃	964	841	牛カルビ、並
ビール	1本	604	539	居酒屋におけるビール、淡色、中瓶500mL

Ⅵ 食の安全に関する取組

1 有機農産物の認証・格付

(1) 有機農産物等認証事業者の認証件数（令和3年3月31日現在）

区分	認証件数					(参考)農家
	計	生産行程管理者		小分け業者	輸入業者	
			有機農産物			
	事業体	事業体	事業体	事業体	事業体	戸
計						
全国計	5,219	4,033	2,574	802	384	3,790
北海道	457	391	268	60	6	300
青森	21	20	16	1	0	30
岩手	19	18	16	1	0	27
宮城	76	62	53	12	2	75
秋田	50	45	39	5	0	69
山形	57	50	39	7	0	113
福島	73	67	60	6	0	101
茨城	113	100	85	13	0	100
栃木	69	58	45	9	2	63
群馬	86	73	46	11	2	82
埼玉	102	50	22	37	15	39
千葉	142	98	75	36	8	117
東京	367	79	13	106	182	33
神奈川	141	32	11	59	50	30
新潟	143	125	115	18	0	154
富山	24	22	17	2	0	19
石川	49	38	30	10	1	38
福井	25	21	16	4	0	32
山梨	53	49	39	4	0	40
長野	117	104	80	8	5	103
岐阜	57	45	23	8	4	28
静岡	279	236	80	40	3	177
愛知	129	82	23	38	9	37

資料：農林水産省新事業・食品産業部資料（以下(3)ウまで同じ。）
注：1 令和3年4月末現在において報告があったものについて令和3年3月31日までに集計したものである。
　　2 数字は、登録認証機関から報告があった農家戸数を積み上げた数値であるため、実際の農家戸数よりも少ないことがある。
　　3 生産行程管理者には個人で認証事業者になる以外にも複数の農家がグループになって認証事業者となる場合がある。
　　4 農家戸数は報告のあった個人農家とグループ構成員を積み上げた数値である。

(2) 有機登録認証機関数の推移（各年度末現在）

単位：機関

区分	平成28年度	29	30	令和元	2
計	69	69	68	68	69
登録認証機関数	56	56	56	53	52
登録外国認証機関数	13	13	12	15	17

区分	認証件数					(参考)農家
	計	生産行程管理者		小分け業者	輸入業者	
			有機農産物			
	事業体	事業体	事業体	事業体	事業体	戸
三重	65	54	29	11	0	85
滋賀	55	44	32	9	2	36
京都	162	125	56	30	7	59
大阪	154	60	12	57	37	22
兵庫	243	182	130	37	24	154
奈良	74	56	33	15	3	51
和歌山	61	58	37	3	0	101
鳥取	48	44	24	4	0	34
島根	85	81	56	3	1	63
岡山	71	65	52	5	1	109
広島	76	65	34	10	1	41
山口	31	28	19	3	0	23
徳島	53	51	32	2	0	45
香川	40	31	15	7	2	28
愛媛	96	82	65	10	4	63
高知	52	51	38	1	0	69
福岡	195	134	30	49	12	63
佐賀	55	51	20	4	0	63
長崎	39	38	19	1	0	57
熊本	234	215	178	18	1	210
大分	83	78	52	5	0	94
宮崎	138	131	78	7	0	116
鹿児島	355	345	242	10	0	315
沖縄	105	99	80	6	0	82
外国	3,658	3,106	1,502	552	－	－

1 有機農産物の認証・格付（続き）
(3) 認証事業者に係る格付実績（令和元年度）
　ア　有機農産物

単位：t

区分	国内で格付されたもの	1)外国で格付されたもの	区分	国内で格付されたもの	1)外国で格付されたもの
計	76,737	3,118,310	緑茶（生葉・荒茶）	6,575	2,605
野菜	49,419	109,250	その他茶葉	147	12,735
果実	2,460	274,275	コーヒー生豆	0	31,255
米	8,483	2,084	ナッツ類	0	19,998
麦	1,249	3,179	さとうきび	24	2,455,264
大豆	1,305	26,540	こんにゃく芋	459	0
その他豆類	115	3,056	パームフルーツ	0	150,681
雑穀類	170	8,433	その他の農産物	6,330	18,956

注：1　有機食品の検査認証制度に基づき、登録認証機関から認証を受けた事業者が格付または
　　　格付の表示を行った有機農産物及び有機農産物加工食品の令和元年度における実績として
　　　報告された数値を令和3年4月1日現在で集計。
　　2　格付または格付の表示を行った事業者は当該認証を行った登録認証機関に6月末日まで
　　　にその実績を報告。事業者からの報告を受けた登録認証機関は9月末日までにそれらを取
　　　りまとめ、農林水産大臣に報告。
　　3　外国で格付されたものには、外国において、有機JAS認証事業者が有機JAS格付を
　　　行ったもの及び同等性のある（EU加盟国、オーストラリア、アメリカ合衆国、アルゼ
　　　ンチン、ニュージーランド、スイス及びカナダ）において、有機JAS制度と同等の制度
　　　に基づいて認証を受けた事業者が有機格付を行って我が国に輸入されたものを含む。
　　1)は、主に外国で有機加工食品の原材料として使用されているが、それ以外にも、外国で
　　　消費されたもの、日本以外に輸出されたもの及び有機加工食品以外の食品に加工されたもの
　　　も含む。

イ　有機農産物加工食品

単位：t

区分	国内で格付されたもの	1)外国で格付されたもの	区分	国内で格付されたもの	1)外国で格付されたもの
計	118,170	353,193	みそ	2,301	582
冷凍野菜	161	10,011	しょうゆ	4,181	0
野菜びん・缶詰	18	19,645	ピーナッツ製品	240	358
野菜水煮	520	12,167	その他豆類の調整品	3,921	128
その他野菜加工品	2,390	2,304	乾めん類	86	112
果実飲料	2,157	17,258	緑茶（仕上げ茶）	3,644	499
その他果実加工品	841	12,139	コーヒー豆	2,938	273
野菜飲料	3,513	17,197	ナッツ類加工品	1,306	6,020
茶系飲料	15,595	30	こんにゃく	1,271	11
コーヒー飲料	1,518	1,175	砂糖	34	181,320
豆乳	42,865	1,687	糖みつ	57	6,229
豆腐	16,923	0	牛乳	942	0
納豆	2,340	0	その他の加工食品	8,407	64,048

注：1)は、外国で消費されたものや日本以外に輸出されたものも含む。

ウ 国内の総生産量と格付数量

区分	総生産量	格付数量（国内）	（参考）有機の割合
	t	t	%
野菜（スプラウト類を含む）	11,660,000	53,186	0.46
果実	2,701,000	2,460	0.09
米	8,154,000	8,483	0.10
麦	1,259,000	1,249	0.10
大豆	218,000	1,305	0.60

注： 総生産量は、「令和元年度食料需給表（概算値）」による。

2 食品表示法の食品表示基準に係る指示及び命令件数

単位：件

年度	国						
	計	生鮮					加工
		小 計	畜産物	農産物	水産物	米	
平成28年度	12	4	1	1	2	－	11
29	11	4	－	－	4	－	7
30	12	2	－	－	－	2	10
令和元	3	－	－	－	－	－	3
2	5	2	－	－	－	2	3

年度	都道府県						
	計	生鮮					加工
		小 計	畜産物	農産物	水産物	米	
平成28年度	14	4	2	1	1	－	10
29	10	6	－	3	2	1	4
30	11	5	1	1	2	1	8
令和元	7	3	－	1	1	1	4
2	6	2	1	1	－	－	5

資料： 消費者庁、国税庁及び農林水産省「食品表示法の食品表示基準に係る指示及び命令件数」
注： 同一事業者に対して複数の食品に対する改善指示を同時に実施した事例があることから、全体の件数と品目毎の件数の合計とは一致しない場合がある。

3　食品製造業におけるHACCPに沿った衛生管理の導入状況（令和2年度）

(1)　HACCPに沿った衛生管理の導入状況（食品販売金額規模別）

単位：％

区分	導入済み	導入途中	導入を検討	導入については未定である	HACCPに沿った衛生管理をよく知らない
全体	42.7	17.7	17.3	11.5	10.8
1億円未満	27.8	14.9	22.9	16.4	18.0
1〜50	56.1	23.3	12.0	6.4	2.3
50億円以上	97.6	2.4	－	－	－

資料：　農林水産省統計部「食品製造業におけるHACCPに沿った衛生管理の導入状況実態調査」
　　　　（以下(3)まで同じ。）
注：　これは、令和2年10月1日現在の結果である（以下(3)まで同じ。）。

(2)　HACCPに沿った衛生管理の導入による効果（又は期待する効果）（複数回答）

単位：％

区分	割合
品質・安全性の向上	82.4
従業員の意識の向上	65.9
企業の信用度やイメージの向上	48.9
クレームの減少	44.5
製品イメージの向上	30.6
事故対策コストの削減	27.7
取引の増加	18.2
製品ロスの削減	17.5
監査や査察の負担軽減	12.6
他社との差別化	11.3
製品の輸出が可能（有利）	9.8
製品価格の上昇	4.6
その他	1.6
特に効果はない	6.1

注：　HACCPに沿った衛生管理の導入状況について「導入済み」、「導入途中」及び「導入を検討」と回答した企業の回答割合である（(3)も同じ。）。

(3)　HACCPに沿った衛生管理の導入に当たっての問題点（複数回答）

単位：％

区分	割合
施設・設備の整備（初期投資）に係る資金	41.1
従業員に研修を受けさせる時間的余裕がない	33.1
HACCP導入手続きの手間（金銭以外の手間）	30.2
HACCP導入までに係る費用（コンサルタントや認証手数料など金銭的問題）	29.6
HACCPの管理手順が複雑（金銭以外の手間）	28.4
従業員に研修・指導を受けさせたいが適切な機会がない	25.7
HACCP導入後に係るモニタリングや記録管理コスト（金銭的問題）	24.7
従業員に研修を受けさせる金銭的余裕がない	21.1
HACCPを指導できる人材がいない	20.3
HACCP導入の効果（取引先の信頼獲得など）が得られるか不透明	11.8
その他	4.5
特に問題点はない	19.6

農　業　編

I 農用地及び農業用施設

1 耕地面積

(1) 田畑別耕地面積（各年7月15日現在）

単位：千ha

年次	計	田			畑
		小計	本地	けい畔	
平成28年	4,471	2,432	2,296	135	2,039
29	4,444	2,418	2,284	134	2,026
30	4,420	2,405	2,273	133	2,014
令和元	4,397	2,393	2,261	132	2,004
2	4,372	2,379	2,248	131	1,993

資料：農林水産省統計部「耕地及び作付面積統計」（以下2(2)まで同じ。）
注：1 この調査は、対地標本実測調査による。
　　2 耕地とは、農作物の栽培を目的とする土地をいい、けい畔を含む。
　　3 田とは、たん水設備（けい畔など）と、これに所要の用水を供給し得る設備（用水源・用水路など）を有する耕地をいう。
　　　本地とは、直接農作物の栽培に供される土地で、けい畔を除いた耕地をいい、けい畔とは、耕地の一部にあって、主として本地の維持に必要なものをいう。畑とは、田以外の耕地をいい、通常、畑と呼ばれている普通畑のほか、樹園地及び牧草地を含む。

(2) 全国農業地域別種類別耕地面積（各年7月15日現在）

年次・ 全国 農業地域	田	畑				水田率
		計	普通畑	樹園地	牧草地	
	千ha	千ha	千ha	千ha	千ha	％
平成28年	2,432	2,039	1,149	287	603	54.4
29	2,418	2,026	1,142	283	601	54.4
30	2,405	2,014	1,138	278	599	54.4
令和元	2,393	2,004	1,134	273	597	54.4
2	2,379	1,993	1,130	268	595	54.4
北海道	222	921	418	3	501	19.4
東北	596	231	128	46	57	72.0
北陸	276	32	26	5	2	89.5
関東・東山	394	309	254	47	9	56.0
東海	150	100	58	39	3	60.1
近畿	170	49	17	31	0	77.7
中国	180	52	35	14	3	77.5
四国	86	46	16	29	0	65.5
九州	304	216	149	53	14	58.5
沖縄	1	36	28	2	6	2.2

注：1 樹園地とは、果樹、茶などの木本性作物を1a以上集団的（規則的、連続的）に栽培する畑をいう。なお、ホップ園、バナナ園、パインアップル園及びたけのこ栽培を行う竹林を含む。
　　2 牧草地とは、牧草の栽培を専用とする畑をいう。
　　3 水田率とは、耕地面積のうち、田面積が占める割合である。

1 耕地面積（続き）
(3) 都道府県別耕地面積及び耕地率（令和2年7月15日現在）

全国・都道府県	計	田	畑				耕地率
			小計	普通畑	樹園地	牧草地	
	千ha	千ha	千ha	千ha	千ha	千ha	%
全国	4,372	2,379	1,993	1,130	268	595	11.7
北海道	1,143	222	921	418	3	501	14.6
青森	150	79	70	35	22	13	15.5
岩手	150	94	56	25	4	27	9.8
宮城	126	104	22	15	1	6	17.3
秋田	147	129	18	12	2	4	12.6
山形	117	92	25	12	10	2	12.5
福島	138	98	41	29	7	5	10.0
茨城	164	96	68	61	6	0	26.8
栃木	122	96	27	22	2	2	19.0
群馬	67	25	42	37	3	1	10.5
埼玉	74	41	33	30	3	0	19.5
千葉	124	73	51	47	3	0	23.9
東京	7	0	6	5	1	0	3.0
神奈川	18	4	15	11	3	–	7.6
新潟	169	150	19	16	2	1	13.4
富山	58	56	3	2	1	0	13.7
石川	41	34	7	5	1	1	9.7
福井	40	36	4	3	1	0	9.5
山梨	23	8	16	5	10	1	5.2
長野	105	52	53	35	15	3	7.8
岐阜	56	43	13	9	3	1	5.2
静岡	63	22	41	15	25	1	8.1
愛知	74	42	32	26	5	0	14.2
三重	58	44	14	8	6	0	10.0
滋賀	51	47	4	3	1	0	12.7
京都	30	23	7	4	3	0	6.5
大阪	13	9	4	2	2	–	6.6
兵庫	73	67	6	4	2	0	8.7
奈良	20	14	6	2	3	0	5.4
和歌山	32	9	23	2	20	0	6.7
鳥取	34	23	11	9	1	1	9.8
島根	36	29	7	5	1	1	5.4
岡山	64	50	14	9	4	1	8.9
広島	54	40	13	7	5	1	6.3
山口	45	37	8	5	3	0	7.3
徳島	29	19	9	5	4	0	6.9
香川	30	25	5	2	3	0	15.8
愛媛	47	22	25	6	19	0	8.3
高知	27	20	6	3	3	0	3.7
福岡	80	64	16	7	8	0	16.0
佐賀	51	42	9	4	5	0	20.8
長崎	46	21	25	19	5	0	11.2
熊本	109	67	42	22	13	7	14.7
大分	55	39	16	9	4	3	8.6
宮崎	65	35	30	25	4	1	8.4
鹿児島	115	36	79	63	13	3	12.5
沖縄	37	1	36	28	2	6	16.2

2 耕地の拡張・かい廃面積
(1) 田

単位：ha

年次	拡張（増加要因）					かい廃（減少要因）			
	計	開墾	干拓・埋立て	復旧	田畑転換	計	自然災害	人為かい廃	田畑転換
平成28年	1,690	1,210	－	474	12	16,500	1,370	13,300	1,850
29	3,340	…	…	…	…	16,600	…	…	…
30	3,990	…	…	…	…	17,000	…	…	…
令和元	4,040	…	…	…	…	15,900	…	…	…
2	3,730	…	…	…	…	17,700	…	…	…

注：1 数値は、前年7月15日からその年の7月14日までの間に発生したものである（以下(2)まで同じ。）。
　　2 この表は、耕地面積の増減内容を巡回・見積り等の方法で調査した結果である。そのため対地標本実測調査による「1 耕地面積」とは調査方法が相違する。
　　　　また、人為かい廃面積は、農地法による転用許可の有無にかかわらず、調査期間のかい廃の実態を調査した結果であり、荒廃農地も含む。したがって「9 農地調整 (3) 農地の転用面積」とは一致しない（以下(2)まで同じ。）。
　　3 平成29年から拡張・かい廃面積の要因別の調査を廃止した（以下(2)まで同じ。）。

(2) 畑

単位：ha

年次	拡張（増加要因）					かい廃（減少要因）			
	計	開墾	干拓・埋立て	復旧	田畑転換	計	自然災害	人為かい廃	田畑転換
平成28年	4,700	2,470	－	375	1,850	15,300	57	15,200	12
29	4,500	…	…	…	…	17,600	…	…	…
30	6,560	…	…	…	…	18,000	…	…	…
令和元	6,460	…	…	…	…	17,000	…	…	…
2	6,350	…	…	…	…	17,200	…	…	…

3 都道府県別の田畑整備状況 (令和元年) (推計値)

局名及び都道府県名	田面積 ①	30a程度以上区画整備済面積 ②	割合 ③=②/①	50a以上区画整備済面積 ④	割合 ⑤=④/①	畑面積 ⑥	末端農道整備済面積 ⑦	割合 ⑧=⑦/⑥	畑地かんがい施設整備済面積 ⑨	割合 ⑩=⑨/⑥	区画整備済面積 ⑪	割合 ⑫=⑪/⑥
	ha	ha	%	ha	%	ha	ha	%	ha	%	ha	%
全国	2,393,000	1,589,501	66.4	261,041	10.9	2,004,000	1,560,409	77.9	488,886	24.4	1,283,226	64.0
北海道開発局	221,900	215,516	97.1	60,530	27.3	921,800	891,634	96.7	226,294	24.5	879,037	95.4
北海道	221,900	215,516	97.1	60,530	27.3	921,800	891,634	96.7	226,294	24.5	879,037	95.4
東北農政局	598,300	406,458	67.9	87,617	14.6	232,400	139,541	60.0	20,230	8.7	96,452	41.5
青森県	79,600	53,254	66.9	4,320	5.4	70,900	44,088	62.2	4,318	6.1	37,443	52.8
岩手県	94,100	49,654	52.8	10,208	10.8	55,700	33,950	61.0	2,226	4.0	24,590	44.1
宮城県	104,400	72,082	69.0	31,276	30.0	21,900	7,534	34.4	910	4.2	4,404	20.1
秋田県	128,900	88,024	68.3	31,464	24.4	18,200	9,540	52.4	2,757	15.1	6,046	33.2
山形県	92,600	71,537	77.3	3,604	3.9	24,800	13,974	56.3	2,986	12.0	7,794	31.4
福島県	98,600	71,907	72.9	6,745	6.8	41,000	30,454	74.3	7,033	17.2	16,175	39.5
関東農政局	419,100	275,278	65.7	25,905	6.2	354,000	206,428	58.3	73,154	20.7	117,252	33.1
茨城県	96,400	77,037	79.9	4,212	4.4	68,200	25,009	36.7	3,410	5.0	10,464	15.3
栃木県	96,400	62,952	65.5	10,144	10.6	26,400	12,842	48.6	2,483	9.4	8,259	31.3
群馬県	25,800	15,555	60.3	369	1.4	41,800	27,319	65.4	11,605	27.8	26,383	63.1
埼玉県	41,300	21,730	52.6	2,912	7.1	33,200	20,709	62.4	8,292	25.0	13,202	39.8
千葉県	73,500	47,190	64.2	6,457	8.8	51,000	30,727	60.2	7,464	14.6	15,509	30.4
東京都	249	0	0.0	0	0.0	6,470	1,638	25.3	562	8.7	25	0.4
神奈川県	3,670	124	3.4	15	0.4	15,100	5,319	35.2	1,251	8.3	3,798	25.2
山梨県	7,800	3,736	47.9	121	1.6	15,800	13,907	88.0	6,601	41.8	3,439	21.8
長野県	52,400	36,247	69.2	594	1.1	53,700	31,087	57.9	15,881	29.6	18,874	35.1
静岡県	21,900	10,708	48.9	1,081	4.9	42,200	37,870	89.7	15,605	37.0	17,300	41.0
北陸農政局	276,600	197,726	71.5	35,537	12.8	32,400	20,295	62.6	11,375	35.1	14,463	44.6
新潟県	150,600	94,572	62.8	27,237	18.1	19,100	10,573	55.4	5,560	29.1	7,392	38.7
富山県	55,600	47,815	86.0	2,066	3.7	2,670	1,795	67.2	895	33.5	727	27.2
石川県	34,100	21,662	63.5	2,753	8.1	6,910	5,275	76.3	3,064	44.3	3,919	56.7
福井県	36,400	33,678	92.5	3,481	9.6	3,740	2,652	70.9	1,857	49.6	2,425	64.8
東海農政局	129,200	83,795	64.9	10,096	7.8	59,100	42,374	71.7	26,567	45.0	34,057	57.6
岐阜県	42,600	22,519	52.9	3,248	7.6	13,100	8,006	61.1	3,671	28.0	6,384	48.7
愛知県	42,100	30,171	71.7	4,879	11.6	32,100	26,716	83.2	19,552	60.9	22,792	71.0
三重県	44,400	31,105	70.1	1,969	4.4	14,000	7,651	54.7	3,344	23.9	4,882	34.9

資料: 農林水産省統計部「耕地及び作付面積統計」、農林水産省農村振興局「農業基盤情報基礎調査」
注: 1 田及び畑の面積は「耕地及び作付面積統計」による令和元年7月15日時点の値。
　　2 各整備済面積は「農業基盤情報基礎調査」による平成31年3月31日時点の推計値。
　　3 「区画整備済」とは、区画の形状が原則として方形に整形されている状態をいう。
　　4 「末端農道整備済」とは、畑に幅員3m以上の農道が接している状態をいう。
　　5 掲載している数値については、四捨五入を行っているため、合計と内訳の積み上げが一致しない場合がある。

局名及び都道府県名	田面積 ①	30a程度以上区画整備済面積 ②	割合③=②/①	50a以上区画整備済面積 ④	割合⑤=④/①	畑面積 ⑥	末端農道整備済面積 ⑦	割合⑧=⑦/⑥	畑地かんがい施設整備済面積 ⑨	割合⑩=⑨/⑥	区画整備済面積 ⑪	割合⑫=⑪/⑥
	ha	ha	%	ha	%	ha	ha	%	ha	%	ha	%
近畿農政局	170,600	101,098	59.3	8,414	4.9	49,300	24,049	48.8	14,636	29.7	9,176	18.6
滋賀県	47,600	41,965	88.2	3,053	6.4	3,930	2,447	62.3	1,232	31.3	1,867	47.5
京都府	23,300	10,345	44.4	1,196	5.1	6,670	2,189	32.8	1,689	25.3	1,453	21.8
大阪府	8,880	1,378	15.5	242	2.7	3,810	1,178	30.9	670	17.6	380	10.0
兵庫県	67,200	44,470	66.2	3,728	5.5	6,260	3,036	48.5	2,158	34.5	1,918	30.6
奈良県	14,200	2,548	17.9	161	1.1	5,940	3,117	52.5	1,473	24.8	1,996	33.6
和歌山県	9,460	392	4.1	33	0.3	22,700	12,083	53.2	7,414	32.7	1,562	6.9
中国四国農政局	269,400	118,893	44.1	13,526	5.0	100,200	57,969	57.9	34,113	34.0	20,211	20.2
鳥取県	23,400	15,295	65.4	489	2.1	11,000	8,838	80.3	5,269	47.9	6,064	55.1
島根県	29,500	14,234	48.3	1,266	4.3	7,030	4,572	65.0	2,112	30.0	3,147	44.8
岡山県	50,600	25,143	49.7	5,688	11.2	13,900	6,366	45.8	4,450	32.0	3,014	21.7
広島県	40,600	22,896	56.4	1,749	4.3	13,500	7,698	57.0	2,673	19.8	2,296	17.0
山口県	38,300	18,914	49.4	2,363	6.2	8,140	3,132	38.5	1,506	18.5	1,201	14.8
徳島県	19,500	2,974	15.2	185	0.9	9,260	5,234	56.5	1,607	17.4	1,024	11.1
香川県	24,900	6,344	25.5	296	1.2	5,040	2,724	54.1	2,158	42.8	1,202	23.8
愛媛県	22,300	6,279	28.2	596	2.7	25,700	18,115	70.5	13,091	50.9	1,290	5.0
高知県	20,400	6,815	33.4	894	4.4	6,620	1,289	19.5	1,246	18.8	973	14.7
九州農政局	307,300	190,219	61.9	19,319	6.3	218,100	144,626	66.3	60,334	27.7	86,887	39.8
福岡県	64,500	43,036	66.7	3,542	5.5	15,800	9,853	62.4	2,456	15.5	2,990	18.9
佐賀県	42,100	35,918	85.3	5,170	12.3	8,960	8,014	89.4	5,140	57.4	3,395	37.9
長崎県	21,200	7,200	34.0	657	3.1	25,100	15,104	60.2	6,605	26.3	4,421	17.6
熊本県	68,100	45,649	67.0	3,464	5.1	42,500	23,725	55.8	9,101	21.4	7,262	17.1
大分県	39,300	22,483	57.2	3,140	8.0	15,800	10,947	69.3	5,301	33.6	7,986	50.5
宮崎県	35,400	14,644	41.4	386	1.1	30,600	18,302	59.8	7,611	24.9	14,435	47.2
鹿児島県	36,700	21,289	58.0	2,960	8.1	79,200	58,680	74.1	24,120	30.5	46,398	58.6
沖縄総合事務局	820	517	63.1	97	11.8	36,700	33,494	91.3	22,184	60.4	25,691	70.0
沖縄県	820	517	63.1	97	11.8	36,700	33,494	91.3	22,184	60.4	25,691	70.0

4 農業経営体の経営耕地面積規模別経営耕地面積 (各年2月1日現在)

単位：ha

区分	計	3.0ha未満	3.0～10.0	10.0～20.0	20.0～30.0	30.0～50.0	50.0ha以上
平成27年	3,451,444	1,147,103	661,536	349,760	249,503	354,751	688,792
令和2	**3,232,882**	**858,694**	**586,236**	**354,282**	**261,860**	**380,548**	**791,262**
うち団体経営体	756,897	10,639	36,220	65,216	76,114	132,322	436,386

資料：農林水産省統計部「農林業センサス」 (以下7 (2)まで同じ。)

5 経営耕地の状況 (各年2月1日現在)

年次・全国農業地域	田			畑 (樹園地を除く。)			樹園地		
	経営体数	面積	1経営体当たり面積	経営体数	面積	1経営体当たり面積	経営体数	面積	1経営体当たり面積
	千経営体	千ha	ha	千経営体	千ha	ha	千経営体	千ha	ha
平成27年	1,145	1,947	1.7	834	1,316	1.6	271	189	0.7
令和2	**840**	**1,785**	**2.1**	**561**	**1,289**	**2.3**	**200**	**159**	**0.8**
北海道	15	181	12.4	30	845	28.6	1	2	2.1
都府県	826	1,604	1.9	531	443	0.8	199	157	0.8
東北	165	482	2.9	102	106	1.0	34	30	0.9
北陸	72	235	3.3	31	14	0.4	5	3	0.5
関東・東山	170	290	1.7	143	141	1.0	46	29	0.6
東海	67	103	1.5	53	27	0.5	25	22	0.9
近畿	88	115	1.3	38	10	0.3	21	19	0.9
中国	85	112	1.3	46	18	0.4	16	6	0.4
四国	50	49	1.0	25	10	0.4	20	15	0.7
九州	129	219	1.7	81	100	1.2	30	33	1.1
沖縄	0	0	1.7	10	18	1.8	1	1	0.8

注： この面積は、「耕地及び作付面積統計」の標本実測調査による耕地面積とは異なる (以下7 (2)まで同じ。) 。

6 1経営体当たりの経営耕地面積 (各年2月1日現在)

区分	平成27年			令和2		
	経営耕地のある経営体数	経営耕地総面積	1経営体当たり経営耕地面積	経営耕地のある経営体数	経営耕地総面積	1経営体当たり経営耕地面積
	千経営体	千ha	ha	千経営体	千ha	ha
全国	1,361	3,451	2.5	1,059	3,233	3.1
北海道	40	1,050	26.5	34	1,028	30.2
都府県	1,322	2,401	1.8	1,025	2,204	2.2
東北	245	663	2.7	191	618	3.2
北陸	103	265	2.6	75	251	3.3
関東・東山	296	498	1.7	232	459	2.0
東海	124	168	1.4	91	151	1.7
近畿	129	155	1.2	103	143	1.4
中国	125	155	1.2	96	136	1.4
四国	81	86	1.1	65	74	1.1
九州	204	386	1.9	161	352	2.2
沖縄	15	25	1.7	11	19	1.8

7 借入耕地、貸付耕地のある経営体数と面積（各年2月1日現在）

(1) 借入耕地

年次・全国農業地域	計		田		畑（樹園地を除く。）		樹園地	
	実経営体数	面積	経営体数	面積	経営体数	面積	経営体数	面積
	千経営体	千ha	千経営体	千ha	千経営体	千ha	千経営体	千ha
平成27年	502	1,164	373	781	163	355	47	28
令和2	**379**	**1,257**	**274**	**835**	**131**	**394**	**38**	**28**
北海道	16	257	5	41	13	216	0	0
都府県	363	1,000	268	794	118	178	38	28
東北	58	260	46	213	17	44	5	3
北陸	35	146	32	140	6	6	1	1
関東・東山	77	188	49	129	34	54	9	5
東海	28	77	18	63	10	9	6	6
近畿	38	64	32	59	7	3	4	3
中国	32	65	27	56	7	7	3	1
四国	21	25	15	20	5	3	4	2
九州	69	168	50	114	27	47	6	7
沖縄	5	7	0	0	5	6	0	0

(2) 貸付耕地

年次・全国農業地域	計		田		畑（樹園地を除く。）		樹園地	
	実経営体数	面積	経営体数	面積	経営体数	面積	経営体数	面積
	千経営体	千ha	千経営体	千ha	千経営体	千ha	千経営体	千ha
平成27年	315	188	217	112	120	70	19	6
令和2	**228**	**166**	**164**	**97**	**71**	**64**	**14**	**6**
北海道	4	33	1	5	3	29	0	0
都府県	224	133	162	92	68	35	14	5
東北	42	42	34	31	9	10	2	1
北陸	16	10	14	9	2	1	0	0
関東・東山	59	31	36	19	26	11	4	1
東海	24	10	17	6	7	2	2	1
近畿	18	6	15	5	3	1	2	1
中国	17	7	14	5	3	1	1	0
四国	10	3	7	2	2	1	1	0
九州	38	23	25	14	14	8	2	1
沖縄	1	1	0	0	1	1	0	0

8 荒廃農地
(1) 荒廃農地等面積の推移

単位：ha

全国・都道府県	荒廃農地面積						再生利用された面積	
	計	農用地区域	再生利用が可能な荒廃農地	農用地区域	再生利用が困難と見込まれる荒廃農地	農用地区域		農用地区域
平成23年	251,317	…	137,579	…	113,739	…	12,153	…
24	262,378	…	141,005	…	121,373	…	13,629	…
25	264,508	126,007	132,903	75,869	131,606	50,138	14,916	9,936
26	273,454	128,292	130,090	74,581	143,364	53,711	10,123	6,556
27	283,119	130,971	123,839	71,700	159,279	59,272	11,371	7,145
28	281,219	132,196	97,992	58,591	183,227	73,605	16,894	10,623
29	282,922	133,266	92,454	55,768	190,468	77,498	11,023	6,959
30	279,970	132,919	91,524	55,349	188,446	77,570	9,988	6,474
令和元	283,536	135,520	91,161	55,823	192,376	79,697	8,453	5,238
増減率(%) 30/29	△ 1.0	△ 0.3	△ 1.0	△ 0.8	△ 1.1	0.1	△ 9.4	△ 7.0
元/30	1.3	2.0	△ 0.4	0.9	2.1	2.7	△ 15.4	△ 19.1

資料：農林水産省農村振興局「令和元年の荒廃農地面積について」（以下、8 (2) まで同じ。）
注： 1 荒廃農地面積の調査期日は各年11月30日現在、再生利用された面積の調査期間は前年12月1日から当年11月30日である。
　　 2 本表の数値は、東京電力福島第一原子力発電所事故の影響により避難指示のあった福島県下6町村のほか、東京都下1村の計7町村を除く、1,712市町村の調査結果を集計したもの。
　　 3 四捨五入の関係から計とその内訳が一致しない場合がある。
　　 4 「荒廃農地」とは、「現に耕作に供されておらず、耕作の放棄により荒廃し、通常の農作業では作物の栽培が客観的に不可能となっている農地」をいう。
　　 5 「再生利用が可能な荒廃農地」とは、「抜根、整地、区画整理、客土等により再生することによって、通常の農作業による耕作が可能となると見込まれる荒廃農地」をいう。
　　 6 「再生利用が困難と見込まれる荒廃農地」とは、「森林の様相を呈しているなど農地に復元するための物理的な条件整備が著しく困難なもの、又は周囲の状況から見て、その土地を農地として復元しても継続して利用することができないと見込まれるものに相当する荒廃農地」をいう。

（2） 都道府県別荒廃農地等面積（令和元年）

単位：ha

全国・都道府県	荒廃農地面積						再生利用された面積	
	計	農用地区域	再生利用が可能な荒廃農地	農用地区域	再生利用が困難と見込まれる荒廃農地	農用地区域		農用地区域
全国	283,536	135,520	91,161	55,823	192,376	79,697	8,453	5,238
北海道	2,029	1,227	752	550	1,277	677	83	67
青森	5,937	4,007	3,044	2,291	2,892	1,717	166	133
岩手	4,500	3,339	2,768	2,045	1,732	1,293	183	134
宮城	6,033	2,979	2,226	1,374	3,807	1,604	549	232
秋田	1,030	820	514	446	516	374	70	63
山形	2,478	1,814	1,285	1,065	1,194	749	78	61
福島	12,711	7,212	6,586	4,128	6,125	3,084	537	315
茨城	11,280	4,118	5,620	2,459	5,660	1,660	704	304
栃木	2,270	913	1,418	674	851	239	147	90
群馬	8,827	4,530	2,158	1,436	6,669	3,094	338	255
埼玉	3,458	1,938	2,472	1,559	986	379	269	192
千葉	13,120	4,901	6,199	3,167	6,922	1,733	341	208
東京	3,186	1,190	361	194	2,825	996	28	11
神奈川	1,337	585	613	312	724	273	78	46
新潟	2,863	1,502	282	207	2,581	1,295	51	41
富山	353	145	183	129	170	16	25	22
石川	5,093	2,575	643	513	4,450	2,063	38	31
福井	1,255	437	230	158	1,024	279	24	18
山梨	6,808	3,747	2,325	1,627	4,483	2,120	285	201
長野	15,568	8,296	4,041	2,643	11,527	5,652	289	197
岐阜	1,936	865	710	448	1,227	417	93	52
静岡	6,268	3,540	3,831	2,550	2,437	990	192	113
愛知	5,461	1,797	2,408	1,399	3,053	399	317	218
三重	6,557	1,732	2,452	1,086	4,105	645	112	56
滋賀	1,751	1,031	568	391	1,183	640	34	28
京都	3,186	996	426	244	2,760	752	65	40
大阪	358	118	174	70	184	48	24	9
兵庫	2,276	1,581	922	706	1,354	875	78	47
奈良	1,402	627	637	288	766	339	54	20
和歌山	3,286	2,364	1,208	773	2,078	1,591	104	61
鳥取	3,448	1,319	914	613	2,533	707	167	100
島根	6,789	3,050	1,253	734	5,536	2,316	65	42
岡山	10,748	5,535	2,747	1,653	8,001	3,882	219	133
広島	8,250	3,171	665	399	7,584	2,772	46	31
山口	10,660	4,836	1,954	975	8,706	3,861	100	49
徳島	2,948	1,729	1,192	829	1,756	900	56	36
香川	7,454	2,076	1,110	690	6,344	1,386	64	37
愛媛	14,126	5,959	1,839	1,061	12,287	4,898	218	118
高知	1,949	838	563	432	1,385	406	54	43
福岡	4,998	2,684	1,956	1,271	3,042	1,413	168	98
佐賀	7,092	4,606	2,036	1,561	5,056	3,045	47	30
長崎	17,491	8,241	3,633	2,130	13,858	6,111	221	139
熊本	9,424	3,951	3,532	1,781	5,892	2,171	293	156
大分	12,040	6,021	1,894	1,266	10,147	4,755	410	287
宮崎	2,818	1,961	1,286	983	1,532	978	112	79
鹿児島	17,174	6,088	5,452	2,836	11,722	3,252	392	199
沖縄	3,511	2,530	2,078	1,678	1,433	852	466	396

9 農地調整
(1) 農地の権利移動

年次	農地法第3条による権利移動（許可・届出）							
	所有権耕地有償所有権移転		所有権耕地無償所有権移転		賃借権の設定			
	件数	面積	件数	面積	件数	面積	件数	面積
	件	ha	件	ha	件	ha	件	ha
平成26年	65,705	49,531	35,131	8,302	15,774	9,580	6,504	7,210
27	66,855	53,560	35,447	9,887	16,126	9,508	6,880	7,307
28	61,509	49,057	34,238	9,358	13,889	8,145	6,491	7,805
29	61,324	51,018	35,281	9,709	14,094	8,325	5,866	8,141
30	58,454	46,259	33,562	9,653	13,298	7,925	5,103	7,430

年次	農地法第3条（続き）		農業経営基盤強化促進法による権利移動					
	使用貸借による権利の設定				所有権耕地有償所有権移転		1)利用権の設定	
	件数	面積	件数	面積	件数	面積	件数	面積
	件	ha	件	ha	件	ha	件	ha
平成26年	7,897	23,905	364,645	204,501	12,514	19,717	349,572	182,763
27	7,767	26,168	442,703	245,942	12,717	22,224	426,574	221,624
28	6,427	23,140	388,086	211,803	12,755	19,669	373,061	190,205
29	5,699	24,163	396,388	213,678	13,922	22,960	379,913	188,707
30	5,476	20,224	378,658	203,917	13,438	20,687	362,671	180,780

資料：農林水産省経営局「農地の移動と転用」（以下(3)まで同じ。）
注：1 この農地移動は、「農地の権利移動・借賃等調査」の結果である。なお、農地とは、耕作の
目的に供される土地をいう。
　2 面積は、土地登記簿の地積である。
　1)は、賃借権の設定、使用貸借による権利の設定及び農業経営の委託を受けることにより取得
する権利の設定の合計である。

(2) 農業経営基盤強化促進法による利用権設定

年次	計				賃借権設定			
	件数	面積			件数	面積		
		計	田	畑		計	田	畑
	件	ha	ha	ha	件	ha	ha	ha
平成26年	349,572	182,763	124,497	58,266	272,784	155,634	107,377	48,257
27	426,574	221,624	158,131	63,493	322,444	185,638	132,869	52,769
28	373,061	190,205	134,291	55,915	279,988	157,301	112,185	45,116
29	379,913	188,707	136,533	52,175	283,534	156,808	114,485	42,323
30	362,671	180,780	127,780	53,000	263,182	147,421	104,288	43,133

年次	使用貸借による権利の設定				経営受委託			
	件数	面積			件数	面積		
		計	田	畑		計	田	畑
	件	ha	ha	ha	件	ha	ha	ha
平成26年	76,788	27,128	17,119	10,009	–	–	–	–
27	104,130	35,986	25,262	10,724	–	–	–	–
28	93,065	32,902	22,103	10,799	8	3	3	–
29	96,379	31,899	22,047	9,852	–	–	–	–
30	99,489	33,359	23,492	9,867	–	–	–	–

(3)　農地の転用面積
　　ア　田畑別農地転用面積

単位：ha

| 年次 | 農地の転用面積 | | | | | | | 農地法第5条による採草放牧地の転用面積 |
| | 計 | 1)農地法第4、5条による農地転用（許可、届出、協議） | | | 農地法第4、5条該当以外の農地転用 | | | |
		小計	田	畑	小計	田	畑	
平成26年	15,233	11,536	5,172	6,365	3,697	1,735	1,962	15
27	16,508	11,609	5,394	6,215	4,899	2,373	2,526	21
28	16,443	11,567	5,294	6,273	4,876	2,241	2,634	24
29	17,681	11,383	5,338	6,045	6,297	2,189	4,109	27
30	17,305	11,658	5,732	5,927	5,646	2,045	3,601	25

注：1)は、大臣許可分と市街化区域内の届出分を含む。また、協議分を含む。

イ　農地転用の用途別許可・届出・協議面積（田畑計）

単位：ha

年次	計	住宅用地	公的施設用地	工鉱業（工場）用地	商業サービス等用地	その他の業務用地	植林	その他
平成26年	11,536	3,792	325	333	934	5,317	267	568
27	11,608	4,000	296	272	948	5,555	259	280
28	11,567	4,019	324	299	887	5,485	363	190
29	11,383	3,917	274	385	848	5,701	249	10
30	11,658	3,937	255	423	914	5,934	181	15

注：1　農地法第4条及び第5条による農地転用面積である。なお、協議面積を含む。
　　2　転用の目的が2種以上にわたるときは、その主な用途で区分した。

ウ　転用主体別農地転用面積（田畑計）

単位：ha

年次	計	国（公社・公団等を含む。）	地方公共団体（公社・公団等を含む。）	農協	その他の法人団体（農地所有適格法人を除く。）	農家（農地所有適格法人を含む。）	農家以外の個人
平成26年	15,233	337	1,545	70	5,765	3,220	4,296
27	16,508	281	1,039	50	5,867	4,553	4,718
28	16,443	255	1,159	73	5,968	3,597	5,392
29	17,681	203	1,152	80	5,834	5,838	4,574
30	17,305	296	1,370	48	6,254	4,595	4,742

注：大臣許可分と農地法第4条及び第5条以外の転用も含む転用総面積である。
　　ただし、第5条による採草放牧地の転用は含まない。

10 農地価格

(1) 耕作目的田畑売買価格（令和2年5月1日現在）

単位：千円

中田中畑別・ブロック	自作地を自作地として売る場合（10a当たり平均価格）						
	都市計画法の線引きをしていない市町村		都市計画法の線引きをしている市町村				市街化区域
			市街化調整区域		非線引き都市計画区域		
	農用地区域内	農用地区域外	農用地区域内	農用地区域外	農用地区域内	農用地区域外	
中田 全国	1,133	1,360	3,058	4,309	1,122	1,155	27,485
北海道	242	209	437	769	232	413	5,500
東北	521	579	1,397	1,533	658	584	14,737
関東	1,393	1,631	1,683	2,205	1,092	1,135	33,151
東海	2,249	2,841	6,720	8,422	1,520	1,456	35,906
北信	1,323	1,612	2,287	3,119	872	783	16,156
近畿	1,942	2,501	3,201	5,853	1,060	1,132	38,555
中国	693	677	4,089	5,793	1,305	1,390	21,330
四国	1,696	1,666	4,305	5,168	1,718	1,769	32,125
九州	825	825	1,701	2,541	978	1,124	17,017
沖縄	826	583	–	–	–	–	–
中畑 全国	838	1,056	2,934	3,928	824	836	29,283
北海道	115	113	462	727	194	323	4,104
東北	309	393	1,186	1,252	471	415	15,304
関東	1,529	1,822	2,136	2,413	1,045	1,039	43,903
東海	2,048	2,514	6,557	8,479	1,121	1,124	37,711
北信	908	1,155	2,015	2,979	579	568	17,280
近畿	1,396	1,706	3,078	5,656	842	831	41,394
中国	410	415	2,754	3,769	931	969	18,451
四国	955	903	3,522	3,609	1,038	1,092	30,824
九州	572	661	1,527	2,130	1,006	969	11,319
沖縄	1,086	1,012	5,279	14,984			51,517

資料：全国農業会議所「田畑売買価格等に関する調査結果　令和2年」（以下(2)まで同じ。）
注：1　売買価格の算定基準は、調査時点で売り手・買い手の双方が妥当とみて実際に取り引きされるであろう価格である（以下(2)まで同じ。）。
2　耕作目的売買価格は、農地を農地として利用する目的の売買価格である。
3　中田及び中畑とは、調査地区において収量水準や生産条件等が標準的な田及び畑をいう（以下(2)まで同じ。）。
4　ブロックについて、「関東」は、茨城、栃木、群馬、埼玉、千葉、東京、神奈川及び山梨であり、「北信」は、新潟、富山、石川、福井及び長野である。その他のブロックは、全国農業地域区分に準じる。

(2) 使用目的変更（転用）田畑売買価格（令和2年5月1日現在）

単位：円

区分	全国（3.3㎡当たり平均価格）			
	都市計画法の線引きをしていない市町村	都市計画法の線引きをしている市町村		
		市街化調整区域	非線引き都市計画区域	市街化区域
田 住宅用	39,939	62,662	35,763	173,835
商業・工業用地用	34,294	54,509	39,906	153,108
国県道・高速道・鉄道用	18,773	46,047	40,565	102,456
1)公共施設用地用	18,832	44,507	40,688	163,526
畑 住宅用	38,652	60,686	32,702	177,955
商業・工業用地用	31,314	51,459	36,015	163,135
国県道・高速道・鉄道用	25,000	32,187	30,554	82,183
1)公共施設用地用	18,813	32,051	39,702	420,000

注：使用目的変更売買価格は、農地を農地以外のものとする目的の売買価格である。
1)は、学校・公園・運動場・公立病院・公民館など公共施設用地用である。

11　耕地利用
(1)　耕地利用率

単位：%

全国 農業地域	平成29年			30			令和元		
	計	田	畑	計	田	畑	計	田	畑
全国	91.7	92.9	90.2	91.6	93.0	90.0	91.4	92.8	89.8
北海道	99.1	94.3	100.3	99.0	94.6	100.1	98.9	93.1	100.3
東北	83.7	87.0	75.1	83.6	87.1	74.7	83.6	87.2	74.2
北陸	89.8	91.3	77.6	89.6	91.0	77.2	89.4	91.1	75.3
関東・東山	90.7	95.6	84.5	90.6	95.5	84.4	90.7	95.9	83.9
東海	89.1	93.6	82.4	88.9	93.6	82.0	88.9	93.7	81.8
近畿	87.6	88.6	83.9	87.7	88.9	83.9	87.7	88.9	83.8
中国	77.5	78.4	74.5	77.2	78.0	74.2	76.0	76.8	72.9
四国	85.1	87.6	80.6	84.7	87.4	79.9	84.0	86.5	79.6
九州	102.1	113.4	86.3	102.2	113.9	85.8	101.9	113.7	85.2
沖縄	85.5	101.0	85.2	83.9	103.3	83.3	82.9	94.6	82.6

資料：農林水産省統計部「耕地及び作付面積統計」（以下(4)まで同じ。）
注：耕地利用率とは、耕地面積を「100」とした作付（栽培）延べ面積の割合である。

(2)　農作物作付（栽培）延べ面積

単位：千ha

農作物種類	平成27年	28	29	30	令和元
作付（栽培）延べ面積	4,127	4,102	4,074	4,048	4,019
1)　水稲	1,505	1,478	1,465	1,470	1,469
2)　麦類（4麦計）	274	276	274	273	273
3)　そば	58	61	63	64	65
3)　大豆	142	150	150	147	144
なたね	2	2	2	2	2
4)　その他作物	2,146	2,136	2,120	2,093	2,066

注：　農作物作付（栽培）延べ面積とは、農林水産省統計部で収穫量調査を行わない作物を含む全作物
の作付（栽培）面積の合計である。
　　なお、平成29年（産）から、表章範囲を変更したことから、平成27年及び平成28年のその他作物
の値は、再集計した結果である。
　　1)は、子実用である。
　　2)は、4麦（子実用）合計面積である。
　　3)は、乾燥子実（未成熟との兼用を含む。）である。
　　4)は、陸稲、かんしょ、小豆、いんげん、らっかせい、野菜、果樹、茶、飼料作物、桑、花き、
花木、種苗等である。

(3)　夏期における田本地の利用面積（全国）

単位：千ha

農作物種類	平成27年	28	29	30	令和元
水稲作付田	1,623	1,611	1,600	1,592	1,584
水稲以外の作物のみの作付田	417	416	412	407	403
夏期全期不作付地	270	270	273	273	274

注：　夏期全期とは、おおむね水稲の栽培期間である。なお、青刈り水稲は、水稲に含む。

11　耕地利用（続き）

(4)　都道府県別農作物作付（栽培）延べ面積・耕地利用率（田畑計、令和元年）

全国・都道府県	作付（栽培）延べ面積	水稲	麦類（4麦計）	大豆	そば	なたね	その他作物	耕地利用率
	ha	ha	ha	ha	ha	ha	ha	%
全国	4,019,000	1,469,000	273,000	143,500	65,400	1,900	2,066,000	91.4
北海道	1,131,000	103,000	123,300	39,100	25,200	1,030	839,000	98.9
青森	121,200	45,000	794	4,760	1,680	193	68,800	80.5
岩手	121,500	50,500	3,820	4,290	1,760	26	61,000	81.1
宮城	114,100	68,400	2,310	11,000	456	32	31,700	90.3
秋田	125,100	87,800	x	8,560	3,770	76	24,600	85.0
山形	105,800	64,500	x	4,950	5,260	12	31,000	90.2
福島	106,400	65,800	369	1,500	3,740	94	34,900	76.2
茨城	149,600	68,300	7,860	3,450	3,460	9	66,500	90.9
栃木	120,200	59,200	12,600	2,340	2,960	13	43,100	98.0
群馬	61,200	15,500	7,650	291	587	10	37,200	90.5
埼玉	65,500	32,000	6,100	636	346	12	26,400	87.9
千葉	111,600	56,000	x	871	246	x	53,700	89.6
東京	6,270	129	x	6	4	x	6,110	93.3
神奈川	17,500	3,040	44	40	21	1	14,400	93.1
新潟	147,500	119,200	264	4,410	1,240	9	22,400	87.0
富山	52,900	37,200	3,230	4,480	511	15	7,490	90.7
石川	34,900	25,000	1,430	1,660	308	x	6,530	85.1
福井	41,100	25,100	4,730	1,810	3,300	x	6,140	102.5
山梨	20,400	4,890	119	223	190	x	14,900	86.8
長野	90,500	32,000	2,810	2,030	4,410	12	49,200	85.3
岐阜	47,900	22,500	3,540	2,850	346	−	18,600	86.0
静岡	56,300	15,700	x	251	81	3	39,500	87.8
愛知	67,700	27,500	5,750	4,490	34	40	29,900	91.2
三重	52,700	27,300	6,680	4,290	108	50	14,200	90.2
滋賀	52,800	31,700	7,580	6,690	529	36	6,330	102.5
京都	24,300	14,400	248	307	121	x	9,200	81.3
大阪	10,200	4,850	x	15	1	x	5,340	80.3
兵庫	60,600	36,800	2,310	2,220	241	14	19,000	82.6
奈良	15,900	8,490	x	143	24	1	7,110	78.7
和歌山	29,100	6,360	x	28	3	−	22,700	90.4
鳥取	26,700	12,700	x	641	312	3	12,800	77.8
島根	28,500	17,300	x	756	684	7	9,170	77.9
岡山	49,600	30,100	2,930	1,580	198	10	14,800	76.9
広島	40,400	22,700	x	477	313	−	16,600	74.7
山口	34,000	19,300	2,010	871	73	x	11,800	73.3
徳島	24,700	11,300	x	17	45	−	13,200	85.8
香川	24,400	12,000	2,770	60	34	x	9,530	81.6
愛媛	41,100	13,600	2,010	338	34	x	25,200	85.6
高知	22,100	11,400	12	74	6	−	10,600	81.9
福岡	91,400	35,000	21,500	8,250	84	33	26,400	113.8
佐賀	67,400	24,100	20,700	7,820	32	27	14,700	131.9
長崎	45,000	11,400	1,880	399	157	12	31,200	97.2
熊本	105,500	33,300	6,890	2,450	591	42	62,200	95.3
大分	50,000	20,600	4,970	1,540	228	35	22,600	90.7
宮崎	69,300	16,100	180	219	262	6	52,500	105.0
鹿児島	106,800	19,500	x	325	1,100	27	85,600	92.1
沖縄	31,100	677	x	0	51	−	30,400	82.9

注：1　農作物作付（栽培）延べ面積とは、農林水産省統計部で収穫量調査を行わない作物を含む全作物の作付（栽培）面積の合計である。
　　2　耕地利用率とは、耕地面積を「100」とした作付（栽培）延べ面積の割合である。

12　採草地・放牧地の利用（耕地以外）（各年2月1日現在）
(1)　農業経営体

年次・ 全国 農業地域	採草地・放牧地	
	経営体数	面積
	経営体	ha
平成27年	18,556	47,934
令和2	**18,975**	**53,086**
北海道	1,302	15,042
都府県	17,673	38,044
東北	4,786	15,094
北陸	727	910
関東・東山	4,711	7,229
東海	754	1,197
近畿	1,039	1,026
中国	1,811	4,566
四国	670	655
九州	3,110	7,146
沖縄	65	220

資料：　農林水産省統計部「農林業センサス」（以下(2)まで同じ。）
注：　過去1年間に耕地以外の山林、原野等を採草地や放牧地として
　　　利用した土地である。（以下(2)まで同じ。）

(2)　農業経営体のうち団体経営体

年次・ 全国 農業地域	採草地・放牧地	
	経営体数	面積
	経営体	ha
平成27年	461	13,473
令和2	**793**	**11,825**
北海道	220	4,412
都府県	573	7,413
東北	139	3,042
北陸	21	53
関東・東山	137	2,020
東海	28	348
近畿	29	70
中国	59	242
四国	20	105
九州	134	1,439
沖縄	6	93

13 都道府県別の基幹的農業水利施設数・水路延長 (平成31年) (推計値)

局名及び都道府県名	点施設合計	貯水池	頭首工	水門等	管理設備	機場	線施設合計	水路	パイプライン	集水渠
	箇所	箇所	箇所	箇所	箇所	箇所	km	km	km	km
全国	7,632	1,290	1,952	1,133	289	2,968	51,454	51,392	17,484	61
北海道開発局	616	113	210	24	5	264	12,322	12,322	5,054	0
北海道	616	113	210	24	5	264	12,322	12,322	5,054	0
東北農政局	1,591	297	505	151	58	580	8,770	8,770	1,454	1
青森県	229	37	85	11	6	90	1,321	1,321	156	0
岩手県	159	37	58	11	7	46	1,355	1,355	327	0
宮城県	334	44	60	42	3	185	1,692	1,692	109	0
秋田県	282	77	95	42	3	65	1,482	1,481	204	1
山形県	321	50	79	28	19	145	1,743	1,743	442	0
福島県	266	52	128	17	20	49	1,177	1,177	216	0
関東農政局	1,657	161	386	393	51	666	9,883	9,854	3,125	29
茨城県	13	36	110	5	212	376	1,449	1,449	552	0
栃木県	17	82	4	6	26	135	1,142	1,128	181	13
群馬県	19	59	19	2	23	122	777	777	242	0
埼玉県	8	46	48	10	61	173	1,379	1,379	205	0
千葉県	29	22	115	9	243	418	1,533	1,533	725	0
東京都	0	2	0	0	0	2	25	25	0	0
神奈川県	0	5	4	0	0	9	115	115	5	0
山梨県	8	10	8	2	18	46	212	197	87	15
長野県	45	100	39	12	32	228	2,125	2,125	744	0
静岡県	22	24	46	5	51	148	1,126	1,126	384	0
北陸農政局	866	78	167	162	47	412	5,215	5,204	922	11
新潟県	610	41	89	139	36	305	2,743	2,743	272	0
富山県	73	15	34	9	6	9	1,188	1,187	131	1
石川県	102	18	20	9	1	54	466	466	73	0
福井県	81	4	24	5	4	44	818	808	445	10
東海農政局	582	83	101	70	14	314	4,231	4,231	2,006	1
岐阜県	147	20	31	21	2	73	835	835	217	1
愛知県	273	36	17	27	12	181	2,664	2,664	1,475	0
三重県	162	27	53	22	0	60	732	732	314	0

資料:農林水産省農村振興局「農業基盤情報基礎調査」
注:1 基幹的農業水利施設とは、農業用用排水のための利用に供される施設であって、その受益面積が100ha以上のものである。
　　2 調査結果は平成31年3月31日時点の推計値であり、平成15年以降に農業農村整備事業以外で新設・廃止された施設については考慮していない。
　　3 掲載している数値については、四捨五入を行っているため、合計と内訳の積み上げが一致しない場合がある。

局名及び 都道府県名	点施設 合計	貯水池	頭首工	水門等	管理 設備	機場	線施設 合計	水路	パイプ ライン	集水渠
	箇所	箇所	箇所	箇所	箇所	箇所	km	km	km	km
近畿農政局	386	88	109	33	35	121	2,374	2,372	1,129	2
滋賀県	132	22	27	12	23	48	776	774	455	1
京都府	43	5	14	9	1	14	153	153	39	0
大阪府	17	8	4	2	0	3	110	110	23	0
兵庫県	106	35	41	10	7	13	650	649	237	1
奈良県	36	8	12	0	2	14	344	344	235	0
和歌山県	52	10	11	0	2	29	341	341	140	0
中国四国農政局	789	237	159	96	27	270	3,506	3,499	1,390	7
鳥取県	66	15	31	6	3	11	314	311	140	3
島根県	75	9	9	14	3	40	295	295	52	0
岡山県	198	48	33	19	11	87	948	948	325	0
広島県	49	23	6	4	1	15	210	209	149	1
山口県	56	17	14	5	0	20	130	130	38	0
徳島県	88	4	8	36	2	38	360	358	176	2
香川県	127	80	24	2	1	20	436	436	166	0
愛媛県	105	36	24	7	6	32	669	669	334	0
高知県	25	5	10	3	0	7	143	143	11	0
九州農政局	1,094	212	312	204	45	321	4,843	4,832	2,116	11
福岡県	236	57	87	49	6	37	774	774	218	0
佐賀県	151	47	22	19	2	61	641	640	308	1
長崎県	66	23	4	7	4	28	155	155	109	0
熊本県	248	20	58	66	3	101	848	848	223	0
大分県	110	26	46	11	11	16	621	611	123	10
宮崎県	122	11	49	35	10	17	693	693	381	0
鹿児島県	161	28	46	17	9	61	1,112	1,112	753	0
沖縄総合事務局	51	21	3	0	7	20	311	311	288	0
沖縄県	51	21	3	0	7	20	311	311	288	0

II 農業経営体

1 農業経営体数（各年2月1日現在）

単位：千経営体

年次・ 全国農業地域	農業経営体	団体経営体
平成29	1,258.0	34.9
30	1,220.5	35.5
31	1,188.8	36.0
令和2	1,075.7	38.4
3	**1,030.9**	**39.5**
北海道	34.2	4.5
都府県	996.7	35.0
うち東北	185.0	6.5
北陸	71.9	3.9
関東・東山	227.9	6.1
東海	88.1	3.0
近畿	99.4	3.1
中国	91.1	3.3
四国	62.9	1.6
九州	160.2	7.1

資料：　令和2年は農林水産省統計部「2020年農林業センサス」
　　　　令和2年以外は農林水産省統計部「農業構造動態調査」による
　　　　（以下6(2)まで同じ。）。
注1：　団体経営体の平成31年以前は組織経営体の数値。
注2：　沖縄については、全国及び都府県値に含むが、地域別の表章はし
　　　ていない（以下6(2)まで同じ。）。

2 組織形態別経営体数(農業経営体のうち団体経営体)(各年2月1日現在)

単位：千経営体

年次・ 全国農業地域	計	法人化している					地方公共 団体 ・財産区	法人化 して いない
		小計	農事組合 法人	会社	各種団体	その他 の法人		
令和2	38.4	30.7	7.3	20.0	2.1	1.3	0.1	7.5
3	**39.5**	**31.6**	**7.5**	**20.9**	**2.0**	**1.2**	**…**	**1) 7.8**
北海道	4.5	4.2	0.2	3.6	0.3	0.1	…	1) 0.3
都府県	35.0	27.5	7.2	17.3	1.8	1.2	…	1) 7.6
うち東北	6.5	4.3	1.3	2.5	0.3	0.2	…	1) 2.1
北陸	3.9	2.9	1.4	1.3	0.2	0.0	…	1) 1.0
関東・東山	6.1	5.4	0.9	4.0	0.3	0.2	…	1) 0.7
東海	3.0	2.6	0.5	1.9	0.1	0.1	…	1) 0.4
近畿	3.1	2.1	0.6	1.2	0.1	0.1	…	1) 1.0
中国	3.3	2.6	1.0	1.2	0.2	0.2	…	1) 0.6
四国	1.6	1.4	0.3	1.0	0.1	0.1	…	1) 0.2
九州	7.1	5.7	1.1	3.9	0.4	0.2	…	1) 1.4

注：1) は、「地方公共団体・財産区」を含む。

3 経営耕地面積規模別経営体数（各年2月1日現在）
(1) 農業経営体

単位：千経営体

年次・ 全国農業地域	計	1) 1.0ha 未満	1.0〜 5.0	5.0〜 10.0	10.0〜 20.0	20.0〜 30.0	30.0ha 以上
令和2	1,075.7	565.5	406.6	48.5	25.8	10.9	18.5
3	1,030.9	534.5	391.2	48.5	26.4	11.1	19.2
北海道	34.2	3.0	4.4	3.8	6.0	4.8	12.4
都府県	996.7	531.3	386.8	44.8	20.5	6.3	7.0
うち東北	185.0	68.2	91.3	14.1	6.9	2.2	2.1
北陸	71.9	27.2	34.8	5.2	2.4	0.9	1.3
関東・東山	227.9	118.4	93.7	8.9	4.2	1.2	1.2
東海	88.1	60.7	23.4	2.0	1.0	0.3	0.7
近畿	99.4	67.4	28.6	1.9	0.9	0.4	0.3
中国	91.1	62.6	24.2	2.6	1.0	0.4	0.3
四国	62.9	42.3	19.2	1.1	0.4	0.1	0.0
九州	160.2	79.3	67.2	8.4	3.4	0.8	0.9

注：1) は、経営耕地面積なしを含む。

(2) 農業経営体のうち団体経営体

単位：千経営体

年次・ 全国農業地域	計	1) 1.0ha 未満	1.0〜 5.0	5.0〜 10.0	10.0〜 20.0	20.0〜 30.0	30.0ha 以上
令和2	38.4	12.4	7.3	3.7	4.6	3.1	7.2
3	39.5	12.2	7.3	3.9	4.9	3.4	7.8
北海道	4.5	0.8	0.3	0.2	0.4	0.4	2.4
都府県	35.0	11.5	7.0	3.7	4.5	3.0	5.4
うち東北	6.5	1.9	0.8	0.6	0.9	0.7	1.6
北陸	3.9	0.8	0.4	0.4	0.7	0.6	1.1
関東・東山	6.1	2.4	1.5	0.6	0.6	0.4	0.7
東海	3.0	1.1	0.7	0.3	0.2	0.1	0.4
近畿	3.1	1.0	0.6	0.4	0.5	0.2	0.3
中国	3.3	1.0	0.7	0.4	0.5	0.3	0.3
四国	1.6	0.6	0.5	0.3	0.2	0.1	0.0
九州	7.1	2.5	1.5	0.7	1.0	0.6	0.8

注：1) は、経営耕地面積なしを含む。

4 農産物販売金額規模別経営体数（各年2月1日現在）
(1) 農業経営体

単位：千経営体

年次・ 全国農業地域	計	1)50万 円未満	50～100	100～500	500～ 1,000	1,000～ 3,000	3,000～ 5,000	5,000～ 1億	1億円 以上
令和2	1,075.7	384.6	175.8	296.2	91.8	86.1	20.1	13.1	7.9
3	**1,030.9**	**355.2**	**169.8**	**286.9**	**88.3**	**87.4**	**20.9**	**13.9**	**8.4**
北海道	34.2	2.4	0.8	4.2	3.7	10.8	5.8	4.6	2.1
都府県	996.7	353.0	168.9	282.8	84.7	76.6	15.2	9.2	6.3
うち東北	185.0	43.8	31.6	70.2	20.6	14.3	2.2	1.5	0.8
北陸	71.9	18.4	15.1	26.6	5.3	4.6	1.0	0.7	0.3
関東・東山	227.9	75.2	37.9	66.2	20.3	19.2	4.5	3.0	1.6
東海	88.1	39.6	13.5	17.9	6.0	7.5	1.8	1.0	0.7
近畿	99.4	46.6	18.8	22.0	5.8	4.9	0.7	0.4	0.2
中国	91.1	48.0	17.2	17.6	4.4	2.5	0.7	0.3	0.3
四国	62.9	25.4	10.8	16.5	5.0	4.0	0.6	0.3	0.3
九州	160.2	53.7	21.8	41.9	16.4	19.0	3.5	2.2	1.9

注：1) は、販売なしを含む。

(2) 農業経営体のうち団体経営体

単位：千経営体

年次・ 全国農業地域	計	1)50万 円未満	50～100	100～500	500～ 1,000	1,000～ 3,000	3,000～ 5,000	5,000～ 1億	1億円 以上
令和2	38.4	7.0	1.3	4.4	3.4	7.7	4.3	4.6	5.7
3	**39.5**	**6.8**	**1.3**	**4.2**	**3.6**	**8.1**	**4.4**	**4.9**	**6.1**
北海道	4.5	0.7	0.1	0.2	0.2	0.7	0.6	0.9	1.2
都府県	35.0	6.3	1.2	4.2	3.4	7.4	3.9	3.9	4.9
うち東北	6.5	1.5	0.2	0.6	0.6	1.4	0.7	0.8	0.7
北陸	3.9	0.6	0.1	0.4	0.3	1.2	0.6	0.5	0.3
関東・東山	6.1	0.9	0.2	0.7	0.5	1.1	0.7	0.9	1.2
東海	3.0	0.3	0.1	0.4	0.2	0.6	0.4	0.3	0.6
近畿	3.1	0.6	0.2	0.6	0.4	0.7	0.2	0.2	0.3
中国	3.3	0.6	0.2	0.4	0.5	0.7	0.3	0.2	0.3
四国	1.6	0.2	0.1	0.2	0.2	0.3	0.2	0.2	0.2
九州	7.1	1.3	0.2	0.8	0.6	1.4	0.7	0.9	1.3

注：1) は、販売なしを含む。

5 農産物販売金額1位の部門別経営体数（各年2月1日現在）
(1) 農業経営体

単位：千経営体

年次	計	稲作	1)畑作	露地野菜	施設野菜
平成29年	1,120.9	630.4	58.7	125.2	72.6
30	1,089.2	609.4	56.4	122.9	72.9
31	1,059.0	591.5	54.9	118.7	72.1
令和2	978.2	542.9	55.0	104.2	61.0
3	950.2	519.0	52.7	102.9	62.3

年次	果樹類	酪農	肉用牛	2)その他
平成29年	136.9	14.5	33.4	49.2
30	134.5	14.1	32.1	46.9
31	132.0	13.5	31.4	45.0
令和2	128.7	12.8	28.0	45.6
3	126.2	12.9	27.9	46.0

注： 1)は、「麦類作」、「雑穀・いも類・豆類」及び「工芸農作物」部門が1位の経営体の
　　　合計である。
　　　2)は、「花き・花木」、「その他の作物」、「養豚」、「養鶏」及び「その他の畜産」部
　　門が1位の経営体の合計である。

(2) 農業経営体のうち団体経営体

単位：千経営体

年次	計	稲作	1)畑作	露地野菜	施設野菜
平成29年	27.5	11.5	3.4	1.9	1.9
30	28.4	12.0	3.3	2.0	2.1
31	29.2	12.7	3.3	2.0	2.3
令和2	32.9	12.1	3.8	2.8	2.4
3	34.1	12.6	3.9	2.8	2.6

年次	果樹類	酪農	肉用牛	2)その他
平成29年	1.2	0.8	1.0	5.8
30	1.3	0.8	1.1	5.8
31	1.3	0.8	1.0	5.7
令和2	1.7	1.7	1.8	6.5
3	1.7	1.8	1.8	6.8

注： 1)は、「麦類作」、「雑穀・いも類・豆類」及び「工芸農作物」部門が1位の経営体である。
　　　2)は、「花き・花木」、「その他の作物」、「養豚」、「養鶏」及び「その他の畜産」部門が1位
　　の経営体の合計である。

6 農業経営組織別経営体数（各年2月1日現在）
(1) 農業経営体

単位：千経営体

年次・全国農業地域	計	販売のあった経営体	1)単一経営経営体					
			小計	稲作	2)畑作	露地野菜	施設野菜
令和2	1,075.7	978.2	798.8	478.4	34.4	67.0	41.1
3	1,030.9	950.2	774.2	457.2	33.0	65.5	42.6
北海道	34.2	33.2	19.3	4.9	1.5	1.9	1.7
都府県	996.7	916.8	754.6	452.4	31.4	63.6	41.0
うち東北	185.0	175.7	142.0	100.3	3.1	7.3	2.7
北陸	71.9	69.5	62.9	57.2	0.4	1.1	0.5
関東・東山	227.9	207.6	169.0	87.5	5.5	25.2	10.1
東海	88.1	78.4	66.1	33.4	4.9	6.4	5.3
近畿	99.4	87.8	72.3	48.6	1.4	5.1	1.8
中国	91.1	83.4	71.6	54.9	0.8	3.1	1.8
四国	62.9	58.1	46.9	22.8	1.2	5.0	4.2
九州	160.2	146.7	114.8	47.7	9.6	9.7	13.8

年次・全国農業地域	1)単一経営経営体（続き）				4)複合経営経営体	販売のなかった経営体
	果樹類	酪農	肉用牛	3)その他		
令和2	109.3	11.3	21.6	35.7	179.4	97.5
3	106.3	11.5	22.0	35.8	176.0	80.7
北海道	0.7	5.1	1.2	2.2	14.0	1.1
都府県	105.7	6.3	20.8	33.4	162.2	79.8
うち東北	19.3	1.6	4.1	3.8	33.7	9.3
北陸	2.2	0.2	0.1	1.1	6.8	2.4
関東・東山	28.0	2.1	1.3	9.3	38.2	20.3
東海	9.2	0.5	0.6	5.8	12.1	9.7
近畿	12.4	0.2	1.0	1.8	15.4	11.6
中国	8.0	0.5	1.1	1.6	11.8	7.7
四国	11.5	0.2	0.2	1.9	11.2	4.8
九州	14.3	1.2	11.3	7.2	31.8	13.5

注：　1)は、農産物販売金額のうち、主位部門の販売金額が8割以上の経営体をいう。
　　　2)は、「麦類作」、「雑穀・いも類・豆類」及び「工芸農作物」部門の単一経営経営体の合計である。
　　　3)は、「花き・花木」、「その他の作物」、「養豚」、「養鶏」及び「その他の畜産」部門の単一経営経営体の合計である。
　　　4)は、農産物販売金額のうち、主位部門の販売金額が8割未満の経営体をいう。

(2)　農業経営体のうち団体経営体

単位：千経営体

年次・全国農業地域	計	販売のあった経営体	1)単一経営経営体				
			小計	稲作	2)畑作	露地野菜	施設野菜
令和2	38.4	32.9	25.4	8.6	2.5	1.8	1.9
3	39.5	34.1	26.4	8.9	2.5	1.8	1.9
北海道	4.5	3.9	2.8	0.3	0.2	0.2	0.1
都府県	35.0	30.1	23.4	8.7	2.2	1.7	1.9
うち東北	6.5	5.2	4.1	1.8	0.5	0.2	0.2
北陸	3.9	3.5	2.8	2.2	0.2	0.0	0.1
関東・東山	6.1	5.5	4.2	0.8	0.4	0.5	0.4
東海	3.0	2.8	2.3	0.6	0.2	0.1	0.3
近畿	3.1	2.7	1.9	1.0	0.2	0.1	0.1
中国	3.3	2.8	2.1	1.2	0.1	0.1	0.1
四国	1.6	1.4	1.1	0.2	0.1	0.2	0.1
九州	7.1	6.0	4.2	0.8	0.5	0.3	0.4

年次・全国農業地域	1)単一経営経営体（続き）				4)複合経営経営体	販売のなかった経営体
	果樹類	酪農	肉用牛	3)その他		
令和2	1.5	1.5	1.6	6.0	7.5	5.5
3	1.5	1.6	1.7	6.4	7.7	5.4
北海道	0.1	0.8	0.3	0.7	1.3	0.6
都府県	1.5	0.7	1.3	5.4	6.5	4.9
うち東北	0.2	0.1	0.2	1.0	1.1	1.3
北陸	0.1	0.0	0.0	0.2	0.6	0.4
関東・東山	0.3	0.2	0.2	1.5	1.1	0.6
東海	0.1	0.1	0.2	0.7	0.5	0.2
近畿	0.1	0.0	0.1	0.2	0.7	0.4
中国	0.2	0.1	0.1	0.3	0.6	0.5
四国	0.2	0.0	0.0	0.3	0.3	0.2
九州	0.2	0.2	0.5	1.3	1.6	1.1

注：　1)は、農産物販売金額のうち、主位部門の販売金額が8割以上の経営体をいう。
　　　2)は、「麦類作」、「雑穀・いも類・豆類」及び「工芸農作物」部門の単一経営経営体の合計である。
　　　3)は、「花き・花木」、「その他の作物」、「養豚」、「養鶏」及び「その他の畜産」部門の単一経営経営体の合計である。
　　　4)は、農産物販売金額のうち、主位部門の販売金額が8割未満の経営体をいう。

7　農産物の出荷先別経営体数（各年2月1日現在）
(1)　農業経営体

単位：経営体

年次・全国農業地域	販売のあった実経営体数	農協	農協以外の集出荷団体	卸売市場	小売業者	食品製造業・外食産業	消費者に直接販売	その他
平成27年	1,245,232	910,722	157,888	137,090	104,684	34,944	236,655	96,812
令和2	**978,210**	**704,393**	**143,875**	**111,845**	**96,161**	**40,242**	**207,600**	**76,646**
北海道	33,541	29,034	6,004	3,112	3,306	1,905	4,547	2,205
都府県	944,669	675,359	137,871	108,733	92,855	38,337	203,053	74,441
東北	182,282	147,227	30,996	21,116	12,886	4,453	27,409	9,495
北陸	72,580	63,347	8,882	2,901	4,411	1,974	12,462	5,367
関東・東山	212,275	135,749	33,298	26,929	29,367	7,325	53,618	17,286
東海	80,238	51,594	10,328	11,056	8,159	3,106	22,770	8,303
近畿	90,379	62,589	10,723	8,852	10,557	4,215	26,105	10,216
中国	86,412	64,699	11,200	5,539	7,868	2,799	19,831	8,038
四国	59,001	43,621	6,228	7,416	4,661	1,500	12,870	4,491
九州	150,604	101,770	23,607	24,398	14,308	9,082	27,246	10,836
沖縄	10,898	4,763	2,609	526	638	3,883	742	409

資料：農林水産省統計部「農林業センサス」（以下13(2)まで同じ。）

(2)　農業経営体のうち団体経営体

単位：経営体

年次・全国農業地域	販売のあった実経営体数	農協	農協以外の集出荷団体	卸売市場	小売業者	食品製造業・外食産業	消費者に直接販売	その他
平成27年	28,833	17,687	5,196	5,393	6,025	4,271	8,499	3,676
令和2	**32,863**	**20,515**	**7,239**	**6,142**	**7,576**	**5,983**	**10,771**	**4,267**
北海道	3,738	2,649	930	467	615	520	731	600
都府県	29,125	17,866	6,309	5,675	6,961	5,463	10,040	3,667
東北	5,008	3,409	1,148	799	935	802	1,430	535
北陸	3,412	2,866	775	414	698	515	1,236	413
関東・東山	5,305	2,600	1,180	1,328	1,533	1,088	1,945	722
東海	2,617	1,404	468	589	786	536	1,056	385
近畿	2,625	1,664	520	407	693	518	1,249	366
中国	2,620	1,783	590	425	664	554	1,087	404
四国	1,349	748	227	349	363	251	494	161
九州	5,794	3,240	1,324	1,299	1,190	1,083	1,415	629
沖縄	395	152	77	65	99	116	128	52

8　農産物売上1位の出荷先別経営体数（各年2月1日現在）
(1)　農業経営体

単位：経営体

年次・全国農業地域	計	農協	農協以外の集出荷団体	卸売市場	小売業者	食品製造業・外食産業	消費者に直接販売	その他
平成27年	1,245,232	824,001	108,287	78,642	59,184	18,494	109,555	47,069
令和2	978,210	628,783	94,861	62,175	51,405	15,610	87,718	37,658
北海道	33,541	26,881	2,040	1,229	889	258	1,089	1,155
都府県	944,669	601,902	92,821	60,946	50,516	15,352	86,629	36,503
東北	182,282	133,293	19,701	10,420	6,034	1,394	7,826	3,614
北陸	72,580	58,992	5,392	1,076	1,797	400	3,524	1,399
関東・東山	212,275	119,660	23,264	16,185	17,778	2,049	24,567	8,772
東海	80,238	45,417	7,384	6,255	4,066	1,033	11,170	4,913
近畿	90,379	54,122	6,589	5,074	5,515	1,453	12,316	5,310
中国	86,412	58,251	7,728	2,808	4,584	737	8,700	3,604
四国	59,001	39,514	4,048	3,900	2,477	587	6,030	2,445
九州	150,604	88,560	16,529	14,869	7,934	4,329	12,164	6,219
沖縄	10,898	4,093	2,186	359	331	3,370	332	227

(2)　農業経営体のうち団体経営体

単位：経営体

年次・全国農業地域	計	農協	農協以外の集出荷団体	卸売市場	小売業者	食品製造業・外食産業	消費者に直接販売	その他
平成27年	28,833	14,642	2,870	2,768	2,385	1,621	2,732	1,815
令和2	32,863	16,371	3,868	2,901	2,905	1,877	2,935	2,006
北海道	3,738	2,248	410	190	209	124	159	398
都府県	29,125	14,123	3,458	2,711	2,696	1,753	2,776	1,608
東北	5,008	2,859	597	366	348	259	331	248
北陸	3,412	2,353	328	138	227	90	198	78
関東・東山	5,305	1,918	701	640	641	365	653	387
東海	2,617	1,042	271	295	312	161	351	185
近畿	2,625	1,284	240	162	238	158	401	142
中国	2,620	1,354	270	176	261	150	275	134
四国	1,349	589	130	187	145	88	129	81
九州	5,794	2,622	863	713	484	408	376	328
沖縄	395	102	58	34	40	74	62	25

9 販売目的の作物の類別作付（栽培）経営体数と作付（栽培）面積
（各年2月1日現在）
(1) 農業経営体

年次・全国農業地域	稲		麦類		雑穀		いも類	
	経営体数	面積	経営体数	面積	経営体数	面積	経営体数	面積
	経営体	ha	経営体	ha	経営体	ha	経営体	ha
平成27年	952,684	1,313,713	49,229	263,073	36,814	58,170	86,885	86,122
令和2	**714,341**	**1,288,213**	**40,422**	**269,638**	**24,413**	**61,367**	**54,529**	**79,876**
北海道	10,844	103,244	12,297	121,063	3,077	24,989	7,512	48,941
都府県	703,497	1,184,969	28,125	148,574	21,336	36,379	47,017	30,934
東北	150,434	371,953	1,780	7,943	9,240	16,133	5,749	948
北陸	68,094	196,203	1,991	9,631	2,120	4,977	2,118	361
関東・東山	143,969	217,786	8,901	36,961	5,113	9,873	14,673	8,981
東海	53,275	69,973	2,944	16,040	564	598	3,806	617
近畿	72,871	80,268	2,533	10,295	670	888	2,896	209
中国	73,178	83,010	1,410	6,541	1,891	1,611	3,121	400
四国	39,688	33,058	1,164	5,277	255	100	2,263	1,076
九州	101,785	132,369	7,392	55,871	1,438	2,125	12,138	18,209
沖縄	203	348	10	15	45	74	253	132

年次・全国農業地域	豆類		工芸農作物		野菜類	
	経営体数	面積	経営体数	面積	経営体数	面積
	経営体	ha	経営体	ha	経営体	ha
平成27年	96,447	160,010	56,994	126,683	381,982	272,470
令和2	**67,388**	**165,392**	**51,175**	**120,425**	**282,543**	**264,734**
北海道	10,411	67,392	7,518	60,481	14,447	52,189
都府県	56,977	98,000	43,657	59,944	268,096	212,545
東北	13,459	33,460	4,646	3,418	44,307	30,604
北陸	4,459	11,634	939	599	10,930	7,232
関東・東山	10,345	9,151	5,177	5,565	75,591	79,719
東海	3,464	10,355	8,520	11,580	25,770	16,817
近畿	9,464	9,316	2,528	2,326	22,869	11,641
中国	7,037	3,590	1,924	797	17,473	8,089
四国	1,282	531	1,771	941	20,128	11,508
九州	7,393	19,946	11,624	23,498	48,525	45,393
沖縄	74	18	6,528	11,220	2,503	1,543

年次・全国農業地域	花き類・花木		果樹類		その他の作物	
	経営体数	面積	経営体数	面積	経営体数	面積
	経営体	ha	経営体	ha	経営体	ha
平成27年	54,830	27,504	221,924	145,418	47,593	88,045
令和2	**42,784**	**23,528**	**172,528**	**126,819**	**63,131**	**162,443**
北海道	1,263	978	1,118	2,112	3,537	51,144
都府県	41,521	22,550	171,410	124,708	59,594	111,299
東北	5,861	2,460	33,351	29,223	14,946	35,682
北陸	1,909	809	4,675	2,590	3,486	7,286
関東・東山	10,999	7,937	42,757	25,875	15,023	27,107
東海	6,288	3,034	15,752	9,293	3,433	6,828
近畿	3,673	1,330	17,902	15,763	3,201	3,405
中国	3,094	910	13,088	5,747	4,379	7,057
四国	2,496	904	17,981	13,585	1,905	2,081
九州	6,356	4,189	24,353	21,547	13,064	21,462
沖縄	845	976	1,551	1,085	157	390

(2)　農業経営体のうち団体経営体

年次・全国農業地域	稲		麦類		雑穀		いも類	
	経営体数	面積	経営体数	面積	経営体数	面積	経営体数	面積
	経営体	ha	経営体	ha	経営体	ha	経営体	ha
平成27年	13,126	196,753	5,829	91,452	2,551	18,672	2,212	9,883
令和2	**15,254**	**250,185**	**6,351**	**102,231**	**2,716**	**25,297**	**2,181**	**12,349**
北海道	729	14,701	1,201	21,589	344	7,791	679	7,518
都府県	14,525	235,484	5,150	80,641	2,372	17,506	1,502	4,831
東北	2,748	63,903	363	5,638	684	7,400	109	336
北陸	2,723	60,443	848	7,340	558	3,219	117	88
関東・東山	1,740	23,231	805	13,615	433	4,170	320	994
東海	1,038	17,999	481	9,147	87	414	126	154
近畿	1,645	16,358	745	7,014	156	627	142	35
中国	1,600	19,605	395	4,126	264	824	129	56
四国	493	2,981	210	2,417	21	26	76	104
九州	2,530	30,931	1,301	31,334	168	824	473	3,059
沖縄	8	32	2	10	1	0	10	5

年次・全国農業地域	豆類		工芸農作物		野菜類	
	経営体数	面積	経営体数	面積	経営体数	面積
	経営体	ha	経営体	ha	経営体	ha
平成27年	6,455	62,205	1,666	14,758	8,738	32,224
令和2	**6,693**	**69,484**	**2,464**	**19,208**	**10,429**	**44,800**
北海道	994	11,003	714	9,871	1,166	11,252
都府県	5,699	58,480	1,750	9,337	9,263	33,548
東北	1,368	20,980	176	503	1,443	5,724
北陸	919	7,975	101	127	1,033	1,829
関東・東山	507	3,452	160	357	1,819	8,193
東海	355	5,641	263	1,552	880	2,152
近畿	852	5,219	156	593	862	1,409
中国	502	1,936	145	272	922	1,936
四国	56	288	79	206	530	2,101
九州	1,138	12,987	549	5,120	1,670	10,042
沖縄	2	0	121	607	104	163

年次・全国農業地域	花き類・花木		果樹類		その他の作物	
	経営体数	面積	経営体数	面積	経営体数	面積
	経営体	ha	経営体	ha	経営体	ha
平成27年	2,260	4,180	2,578	6,267	3,082	31,377
令和2	**2,331**	**5,153**	**2,864**	**7,650**	**5,606**	**62,002**
北海道	146	266	137	578	453	23,803
都府県	2,185	4,886	2,727	7,072	5,153	38,200
東北	297	419	414	1,250	1,185	13,688
北陸	185	122	205	282	648	3,185
関東・東山	631	2,268	576	1,632	780	6,226
東海	297	403	210	651	443	3,484
近畿	144	125	250	589	387	1,474
中国	145	175	280	589	673	3,429
四国	113	152	275	775	141	571
九州	342	989	416	1,106	883	6,093
沖縄	31	233	101	198	13	49

10　販売目的の家畜等を飼養している経営体数と飼養頭羽数（各年2月1日現在）
(1)　農業経営体

年次・全国農業地域	乳用牛		肉用牛		豚		採卵鶏		ブロイラー	
	経営体数	飼養頭数	経営体数	飼養頭数	経営体数	飼養頭数	経営体数	飼養羽数	経営体数	出荷羽数
	経営体	頭	経営体	頭	経営体	頭	経営体	100羽	経営体	100羽
平成27年	18,186	1,403,278	50,974	2,288,824	3,673	7,881,616	4,181	1,514,816	1,808	6,085,260
令和2	13,792	1,321,553	40,078	2,258,314	2,729	7,657,553	3,010	1,741,645	1,600	5,561,601
北海道	5,543	810,699	3,072	515,774	171	584,721	133	71,458	13	398,370
都府県	8,249	510,854	37,006	1,742,540	2,558	7,072,832	2,877	1,670,187	1,587	5,163,231
東北	2,149	97,451	10,396	307,328	408	1,335,772	370	219,659	356	1,326,564
北陸	258	11,490	394	17,711	106	248,395	122	169,734	16	58,780
関東・東山	2,478	162,899	3,110	242,178	807	2,141,945	736	462,329	116	186,845
東海	547	52,054	1,107	113,388	229	409,581	337	202,208	66	193,374
近畿	388	22,781	1,289	86,320	36	34,488	241	95,944	75	168,404
中国	584	44,853	2,201	107,647	57	200,530	241	179,977	54	328,420
四国	255	15,695	528	47,316	95	310,770	214	76,280	130	375,372
九州	1,513	100,295	16,504	773,195	730	2,269,068	579	253,939	766	2,494,977
沖縄	77	3,336	1,477	47,457	90	122,283	37	10,118	8	30,495

(2)　農業経営体のうち団体経営体

年次・全国農業地域	乳用牛		肉用牛		豚		採卵鶏		ブロイラー	
	経営体数	飼養頭数	経営体数	飼養頭数	経営体数	飼養頭数	経営体数	飼養羽数	経営体数	出荷羽数
	経営体	頭	経営体	頭	経営体	頭	経営体	100羽	経営体	100羽
平成27年	1,455	353,449	2,191	955,555	1,378	6,344,889	1,093	1,367,073	429	4,150,278
令和2	1,843	505,558	2,816	1,160,190	1,385	6,736,712	1,065	1,646,968	498	3,964,553
北海道	857	310,129	624	370,310	121	562,380	50	70,242	9	382,900
都府県	986	195,429	2,192	789,880	1,264	6,174,332	1,015	1,576,726	489	3,581,653
東北	151	28,682	349	112,711	222	1,240,689	105	212,587	120	947,180
北陸	38	3,435	63	7,217	60	217,234	64	169,024	10	55,603
関東・東山	271	55,028	372	133,212	373	1,788,662	272	445,974	33	116,652
東海	82	24,962	228	65,342	110	325,950	110	179,172	29	170,897
近畿	57	8,535	121	51,915	17	27,143	81	90,392	17	140,307
中国	94	23,203	205	70,192	33	191,816	101	177,291	26	295,391
四国	34	7,527	66	23,894	60	290,035	62	69,268	27	311,853
九州	252	43,161	718	312,608	361	2,003,546	201	224,773	224	1,516,864
沖縄	7	896	70	12,789	28	89,257	19	8,245	3	26,905

11　施設園芸に利用したハウス・ガラス室のある経営体数と
施設面積（各年2月1日現在）

(1)　農業経営体

年次・全国農業地域	ハウス・ガラス室	
	経営体数	面積
	経営体	a
平成27年	174,729	3,825,443
令和2	**139,540**	**3,279,578**
北海道	8,222	263,250
都府県	131,318	3,016,328
東北	21,802	302,430
北陸	5,044	70,429
関東・東山	33,740	802,802
東海	13,239	332,963
近畿	8,711	151,760
中国	9,128	149,860
四国	9,425	204,858
九州	28,239	943,347
沖縄	1,990	57,879

(2)　農業経営体のうち団体経営体

年次・全国農業地域	ハウス・ガラス室	
	経営体数	面積
	経営体	a
平成27年	6,534	350,293
令和2	**7,900**	**416,242**
北海道	749	33,043
都府県	7,151	383,199
東北	1,070	45,711
北陸	680	19,978
関東・東山	1,589	95,342
東海	751	42,136
近畿	543	17,354
中国	649	27,554
四国	423	22,381
九州	1,302	104,087
沖縄	144	8,655

12　農作業の受託料金収入規模別経営体数（各年2月1日現在）
(1)　農業経営体

単位：経営体

区分	計	1)50万円未満	50〜100	100〜300	300〜500	500〜1,000	1,000〜3,000	3,000万円以上
平成27年	1,377,266	1,337,939	14,917	13,731	3,555	3,235	2,496	1,393
令和2	1,075,705	1,040,422	14,037	12,060	3,485	2,587	1,913	1,201
北海道	34,913	32,756	590	632	219	203	221	292
都府県	1,040,792	1,007,666	13,447	11,428	3,266	2,384	1,692	909

注：経営を受託したものは耕地の借入れとなり農作業の受託に含まない（以下13まで同じ。）。
　　1)は、収入なしの経営体を含む。

(2)　農業経営体のうち団体経営体

単位：経営体

区分	計	1)50万円未満	50〜100	100〜300	300〜500	500〜1,000	1,000〜3,000	3,000万円以上
平成27年	37,302	25,590	1,858	3,356	1,467	1,829	1,912	1,290
令和2	38,363	28,111	1,908	2,956	1,376	1,467	1,430	1,115
北海道	4,347	3,420	108	173	97	115	165	269
都府県	34,016	24,691	1,800	2,783	1,279	1,352	1,265	846

注：1)は、収入なしの経営体を含む。

13 農作業を受託した経営体の事業部門別経営体数（各年2月1日現在）
(1) 農業経営体

単位：経営体

年次・全国農業地域	実経営体数	耕種部門の作業を受託した経営体数				
		実経営体数	水稲作	麦作	大豆作	野菜作
平成27年	110,969	109,546	98,287	3,979	4,056	1,842
令和2	90,686	89,487	80,838	3,367	3,467	1,993
北海道	3,581	3,093	1,071	1,025	705	221
都府県	87,105	86,394	79,767	2,342	2,762	1,772
東北	24,138	23,962	22,477	213	892	293
北陸	10,268	10,250	9,952	197	352	106
関東・東山	15,233	15,122	13,796	592	214	419
東海	6,251	6,208	5,596	260	175	142
近畿	7,707	7,686	7,152	280	341	176
中国	8,209	8,172	7,779	119	125	122
四国	2,993	2,968	2,668	67	19	148
九州	12,016	11,758	10,334	614	644	356
沖縄	290	268	13	–	–	10

年次・全国農業地域	耕種部門の作業を受託した経営体数（続き）				畜産部門の作業を受託した経営体数	酪農ヘルパー
	果樹作	飼料用作物作	工芸農作物作	その他の作物		
平成27年	2,377	2,405	1,376	3,983	1,822	377
令和2	1,986	2,084	1,131	2,289	1,574	265
北海道	19	527	133	497	579	123
都府県	1,967	1,557	998	1,792	995	142
東北	518	610	42	416	274	44
北陸	84	32	8	130	22	8
関東・東山	525	167	44	415	146	37
東海	149	45	103	240	45	10
近畿	211	35	66	127	25	3
中国	137	110	14	173	52	5
四国	157	23	17	39	31	6
九州	175	531	475	240	373	27
沖縄	11	4	229	12	27	2

13 農作業を受託した経営体の事業部門別経営体数（各年2月1日現在）（続き）
(2) 農業経営体のうち団体経営体

単位：経営体

年次・全国農業地域	実経営体数	耕種部門の作業を受託した経営体数				
		実経営体数	水稲作	麦作	大豆作	野菜作
平成27年	14,806	14,226	11,378	1,512	1,640	598
令和2	**13,506**	**12,965**	**10,598**	**1,112**	**1,301**	**632**
北海道	1,129	851	311	289	179	84
都府県	12,377	12,114	10,287	823	1,122	548
東北	2,644	2,569	2,103	81	330	76
北陸	1,913	1,904	1,787	98	174	39
関東・東山	1,471	1,433	1,193	147	79	104
東海	880	860	749	92	59	32
近畿	1,315	1,306	1,180	85	129	48
中国	1,451	1,437	1,339	49	56	40
四国	419	408	334	13	8	51
九州	2,175	2,094	1,598	258	287	154
沖縄	109	103	4	－	－	4

年次・全国農業地域	耕種部門の作業を受託した経営体数（続き）				畜産部門の作業を受託した経営体数	酪農ヘルパー
	果樹作	飼料用作物作	工芸農作物作	その他の作物作		
平成27年	620	549	455	792	638	113
令和2	**380**	**569**	**390**	**684**	**617**	**107**
北海道	8	191	49	146	313	58
都府県	372	378	341	538	304	49
東北	119	129	17	154	89	15
北陸	9	14	3	67	11	2
関東・東山	53	51	11	108	44	8
東海	14	15	27	38	22	8
近畿	44	11	18	46	10	1
中国	32	42	6	46	15	－
四国	33	5	7	12	11	2
九州	63	111	162	65	95	13
沖縄	5	－	90	2	7	－

14　5年以内の後継者の確保状況別経営体数
　　（令和2年2月1日現在）
　(1)　農業経営体

単位：経営体

全国・農業地域	計	5年以内に農業を引き継ぐ後継者を確保している				5年以内に農業経営を引き継がない	確保していない
		小計	親族	親族以外の経営内部の人材	経営外部の人材		
全国	1,075,705	262,278	250,158	8,712	3,408	49,060	764,367
北海道	34,913	7,357	6,747	462	148	3,477	24,079
都府県	1,040,792	254,921	243,411	8,250	3,260	45,583	740,288
東北	194,193	50,464	48,203	1,628	633	8,173	135,556
北陸	76,294	19,288	17,246	1,430	612	3,704	53,302
関東・東山	235,938	53,779	52,401	901	477	10,536	171,623
東海	92,650	23,433	22,609	583	241	4,024	65,193
近畿	103,835	27,399	25,892	1,062	445	4,882	71,554
中国	96,594	24,442	23,278	855	309	3,787	68,365
四国	65,418	16,353	15,948	269	136	2,698	46,367
九州	164,560	37,325	35,434	1,497	394	7,045	120,190
沖縄	11,310	2,438	2,400	25	13	734	8,138

資料：農林水産省統計部「2020年農林業センサス」（以下、(2)まで同じ。）

　(2)　農業経営体のうち団体経営体

単位：経営体

全国・農業地域	計	5年以内に農業を引き継ぐ後継者を確保している				5年以内に農業経営を引き継がない	確保していない
		小計	親族	親族以外の経営内部の人材	経営外部の人材		
全国	38,363	16,332	7,921	7,201	1,210	3,937	18,094
北海道	4,347	1,631	1,107	425	99	565	2,151
都府県	34,016	14,701	6,814	6,776	1,111	3,372	15,943
東北	6,308	2,698	1,230	1,277	191	565	3,045
北陸	3,844	1,934	588	1,211	135	372	1,538
関東・東山	5,943	2,374	1,510	695	169	700	2,869
東海	2,864	1,244	702	449	93	326	1,294
近畿	3,004	1,332	368	848	116	283	1,389
中国	3,127	1,233	406	695	132	299	1,595
四国	1,566	643	359	222	62	170	753
九州	6,925	3,108	1,545	1,358	205	607	3,210
沖縄	435	135	106	21	8	50	250

Ⅲ 個人経営体

1 主副業別経営体数（個人経営体）（各年2月1日現在）

単位：千経営体

年次・都道府県	計	主業	準主業	副業的
令和2年	1,037.3	230.9	142.5	663.9
3	991.4	222.4	135.8	633.1
北海道	29.7	22.1	1.0	6.7
青森	27.0	11.0	3.2	12.8
岩手	31.8	6.2	5.6	20.0
宮城	27.1	4.8	4.6	17.6
秋田	25.9	5.7	4.4	15.8
山形	25.8	7.1	4.2	14.5
福島	41.0	6.8	7.1	27.1
茨城	42.1	9.7	4.3	28.1
栃木	30.1	6.8	5.4	17.9
群馬	19.2	5.0	1.6	12.7
埼玉	26.8	4.1	4.4	18.3
千葉	33.7	9.1	4.7	19.8
東京	4.9	0.4	2.3	2.2
神奈川	10.9	1.9	2.9	6.1
新潟	39.4	6.7	8.3	24.5
富山	10.5	0.8	1.5	8.2
石川	9.2	1.0	1.3	6.8
福井	8.8	0.8	1.2	6.9
山梨	14.7	3.6	1.8	9.4
長野	39.4	8.0	5.4	26.0
岐阜	19.4	1.8	2.3	15.3
静岡	24.4	6.0	3.4	15.0
愛知	24.3	6.6	3.3	14.4
三重	17.0	1.9	2.3	12.8
滋賀	12.2	1.2	2.1	9.0
京都	12.8	1.4	2.0	9.4
大阪	7.3	0.6	1.2	5.4
兵庫	36.2	3.5	5.0	27.7
奈良	10.2	1.3	1.3	7.6
和歌山	17.6	5.7	1.9	10.0
鳥取	12.0	1.9	1.9	8.3
島根	13.3	1.0	1.8	10.4
岡山	27.8	2.7	3.4	21.7
広島	20.7	1.9	3.0	15.8
山口	13.9	1.3	1.5	11.2
徳島	13.8	2.8	1.6	9.4
香川	15.3	1.8	1.4	12.1
愛媛	20.4	4.7	2.4	13.3
高知	11.8	3.9	1.1	6.8
福岡	26.5	7.0	2.9	16.6
佐賀	13.1	3.8	1.7	7.6
長崎	17.4	5.5	2.2	9.6
熊本	31.9	11.0	3.3	17.6
大分	17.7	2.9	1.8	13.1
宮崎	20.0	6.9	1.6	11.5
鹿児島	26.6	8.3	3.1	15.1
沖縄	9.8	3.4	1.4	5.0

資料：令和2年は農林水産省統計部「2020年農林業センサス」
　　　令和2年以外は農林水産省統計部「農業構造動態調査」による（以下5まで同じ。）

2　農業経営組織別経営体数（個人経営体）（各年2月1日現在）

単位：千経営体

年次・全国農業地域	計	販売のあった経営体	1)単一経営経営体				
			小計	稲作	2)畑作	露地野菜	施設野菜
令和2	1,037.3	945.3	773.4	469.8	32.0	65.2	39.2
3	991.4	916.1	747.8	448.3	30.5	63.7	40.7
北海道	29.7	29.3	16.5	4.6	1.3	1.7	1.6
都府県	961.7	886.7	731.2	443.7	29.2	61.9	39.1
うち東北	178.5	170.5	137.9	98.5	2.6	7.1	2.5
北陸	68.0	66.0	60.1	55.0	0.2	1.1	0.4
関東・東山	221.8	202.1	164.8	86.7	5.1	24.7	9.7
東海	85.1	75.6	63.8	32.8	4.7	6.3	5.0
近畿	96.3	85.1	70.4	47.6	1.2	5.0	1.7
中国	87.8	80.6	69.5	53.7	0.7	3.0	1.7
四国	61.3	56.7	45.8	22.6	1.1	4.8	4.1
九州	153.1	140.7	110.6	46.9	9.1	9.4	13.4

年次・全国農業地域	1)単一経営経営体（続き）				4)複合経営経営体	販売のなかった経営体
	果樹類	酪農	肉用牛	3)その他		
令和2	107.8	9.8	20.0	29.7	172.0	92.0
3	104.8	9.9	20.3	29.4	168.3	75.3
北海道	0.6	4.3	0.9	1.5	12.7	0.5
都府県	104.2	5.6	19.5	28.0	155.7	74.9
うち東北	19.1	1.5	3.9	2.8	32.6	8.0
北陸	2.1	0.2	0.1	0.9	6.2	2.0
関東・東山	27.7	1.9	1.1	7.8	37.1	19.7
東海	9.1	0.4	0.4	5.1	11.6	9.5
近畿	12.3	0.2	0.9	1.6	14.7	11.2
中国	7.8	0.4	1.0	1.3	11.2	7.2
四国	11.3	0.2	0.2	1.6	10.9	4.6
九州	14.1	1.0	10.8	5.9	30.2	12.4

注：　1)は、農産物販売金額のうち、主位部門の販売金額が8割以上の経営体をいう。
　　2)は、「麦類作」、「雑穀・いも類・豆類」及び「工芸農作物」部門の単一経営経営体の合計である。
　　3)は、「花き・花木」、「その他の作物」、「養豚」、「養鶏」及び「その他の畜産」部門の単一経営経営体の合計である。
　　4)は、農産物販売金額のうち、主位部門の販売金額が8割未満の経営体をいう。

3 経営耕地面積規模別経営体数 (個人経営体) (各年2月1日現在)

単位:千経営体

年次・ 全国農業地域	計	1)1.0ha 未満	1.0〜5.0	5.0〜10.0	10.0〜20.0	20.0〜30.0	30.0ha 以上
令和2年	1,037.3	553.1	399.3	44.7	21.2	7.7	11.3
3	991.4	522.3	383.9	44.6	21.5	7.7	11.4
北海道	29.7	2.2	4.1	3.6	5.6	4.4	10.1
都府県	961.7	519.8	379.8	41.1	16.0	3.4	1.6
東北	178.5	66.3	90.5	13.6	6.0	1.5	0.4
北陸	68.0	26.4	34.4	4.9	1.7	0.3	0.2
関東・東山	221.8	116.1	92.2	8.3	3.7	0.8	0.5
東海	85.1	59.5	22.6	1.6	0.7	0.2	0.3
近畿	96.3	66.3	28.0	1.5	0.4	0.1	0.0
中国	87.8	61.6	23.5	2.2	0.5	0.0	0.0
四国	61.3	41.7	18.7	0.8	0.2	0.0	0.0
九州	153.1	76.8	65.7	7.6	2.4	0.2	0.1
沖縄	9.8	4.9	4.2	0.5	0.2	0.0	0.0

注:1)は、経営耕地面積なしを含む。

4 農産物販売金額規模別経営体数 (個人経営体) (各年2月1日現在)

単位:千経営体

年次・ 全国農業地域	計	1)50万 円未満	50〜100	100〜500	500〜 1,000	1,000〜 3,000	3,000〜 5,000	5,000〜 1億	1億円 以上
令和2年	1,037.3	377.6	174.6	291.9	88.3	78.5	15.8	8.5	2.1
3	991.4	348.4	168.5	282.7	84.7	79.3	16.5	9.0	2.3
北海道	29.7	1.7	0.7	4.0	3.5	10.1	5.2	3.7	0.9
都府県	961.7	346.7	167.7	278.6	81.3	69.2	11.3	5.3	1.4
東北	178.5	42.3	31.4	69.6	20.0	12.9	1.5	0.7	0.1
北陸	68.0	17.8	15.0	26.2	5.0	3.4	0.4	0.2	0.0
関東・東山	221.8	74.3	37.7	65.5	19.8	18.1	3.8	2.1	0.4
東海	85.1	39.3	13.4	17.5	5.8	6.9	1.4	0.7	0.1
近畿	96.3	46.0	18.6	21.4	5.4	4.2	0.5	0.2	0.0
中国	87.8	47.4	17.0	17.2	3.9	1.8	0.4	0.1	0.0
四国	61.3	25.2	10.7	16.3	4.8	3.7	0.4	0.1	0.1
九州	153.1	52.4	21.6	41.1	15.8	17.6	2.8	1.3	0.6
沖縄	9.8	2.1	2.4	3.9	0.8	0.5	0.1	0.0	0.0

注:1)は、販売なしを含む。

5　農産物販売金額1位の部門別経営体数（個人経営体）（各年2月1日現在）

単位：千経営体

年次	計	稲作	1)畑作	露地野菜	施設野菜
平成29年	1,120.9	630.4	58.7	125.2	72.6
30	1,089.2	609.4	56.4	122.9	72.9
31	1,059.0	591.5	54.9	118.7	72.1
令和2	945.3	530.8	51.2	101.4	58.5
3	916.1	506.4	48.8	100.1	59.7

年次	果樹類	酪農	肉用牛	2)その他
平成29年	136.9	14.5	33.4	49.2
30	134.5	14.1	32.1	46.9
31	132.0	13.5	31.4	45.0
令和2	126.9	11.1	26.2	39.2
3	124.5	11.1	26.1	39.2

注：　1)は、「麦類作」、「雑穀・いも類・豆類」及び「工芸農作物」部門が1位の経営体の合計である。
　　　2)は、「花き・花木」、「その他の作物」、「養豚」、「養鶏」及び「その他の畜産」部門が1位の経営体の
　　　合計である。

6　家族経営構成別経営体数（個人経営体）（各年2月1日現在）

単位：経営体

年次・全国農業地域	計	一世代家族経営	一人家族経営	夫婦家族経営	二世代家族経営	三世代等家族経営
平成27年	1,339,964	928,739	449,764	471,728	380,691	30,534
令和2	1,037,342	749,035	385,563	357,403	267,316	20,991
北海道	30,566	15,721	4,601	10,895	13,451	1,394
都府県	1,006,776	733,314	380,962	346,508	253,865	19,597
東北	187,885	127,524	63,046	63,328	55,643	4,718
北陸	72,450	54,017	33,655	20,079	17,307	1,126
関東・東山	229,995	163,544	78,572	83,431	61,512	4,939
東海	89,786	63,265	31,637	31,263	24,447	2,074
近畿	100,831	77,617	47,090	30,070	21,809	1,405
中国	93,467	73,918	41,484	31,954	18,454	1,095
四国	63,852	48,523	24,205	23,961	14,313	1,016
九州	157,635	115,576	55,646	58,872	38,881	3,178
沖縄	10,875	9,330	5,627	3,550	1,499	46

資料：農林水産省統計部「農林業センサス」（以下7まで同じ。）

7 農業労働力保有状態別経営体数（個人経営体）（各年2月1日現在）

単位：経営体

年次・全国農業地域	計	専従者あり						
		小計	65歳未満の専従者がいる			男女の専従者がいる	専従者は男だけ	専従者は女だけ
				60歳未満の男の専従者がいる	60歳未満の女の専従者がいる			
平成27年	1,339,964	705,848	350,093	196,534	128,499	377,852	254,657	73,339
令和2	1,037,342	589,725	261,355	160,004	88,687	302,866	238,332	48,527
北海道	30,566	27,855	21,946	17,534	11,889	21,263	5,868	724
都府県	1,006,776	561,870	239,409	142,470	76,798	281,603	232,464	47,803
東北	187,885	109,954	49,051	27,371	13,475	55,319	45,514	9,121
北陸	72,450	31,987	12,062	7,064	2,318	11,659	18,328	2,000
関東・東山	229,995	138,349	60,425	37,207	20,758	74,928	52,027	11,394
東海	89,786	49,300	20,377	12,141	7,754	26,066	18,086	5,148
近畿	100,831	46,277	17,919	10,461	5,679	19,718	22,268	4,291
中国	93,467	42,119	11,599	6,017	2,826	17,061	20,185	4,873
四国	63,852	36,539	14,728	8,736	4,729	18,539	14,421	3,579
九州	157,635	99,030	49,289	31,132	18,509	55,803	36,303	6,924
沖縄	10,875	8,315	3,959	2,341	750	2,510	5,332	473

年次・全国農業地域	専従者なし				
	小計	男女の準専従者がいる	準専従者は男だけ	準専従者は女だけ	準専従者もいない
平成27年	634,116	123,352	204,056	44,105	262,603
令和2	447,617	73,463	158,823	24,003	191,328
北海道	2,711	763	689	208	1,051
都府県	444,906	72,700	158,134	23,795	190,277
東北	77,931	14,830	28,960	4,225	29,916
北陸	40,463	5,617	16,743	1,378	16,725
関東・東山	91,646	16,813	31,802	5,132	37,899
東海	40,486	6,913	13,177	2,512	17,884
近畿	54,554	6,217	19,316	2,414	26,607
中国	51,348	7,795	17,295	3,085	23,173
四国	27,313	4,349	8,637	1,786	12,541
九州	58,605	9,817	20,873	3,118	24,797
沖縄	2,560	349	1,331	145	735

注：1 専従者とは、調査期日前1年間に自営農業に150日以上従事した者をいう。
　　2 準専従者とは、調査期日前1年間に自営農業に60〜149日従事した者をいう。

IV 農業労働力
1 農業経営体の労働力（各年2月1日現在）
(1) 農業経営体

年次・全国農業地域	世帯員・役員・構成員	雇用者								
		雇い入れた経営体数	実人数	延べ人日	常雇い			臨時雇い（手伝い等を含む。）		
					雇い入れた経営体数	実人数	延べ人日	雇い入れた経営体数	実人数	延べ人日
	千人	千経営体	千人	千人日	千経営体	千人	千人日	千経営体	千人	千人日
平成27年	…	314	1,677	68,036	54	220	43,215	290	1,456	24,821
令和2	**2,706**	**156**	**1,104**	**53,255**	**37**	**157**	**32,252**	**139**	**948**	**21,003**
北海道	98	12	109	5,494	4	15	3,289	11	94	2,205
都府県	2,608	144	995	47,761	33	141	28,963	128	854	18,798
東北	520	32	260	7,942	4	19	3,765	31	241	4,177
北陸	207	9	67	2,424	2	7	1,482	8	59	942
関東・東山	585	32	219	12,886	9	40	8,356	27	178	4,530
東海	237	12	73	4,859	4	16	3,226	10	57	1,633
近畿	256	12	72	2,896	2	7	1,419	11	65	1,477
中国	233	9	55	2,913	2	10	1,882	8	45	1,031
四国	152	9	60	3,211	2	9	1,948	8	51	1,263
九州	398	27	184	10,150	7	31	6,575	23	153	3,575
沖縄	20	1	6	479	0	1	310	1	5	170

資料：農林水産省統計部「農林業センサス」（以下2(3)まで同じ。）
注： 平成27年は、農業経営のために雇った人のみを把握（以下(2)まで同じ。）。

(2) 農業経営体のうち団体経営体

年次・全国農業地域	役員・構成員	雇用者								
		雇い入れた経営体数	実人数	延べ人日	常雇い			臨時雇い（手伝い等を含む。）		
					雇い入れた経営体数	実人数	延べ人日	雇い入れた経営体数	実人数	延べ人日
	千人	千経営体	千人	千人日	千経営体	千人	千人日	千経営体	千人	千人日
平成27年	…	25	299	33,634	16	128	26,997	18	171	6,637
令和2	**195**	**24**	**311**	**30,996**	**15**	**109**	**22,844**	**17**	**202**	**8,152**
北海道	17	3	34	3,535	2	11	2,477	2	23	1,058
都府県	178	21	277	27,462	13	98	20,368	15	179	7,094
東北	35	4	52	4,221	2	15	2,974	3	37	1,247
北陸	22	2	33	1,829	1	6	1,268	2	26	561
関東・東山	28	4	54	6,596	3	25	5,209	3	29	1,388
東海	13	2	24	2,677	1	10	2,038	1	14	639
近畿	17	2	25	1,671	1	5	984	1	20	687
中国	17	2	24	2,160	1	8	1,573	1	15	587
四国	7	1	15	1,978	1	6	1,460	1	9	518
九州	38	4	49	6,045	3	21	4,635	3	28	1,410
沖縄	1	0	2	286	0	1	228	0	1	57

2　世帯員数、農業従事者数、基幹的農業従事者数

(1)　年齢階層別世帯員数（個人経営体）（各年2月1日現在）

単位：千人

年次・ 全国農業地域	計	39歳以下	40～49	50～59	60～64	65～69	70～74	75歳以上
平成27年	4,904.2	1,343.5	463.6	700.6	499.0	468.0	380.9	1,048.7
令和2	**3,489.7**	**837.2**	**343.5**	**423.9**	**328.0**	**415.9**	**370.1**	**771.1**
北海道	109.2	32.1	12.3	14.6	9.8	11.5	9.2	19.7
都府県	3,380.5	805.1	331.2	409.3	318.2	404.4	360.9	751.4
東北	685.5	173.3	69.7	82.6	65.8	83.8	65.9	144.3
北陸	267.1	71.1	28.3	31.7	24.0	30.9	27.3	53.8
関東・東山	777.3	188.4	78.5	93.7	70.2	91.1	82.0	173.4
東海	320.7	80.2	32.9	39.1	28.5	35.2	33.6	71.4
近畿	333.4	79.8	32.3	41.4	31.3	38.7	37.3	72.6
中国	290.2	60.4	26.8	31.6	27.5	36.4	35.8	71.8
四国	192.3	37.4	17.6	22.4	18.7	24.3	24.4	47.4
九州	488.0	109.6	42.9	63.2	48.9	60.1	52.1	111.1
沖縄	26.1	4.9	2.2	3.5	3.3	3.8	2.7	5.7

(2)　年齢階層別の農業従事者数（個人経営体）（各年2月1日現在）

単位：千人

年次・全国農業地域	男女計							
	計	39歳以下	40〜49	50〜59	60〜64	65〜69	70〜74	75歳以上
平成27年	3,414.6	468.7	345.8	621.2	470.5	445.7	357.4	705.4
令和2年	**2,493.7**	**279.1**	**242.5**	**359.3**	**303.0**	**392.3**	**350.2**	**567.2**
北海道	80.6	13.1	11.4	14.1	9.5	11.2	8.7	12.6
都府県	2,413.1	266.0	231.1	345.3	293.5	381.1	341.5	554.6
東北	483.3	60.3	49.5	71.2	61.6	79.9	62.7	98.1
北陸	183.3	24.2	19.3	26.5	22.0	28.8	25.5	37.1
関東・東山	552.7	60.1	53.6	78.0	64.7	86.1	78.0	132.1
東海	222.1	22.8	21.4	31.4	26.0	33.1	31.8	55.5
近畿	237.1	26.7	22.7	34.9	28.5	36.0	34.7	53.5
中国	214.4	20.5	18.6	26.5	25.1	34.3	33.9	55.6
四国	143.5	12.5	12.5	18.9	17.2	23.0	23.2	36.2
九州	358.5	37.5	32.0	55.0	45.5	56.6	49.3	82.5
沖縄	18.2	1.4	1.5	2.8	2.8	3.3	2.3	4.0

年次・全国農業地域	男							
	小計	39歳以下	40〜49	50〜59	60〜64	65〜69	70〜74	75歳以上
平成27年	1,878.1	301.1	198.6	328.8	250.4	245.1	182.0	372.1
令和2年	**1,398.7**	**184.0**	**149.5**	**194.4**	**158.4**	**211.9**	**198.3**	**302.2**
北海道	44.3	8.4	6.3	7.4	4.9	5.9	4.8	6.7
都府県	1,354.4	175.6	143.2	187.1	153.4	205.9	193.6	295.5
東北	270.0	39.0	30.6	38.3	31.7	43.0	36.2	51.1
北陸	105.7	16.3	12.4	14.8	11.7	15.8	15.0	19.7
関東・東山	309.3	39.5	33.0	42.3	34.0	46.3	43.7	70.5
東海	122.7	15.1	13.1	16.6	13.2	17.7	17.7	29.2
近畿	134.4	17.9	14.2	18.5	15.0	19.5	19.7	29.6
中国	119.4	13.7	11.8	14.2	13.0	18.5	19.0	29.1
四国	79.6	8.5	7.8	10.2	8.8	12.1	12.9	19.2
九州	201.4	24.5	19.3	30.2	24.1	30.9	27.8	44.5
沖縄	12.0	1.0	1.1	1.9	1.8	2.1	1.6	2.6

年次・全国農業地域	女							
	小計	39歳以下	40〜49	50〜59	60〜64	65〜69	70〜74	75歳以上
平成27年	1,536.6	167.6	147.2	292.5	220.1	200.5	175.4	333.3
令和2年	**1,094.9**	**95.1**	**93.0**	**164.9**	**144.6**	**180.4**	**151.9**	**265.0**
北海道	36.2	4.7	5.1	6.7	4.6	5.2	4.0	5.9
都府県	1,058.7	90.4	87.9	158.2	140.1	175.2	147.9	259.0
東北	213.3	21.3	18.9	32.9	29.9	36.9	26.5	47.0
北陸	77.6	7.9	6.9	11.7	10.3	13.0	10.6	17.3
関東・東山	243.4	20.6	20.7	35.7	30.8	39.8	34.3	61.6
東海	99.4	7.7	8.2	14.8	12.9	15.5	14.1	26.3
近畿	102.7	8.8	8.6	16.4	13.5	16.5	15.0	23.9
中国	95.1	6.8	6.8	12.2	12.1	15.8	14.8	26.5
四国	63.9	4.0	4.7	8.7	8.4	10.8	10.3	17.0
九州	157.1	13.1	12.6	24.9	21.3	25.7	21.5	38.0
沖縄	6.2	0.4	0.5	0.9	1.0	1.2	0.8	1.4

2 世帯員数、農業従事者数、基幹的農業従事者数（続き）

(3) 自営農業従事日数階層別の農業従事者数（個人経営体）（各年2月1日現在）

単位：千人

年次・全国農業地域	男女計				
	計	149日以下	150〜199	200〜249	250日以上
平成27年	3,414.6	2,173.0	292.9	313.9	634.9
令和2年	**2,493.7**	**1,468.3**	**214.1**	**226.3**	**585.1**
北海道	80.6	15.6	8.8	15.2	40.9
都府県	2,413.1	1,452.6	205.3	211.0	544.2
東北	483.3	295.8	45.6	50.9	90.9
北陸	183.3	135.2	16.6	13.4	18.1
関東・東山	552.7	305.4	47.9	51.6	147.7
東海	222.1	134.2	17.2	17.6	53.0
近畿	237.1	163.3	18.3	16.5	39.0
中国	214.4	151.1	17.6	14.8	31.0
四国	143.5	81.4	12.0	12.5	37.6
九州	358.5	179.5	28.2	31.7	119.2
沖縄	18.2	6.6	1.9	2.1	7.6

年次・全国農業地域	男				
	小計	149日以下	150〜199	200〜249	250日以上
平成27年	1,878.1	1,139.6	165.8	179.4	393.3
令和2年	**1,398.7**	**767.2**	**126.9**	**132.5**	**372.2**
北海道	44.3	6.4	4.0	8.4	25.6
都府県	1,354.4	760.8	122.9	124.1	346.7
東北	270.0	153.7	27.4	30.4	58.4
北陸	105.7	72.4	11.7	9.4	12.3
関東・東山	309.3	159.3	27.2	29.1	93.7
東海	122.7	70.8	9.8	9.7	32.4
近畿	134.4	87.2	11.3	10.0	26.0
中国	119.4	79.3	10.9	9.1	20.0
四国	79.6	41.9	6.9	7.1	23.7
九州	201.4	92.7	16.5	17.8	74.5
沖縄	12.0	3.5	1.3	1.4	5.8

年次・全国農業地域	女				
	小計	149日以下	150〜199	200〜249	250日以上
平成27年	1,536.6	1,033.4	127.1	134.5	241.6
令和2年	**1,094.9**	**701.1**	**87.2**	**93.8**	**212.9**
北海道	36.2	9.2	4.8	6.9	15.4
都府県	1,058.7	691.8	82.4	86.9	197.5
東北	213.3	142.1	18.2	20.5	32.5
北陸	77.6	62.8	4.9	4.0	5.9
関東・東山	243.4	146.2	20.7	22.5	54.0
東海	99.4	63.4	7.5	7.9	20.6
近畿	102.7	76.1	7.0	6.5	13.1
中国	95.1	71.7	6.7	5.7	11.0
四国	63.9	39.5	5.1	5.4	13.9
九州	157.1	86.8	11.7	13.9	44.7
沖縄	6.2	3.1	0.6	0.6	1.8

(4)　年齢階層別の基幹的農業従事者数（個人経営体）（各年2月1日現在）

単位：千人

年次・全国農業地域	男女計							
	計	39歳以下	40～49	50～59	60～64	65～69	70～74	75歳以上
令和2年	1,363.0	66.5	80.9	126.9	140.0	252.7	264.2	431.8
3	1,302.1	65.8	81.8	120.9	128.3	205.1	290.0	410.3
北海道	72.1	11.0	10.7	13.2	8.8	9.3	9.5	9.9
都府県	1,230.0	54.7	71.1	107.7	119.5	195.8	280.5	400.4
東北	232.1	10.1	12.3	19.1	25.4	42.6	55.6	66.9
北陸	71.0	1.8	2.9	4.1	6.1	11.9	19.3	24.9
関東・東山	309.9	15.2	20.2	28.8	29.2	47.2	66.9	102.4
東海	108.4	4.8	6.4	10.1	10.2	16.1	23.2	37.6
近畿	105.4	3.4	5.3	8.0	9.0	17.0	26.4	36.4
中国	90.4	2.1	3.0	3.9	6.6	14.4	23.6	36.8
四国	79.6	3.4	4.6	7.2	7.1	11.2	19.4	26.6
九州	221.2	13.2	15.6	24.9	24.2	33.3	43.8	66.0
沖縄	12.1	0.6	0.8	1.7	1.7	2.0	2.2	3.0

年次・全国農業地域	男							
	小計	39歳以下	40～49	50～59	60～64	65～69	70～74	75歳以上
令和2年	822.1	49.6	53.3	72.0	77.2	149.1	162.6	258.2
3	789.9	49.4	54.2	69.3	70.4	119.0	178.9	248.5
北海道	41.4	7.7	6.4	6.9	4.7	4.8	5.5	5.6
都府県	748.5	41.8	47.8	62.4	65.7	114.2	173.4	242.9
東北	139.6	7.9	8.5	10.8	13.6	24.0	34.5	40.2
北陸	46.8	1.4	2.2	3.0	4.0	7.6	13.0	15.7
関東・東山	186.5	11.9	13.5	17.0	15.4	27.2	40.1	61.1
東海	63.5	3.4	4.1	5.4	5.4	9.1	13.7	22.2
近畿	67.3	2.7	3.4	4.5	5.0	10.6	17.4	23.6
中国	55.9	1.6	2.4	2.2	3.6	8.4	15.3	22.3
四国	48.5	2.6	3.1	4.1	3.9	6.6	11.7	16.2
九州	131.9	9.7	10.0	14.1	13.6	19.3	26.1	39.4
沖縄	8.6	0.5	0.7	1.2	1.2	1.4	1.5	2.2

年次・全国農業地域	女							
	小計	39歳以下	40～49	50～59	60～64	65～69	70～74	75歳以上
令和2年	540.9	16.9	27.7	54.9	62.8	103.6	101.5	173.5
3	512.3	16.3	27.5	51.5	57.9	86.1	111.1	161.8
北海道	30.7	3.4	4.3	6.2	4.2	4.5	4.0	4.3
都府県	481.5	12.9	23.3	45.3	53.7	81.6	107.1	157.5
東北	92.5	2.3	3.8	8.2	11.8	18.6	21.1	26.8
北陸	24.2	0.5	0.7	1.1	2.1	4.3	6.3	9.2
関東・東山	123.4	3.3	6.7	11.8	13.8	20.0	26.8	41.3
東海	44.9	1.3	2.4	4.7	4.8	7.0	9.5	15.4
近畿	38.1	0.6	1.8	3.5	4.0	6.4	9.0	12.8
中国	34.6	0.5	0.6	1.7	3.0	6.0	8.3	14.4
四国	31.1	0.8	1.5	3.1	3.2	4.6	7.7	10.3
九州	89.2	3.6	5.6	10.8	10.6	14.0	17.7	26.5
沖縄	3.5	0.0	0.2	0.5	0.5	0.7	0.7	0.8

資料：令和2年は農林水産省統計部「2020年農林業センサス」、令和3年は農林水産省統計部「農業構造動態調査」
注：　基幹的農業従事者とは、15歳以上の世帯員のうち、ふだん仕事として主に自営農業に従事している者をいう。

3 農作業死亡事故件数

区分	平成27年		28		29		30		令和元	
	件数	割合	件数	割合	件数	割合	件数	割合	件数	割合
	人	%	人	%	人	%	人	%	人	%
事故発生件数計	338	100.0	312	100.0	304	100.0	274	100.0	281	100.0
農業機械作業に係る事故	205	60.7	217	69.6	211	69.4	164	59.9	184	65.5
乗用型トラクター	101	29.9	87	27.9	92	30.3	73	26.6	80	28.5
歩行型トラクター	21	6.2	35	11.2	28	9.2	24	8.8	22	7.8
農用運搬車	25	7.4	37	11.9	26	8.6	18	6.6	26	9.3
自脱型コンバイン	8	2.4	7	2.2	11	3.6	8	2.9	9	3.2
動力防除機	10	3.0	10	3.2	6	2.0	8	2.9	8	2.8
動力刈払機	7	2.1	10	3.2	12	3.9	6	2.2	7	2.5
その他	33	9.8	31	9.9	36	11.8	27	9.9	32	11.4
農業用施設作業に係る事故	14	4.1	14	4.5	13	4.3	13	4.7	17	6.0
機械・施設以外の作業に係る事故	119	35.2	81	26.0	80	26.3	97	35.4	80	28.5
性別										
男	285	84.3	257	82.4	266	87.5	225	82.1	241	85.8
女	53	15.7	55	17.6	38	12.5	49	17.9	40	14.2
年齢階層別										
30歳未満	1	0.3	2	0.6	3	1.0	3	1.1	2	0.7
30～39歳	9	2.7	0	0.0	1	0.3	2	0.7	1	0.4
40～49歳	4	1.2	5	1.6	6	2.0	4	1.5	2	0.7
50～59歳	19	5.6	20	6.4	18	5.9	12	4.4	14	5.0
60～64歳	21	6.2	31	9.9	19	6.3	16	5.8	14	5.0
65歳以上	284	84.0	254	81.4	256	84.2	237	86.5	248	88.3
65～69歳	33	9.8	34	10.9	44	14.5	26	9.5	41	14.6
70～79歳	93	27.5	101	32.4	84	27.6	67	24.5	89	31.7
80歳以上	158	46.7	119	38.1	128	42.1	144	52.6	118	42.0
不明	–	–	–	–	1	0.3	–	–	0	0.0

資料：農林水産省生産局「令和元年に発生した農作業死亡事故」（令和3年2月16日プレスリリース）

V 農業の担い手

1 人・農地プラン実質化の取組状況（令和2年3月末現在）

区分	単位	地区数	既に実質化されている地区	工程表を作成し、実質化に取り組む地区
令和2年	地区	67,616	18,826	48,790
地区内農地面積	万ha	392	180	212

資料：農林水産省経営局「人・農地プラン実質化の取組状況（令和2年3月末現在）」
注： 農地面積は、市町村の報告ベースであり、耕地及び作付面積統計による耕地面積とは必ずしも一致しない。

2 農地中間管理機構の借入・転貸面積の状況

年次	年間集積目標面積	機構の借入面積 1)各年度末までに権利発生	2)機構の転貸面積 1)各年度末までに権利発生		新規集積面積
平成28年度	149,210	42,195	43,356		19,277
29	149,210	43,546	46,540		17,244
30	149,210	40,686	43,845		16,364
令和元	149,210	35,437	39,937		15,480
2	149,210	46,466	56,963		18,572

資料：農林水産省経営局「農地中間管理機構の実績等に関する資料」（令和2年度版）
注： 1)は、過年度に計画公告（又は認可公告）し、各年度に権利発生したものを含む。
　　　2)は、過年度に機構が借り入れて、各年度に転貸したものを含む。

3 認定農業者（農業経営改善計画の認定状況）
(1) 基本構想作成及び認定農業者数（各年3月末現在）

年次	基本構想策定市町村数	認定市町村数	認定農業者数	法人	女性	共同申請
	市町村	市町村	経営体	経営体	経営体	経営体
平成28年	1,663	1,628	246,085	20,532	6,081	12,157
29	1,665	1,629	242,304	22,182	5,870	12,832
30	1,669	1,637	240,665	23,648	5,853	13,638
31	1,669	1,638	239,043	24,965	5,921	14,164
令和2	1,672	1,641	233,806	26,080	5,869	14,656

資料：農林水産省経営局資料「認定農業者の認定状況」（以下(5)まで同じ。）
注：1 認定農業者とは、農業経営基盤強化促進法に基づき農業経営改善計画を市町村に提出し
　　認定を受けている者である。なお、認定農業者数には、特定農業法人で認定農業者とみな
　　されている者も含む（以下(5)まで同じ。）。
　　2 基本構想とは、農業経営基盤強化促進法に基づき、市町村が策定する地域の実情に即し
　　て効率的・安定的な農業経営の目標等を内容とするものである。
　　3 平成27年の福島県の9市町村については、東京電力福島第一原発の事故の影響により調
　　査が困難であったため、平成23年3月末現在の数値となっている（以下(5)まで同じ。）。
　　4 平成28年の熊本県の益城町については、熊本地震の影響により調査が困難であったため、
　　平成27年3月末現在の数値となっている（以下(5)まで同じ。）。

(2) 年齢階層別の農業経営改善計画認定状況（各年3月末現在）

年次	単位	計	29歳以下	30〜39	40〜49	50〜59	60〜64	65歳以上
認定数								
平成28年	経営体	213,396	1,468	12,941	31,833	59,500	43,497	64,157
29	〃	207,290	1,327	12,503	30,778	55,119	40,216	67,347
30	〃	203,379	1,157	11,844	29,413	51,667	37,784	71,514
31	〃	199,914	1,097	11,513	28,660	48,509	35,534	74,601
令和2	〃	193,070	1,032	11,250	27,908	45,071	32,618	75,191
構成比								
平成28年	％	100.0	0.7	6.1	14.9	27.9	20.4	30.1
29	〃	100.0	0.6	6.0	14.8	26.6	19.4	32.5
30	〃	100.0	0.6	5.8	14.5	25.4	18.6	35.2
31	〃	100.0	0.5	5.8	14.3	24.3	17.8	37.3
令和2	〃	100.0	0.5	5.8	14.5	23.3	16.9	38.9

注：法人、共同申請による農業経営改善計画の認定数を除く。

(3) 法人形態別の農業経営改善計画認定状況（各年3月末現在）

年次	法人計		農事組合法人		特例有限会社		株式会社		その他	
	認定数	構成比	認定数	構成比	認定数	構成比	認定数	構成比	認定数	構成比
	経営体	％	経営体	％	経営体	％	経営体	％	経営体	％
平成28年	20,449	100.0	5,264	25.7	8,027	39.3	6,613	32.3	545	2.7
29	22,136	100.0	5,782	26.1	7,974	36.0	7,709	34.8	671	3.0
30	23,612	100.0	6,135	26.0	7,913	33.5	8,766	37.1	798	3.4
31	24,950	100.0	6,350	25.5	7,848	31.5	9,846	39.5	906	3.6
令和2	26,066	100.0	6,486	24.9	7,793	29.9	10,747	41.2	1,040	4.0

注：特定農業法人で認定農業者とみなされている法人を含まない。

(4) 営農類型別の農業経営改善計画認定状況（各年3月末現在）

単位：経営体

営農類型	平成28年	29	30	31	**令和2**
計	246,002	242,258	240,629	239,028	233,792
単一経営計	132,146	131,327	130,281	129,993	128,907
稲作	37,876	38,777	39,954	39,501	38,402
麦類作	517	524	395	410	449
雑穀・いも類・豆類	1,624	1,650	1,549	1,601	1,667
工芸農作物	5,181	4,912	4,775	4,621	4,357
露地野菜	16,365	16,202	15,899	15,787	15,758
施設野菜	19,850	19,676	18,523	18,774	19,072
果樹類	17,957	17,579	17,309	17,344	17,485
花き・花木	7,056	6,962	6,651	6,527	6,637
その他の作物	1,678	1,484	1,587	1,709	1,763
酪農	10,933	10,637	10,416	10,172	9,698
肉用牛	7,972	7,842	8,236	8,432	8,537
養豚	2,415	2,219	2,172	2,156	2,090
養鶏	1,956	2,008	2,000	2,025	2,009
その他の畜産	766	855	815	934	983
養蚕	…	…	…	…	…
複合経営	113,856	110,931	110,348	109,035	104,885

注：1 単一経営経営体とは、農産物販売金額1位部門の販売金額が総販売金額の8割以上を占める経営体をいう。
　　2 複合経営経営体とは、農産物販売金額の1位部門が総販売金額の8割未満の経営体をいう。
　　3 特定農業法人で認定農業者とみなされている法人を含まない。

3 認定農業者（農業経営改善計画の認定状況）（続き）
(5) 地方農政局別認定農業者数（各年3月末現在）

単位：経営体

地方農政局名等	平成28年	29	30	31	令和2
全国	246,085	242,304	240,665	239,043	233,806
北海道	31,056	30,497	30,146	29,741	28,978
東北	52,854	51,850	51,323	50,886	48,897
関東	51,158	50,983	51,067	51,225	50,862
北陸	20,095	19,960	20,017	19,629	19,173
東海	9,122	8,947	8,774	8,827	8,749
近畿	11,778	11,612	11,523	11,400	11,076
中国四国	20,252	19,541	19,361	19,330	19,152
九州	48,222	47,449	47,023	46,686	45,651
沖縄	1,548	1,465	1,431	1,319	1,268

4 法人等
(1) 農地所有適格法人数 （各年1月1日現在）

単位：法人

年次	総数	組織別					
		特例有限会社	合名会社	合資会社	合同会社	1)農事組合法人	株式会社
平成28年	16,207	6,411	18	44	328	4,555	4,851
29	17,140	6,283	16	47	388	4,961	5,445
30	18,236	6,289	14	44	446	5,249	6,194
31	19,213	6,277	13	42	530	5,489	6,862
令和2	19,550	6,021	14	36	575	5,571	7,333

年次	主要業種別						
	米麦作	果樹	畜産	そ菜	工芸作物	花き・花木	その他
平成28年	6,691	1,172	2,766	3,081	548	841	1,108
29	7,285	1,187	2,903	3,250	542	835	1,138
30	7,841	1,251	3,083	3,452	564	868	1,177
31	8,314	1,312	3,264	3,635	595	879	1,214
令和2	8,669	1,321	3,267	3,624	585	857	1,227

資料：農林水産省経営局資料
注： 「農地所有適格法人」とは、平成28年4月1日の改正法の施行に伴い農地法第2条第3項に規定された農業経営を行うために農地を取得できる法人のことであり、平成28年3月31日以前における「農業生産法人」のことである。
　　 1)は、農業協同組合法に基づく農事組合法人のうち、農地法第2条第3項各号の要件のすべてを備えて農地等の所有権及び使用収益権の取得を認められたものである。したがって、「(3) 農事組合法人」とは上の目的以外の農事組合法人（例えば養鶏専業のように宅地の名目でできるもの）が計上されているので一致しない。

(2) 一般法人の農業参入数（各年12月末現在）

単位：法人

区分	平成27年	28	29	30	令和元
参入法人数	2,344	2,676	3,030	3,286	3,669

資料：農林水産省経営局資料
注：平成15年4月以降に農地のリース方式で参入した一般法人数である。
　　なお、平成21年の農地法改正によりリース方式による参入を全面自由化した。

(3) 農事組合法人（各年3月31日現在）
　ア　総括表

単位：法人

年次	総数	単一・複合作目別		事業種別			
		単一作目	複合作目	第1号法人		第2号法人	第1号及び第2号法人
				出資	非出資		
平成29年	9,649	6,226	3,423	949	284	1,092	7,324
30	9,458	5,924	3,534	827	246	1,073	7,312
31	9,416	5,756	3,660	762	230	1,049	7,375
令和2	9,355	5,590	3,765	718	222	1,005	7,410
3	9,320	5,504	3,816	689	216	968	7,447

資料：農林水産省経営局「農業協同組合等現在数統計」（以下イまで同じ。）
注：1　この法人数は、各年3月31日までに行政庁に届け出たものの数値である。
　　2　第1号法人とは、農業に係る共同利用施設の設置又は農作業の共同化に関する事業を行う農事組合法人である。
　　3　第2号法人とは、農業の経営（これと併せて行う林業の経営を含む。）を行う農事組合法人である。
　　4　第1号及び第2号法人とは、上記1号・2号の事業を併せて行う農事組合法人である。

　イ　主要業種別農事組合法人数

単位：法人

年次		単一作目									複合作目
		畜産				果樹	野菜	工芸	普通作	養蚕	
		酪農	肉用牛	養豚	養鶏						
平成29年	6,226	328	321	245	192	383	641	307	2,779	44	3,423
30	5,924	293	279	202	154	349	566	277	2,924	35	3,534
31	5,756	267	256	180	142	341	531	264	2,974	21	3,660
令和2	5,590	253	242	162	132	311	499	236	3,000	14	3,765
3	5,504	239	231	153	124	300	485	233	3,024	11	3,816

5 集落営農（各年2月1日現在）
(1) 組織形態別集落営農数

単位：集落営農

年次 ・ 都道府県	計	法人					非法人
			会社			その他	
		農事組合法人	株式会社	合名・合資・ 合同会社			
平成31年	14,949	4,665	569	41	26	9,648
令和2	14,832	4,788	597	43	30	9,374
3（概数値）	14,490	4,885	600	48	31	8,926
北海道	222	19	22	2	－	179
青森	180	60	2	－	－	118
岩手	610	178	23	1	2	406
宮城	830	168	60	1	－	601
秋田	744	274	31	2	－	437
山形	479	127	13	－	2	337
福島	408	40	24	6	1	337
茨城	140	22	10	－	－	108
栃木	234	38	3	－	－	193
群馬	116	95	－	－	1	20
埼玉	79	27	5	－	－	47
千葉	85	56	4	－	－	25
東京	－	－	－	－	－	－
神奈川	5	－	1	－	－	4
新潟	719	302	78	1	－	338
富山	710	465	6	－	－	239
石川	293	136	21	1	－	135
福井	592	220	34	10	3	325
山梨	5	2	－	－	－	3
長野	358	77	24	2	7	248
岐阜	318	167	25	－	6	120
静岡	29	4	2	－	－	23
愛知	105	11	－	1	2	91
三重	307	69	7	2	1	228
滋賀	704	355	4	3	－	343
京都	342	45	42	3	－	252
大阪	7	－	－	－	－	7
兵庫	895	99	52	1	2	741
奈良	38	10	2	1	－	25
和歌山	8	1	－	－	－	7
鳥取	312	79	3	1	1	228
島根	539	241	8	3	－	287
岡山	274	83	3	－	－	188
広島	655	234	30	4	1	386
山口	329	225	11	2	－	91
徳島	26	9	1	－	－	16
香川	237	111	－	1	－	125
愛媛	123	48	6	－	－	69
高知	183	28	4	－	1	150
福岡	562	281	5	－	－	276
佐賀	508	84	1	－	1	422
長崎	102	58	－	－	－	44
熊本	400	91	8	1	－	300
大分	464	193	14	－	－	257
宮崎	104	26	6	－	－	72
鹿児島	103	27	5	－	－	71
沖縄	7	－	－	－	－	7

資料：農林水産省統計部「集落営農実態調査」（以下(8)まで同じ。）
注：1 集落営農とは、「集落」を単位として、農業生産過程における一部又は全部についての
  共同化・統一化に関する合意の下に実施される営農（農業用機械の所有のみを共同で行う
  取組及び栽培協定又は用排水の管理の合意のみの取組を行うものを除く。）である。
 2 東日本大震災の影響により、宮城県、福島県において営農活動を休止している又は営農
  活動の状況が把握できなかった集落営農については、当該県の結果には含まない。

(2)　現況集積面積（経営耕地面積＋農作業受託面積）規模別集落営農数

単位：集落営農

年次・都道府県	計	5ha未満	5～10	10～20	20～30	30～50	50～100	100ha以上
平成31年	14,949	2,025	2,104	3,479	2,544	2,562	1,586	649
令和2	14,832	2,004	2,037	3,437	2,537	2,639	1,522	656
3（概数値）	**14,490**	**1,983**	**1,967**	**3,268**	**2,555**	**2,555**	**1,503**	**659**
北海道	222	10	6	8	8	11	26	153
青森	180	5	16	37	34	34	39	15
岩手	610	43	46	103	81	160	129	48
宮城	830	48	86	165	135	191	159	46
秋田	744	13	43	144	180	201	129	34
山形	479	55	70	73	62	85	83	51
福島	408	61	54	81	81	67	52	12
茨城	140	5	22	27	25	32	24	5
栃木	234	19	22	33	47	58	47	8
群馬	116	5	7	20	31	30	20	3
埼玉	79	8	2	19	15	18	11	6
千葉	85	8	4	18	17	16	18	4
東京	-	-	-	-	-	-	-	-
神奈川	5	4	-	1	-	-	-	-
新潟	719	52	76	171	151	164	88	17
富山	710	25	61	140	173	230	67	14
石川	293	20	39	73	77	57	26	1
福井	592	57	80	137	124	119	59	16
山梨	5	1	3	1	-	-	-	-
長野	358	83	49	44	40	49	51	42
岐阜	318	38	34	62	43	72	50	19
静岡	29	10	8	3	1	4	2	1
愛知	105	13	14	23	11	18	12	14
三重	307	56	48	56	51	54	33	9
滋賀	704	173	107	179	123	86	31	5
京都	342	161	69	70	24	12	6	-
大阪	7	5	-	-	-	1	1	-
兵庫	895	272	203	247	102	53	15	3
奈良	38	9	8	10	4	4	2	1
和歌山	8	1	1	2	1	3	-	-
鳥取	312	59	53	101	50	37	9	3
島根	539	95	142	173	70	38	17	4
岡山	274	57	56	88	48	22	3	-
広島	655	110	94	177	134	97	38	5
山口	329	28	36	108	72	55	20	10
徳島	26	5	12	5	4	-	-	-
香川	237	58	72	68	14	12	9	4
愛媛	123	18	19	36	18	19	9	4
高知	183	104	38	18	18	3	2	-
福岡	562	15	61	146	115	136	61	28
佐賀	508	4	24	97	135	141	70	37
長崎	102	14	12	37	20	8	6	5
熊本	400	8	40	104	96	88	44	20
大分	464	113	103	130	78	31	9	-
宮崎	104	11	12	16	25	17	16	7
鹿児島	103	24	15	17	15	21	8	3
沖縄	7	-	-	-	2	1	2	2

5 集落営農(各年2月1日現在) (続き)
(3) 農産物等の生産・販売活動別集落営農数(複数回答)

単位:集落営農

年次・全国農業地域	計(実数)	農産物等の生産・販売活動(複数回答)						
		小計(実数)	水稲・陸稲を生産・販売	麦、大豆、てん菜、原料用ばれいしょのうち、いずれかを生産・販売	そばを生産・販売	野菜を生産・販売	その他の作物(畜産物を含む。)を生産・販売	農産加工品の生産・販売
平成31年	14,949	11,587	9,237	6,630	…	…	5,608	617
令和2	14,832	11,551	9,213	6,582	…	…	5,684	624
3(概数値)	14,490	11,443	9,212	6,439	1,617	2,395	4,547	631
北海道	222	75	18	35	30	23	40	4
東北	3,251	2,765	2,026	1,297	537	600	1,261	112
北陸	2,314	2,075	1,854	1,190	406	530	646	81
関東・東山	1,022	922	581	590	228	131	304	86
東海	759	580	489	359	35	96	166	37
近畿	1,994	1,520	1,223	861	111	331	566	74
中国	2,109	1,371	1,221	603	177	394	745	151
四国	569	381	298	196	6	92	167	28
九州	2,243	1,754	1,502	1,308	87	198	652	58
沖縄	7	−	−	−	−	−	−	−

(4) 農産物等の生産・販売以外の活動別集落営農数(複数回答)

単位:集落営農

年次・全国農業地域	計(実数)	農産物等の生産・販売以外の活動(複数回答)				集落内の営農を一括管理・運営している
		機械の共同所有・共同利用を行う	防除・収穫等の農作業受託を行う	農家の出役により、共同で農作業(農業機械を利用した農作業以外)を行う	作付け地の団地化など、集落内の土地利用調整を行う	
平成31年	14,949	12,054	6,499	7,574	8,498	4,191
令和2	14,832	12,014	6,528	7,670	8,429	4,182
3(概数値)	14,490	12,746	6,494	7,469	8,214	4,128
北海道	222	208	92	101	36	27
東北	3,251	2,635	991	1,648	2,042	812
北陸	2,314	2,216	799	1,606	1,492	856
関東・東山	1,022	880	429	523	565	294
東海	759	623	460	401	488	266
近畿	1,994	1,744	1,354	1,039	1,171	532
中国	2,109	1,980	1,132	1,009	944	697
四国	569	527	307	209	129	64
九州	2,243	1,926	924	933	1,347	580
沖縄	7	7	6	−	−	−

(5) 経理の共同化の状況別集落営農数（複数回答）

単位：集落営農

年次・全国農業地域	計（実数）	いずれかの収支に係る経理を共同で行っている（複数回答）						
		小計	農業機械の利用・管理に係る収支	オペレータなどの賃金等に係る収支	資材の購入に係る収支	生産物の出荷・販売に係る収支	農業共済に係る収支	農業経営収入保険に係る収支
平成31年	14,949	14,119	12,723	12,624	11,742	11,510	10,897	
令和2	14,832	14,139	13,069	12,660	11,779	11,513	10,850	
3（概数値）	14,490	14,066	13,391	12,435	11,631	11,403	8,944	1,784
北海道	222	219	211	197	121	75	74	7
東北	3,251	3,094	2,929	2,759	2,793	2,759	2,049	404
北陸	2,314	2,311	2,296	2,298	2,167	2,075	1,778	452
関東・東山	1,022	994	951	879	912	922	625	166
東海	759	674	643	625	624	580	490	61
近畿	1,994	1,942	1,791	1,581	1,454	1,516	1,340	82
中国	2,109	2,063	2,025	1,722	1,409	1,359	892	351
四国	569	558	533	474	384	376	235	75
九州	2,243	2,204	2,005	1,893	1,767	1,741	1,461	186
沖縄	7	7	7	7	−	−	−	−

(6) 経営所得安定対策への加入状況

単位：集落営農

年次・全国農業地域	計	加入している	加入していない
平成31年	14,949	10,433	4,516
令和2	14,832	10,347	4,485
3（概数値）	14,490	10,070	4,420
北海道	222	56	166
東北	3,251	2,596	655
北陸	2,314	1,851	463
関東・東山	1,022	852	170
東海	759	490	269
近畿	1,994	1,145	849
中国	2,109	1,166	943
四国	569	264	305
九州	2,243	1,650	593
沖縄	7	−	7

5 集落営農（各年2月1日現在）（続き）
(7) 人・農地プランにおける位置付け状況

単位：集落営農

年次・ 全国農業地域	計	中心経営体として 位置づけられてい る	中心経営体として 位置づけられてい ない
平成31年	14,949	8,782	6,167
令和2	14,832	8,989	5,843
3（概数値）	**14,490**	**9,346**	**5,144**
北海道	222	86	136
東北	3,251	1,973	1,278
北陸	2,314	1,795	519
関東・東山	1,022	730	292
東海	759	460	299
近畿	1,994	1,038	956
中国	2,109	1,220	889
四国	569	370	199
九州	2,243	1,674	569
沖縄	7	－	7

(8) 人・農地プランの実質化の状況（令和3年）

単位：集落営農

年次・ 全国農業地域	計	実質化 している	実質化 していない
全国（概算値）	**14,490**	**5,568**	**8,922**
北海道	222	70	152
東北	3,251	1,406	1,845
北陸	2,314	1,431	883
関東・東山	1,022	269	753
東海	759	305	454
近畿	1,994	568	1,426
中国	2,109	591	1,518
四国	569	127	442
九州	2,243	801	1,442
沖縄	7	－	7

6 新規就農者

(1) 年齢別就農形態別新規就農者数（令和2年）

単位：人

区分	男女計						
	計	新規自営農業就農者		新規雇用就農者			新規参入者
			新規学卒就農者	小計	農家出身	非農家出身	
計	53,740	40,100	1,130	10,050	1,260	8,790	3,580
49歳以下	18,380	8,440	1,130	7,360	780	6,580	2,580
15～19歳	990	290	270	690	40	650	10
20～29	5,480	2,190	820	2,810	300	2,510	480
30～39	5,810	2,740	50	2,000	200	1,800	1,070
40～49	6,110	3,230	–	1,860	250	1,620	1,020
50～59	7,300	5,620	–	1,220	190	1,040	460
60～64	9,030	8,050	–	780	120	650	200
65歳以上	19,030	17,990	–	700	170	520	340

区分	男						
	計	新規自営農業就農者		新規雇用就農者			新規参入者
			新規学卒就農者	小計	農家出身	非農家出身	
計	38,800	29,550	920	6,300	900	5,390	2,950
49歳以下	12,950	6,070	920	4,770	630	4,130	2,120
15～19歳	710	250	230	450	30	420	10
20～29	4,160	1,660	640	2,090	280	1,820	410
30～39	4,050	1,920	50	1,260	150	1,110	870
40～49	4,040	2,240	–	970	180	790	830
50～59	4,730	3,720	–	630	90	540	370
60～64	6,440	5,850	–	420	80	340	170
65歳以上	14,680	13,910	–	480	100	380	290

区分	女						
	計	新規自営農業就農者		新規雇用就農者			新規参入者
			新規学卒就農者	小計	農家出身	非農家出身	
計	14,940	10,550	210	3,760	360	3,400	630
49歳以下	5,430	2,370	210	2,590	150	2,450	460
15～19歳	280	40	40	240	10	240	0
20～29	1,320	540	180	710	20	690	70
30～39	1,760	820	–	750	50	700	200
40～49	2,070	990	–	890	70	830	190
50～59	2,570	1,890	–	590	100	490	80
60～64	2,600	2,200	–	360	50	320	30
65歳以上	4,350	4,090	–	210	70	140	50

資料：農林水産省統計部「令和2年新規就農者調査」
注：1 新規自営農業就農者とは、個人経営体の世帯員で、調査期日前1年間の生活の主な状態が、「学生」から「自営農業への従事が主」になった者及び「他に雇われて勤務が主」から「自営農業への従事が主」になった者をいう。
　　2 新規雇用就農者とは、調査期日前1年間に新たに法人等に常雇い（年間7か月以上）として雇用されることにより、農業に従事することとなった者（外国人技能実習生及び特定技能で受け入れた外国人並びに雇用される直前の就業状態が農業従事者であった場合を除く。）をいう。
　　3 新規参入者とは、土地や資金を独自に調達（相続・贈与等により親の農地を譲り受けた場合を除く。）し、調査期日前1年間に新たに農業経営を開始した経営の責任者及び共同経営者をいう。

6 新規就農者（続き）

(2) 卒業者の農林業就業者数（各年3月卒業）

単位：人

区分	農業、林業就業者		区分	農業、林業就業者	
	平成31年	令和2		平成31年	令和2
中学校			大学		
計	(70)	(76)	計	1,055	1,000
男	(59)	(65)	男	692	649
女	(11)	(11)	女	363	351
特別支援学校中学部			大学院修士課程		
計	(1)	(1)	計	178	177
男	(1)	(-)	男	124	129
女	(-)	(1)	女	54	48
高等学校（全日・定時制）			大学院博士課程		
計	1,357	1,260	計	26	29
男	936	879	男	21	19
女	421	381	女	5	10
高等学校（通信制）			大学院専門職学位課程		
計	99	109	計	1	4
男	72	79	男	1	3
女	27	30	女	-	1
中等教育学校（後期課程）			短期大学		
計	-	-	計	80	60
男	-	-	男	47	34
女	-	-	女	33	26
特別支援学校高等部			高等専門学校		
計	116	93	計	2	-
男	99	72	男	2	-
女	17	21	女	-	-

資料：文部科学省総合教育政策局「学校基本調査」

注：1 卒業後の状況調査における、産業別の就職者数である。

　　2 進学しかつ就職した者を含む。

　　3 中学校及び特別支援学校（中学部）は漁業就業者の区分をされていないため、農業・林業を含む一次産業への就業者を（　）で掲載した。

7 女性の就業構造・経営参画状況

(1) 基幹的農業従事者等に占める女性の割合

単位：千人

区分	平成7年	12	17	22	27	令和2
総人口	125,570.2	126,925.8	127,768.0	128,057.4	127,094.7	126,226.6
うち女性	63,995.8	64,815.1	65,419.0	65,729.6	65,253.0	64,866.6
女性の割合（%）	51.0	51.1	51.2	51.3	51.3	51.4
1) 世帯員数	12,037.3	10,467.4	8,370.5	6,503.2	4,904.2	3,489.7
うち女性	6,157.6	5,338.4	4,254.8	3,294.3	2,461.7	1,724.8
女性の割合（%）	51.2	51.0	50.8	50.7	50.2	49.4
1) 基幹的農業従事者数	2,560.0	2,399.6	2,240.7	2,051.4	1,756.8	1,363.0
うち女性	1,188.2	1,139.9	1,026.5	903.4	750.8	540.9
女性の割合（%）	46.4	47.5	45.8	44.0	42.7	39.7

資料：総人口は、総務省統計局「国勢調査」（各年10月1日現在）
　　　総人口以外は、農林水産省統計部「農林業センサス」（各年2月1日現在）
注：1)は、平成7～22年は販売農家、平成27～令和2年は個人経営体の数値である。

(2) 経営方針の決定参画者の有無別経営体数（個人経営体）
（令和2年2月1日現在）

単位：経営体

区分	経営方針の決定参画者がいる				いない
		男女の経営方針決定参画者がいる	男の経営方針決定参画者がいる	女の経営方針決定参画者がいる	
男の経営者	348,271	73,721	37,365	237,185	627,788
女の経営者	17,746	3,305	12,223	2,218	43,537

資料：農林水産省統計部「2020年農林業センサス」

(3) 認定農業者に占める女性の割合（各年3月末現在）

単位：人、%

区分	平成28年	29	30	31	令和2
認定農業者　　　　a	246,085	242,304	240,665	239,043	233,806
うち女性　　　　　b	11,241	11,102	11,327	11,493	11,738
うち女性のみ	6,081	5,870	5,853	5,921	5,869
1)うち夫婦共同申請	5,160	5,232	5,474	5,572	5,869
女性の比率　b/a（%）	4.6	4.6	4.7	4.8	5.0

資料：農林水産省経営局資料
注：1)は、夫婦での共同申請である。

(4) 家族経営協定締結農家数（各年3月31日現在）

単位：戸

区分	平成28	29	30	31	令和2
全国	56,397	57,155	57,605	58,182	58,799

資料：農林水産省経営局「家族経営協定に関する実態調査」

8 農業委員会、農協への女性の参画状況

単位：人

区分	平成28年	29	30	令和元	2
農業委員数	33,174	26,119	23,196	23,125	23,201
男	30,503	23,346	20,449	20,337	20,340
女	2,671	2,773	2,747	2,788	2,861
農協個人正組合員数	4,348,560	4,283,685	4,225,505	4,154,980	‥
男	3,409,277	3,343,334	3,280,089	3,214,195	‥
女	939,283	940,351	945,416	940,785	‥
農協役員数	17,542	17,272	16,916	16,241	‥
男	16,232	15,945	15,569	14,883	‥
女	1,310	1,327	1,347	1,358	‥

資料：農業委員数は、農林水産省経営局資料
　　　農業委員数以外は、農業協同組合及び同連合会一斉調査結果
注：　農業委員数は、各年10月1日現在である。農協（総合農協）は、各年4月1日～翌年3月末
　　までの間に終了した事業年度ごとの数値である。

9 農業者年金への加入状況
(1) 加入区分別（各年度末現在）

単位：人

区分	被保険者総数	通常加入	政策支援加入						6)未分類
			小計	1)区分1	2)区分2	3)区分3	4)区分4	5)区分5	
平成28年度	47,615	35,376	12,007	5,247	266	6,181	282	31	232
29	47,208	35,276	11,697	5,030	359	6,044	238	26	235
30	46,942	35,291	11,418	4,942	435	5,898	124	19	233
令和元	46,327	35,127	10,899	4,767	407	5,600	106	19	301
2	45,862	35,130	10,478	4,716	371	5,293	81	17	254

資料：農業者年金基金調べ（以下(2)まで同じ。）
注：　1)は、認定農業者及び青色申告者の両方に該当している者である。
　　　2)は、認定就農者及び青色申告者の両方に該当している者である。
　　　3)は、区分1又は区分2の者と家族経営協定を締結した配偶者又は直系卑属である。
　　　4)は、認定農業者又は青色申告者のどちらか一方に該当し、3年以内に区分1に該当することを約束
　　した者である。
　　　5)は、農業を営む者の直系卑属の後継者（35歳未満）であって、35歳まで（25歳未満の者は10年以内）
　　に区分1に該当することを約束した者である。
　　　6)は、これまで加入していた区分で政策支援加入が不該当になり、新たな保険料額の決定がなされて
　　いない者である。

(2) 年齢階層別被保険者数（令和2年度末現在）

単位：人

区分	計	20～29歳	30～39	40～49	50～59歳
被保険者数	45,862	2,054	11,181	16,732	15,895

Ⅵ　農業経営

【参考】　営農類型別経営統計

○調査対象区分の見直し

　営農類型別経営統計は、令和元年調査から、農業経営における法人化推進の動きを踏まえ、平成30年までは個別経営体に含んでいた一戸一法人を組織法人経営体に統合し、新たに個人経営体と法人経営体の区分に変更した。

新旧調査対象区分の比較

注：法人経営体のうち組織法人は、農事組合法人及び会社組織による経営体をいう。

＜令和元年調査結果＞

○全農業経営体の農業経営収支

○全農業経営体の営農類型別にみた農業所得（全国・1経営体当たり）

Ⅵ 農業経営

1 営農類型別にみた農業所得等の比較（令和元年）
(1) 全農業経営体（全国・1経営体当たり平均）

単位：千円

区分	農業粗収益	農業経営費	農業所得
全農業経営体	9,253	8,065	1,188
水田作経営	3,272	3,097	175
畑作経営	11,803	9,634	2,169
露地野菜作経営	9,413	7,777	1,636
施設野菜作経営	15,981	12,197	3,784
果樹作経営	6,285	4,466	1,819
露地花き作経営	7,813	6,160	1,653
施設花き作経営	18,079	15,366	2,713
酪農経営	84,639	74,529	10,110
繁殖牛経営	17,415	14,040	3,375
肥育牛経営	122,678	119,600	3,078
養豚経営	219,300	207,637	11,663
採卵養鶏経営	212,769	226,589	△ 13,820
ブロイラー養鶏経営	143,966	124,640	19,326

資料： 農林水産省統計部「農業経営統計調査報告 経営形態別経営統計」、「農業経営統計調査報告 営農類型別経営統計」（以下、（3）まで同じ。）

注：1 全農業経営体とは、個人経営体と法人経営体の合計である。
  2 営農類型別経営統計は、農業生産物の販売を目的とする農業経営体の作物別販売収入を「水田作」、「畑作」、「露地野菜作」等に区分し、最も収入が大きい区分により経営体を営農類型別に分類し集計したものである。
  なお、「水田（畑）作」の収入は、稲、麦類、雑穀、いも類、豆類及び工芸農作物のうち、水田（畑）で作付けした作物の収入である。

(2) 個人経営体 (全国・1経営体当たり平均)

単位：千円

区分	農業粗収益	農業経営費	農業所得
個人経営体	**6,617**	**5,481**	**1,136**
水田作経営	2,717	2,595	122
畑作経営	10,069	7,818	2,251
野菜作経営	10,653	8,077	2,576
露地野菜作経営	8,395	6,649	1,746
施設野菜作経営	14,637	10,600	4,037
果樹作経営	6,040	4,223	1,817
花き作経営	11,380	8,810	2,570
露地花き作経営	6,897	5,191	1,706
施設花き作経営	14,358	11,216	3,142
酪農経営	61,905	53,639	8,266
肉用牛経営	24,361	21,227	3,134
繁殖牛経営	16,082	12,784	3,298
肥育牛経営	64,672	62,331	2,341
養豚経営	56,977	50,886	6,091
採卵養鶏経営	34,602	33,944	658
ブロイラー養鶏経営	80,289	73,627	6,662

注： 1 個人経営体とは、世帯による農業経営を行う農業経営体のうち、法人格を有しない経営体を
　　　いう。
　　 2 野菜作経営及び花き作経営は、更に露地・施設別に収入が大きい区分に分類し、肉用牛経営は、
　　　繁殖牛・肥育牛別に飼養頭数が多い区分に分類し集計している。

(3) 法人経営体 (全国・1経営体当たり平均)

単位：千円

区分	農業粗収益	農業経営費	農業所得
法人経営体	**109,429**	**106,552**	**2,877**
水田作経営	42,169	38,191	3,978
畑作経営	46,856	46,626	230
露地野菜作経営	52,844	56,042	△ 3,198
施設野菜作経営	52,744	55,625	△ 2,881
果樹作経営	26,217	25,348	869
露地花き作経営	39,393	39,650	△ 257
施設花き作経営	69,689	72,906	△ 3,217
酪農経営	254,858	231,007	23,851
繁殖牛経営	84,677	77,234	7,443
肥育牛経営	373,174	366,921	6,253
養豚経営	391,448	373,878	17,570
採卵養鶏経営	420,163	450,836	△ 30,673
ブロイラー養鶏経営	296,956	247,197	49,759

注： 法人経営体は、法人格を有する農業経営体をいい、具体的には会社法（平成17年法律第86号）に基
　　づく株式会社、合名・合資会社及び合同会社並びに農業協同組合法（平成22年法律第132号）に基づ
　　く農事組合法人等が該当する。

2 農業経営総括表（令和元年）
（全農業経営体・1経営体当たり平均）

区　　分	事業					
	事業収入	事業支出	営業利益	付加価値額	事業従事者	労働生産性 （事業従事者 1人当たり付 加価値額）
	千円	千円	千円	千円	人	千円
全国	13,225	12,400	825	2,959	4.27	693
北海道	34,049	34,034	15	12,546	6.55	1,915
都府県	12,378	11,523	855	2,565	4.18	614
東北	7,857	7,501	356	2,066	4.61	448
北陸	6,402	6,279	123	2,239	4.20	533
関東・東山	10,861	9,491	1,370	3,094	4.17	742
東海	10,616	9,051	1,565	3,417	4.01	852
近畿	6,540	6,021	519	1,465	3.63	404
中国	6,516	6,737	△ 221	1,264	3.99	317
四国	42,793	40,837	1,956	2,685	3.68	730
九州	13,839	12,929	910	3,636	4.57	796
沖縄	4,242	3,531	711	1,702	2.87	593

区　　分	農業			農業生産関連事業		
	粗収益	経営費	所得	収入	支出	所得
	千円	千円	千円	千円	千円	千円
全国	9,253	8,065	1,188	287	241	46
北海道	40,476	34,022	6,454	35	56	△ 21
都府県	7,987	7,008	979	296	249	47
東北	7,601	6,685	916	69	68	1
北陸	6,659	5,931	728	123	117	6
関東・東山	8,868	7,702	1,166	318	271	47
東海	9,233	8,072	1,161	169	155	14
近畿	4,549	3,983	566	258	239	19
中国	5,229	4,888	341	1,457	1,080	377
四国	3,934	3,431	503	159	178	△ 19
九州	14,066	12,293	1,773	111	105	6
沖縄	4,025	3,146	879	41	33	8

資料： 農林水産省統計部「農業経営統計調査報告　経営形態別経営統計」
注：1 付加価値額＝（事業収入＋制度受取金）－（事業支出－（農業の雇人費＋農業の地代・賃借料
　　　　＋農業の利子割引料＋農業生産関連事業の雇人費）
　　2 労働生産性＝付加価値額÷事業従事者数
　　3 農業所得＝農業粗収益－農業経営費
　　4 農業生産関連事業所得＝農業生産関連事業収入－農業生産関連事業支出

3 農業経営の分析指標（令和元年）
（全農業経営体・1経営体当たり平均）

区　　分	農業依存度	農業所得率	付加価値額	付加価値率	農業固定資産	
					装備率	回転率
	％	％	千円	％	千円	回
全国	**69.8**	**12.8**	**2,480**	**26.8**	**1,324**	**1.67**
北海道	92.5	15.9	11,984	29.6	3,208	1.93
都府県	65.7	12.3	2,099	26.3	1,198	1.62
東北	88.9	12.1	1,979	26.0	1,172	1.44
北陸	86.1	10.9	2,149	32.3	1,040	1.54
関東・東山	60.4	13.1	2,337	26.4	1,325	1.65
東海	55.8	12.6	2,506	27.1	1,321	1.76
近畿	66.0	12.4	1,150	25.3	1,125	1.15
中国	55.0	6.5	1,152	22.0	701	1.94
四国	23.5	12.8	1,038	26.4	672	1.64
九州	89.1	12.6	3,544	25.2	1,726	1.79
沖縄	87.4	21.8	1,725	42.9	488	2.88

区　　分	収益性（農業）			生産性（農業）		
	農業労働収益性 （農業従事者 1人当たり 農業所得）	農業固定資産額 千円当たり 農業所得	経営耕地面積 10a当たり 農業所得	農業労働生産性 （農業従事者 1人当たり 付加価値額）	農業固定資産額 千円当たり 付加価値額	経営耕地面積 10a当たり 付加価値額
	千円	円	千円	千円	円	千円
全国	**283**	**214**	**35**	**592**	**447**	**74**
北海道	990	309	27	1,838	573	50
都府県	238	199	39	511	426	83
東北	203	173	26	438	374	56
北陸	175	168	19	517	497	57
関東・東山	287	217	46	576	434	93
東海	293	221	56	631	478	121
近畿	161	143	35	328	291	71
中国	88	126	20	299	427	66
四国	141	210	44	291	433	90
九州	389	226	65	779	451	129
沖縄	306	628	35	601	1,232	70

注： 1 農業依存度＝農業所得÷（農業所得＋農業生産関連事業所得＋農外事業所得）×100
　　 2 農業所得率＝農業所得÷農業粗収益×100
　　 3 付加価値額＝農業粗収益－〔農業経営費－（雇人費＋地代・賃借料＋利子割引料）〕
　　 4 農業固定資産装備率＝農業固定資産額÷農業従事者数

4 農業経営収支(令和元年)
(全農業経営体・1経営体当たり平均)

単位：千円

区　分	農業粗収益									
		作物収入								
			稲作	麦類	豆類	いも類	野菜	果樹	工芸農作物	花き
	(1)	(2)	(3)	(4)	(5)	(6)	(7)	(8)	(9)	(10)
全国	9,253	5,069	1,307	61	74	210	1,870	757	269	300
北海道	40,476	16,161	4,571	1,085	1,386	2,165	4,968	247	1,214	251
都府県	7,987	4,619	1,174	19	21	130	1,745	777	230	303
東北	7,601	4,319	1,859	2	22	13	1,097	838	153	144
北陸	6,659	4,963	3,324	13	45	5	769	220	8	193
関東・東山	8,868	5,384	980	34	16	235	2,567	741	137	343
東海	9,233	6,089	775	21	12	7	2,684	642	631	1,102
近畿	4,549	3,208	834	12	34	4	881	1,077	127	211
中国	5,229	2,252	803	15	28	4	628	650	8	43
四国	3,934	2,893	436	7	0	109	1,273	888	13	94
九州	14,066	6,501	646	42	23	454	2,950	1,006	646	418
沖縄	4,025	2,662	9	－	1	17	858	247	1,266	264

区　分	農業粗収益（続き）							
	畜産収入						農作業受託収入	共済・補助金等受取金
		酪農	肉用牛	養豚	鶏卵	ブロイラー養鶏		
	(11)	(12)	(13)	(14)	(15)	(16)	(17)	(18)
全国	3,114	986	964	530	401	161	99	794
北海道	16,564	9,622	3,889	709	817	－	260	6,981
都府県	2,570	635	846	523	384	168	93	541
東北	2,402	569	721	442	466	196	108	631
北陸	775	179	122	94	357	－	148	658
関東・東山	2,752	1,123	499	702	390	21	77	492
東海	2,394	839	625	332	533	32	169	485
近畿	813	306	433	－	49	24	97	312
中国	1,911	419	568	238	680	－	86	499
四国	746	140	274	156	103	62	35	152
九州	6,445	766	2,940	1,489	398	836	60	935
沖縄	1,079	－	1,065	14	－	－	127	133

4 農業経営収支(令和元年)
(全農業経営体・1経営体当たり平均) (続き)

単位：千円

区 分	農業経営費							
		雇人費	種苗費	もと畜費	肥料費	飼料費	農薬衛生費	諸材料費
	(19)	(20)	(21)	(22)	(23)	(24)	(25)	(26)
全国	8,065	837	248	507	420	1,247	431	324
北海道	34,022	2,753	1,056	2,343	2,414	5,525	1,778	1,113
都府県	7,008	759	215	432	339	1,073	377	292
東北	6,685	682	175	384	343	928	404	289
北陸	5,931	670	292	43	392	343	351	249
関東・東山	7,702	884	298	374	342	1,188	417	359
東海	8,072	1,001	252	335	431	1,062	420	367
近畿	3,983	403	149	229	284	305	214	145
中国	4,888	534	109	365	200	1,068	226	153
四国	3,431	385	122	171	210	300	194	172
九州	12,293	1,211	262	1,251	473	2,544	596	446
沖縄	3,146	415	56	34	209	319	193	55

区 分	農業経営費 (続き)								
	動力光熱費	修繕費	農具費	作業用衣料費	地代・賃借料	土地改良費	租税公課	利子割引料	農業雑支出
	(27)	(28)	(29)	(30)	(31)	(32)	(33)	(34)	(35)
全国	505	410	98	28	425	65	239	30	714
北海道	1,341	1,800	237	57	2,559	305	959	218	3,987
都府県	471	354	92	26	339	55	209	22	581
東北	388	344	91	27	362	90	182	19	563
北陸	363	366	84	20	730	131	183	21	480
関東・東山	480	401	103	31	268	53	246	19	665
東海	700	447	97	31	324	28	291	20	741
近畿	264	271	87	22	173	28	155	8	416
中国	285	260	91	14	255	16	152	22	309
四国	320	181	53	18	145	27	98	5	264
九州	878	475	114	36	506	46	314	54	945
沖縄	206	147	42	10	413	30	57	18	298

5 営農類型別の農業経営（令和元年）
(1) 農業経営収支の総括 （全農業経営体・1経営体当たり平均）

区分		営農類型規模	農業				
			粗収益	共済・補助金等受取金	経営費	共済等の掛金・拠出金	所得
水田作経営（全国）	(1)	225.0	3,272	573	3,097	48	175
北海道	(2)	917.8	16,175	3,766	13,360	258	2,815
都府県	(3)	199.5	2,795	456	2,719	40	76
畑作経営（全国）	(4)	550.5	11,803	1,936	9,634	144	2,169
北海道	(5)	3,374.8	50,690	16,654	39,259	927	11,431
都府県	(6)	232.0	7,414	275	6,294	55	1,120
野菜作経営（全国）	(7)	122.4	11,805	696	9,386	113	2,419
露地野菜作経営	(8)	154.0	9,413	598	7,777	91	1,636
施設野菜作経営	(9)	4,349.8	15,981	870	12,197	151	3,784
果樹作経営（全国）	(10)	95.9	6,285	142	4,466	72	1,819
花き作経営（全国）	(11)	64.6	14,081	181	11,783	86	2,298
露地花き作経営	(12)	69.3	7,813	201	6,160	39	1,653
施設花き作経営	(13)	4,035.3	18,079	168	15,366	116	2,713
酪農経営（全国）	(14)	63.6	84,639	6,378	74,529	1,929	10,110
北海道	(15)	100.3	131,887	13,967	112,447	3,252	19,440
都府県	(16)	50.7	68,026	3,708	61,202	1,464	6,824
肉用牛経営（全国）	(17)	60.4	38,343	2,961	35,022	872	3,321
繁殖牛経営	(18)	23.7	17,415	1,965	14,040	468	3,375
肥育牛経営	(19)	188.4	122,678	6,972	119,600	2,499	3,078
養豚経営（全国）	(20)	3,058.0	219,300	4,314	207,637	2,284	11,663
採卵養鶏経営（全国）	(21)	67,860	212,769	9,664	226,589	2,184	△ 13,820
ブロイラー養鶏経営（全国）	(22)	283,035	143,966	9,854	124,640	508	19,326

資料： 農林水産省統計部「農業経営統計調査報告 営農類型別経営統計」
　　　 （以下（5）まで同じ。）
注：1 農業所得＝農業粗収益－農業経営費
　　 2 農業生産関連事業所得＝農業生産関連事業収入－農業生産関連事業支出
　　 3 農外事業所得とは、農外事業における営業利益のことをいう。
　　 4 農外事業所得＝農外事業収入－農外事業支出

単位：千円

農業生産関連事業			農外事業			
収入	支出	所得	収入	支出	所得	
17	16	1	678	441	237	(1)
0	0	0	43	25	18	(2)
17	16	1	702	456	246	(3)
946	831	115	1,084	727	357	(4)
–	–	–	1,253	118	1,135	(5)
1,054	925	129	1,065	796	269	(6)
250	243	7	21,823	20,350	1,473	(7)
272	253	19	2,935	2,147	788	(8)
213	226	△ 13	54,738	52,070	2,668	(9)
373	337	36	1,910	1,652	258	(10)
72	73	△ 1	2,022	1,522	500	(11)
5	6	△ 1	3,380	2,950	430	(12)
115	113	2	1,155	610	545	(13)
615	615	0	538	9	529	(14)
4	5	△ 1	1,517	30	1,487	(15)
831	829	2	194	1	193	(16)
17	28	△ 11	727	437	290	(17)
11	13	△ 2	475	284	191	(18)
42	89	△ 47	1,740	1,051	689	(19)
11,390	11,954	△ 564	18,247	16,544	1,703	(20)
15,913	11,270	4,643	16,225	8,595	7,630	(21)
42,402	24,820	17,582	264	18,665	△ 18,401	(22)

5 営農類型別の農業経営（令和元年）（続き）
(2) 農業粗収益（全農業経営体・1経営体当たり平均）

農業粗収益

区分		計		作物収入					
				稲作	麦類	豆類	いも類	野菜	果樹
水田作経営（全国）	(1)	3,272	2,448	1,981	37	50	43	215	25
北海道	(2)	16,175	12,134	8,320	369	606	878	1,382	60
都府県	(3)	2,795	2,089	1,748	24	29	12	171	24
畑作経営（全国）	(4)	11,803	9,228	234	469	595	2,726	1,089	27
北海道	(5)	50,690	32,465	357	4,567	5,654	9,661	5,394	18
都府県	(6)	7,414	6,605	219	7	24	1,944	604	28
野菜作経営（全国）	(7)	11,805	10,899	712	55	35	110	9,772	76
露地野菜作経営	(8)	9,413	8,667	602	50	37	143	7,581	72
施設野菜作経営	(9)	15,981	14,792	905	63	33	53	13,592	83
果樹作経営（全国）	(10)	6,285	6,055	202	0	0	1	169	5,659
花き作経営（全国）	(11)	14,081	13,823	428	–	1	7	406	25
露地花き作経営	(12)	7,813	7,471	476	–	3	3	308	31
施設花き作経営	(13)	18,079	17,876	397	–	–	10	469	20
酪農経営（全国）	(14)	84,639	1,190	251	87	104	146	171	–
北海道	(15)	131,887	2,624	32	316	373	561	344	–
都府県	(16)	68,026	681	327	7	9	–	109	–
肉用牛経営（全国）	(17)	38,343	1,512	934	81	136	54	172	29
繁殖牛経営	(18)	17,415	1,279	723	88	145	51	150	21
肥育牛経営	(19)	122,678	2,436	1,783	54	100	66	261	59
養豚経営（全国）	(20)	219,300	1,488	448	37	23	344	556	64
採卵養鶏経営（全国）	(21)	212,769	249	29	3	–	–	190	26
ブロイラー養鶏経営（全国）	(22)	143,966	191	132	–	0	2	52	1

単位：千円

工芸農作物	花き	畜産収入						その他	共済・補助金等受取金	
			酪農	肉用牛	養豚	鶏卵	ブロイラー養鶏			
32	21	6	−	6	−	0	−	818	573	(1)
122	287	39	−	39	−	−	−	4,002	3,766	(2)
29	11	5	−	5	−	0	−	701	456	(3)
3,998	11	140	−	140	−	−	−	2,435	1,936	(4)
6,374	11	323	−	323	−	−	−	17,902	16,654	(5)
3,729	11	119	−	119	−	−	−	690	275	(6)
33	45	24	−	19	1	3	−	882	696	(7)
49	50	21	−	18	−	3	−	725	598	(8)
8	35	27	−	22	2	1	−	1,162	870	(9)
6	9	1	−	−	−	−	−	229	142	(10)
15	12,875	−	−	−	−	−	−	258	181	(11)
40	6,565	−	−	−	−	−	−	342	201	(12)
−	16,900	−	−	−	−	−	−	203	168	(13)
101	−	75,750	75,116	570	−	−	−	7,699	6,378	(14)
388	−	111,143	110,378	752	−	−	−	18,120	13,967	(15)
−	−	63,311	62,720	508	−	−	−	4,034	3,708	(16)
79	0	33,499	99	33,199	64	22	−	3,332	2,961	(17)
88	0	13,874	84	13,625	80	27	−	2,262	1,965	(18)
38	−	112,599	156	112,099	−	−	−	7,643	6,972	(19)
−	−	211,355	710	5	204,452	5,611	−	6,457	4,314	(20)
−	−	203,234	−	−	−	200,151	−	9,286	9,664	(21)
−	−	113,860	−	276	−	−	113,583	29,915	9,854	(22)

5 営農類型別の農業経営（令和元年）（続き）
(3) 農業経営費（全農業経営体・1経営体当たり平均）

農業

区分		雇人費	種苗費	もと畜費	肥料費	飼料費	農薬衛生費	諸材料費
水田作経営（全国）	(1)	3,097	206	128	0	275	2	221	98
北海道	(2)	13,360	557	540	1	1,306	2	991	566
都府県	(3)	2,719	193	113	0	237	2	193	81
畑作経営（全国）	(4)	9,634	1,054	425	16	1,235	30	912	352
北海道	(5)	39,259	2,635	2,807	89	5,777	119	3,941	903
都府県	(6)	6,294	876	157	8	723	19	570	290
野菜作経営（全国）	(7)	9,386	1,359	469	1	699	6	494	713
露地野菜作経営	(8)	7,777	1,035	446	1	660	5	488	521
施設野菜作経営	(9)	12,197	1,924	509	1	768	7	506	1,048
果樹作経営（全国）	(10)	4,466	578	63	–	260	0	451	285
花き作経営（全国）	(11)	11,783	1,983	1,058	0	481	–	515	999
露地花き作経営	(12)	6,160	1,069	479	0	367	–	471	337
施設花き作経営	(13)	15,366	2,566	1,428	0	553	–	542	1,420
酪農経営（全国）	(14)	74,529	6,047	411	3,472	1,247	31,272	2,551	1,855
北海道	(15)	112,447	9,779	772	5,701	3,686	39,365	2,291	3,284
都府県	(16)	61,202	4,735	284	2,688	390	28,428	2,643	1,352
肉用牛経営（全国）	(17)	35,022	1,533	215	12,081	381	9,683	980	659
繁殖牛経営	(18)	14,040	618	239	1,070	381	3,888	738	401
肥育牛経営	(19)	119,600	5,222	114	56,463	380	33,045	1,956	1,697
養豚経営（全国）	(20)	207,637	27,524	121	9,479	177	96,512	10,711	2,133
採卵養鶏経営（全国）	(21)	226,589	28,960	8	27,487	3	107,412	2,313	2,533
ブロイラー養鶏経営（全国）	(22)	124,640	7,459	16	20,414	51	70,534	2,582	1,627

単位：千円

経営費

動力光熱費	修繕費	農具費	作業用衣料費	地代・賃借料	土地改良費	租税公課	利子割引料	農業雑支出	共済等の掛金・拠出金	
199	267	66	15	346	78	126	9	295	48	(1)
691	978	169	44	1,261	428	565	117	2,045	258	(2)
181	241	62	14	312	65	110	5	230	40	(3)
664	691	114	37	956	52	300	47	973	144	(4)
1,365	2,744	269	84	5,310	126	967	267	4,660	927	(5)
585	460	96	32	465	44	225	22	557	55	(6)
784	463	140	47	383	56	380	25	864	113	(7)
430	448	126	43	341	56	321	18	698	91	(8)
1,400	491	164	55	458	56	484	38	1,153	151	(9)
437	243	86	41	120	33	172	13	419	72	(10)
1,693	517	89	43	309	29	379	63	920	86	(11)
382	353	90	34	209	31	229	16	538	39	(12)
2,530	622	89	48	373	27	475	92	1,164	116	(13)
3,162	2,848	438	78	2,918	94	1,649	269	7,268	1,929	(14)
4,805	4,827	533	95	6,751	245	2,701	555	11,617	3,252	(15)
2,584	2,152	405	72	1,571	41	1,279	168	5,740	1,464	(16)
901	974	204	37	844	81	555	194	2,400	872	(17)
613	790	179	37	663	79	361	56	1,479	468	(18)
2,063	1,715	302	39	1,574	90	1,338	753	6,114	2,499	(19)
10,369	5,847	792	64	4,538	44	2,608	897	15,332	2,284	(20)
6,861	3,943	828	33	3,185	3	2,605	1,294	14,678	2,184	(21)
5,415	1,828	737	46	2,743	9	1,260	144	3,995	508	(22)

5 営農類型別の農業経営（令和元年）（続き）
(4) 労働力、労働投下量、経営土地（全農業経営体・1経営体当たり平均）

区分		農業従事者数			自営農業労働時間			農業生産
		計	有給役員・家族	雇用者	計	有給役員・家族	雇用者	計
		人	人	人	時間	時間	時間	時間
水田作経営（全国）	(1)	3.57	2.46	1.11	960	841	119	5
北海道	(2)	6.45	2.49	3.96	2,700	2,271	429	0
都府県	(3)	3.45	2.45	1.00	895	789	106	6
畑作経営（全国）	(4)	5.00	2.54	2.46	2,994	2,368	626	167
北海道	(5)	6.12	3.06	3.06	4,430	3,494	936	–
都府県	(6)	4.87	2.48	2.39	2,823	2,236	587	186
野菜作経営（全国）	(7)	4.77	2.61	2.16	4,810	3,665	1,145	52
露地野菜作経営	(8)	4.34	2.56	1.78	3,939	3,126	813	53
施設野菜作経営	(9)	5.51	2.72	2.79	6,327	4,602	1,725	49
果樹作経営（全国）	(10)	5.44	2.47	2.97	3,129	2,611	518	69
花き作経営（全国）	(11)	5.04	2.59	2.45	5,526	3,914	1,612	25
露地花き作経営	(12)	4.55	2.37	2.18	4,000	3,135	865	5
施設花き作経営	(13)	5.36	2.73	2.63	6,498	4,412	2,086	37
酪農経営（全国）	(14)	5.73	2.76	2.97	8,222	5,405	2,817	184
北海道	(15)	6.87	3.00	3.87	10,500	6,586	3,914	3
都府県	(16)	5.34	2.67	2.67	7,423	4,991	2,432	247
肉用牛経営（全国）	(17)	3.43	2.46	0.97	3,847	3,062	785	8
繁殖牛経営	(18)	3.14	2.47	0.67	3,362	2,964	398	1
肥育牛経営	(19)	4.61	2.44	2.17	5,788	3,459	2,329	32
養豚経営（全国）	(20)	7.68	2.45	5.23	13,837	4,438	9,399	1,995
採卵養鶏経営（全国）	(21)	11.46	2.40	9.06	19,745	4,837	14,908	1,057
ブロイラー養鶏経営（全国）	(22)	4.53	2.19	2.34	5,895	3,594	2,301	273

関連事業労働時間		経営耕地面積					
有給役員・家族	雇用者	計	田	普通畑	樹園地	牧草地	
時間	時間	a	a	a	a	a	
2	3	301.9	272.6	27.3	1.9	0.1	(1)
-	0	1,434.1	1,165.3	262.3	6.5	-	(2)
2	4	260.2	239.8	18.6	1.7	0.1	(3)
81	86	708.5	63.8	564.6	77.7	2.4	(4)
-	-	4,031.9	167.7	3,840.6	0.8	22.8	(5)
90	96	333.8	52.1	195.2	86.4	0.1	(6)
16	36	279.1	151.1	122.5	5.4	0.1	(7)
17	36	279.4	123.1	151.1	5.2	0.0	(8)
12	37	278.4	200.0	72.6	5.6	0.2	(9)
27	42	150.6	33.2	13.4	104.0	-	(10)
6	19	145.4	87.1	51.2	7.1	-	(11)
5	0	168.0	89.1	64.1	14.8	-	(12)
6	31	131.0	85.9	42.9	2.2	-	(13)
14	170	2,740.8	199.9	602.0	0.1	1,938.8	(14)
3	-	7,682.6	176.6	1,511.3	-	5,994.7	(15)
18	229	1,003.4	208.1	282.3	0.1	512.9	(16)
3	5	602.4	288.6	124.1	1.8	187.9	(17)
-	1	608.3	287.5	131.0	1.3	188.5	(18)
11	21	578.2	293.0	96.0	3.7	185.5	(19)
49	1,946	233.5	86.7	140.1	2.0	4.7	(20)
61	996	31.3	14.8	15.8	0.7	-	(21)
-	273	73.3	44.2	29.0	0.1	-	(22)

5 営農類型別の農業経営（令和元年）（続き）

(5) 営農類型の部門別農業経営（個人経営体・1経営体当たり平均）

区分	部門粗収益	部門経営費	部門所得	経営の概況		2)当該部門作付規模	3)当該部門生産量
				部門労働時間			
					1)家族		
	千円	千円	千円	時間	時間	a、㎡	kg、本
畑作経営（北海道）							
ばれいしょ作部門	11,540	7,366	4,174	935	823	832.8	343,268
畑作経営（都府県の主要地域）							
かんしょ作部門（関東・東山）	18,297	13,918	4,379	5,143	3,453	369.8	100,107
かんしょ作部門（九州）	10,803	8,041	2,762	4,103	3,447	456.9	119,792
ばれいしょ作部門（関東・東山）	3,981	2,753	1,228	829	714	138.0	49,538
ばれいしょ作部門（九州）	8,103	5,827	2,276	2,716	2,359	240.5	74,904
茶作部門（東海）	9,111	8,026	1,085	2,166	2,028	319.5	14,620
茶作部門（近畿）	15,902	16,153	△ 251	4,222	3,035	420.5	18,392
茶作部門（九州）	15,333	11,903	3,430	3,388	3,000	485.3	17,425
露地野菜作経営（全国）							
露地きゅうり作部門	3,564	2,155	1,409	1,710	1,461	20.1	14,076
露地大玉トマト作部門	5,377	3,760	1,617	2,311	2,146	24.6	20,749
露地なす作部門	2,766	1,833	933	1,497	1,381	11.4	9,440
露地キャベツ作部門	12,581	9,103	3,478	2,878	2,474	313.7	158,037
露地ほうれんそう作部門	5,357	3,925	1,432	2,635	1,979	113.3	11,715
露地たまねぎ作部門	12,781	9,724	3,057	2,427	2,023	378.0	214,569
露地レタス作部門	11,058	8,421	2,637	3,143	2,076	246.7	60,072
露地はくさい作部門	12,685	10,397	2,288	2,899	1,517	318.4	229,347
露地白ねぎ作部門	8,932	6,487	2,445	3,385	2,435	116.4	29,882
露地だいこん作部門	10,278	9,572	706	2,961	1,803	268.8	148,043
露地にんじん作部門	10,242	7,729	2,513	2,905	1,935	240.0	101,054
施設野菜作経営（全国）							
施設きゅうり作部門	19,151	14,978	4,173	6,890	4,039	4,660.7	65,858
施設大玉トマト作部門	13,448	10,198	3,250	4,963	3,764	4,020.2	47,477
施設ミニトマト作部門	17,206	13,874	3,332	6,626	3,714	3,848.7	29,389
施設なす作部門	13,171	8,852	4,319	5,131	4,240	3,152.7	41,639
果樹作経営（全国）							
りんご作部門	7,723	5,463	2,260	3,877	2,932	166.6	35,715
露地温州みかん作部門	8,563	5,814	2,749	3,400	2,596	162.6	43,259
施設温州みかん作部門	12,028	6,832	5,196	2,382	2,083	2,720.0	14,270
露地ぶどう作部門	5,040	2,984	2,056	2,589	2,142	63.5	7,061
施設ぶどう作部門	6,522	3,396	3,126	2,757	2,654	3,980.0	4,659
日本なし作部門	8,130	5,623	2,507	3,333	2,871	95.3	21,101
もも作部門	4,768	3,023	1,745	2,291	1,933	70.2	10,485
かき作部門	6,279	5,486	793	2,117	1,113	92.6	31,455
うめ作部門	3,640	1,610	2,030	1,237	937	65.5	9,491
おうとう作部門	3,224	1,792	1,432	1,414	855	36.1	1,227
キウイフルーツ作部門	2,005	1,231	774	1,272	1,199	46.8	5,575
すもも作部門	1,702	1,468	234	1,176	1,021	38.0	3,855
施設花き作経営（全国）							
施設ばら作部門	18,869	15,109	3,760	6,225	4,737	3,855.3	250,036

注： 1)は、ゆい、手間替え受けを含む。
　　2)は、畑作経営、露地野菜作経営、施設野菜作経営及び施設花き作経営については作付延べ面積、果樹作経営については結果樹面積である。その単位は、畑作経営、露地野菜作経営及び果樹作経営（施設温州みかん作部門及び施設ぶどう作部門を除く。）はa、施設野菜作経営の各部門、施設温州みかん作部門、施設ぶどう作部門及び施設ばら作部門は㎡である。
　　3)は、施設花き作経営は本、それ以外はkgである。

6　主副業別の農業経営（令和元年）
(1)　農業経営の概要（個人経営体・1経営体当たり平均）

区分		経営耕地面積	農業従事者数	農業所得	農業生産関連事業所得	農外事業所得	農業依存度	農業所得率
		a	人	千円	千円	千円	％	％
全国	主業経営体	643.0	5.49	4,185	25	90	97.3	21.8
	準主業経営体	198.9	3.69	74	19	1,448	4.8	2.0
	副業的経営体	177.4	3.41	199	7	285	40.5	7.6
北海道	主業経営体	2,392.5	5.66	7,473	0	24	99.7	21.6
	準主業経営体	829.6	3.22	△ 131	−	237	nc	nc
	副業的経営体	862.8	8.06	1,743	△ 1	68	96.3	17.0
都府県	主業経営体	406.1	5.46	3,738	28	99	96.7	21.9
	準主業経営体	190.5	3.72	77	18	1,466	4.9	2.1
	副業的経営体	169.3	3.35	185	7	287	38.6	7.3
東北	主業経営体	556.6	6.03	2,579	19	58	97.1	17.7
	準主業経営体	386.6	3.87	417	−	143	74.5	8.0
	副業的経営体	235.0	3.88	335	2	84	79.6	11.8
北陸	主業経営体	721.7	4.87	2,917	8	18	99.1	20.2
	準主業経営体	242.7	3.73	△ 59	−	943	nc	nc
	副業的経営体	216.7	3.25	261	−	30	89.7	9.2
関東・東山	主業経営体	406.8	5.23	4,003	60	142	95.2	21.8
	準主業経営体	197.0	3.43	△ 10	52	2,514	nc	nc
	副業的経営体	186.7	3.45	417	27	664	37.6	13.1
東海	主業経営体	284.0	5.50	4,858	46	155	96.0	24.0
	準主業経営体	178.0	3.35	△ 582	△ 4	2,086	nc	nc
	副業的経営体	113.6	2.84	△ 106	−	1,055	nc	nc
近畿	主業経営体	266.2	5.27	3,476	16	141	95.7	24.7
	準主業経営体	66.5	3.97	550	−	3,511	13.5	17.9
	副業的経営体	113.4	2.82	△ 94	1	114	nc	nc
中国	主業経営体	267.3	5.74	3,928	12	17	99.3	28.4
	準主業経営体	112.1	4.41	193	−	417	31.6	6.9
	副業的経営体	120.8	3.23	△ 127	0	151	nc	nc
四国	主業経営体	197.1	5.84	3,916	41	69	97.3	29.8
	準主業経営体	93.8	3.33	131	−	86	60.4	6.7
	副業的経営体	93.4	3.03	△ 178	8	86	nc	nc
九州	主業経営体	386.7	5.36	4,274	3	93	97.8	21.2
	準主業経営体	153.9	5.51	558	−	119	82.4	13.4
	副業的経営体	173.5	3.55	387	2	92	80.5	9.8
沖縄	主業経営体	377.0	2.67	1,658	0	8	99.5	20.8
	準主業経営体	156.0	2.18	54	−	0	100.0	1.5
	副業的経営体	159.3	2.81	592	7	158	78.2	28.2

資料：　農林水産省統計部「農業経営統計調査報告　経営形態別経営統計」（以下7まで同じ。）
注：1　農業所得＝農業粗収益－農業経営費
　　2　農業生産関連事業所得＝農業生産関連事業収入－農業生産関連事業支出
　　3　農外事業所得とは、農外事業における営業利益のことをいう。
　　4　農外事業所得＝農外事業収入－農外事業支出
　　5　農業依存度＝農業所得÷（農業所得＋農業生産関連事業所得＋農外事業所得）×100
　　6　農業所得率＝農業所得÷農業粗収益×100

(2) 経営概況及び分析指標（個人経営体・1経営体当たり平均）

区分		付加価値額	農業固定資産装備率	収益性（農業）			生産性（農業）		
				農業労働収益性（農業従事者1人当たり農業所得）	農業固定資産額千円当たり農業所得	経営耕地面積10a当たり農業所得	農業労働生産性（農業従事者1人当たり付加価値額）	農業固定資産額千円当たり付加価値額	経営耕地面積10a当たり付加価値額
		千円	千円	千円	円	千円	千円	円	千円
全国	主業経営体	5,905	1,743	763	437	65	1,076	617	92
	準主業経営体	405	1,098	20	18	4	110	100	20
	副業的経営体	456	806	59	72	11	134	166	26
北海道	主業経営体	10,820	3,320	1,320	398	31	1,912	576	45
	準主業経営体	321	1,547	nc	nc	nc	100	64	4
	副業的経営体	2,714	493	216	438	20	337	682	31
都府県	主業経営体	5,237	1,524	684	449	92	959	629	129
	準主業経営体	407	1,085	20	19	4	109	101	21
	副業的経営体	433	816	55	68	11	129	158	26
東北	主業経営体	3,938	1,235	428	346	46	653	529	71
	準主業経営体	850	1,282	108	84	11	220	171	22
	副業的経営体	631	856	86	101	14	163	190	27
北陸	主業経営体	4,648	1,954	599	306	40	954	488	64
	準主業経営体	495	767	nc	nc	nc	133	173	20
	副業的経営体	640	794	80	101	12	197	248	30
関東・東山	主業経営体	5,571	1,647	766	465	98	1,065	647	137
	準主業経営体	286	1,202	nc	nc	nc	83	69	15
	副業的経営体	699	859	121	141	22	203	236	37
東海	主業経営体	6,659	1,665	884	531	171	1,211	727	234
	準主業経営体	△ 165	1,709	nc	nc	nc	nc	nc	nc
	副業的経営体	53	763	nc	nc	nc	19	24	5
近畿	主業経営体	4,786	1,179	660	560	131	908	771	180
	準主業経営体	779	575	139	241	83	196	342	117
	副業的経営体	15	1,122	nc	nc	nc	5	5	1
中国	主業経営体	5,118	1,155	684	593	147	892	772	191
	準主業経営体	549	396	44	111	17	124	315	49
	副業的経営体	11	489	nc	nc	nc	3	7	1
四国	主業経営体	5,139	882	671	760	199	880	998	261
	準主業経営体	340	702	39	56	14	102	145	36
	副業的経営体	△ 59	439	nc	nc	nc	nc	nc	nc
九州	主業経営体	5,836	1,909	797	418	111	1,089	570	151
	準主業経営体	805	1,055	101	96	36	146	139	52
	副業的経営体	759	1,114	109	98	22	214	192	44
沖縄	主業経営体	3,023	1,361	621	456	44	1,132	832	80
	準主業経営体	1,238	918	25	27	3	568	618	79
	副業的経営体	1,008	143	211	1,476	37	359	2,514	63

注： 1 付加価値額＝農業粗収益－〔農業経営費－（雇人費＋地代・賃借料＋利子割引料）〕
　　 2 農業固定資産装備率＝農業固定資産額÷農業従事者数

7　認定農業者のいる農業経営体の農業経営（令和元年）
　　（個人経営体・1経営体当たり平均）

区分	経営耕地面積	農業従事者数	農業所得	農業生産関連事業所得	農外事業所得	農業依存度	農業所得率	付加価値額
	a	人	千円	千円	千円	%	%	千円
全国	598.0	4.92	2,954	31	248	91.4	19.4	4,379
北海道	2,101.9	5.28	6,350	0	37	99.4	21.1	9,251
都府県	418.5	4.88	2,547	34	274	89.2	19.0	3,797

区分	農業固定資産装備率	収益性（農業）			生産性（農業）		
		農業労働収益性（農業従事者1人当たり農業所得）	農業固定資産額千円当たり農業所得	経営耕地面積10a当たり農業所得	農業労働生産性（農業従事者1人当たり付加価値額）	農業固定資産額千円当たり付加価値額	経営耕地面積10a当たり付加価値額
	千円	千円	円	千円	千円	円	千円
全国	1,749	600	343	49	890	509	73
北海道	3,026	1,202	397	30	1,752	579	44
都府県	1,583	522	330	61	778	492	91

注：1　農業所得＝農業粗収益－農業経営費
　　2　農業生産関連事業所得＝農業生産関連事業収入－農業生産関連事業支出
　　3　農外事業所得とは、農外事業における営業利益のことをいう。
　　4　農外事業所得＝農外事業収入－農外事業支出
　　5　農業依存度＝農業所得÷（農業所得＋農業生産関連事業所得＋農外事業所得）×100
　　6　農業所得率＝農業所得÷農業粗収益×100
　　7　付加価値額＝農業粗収益－〔農業経営費－（雇人費＋地代・賃借料＋利子割引料）〕
　　8　農業固定資産装備率＝農業固定資産額÷農業従事者数

8 法人経営体の水田作経営の農業経営収支（令和元年）
（全国・1経営体当たり平均）

区分	単位	法人経営体の 水田作経営	集落営農
農業粗収益	千円	42,169	40,050
うち稲作収入	〃	21,880	22,306
農作業受託収入	〃	3,566	1,873
共済・補助金等受取金	〃	12,211	12,289
農業経営費	〃	38,191	33,854
うち肥料費	〃	2,976	2,871
農薬衛生費	〃	2,377	2,397
地代・賃借料	〃	8,364	8,717
減価償却費	〃	3,482	2,952
農業所得	〃	3,978	6,196
経営概況			
水田作作付延べ面積	a	3,018.9	3,075.1
農業従事者数	人	17.21	21.94
自営農業労働時間	時間	6,507	5,976

資料： 農林水産省統計部「農業経営統計調査報告 営農類型別経営統計」
（以下10まで同じ。）
注：1 「法人経営体」とは、法人格を有する経営体をいい、具体的には会社法（平成
17年法律第86号）に基づく株式会社、合名・合資会社及び合同会社並びに農業協
同組合法（平成22年法律第132号）に基づく農事組合法人等が該当する（以下10
まで同じ。）。
2 水田作作付延べ面積は、稲、麦類、雑穀、豆類、いも類及び工芸農作物を水
田に作付けた延べ面積である。

9　法人経営体の水田作経営以外の耕種経営（令和元年）
（全国・1経営体当たり平均）

区分	単位	畑作	露地野菜作	施設野菜作	果樹作	露地花き作	施設花き作
農業粗収益	千円	46,856	52,844	52,744	26,217	39,393	69,689
うち麦類収入	〃	1,860	336	85	30	-	-
豆類収入	〃	1,739	180	142	14	-	-
いも類収入	〃	7,650	881	66	64	-	-
工芸農作物収入	〃	17,096	242	0	37	24	-
野菜収入	〃	3,586	44,202	46,076	897	719	741
果樹収入	〃	35	85	267	21,161	-	2
花き収入	〃	-	7	175	-	35,609	68,364
共済・補助金等受取金	〃	8,638	3,846	2,271	611	1,028	145
農業経営費	〃	46,626	56,042	55,625	25,348	39,650	72,906
うち肥料費	〃	4,926	3,471	1,648	736	913	1,122
諸材料費	〃	950	2,644	2,455	697	2,211	6,070
動力光熱費	〃	3,312	1,817	5,308	1,809	1,246	7,773
減価償却費	〃	3,843	3,765	4,706	1,691	2,405	3,226
農業所得	〃	230	△ 3,198	△ 2,881	869	△ 257	△ 3,217
経営概況							
作付延べ面積	a、㎡	2,021.2	1,072.8	13,004.2	354.3	224.5	8,230.9
農業従事者数	人	13.64	13.37	16.04	14.85	10.46	14.71
自営農業労働時間	時間	8,364	15,297	17,601	9,031	10,654	20,247

注：　作付延べ面積は、畑作は稲、麦類、雑穀、豆類、いも類及び工芸農作物を畑に作付けた延べ
　　面積、露地野菜作は露地野菜作付面積（延べ面積）、施設野菜作は施設野菜作付面積（延べ面
　　積）、果樹作は果樹植栽面積、露地花き作は露地花き作作付面積（延べ面積）、施設花き作は施
　　設花き作作付面積（延べ面積）である。
　　　また、単位は、施設野菜作及び施設花き作は㎡、それ以外はa である。

10 法人経営体 の畜産経営（令和元年）
（全国・1経営体当たり平均）

区分	単位	酪農	繁殖牛	肥育牛	養豚	採卵養鶏	ブロイラー養鶏
農業粗収益	千円	254,858	84,677	373,174	391,448	420,163	296,956
うち酪農収入	〃	217,389	－	828	1,463	－	－
肥育牛収入	〃	98	9,432	330,709	－	－	－
自家生産和牛収入	〃	90	50,864	11,829	11	－	－
養豚収入	〃	－	－	－	364,573	－	－
鶏卵収入	〃	－	－	－	11,562	395,311	－
ブロイラー養鶏収入	〃	－	－	－	－	－	203,487
共済・補助金等受取金	〃	31,067	17,685	22,705	6,915	18,746	29,391
農業経営費	〃	231,007	77,234	366,921	373,878	450,836	247,197
うちもと畜費	〃	15,771	5,117	169,547	17,752	56,194	41,597
飼料費	〃	84,287	20,298	101,408	169,407	209,525	134,625
農薬衛生費	〃	9,027	3,646	6,372	18,927	4,329	3,712
動力光熱費	〃	9,000	2,632	6,310	18,590	13,590	10,299
減価償却費	〃	31,665	12,669	10,221	24,675	28,913	7,979
農業所得	〃	23,851	7,443	6,253	17,570	△ 30,673	49,759
経営概況							
飼養頭羽数	頭・羽	177.6	116.7	592.1	5,499.0	135,309	584,230
農業従事者数	人	12.56	6.64	8.12	12.03	19.98	6.85
自営農業労働時間	時間	19,972	9,929	13,855	22,939	34,946	10,206

注： 飼養頭羽数とは、酪農経営は月平均搾乳牛飼養頭数、繁殖牛経営は月平均繁殖めす牛飼養頭数、
肥育牛経営は月平均肥育牛飼養頭数、養豚経営は月平均肥育豚飼養頭数、採卵養鶏経営は月平均
採卵鶏飼養羽数、ブロイラー養鶏経営はブロイラー販売羽数である。

11 経営所得安定対策等（収入減少影響緩和交付金を除く。）の
支払実績（令和3年4月末時点）

(1) 交付金別支払額

単位：億円

区分	畑作物の直接支払交付金	水田活用の直接支払交付金
平成30年度	1,732	2,986
令和元	2,197	2,938
2	2,058	2,960
対前年度差	△ 139	23

(2) 交付金別支払対象者数

単位：件

区分	畑作物の直接支払交付金	水田活用の直接支払交付金
平成30年度	42,827	346,933
令和元	42,072	318,329
2	41,188	303,354
対前年度差	△ 884	△ 14,975

資料： 農林水産省農産局資料（以下（3）まで同じ。）

(3) 支払面積、数量
　　ア　畑作物の直接支払交付金の支払数量

単位：t

区分	合計	麦				
			小麦	二条大麦	六条大麦	はだか麦
平成30年度	5,338,160	833,311	726,678	60,080	33,570	12,983
令和元	5,996,123	1,153,884	1,006,216	79,497	49,004	19,167
2	5,901,427	1,064,894	914,163	82,414	49,079	19,238
対前年度差	△ 94,696	△ 88,989	△ 92,053	2,917	75	71

区分	大豆	てん菜	でん粉原料用ばれいしょ	そば	なたね
平成30年度	181,463	3,610,308	685,800	24,314	2,965
令和元	190,755	3,853,772	755,983	37,762	3,966
2	194,397	3,912,122	686,919	39,614	3,481
対前年度差	3,642	58,350	△ 69,065	1,852	△ 486

　　イ　水田活用の直接支払交付金における戦略作物（基幹作物）の支払面積

単位：ha

区分	合計	麦	大豆	飼料作物	新規需要米	
						WCS用稲
平成30年度	430,184	96,491	86,664	72,195	126,465	42,071
令和元	417,346	97,211	85,173	71,916	119,583	42,083
2	415,233	98,448	83,731	71,776	119,449	42,462
対前年度差	△ 2,113	1,237	△ 1,443	△ 140	△ 135	379

区分	新規需要米（続き）		加工用米	（参考）そば	（参考）なたね	（参考）新市場開拓用米
	米粉用米	飼料用米				
平成30年度	5,243	79,151	48,370	26,414	781	3,491
令和元	5,280	72,220	43,462	27,217	866	4,111
2	6,321	70,665	41,830	27,648	835	5,901
対前年度差	1,042	△ 1,555	△ 1,633	432	△ 32	1,790

注：参考として記載したそば、なたね及び新市場開拓用米については、
　　産地交付金の支払対象面積（基幹作物）であり、合計には含まない。

12　経営所得安定対策等（収入減少影響緩和交付金）の支払実績
　　（令和2年7月末時点）

区分	加入件数	補塡件数	補塡額計
	件	件	億円
平成30年度	103,359	18,737	54.4
令和元	98,957	19,771	68.9
2	86,032	4,829	3.6
対前年度差	△ 12,925	△ 14,942	△ 65.3

資料：農林水産省農産局資料
注：1　補塡額計は、国費と農業者拠出（3：1）の合計である。
　　2　収入減少影響緩和交付金の支払は生産年の翌年度に行われる。
　　　　例えば、令和2年度の補塡額は令和元年産に対する支払実績である。

Ⅶ　農業生産資材
1　農業機械
(1)　農業機械の価格指数

平成27年＝100

品目	銘柄等級	平成28年	29	30	令和元	2
刈払機（草刈機）	肩かけ、エンジン付、1.5PS程度	100.0	100.2	100.3	100.8	102.4
動力田植機（4条植）	土付苗用（乗用型）	100.1	100.4	100.5	101.0	102.4
動力噴霧機	2.0〜3.5PS（可搬型）	99.8	99.8	99.8	100.1	101.6
動力耕うん機	駆動けん引兼用型（5〜7PS）	100.1	100.1	100.0	100.5	101.6
乗用型トラクタ（15PS内外）	水冷型	99.9	99.9	99.9	100.5	102.0
〃　　　　（25PS内外）	〃	100.2	100.3	100.4	100.9	102.2
〃　　　　（35PS内外）	〃	100.0	100.1	100.0	100.5	101.9
トレーラー（積載量500kg程度）	定置式	100.8	101.1	101.1	102.1	103.7
自走式運搬車	クローラー式、歩行型、500kg	100.5	100.6	100.6	101.1	102.4
バインダー（2条刈り）		99.9	99.9	99.5	99.9	101.4
コンバイン（2条刈り）	自脱型	100.1	100.1	100.2	100.6	101.9
動力脱穀機	自走式、こき胴幅40〜50cm	99.9	99.9	99.9	100.4	101.5
動力もみすり機	ロール型、全自動30型	100.0	100.2	100.4	100.9	102.3
通風乾燥機（16石型）	立型循環式	100.0	100.1	100.1	100.5	102.0
温風式暖房機	毎時75,000kcal、1,000㎡、重油焚き	99.7	99.8	100.1	101.0	103.2
ロータリー	乗用トラクター20〜30PS、作業幅150cm	99.6	99.8	100.0	100.5	101.8

資料：農林水産省統計部「農業物価統計」

(2) 農業用機械器具、食料品加工機械等の生産台数

単位：台

区分	平成28年	29	30	令和元	2
農業用機械器具					
整地用機器及び付属品					
動力耕うん機（歩行用トラクタを含む。）	122,712	122,577	116,898	107,890	93,666
装輪式トラクタ	135,880	139,689	143,145	144,556	123,870
20PS未満	15,250	14,199	12,133	8,151	8,559
20PS以上30PS未満	45,301	43,989	48,173	47,165	40,104
30PS以上	75,329	81,501	82,839	89,240	75,207
栽培用機器					
田植機	21,373	23,801	23,513	23,728	21,358
管理用機器					
動力噴霧機及び動力散粉機 　（ミスト機・煙霧機を含む。）	79,098	77,093	81,802	76,945	123,395
収穫調整用機器					
刈払機（芝刈機を除く。）	624,623	900,190	875,286	750,682	738,616
コンバイン（刈取脱穀結合機）	13,402	16,539	14,631	16,266	13,418
籾すり機	9,301	9,968	10,855	10,581	8,647
農業用乾燥機	14,725	15,931	14,786	14,905	12,647
食料品加工機械（手動のものを除く。）	48,430	49,591	49,119	44,452	40,226
穀物処理機械	25,558	26,258	24,215	21,193	19,814
精米麦機械	17,383	17,135	15,701	13,591	11,998
製パン・製菓機械	8,175	9,123	8,514	7,602	7,816
醸造用機械(酒類・しょう油・味噌用に限る。)	1,494	2,543	4,010	3,060	2,326
牛乳加工・乳製品製造用機械	15,739	15,257	15,088	14,300	12,557
肉類・水産加工機械	5,639	5,533	5,806	5,899	5,529

資料：経済産業省調査統計グループ 「2020年 経済産業省生産動態統計年報　機械統計編」

1 農業機械（続き）
(3) 農業機械輸出実績

品目	令和元年		2	
	台数	金額	台数	金額
	台	千円	台	千円
合計	-	238,857,667	-	224,521,846
農具計	-	2,460,986	-	2,454,377
1) スペード及びショベル	21,654	136,032	9,851	74,333
1) つるはし、くわ、レーキ	4,000	36,399	5,216	51,827
2) その他の農具	-	2,288,555	-	2,328,217
耕うん整地用機械計	-	180,223,541	-	165,424,613
プラウ	310	42,437	474	66,304
ディスクハロー	10	3,021	30	13,994
播種機、植付機、移植機	6,983	6,955,385	5,404	6,759,106
肥料散布機計	720	132,228	709	139,175
堆肥散布機	118	49,402	120	30,430
施肥機	602	82,826	589	108,745
耕うん整地用機械の部分品	-	4,500,051	-	3,008,602
農業用歩行式トラクタ	30,475	1,554,774	29,760	1,718,782
3) 農業用トラクタ計	99,052	167,035,645	90,138	153,721,650
30PS未満	-	-	-	-
30PS以上～50PS未満	-	-	-	-
50PS以上	-	-	-	-
18kW以下	32,328	30,277,067	22,062	20,715,602
18kW超 22kW以下	5,692	5,531,578	11,504	12,544,867
22kW超 37kW以下	15,252	21,827,458	16,941	25,168,677
37kW超 75kW以下	41,625	92,335,449	35,764	79,530,393
75kW超	4,155	17,064,093	3,867	15,762,111
防除用農機計	-	1,040,208	-	1,065,649
動力噴霧機	30,038	992,541	31,124	1,022,522
その他の防除用農機	15,299	47,667	19,340	43,127
収穫調製用農機計	-	44,991,559	-	44,731,427
4) 芝生刈機	31,449	7,833,538	21,738	5,975,799
5) 刈払機	499,464	11,053,833	399,437	9,132,902
6) 草刈機	3,220	536,489	6,855	638,760
7) モーア等の草刈機	33,398	1,328,085	105,919	2,313,310
乾草製造用機械	50	48,627	36	15,574
8) ベーラー	2,129	1,755,629	2,265	1,746,437
コンバイン	3,036	11,100,556	3,394	13,568,665
脱穀機	69	30,287	21	5,749
根菜類・塊茎収穫機	143	100,566	153	89,160
その他の収穫機	3,071	970,955	2,032	762,851
果実・野菜等の洗浄用選別用等機械	162	1,382,206	148	1,581,025
農林園芸用の機械に使用する刃及びナイフ	-	2,574,482	-	2,904,684
収穫調製用農機の部分品	-	6,276,306	-	5,996,511
食糧加工用農機計	-	1,374,898	-	1,091,042
種穀物の洗浄用選別用等機械	537	686,217	432	560,378
精米麦機	651	142,191	318	237,223
その他の穀物加工用機械	180	305,481	239	114,874
食糧加工機の部分品	-	241,009	-	178,567
チェンソー	230,628	4,192,240	237,255	4,457,726
チェンソーの部分品	-	4,573,297	-	5,297,012
9) 農業用トレーラ又はセミトレーラ	1	938	-	-
参考: 10) 除雪機	6,540	1,560,294	10,208	2,794,769

資料：日本農業機械工業会「農業機械輸出実績」
注：1　財務省「貿易統計」の集計値であり、金額はＦＯＢ価格（本船渡し価格）である。
　　2　"－"の台数においては、集計していないものを含む。
　　1)の台数の単位は、ＤＺ（ダーツ）である。
　　2)は、なた・せんていばさみ・おの類その他手道具を含む。
　　3)は、中古のものを除く。
　　4)は、動力駆動式のもので水平面上を回転して刈り込むものである。
　　5)は、輸出品番号8467. 89. 000のみを集計している。
　　6)は、動力駆動式で回転式以外のもの及び人力式のものである。
　　7)は、トラクタ装着用のカッターバーを含む。
　　8)は、ピックアップベーラーを含む。
　　9)は、積込機構付き又は荷卸機構付きのものに限る。
　　10)は、合計額には算入していない。

(4) 農業機械輸入実績

品目	令和元年		2	
	台数	金額	台数	金額
	台	千円	台	千円
合計	－	75,373,394	－	65,297,761
農具計	－	4,384,009	－	4,639,310
1)スペード及びショベル	－	682,071	－	535,158
1)つるはし、くわ、レーキ	－	791,379	－	849,580
2)その他の農具	－	2,910,559	－	3,254,572
耕うん整地用機械計	－	33,779,961	－	27,355,098
プラウ	361	596,525	344	493,927
ディスクハロー	421	498,858	715	779,885
その他の耕うん整地用機械	19,530	1,646,923	18,878	1,581,091
播種機、植付機、移植機	11,141	1,196,965	8,238	1,159,348
肥料散布機計	9,803	1,572,619	13,198	1,406,909
堆肥散布機	421	1,006,815	510	572,005
施肥機	9,382	565,804	12,688	834,904
耕うん整地用機械の部分品	－	6,281,861	－	5,436,152
3)農業用トラクタ計	2,491	21,986,210	1,899	16,497,786
70PS未満	－	－	－	－
70PS以上	－	－	－	－
18kW以下	90	99,438	103	111,111
18kW超 37kW以下	34	48,282	38	90,935
37kW超 52kW以下	24	44,563	13	28,859
52kW超 75kW以下	302	1,483,191	231	1,107,877
75kW超 130kW以下	1,720	15,047,341	1,188	10,543,171
130kW超	321	5,263,395	326	4,615,833
4)防除用農機	300,134	484,459	632,510	855,268
収穫調製用農機計	－	32,167,787	－	28,376,041
5)草刈機 (回転式)	405,693	9,378,349	471,359	9,015,331
6)草刈機	64,118	1,036,187	74,364	816,620
7)モーア等の草刈機	10,156	3,217,423	14,289	3,425,115
乾草製造用機械	803	993,168	648	811,672
8)ベーラー	584	2,301,018	556	2,155,514
コンバイン	113	1,410,994	182	1,906,752
脱穀機	85	1,130	148	11,885
根菜類・塊茎収穫機	56	763,933	44	621,347
その他の収穫機	324	3,396,709	201	2,021,778
果実・野菜等の洗浄用選別用等機械	83	1,611,565	48	563,686
農林園芸用の機械に使用する刃及びナイフ	－	1,868,247	－	1,690,158
収穫調製用農機の部分品	－	6,189,064	－	5,336,183
食糧加工農機計	－	1,065,795	－	942,578
種穀物の洗浄用選別用等機械	310	531,618	179	377,863
食糧加工機の部分品	－	534,177	－	564,715
チェンソー	136,334	1,839,277	98,724	1,341,217
チェンソーの部分品	－	1,350,901	－	1,577,568
9)農業用トレーラ又はセミトレーラ	－	301,205	－	210,681

資料：日本農業機械工業会「農業機械輸入実績」

注：1 財務省「貿易統計」の集計値であり、金額はCIF価格（保険料・運賃込み価格）である。
　　2 "－"の台数においては、集計していないものを含む。
　　　1)の実績は、金額のみの集計である。
　　　1)は、なた・せんていばさみ・おの類その他手道具を含む。
　　　2)は、なた・せんていばさみ・おの類その他手道具を含む。
　　　3)は、ハロー・スカリファイヤー・カルチベータ・除草機・ホーを含む。
　　　4)は、農業用又は園芸用のものである。
　　　5)は、輸入品目番号8433.11.000動力駆動式のもので水平面上を回転して刈り込むもの及び
　　8467.89.000の手持工具その他のものを含む。
　　　6)は、動力駆動式のもので回転式以外のもの及び人力式のものである。
　　　7)は、トラクタ装着用のカッターバーを含む。
　　　8)は、ピックアップベーラーを含む。
　　　9)は、積込機構付き又は荷卸機構付きのものに限る。

2 肥料
(1) 主要肥料・原料の生産量

肥料別	単位	平成26肥料年度	27	28	29	30
硫安	t	1,125,979	934,631	943,633	941,579	916,748
尿素	〃	304,768	382,269	424,466	394,438	381,805
石灰窒素	〃	37,957	43,818	39,780	48,625	38,244
過りん酸石灰	〃	107,076	84,628	101,540	90,124	85,916
重過りん酸石灰	〃	9,035	4,216	8,831	6,470	7,108
よう成りん肥	〃	31,270	34,053	28,091	26,805	25,808
(重)焼成りん肥	〃	47,017	39,615	34,124	40,697	36,017
高度化成	〃	720,239	698,838	736,857	740,611	735,209
ＮＫ化成	〃	36,896	29,694	35,873	32,869	32,025
普通化成	〃	205,638	192,296	198,962	198,872	185,352
1) 硫酸	100%H₂SO₄千t	6,443	6,295	6,342	6,222	6,352
アンモニア	NH3千t	956	876	896	856	826

資料：農林水産省農産局技術普及課資料（以下(2)ウまで同じ。）
注：1 肥料年度は、7月から翌年の6月までである（以下(2)ウまで同じ。）。
　　2 生産量には、工業用として使用されたものを含む。
　　1)は、会計年度である。

(2) 肥料種類別の需給
　ア 窒素質肥料

単位：Ｎt

区分	平成26肥料年度	27	28	29	30
生産・輸入	667,615	643,137	669,053	677,966	677,650
内需	541,270	561,786	574,099	576,453	581,991
硫安	105,567	103,431	116,969	104,630	109,568
尿素	267,407	316,392	322,267	323,540	336,291
硝安	6,230	6,755	7,946	6,297	5,785
塩安	13,149	0	0	0	0
高度化成	34,279	30,638	33,243	29,959	24,041
輸入化成	25,869	15,535	4,916	17,376	10,928
輸入りん安	78,504	77,245	77,164	84,374	85,297
石灰窒素	9,829	11,471	10,444	9,946	10,014
その他	435	319	1,150	331	68
輸出	132,755	98,086	94,082	100,656	88,053
在庫	92,569	73,082	73,396	74,251	81,856

注：1 各肥料とも純成分換算数量である（以下ウまで同じ。）。
　　2 工業用を含む。

イ りん酸質肥料

単位：P_2O_5 t

区分	平成26肥料年度	27	28	29	30
生産・輸入	342,471	328,517	315,450	343,484	326,303
内需	354,358	327,650	299,687	341,364	315,323
高度化成	83,428	75,097	81,399	77,847	74,006
普通化成	14,997	12,805	13,188	11,883	10,610
過りん酸石灰	4,445	2,452	2,788	3,711	2,077
重過りん酸石灰	372	294	543	597	465
重焼りん	9,723	7,166	8,433	7,877	7,637
液肥	3,381	3,132	3,525	2,970	2,718
よう成りん肥	17,981	19,031	17,898	19,997	18,570
その他	8,083	6,745	7,975	6,555	6,521
配合肥料等	186,470	186,933	160,231	192,472	182,763
輸入化成	25,478	13,995	3,707	17,454	9,956
輸出	2,326	2,575	2,824	2,901	3,158
在庫	84,322	82,614	95,553	94,772	102,595

ウ カリ質肥料

単位：K_2O t

区分		平成26肥料年度	27	28	29	30
輸入生産		273,953	231,054	214,659	252,024	242,764
輸入	塩化カリ	200,421	180,017	166,043	194,158	189,532
	硫酸カリ	53,226	34,493	29,827	40,497	36,020
	化成肥料	20,306	16,544	18,789	17,368	17,212
生産	硫酸カリ	0	0	0	0	0
内需		288,066	220,602	228,606	250,010	227,735
	塩化カリ	206,489	169,037	189,763	191,909	178,608
	硫酸カリ	54,630	35,383	33,722	40,003	37,743
	化成肥料	26,947	16,182	5,121	18,099	11,383
	国産硫酸カリ原料塩化カリ	0	0	0	0	0
輸出		2,061	2,402	2,839	3,039	3,137
在庫		79,516	87,566	70,780	69,754	81,646

注： 国内生産の硫酸カリは輸入塩化カリを原料としているので、需給表上「生産硫酸カリ」と内需欄の「国産硫酸カリ原料塩化カリ」とは重複している。

2 肥料（続き）
(3) 肥料の価格指数

平成27年＝100

類別品目	銘柄等級	平成28年	29	30	令和元	2
肥料		98.2	92.7	94.3	98.0	98.8
無機質		98.2	92.6	94.2	98.0	98.8
硫安	N21%	93.8	87.4	89.7	93.1	95.0
石灰窒素	N21%、粉状品	100.5	100.8	103.3	109.2	114.2
尿素	N46%	90.4	80.5	84.9	91.1	91.0
過りん酸石灰	可溶性りん酸17%以上	100.5	97.5	99.1	103.4	105.4
よう成りん肥	く溶性りん酸20%	100.8	97.7	99.7	104.0	106.2
重焼りん肥	く溶性りん酸35%	99.2	95.8	97.4	100.4	101.8
複合肥料		97.9	91.7	93.2	96.9	97.3
高度化成	N15%・P15%・K15%	97.0	88.5	89.9	94.1	94.2
普通化成	N8%・P8%・K5%	98.6	94.3	95.9	99.0	100.6
配合肥料	〃	98.9	94.9	96.5	99.6	100.2
固形肥料	N5%・P5%・K5%	98.5	95.2	96.9	99.9	100.9
消石灰	アルカリ分60%以上	99.3	98.0	99.1	102.2	104.1
炭酸カルシウム	〃 53～60%未満	99.4	99.3	99.3	104.0	105.5
けい酸石灰	可溶性けい酸20%、アルカリ分35%内外	99.4	98.5	99.6	101.8	104.9
水酸化苦土	苦土50～60%	101.6	101.7	108.3	117.6	119.6
有機質		99.0	96.1	97.5	98.5	99.5
なたね油かす		97.8	92.9	96.0	97.6	97.2
鶏ふん	乾燥鶏ふん	99.8	98.3	98.5	99.2	101.0

資料：農林水産省統計部「農業物価統計」

(4) 肥料の輸出入

品名	令和元		2	
	数量	価額	数量	価額
	t	千円	t	千円
輸出				
肥料	663,810	14,076,695	629,311	12,693,636
うち窒素肥料	436,746	6,897,704	401,187	5,614,211
うち硫酸アンモニウム	406,982	4,414,537	357,120	3,250,527
尿素	15,681	911,254	37,988	1,715,288
輸入				
肥料	1,873,938	83,998,490	1,815,045	73,084,218
うちカリ肥料	596,362	25,941,758	565,658	21,919,498
うち塩化カリウム	489,294	20,381,793	436,628	16,278,614
硫酸カリウム	81,444	4,623,697	73,532	3,708,473

資料：日本関税協会「外国貿易概況」
注： 財務省「貿易統計」を概況品目分類（ＨＳに準拠した輸出入統計品目表及びＳＩＴＣ分類、
日本標準産業分類などを参考にして作成）によって集計された結果である。

3　土壌改良資材
　土壌改良資材の農業用払出量

単位：t

資材名	平成28年	29	30	令和元	2
合計	363,085	346,649	263,849	274,361	231,777
泥炭	41,408	44,258	25,897	28,047	23,416
バークたい肥	222,754	219,690	160,346	165,367	147,909
腐植酸質資材	16,466	16,092	14,831	16,889	15,673
木炭	4,860	4,563	3,488	3,395	2,860
けいそう土焼成粒	558	500	508	508	501
ゼオライト	42,707	30,541	27,038	23,676	20,113
バーミキュライト	11,220	9,867	10,257	11,272	6,795
パーライト	22,050	19,268	19,930	23,649	12,698
ベントナイト	853	1,667	1,519	1,514	1,773
ＶＡ菌根菌資材	8	6	2	6	5
ポリエチレンイミン系資材	201	197	33	38	34
ポリビニルアルコール系資材	－	－	－	－	－

資料：農林水産省統計部「土壌改良資材の農業用払出量調査」
注：　農業用払出量は、当該年の1月から12月の間に農業用に払い出された政令指定土壌改良資材の数量
　　　である。

4 農薬
(1) 登録農薬数の推移

単位：件

区分	平成27農薬年度	28	29	30	令和元
合計	4,375	4,314	4,317	4,282	4,290
殺虫剤	1,097	1,088	1,062	1,069	1,059
殺菌剤	911	885	896	888	888
殺虫殺菌剤	527	498	481	475	458
除草剤	1,509	1,515	1,551	1,526	1,558
農薬肥料	68	68	69	68	68
殺そ剤	24	23	23	23	23
植物成長調整剤	92	92	93	91	93
殺虫・殺菌植調剤	1	1	1	1	1
その他	146	144	141	141	142

資料：農林水産省消費・安全局資料（以下(2)まで同じ。）

(2) 農薬出荷量の推移

単位：t、kl

区分	平成27農薬年度	28	29	30	令和元
合計	227,779	228,050	227,680	223,207	221,821
殺虫剤	76,202	73,381	73,340	73,174	71,727
殺菌剤	41,722	41,753	41,852	39,287	39,741
殺虫殺菌剤	19,054	18,001	17,543	16,648	16,130
除草剤	78,866	83,001	82,955	81,691	81,570
農薬肥料	4,677	4,721	4,925	5,347	5,590
殺そ剤	315	336	324	309	291
植物成長調整剤	1,457	1,477	1,532	1,496	1,562
殺虫・殺菌植調剤	6	9	10	10	8
その他	5,480	5,371	5,200	5,245	5,203

注：1 出荷量に石灰窒素は含まない。
　　2 数量の合計はkl＝tとして集計した。

(3) 農薬の価格指数

平成27年＝100

類別品目	銘柄等級	平成28年	29	30	令和元	2
農業薬剤		100.0	99.4	99.4	100.5	102.3
殺虫剤		99.9	99.2	99.6	101.5	103.3
D－D剤	D－D 92%	100.8	100.5	105.4	109.5	112.2
MEP乳剤	MEP 50%	99.7	98.3	98.4	98.4	99.7
アセフェート粒剤	アセフェート 5%	100.5	100.2	100.5	102.9	104.7
ホスチアゼート粒剤	ホスチアゼート 1.5%	99.7	99.1	98.4	98.6	99.7
エマメクチン安息香酸塩乳剤	エマメクチン安息香酸塩 1%	99.8	99.4	98.1	97.3	98.8
クロルピクリンくん蒸剤	クロルピクリン 80%	99.2	97.8	97.8	104.3	106.7
クロルフェナピル水和剤	クロルフェナピル 10%	99.4	99.0	98.9	99.6	101.0
殺菌剤		100.1	99.7	99.3	100.0	101.9
TPN水和剤	TPN 40%	99.1	98.6	98.5	98.8	100.2
マンゼブ水和剤	マンゼブ 75%	101.2	101.2	100.9	102.0	103.7
ダゾメット粉粒剤	ダゾメット 98%	100.4	100.1	99.8	100.6	102.4
チオファネートメチル水和剤	チオファネートメチル 70%	99.9	99.3	98.8	100.4	102.1
フルアジナム水和剤	フルアジナム 50%	99.9	99.9	99.6	99.9	102.8
アゾキシストロビン水和剤	アゾキシストロビン 20%	99.9	98.8	98.3	98.2	99.9
殺虫殺菌剤		100.3	99.9	100.1	100.1	101.7
フィプロニル・プロベナゾール粒剤	フィプロニル 0.6%、プロベナゾール 24%	100.2	99.7	100.4	100.0	101.2
ジノテフラン・プロベナゾール粒剤	ジノテフラン 2%、プロベナゾール 24%	100.2	99.9	99.7	100.2	101.7
チアメトキサム・ピロキロン粒剤	チアメトキサム 2%、ピロキロン 12%	100.4	100.2	100.1	100.2	102.1
除草剤		99.8	99.3	99.1	99.9	101.8
グリホサートイソプロピルアミン塩液剤	グリホサートイソプロピルアミン塩 41%	100.1	100.3	100.3	101.7	103.5
イマゾスルフロン・ピラクロニル・ブロモブチド粒剤	イマゾスルフロン 0.9%、ピラクロニル 2%、ブロモブチド 9%	100.0	99.1	99.0	99.8	101.4
グルホシネート液剤	グルホシネート 18.5%	99.5	99.0	98.9	99.9	101.5
ジクワット・パラコート液剤	ジクワット 7%、パラコート 5%	100.1	99.1	98.6	98.7	101.6
グリホサートカリウム塩液剤	グリホサートカリウム塩 48%	99.5	99.2	98.9	99.5	101.1

資料：農林水産省統計部「農業物価統計」

4　農薬（続き）
(4)　農薬の輸出入

区分	平成30農薬年度		令和元	
	数量	価額	数量	価額
	t、kl	100万円	t、kl	100万円
輸出				
合計	44,798	144,939	40,459	136,164
原体	29,545	108,710	27,051	100,971
製剤	15,253	36,229	13,408	35,193
殺虫剤	9,749	50,942	9,339	49,364
原体	6,147	37,812	5,781	36,974
製剤	3,603	13,130	3,558	12,389
殺菌剤	15,786	37,959	12,927	32,338
原体	7,714	25,347	5,820	21,164
製剤	8,073	12,612	7,107	11,174
除草剤	18,841	52,944	17,863	52,039
原体	15,416	42,768	15,233	40,591
製剤	3,425	10,176	2,630	11,448
その他	421	3,094	330	2,423
原体	268	2,782	217	2,242
製剤	153	312	113	181
輸入				
合計	49,890	92,363	45,247	96,214
原体	18,942	61,600	19,233	66,084
製剤	30,947	30,763	26,014	30,130
殺虫剤	12,748	31,482	11,708	29,732
原体	6,474	23,859	5,561	21,413
製剤	6,274	7,623	6,147	8,319
殺菌剤	9,461	19,929	9,957	21,768
原体	5,126	12,344	6,692	14,976
製剤	4,335	7,585	3,265	6,792
除草剤	27,303	39,857	23,210	43,748
原体	7,141	25,039	6,790	29,230
製剤	20,162	14,818	16,421	14,518
その他	378	1,096	372	966
原体	201	358	190	465
製剤	177	738	181	502

資料：農林水産省消費・安全局資料
注：数量の合計は t ＝kl として集計した。

Ⅷ 農作物
1 総括表
(1) 生産量

区分	令和元年産			2		
	作付面積	10 a 当たり収量	収穫量	作付面積	10 a 当たり収量	収穫量
	ha	kg	t	ha	kg	t
1) 水稲（子実用）	1,469,000	528	7,762,000	1,462,000	531	7,763,000
2) 小麦（子実用）	211,600	490	1,037,000	212,600	447	949,300
2) 二条大麦（子実用）	38,000	386	146,600	39,300	368	144,700
2) 六条大麦（子実用）	17,700	315	55,800	18,000	314	56,600
2) はだか麦（子実用）	5,780	351	20,300	6,330	322	20,400
かんしょ	34,300	2,180	748,700	33,100	2,080	687,600
3) ばれいしょ	74,400	3,220	2,399,000	71,900	3,070	2,204,000
そば（乾燥子実）	65,400	65	42,600	66,600	67	44,800
大豆（乾燥子実）	143,500	152	217,800	141,700	154	218,900
3) 野菜	457,900	…	13,407,000	448,700	…	13,037,000
4) みかん	38,700	1,930	746,700	37,800	2,030	765,800
4) りんご	36,000	1,950	701,600	35,800	2,130	763,300
5) てんさい	56,700	7,030	3,986,000	56,800	6,890	3,912,000
6) さとうきび	22,100	5,310	1,174,000	22,500	5,940	1,336,000
飼料作物（牧草）	7) 724,400	7) 3,430	7) 24,850,000	719,200	7) 3,370	7) 24,244,000

資料：農林水産省統計部「作物統計」、「野菜生産出荷統計」、「果樹生産出荷統計」の結果による。
注：　1) の収穫量は玄米 t である。
　　　2) の収穫量は玄麦 t である。
　　　3) の令和 2 年産は概数値である。
　　　4) の作付面積は結果樹面積である。令和 2 年産は概数値である。
　　　5) は北海道の調査結果である。
　　　6) の作付面積は収穫面積である。鹿児島県及び沖縄県の調査結果である。
　　　7) は主産県の調査結果から推計したものである。

1 総括表（続き）

(2) 10 a 当たり生産費（令和 2 年産）

単位：円

区分	物財費	労働費	費用合計	生産費 （副産物 価額差引）	支払利子・ 地代算入 生産費	資本利子・ 地代全額 算入生産費
米	*78,449	*34,247	*112,696	*109,995	*115,448	*129,505
小麦	52,811	6,281	59,092	56,601	59,232	67,348
二条大麦	37,535	7,478	45,013	44,733	49,126	53,804
六条大麦	29,769	6,068	35,837	35,619	40,595	43,534
はだか麦	34,513	10,955	45,468	45,323	49,342	52,033
そば	*24,141	*5,147	*29,288	*29,288	*32,106	*37,041
大豆	*43,433	*11,317	*54,750	*54,552	*58,828	*66,608
1) 原料用ばれいしょ	*65,494	*14,761	*80,255	*80,255	*82,825	*92,523
2) 原料用かんしょ	*57,855	*78,682	*136,537	*136,537	*141,745	*150,651
1) てんさい	73,662	20,628	94,290	94,290	96,242	106,245
3) さとうきび	*77,436	*44,370	*121,806	*121,783	*128,889	*138,239
なたね	40,365	6,108	46,473	46,473	49,166	58,071

資料：農林水産省統計部「農業経営統計調査　農産物生産費統計」

注：1　生産費とは、生産物の一定単位量の生産のために消費した経済費用の合計をいう。ここでいう費
　　　用の合計とは、生産物の生産に要した材料、賃借料及び料金、用役等（労働・固定資産等）の価
　　　額の合計である。
　　2　本調査は、2015年農林業センサスに基づく農業経営体のうち、世帯による農業経営を行い、米は、
　　　玄米を600kg以上販売、米以外は、調査該当作目を10 a 以上作付けし、販売した経営体（個別経営）
　　　を対象に実施した。
　　　　なお、二条大麦、六条大麦、はだか麦及びなたねについては平成26年度経営所得安定対策等加入
　　　申請者情報の経営体のうち、世帯による農業経営を行い、調査該当作目を10 a 以上作付けし、販売
　　　した経営体（個別経営）を対象に実施した。
　　3　「＊」を付した米、そば、大豆、原料用ばれいしょ、原料用かんしょ及びさとうきびの値は、令
　　　和元年産の結果である。
　　1)の調査対象地域は北海道である。
　　2)の調査対象地域は鹿児島県である。
　　3)の調査対象地域は鹿児島県及び沖縄県である。

2 米

(1) 販売目的の水稲の作付面積規模別経営体数
（令和2年2月1日現在）

単位：経営体

区分	作付経営体数	1.0ha未満	1.0～2.0	2.0～3.0	3.0～5.0	5.0～10.0	10.0ha以上
全国	713,792	449,804	131,919	46,208	36,164	28,002	21,695
北海道	10,843	627	735	763	1,538	3,173	4,007
都府県	702,949	449,177	131,184	45,445	34,626	24,829	17,688

資料：農林水産省統計部「2020年農林業センサス」

(2) 水稲作受託作業経営体数及び受託面積（各年2月1日現在）
　ア　農業経営体

全国農業地域	平成27年		令和2	
	経営体数	受託面積	経営体数	受託面積
	千経営体	千ha	千経営体	千ha
全国	98.3	1,250.3	80.8	1,122.5
北海道	1.1	107.1	1.1	112.8
都府県	97.1	1,143.2	79.8	1,009.6
東北	27.5	291.0	22.5	262.3
北陸	11.7	167.0	10.0	156.7
関東・東山	16.9	200.5	13.8	160.8
東海	6.9	90.8	5.6	71.7
近畿	8.5	66.7	7.2	63.3
中国	9.7	95.9	7.8	97.5
四国	3.3	32.9	2.7	22.9
九州	12.7	198.1	10.3	174.4
沖縄	0.0	0.2	0.0	0.1

資料：農林水産省統計部「農林業センサス」（以下イまで同じ。）

　イ　農業経営体のうち団体経営体

全国農業地域	平成27年		令和2	
	経営体数	受託面積	経営体数	受託面積
	千経営体	千ha	千経営体	千ha
全国	11.4	851.4	10.6	754.7
北海道	0.3	92.0	0.3	96.0
都府県	11.1	759.4	10.3	658.7
東北	2.2	173.7	2.1	153.4
北陸	1.9	128.7	1.8	124.2
関東・東山	1.3	130.2	1.2	99.2
東海	0.8	53.3	0.7	39.5
近畿	1.2	43.5	1.2	41.8
中国	1.4	63.3	1.3	69.8
四国	0.3	23.6	0.3	15.9
九州	1.9	143.0	1.6	114.9
沖縄	0.0	0.2	0.0	0.0

2 米（続き）
(3) 生産量
ア 年次別及び全国農業地域別

年産 ・ 全国 農業地域	水陸稲計		水稲					陸稲		
	作付 面積	収穫量 （玄米）	作付 面積	10 a 当たり 収量	収穫量 （玄米）	10 a 当た り平 年収量	作況 指数	作付 面積	10 a 当たり 収量	収穫量 （玄米）
	千ha	千 t	千ha	kg	千 t	kg		千ha	kg	千 t
明治43年	2,925	6,995	2,834	242	6,855	…	…	91.4	153	139.6
大正 9	3,101	9,481	2,960	311	9,205	…	…	140.3	197	276.2
昭和 5	3,212	10,031	3,079	318	9,790	285	112	133.4	181	241.8
15	3,152	9,131	3,004	298	8,955	314	95	147.7	119	175.6
25	3,011	9,651	2,877	327	9,412	330	99	133.9	178	238.4
35	3,308	12,858	3,124	401	12,539	371	108	184.0	173	319.9
45	2,923	12,689	2,836	442	12,528	431	103	87.4	184	160.8
55	2,377	9,751	2,350	412	9,692	471	87	27.2	215	58.6
平成 2	2,074	10,499	2,055	509	10,463	494	103	18.9	189	35.7
12	1,770	9,490	1,763	537	9,472	518	104	7.1	256	18.1
22	1,628	8,483	1,625	522	8,478	530	98	2.9	189	5.5
23	1,576	8,402	1,574	533	8,397	530	101	2.4	220	5.2
24	1,581	8,523	1,579	540	8,519	530	102	2.1	172	3.6
25	1,599	8,607	1,597	539	8,603	530	102	1.7	249	4.3
26	1,575	8,439	1,573	536	8,435	530	101	1.4	257	3.6
27	1,506	7,989	1,505	531	7,986	531	100	1.2	233	2.7
28	1,479	8,044	1,478	544	8,042	531	103	0.9	218	2.1
29	1,466	7,824	1,465	534	7,822	532	100	0.8	236	1.9
30	1,470	7,782	1,470	529	7,780	532	98	0.8	232	1.7
令和元	1,470	7,764	1,469	528	7,762	533	99	0.7	228	1.6
2	1,462	7,765	1,462	531	7,763	535	99	0.6	236	1.5
北海道	102	…	102	581	594	550	106	0.0	…	…
東北	382	…	382	586	2,236	566	104	0.0	…	…
北陸	206	…	206	550	1,135	538	102	x	…	…
関東・東山	270	…	270	536	1,444	537	101	x	…	…
東海	93	…	93	480	444	502	95	0.0	…	…
近畿	101	496	101	490	496	508	96	−	−	−
中国	101	490	101	484	490	518	92	−	−	−
四国	47	223	47	470	223	482	96	−	−	−
九州	159	…	159	440	699	501	85	0.0	…	…
沖縄	1	2	1	322	2	309	104	−	−	−

資料：農林水産省統計部「作物統計」（以下イまで同じ。）。
注： 1 作付面積は子実用である（以下イまで同じ。）。
 2 昭和5年及び昭和15年産の10 a 当たり平年収量は、過去7か年の実績値のうち、最高・最低を除いた5か年平均により算出した。
 3 昭和15年産～昭和45年産は、沖縄県を含まない。
 4 水稲の作況指数は、10 a 当たり平年収量に対する10 a 当たり収量の比率である。
  なお、平成26年産以前の作況指数は1.70mmのふるい目幅で選別された玄米を基に算出し、平成27年産から令和元年産までの作況指数は、全国農業地域ごとに、過去5か年間に農家等が実際に使用したふるい目幅の分布において、大きいものから数えて9割を占めるまでの目幅以上に選別された玄米を基に算出している。令和2年産以降の作況指数は、都道府県ごとに、過去5か年間に農家等が実際に使用したふるい目幅の分布において、最も大きい割合の目幅以上に選別された玄米を基に算出した数値である。（以下イまで同じ。）。
 5 陸稲については、平成30年産から、調査の範囲を全国から主産県に変更し、作付面積調査にあっては3年、収穫量調査にあっては6年ごとに全国調査を実施することとした。令和2年産の収穫量調査は主産県調査年であり、全国調査を行った平成29年の調査結果に基づき、全国値を推計している。
  なお、主産県とは、平成29年産における全国の作付面積のおおむね80％を占めるまでの上位都道府県である（以下イまで同じ。）。

イ 都道府県別（令和2年産）

全国・都道府県	水稲				陸稲	
	作付面積	10a当たり収量	収穫量（玄米）	作況指数	作付面積	収穫量（玄米）
	ha	kg	t		ha	t
全国	1,462,000	531	7,763,000	99	636	1,500
北海道	102,300	581	594,400	106	0	…
青森	45,200	628	283,900	105	0	…
岩手	50,400	553	278,700	103	0	…
宮城	68,300	552	377,000	102	−	−
秋田	87,600	602	527,400	105	−	−
山形	64,700	622	402,400	104	−	−
福島	65,300	562	367,000	102	1	…
茨城	67,800	531	360,000	103	447	1,100
栃木	59,200	538	318,500	101	165	348
群馬	15,500	496	76,900	100	x	…
埼玉	31,900	496	158,200	102	0	…
千葉	55,400	537	297,500	99	19	…
東京	124	400	496	98	1	…
神奈川	2,990	474	14,200	97	x	…
新潟	119,500	558	666,800	103	x	…
富山	37,100	556	206,300	103	−	−
石川	24,800	530	131,400	101	x	…
福井	25,100	518	130,000	99	−	−
山梨	4,880	529	25,800	97	−	−
長野	31,800	606	192,700	99	−	−
岐阜	22,500	470	105,800	96	−	−
静岡	15,500	478	74,100	92	0	…
愛知	27,400	490	134,300	96	−	−
三重	27,100	479	129,800	96	−	−
滋賀	31,100	509	158,300	98	−	−
京都	14,300	501	71,600	98	−	−
大阪	4,700	472	22,200	94	−	−
兵庫	36,500	477	174,100	95	−	−
奈良	8,480	482	40,900	92	−	−
和歌山	6,250	462	28,900	92	−	−
鳥取	12,900	512	66,000	100	−	−
島根	17,100	511	87,400	99	−	−
岡山	29,800	505	150,500	95	−	−
広島	22,600	499	112,800	94	−	−
山口	18,900	386	73,000	73	−	−
徳島	11,000	476	52,400	100	−	−
香川	11,700	496	58,000	100	−	−
愛媛	13,400	474	63,500	91	−	−
高知	11,300	433	48,900	93	−	−
福岡	34,900	416	145,200	80	−	−
佐賀	23,900	436	104,200	81	−	−
長崎	11,100	422	46,800	86	−	−
熊本	33,300	470	156,500	89	−	−
大分	20,200	403	81,400	77	−	−
宮崎	16,000	475	76,000	95	0	…
鹿児島	19,300	458	88,400	94	−	−
沖縄	650	322	2,090	104	−	−

2 米（続き）
(4) 新規需要米等の用途別作付・生産状況

用途	平成30年産		令和元		2	
	生産量	作付面積	生産量	作付面積	生産量	作付面積
	t	ha	t	ha	t	ha
計	473,359	131,048	439,544	124,477	446,901	126,205
米粉用	27,695	5,295	27,964	5,306	33,391	6,346
飼料用	426,521	79,535	389,264	72,509	380,502	70,883
1)ＷＣＳ用稲（稲発酵粗飼料用稲）	−	42,545	−	42,450	−	42,791
2)バイオエタノール用米	−	−	−	−	−	−
新市場開拓用米（輸出用米等）	19,143	3,578	22,316	4,097	33,008	6,089
3)酒造用	−	−	−	−	−	−
4)その他（わら専用稲、青刈り用稲	−	96	−	114	−	96
（参考）						
加工用米	274,191	51,490	252,926	46,737	243,188	45,208

資料：農林水産省農産局「新規需要米等の用途別作付・生産状況の推移」
注： 1)は、子実を採らない用途であるため生産量はない。
　　 2)は、要領の改正により、平成30年産以降は新市場開拓用米に含まれている。
　　 3)は、「需要に応じた米の生産・販売の推進に関する要領」に基づき生産数量目標の枠外で生産
された玄米であり、平成30年産以降は取りまとめていない。
　　 4)は、試験研究用途等のものであり、わら専用稲、青刈り用稲については子実を採らない用途
であるため生産量はない。

(5) 米の収穫量、販売量、在庫量等（令和2年）

単位：kg

区分	収穫量	購入量	販売量	無償譲渡量	自家消費量	令和3年5月31日現在の在庫量
計	8,184	118	7,485	219	351	352
水稲うるち米	7,993	114	7,319	206	342	345
水稲もち米	191	4	166	12	10	7

資料：農林水産省統計部「生産者の米穀在庫等調査」
注：1　1農業経営体当たりの平均値であり、玄米換算した数値である。
　　2　令和2年6月1日から令和3年5月31日までの期間を対象に調査した。

(6) 米の需給調整
需給調整の取組状況の推移（全国）

年産	生産数量目標 ①	主食用米生産量 ②	差 ②-①	①を面積換算したもの ③	主食用米作付面積 ④	差 ④-③	作況指数
	万t	万t	万t	万ha	万ha	万ha	
平成27年産	751	744	△ 7	141.9	140.6	△ 1.3	100
28	743	750	7	140.3	138.1	△ 2.2	103
29	735	731	△ 4	138.7	137.0	△ 1.7	100
30	-	733	-	-	138.6	-	98
令和元	-	726	-	-	137.9	-	99
2	-	723	-	-	136.6	-	99

資料：農林水産省農産局「全国の生産数量目標、主食用米生産量等の推移」

(7) 需給
ア 米需給表

年度	国内生産量（玄米）	外国貿易（玄米） 輸入量	輸出量	在庫の増減量（玄米）	国内消費仕向量（玄米）	純食料（主食用）	1)一人1年当たり供給量	一人1日当たり供給量（主食用）
	千t	千t	千t	千t	千t	千t	kg	g
平成28年度	8,550	911	94	△ 186	8,644	6,687	54.4 (52.7)	144.3
29	8,324	888	95	△ 162	8,616	6,633	54.1 (52.3)	143.4
30	8,208	787	115	△ 41	8,443	6,549	53.5 (51.8)	141.9
令和元	8,154	870	121	△ 9	8,300	6,510	53.2 (51.6)	141.0
2 （概算値）	8,145	814	110	248	7,857	6,198	50.7 (49.1)	134.5

資料：農林水産省大臣官房政策課食料安全保障室「食料需給表」
注：国内生産量から国内消費仕向量までは玄米であり、純食料からは精米である。
　1)の（ ）内は、菓子、穀粉を含まない主食用の数値である。

(7) 需給（続き）

イ 政府所有米需給実績

単位：万玄米t

| 区分 | 国産米 | | | | | | | 輸入米（MA米） | | | | | | |
| | 期首持越 | 買入 | 販売 | | | | | 期首持越 | 輸入 | 販売 | | | | |
			計	主食用	加工用	援助用	飼料用			計	主食用	加工用	援助用	飼料用
平成27年度	91	25	25	–	–	4	21	83	71	83	1	11	6	65
28	91	23	23	–	–	3	20	71	80	87	1	12	4	70
29	91	19	19	–	–	7	12	64	79	89	5	19	2	63
30	91	12	12	–	–	5	7	54	77	71	9	18	5	39
令和元	**91**	**18**	**18**	**–**	**–**	**4**	**14**	**60**	**76**	**76**	**4**	**17**	**5**	**50**

資料：農林水産省農産局資料（以下ウまで同じ。）
注：1　年度は、国内産については当年7月から翌年6月までであり、輸入米については前年11月から当年10月までである。（以下ウまで同じ。）
　　2　輸入米（MA米）の加工用については、食用不適品、バイオエタノール用に販売したものを含む。（以下ウまで同じ。）
　　3　精米で販売したものは玄米換算している。（以下ウまで同じ。）

ウ 政府所有米売却実績

単位：万玄米 t

| 用途 | 平成29年度 | | 30 | | 令和元 | |
	国内米	輸入米	国内米	輸入米	**国内米**	**輸入米**
計	19	89	12	71	**18**	**76**
主食用	–	5	–	9	**–**	**4**
加工用	–	19	–	18	**–**	**17**
飼料用	12	63	7	39	**14**	**50**
援助用	7	2	5	5	**4**	**5**

エ　輸出入実績
(ｱ)　輸出入量及び金額

品目名	令和元		2	
	数量	金額	数量	金額
	t	千円	t	千円
輸出				
穀物				
米	48,688	6,058,887	40,938	6,287,756
輸入				
穀物				
米	678,604	53,375,204	676,826	53,748,741
穀粉・挽割含む				
米粉	32	10,520	83	22,276

資料：財務省関税局「貿易統計」をもとに農林水産省統計部にて作成。（以下(ｳ)まで同じ。）

(ｲ)　米の国別輸出量

単位：t

区分	令和元	2
米	48,688	40,938
うち香港	5,436	6,978
シンガポール	3,879	3,696
アメリカ合衆国	1,980	2,004

注：　令和元年の輸出入量が多い国・地域について、上位3か国を
　　掲載した（以下(ｳ)まで同じ。）。

(ｳ)　米の国別輸入量

単位：t

区分	令和元	2
米	678,604	676,826
うちアメリカ合衆国	342,743	317,151
タイ	266,553	272,036
中華人民共和国	49,349	74,611

2　米（続き）
(8)　被害
水稲

年産	冷害		日照不足		高温障害	
	被害面積	被害量（玄米）	被害面積	被害量（玄米）	被害面積	被害量（玄米）
	千ha	千 t	千ha	千 t	千ha	千 t
平成29年産	212	45	1,070	243	105	12
30	111	36	1,045	252	653	94
令和元年産	81	12	1,185	238	699	94
2	47	9	1,235	238	568	63

年産	いもち病		ウンカ		カメムシ	
	被害面積	被害量（玄米）	被害面積	被害量（玄米）	被害面積	被害量（玄米）
	千ha	千 t	千ha	千 t	千ha	千 t
平成29年産	239	61	70	15	110	11
30	211	49	48	7	109	13
令和元年産	240	56	111	41	143	18
2	294	78	128	71	141	17

資料：農林水産省統計部「作物統計」

(9)　保険・共済
ア　水稲

区分	単位	平成28年産	29	30	令和元	2（概数値）
引受組合等数	組合	177	142	128	109	66
引受戸数	千戸	1,369	1,302	1,230	963	892
引受面積	千ha	1,449	1,438	1,430	1,183	1,098
共済金額	100万円	957,318	945,943	957,958	820,756	790,790
共済掛金	〃	8,744	8,696	7,754	5,992	5,989
支払対象戸数	千戸	36	46	43	74	91
支払対象面積	千ha	12	29	62	51	0
支払共済金	100万円	2,416	3,717	7,325	14,349	11,397

資料：　農林水産省経営局「農作物共済統計表」。ただし、令和元年産及び令和2年産は経営局資料による（以下イまで同じ。）。
注：農業保険法による農作物共済の実績である（以下イまで同じ。）。

イ　陸稲

区分	単位	平成28年産	29	30	令和元	2（概数値）
引受組合等数	組合	12	10	9	5	5
引受戸数	戸	100	68	56	60	36
引受面積	ha	53	29	28	25	15
共済金額	100万円	14	8	8	7	4
共済掛金	〃	2	1	1	0	0
支払対象戸数	戸	31	12	17	7	3
支払対象面積	ha	20	7	9	3	1
支払共済金	100万円	3	1	2	0	0

(10) 生産費
ア 米生産費

区分	平成30年産		令和元		
	10 a 当たり	玄米60kg 当たり	10 a 当たり	玄米60kg 当たり	費目割合
	円	円	円	円	％
物財費	77,185	9,205	78,449	9,180	69.6
種苗費	3,756	448	3,707	433	3.3
肥料費	8,942	1,066	9,065	1,059	8.0
農業薬剤費	7,570	903	7,670	898	6.8
光熱動力費	4,693	559	4,745	556	4.2
その他の諸材料費	1,927	230	1,987	232	1.8
土地改良及び水利費	4,191	500	4,333	507	3.8
賃借料及び料金	11,569	1,379	11,495	1,347	10.2
物件税及び公課諸負担	2,157	259	2,241	263	2.0
建物費	3,973	475	3,640	426	3.2
自動車費	3,838	458	3,720	435	3.3
農機具費	24,173	2,881	25,452	2,978	22.6
生産管理費	396	47	394	46	0.3
労働費	34,854	4,156	34,247	4,007	30.4
費用合計	112,039	13,361	112,696	13,187	100.0
副産物価額	2,593	309	2,701	315	－
生産費（副産物価額差引）	109,446	13,052	109,995	12,872	－
支払利子	229	27	164	19	－
支払地代	4,999	596	5,289	619	－
支払利子・地代算入生産費	114,674	13,675	115,448	13,510	－
自己資本利子	4,834	577	5,141	601	－
自作地地代	9,216	1,100	8,916	1,044	－
資本利子・地代全額算入生産費	128,724	15,352	129,505	15,155	－

資料： 農林水産省統計部「農業経営統計調査 農産物生産費統計」（以下エまで同じ。）。
注：1 生産費とは、生産物の一定単位量の生産のために消費した経済費用の合計をいう。ここでいう
　　 費用の合計とは、生産物の生産に要した材料、賃借料及び料金、用役等（労働・固定資産等）の
　　 価額の合計である。
　　2 本調査は、2015年農林業センサスに基づく農業経営体のうち、世帯による農業経営を行い、玄
　　 米を600kg以上販売する経営体（個別経営）を対象に実施した（以下エまで同じ。）。

イ 全国農業地域別米生産費（10 a 当たり）（令和元年産）

単位：円

区分	北海道	東北	北陸	関東・東山	東海	近畿	中国	四国	九州
物財費	71,941	71,126	78,999	79,749	87,816	94,269	98,180	86,095	78,998
労働費	27,551	30,085	31,130	39,300	43,465	41,407	45,418	36,168	36,893
費用合計	99,492	101,211	110,129	119,049	131,281	135,676	143,598	122,263	115,891
生産費（副産物価額差引）	95,267	97,858	107,724	117,176	129,642	133,357	141,610	120,615	113,358
支払利子・地代算入生産費	97,681	103,260	116,677	122,308	135,406	137,717	144,588	123,661	117,405
資本利子・地代全額算入生産費	112,751	117,100	130,685	138,457	145,991	151,597	157,176	137,041	130,588

(10) 生産費（続き）
ウ 作付規模別米生産費（10a当たり）（令和元年産）

区分	単位	平均	0.5ha 未満	0.5～ 1.0	1.0～ 3.0	3.0～ 5.0	5.0～ 10.0
物財費	円	78,449	121,589	101,351	81,059	74,621	68,105
うち肥料費	〃	9,065	9,587	9,281	9,136	9,353	8,596
農業薬剤費	〃	7,670	7,991	7,841	8,018	7,635	7,505
土地改良及び水利費	〃	4,333	3,132	4,121	3,580	4,467	5,689
賃借料及び料金	〃	11,495	20,618	22,431	11,605	10,488	9,254
農機具費	〃	25,452	40,453	29,198	27,497	24,935	21,533
労働費	〃	34,247	69,395	51,108	38,960	27,119	24,834
費用合計	〃	112,696	190,984	152,459	120,019	101,740	92,939
生産費（副産物価額差引）	〃	109,995	188,403	149,780	117,553	99,583	89,678
支払利子・地代算入生産費	〃	115,448	189,421	151,098	120,251	106,698	97,756
資本利子・地代全額算入生産費	〃	129,505	211,604	170,096	135,789	119,880	109,741
1経営体当たり作付面積	a	178.7	36.0	72.5	172.2	392.8	676.2
主産物数量	kg	512	464	475	503	526	526
投下労働時間	時間	22.69	45.99	34.61	26.09	18.52	15.81

区分	単位	3.0ha 以上	5.0ha 以上	10.0ha 以上	15.0ha 以上	20.0ha 以上	30.0ha 以上
物財費	円	67,609	64,343	61,925	60,796	59,151	57,135
うち肥料費	〃	8,929	8,735	8,820	9,176	9,433	8,732
農業薬剤費	〃	7,416	7,314	7,192	7,383	7,606	8,041
土地改良及び水利費	〃	4,898	5,098	4,720	4,732	4,192	4,661
賃借料及び料金	〃	8,045	6,904	5,397	4,412	2,908	2,983
農機具費	〃	22,046	20,697	20,162	19,486	19,697	17,985
労働費	〃	24,464	23,226	22,194	21,678	21,190	20,578
費用合計	〃	92,073	87,569	84,119	82,474	80,341	77,713
生産費（副産物価額差引）	〃	89,232	84,406	81,020	79,230	77,351	73,933
支払利子・地代算入生産費	〃	97,516	93,235	90,332	88,101	87,939	83,081
資本利子・地代全額算入生産費	〃	108,868	103,733	99,876	98,374	97,191	94,124
1経営体当たり作付面積	a	697.7	1,094.0	1,811.4	2,215.5	2,690.4	3,735.3
主産物数量	kg	532	534	538	543	536	565
投下労働時間	時間	15.94	14.70	13.96	13.40	13.21	12.50

10. 0〜 15. 0	15. 0〜 20. 0	20. 0〜 30. 0	30. 0〜 50. 0	50. 0ha 以上
64,870	63,851	59,929	59,376	48,802
7,899	8,695	9,701	8,799	8,471
6,691	6,970	7,439	8,005	8,181
4,689	5,735	4,013	5,209	2,623
7,968	7,206	2,879	3,294	1,831
21,920	19,095	20,356	18,975	14,303
23,540	22,580	21,428	21,891	15,703
88,410	86,431	81,357	81,267	64,505
85,689	82,715	78,670	77,029	62,431
96,146	88,397	89,810	85,129	75,477
103,789	100,569	98,374	96,816	84,126
1,228.0	1,668.4	2,429.3	3,398.3	5,914.0
527	559	524	568	556
15.33	13.74	13.55	12.79	11.47

エ　全国農業地域別米の労働時間（10 a 当たり）（令和元年産）

単位：時間

区分	全国	北海道	東北	北陸	関東・ 東山	東海	近畿	中国	四国	九州
投下労働時間	22.69	15.52	21.10	21.49	24.56	26.23	24.44	31.11	26.65	25.91
うち家族	20.78	13.54	19.26	19.95	21.81	25.05	23.22	28.76	25.20	23.71
直接労働時間	21.53	14.60	20.07	19.88	23.62	24.78	23.12	29.93	25.38	24.91
間接労働時間	1.16	0.92	1.03	1.61	0.94	1.45	1.32	1.18	1.27	1.00

2 米（続き）

(10) 生産費（続き）

オ 認定農業者がいる15ha以上の個別経営及び稲作主体の組織法人経営の生産費

区分	単位	(参考) 平成23年産 平均（個別経営）	28 認定農業者がいる15ha以上の個別経営	稲作主体の組織法人経営
60kg当たり				
物財費	円	9,478	6,629	7,263
うち 肥料費	〃	1,018	961	1,022
農業薬剤費	〃	848	761	839
賃借料及び料金	〃	1,325	635	1,579
農機具費	〃	3,060	2,140	1,954
労働費	〃	4,191	2,397	2,961
費用合計	〃	13,669	9,026	10,224
副産物価額	〃	318	237	258
生産費（副産物価額差引）	〃	13,351	8,789	9,966
支払利子	〃	35	47	23
支払地代	〃	533	936	1,344
支払利子・地代算入生産費	〃	13,919	9,772	11,333
自己資本利子	〃	712	362	324
自作地地代	〃	1,370	766	20
資本利子・地代全額算入生産費	〃	16,001	10,900	11,677
10 a 当たり全算入生産費	〃	139,721	98,727	103,479
1経営体当たり作付面積	a	141.8	2,021.7	2,234.7
10 a 当たり収量	kg	523	544	531
10 a 当たり労働時間	時間	26.11	13.86	15.98

資料： 農林水産省統計部「農業経営統計調査 農産物生産費統計」、「組織法人経営体に関する経営分析調査」
注： 「成長戦略実行計画・成長戦略フォローアップ・令和2年度革新的事業活動に関する実行計画」（令和2年7月17日閣議決定）において、「今後10年間（2023年まで）で資材・流通面等での産業界の努力も反映し担い手のコメの生産コストを2011年全国平均比4割削減する（2011年産（2011年産：16,001円/60kg）」という目標を掲げているところ。当該目標においては担い手の考え方を以下のとおり設定している。
※担い手の考え方
・ 認定農業者がいる15ha以上の個別経営：認定農業者のうち、農業就業者1人当たりの稲作に係る農業所得が他産業所得と同等の個別経営（水稲作付面積15ha以上層）
・ 稲作主体の組織法人経営：米の販売金額が第1位となる稲作主体の組織法人経営

カ 飼料用米の生産費

区分	単位	平成30年産 平均	平成30年産 認定農業者がいる経営体のうち、作付規模15.0ha以上	令和元 平均	令和元 認定農業者がいる経営体のうち、作付規模15.0ha以上
10 a 当たり					
費用合計	円	109,650	77,070	105,970	77,110
うち 物財費	〃	75,530	55,730	74,160	56,980
労働費	〃	34,120	21,340	31,810	20,130
生産費（副産物価額差引）	〃	109,280	76,700	105,330	76,470
支払利子・地代算入生産費	〃	114,510	86,250	110,780	85,340
資本利子・地代全額算入生産費	〃	128,560	95,730	124,840	95,610
60kg当たり全算入生産費	〃	13,870	10,330	13,450	10,300

資料：農林水産省統計部「農業経営統計調査 農産物生産費統計」
注： 1 飼料用米の生産費は、米生産費統計の調査対象経営体のうち、飼料用米の作付けがある経営体を対象に、各費目別の食用米の費用（10 a 当たり）を100とした場合の割合を聞き取り、これを米生産費の「全国平均値（ア 米生産費を参照）」及び「認定農業者がいる経営体のうち作付規模15.0ha以上（オ 認定農業者がいる15ha以上の個別経営及び稲作主体の組織法人経営の生産費を参照）」に乗じることにより算出した。
　　 2 60kg当たり全算入生産費は、聞き取りを行った経営体の飼料用米の10 a 当たり収量の平均値を用いて算出した。

29		30		令和元	
認定農業者がいる15ha以上の個別経営	稲作主体の組織法人経営	認定農業者がいる15ha以上の個別経営	稲作主体の組織法人経営	認定農業者がいる15ha以上の個別経営	稲作主体の組織法人経営
6,802	7,812	6,849	7,852	6,704	7,685
996	937	993	920	1,012	958
739	856	774	892	815	876
554	2,102	493	2,011	486	1,744
2,240	1,989	2,240	2,012	2,148	2,107
2,488	2,863	2,554	2,847	2,392	2,752
9,290	10,675	9,403	10,699	9,096	10,437
424	458	338	402	358	352
8,866	10,217	9,065	10,297	8,738	10,085
43	32	40	39	27	34
937	1,223	1,079	1,212	952	1,273
9,846	11,472	10,184	11,548	9,717	11,392
419	305	385	310	403	279
730	82	725	84	731	50
10,995	11,859	11,294	11,942	10,851	11,721
97,503	100,541	96,377	100,002	98,374	99,425
2,099.1	2,235.0	2,192.7	2,321.5	2,215.5	2,435.3
533	509	511	502	543	509
13.79	15.32	13.77	14.92	13.40	14.21

(11) 価格
　ア　農産物価格指数

平成27年＝100

品目・銘柄等級	平成28年	29	30	令和元	2
うるち玄米（1等）	113.3	124.3	132.6	133.0	130.7
もち玄米（1等）	97.6	88.6	95.0	100.4	101.0

資料：農林水産省統計部「農業物価統計」

2 米（続き）
(11) 価格（続き）
イ 米の相対取引価格（玄米60kg当たり）

単位：円

産地	品種銘柄 （地域区分）	価格	産地	品種銘柄 （地域区分）	価格	産地	品種銘柄 （地域区分）	価格
全銘柄平均 平成27年産		13,175	千葉	ふさこがね	14,751	島根	コシヒカリ	15,569
28		14,307	千葉	ふさおとめ	14,874	島根	きぬむすめ	14,572
29		15,595	山梨	コシヒカリ	18,280	島根	つや姫	15,258
30		15,688	長野	コシヒカリ	15,996	岡山	アケボノ	14,879
令和元		15,716	長野	あきたこまち	15,199	岡山	あきたこまち	15,393
			静岡	コシヒカリ	16,207	広島	ヒノヒカリ	15,372
			静岡	きぬむすめ	15,229	広島	コシヒカリ	15,470
北海道	ななつぼし	15,869	静岡	あいちのかおり	15,325	広島	あきさかり	14,657
北海道	ゆめぴりか	16,800	新潟	コシヒカリ（一般）	17,391	広島	あきろまん	14,641
北海道	きらら３９７	15,420	新潟	コシヒカリ（魚沼）	21,009	山口	コシヒカリ	15,518
青森	まっしぐら	14,789	新潟	コシヒカリ（佐渡）	17,993	山口	ひとめぼれ	14,628
青森	つがるロマン	15,059	新潟	コシヒカリ（岩船）	17,984	山口	ヒノヒカリ	14,614
岩手	ひとめぼれ	15,312	新潟	こしいぶき	15,143	徳島	コシヒカリ	15,757
岩手	あきたこまち	15,180	富山	コシヒカリ	15,981	徳島	キヌヒカリ	15,336
岩手	銀河のしずく	16,241	富山	てんたかく	14,869	香川	コシヒカリ	15,280
宮城	ひとめぼれ	15,511	石川	コシヒカリ	15,899	香川	ヒノヒカリ	14,748
宮城	つや姫	15,850	石川	ゆめみづほ	14,698	香川	おいでまい	15,368
宮城	ササニシキ	15,782	福井	コシヒカリ	16,345	愛媛	コシヒカリ	15,553
秋田	あきたこまち	15,799	福井	ハナエチゼン	15,079	愛媛	ヒノヒカリ	15,012
秋田	めんこいな	14,621	福井	あきさかり	15,203	愛媛	あきたこまち	14,851
秋田	ひとめぼれ	15,086	岐阜	ハツシモ	15,368	高知	コシヒカリ	14,918
山形	はえぬき	15,397	岐阜	コシヒカリ	16,176	高知	ヒノヒカリ	14,457
山形	つや姫	18,588	岐阜	あさひの夢	14,608	福岡	夢つくし	16,285
山形	ひとめぼれ	16,165	愛知	あいちのかおり	14,798	福岡	ヒノヒカリ	15,402
福島	コシヒカリ（中通り）	15,369	愛知	コシヒカリ	15,539	福岡	元気つくし	16,142
福島	コシヒカリ（会津）	15,392	愛知	大地の風	14,979	佐賀	夢しずく	14,995
福島	コシヒカリ（浜通り）	14,974	三重	コシヒカリ（一般）	15,538	佐賀	さがびより	15,954
福島	ひとめぼれ	14,913	三重	コシヒカリ（伊賀）	15,964	長崎	にこまる	15,305
福島	天のつぶ	14,479	三重	キヌヒカリ	14,916	長崎	ヒノヒカリ	14,978
茨城	コシヒカリ	15,512	滋賀	コシヒカリ	15,840	熊本	ヒノヒカリ	15,380
茨城	あきたこまち	15,471	滋賀	キヌヒカリ	14,946	熊本	森のくまさん	15,398
茨城	あさひの夢	13,538	滋賀	みずかがみ	15,789	熊本	コシヒカリ	16,000
栃木	コシヒカリ	15,576	京都	コシヒカリ	16,192	大分	ヒノヒカリ	15,652
栃木	あさひの夢	14,806	京都	キヌヒカリ	15,065	大分	ひとめぼれ	15,892
栃木	とちぎの星	14,927	兵庫	コシヒカリ	16,158	大分	つや姫	15,908
群馬	あさひの夢	14,920	兵庫	ヒノヒカリ	14,835	宮崎	コシヒカリ	15,946
群馬	ゆめまつり	14,868	兵庫	キヌヒカリ	14,852	宮崎	ヒノヒカリ	15,860
埼玉	彩のかがやき	14,909	奈良	ヒノヒカリ	15,743	鹿児島	ヒノヒカリ	16,445
埼玉	コシヒカリ	15,169	鳥取	きぬむすめ	14,799	鹿児島	あきほなみ	16,934
埼玉	彩のきずな	14,916	鳥取	コシヒカリ	15,489	鹿児島	コシヒカリ	16,670
千葉	コシヒカリ	15,717	鳥取	ひとめぼれ	14,698			

資料：農林水産省農産局「米穀の取引に関する報告」

注：1　「米穀の取引に関する報告」の報告対象業者は、全農、道県経済連、県単一農協、道県出荷団体（年間の玄米仕入数量が5,000トン以上）、出荷業者（年間の直接販売数量が5,000トン以上）である。

2　各産年の全銘柄平均価格は、報告対象産地品種銘柄ごとの前年産検査数量ウェイトで加重平均により算定している。

3　産地品種銘柄ごとの価格は、出荷業者と卸売業者等との間で数量と価格が決定された主食用の相対取引契約の価格（運賃、包装代、消費税を含む1等米の価格）を加重平均したものである。

4　価格に含む消費税は、平成26年4月から令和元年9月までは8％、令和元年10月は軽減税率の対象である米穀の品代等は8％、運賃等は10％で算定している。

5　加重平均に際しては、新潟、長野、静岡以東（東日本）の産地品種銘柄については受渡地を東日本としているものを、富山、岐阜、愛知以西（西日本）の産地品種銘柄については受渡地を西日本としているものを対象としている。

6　相対取引価格は、個々の契約内容に応じて設定される大口割引等の割引などが適用された価格であり、実際の引取状況に応じて価格調整（等級及び付加価値等（栽培方法等））が行われることがある。また、算定に当たっては、契約価格に運賃を含めない産地在姿の取引分も対象としている。

7　令和元年産の産地品種銘柄別価格は、元年産米の出回りから翌年10月までの平均価格である。

ウ　米の年平均小売価格

単位：円

品目	銘柄	数量単位	都市	平成28年	29	30	令和元	2
うるち米 （「コシヒカリ」）	国内産、精米、単一原料米、5kg袋入り	1袋	東京都区部 大阪市	2,355 2,157	2,388 2,271	2,451 2,371	2,456 2,420	2,426 2,379
うるち米 （「コシヒカリ」を除く。）	国内産、精米、単一原料米、5kg袋入り	〃	東京都区部 大阪市	2,019 1,965	2,132 2,100	2,232 2,305	2,234 2,270	2,246 2,251
もち米	国内産、精米、「単一原料米」又は「複数原料米」、1〜2kg袋入り	1kg	東京都区部 大阪市	619 571	616 574	607 566	601 575	615 565

資料：総務省統計局「小売物価統計調査年報」

エ　1世帯当たり年間の米の支出金額及び購入数量（二人以上の世帯・全国）

品目	平成28年		29		30		令和元		2	
	金額	数量	金額	数量	金額	数量	金額	数量	金額	数量
	円	kg	円	kg	円	kg	円	kg	円	kg
米	23,522	68.74	23,681	67.27	24,314	65.75	23,212	62.20	23,920	64.53

資料：総務省統計局「家計調査年報」

(12)　加工
　ア　米穀粉の生産量

単位：t

種類	平成28年	29	30	令和元	2
計	92,693	94,860	93,956	91,179	91,076
上新粉	46,377	47,257	45,643	43,345	40,559
もち粉	10,755	9,592	9,663	9,406	8,280
白玉粉	4,992	5,246	4,821	4,742	4,851
寒梅粉	1,606	1,535	1,534	1,560	1,485
らくがん粉・みじん粉	971	945	984	1,120	1,013
だんご粉	1,543	1,166	1,310	1,159	1,114
菓子種	1,756	2,419	2,506	2,508	2,528
新規米粉	24,693	26,700	27,495	27,339	31,246

資料：農林水産省大臣官房政策課食料安全保障室「食品産業動態調査」（以下イまで同じ。）

イ　加工米飯の生産量

単位：t

種類	平成28年	29	30	令和元	2
計	346,708	373,142	390,170	398,750	404,707
レトルト米飯	27,856	27,807	28,163	27,474	27,245
無菌包装米飯	145,326	161,068	170,218	182,797	197,185
冷凍米飯	163,017	174,025	181,559	178,068	171,307
チルド米飯	4,916	4,832	4,845	4,520	3,894
缶詰米飯	543	526	553	526	422
乾燥米飯	5,050	4,884	4,832	5,365	4,654

3 麦類
(1) 麦類作経営体（各年2月1日現在）
ア 販売目的の麦類の種類別経営体数

単位：経営体

年次・ 全国農業地域	小麦	二条大麦	六条大麦	はだか麦
平成27年	37,694	…	…	…
令和2	30,976	8,054	3,617	1,604
北海道	12,261	394	12	25
都府県	18,715	7,660	3,605	1,579
東北	1,624	32	131	33
北陸	228	9	1,767	12
関東・東山	5,402	3,281	1,014	102
東海	2,517	123	240	123
近畿	2,174	64	310	62
中国	714	565	60	154
四国	610	12	15	690
九州	5,437	3,574	67	403
沖縄	9	－	1	－

資料：農林水産省統計部「農林業センサス」（以下イまで同じ。）

イ 販売目的の麦類の作付面積規模別経営体数

単位：経営体

区分	計	0.1ha未満	0.1～0.5	0.5～1.0	1.0～3.0	3.0～5.0	5.0ha以上
麦類							
平成27年	49,229	1,273	8,832	6,949	11,080	5,163	15,932
令和2	40,422	1,228	5,184	4,331	8,686	4,712	16,281
うち小麦							
平成27年	37,694	1,049	6,693	4,811	7,774	4,062	13,305
令和2	30,976	771	4,057	3,149	6,045	3,613	13,341

(2) 生産量
ア 麦種類別収穫量（子実用）

年産	4麦計		小麦			二条大麦		
	作付面積	収穫量 （玄麦）	作付面積	10a当た り収量	収穫量 （玄麦）	作付面積	10a当た り収量	収穫量 （玄麦）
	千ha	千t	千ha	kg	千t	千ha	kg	千t
平成28年産	276	961	214	369	791	38	280	107
29	274	1,092	212	427	907	38	313	120
30	273	940	212	361	765	38	318	122
令和元	273	1,260	212	490	1,037	38	386	147
2	276	1,171	213	447	949	39	368	145

年産	六条大麦			はだか麦		
	作付面積	10a当た り収量	収穫量 （玄麦）	作付面積	10a当た り収量	収穫量 （玄麦）
	千ha	kg	千t	千ha	kg	千t
平成28年産	18	295	54	5	200	10
29	18	290	52	5	256	13
30	17	225	39	5	258	14
令和元	18	315	56	6	351	20
2	18	314	57	6	322	20

資料：農林水産省統計部「作物統計」（以下イまで同じ。）
注：作付面積は子実用である（以下イまで同じ。）。

イ　令和2年産都道府県別麦類の収穫量（子実用）

全国 ・ 都道府県	小麦		二条大麦		六条大麦		はだか麦	
	作付面積	収穫量 （玄麦）	作付面積	収穫量 （玄麦）	作付面積	収穫量 （玄麦）	作付面積	収穫量 （玄麦）
	ha	t	ha	t	ha	t	ha	t
全国	212,600	949,300	39,300	144,700	18,000	56,600	6,330	20,400
北海道	122,200	629,900	1,760	7,600	19	27	195	557
青森	716	1,870	−	−	63	299	−	−
岩手	3,740	7,740	−	−	74	206	−	−
宮城	1,100	4,410	11	30	1,160	4,050	−	−
秋田	275	842	x	x	x	x	−	−
山形	68	167	−	−	13	20	x	x
福島	409	928	x	x	20	34	x	x
茨城	4,610	12,300	1,160	2,760	1,530	3,530	291	794
栃木	2,300	7,800	8,660	30,900	1,670	5,040	41	126
群馬	5,500	22,200	1,630	5,820	515	1,760	3	6
埼玉	5,020	18,800	695	2,460	176	716	102	356
千葉	731	1,670	−	−	32	97	9	20
東京	15	37	x	x	−	−	x	x
神奈川	43	104	x	x	x	x	x	x
新潟	61	143	x	x	175	565	−	−
富山	48	64	x	x	3,210	8,730	x	x
石川	93	217	x	x	1,340	4,810	−	−
福井	153	203	−	−	4,650	14,000	x	x
山梨	74	240	−	−	40	88	−	−
長野	2,180	6,650	7	14	562	2,300	−	−
岐阜	3,330	11,400	−	−	262	637	−	−
静岡	727	1,640	11	22	7	11	x	x
愛知	5,590	29,800	−	−	110	431	19	45
三重	6,550	23,100	−	−	324	1,260	37	96
滋賀	6,160	20,900	59	245	1,380	5,800	75	352
京都	159	316	88	243	−	−	−	−
大阪	1	2	x	x	x	x	−	−
兵庫	1,650	4,340	1	1	546	1,870	157	330
奈良	113	271	x	x	x	x	x	x
和歌山	2	2	−	−	x	x	0	0
鳥取	71	243	93	333	x	x	9	18
島根	121	198	497	1,520	15	21	41	100
岡山	888	4,030	2,070	8,340	x	x	290	1,030
広島	149	249	x	x	92	210	123	288
山口	1,470	4,650	195	528	−	−	464	942
徳島	53	160	13	67	x	x	50	126
香川	2,100	8,300	x	x	−	−	802	2,870
愛媛	248	826	−	−	−	−	1,860	7,010
高知	4	6	x	x	−	−	3	7
福岡	14,700	56,900	6,880	26,500	−	−	481	1,640
佐賀	10,600	39,100	10,300	40,800	−	−	252	912
長崎	599	1,620	1,310	4,470	−	−	69	112
熊本	5,010	16,500	2,000	6,460	9	32	146	288
大分	2,770	7,980	1,550	4,870	8	27	774	2,340
宮崎	113	391	60	206	x	x	15	27
鹿児島	32	57	172	468	x	x	22	49
沖縄	13	19	x	x	−	−	−	−

3 麦類（続き）
(3) 需給

ア 麦類需給表

年度種類別		国内生産量（玄麦）	外国貿易（玄麦）		在庫の増減量（玄麦）	国内消費仕向量（玄麦）				一人1年当たり供給量
			輸入量	輸出量			粗食料	飼料用	加工用	
		千t	千t	千t	千t	千t	千t	千t	千t	kg
平成28年度	小麦	791	5,624	0	△ 206	6,621	5,362	801	272	32.9
	大麦	160	1,812	0	10	1,962	73	971	911	0.3
	はだか麦	10	12	0	△ 5	27	19	0	7	0.1
29	小麦	907	6,064	0	269	6,702	5,376	860	280	33.1
	大麦	172	1,777	0	△ 3	1,952	62	971	912	0.2
	はだか麦	13	26	0	6	33	25	0	7	0.1
30	小麦	765	5,653	0	△ 107	6,525	5,227	818	269	32.2
	大麦	161	1,790	0	14	1,937	50	954	926	0.2
	はだか麦	14	33	0	5	42	35	0	5	0.2
令和元	小麦	1,037	5,462	0	26	6,473	5,225	780	269	32.3
	大麦	202	1,689	0	30	1,861	55	914	885	0.2
	はだか麦	20	39	0	16	43	36	0	5	0.2
2	小麦	949	5,521	0	58	6,412	5,136	835	262	31.7
（概算値）	大麦	201	1,649	0	40	1,810	48	958	798	0.2
	はだか麦	20	25	0	9	36	29	0	5	0.1

資料：農林水産省大臣官房政策課食料安全保障室「食料需給表」
注： 国内生産量から国内消費仕向け量までは玄麦であり、一人1年当たり供給量は小麦については小麦粉であり、大麦、はだか麦については精麦である。

イ 輸出入実績
(ア) 輸出入量及び金額

品目名	令和元		2	
	数量	金額	数量	金額
	t	千円	t	千円
輸出				
穀粉・加工穀物				
小麦粉	168,304	8,266,259	167,373	8,337,883
輸入				
穀物				
1）小麦	5,331,434	160,592,036	5,373,855	162,763,547
1）大麦・はだか麦	1,147,830	35,186,976	1,209,211	32,360,755
穀粉・挽割含む				
小麦粉	3,833	397,885	3,558	369,539

資料：財務省関税局「貿易統計」をもとに農林水産省統計部にて作成（以下(ｲ)まで同じ。）
注：1)は、は種用及び飼料用を含む。

(イ) 小麦（玄麦）の国別輸入量

単位：t

区分	令和元	2
小麦	5,331,434	5,373,855
うちアメリカ合衆国	2,521,153	2,631,580
カナダ	1,831,965	1,937,513
オーストラリア	888,862	797,212

注：令和元年の輸入量が多い国・地域について、上位3か国を掲載した。

ウ 麦類の政府買入れ及び民間流通

単位：千t

供給（玄麦）

会計年度	合計 計	合計 内麦	合計 外麦	持越し 小計	持越し 内麦	持越し 外麦	買入れ 小計	買入れ 内麦	買入れ 外麦
大麦・はだか麦									
平成27年度	232	–	232	–	–	–	232	–	232
	(174)	(174)		(71)	(71)		(103)	(103)	
28	250	–	250	–	–	–	250	–	250
	(169)	(169)		(77)	(77)		(92)	(92)	
29	236	–	236	–	–	–	236	–	236
	(170)	(170)		(64)	(64)		(106)	(106)	
30	279	–	279	–	–	–	279	–	279
	(179)	(179)		(76)	(76)		(103)	(103)	
令和元	**250**	**–**	**250**	**–**	**–**	**–**	**250**	**–**	**250**
	(222)	**(222)**		**(81)**	**(81)**		**(141)**	**(141)**	
小麦									
平成27年度	4,929	–	4,929	–	–	–	4,929	–	4,929
	(1,424)	(1,424)		(478)	(478)		(946)	(946)	
28	4,859	–	4,859	–	–	–	4,859	–	4,859
	(1,410)	(1,410)		(676)	(676)		(734)	(734)	
29	5,242	–	5,242	–	–	–	5,242	–	5,242
	(1,311)	(1,311)		(466)	(466)		(845)	(845)	
30	4,890	–	4,890	–	–	–	4,890	–	4,890
	(1,246)	(1,246)		(543)	(543)		(703)	(703)	
令和元	**4,727**	**–**	**4,727**	**–**	**–**	**–**	**4,727**	**–**	**4,727**
	(1,496)	**(1,496)**		**(529)**	**(529)**		**(967)**	**(967)**	

需要（玄麦）

会計年度	合計 計	合計 内麦	合計 外麦	主食用 小計	主食用 内麦	主食用 外麦	その他 小計	その他 内麦	その他 外麦
大麦・はだか麦									
平成27年度	232	–	232	155	–	155	77	–	77
	(97)	(97)		(73)	(73)		(24)	(24)	
28	250	–	250	176	–	176	74	–	74
	(105)	(105)		(78)	(78)		(27)	(27)	
29	236	–	236	159	–	159	77	–	77
	(94)	(94)		(71)	(71)		(23)	(23)	
30	279	–	279	185	–	185	94	–	94
	(98)	(98)		(73)	(73)		(25)	(25)	
令和元	**250**	**–**	**250**	**149**	**–**	**149**	**101**	**–**	**101**
	(115)	**(115)**		**(90)**	**(90)**		**(25)**	**(25)**	
小麦									
平成27年度	4,929	–	4,929	4,845	–	4,845	84	–	84
	(748)	(748)		(729)	(729)		(19)	(19)	
28	4,859	–	4,859	4,779	–	4,779	80	–	80
	(944)	(944)		(923)	(923)		(21)	(21)	
29	5,242	–	5,242	5,149	–	5,149	93	–	93
	(769)	(769)		(751)	(751)		(18)	(18)	
30	4,890	–	4,890	4,807	–	4,807	83	–	83
	(717)	(717)		(700)	(700)		(17)	(17)	
令和元	**4,727**	**–**	**4,727**	**4,644**	**–**	**4,644**	**83**	**–**	**83**
	(827)	**(827)**		**(809)**	**(809)**		**(18)**	**(18)**	

資料：農林水産省農産局資料。
注：1 主要食糧の需給及び価格の安定に関する法律の一部改正（平成19年4月施行）により、内麦の無制限買入れ制度が廃止された。
　　2 （ ）内の数値は、民間流通麦で外数である。

3　麦類（続き）
(4)　保険・共済

区分	単位	平成28年産	29	30	令和元	2 （概算値）
引受組合等数	組合	158	138	116	147	70
引受戸数	千戸	42	39	37	34	21
引受面積	千ha	269	267	266	247	141
共済金額	100万円	124,759	127,064	129,958	128,695	124,809
共済掛金	〃	11,160	11,498	11,785	9,770	2,413
支払対象戸数	千戸	25	16	20	13	24
支払対象面積	千ha	125	75	124	1	2
支払共済金	100万円	18,121	6,706	15,518	3,791	12,335

資料：農林水産省経営局「農作物共済統計表」。ただし、令和元年産及び令和2年産は経営局資料による。
注：農業保険法による農作物共済の実績である。

(5)　生産費
ア　小麦生産費

区分	単位	令和元年産		2		費目 割合
		10a 当たり	60kg 当たり	10a 当たり	60kg 当たり	
						%
物財費	円	52,065	5,764	52,811	6,414	89.4
種苗費	〃	3,210	356	3,474	422	5.9
肥料費	〃	9,858	1,092	10,061	1,223	17.0
農業薬剤費	〃	5,354	593	5,549	674	9.4
光熱動力費	〃	2,219	246	1,988	242	3.4
その他の諸材料費	〃	493	55	507	62	0.9
土地改良及び水利費	〃	1,037	115	983	119	1.7
賃借料及び料金	〃	16,078	1,780	15,646	1,900	26.5
物件税及び公課諸負担	〃	1,447	160	1,351	164	2.3
建物費	〃	1,116	122	1,087	131	1.8
自動車費	〃	1,380	153	1,765	214	3.0
農機具費	〃	9,521	1,053	10,085	1,224	17.1
生産管理費	〃	352	39	315	39	0.5
労働費	〃	6,332	701	6,281	762	10.6
費用合計	〃	58,397	6,465	59,092	7,176	100.0
生産費（副産物価額差引）	〃	56,451	6,251	56,601	6,874	－
支払利子・地代算入生産費	〃	59,118	6,545	59,232	7,194	－
資本利子・地代全額算入生産費	〃	67,426	7,465	67,348	8,180	－
1経営体当たり作付面積	a	798.9	－	813.3	－	－
主産物数量	kg	542	－	495	－	－
投下労働時間	時間	3.55	0.37	3.50	0.39	－

資料：農林水産省統計部「農業経営統計調査　農産物生産費統計」（以下エまで同じ。）
注：1　生産費とは、生産物の一定単位量の生産のために消費した経済費用の合計をいう。ここでいう費
　　　用の合計とは、生産物の生産に要した材料、賃借料及び料金、用役等（労働・固定資産等）の価額
　　　の合計である（以下エまで同じ。）。
　　2　本調査は、小麦については2015年農林業センサスに基づく農業経営体、二条大麦、六条大麦及び
　　　はだか麦については平成26年度経営所得安定対策等加入申請者情報の経営体のうち、世帯による農
　　　業経営を行い、調査該当麦を10a以上作付けし、販売した経営体（個別経営）を対象に実施した
　　　（以下エまで同じ。）。

イ 二条大麦生産費

区分	単位	令和元年産		2		
		10a 当たり	50kg 当たり	10a 当たり	50kg 当たり	費目 割合
						%
物財費	円	38,061	4,842	37,535	4,932	83.4
種苗費	〃	3,151	401	3,211	422	7.1
肥料費	〃	7,454	948	7,362	967	16.4
農業薬剤費	〃	2,331	297	2,335	307	5.2
光熱動力費	〃	1,850	235	1,759	231	3.9
その他の諸材料費	〃	59	8	91	12	0.2
土地改良及び水利費	〃	572	73	494	65	1.1
賃借料及び料金	〃	10,795	1,373	10,470	1,375	23.3
物件税及び公課諸負担	〃	731	93	759	100	1.7
建物費	〃	1,037	132	756	100	1.7
自動車費	〃	1,041	132	1,213	159	2.7
農機具費	〃	8,900	1,133	8,949	1,176	19.9
生産管理費	〃	140	17	136	18	0.3
労働費	〃	7,796	993	7,478	982	16.6
費用合計	〃	45,857	5,835	45,013	5,914	100.0
生産費（副産物価額差引）	〃	45,600	5,802	44,733	5,877	－
支払利子・地代算入生産費	〃	50,181	6,385	49,126	6,454	－
資本利子・地代全額算入生産費	〃	55,237	7,028	53,804	7,069	－
1経営体当たり作付面積	a	313.6	－	323.1	－	－
主産物数量	kg	394	－	380	－	－
投下労働時間	時間	4.76	0.59	4.57	0.60	－

ウ 六条大麦生産費

区分	単位	令和元年産		2		
		10a 当たり	50kg 当たり	10a 当たり	50kg 当たり	費目 割合
						%
物財費	円	30,103	5,344	29,769	5,290	83.1
種苗費	〃	2,508	445	2,568	456	7.2
肥料費	〃	8,117	1,441	8,099	1,440	22.6
農業薬剤費	〃	1,909	339	2,159	384	6.0
光熱動力費	〃	1,722	306	1,509	268	4.2
その他の諸材料費	〃	0	0	－	－	－
土地改良及び水利費	〃	686	122	664	118	1.9
賃借料及び料金	〃	4,913	872	4,805	854	13.4
物件税及び公課諸負担	〃	639	114	576	102	1.6
建物費	〃	858	153	1,255	223	3.5
自動車費	〃	914	162	705	125	2.0
農機具費	〃	7,701	1,366	7,320	1,301	20.4
生産管理費	〃	136	24	109	19	0.3
労働費	〃	6,456	1,146	6,068	1,077	16.9
費用合計	〃	36,559	6,490	35,837	6,367	100.0
生産費（副産物価額差引）	〃	36,470	6,475	35,619	6,328	－
支払利子・地代算入生産費	〃	41,577	7,381	40,595	7,212	－
資本利子・地代全額算入生産費	〃	43,744	7,766	43,534	7,734	－
1経営体当たり作付面積	a	455.3	－	450.0	－	－
主産物数量	kg	283	－	282	－	－
投下労働時間	時間	3.95	0.69	3.64	0.63	－

(5)　生産費（続き）
エ　はだか麦生産費

区分	単位	令和元年産		2		
		10a 当たり	60kg 当たり	10a 当たり	60kg 当たり	費目 割合
						%
物財費	円	37,120	5,981	34,513	5,904	75.9
種苗費	〃	3,181	513	3,250	556	7.1
肥料費	〃	7,108	1,146	7,364	1,260	16.2
農業薬剤費	〃	3,370	543	3,425	586	7.5
光熱動力費	〃	2,144	346	2,198	376	4.8
その他の諸材料費	〃	1	0	－	－	－
土地改良及び水利費	〃	91	15	29	5	0.1
賃借料及び料金	〃	7,140	1,151	6,161	1,054	13.6
物件税及び公課諸負担	〃	649	104	678	116	1.5
建物費	〃	1,120	180	1,219	209	2.7
自動車費	〃	1,492	240	1,170	200	2.6
農機具費	〃	10,759	1,733	8,896	1,521	19.6
生産管理費	〃	65	10	123	21	0.3
労働費	〃	10,583	1,707	10,955	1,876	24.1
費用合計	〃	47,703	7,688	45,468	7,780	100.0
生産費（副産物価額差引）	〃	47,537	7,662	45,323	7,755	－
支払利子・地代算入生産費	〃	52,269	8,425	49,342	8,443	－
資本利子・地代全額算入生産費	〃	54,648	8,809	52,033	8,903	－
1経営体当たり作付面積	a	422.7	－	418.5	－	－
主産物数量	kg	371	－	351	－	－
投下労働時間	時間	7.13	1.15	7.14	1.20	－

(6)　価格
ア　農産物価格指数

平成27年＝100

年次	小麦 1等	ビール麦 （二条大麦） 2等	六条大麦 1等	はだか麦 1等
平成28年	96.0	100.9	99.0	97.6
29	119.3	100.6	97.8	111.8
30	155.6	106.0	98.0	137.4
令和元	152.1	99.9	100.1	122.3
2	160.6	100.8	100.0	91.9

資料：農林水産省統計部「農業物価統計」

イ　民間流通麦の入札における落札決定状況（令和３年産）

単位：円

麦種・産地・銘柄・地域区分			1ｔ当たり指標価格（加重平均）	麦種・産地・銘柄・地域区分			1ｔ当たり指標価格（加重平均）
小麦				小粒（六条）大麦			
北海道	春よ恋	全地区	67,250	宮城	シュンライ	全地区	35,752
北海道	きたほなみ	全地区	60,519	宮城	ミノリムギ	全地区	36,411
北海道	ゆめちから	全地区	61,371	茨城	カシマムギ	全地区	45,268
北海道	はるきらり	全地区	58,852	茨城	カシマゴール	全地区	39,490
岩手	ゆきちから	全地区	37,089	栃木	シュンライ	全地区	38,217
宮城	シラネコムギ	全地区	41,955	群馬	シュンライ	全地区	38,116
茨城	さとのそら	全地区	40,945	富山	ファイバースノウ	全地区	46,116
群馬	つるぴかり	全地区	46,085	石川	ファイバースノウ	Ⅰ地区	43,666
群馬	さとのそら	全地区	40,961	福井	ファイバースノウ	全地区	46,483
埼玉	あやひかり	全地区	40,159	福井	はねうまもち	全地区	49,464
埼玉	さとのそら	全地区	39,878	長野	ファイバースノウ	全地区	39,016
岐阜	イワイノダイチ	全地区	40,479	滋賀	ファイバースノウ	Ⅱ地区	38,363
岐阜	さとのそら	全地区	41,415				
愛知	きぬあかり	全地区	42,474	大粒（二条）大麦			
滋賀	農林61号	全地区	46,032	茨城	ミカモゴールデン	全地区	28,432
滋賀	ふくさやか	全地区	41,158	栃木	ニューサチホゴールデン	全地区	32,291
滋賀	びわほなみ	全地区	46,032	岡山	スカイゴールデン	全地区	40,641
香川	さぬきの夢2009	全地区	58,679	佐賀	サチホゴールデン	全地区	43,067
福岡	シロガネコムギ	全地区	42,656	佐賀	はるか二条	全地区	43,777
福岡	チクゴイズミ	全地区	44,506				
福岡	ミナミノカオリ	全地区	52,236	はだか麦			
佐賀	シロガネコムギ	全地区	40,890	北海道	その他（富系1103）	全地区	53,000
佐賀	チクゴイズミ	全地区	43,068	香川	イチバンボシ	全地区	43,293
大分	チクゴイズミ	全地区	40,162	愛媛	ハルヒメボシ	全地区	42,952
				大分	トヨノカゼ	全地区	43,084

資料：全国米麦改良協会「令和３年産　民間流通麦の入札における落札決定状況（公表）」
注：1　地域区分とは、上場に係る産地別銘柄について、売り手が、特定の地域を産地として
　　　区分し、事前に民間流通連絡協議会の了承を得た区分である。
　　2　指標価格は、落札価格を落札数量で加重平均したものである。
　　3　消費税（地方消費税を含む。）相当額を除いた金額である。

(7)　加工
　　　小麦粉の用途別生産量

単位：千ｔ

年度	計	パン用	めん用	菓子用	工業用	家庭用	その他
平成27年度	4,859	1,955	1,630	544	59	148	524
28	4,860	1,961	1,625	514	59	157	544
29	4,877	1,956	1,618	527	58	150	568
30	4,834	1,917	1,590	532	57	151	588
令和元	4,795	1,913	1,548	528	60	147	599

資料：農林水産省農産局貿易業務課資料
注：生産量は、それぞれの製品の重量である。

4　いも類
(1)　販売目的のかんしょ・ばれいしょの作付経営体数
（各年2月1日現在）

単位：経営体

区分	かんしょ	ばれいしょ
平成27年	31,366	66,871
令和2	21,303	40,371

資料：農林水産省統計部「農林業センサス」

(2)　生産量
ア　かんしょの収穫量

年産・都道府県	作付面積	10a当たり収量	収穫量
	ha	kg	t
平成28年産	36,000	1) 2,390	1) 860,700
29	35,600	2,270	807,100
30	1) 35,700	1) 2,230	1) 796,500
令和元	1) 34,300	1) 2,180	1) 748,700
2	33,100	1) 2,080	1) 687,600
主要生産県			
鹿児島	10,900	1,970	214,700
茨城	7,000	2,600	182,000
千葉	3,940	2,290	90,200
宮崎	2,990	2,310	69,100
徳島	1,090	2,490	27,100

資料：農林水産省統計部「作物統計」
注：1　主要生産県は、令和2年産収穫量の上位5県を掲載した。
　　2　1)は、主産県の調査結果から推計したものである。
　　　なお、主産県とは、直近の全国調査年（平成29年産）における全国の作付面積のお
　　　おむね80％を占めるまでの上位都道府県である。

イ　ばれいしょの収穫量

年産	春植えばれいしょ		秋植えばれいしょ	
	作付面積	収穫量	作付面積	収穫量
	ha	t	ha	t
平成28年産	74,600	2,158,000	2,670	40,800
29	74,500	2,355,000	2,640	40,100
30	74,000	2,215,000	2,510	45,600
令和元	72,000	2,357,000	2,410	41,800
2　（概算値）	69,600	2,165,000	2,310	38,900

資料：農林水産省統計部「野菜生産出荷統計」

(3) 需給
ア いも需給表

年度・種類別		国内生産量	外国貿易		国内消費仕向量				一人1年当たり供給量
			輸入量	輸出量		粗食料	飼料用	加工用	
		千t	千t	千t	千t	千t	千t	千t	kg
平成28年度	計	3,060	1,070	13	4,117	2,740	5	1,108	19.5
	かんしょ	861	63	7	917	551	2	348	3.9
	ばれいしょ	2,199	1,007	6	3,200	2,189	3	760	15.5
29	計	3,202	1,154	16	4,340	2,970	4	1,142	21.1
	かんしょ	807	63	9	861	525	2	320	3.8
	ばれいしょ	2,395	1,091	7	3,479	2,445	2	822	17.4
30	計	3,057	1,159	18	4,198	2,749	7	1,130	19.6
	かんしょ	797	55	11	841	510	2	312	3.7
	ばれいしょ	2,260	1,104	7	3,357	2,239	5	818	15.9
令和元	計	3,148	1,179	20	4,307	2,883	5	1,169	20.6
	かんしょ	749	56	13	792	486	2	289	3.5
	ばれいしょ	2,399	1,123	7	3,515	2,397	3	880	17.1
2	計	**2,893**	**1,099**	**26**	**3,966**	**2,712**	**5**	**1,025**	**19.4**
（概算値）	かんしょ	**688**	**47**	**17**	**718**	**482**	**2**	**218**	**3.5**
	ばれいしょ	**2,205**	**1,052**	**9**	**3,248**	**2,230**	**3**	**807**	**15.9**

資料：農林水産省大臣官房政策課食料安全保障室「食料需給表」

イ いもの用途別消費量

単位：千t

年度	1)生産数量	農家自家食用	飼料用	種子用	市場販売用	加工食品用	でん粉用	2)アルコール用	減耗
かんしょ									
平成28年度	861	57	2	11	351	77	135	209	18
29	807	47	2	9	345	70	104	213	17
30	797	41	2	10	347	72	96	213	17
令和元	749	38	2	9	332	64	98	189	17
2 （概算値）	**688**	**34**	**2**	**11**	**322**	**86**	**77**	**139**	**17**
ばれいしょ									
平成28年度	2,199	130	2	138	487	543	701	－	198
29	2,395	132	2	137	567	629	783	－	144
30	2,260	139	4	134	457	534	732	－	259
令和元	2,399	120	3	127	520	617	821	－	188
2 （概算値）	**2,204**	**110**	**3**	**117**	**474**	**566**	**752**	**－**	**173**

資料：農林水産省農産局調べ
注：1)は、農林水産省統計部「作物統計調査」の結果資料による。
　　2)は、焼酎用、醸造用の計である。

4 いも類（続き）
(3) 需給（続き）
　　ウ　輸出入量及び金額

品目名	令和元		2	
	数量	金額	数量	金額
	t	千円	t	千円
輸出				
かんしょ（生鮮・冷蔵・冷凍・乾燥）	4,347	1,694,952	5,268	2,062,205
うち香港	2,220	826,907	2,712	1,020,777
タイ	538	236,645	1,139	482,683
シンガポール	1,102	458,728	917	365,789
輸入				
ばれいしょ（生鮮・冷蔵）	31,226	1,955,091	23,198	1,423,816
うちアメリカ合衆国	31,213	1,953,413	23,198	1,423,816
中華人民共和国	13	1,678	—	—
	—	—	—	—

資料：財務省関税局「貿易統計」をもとに農林水産省統計部にて作成。
　注：令和2年の輸出入量が多い国・地域について、上位3か国を掲載した。

(4) 保険・共済

区分	単位	ばれいしょ	
		令和元年産	2 （概数値）
引受組合等数	組合	12	12
引受戸数	戸	5,474	5,240
引受面積	ha	42,080	40,531
共済金額	100万円	42,095	41,494
共済掛金	〃	1,467	1,469
支払対象戸数	戸	899	1,677
支払対象面積	ha	4,134	979
支払共済金	100万円	438	986

資料：農林水産省経営局資料による。
注：農業保険法による畑作物共済の実績である。

(5) 生産費

ア 原料用かんしょ生産費

区分	単位	平成30年産		令和元		
		10a当たり	100kg当たり	10a当たり	100kg当たり	費目割合
						%
物財費	円	57,494	2,160	57,855	2,182	42.4
種苗費	〃	2,772	104	2,327	88	1.7
肥料費	〃	10,749	404	10,250	387	7.5
農業薬剤費	〃	9,122	343	8,746	330	6.4
光熱動力費	〃	4,663	175	4,621	174	3.4
その他の諸材料費	〃	6,070	228	6,409	242	4.7
土地改良及び水利費	〃	161	6	274	10	0.2
賃借料及び料金	〃	1,091	41	966	36	0.7
物件税及び公課諸負担	〃	1,497	56	1,574	60	1.2
建物費	〃	2,355	88	2,294	87	1.7
自動車費	〃	4,425	167	4,012	151	2.9
農機具費	〃	14,256	536	16,106	607	11.8
生産管理費	〃	333	12	276	10	0.2
労働費	〃	81,993	3,082	78,682	2,971	57.6
費用合計	〃	139,487	5,242	136,537	5,153	100.0
生産費（副産物価額差引）	〃	139,487	5,242	136,537	5,153	－
支払利子・地代算入生産費	〃	145,307	5,460	141,745	5,349	－
資本利子・地代全額算入生産費	〃	153,446	5,766	150,651	5,686	－
1経営体当たり作付面積	a	92.7	－	98.5	－	－
主産物数量	kg	2,660	－	2,648	－	－
投下労働時間	時間	59.43	2.21	57.28	2.17	－

資料：農林水産省統計部「農業経営統計調査　農産物生産費統計」
注：1　調査対象地域は鹿児島県である。
　　2　生産費とは、生産物の一定単位量の生産のために消費した経済費用の合計をいう。
　　　ここでいう費用の合計とは、生産物の生産に要した材料、賃借料及び料金、用役等（労働・固定資産等）の価額
　　　の合計である（以下イまで同じ。）。
　　3　本調査は、2015年農林業センサスに基づく農業経営体のうち、世帯による農業経営を行い、調査対象作目を10a
　　　以上作付けし、販売した経営体（個別経営）を対象に実施した（以下イまで同じ。）。

イ 原料用ばれいしょ生産費

区分	単位	平成30年産		令和元		
		10a当たり	100kg当たり	10a当たり	100kg当たり	費目割合
						%
物財費	円	64,269	1,614	65,494	1,498	81.6
種苗費	〃	14,487	364	14,734	337	18.4
肥料費	〃	10,427	262	10,546	241	13.1
農業薬剤費	〃	11,259	283	11,266	258	14.0
光熱動力費	〃	3,577	90	3,476	80	4.3
その他の諸材料費	〃	262	7	157	4	0.2
土地改良及び水利費	〃	335	8	417	10	0.5
賃借料及び料金	〃	1,074	27	1,426	33	1.8
物件税及び公課諸負担	〃	2,149	54	2,272	52	2.8
建物費	〃	1,465	37	1,412	33	1.8
自動車費	〃	2,279	57	2,482	57	3.1
農機具費	〃	16,374	411	16,746	381	20.9
生産管理費	〃	581	14	560	12	0.7
労働費	〃	14,955	376	14,761	339	18.4
費用合計	〃	79,224	1,990	80,255	1,837	100.0
生産費（副産物価額差引）	〃	79,224	1,990	80,255	1,837	－
支払利子・地代算入生産費	〃	81,609	2,049	82,825	1,896	－
資本利子・地代全額算入生産費	〃	91,330	2,293	92,523	2,118	－
1経営体当たり作付面積	a	773.3	－	780.6	－	－
主産物数量	kg	3,979	－	4,372	－	－
投下労働時間	時間	8.47	0.20	8.07	0.17	－

資料：農林水産省統計部「農業経営統計調査　農産物生産費統計」
注：調査対象地域は北海道である。

4 いも類（続き）
(6) 価格
ア 農産物価格指数

平成27年＝100

年次	かんしょ		ばれいしょ		
	食用	加工用	食用	加工用	種子用
平成28年	97.8	92.9	125.1	91.2	85.0
29	86.6	93.3	99.0	101.1	85.9
30	91.3	94.4	75.0	102.5	95.5
令和元	102.2	87.2	76.5	102.5	87.8
2	110.2	90.5	113.2	98.5	88.4

資料：農林水産省統計部「農業物価統計」

イ でん粉用原料用かんしょ交付金単価（1 t 当たり）

単位：円

品種	令和2年産	3
アリアケイモ、コガネセンガン、こないしん、コナホマレ、こなみずき、サツマアカ、サツマスターチ、シロサツマ、シロユタカ、ダイチノユメ、ハイスターチ及びミナミユタカ	26,890	27,660
その他の品種	24,230	24,870

資料：農林水産省農産局地域作物課資料

ウ 1 kg当たり卸売価格（東京都）

単位：円

品目	平成27年	28	29	30	令和元
かんしょ	242	236	217	228	256
ばれいしょ	151	185	158	112	117

資料：農林水産省統計部「青果物卸売市場調査報告」
注：東京都の卸売市場における卸売価額を卸売数量で除して求めた価格である。

エ 1 kg当たり年平均小売価格（東京都区部）

単位：円

品目	平成28年	29	30	令和元	2
さつまいも	501	469	486	541	543
じゃがいも	389	388	329	340	388

資料：総務省統計局「小売物価統計調査年報」

5　雑穀・豆類
(1)　販売目的のそば・豆類の作付経営体数
　　（各年2月1日現在）

単位：経営体

区分	そば	大豆	小豆
平成27年	28,187	70,837	23,805
令和2	21,057	49,731	13,765

資料：農林水産省統計部「農林業センサス」

5 雑穀・豆類（続き）
(2) 小豆・らっかせい・いんげん（乾燥子実）の生産量

年産・都道府県	小豆 作付面積	小豆 10a当たり収量	小豆 収穫量	らっかせい 作付面積	らっかせい 10a当たり収量	らっかせい 収穫量	いんげん 作付面積	いんげん 10a当たり収量	いんげん 収穫量
	ha	kg	t	ha	kg	t	ha	kg	t
平成28年産	21,300	1) 138	1) 29,500	6,550	1) 237	1) 15,500	8,560	1) 66	1) 5,650
29	1) 22,700	1) 235	1) 53,400	1) 6,420	1) 240	1) 15,400	1) 7,150	1) 236	1) 16,900
30	23,700	178	42,100	6,370	245	15,600	7,350	133	9,760
令和元	1) 25,500	1) 232	1) 59,100	1) 6,330	1) 196	1) 12,400	1) 6,860	1) 195	1) 13,400
2	1) 26,600	1) 195	1) 51,900	1) 6,220	1) 212	1) 13,200	1) 7,370	1) 67	1) 4,920
北海道	22,100	220	48,600	…	…	…	6,880	68	4,680
青森	…	…	…	…	…	…	…	…	…
岩手	…	…	…	…	…	…	…	…	…
宮城	…	…	…	…	…	…	…	…	…
秋田	…	…	…	…	…	…	…	…	…
山形	…	…	…	…	…	…	…	…	…
福島	…	…	…	…	…	…	…	…	…
茨城	…	…	…	515	247	1,270	…	…	…
栃木	…	…	…	…	…	…	…	…	…
群馬	…	…	…	…	…	…	…	…	…
埼玉	…	…	…	…	…	…	…	…	…
千葉	…	…	…	4,980	220	11,000	…	…	…
東京	…	…	…	…	…	…	…	…	…
神奈川	…	…	…	…	…	…	…	…	…
新潟	…	…	…	…	…	…	…	…	…
富山	…	…	…	…	…	…	…	…	…
石川	…	…	…	…	…	…	…	…	…
福井	…	…	…	…	…	…	…	…	…
山梨	…	…	…	…	…	…	…	…	…
長野	…	…	…	…	…	…	…	…	…
岐阜	…	…	…	…	…	…	…	…	…
静岡	…	…	…	…	…	…	…	…	…
愛知	…	…	…	…	…	…	…	…	…
三重	…	…	…	…	…	…	…	…	…
滋賀	191	102	195	…	…	…	…	…	…
京都	451	58	262	…	…	…	…	…	…
大阪	…	…	…	…	…	…	…	…	…
兵庫	807	80	646	…	…	…	…	…	…
奈良	…	…	…	…	…	…	…	…	…
和歌山	…	…	…	…	…	…	…	…	…
鳥取	…	…	…	…	…	…	…	…	…
島根	…	…	…	…	…	…	…	…	…
岡山	…	…	…	…	…	…	…	…	…
広島	…	…	…	…	…	…	…	…	…
山口	…	…	…	…	…	…	…	…	…
徳島	…	…	…	…	…	…	…	…	…
香川	…	…	…	…	…	…	…	…	…
愛媛	…	…	…	…	…	…	…	…	…
高知	…	…	…	…	…	…	…	…	…
福岡	…	…	…	…	…	…	…	…	…
佐賀	…	…	…	…	…	…	…	…	…
長崎	…	…	…	…	…	…	…	…	…
熊本	…	…	…	…	…	…	…	…	…
大分	…	…	…	…	…	…	…	…	…
宮崎	…	…	…	…	…	…	…	…	…
鹿児島	…	…	…	…	…	…	…	…	…
沖縄	…	…	…	…	…	…	…	…	…

資料：農林水産省統計部「作物統計」（以下(3)まで同じ。）
注：1　1)は、主産県の調査結果から推計したものである。
　　2　主産県とは、直近の全国調査年（平成30年産）における作付面積が全国の作付面積のおおむね80％を占めるまでの上位都道府県及び畑作物共済事業（らっかせいを除く。）を実施する都道府県である。

(3)　そば・大豆（乾燥子実）の生産量

年産・都道府県	そば			大豆		
	作付面積	10a当たり収量	収穫量	作付面積	10a当たり収量	収穫量
	ha	kg	t	ha	kg	t
平成28年産	60,600	48	28,800	150,000	159	238,000
29	62,900	55	34,400	150,200	168	253,000
30	63,900	45	29,000	146,600	144	211,300
令和元	65,400	65	42,600	143,500	152	217,800
2	66,600	67	44,800	141,700	154	218,900
北海道	25,700	75	19,300	38,900	239	93,000
青森	1,670	40	668	4,840	125	6,050
岩手	1,680	69	1,160	4,320	131	5,660
宮城	606	39	236	10,800	174	18,800
秋田	3,980	39	1,550	8,650	100	8,650
山形	5,320	41	2,180	4,830	115	5,550
福島	3,790	56	2,120	1,390	121	1,680
茨城	3,510	79	2,770	3,350	115	3,850
栃木	3,030	94	2,850	2,250	155	3,490
群馬	587	83	487	275	141	388
埼玉	342	69	236	657	88	578
千葉	219	67	147	822	88	723
東京	3	67	2	4	175	7
神奈川	25	52	13	37	157	58
新潟	1,270	45	572	4,180	141	5,890
富山	517	87	450	4,270	128	5,470
石川	377	40	151	1,630	118	1,920
福井	3,400	59	2,010	1,800	101	1,820
山梨	193	70	135	216	107	231
長野	4,600	86	3,960	1,960	143	2,800
岐阜	341	63	215	2,860	99	2,830
静岡	71	55	39	223	76	169
愛知	33	24	8	4,370	110	4,810
三重	124	59	73	4,350	75	3,260
滋賀	565	98	554	6,510	124	8,070
京都	121	64	77	302	117	353
大阪	1	51	0	15	87	13
兵庫	211	66	139	2,110	86	1,810
奈良	26	53	14	137	96	132
和歌山	3	9	0	28	89	25
鳥取	330	50	165	624	91	568
島根	638	52	332	780	123	959
岡山	192	61	117	1,540	91	1,400
広島	302	69	208	430	72	310
山口	71	77	55	870	83	722
徳島	40	50	20	10	80	8
香川	31	74	23	60	97	58
愛媛	31	55	17	348	155	539
高知	4	46	2	75	60	45
福岡	89	37	33	8,220	125	10,300
佐賀	34	62	21	7,750	130	10,100
長崎	162	42	68	409	37	151
熊本	670	80	536	2,420	155	3,750
大分	228	47	107	1,410	94	1,330
宮崎	242	72	174	223	125	279
鹿児島	1,180	62	732	346	75	260
沖縄	69	67	46	x	x	x

5 雑穀・豆類（続き）
(4) 需給
ア 雑穀・豆類需給表

年度・種類別	国内生産量	外国貿易		国内消費仕向量				一人1年当たり供給量
		輸入量	輸出量		粗食料	飼料用	加工用	
	千 t	千 t	千 t	千 t	千 t	千 t	千 t	kg
平成28年度 雑穀	29	15,615	0	15,805	242	12,039	3,505	1.2
豆類	290	3,405	0	3,810	1,117	112	2,500	8.5
うち大豆	238	3,131	0	3,424	809	106	2,439	6.4
29 雑穀	34	16,384	0	15,978	259	12,316	3,382	1.3
豆類	339	3,511	0	3,974	1,148	81	2,660	8.7
うち大豆	253	3,218	0	3,573	821	81	2,599	6.5
30 雑穀	29	16,450	0	16,366	276	12,581	3,488	1.3
豆類	280	3,533	0	3,955	1,153	83	2,627	8.8
うち大豆	211	3,236	0	3,567	844	83	2,562	6.7
令和元 雑穀	43	16,858	0	16,468	255	12,747	3,447	1.2
豆類	303	3,645	0	4,056	1,163	84	2,719	8.9
うち大豆	218	3,359	0	3,683	858	84	2,663	6.8
2 雑穀	45	15,889	0	15,939	224	12,724	2,976	1.1
（概算値）豆類	290	3,411	0	3,843	1,165	84	2,512	8.9
うち大豆	219	3,139	0	3,498	888	84	2,455	7.0

資料：農林水産省大臣官房政策課食料安全保障室「食料需給表」
注：雑穀は、とうもろこし、こうりゃん及びその他の雑穀の計である。

イ 大豆の用途別消費量

単位：千 t

年次	計	製油用	食品用	飼料用	輸出用
平成28年	2,474	2,273	954	106	0
29	3,529	2,432	988	109	0
30	3,494	2,393	1,018	83	0
令和元	3,608	2,494	1,030	84	0
2	3,427	2,290	1,053	84	0

資料：農林水産省大臣官房新事業・食品産業部「我が国の油脂事情」

ウ 輸入数量及び金額

品目	令和元		2	
	数量	金額	数量	金額
	t	千円	t	千円
乾燥した豆（さやなし）				
小豆	31,850	4,699,508	25,515	3,885,948
いんげん豆	13,374	1,796,682	12,618	1,754,467
穀物・穀粉調製品				
そば	46,785	3,272,892	31,784	2,436,466
植物性油脂（原料）				
大豆	3,392,154	167,315,776	3,163,360	159,159,732
落花生（調製していないもの）	36,071	7,802,022	32,018	7,021,183

資料：財務省関税局「貿易統計」をもとに農林水産省統計部にて作成

(5) 保険・共済

区分	単位	大豆		小豆		いんげん		そば	
		令和元年産	2（概算値）	令和元年産	2（概算値）	令和元年産	2（概算値）	令和元年産	2（概算値）
引受組合等戸数	組合	86	56	7	7	4	4	18	17
引受戸数	戸	25,010	22,789	4,410	4,456	1,455	1,494	3,785	3,585
引受面積	ha	99,733	90,150	17,860	18,649	5,615	6,141	21,330	18,615
共済金額	100万円	44,366	40,863	10,725	11,538	3,048	3,150	4,648	3,500
共済掛金	〃	3,669	3,508	713	812	357	363	468	374
支払対象戸数	戸	12,740	10,093	456	607	338	522	788	851
支払対象面積	ha	45,279	35,903	1,550	162	1,331	202	4,206	3,729
支払共済金	100万円	5,266	3,287	172	230	123	531	242	203

資料：農林水産省経営局資料による。
注：農業保険法による畑作物共済の実績である。

(6) 生産費
ア　そば生産費

区分	単位	平成30年産		令和元		
		10a当たり	45kg当たり	10a当たり	45kg当たり	費目割合
						%
物財費	円	23,272	20,763	24,141	16,241	82.4
種苗費	〃	2,781	2,481	3,032	2,039	10.4
肥料費	〃	2,699	2,407	3,207	2,158	10.9
農業薬剤費	〃	400	357	428	288	1.5
光熱動力費	〃	1,339	1,194	1,505	1,013	5.1
その他の諸材料費	〃	75	67	32	21	0.1
土地改良及び水利費	〃	1,345	1,200	1,113	749	3.8
賃借料及び料金	〃	4,834	4,312	6,214	4,181	21.2
物件税及び公課諸負担	〃	786	702	715	482	2.4
建物費	〃	1,055	941	644	433	2.2
自動車費	〃	1,107	988	874	588	3.0
農機具費	〃	6,723	6,000	6,268	4,216	21.4
生産管理費	〃	128	114	109	73	0.4
労働費	〃	4,761	4,247	5,147	3,463	17.6
費用合計	〃	28,033	25,010	29,288	19,704	100.0
生産費（副産物価額差引）	〃	28,033	25,010	29,288	19,704	―
支払利子・地代算入生産費	〃	30,961	27,622	32,106	21,600	―
資本利子・地代全額算入生産費	〃	36,050	32,163	37,041	24,920	―
1経営体当たり作付面積	a	236.6	―	248.0	―	―
主産物数量	kg	51	―	67	―	―
投下労働時間	時間	3.09	2.74	3.16	2.11	―

資料：農林水産省統計部「農業経営統計調査　農産物生産費統計」
注：1　生産費とは、生産物の一定単位量の生産のために消費した経済費用の合計をいう。ここでいう費用の合計とは、生産物の生産に要した材料、賃借料及び料金、用役等（労働・固定資産等）の価額の合計である（以下イまで同じ。）。
　　2　本調査は、2015年農林業センサスに基づく農業経営体のうち、世帯による農業経営を行い、調査対象作目を10a以上作付けし、販売した経営体（個別経営）を対象に実施した（以下イまで同じ。）。

5 雑穀・豆類（続き）
(6) 生産費 （続き）
イ 大豆生産費

区分	単位	平成30年産		令和元		
		10a 当たり	60kg 当たり	10a 当たり	60kg 当たり	費目 割合
						%
物財費	円	41,467	13,954	43,433	13,315	79.3
種苗費	〃	3,677	1,237	3,910	1,198	7.1
肥料費	〃	5,462	1,838	6,019	1,845	11.0
農業薬剤費	〃	5,796	1,951	5,871	1,800	10.7
光熱動力費	〃	2,320	781	2,511	770	4.6
その他の諸材料費	〃	210	71	188	58	0.3
土地改良及び水利費	〃	1,555	523	1,544	473	2.8
賃借料及び料金	〃	7,761	2,612	7,982	2,447	14.6
物件税及び公課諸負担	〃	1,187	400	1,157	355	2.1
建物費	〃	1,266	425	976	298	1.8
自動車費	〃	1,325	446	1,443	443	2.6
農機具費	〃	10,620	3,573	11,565	3,546	21.1
生産管理費	〃	288	97	267	82	0.5
労働費	〃	10,430	3,508	11,317	3,468	20.7
費用合計	〃	51,897	17,462	54,750	16,783	100.0
生産費（副産物価額差引）	〃	51,763	17,417	54,552	16,723	－
支払利子・地代算入生産費	〃	56,371	18,967	58,828	18,034	－
資本利子・地代全額算入生産費	〃	64,211	21,605	66,608	20,419	－
1経営体当たり作付面積	a	395.4	－	408.2	－	
主産物数量	kg	178	－	195	－	
投下労働時間	時間	6.39	2.13	6.87	2.13	

資料：農林水産省統計部「農業経営統計調査　農産物生産費統計」

(7) 農産物価格指数

平成27年＝100

品目・銘柄等級	平成28年	29	30	令和元	2
そば（玄そば）	98.5	100.4	112.9	85.4	54.7
大豆（黄色大豆）	94.9	82.0	75.2	84.3	97.1
小豆（普通小豆）	102.8	138.9	161.2	178.0	158.2
らっかせい（殻付2等程度）	81.8	75.4	79.9	76.4	74.8

資料：農林水産省統計部「農業物価統計」

6 野菜
(1) 野菜作経営体（各年2月1日現在）
　ア 販売目的の主要野菜の作物別作付経営体数

単位：経営体

区分	トマト	なす	きゅうり	キャベツ	はくさい	ほうれんそう	ねぎ
平成27年	81,044	86,591	86,244	91,731	108,604	78,335	94,947
令和2	46,653	42,366	45,201	48,824	47,459	41,871	49,674

区分	たまねぎ	だいこん	にんじん	さといも	レタス	ピーマン	すいか	いちご
平成27年	82,705	121,585	53,865	72,766	33,700	39,707	30,666	23,470
令和2	43,802	53,558	26,964	37,137	20,113	20,146	14,248	16,260

資料：農林水産省統計部「農林業センサス」（以下ウまで同じ。）

イ 販売目的の野菜（露地）の作付面積規模別経営体数

単位：経営体

区分	計	0.1ha未満	0.1〜0.2	0.2〜0.3	0.3〜0.5	0.5〜1.0	1.0ha以上
平成27年	330,725	85,138	69,764	39,632	43,161	40,932	52,098
令和2	231,526	44,716	44,833	28,514	32,607	33,020	47,836

ウ 販売目的の野菜（施設）の作付面積規模別経営体数

単位：経営体

区分	計	0.1ha未満	0.1〜0.2	0.2〜0.3	0.3〜0.5	0.5〜1.0	1.0ha以上
平成27年	110,983	39,708	21,449	16,534	16,693	11,012	5,587
令和2	95,761	34,075	18,986	14,163	14,048	9,255	5,234

6 野菜（続き）
(2) 生産量及び出荷量
ア 主要野菜の生産量、出荷量及び産出額

年産	だいこん				かぶ			
	作付面積	収穫量	出荷量	産出額	作付面積	収穫量	出荷量	産出額
	ha	t	t	億円	ha	t	t	億円
平成27年産	32,900	1,434,000	1,161,000	994	4,630	131,900	108,400	135
28	32,300	1,362,000	1,105,000	1,213	4,510	128,700	106,300	142
29	32,000	1,325,000	1,087,000	1,118	4,420	119,300	98,800	150
30	31,400	1,328,000	1,089,000	818	4,300	117,700	97,900	158
令和元	30,900	1,300,000	1,073,000	772	4,210	112,600	93,300	116

年産	にんじん				ごぼう			
	作付面積	収穫量	出荷量	産出額	作付面積	収穫量	出荷量	産出額
	ha	t	t	億円	ha	t	t	億円
平成27年産	18,100	633,100	563,000	652	8,000	152,600	131,100	302
28	17,800	566,800	502,800	763	8,040	137,600	117,800	340
29	17,900	596,500	533,700	627	7,950	142,100	122,800	275
30	17,200	574,700	512,500	608	7,710	135,300	117,200	324
令和元	17,000	594,900	533,800	467	7,540	136,800	119,400	212

年産	れんこん				さといも			
	作付面積	収穫量	出荷量	産出額	作付面積	収穫量	出荷量	産出額
	ha	t	t	億円	ha	t	t	億円
平成27年産	3,950	56,700	47,400	262	12,500	153,300	97,800	395
28	3,930	59,800	49,900	293	12,200	154,600	98,600	407
29	3,970	61,500	51,600	259	12,000	148,600	97,000	349
30	4,000	61,300	51,600	222	11,500	144,800	95,300	353
令和元	3,910	52,700	44,500	205	11,100	140,400	92,100	338

年産	やまのいも				はくさい			
	作付面積	収穫量	出荷量	産出額	作付面積	収穫量	出荷量	産出額
	ha	t	t	億円	ha	t	t	億円
平成27年産	7,270	163,200	134,300	448	17,600	894,600	723,700	545
28	7,120	145,700	120,800	487	17,300	888,700	715,800	698
29	7,150	159,300	134,300	503	17,200	880,900	726,800	706
30	7,120	157,400	134,400	455	17,000	889,900	734,400	424
令和元	7,130	172,700	145,500	423	16,700	874,800	726,500	422

年産	こまつな				キャベツ			
	作付面積	収穫量	出荷量	産出額	作付面積	収穫量	出荷量	産出額
	ha	t	t	億円	ha	t	t	億円
平成27年産	6,860	115,400	100,200	320	34,700	1,469,000	1,310,000	1,136
28	6,890	113,600	99,100	344	34,600	1,446,000	1,298,000	1,284
29	7,010	112,100	99,200	322	34,800	1,428,000	1,280,000	1,244
30	7,250	115,600	102,500	320	34,600	1,467,000	1,319,000	1,039
令和元	7,300	114,900	102,100	284	34,600	1,472,000	1,325,000	913

資料： 農林水産省統計部「野菜生産出荷統計」（以下イまで同じ。）、産出額は「生産農業所得統計」による。

注： 出荷量とは、収穫量から生産者が自家消費した量、贈与した量、収穫後の減耗量及び種子用又は飼料用として販売した量を差し引いた重量をいう。

年産	ちんげんさい				ほうれんそう			
	作付面積	収穫量	出荷量	産出額	作付面積	収穫量	出荷量	産出額
	ha	t	t	億円	ha	t	t	億円
平成27年産	2,220	44,100	38,600	116	21,000	250,800	209,800	1,016
28	2,220	44,100	38,700	120	20,700	247,300	207,300	1,068
29	2,200	43,100	38,000	113	20,500	228,100	193,300	1,113
30	2,170	42,000	37,500	109	20,300	228,300	194,800	878
令和元	2,140	41,100	36,100	95	19,900	217,800	184,900	856

年産	ふき				みつば			
	作付面積	収穫量	出荷量	産出額	作付面積	収穫量	出荷量	産出額
	ha	t	t	億円	ha	t	t	億円
平成27年産	592	11,500	9,640	31	1,030	15,600	14,600	85
28	571	11,200	9,380	31	979	15,300	14,300	87
29	557	10,700	9,130	29	957	15,400	14,400	86
30	538	10,200	8,560	27	931	15,000	14,000	79
令和元	518	9,300	7,850	26	891	14,000	13,200	70

年産	しゅんぎく				みずな			
	作付面積	収穫量	出荷量	産出額	作付面積	収穫量	出荷量	産出額
	ha	t	t	億円	ha	t	t	億円
平成27年産	2,000	31,700	25,500	150	2,550	44,000	39,500	154
28	1,960	30,000	24,200	159	2,510	43,600	39,400	151
29	1,930	29,000	23,500	169	2,460	42,100	38,000	148
30	1,880	28,000	22,600	161	2,510	43,100	39,000	152
令和元	1,830	26,900	21,800	143	2,480	44,400	39,800	134

年産	セルリー				アスパラガス			
	作付面積	収穫量	出荷量	産出額	作付面積	収穫量	出荷量	産出額
	ha	t	t	億円	ha	t	t	億円
平成27年産	589	32,300	30,600	70	5,470	29,100	25,700	296
28	585	33,500	31,600	75	5,420	30,400	26,800	320
29	580	32,200	30,600	72	5,330	26,200	23,000	297
30	573	31,100	29,500	68	5,170	26,500	23,200	296
令和元	552	31,400	30,000	64	5,010	26,800	23,600	291

年産	カリフラワー				ブロッコリー			
	作付面積	収穫量	出荷量	産出額	作付面積	収穫量	出荷量	産出額
	ha	t	t	億円	ha	t	t	億円
平成27年産	1,260	22,100	18,400	39	14,500	150,900	135,500	451
28	1,220	20,400	17,200	42	14,600	142,300	127,900	502
29	1,230	20,100	17,000	43	14,900	144,600	130,200	511
30	1,200	19,700	16,600	39	15,400	153,800	138,900	485
令和元	1,230	21,400	18,300	38	16,000	169,500	153,700	488

6　野菜（続き）
(2)　生産量及び出荷量（続き）
　　ア　主要野菜の生産量、出荷量及び産出額（続き）

年産	レタス				ねぎ			
	作付面積	収穫量	出荷量	産出額	作付面積	収穫量	出荷量	産出額
	ha	t	t	億円	ha	t	t	億円
平成27年産	21,500	568,000	537,700	981	22,800	474,500	383,100	1,555
28	21,600	585,700	555,200	963	22,600	464,800	375,600	1,709
29	21,800	583,200	542,300	1,018	22,600	458,800	374,400	1,657
30	21,700	585,600	553,200	778	22,400	452,900	370,300	1,466
令和元	21,200	578,100	545,600	794	22,400	465,300	382,500	1,329

年産	にら				たまねぎ			
	作付面積	収穫量	出荷量	産出額	作付面積	収穫量	出荷量	産出額
	ha	t	t	億円	ha	t	t	億円
平成27年産	2,150	61,500	55,500	314	25,700	1,265,000	1,124,000	1,077
28	2,120	62,100	56,200	335	25,800	1,243,000	1,107,000	1,083
29	2,060	59,600	53,900	343	25,600	1,228,000	1,099,000	961
30	2,020	58,500	52,900	345	26,200	1,155,000	1,042,000	1,037
令和元	2,000	58,300	52,900	289	25,900	1,334,000	1,211,000	917

年産	にんにく				きゅうり			
	作付面積	収穫量	出荷量	産出額	作付面積	収穫量	出荷量	産出額
	ha	t	t	億円	ha	t	t	億円
平成27年産	2,330	20,500	14,300	223	11,000	549,900	468,400	1,482
28	2,410	21,100	14,700	241	10,900	550,300	470,600	1,538
29	2,430	20,700	14,500	253	10,800	559,500	483,200	1,375
30	2,470	20,200	14,400	242	10,600	550,000	476,100	1,485
令和元	2,510	20,800	15,000	180	10,300	548,100	474,700	1,326

年産	かぼちゃ				なす			
	作付面積	収穫量	出荷量	産出額	作付面積	収穫量	出荷量	産出額
	ha	t	t	億円	ha	t	t	億円
平成27年産	16,100	202,400	160,400	309	9,410	308,900	237,400	885
28	16,000	185,300	145,600	313	9,280	306,000	236,100	886
29	15,800	201,300	161,000	289	9,160	307,800	241,400	848
30	15,200	159,300	125,200	312	8,970	300,400	236,100	907
令和元	15,300	185,600	149,700	261	8,650	301,700	239,500	851

年産	トマト				ピーマン			
	作付面積	収穫量	出荷量	産出額	作付面積	収穫量	出荷量	産出額
	ha	t	t	億円	ha	t	t	億円
平成27年産	12,100	727,000	653,400	2,434	3,270	140,400	122,800	526
28	12,100	743,200	670,200	2,574	3,270	144,800	127,000	511
29	12,000	737,200	667,800	2,422	3,250	147,000	129,800	485
30	11,800	724,200	657,100	2,367	3,220	140,300	124,500	546
令和元	11,600	720,600	653,800	2,154	3,200	145,700	129,500	513

年産	スイートコーン				さやいんげん			
	作付面積	収穫量	出荷量	産出額	作付面積	収穫量	出荷量	産出額
	ha	t	t	億円	ha	t	t	億円
平成27年産	24,100	240,300	194,100	377	5,760	40,300	26,300	263
28	24,000	196,200	150,700	359	5,650	39,500	25,700	297
29	22,700	231,700	186,300	342	5,590	39,800	26,400	282
30	23,100	217,600	174,400	362	5,330	37,400	24,900	284
令和元	23,000	239,000	195,000	361	5,190	38,300	25,800	263

年産	さやえんどう				グリーンピース			
	作付面積	収穫量	出荷量	1)産出額	作付面積	収穫量	出荷量	産出額
	ha	t	t	億円	ha	t	t	億円
平成27年産	2,980	19,300	12,100	217	827	5,910	4,590	…
28	3,070	18,400	11,300	243	805	5,520	4,300	…
29	3,050	21,700	13,800	247	772	6,410	5,060	…
30	2,910	19,600	12,500	242	760	5,940	4,680	…
令和元	2,870	20,000	12,800	224	731	6,290	5,000	…

年産	そらまめ				えだまめ			
	作付面積	収穫量	出荷量	産出額	作付面積	収穫量	出荷量	産出額
	ha	t	t	億円	ha	t	t	億円
平成27年産	2,020	16,800	11,800	60	12,500	65,900	49,100	399
28	1,980	14,700	9,990	59	12,800	66,000	49,700	418
29	1,900	15,500	10,700	64	12,900	67,700	51,800	400
30	1,810	14,500	10,100	60	12,800	63,800	48,700	411
令和元	1,790	14,100	9,970	55	13,000	66,100	50,500	383

年産	しょうが				いちご			
	作付面積	収穫量	出荷量	産出額	作付面積	収穫量	出荷量	産出額
	ha	t	t	億円	ha	t	t	億円
平成27年産	1,840	49,400	39,100	215	5,450	158,700	145,200	1,700
28	1,810	50,800	40,100	260	5,370	159,000	145,000	1,749
29	1,780	48,300	38,100	276	5,280	163,700	150,200	1,752
30	1,750	46,600	36,400	257	5,200	161,800	148,600	1,774
令和元	1,740	46,500	36,400	248	5,110	165,200	152,100	1,829

年産	メロン				すいか			
	作付面積	収穫量	出荷量	産出額	作付面積	収穫量	出荷量	産出額
	ha	t	t	億円	ha	t	t	億円
平成27年産	7,080	158,000	143,300	637	10,600	339,800	292,400	540
28	6,950	158,200	143,600	669	10,400	344,800	296,400	588
29	6,770	155,000	140,700	645	10,200	331,100	284,400	572
30	6,630	152,900	138,700	614	9,970	320,600	276,500	588
令和元	6,410	156,000	141,900	605	9,640	324,200	279,100	555

注：1)は、グリーンピースを含む。

6　野菜（続き）
(2)　生産量及び出荷量（続き）
　　イ　主要野菜の季節区分別収穫量（令和元年産）

単位：t

区分	収穫量	区分	収穫量	区分	収穫量
だいこん		**ばれいしょ**		**はくさい**	
春（4〜6月）		春植え（都府県産）		春（4〜6月）	
千葉	59,900	（4〜8月）		茨城	50,900
青森	20,500	鹿児島	83,600	長野	23,800
長崎	18,500	長崎	72,500	長崎	13,700
鹿児島	14,000	茨城	48,200	熊本	7,600
茨城	13,600	千葉	29,500	大分	2,510
夏（7〜9月）		長野	19,300	夏（7〜9月）	
北海道	125,200	春植え（北海道産）		長野	153,400
青森	70,900	（9〜10月）		北海道	13,500
岩手	10,100	北海道	1,890,000	群馬	8,320
群馬	9,180	秋植え（11〜3月）		青森	1,040
岐阜	7,190	長崎	18,400		
秋冬（10〜3月）		鹿児島	11,400	秋冬（10〜3月）	
千葉	81,900	広島	1,840	茨城	176,800
鹿児島	79,200	宮崎	754	長野	55,300
神奈川	71,100	岡山	623	埼玉	22,400
宮崎	69,200			兵庫	21,000
新潟	48,200			群馬	20,900
にんじん		**さといも**		**キャベツ**	
春夏（4〜7月）		秋冬（6〜3月）		春（4〜6月）	
徳島	51,200	埼玉	18,400	愛知	61,300
千葉	23,900	千葉	12,900	千葉	55,500
青森	22,200	宮崎	12,000	茨城	46,400
長崎	11,600	愛媛	10,200	神奈川	40,200
熊本	8,020	栃木	8,070	鹿児島	18,100
秋（8〜10月）				夏秋（7〜10月）	
北海道	188,200			群馬	259,900
青森	10,200			長野	63,800
				北海道	45,200
				岩手	27,800
				茨城	21,000
冬（11〜3月）				冬（11〜3月）	
千葉	69,700			愛知	207,100
長崎	19,400			鹿児島	58,400
茨城	19,100			千葉	53,300
愛知	18,200			茨城	38,200
鹿児島	17,900			神奈川	22,000

注：季節区分別に全国及び上位5都府県の収穫量を掲載した。

単位：t

区分	収穫量	区分	収穫量	区分	収穫量
レタス		**きゅうり**		**トマト**	
春（4～5月）		**冬春（12～6月）**		**冬春（12～6月）**	
茨城	39,600	宮崎	59,500	熊本	110,600
長野	19,000	群馬	34,700	愛知	39,900
長崎	8,670	埼玉	30,400	栃木	28,600
群馬	8,450	高知	24,100	千葉	17,500
兵庫	7,190	千葉	20,500	福岡	17,200
夏秋（6～10月）		**夏秋（7～11月）**		**夏秋（7～11月）**	
長野	178,800	福島	30,800	北海道	50,600
群馬	42,100	群馬	24,300	茨城	32,300
茨城	17,100	埼玉	15,200	熊本	22,800
北海道	9,920	北海道	13,700	青森	17,400
岩手	9,410	岩手	12,000	岐阜	17,200
冬（11～3月）					
茨城	29,700				
長崎	26,200				
兵庫	22,800				
静岡	22,400				
香川	15,100				
ねぎ		**なす**		**ピーマン**	
春（4～6月）		**冬春（12～6月）**		**冬春（11～5月）**	
千葉	19,700	高知	39,700	宮崎	24,300
茨城	15,100	熊本	26,700	茨城	23,100
埼玉	6,480	福岡	14,700	高知	12,500
大分	3,760	愛知	7,440	鹿児島	12,200
群馬	3,250	群馬	6,860	沖縄	2,280
夏（7～9月）		**夏秋（7～11月）**		**夏秋（6～10月）**	
茨城	16,200	群馬	19,600	茨城	10,800
北海道	10,400	茨城	15,500	岩手	7,900
千葉	7,970	栃木	11,500	大分	6,150
埼玉	6,400	熊本	8,630	北海道	5,020
青森	4,620	京都	8,240	青森	3,780
秋冬（10～3月）					
埼玉	43,900				
千葉	36,600				
茨城	21,000				
群馬	16,600				
長野	12,100				

6　野菜（続き）
（2）　生産量及び出荷量（続き）
　　ウ　その他野菜の収穫量

品目	平成28年産		30		主産県収穫量（平成30年産）	
	作付面積	収穫量	作付面積	収穫量		
	ha	t	ha	t	（主産県）	t
1) つけな	2,123	46,867	2,118	46,550	長野	26,896
非結球レタス	3,330	63,577	3,365	67,362	長野	26,812
わけぎ	81	804	60	827	広島	439
らっきょう	756	10,607	635	7,767	鳥取	2,259
オクラ	876	12,934	837	11,665	鹿児島	4,857
とうがん	229	10,926	200	9,202	沖縄	2,756
にがうり	811	21,454	705	18,077	沖縄	7,346
しろうり	63	3,741	65	3,836	徳島	2,120
かんぴょう	115	3) 268	114	3) 258	栃木	3) 257
葉しょうが	53	1,135	55	1,086	静岡	509
しそ	520	8,560	485	8,115	愛知	3,720
パセリ	163	2,913	148	2,586	長野	806
マッシュルーム	2) 182	6,777	2) 178	6,527	千葉	2,670

資料：農林水産省統計部「地域特産野菜生産状況調査」
注：2年ごとの調査である。
　　1)のつけなは、こまつな及びみずなを除いたものである。
　　2)の単位は、千㎡である。
　　3)は、乾燥重量である。

エ　主要野菜の用途別出荷量

単位：t

品目	平成30年産				令和元			
	出荷量	用途別			出荷量	用途別		
		生食向け	加工向け	業務用		生食向け	加工向け	業務用
だいこん	1,089,000	802,700	268,500	17,800	1,073,000	787,100	268,100	17,600
にんじん	512,500	447,600	59,900	5,020	533,800	462,900	64,600	6,270
ばれいしょ	1,889,000	595,000	1,294,000	…	2,027,000	624,900	1,402,000	…
さといも	95,300	90,300	4,960	34	92,100	87,700	4,350	30
はくさい	734,400	685,100	40,300	8,970	726,500	681,200	38,400	6,960
キャベツ	1,319,000	1,088,000	137,300	93,700	1,325,000	1,081,000	155,100	88,900
ほうれんそう	194,800	172,200	21,900	725	184,900	163,800	19,700	1,420
レタス	553,200	477,900	40,600	34,700	545,600	471,900	40,400	33,300
ねぎ	370,300	355,900	10,500	3,860	382,500	362,800	13,900	5,740
たまねぎ	1,042,000	846,300	175,600	20,100	1,211,000	958,000	231,500	21,100
きゅうり	476,100	470,100	4,380	1,590	474,700	468,600	4,950	1,180
なす	236,100	232,800	3,030	240	239,500	236,200	2,950	275
トマト	657,100	623,500	30,000	3,640	653,800	621,700	28,600	3,500
ピーマン	124,500	124,300	41	191	129,500	129,300	65	196

資料：農林水産省統計部「野菜生産出荷統計」

(3)　需給
ア　野菜需給表

区分	国内生産量	1)外国貿易		2)在庫の増減量	国内消費仕向量			一人1年当たり供給量	一人1日当たり供給量
		輸入量	輸出量			加工用	3)純食料		
	千 t	千 t	千 t	千 t	千 t	千 t	千 t	kg	g
野菜									
平成28年度	11,598	2,901	31	0	14,468	0	11,245	88.6	242.7
29	11,549	3,126	21	0	14,654	0	11,399	90.0	246.5
30	11,468	3,310	11	0	14,767	0	11,418	90.3	247.4
令和元	11,590	3,031	20	0	14,601	0	11,298	89.5	244.7
2　（概算値）	11,474	2,946	59	0	14,361	0	11,176	88.5	242.6
緑黄色野菜									
平成28年度	2,515	1,429	3	0	3,941	0	3,256	25.7	70.3
29	2,534	1,595	4	0	4,125	0	3,417	27.0	73.9
30	2,454	1,664	2	0	4,116	0	3,379	26.7	73.2
令和元	2,508	1,545	2	0	4,051	0	3,324	26.3	72.0
2　（概算値）	2,485	1,610	4	0	4,091	0	3,367	26.7	73.1
その他の野菜									
平成28年度	9,083	1,472	28	0	10,527	0	7,989	62.9	172.4
29	9,015	1,531	17	0	10,529	0	7,982	63.0	172.6
30	9,014	1,646	9	0	10,651	0	8,039	63.3	173.3
令和元	9,082	1,486	18	0	10,550	0	7,974	63.2	172.7
2　（概算値）	8,989	1,336	55	0	10,270	0	7,809	61.9	169.5

資料：農林水産省大臣官房政策課食料安全保障室「食料需給表」
注：　1)のうち、いわゆる加工食品は、生鮮換算して計上している。なお、全く国内に流通しない
　ものや、全く食料になり得ないものなどは計上していない。
　　　2)は、当年度末繰越量と当年度始め持越量との差である。
　　　3)は、粗食料に歩留率を乗じたもので、人間の消費に直接に利用可能な食料の実際の量を表
している。

イ　1世帯当たり年間の購入数量（二人以上の世帯・全国）

単位：g

品目		平成28年	29	30	令和元	2
生鮮野菜	キャベツ	18,375	17,878	17,020	17,151	18,232
	ほうれんそう	3,017	2,937	3,054	2,728	2,994
	はくさい	7,958	8,240	7,787	8,064	8,661
	ねぎ	4,628	4,777	4,415	4,508	5,053
	レタス	5,934	6,389	6,282	5,975	6,290
	さといも	1,766	1,750	1,502	1,400	1,516
	だいこん	12,386	13,356	11,698	11,898	12,399
	にんじん	8,283	8,429	8,037	7,994	8,423
	たまねぎ	17,234	16,226	15,997	15,996	18,589
	きゅうり	7,620	7,797	7,715	7,688	7,978
	なす	4,168	4,195	4,140	4,079	4,244
	トマト	11,866	12,107	11,888	11,845	11,707
	ピーマン	2,756	2,947	2,925	2,891	2,951
生鮮果物	すいか	3,883	3,803	3,555	3,586	3,009
	メロン	2,022	1,695	1,801	1,619	1,706
	いちご	2,269	2,336	2,242	2,289	2,284

資料：総務省統計局「家計調査年報」

6 野菜（続き）
(3) 需給（続き）
ウ 輸出入量及び金額

品目	令和元		2	
	数量	金額	数量	金額
	t	千円	t	千円
輸出				
野菜（生鮮、冷蔵）				
1)キャベツ（芽キャベツ除く）等	1,043	155,600	1,669	358,316
レタス	33	12,774	6	3,728
2)だいこん・ごぼう等	371	74,441	665	160,131
ながいも等	5,944	2,267,880	5,992	2,128,632
果実（生鮮・乾燥）				
メロン	630	594,425	941	811,749
いちご	962	2,107,291	1,179	2,630,157
輸入				
野菜・その調整品				
野菜（生鮮・冷蔵）				
トマト	9,378	3,796,847	8,743	3,734,816
たまねぎ	280,126	14,137,482	219,961	10,427,062
にんにく	22,319	5,251,206	22,832	5,218,700
ねぎ	62,326	7,095,352	52,769	6,535,499
カリフラワー	1	202	－	－
ブロッコリー	9,813	2,416,420	7,066	1,657,513
結球キャベツ	35,612	1,131,440	32,391	1,255,588
はくさい	2,078	78,954	5,591	296,083
結球レタス	9,154	1,104,551	7,941	1,049,064
レタス（結球のもの除く）	19	5,793	73	37,347
にんじん・かぶ	82,922	3,243,804	84,449	3,593,367
ごぼう	44,575	3,082,802	40,504	2,312,684
きゅうり・ガーキン	37	15,038	38	14,145
えんどう	957	543,576	870	478,131
ささげ属・いんげん豆属の豆	1,305	515,419	890	371,535
アスパラガス	9,811	6,627,522	9,307	6,119,370
なす	74	17,213	46	11,067
セルリー	5,193	742,331	5,117	653,877
とうがらし属・ピメンタ属	43,005	14,027,923	37,479	13,290,898
スイートコーン	16	6,678	2	1,427
かぼちゃ類	96,030	8,247,660	91,410	7,904,831

資料：財務省関税局「貿易統計」をもとに農林水産省統計部にて作成。
注： 1)は、キャベツ、コールラビー、ケールその他これらに類するあぶらな属の食用野菜のうち、カリフラワー及び芽キャベツを除いたものである。
　　 2)は、サラダ用のビート、サルシファイ、セルリアク、大根その他これらに類する食用の根のうち、にんじん及びかぶを除いたものである。

品目	令和元		2	
	数量	金額	数量	金額
	t	千円	t	千円
輸入（続き）				
4）冷凍野菜				
枝豆	77,569	17,551,445	71,122	15,925,608
ほうれん草、つる菜	49,287	7,766,142	48,053	7,450,670
スイートコーン	51,136	8,423,345	47,583	7,766,710
ブロッコリー	59,059	12,287,144	58,619	11,961,938
果実（生鮮）				
すいか	125	28,971	670	153,882
メロン	21,641	2,499,653	17,183	2,339,000
いちご	3,189	3,638,255	3,318	3,917,571

注：4）は、調理していないもの及び蒸気又は水煮による調理をしたものに限る。

(4) 保険・共済

区分	単位	スイートコーン		たまねぎ		かぼちゃ	
		令和元年産	2 (概算値)	令和元年産	2 (概算値)	令和元年産	2 (概算値)
引受組合等数	組合	7	7	4	4	6	6
引受戸数	戸	1,924	1,772	1,364	1,265	1,507	1,346
引受面積	ha	5,940	5,414	10,494	10,035	3,616	3,108
共済金額	100万円	2,711	2,399	22,490	23,032	2,748	2,376
共済掛金	〃	187	171	1,072	1,060	228	211
支払対象戸数	戸	415	314	133	39	366	287
支払対象面積	ha	1,034	151	590	16	842	70
支払共済金	100万円	111	93	216	72	165	100

資料：農林水産省経営局資料による。
注：農業保険法による畑作物共済の実績である。

6 野菜（続き）
(5) 価格
　ア 農産物価格指数

平成27年＝100

品目	平成28年	29	30	令和元	2
きゅうり	104.3	89.2	101.0	94.0	100.2
なす	99.1	96.1	102.4	95.2	102.1
トマト（生食用）	103.7	94.3	95.6	86.1	95.7
すいか	103.8	115.4	115.0	103.5	117.1
いちご	108.0	106.6	104.7	110.9	117.4
ピーマン	100.4	89.1	97.6	91.4	110.5
メロン（アンデスメロン）	105.0	100.7	104.0	106.4	97.5
〃 （温室メロン）	100.8	103.2	99.2	102.4	98.5
はくさい（結球）	120.1	115.6	127.8	77.8	93.9
キャベツ	95.6	89.6	106.1	75.1	87.3
レタス	107.0	84.5	82.2	71.3	71.5
ほうれんそう	115.7	111.1	110.9	103.0	102.7
ねぎ	112.1	108.6	123.0	97.7	101.2
たまねぎ	103.6	96.4	114.8	109.9	85.1
だいこん	120.9	102.0	125.8	87.1	93.1
にんじん	150.7	97.4	140.0	90.8	119.7

資料：農林水産省統計部「農業物価統計」

イ 1kg当たり卸売価格（東京都）

単位：円

品目	平成27年	28	29	30	令和元
きゅうり	325	335	311	343	316
なす	393	402	384	400	389
トマト	369	389	359	368	341
すいか	203	213	221	237	222
いちご	1,258	1,317	1,309	1,372	1,397
ピーマン	479	469	437	480	460
メロン（アンデスメロン）	429	452	467	448	453
〃 （温室メロン）	914	885	934	895	930
はくさい	77	88	89	95	59
キャベツ	106	101	99	107	83
レタス	228	224	202	189	182
ほうれんそう	515	572	547	539	522
ねぎ	363	403	391	412	355
たまねぎ	111	107	100	107	102
だいこん	91	106	97	107	83
にんじん	127	161	128	160	115

資料：農林水産省統計部「青果物卸売市場調査報告」
注：東京都の卸売市場における卸売価額を卸売数量で除して求めた価格である。

ウ　1kg当たり年平均小売価格（東京都区部）

単位：円

品目	銘柄	平成28年	29	30	令和元	2
キャベツ		193	191	214	169	189
ほうれんそう		968	966	965	928	931
はくさい	山東菜を除く。	218	234	247	183	254
ねぎ	白ねぎ	688	698	745	672	705
レタス	玉レタス	550	497	503	429	432
だいこん		186	177	208	160	174
にんじん		435	368	420	359	426
たまねぎ	赤たまねぎを除く。	267	248	250	262	249
きゅうり		616	563	595	593	628
なす		739	734	740	744	789
トマト	ミニトマト(プチトマト)を除く。	729	661	706	706	716
ピーマン		959	907	961	959	1,082
すいか	赤肉(小玉すいかを除く。)	393	404	417	423	429
メロン	ネット系メロン	677	715	714	727	720
いちご	国産品	1,789	1,751	1,805	1,919	1,970

資料：総務省統計局「小売物価統計調査年報」

7 果樹
(1) 果樹栽培経営体（各年2月1日現在）
ア 販売目的の主要果樹の品目別栽培経営体数

単位：経営体

区分	温州みかん	その他のかんきつ類	りんご	ぶどう	日本なし	西洋なし	もも
平成27年	50,842	36,770	39,680	32,169	18,177	5,703	24,146
令和2	36,797	29,064	31,821	27,115	13,768	4,329	18,695

区分	おうとう	びわ	かき	くり	うめ	すもも	キウイフルーツ	パインアップル
平成27年	12,216	3,321	36,197	22,076	22,156	8,685	8,605	402
令和2	9,889	1,939	24,499	13,077	12,584	5,719	5,847	312

資料：農林水産省統計部「農林業センサス」（以下ウまで同じ。）

イ 販売目的の果樹（露地）の栽培面積規模別経営体数

単位：経営体

区分	計	0.1ha未満	0.1〜0.3	0.3〜0.5	0.5〜1.0	1.0ha以上
平成27年	216,836	21,671	62,236	41,043	47,720	44,166
令和2	167,166	13,032	44,500	31,623	39,219	38,792

ウ 販売目的の果樹（施設）の栽培面積規模別経営体数

単位：経営体

区分	計	0.1ha未満	0.1〜0.3	0.3〜0.5	0.5〜1.0	1.0ha以上
平成27年	15,061	5,183	5,235	2,346	1,816	481
令和2	15,106	5,480	5,054	2,294	1,776	502

(2)　生産量及び出荷量
　　ア　主要果樹の面積、生産量、出荷量及び産出額

年産	栽培面積	結果樹面積	収穫量	2)出荷量	産出額
	ha	ha	t	t	億円
みかん					
平成28年	43,800	41,500	805,100	717,500	1,761
29	42,800	40,600	741,300	661,300	1,722
30	41,800	39,600	773,700	691,200	1,736
令和元	40,800	38,700	746,700	668,400	1,561
1)　2	39,800	37,800	765,800	690,000	‥
りんご					
平成28年	38,300	36,800	765,000	684,900	1,477
29	38,100	36,500	735,200	655,800	1,384
30	37,700	36,200	756,100	679,600	1,449
令和元	37,400	36,000	701,600	632,800	1,557
1)　2	37,100	35,800	763,300	690,500	‥
日本なし					
平成28年	12,500	12,100	247,100	227,600	786
29	12,100	11,700	245,400	226,600	764
30	11,700	11,400	231,800	214,300	713
令和元	11,400	11,100	209,700	193,900	674
1)　2	11,000	10,700	170,500	158,500	‥
西洋なし					
平成28年	1,570	1,510	31,000	27,300	89
29	1,550	1,490	29,100	25,700	86
30	1,530	1,470	26,900	23,700	82
令和元	1,510	1,450	28,900	25,500	86
1)　2	1,480	1,420	27,700	24,500	‥
かき					
平成28年	20,900	20,400	232,900	191,500	458
29	20,300	19,800	224,900	186,400	401
30	19,700	19,100	208,000	172,200	388
令和元	19,400	18,900	208,200	175,300	400
1)　2	19,000	18,500	193,200	165,900	‥
びわ					
平成28年	1,360	1,330	2,000	1,620	26
29	1,270	1,240	3,630	2,950	34
30	1,190	1,170	2,790	2,300	32
令和元	1,140	1,110	3,430	2,820	34
1)　2	1,070	1,050	2,650	2,170	‥
もも					
平成28年	10,500	9,710	127,300	116,600	547
29	10,400	9,700	124,900	115,100	576
30	10,400	9,680	113,200	104,400	558
令和元	10,300	9,540	107,900	99,500	555
1)　2	10,100	9,290	98,900	91,300	‥

資料：　農林水産省統計部「耕地及び作付面積統計」、「果樹生産出荷統計」及び「生産農業所得統計」
　　　　による。
注：　1)のうち結果樹面積、収穫量及び出荷量は、「作物統計調査」の結果によるもので概数値である。
　　2)は、生食用又は加工用として販売したものをいい、生産者が自家消費したものは含まない。
　　平成29年から令和元年の栽培面積及び平成28年産から令和元年産の結果樹面積、収穫量、出荷量に
　ついては主産県を対象に調査を行い、主産県の調査結果をもとに全国値を推計している。
　　なお、主産県とは、全国の栽培面積のおおむね80％を占めるまでの上位都道府県に加え、果樹共
済事業を実施する都道府県である。

7　果樹（続き）
(2)　生産量及び出荷量（続き）
　　ア　主要果樹の面積、生産量、出荷量及び産出額（続き）

年産	栽培面積	結果樹面積	収穫量	2)出荷量	産出額
	ha	ha	t	t	億円
すもも					
平成28年	3,010	2,840	23,000	20,100	85
29	3,000	2,810	19,600	17,100	91
30	2,960	2,780	23,000	20,400	98
令和元	2,930	2,770	18,100	16,000	88
1)　2	2,880	2,730	16,500	14,800	‥
おうとう					
平成28年	4,740	4,420	19,800	17,700	423
29	4,700	4,360	19,100	17,200	445
30	4,690	4,350	18,100	16,200	448
令和元	4,690	4,320	16,100	14,400	437
1)　2	4,680	4,320	17,200	15,400	‥
うめ					
平成28年	16,400	15,600	92,700	80,800	216
29	15,900	15,100	86,800	75,600	308
30	15,600	14,800	112,400	99,200	280
令和元	15,200	14,500	88,100	77,700	309
1)　2	14,800	14,100	71,100	62,200	‥
ぶどう					
平成28年	18,000	17,000	179,200	163,800	1,218
29	18,000	16,900	176,100	161,900	1,381
30	17,900	16,700	174,700	161,500	1,464
令和元	17,800	16,600	172,700	160,500	1,533
1)　2	17,800	16,500	163,400	152,100	‥
くり					
平成28年	19,800	19,300	16,500	12,100	108
29	19,300	18,800	18,700	14,500	108
30	18,900	18,300	16,500	13,000	81
令和元	18,400	17,800	15,700	12,500	84
1)　2	17,900	17,400	16,900	13,600	‥
3)パインアップル					
平成28年	540	316	7,770	7,580	13
29	542	317	8,500	8,310	14
30	565	319	7,340	7,160	12
令和元	580	320	7,460	7,280	13
1)　2	584	320	7,390	7,210	‥
キウイフルーツ					
平成28年	2,130	2,040	25,600	21,800	118
29	2,100	2,000	30,000	26,200	131
30	2,090	1,950	25,000	21,800	93
令和元	2,050	1,900	25,300	22,500	99
1)　2	2,050	1,900	22,500	19,900	‥

注：1)のうち結果樹面積、収穫量及び出荷量は、「作物統計調査」の結果によるもので概数値である。
　　2)は、生食用又は加工用として販売したものをいい、生産者が自家消費したものは含まない。
　　3)は、栽培面積を除き沖縄県のみの数値である。また、結果樹面積は収穫面積を掲載した。

イ　主要果樹の面積、生産量及び出荷量（主要生産県）（令和2年産）

品目名・主要生産県	栽培面積	結果樹面積	収穫量	出荷量	品目名・主要生産県	栽培面積	結果樹面積	収穫量	出荷量
	ha	ha	t	t		ha	ha	t	t
みかん					**すもも**				
和歌山	7,330	6,850	167,100	151,000	山梨	864	792	5,320	4,870
静岡	5,420	4,990	119,800	108,600	長野	376	370	2,510	2,290
愛媛	5,610	5,540	112,500	102,200	山形	264	250	1,810	1,600
熊本	3,760	3,650	82,500	75,200	和歌山	291	291	1,640	1,510
長崎	2,770	2,690	47,600	41,900	青森	109	107	943	849
りんご					**おうとう**				
青森	20,400	19,700	463,000	420,100	山形	3,060	2,830	13,000	11,600
長野	7,410	7,200	135,400	124,600	北海道	552	497	1,310	1,240
岩手	2,420	2,300	47,200	40,600	山梨	334	297	974	910
山形	2,210	2,150	41,500	36,300	青森	303	299	682	550
秋田	1,330	1,290	25,200	23,000	秋田	95	90	366	319
日本なし					**うめ**				
千葉	1,420	1,360	18,200	18,000	和歌山	5,350	4,910	41,300	39,900
長野	700	686	13,700	12,900	群馬	917	905	5,190	4,760
茨城	944	922	13,500	12,300	福井	477	471	1,500	1,380
福島	859	821	12,900	11,900	青森	227	226	1,440	1,250
栃木	746	734	11,300	10,600	神奈川	351	351	1,380	1,140
西洋なし					**ぶどう**				
山形	872	839	19,100	16,900	山梨	4,060	3,790	35,000	33,400
新潟	107	104	1,990	1,740	長野	2,560	2,290	32,300	30,500
青森	140	130	1,720	1,390	山形	1,570	1,480	15,500	14,000
長野	87	86	1,510	1,390	岡山	1,220	1,140	13,900	12,700
北海道	76	74	866	798	北海道	1,240	1,040	6,940	6,660
かき					**くり**				
和歌山	2,530	2,500	40,500	36,600	茨城	3,330	3,270	3,790	3,490
奈良	1,810	1,790	27,700	25,800	熊本	2,450	2,340	2,430	2,190
福岡	1,200	1,170	14,700	13,400	愛媛	2,070	2,050	1,540	1,290
岐阜	1,250	1,220	11,700	10,600	岐阜	442	426	814	655
愛知	1,060	1,030	11,100	10,300	長野	259	243	583	547
びわ					1) **パインアップル**				
長崎	346	337	654	579					
千葉	154	154	494	465	1) 沖縄	582	320	7,390	7,210
鹿児島	110	110	240	186	**キウイフルーツ**				
香川	71	70	216	176					
兵庫	40	38	165	122	愛媛	393	346	4,740	4,470
もも					福岡	282	256	3,580	3,370
山梨	3,360	3,060	30,400	29,100	和歌山	162	156	3,450	3,170
福島	1,750	1,520	22,800	21,000	神奈川	132	130	1,400	1,320
長野	1,020	968	10,300	9,280	静岡	108	107	967	795
山形	675	621	8,510	7,770					
和歌山	725	695	6,620	6,060					

資料：農林水産省統計部「作物統計調査」（以下ウ(イ)まで同じ。）
注：1　栽培面積を除き概数値である。
　　2　出荷量とは、生食用又は加工用として販売したものをいい、生産者が自家消費したものは含まない
　　3　主要生産県は、令和2年産の調査を行った全都道府県のうち収穫量上位5都道府県を掲載した。
　　1)は、栽培面積を除き沖縄県のみ調査を実施している。また、結果樹面積は収穫面積を掲載した。

7 果樹（続き）
(2) 生産量及び出荷量（続き）
　ウ 主要生産県におけるみかん及びりんごの品種別収穫量（令和2年産）
　　(ア) みかん　　　　　　　　　　　(イ) りんご

単位：t

主要生産県	みかん			主要生産県	りんご				
	収穫量計	早生温州	普通温州		収穫量計	ふじ	つがる	ジョナゴールド	王林
和歌山	167,100	100,500	66,600	青森	463,000	224,400	47,700	36,500	41,000
静岡	119,800	33,800	86,000	長野	135,400	77,000	21,000	295	1,680
愛媛	112,500	65,100	47,300	岩手	47,200	22,400	4,730	7,060	2,610
熊本	82,500	54,400	28,100	山形	41,500	24,200	4,100	241	2,120
長崎	47,600	29,300	18,200	秋田	25,200	16,100	611	74	1,630

注：概数値である（以下(イ)まで同じ。）。

エ 主産県におけるみかん及びりんごの用途別出荷量

単位：t

品目	平成30年産			令和元		
	出荷量（主産県計）	用途別		出荷量（主産県計）	用途別	
		生食向け	加工向け		生食向け	加工向け
みかん	687,900	639,900	47,900	665,200	598,200	67,000
りんご	672,700	549,900	122,700	626,400	525,600	100,800

資料：農林水産省統計部「果樹生産出荷統計」

オ その他果樹の生産量

品目	平成29年産			30			
	栽培面積	収穫量	出荷量	栽培面積	収穫量	出荷量	主産県収穫量
	ha	t	t	ha	t	t	t
かんきつ類							
いよかん	2,223	30,864	28,856	2,109	30,111	28,495	愛媛(27,479)
不知火（デコポン）	2,793	43,627	37,637	2,690	44,597	38,691	熊本(14,072)
ゆず	2,244	19,600	18,023	2,236	22,044	21,033	高知(11,663)
ぽんかん	1,701	21,410	18,151	1,629	21,499	18,446	愛媛(8,097)
なつみかん	1,599	32,248	27,820	1,552	32,693	28,575	鹿児島(10,771)
はっさく	1,585	33,747	26,902	1,557	28,175	23,837	和歌山(19,843)
清見	867	12,385	10,974	855	14,729	13,345	和歌山(6,202)
たんかん	780	4,675	4,264	773	4,294	3,898	鹿児島(3,397)
かぼす	534	3,864	1,538	541	5,460	3,377	大分(5,400)
ネーブルオレンジ	393	6,012	4,628	386	5,703	4,435	静岡(1,879)
落葉果樹							
いちじく	986	12,968	11,562	934	11,861	10,474	和歌山(2,178)
ブルーベリー	1,115	2,558	1,645	1,068	2,388	1,521	東京(384)
ぎんなん	655	823	605	662	835	633	大分(215)
あんず	196	2,216	1,529	185	2,068	1,628	青森(1,258)
常緑果樹							
マンゴー	431	4,047	3,869	443	3,452	3,329	沖縄(1,782)
オリーブ	464	546	543	493	462	451	香川(420)

資料：農林水産省生産局「特産果樹生産動態等調査」

(3)　需給

ア　果実需給表

区分	国内生産量	1)外国貿易		2)在庫の増減量	国内消費仕向量			一人1年当たり供給量	一人1日当たり供給量
		輸入量	輸出量			加工用	3)純食料		
	千t	千t	千t	千t	千t	千t	千t	kg	g
果実									
平成28年度	2,918	4,292	60	0	7,150	18	4,369	34.4	94.3
29	2,809	4,339	56	0	7,092	19	4,337	34.2	93.8
30	2,839	4,661	66	△ 3	7,437	19	4,484	35.5	97.2
令和元	2,697	4,466	76	19	7,068	20	4,291	34.0	92.9
2 （概算値）	2,685	4,490	60	5	7,110	21	4,307	34.1	93.5
みかん									
平成28年度	805	0	2	0	803	0	512	4.0	11.1
29	741	0	2	0	739	0	471	3.7	10.2
30	774	0	1	△ 4	777	0	492	3.9	10.7
令和元	747	0	1	21	725	0	461	3.7	10.0
2 （概算値）	766	0	1	3	762	0	486	3.9	10.5
りんご									
平成28年度	765	555	40	0	1,280	0	979	7.7	21.1
29	735	582	35	0	1,282	0	981	7.7	21.2
30	756	537	41	1	1,251	0	952	7.5	20.6
令和元	702	595	44	△ 2	1,255	0	956	7.6	20.7
2 （概算値）	763	531	38	2	1,254	0	960	7.6	20.8
その他の果実									
平成28年度	1,348	3,737	18	0	5,067	18	2,878	22.7	62.1
29	1,333	3,757	19	0	5,071	19	2,885	22.8	62.4
30	1,309	4,124	24	0	5,409	19	3,040	24.0	65.9
令和元	1,248	3,871	31	0	5,088	20	2,874	22.8	62.2
2 （概算値）	1,156	3,959	21	0	5,094	21	2,861	22.7	62.1

資料：農林水産省大臣官房政策課食料安全保障室「食料需給表」
注：　1)のうち、いわゆる加工食品は、生鮮換算して計上している。なお、全く国内に流通しないものや、
　　　全く食料になり得ないものなどは計上していない。
　　　2)は、当年度末繰越量と当年度始め持越量との差である。
　　　3)は、粗食料に歩留率を乗じたもので、人間の消費に直接に利用可能な食料の実際の量を表している。

イ　1世帯当たり年間の購入数量（二人以上の世帯・全国）

単位：g

品目	平成28年	29	30	令和元	2
りんご	12,746	12,209	10,363	10,784	10,175
みかん	10,502	10,060	9,476	9,456	9,974
オレンジ	1,677	1,479	1,332	1,357	1,681
他の柑きつ類	5,568	5,928	5,131	5,074	5,374
梨	3,827	3,686	3,354	3,092	2,497
ぶどう	2,422	2,309	2,272	2,432	2,262
柿	2,815	2,955	2,440	2,395	2,369
桃	1,590	1,419	1,299	1,205	1,074
バナナ	17,959	18,481	18,448	18,436	19,204
キウイフルーツ	2,005	2,023	2,339	2,455	2,482

資料：総務省統計局「家計調査年報」

7 果樹（続き）
(3) 需給（続き）
   ウ 輸出入量及び金額

品目	令和元		2	
	数量	金額	数量	金額
	t	千円	t	千円
輸出				
果実・その調整品				
くり	610	223,654	533	191,518
うんしゅうみかん等	1,065	535,663	1,138	586,784
ぶどう（生鮮）	1,385	3,189,914	1,712	4,117,903
りんご	35,888	14,492,491	26,927	10,701,822
なし	1,376	774,109	1,189	762,890
桃（ネクタリン含む）	1,780	1,897,353	1,599	1,870,907
柿	829	463,130	729	440,503
輸入				
果実・その調整品				
くり（生鮮・乾燥）	5,730	3,313,536	4,261	2,382,874
バナナ（生鮮）	1,045,386	104,355,926	1,068,356	105,212,725
パイナップル（生鮮）	153,242	13,675,218	157,033	13,390,376
マンゴー（生鮮）	7,327	3,669,718	6,720	3,148,381
オレンジ（生鮮・乾燥）	88,213	13,084,795	92,909	14,157,207
グレープフルーツ（生鮮・乾燥）	63,906	8,434,206	62,685	8,207,130
ぶどう（生鮮）	46,716	14,293,612	44,370	14,144,682
りんご（生鮮）	4,868	1,187,540	7,446	1,796,744
さくらんぼ（生鮮）	4,109	4,299,337	4,262	4,818,380
キウイフルーツ（生鮮）	106,500	44,761,720	113,432	48,967,760

資料：財務省関税局「貿易統計」をもとに農林水産省統計部にて作成。

(4) 保険・共済
ア 収穫共済

区分	単位	計		温州みかん		なつみかん		いよかん	
		平成30年産	令和元年産（概数値）	平成30年産	令和元年産（概数値）	平成30年産	令和元年産（概数値）	平成30年産	令和元年産（概数値）
引受組合等数	組合	442	210	40	26	7	5	3	2
1) 引受戸数	戸	79,011	65,877	10,268	8,453	217	176	1,461	1,263
引受面積	ha	34,445	26,750	8,746	6,098	80	59	806	677
引受本数	千本	16,499	12,532	7,679	5,390	52	38	930	782
共済金額	100万円	92,816	72,985	19,466	13,381	98	71	965	872
保険金額	〃	38,307	28,905	8,204	4,986	4	4	…	…
再保険金額	〃	81,284	63,846	16,890	11,569	83	60	800	725
共済掛金	〃	3,537	2,997	863	625	8	6	77	67
保険料	〃	756	666	68	44	0	0	…	…
再保険料	〃	1,471	1,139	268	182	3	2	6	6
1) 支払対象戸数	戸	12,945	11,003	2,156	1,537	35	26	276	288
支払対象面積	ha	4,983	4,379	1,040	1,338	13	12	161	171
支払共済金	100万円	2,755	3,215	558	538	3	3	49	62
支払保険金	〃	505	1,953	34	189	0	0	…	…
支払再保険金	〃	925	936	22	…	0	…	0	…

区分	単位	2)指定かんきつ		りんご		なし		かき	
		平成30年産	令和元年産（概数値）	平成30年産	令和元年産（概数値）	平成30年産	令和元年産（概数値）	平成30年産	令和元年産（概数値）
引受組合等数	組合	20	14	49	19	98	46	52	19
1) 引受戸数	戸	3,272	2,887	27,469	23,281	12,362	9,681	3,852	3,271
引受面積	ha	1,012	871	11,904	9,595	3,392	2,362	1,539	1,194
引受本数	千本	945	809	3,368	2,696	1,125	782	552	423
共済金額	100万円	2,305	2,082	31,924	26,726	14,737	10,164	2,289	1,862
保険金額	〃	95	64	21,280	17,873	4,903	3,476	912	325
再保険金額	〃	1,936	1,751	28,324	23,727	13,034	8,982	1,970	1,598
共済掛金	〃	173	152	763	752	543	390	139	115
保険料	〃	8	5	379	396	180	136	49	15
再保険料	〃	36	31	465	417	323	202	51	37
1) 支払対象戸数	戸	642	577	4,043	2,570	1,903	1,739	1,092	565
支払対象面積	ha	201	191	1,647	804	471	351	338	210
支払共済金	100万円	107	135	826	631	366	477	115	58
支払保険金	〃	3	17	214	576	148	427	21	15
支払再保険金	〃	4	…	453	…	200	…	26	…

資料：農林水産省経営局「果樹共済統計表」、ただし、令和元年産は経営局資料（以下イまで同じ。）
注：1　農業保険法による果樹共済事業の実績であり、対象果樹は結果樹齢に達した果樹である
　　　（以下イまで同じ。）。
　　2　年々の果実の損害を対象とするものである。
　　　1)は、延べ戸数である。
　　　2)は、はっさく、ぽんかん、ネーブルオレンジ、ぶんたん、たんかん、さんぼうかん、清見、
　　日向夏、セミノール、不知火、河内晩柑、ゆず、はるみ、レモン、せとか、愛媛果試第28号及
　　び甘平である。

7 果樹（続き）
(4) 保険・共済（続き）
ア 収穫共済（続き）

区分	単位	びわ		もも		すもも		おうとう	
		平成30年産	令和元（概数値）	平成30年産	令和元年（概数値）	平成30年産	令和元（概数値）	平成30年産	令和元（概数値）
引受組合等数	組合	4	3	34	15	7	4	4	2
1) 引受戸数	戸	438	371	6,010	4,622	966	739	1,149	1,013
引受面積	ha	119	101	1,358	976	211	151	220	187
引受本数	千本	51	43	269	192	48	35	38	32
共済金額	100万円	201	186	4,369	3,132	500	361	976	849
保険金額	〃	108	108	212	177	2	185	24	27
再保険金額	〃	173	160	3,824	2,734	432	309	850	739
共済掛金	〃	16	14	147	126	37	33	64	52
保険料	〃	6	6	9	7	1	16	1	2
再保険料	〃	7	7	55	36	19	16	34	24
1) 支払対象戸数	戸	118	35	789	1,116	49	291	111	210
支払対象面積	ha	29	6	230	263	7	64	19	36
支払共済金	100万円	20	3	141	289	4	48	19	46
支払保険金	〃	1	0	5	230	0	33	0	38
支払再保険金	〃	12	…	60	…	0	…	0	…

区分	単位	うめ		ぶどう		くり		キウイフルーツ	
		平成30年産	令和元（概数値）	平成30年産	令和元（概数値）	平成30年産	令和元（概数値）	平成30年産	令和元（概数値）
引受組合等数	組合	6	4	95	36	14	9	9	6
1) 引受戸数	戸	3,073	2,893	6,372	5,416	1,076	977	1,026	834
引受面積	ha	2,251	2,104	1,724	1,430	804	728	279	217
引受本数	千本	696	651	408	363	255	233	83	64
共済金額	100万円	5,851	5,502	7,617	6,539	277	274	1,239	987
保険金額	〃	6	0	1,967	1,149	68	54	523	475
再保険金額	〃	4,937	4,641	6,715	5,756	238	235	1,078	860
共済掛金	〃	478	449	150	151	25	25	52	40
保険料	〃	0	0	30	16	9	8	16	14
再保険料	〃	134	125	40	29	13	12	17	14
1) 支払対象戸数	戸	342	674	708	1,010	300	163	381	202
支払対象面積	ha	270	478	188	289	268	122	99	45
支払共済金	100万円	218	543	163	318	27	10	140	54
支払保険金	〃	0	174	23	241	12	0	44	13
支払再保険金	〃	1	…	41	…	16	…	91	…

イ 樹体共済

区分	単位	計 平成30年産	計 令和元 (概数値)	温州みかん 平成30年産	温州みかん 令和元 (概数値)	りんご 平成30年産	りんご 令和元 (概数値)	なし 平成30年産	なし 令和元 (概数値)
引受組合等数	組合	32	30	6	6	2	2	10	9
引受戸数	戸	2,112	2,012	213	190	230	225	439	428
引受面積	ha	719	695	94	85	91	93	175	168
引受本数	千本	239	226	80	72	17	16	55	53
共済金額	100万円	9,930	9,371	449	449	952	904	2,994	2,851
保険金額	〃	4,551	4,000	263	252	…	…	1,964	1,836
再保険金額	〃	8,821	8,323	401	401	845	803	2,666	2,539
共済掛金	〃	87	84	1	1	11	10	19	19
保険料	〃	22	19	1	1	…	…	11	11
再保険料	〃	14	13	0	0	3	3	3	3
支払対象戸数	戸	457	485	5	10	57	56	70	75
支払対象面積	ha	214	218	4	10	31	28	47	47
支払共済金	100万円	654	354	1	3	11	8	28	26
支払保険金	〃	398	278	0	3	…	…	21	20
支払再保険金	〃	507	234	0	1	2	1	5	4

区分	単位	かき 平成30年産	かき 令和元 (概数値)	もも 平成30年産	もも 令和元 (概数値)	おうとう 平成30年産	おうとう 令和元 (概数値)	ぶどう 平成30年産	ぶどう 令和元 (概数値)
引受組合等数	組合	3	3	1	1	1	1	6	5
引受戸数	戸	85	81	88	88	476	450	131	124
引受面積	ha	26	29	26	26	107	103	41	42
引受本数	千本	7	8	5	5	17	16	8	8
共済金額	100万円	75	89	150	160	1,775	1,776	503	495
保険金額	〃	6	6	…	…	…	…	226	46
再保険金額	〃	67	80	131	140	1,566	1,567	448	440
共済掛金	〃	0	0	5	5	28	28	4	4
保険料	〃	0	0	…	…	…	…	1	0
再保険料	〃	0	0	1	1	2	2	1	1
支払対象戸数	戸	1	0	26	32	98	107	22	21
支払対象面積	ha	0	0	9	11	31	34	13	14
支払共済金	100万円	0	0	4	5	17	25	6	4
支払保険金	〃	0	0	…	…	…	…	3	2
支払再保険金	〃	0	0	0	0	0	0	2	2

区分	単位	びわ 平成30年産	びわ 令和元 (概数値)	キウイフルーツ 平成30年産	キウイフルーツ 令和元 (概数値)
引受組合等数	組合	−	−	3	3
引受戸数	戸	−	−	450	426
引受面積	ha	−	−	158	149
引受本数	千本	−	−	51	48
共済金額	100万円	−	−	3,033	2,646
保険金額	〃	−	−	2,092	1,860
再保険金額	〃	−	−	2,698	2,354
共済掛金	〃	−	−	20	17
保険料	〃	−	−	9	8
再保険料	戸	−	−	4	3
支払対象戸数	戸	−	−	178	184
支払対象面積	ha	−	−	78	75
支払共済金	100万円	−	−	588	283
支払保険金	〃	−	−	374	253
支払再保険金	〃	−	−	498	227

注：将来にわたって果実を生む資産としての樹体そのものの損害を対象とするものである。

7 果樹 (続き)
(5) 価格
ア 農産物価格指数

平成27年=100

年次	みかん	なつみかん	りんご		日本なし
	普通温州 (優－M)	甘なつ (優－L)	ふじ (秀32玉)	つがる (秀32玉)	豊水 (秀28玉)
平成28年	121.2	102.8	117.3	122.9	101.5
29	124.2	104.7	104.4	110.7	104.4
30	136.4	106.2	122.8	129.9	106.5
令和元	119.9	100.2	108.8	121.6	123.1
2	114.3	102.9	125.1	143.8	187.1

年次	日本なし (続き)	かき	もも	ぶどう	
	幸水 (秀28玉)	(秀－M)	(秀18～20玉)	デラウェア (秀－L)	巨峰 (秀－L)
平成28年	90.3	127.7	100.1	103.7	97.7
29	103.0	111.1	104.4	117.1	104.4
30	94.2	113.0	117.8	116.8	114.2
令和元	102.8	108.9	128.6	127.0	120.1
2	136.0	132.6	157.2	137.2	132.7

資料：農林水産省統計部「農業物価統計」

イ 1kg当たり卸売価格 (東京都)

単位：円

年次	みかん	甘なつ みかん	りんご (ふじ)	なし (幸水)	ぶどう (デラウェア)	かき	もも	バナナ
平成27年	266	177	320	371	770	243	522	169
28	310	207	342	337	728	285	512	167
29	306	203	292	365	827	256	547	153
30	318	203	335	357	855	281	607	168
令和元	301	195	311	391	883	280	618	167

資料：農林水産省統計部「青果物卸売市場調査報告」
注：東京都の卸売市場における卸売価額を卸売数量で除して求めた価格である。

ウ 1kg当たり年平均小売価格 (東京都区部)

単位：円

品目	銘柄	平成28年	29	30	令和元	2
りんご	ふじ、1個200～400g	590	535	574	537	683
みかん	温州みかん (ハウスミカンを除 く。)、1個70～130g	665	660	700	686	704
梨	幸水又は豊水、1個300～450g	574	551	533	616	909
ぶどう	デラウェア	1,333	1,459	1,505	1,577	1,721
柿	1個190～260g	530	510	551	539	587
桃	1個200～350g	941	956	1,043	1,070	1,246
バナナ	フィリピン産 (高地栽培などを除く。)	259	243	243	255	259

資料：総務省統計局「小売物価統計調査年報」

8 工芸農作物

(1) 茶

ア 販売目的の茶の栽培経営体数
（各年2月1日現在）

単位：経営体

年次	茶栽培経営体数
平成27年	20,144
令和2	12,929

資料：農林水産省統計部「農林業センサス」

イ 茶栽培面積

年次	茶栽培面積
	ha
平成28年	43,100
29	1) 42,400
30	1) 41,500
令和元	1) 40,600
2	39,100

資料：農林水産省統計部「耕地及び作付面積統計」
注：　平成29年から調査の範囲を全国から主産県に変更し、主産県の調査結果をもとに全国値を推計している。1)は主産県調査である。
　　なお、主産県とは、直近の全国調査年（平成28年）における全国の栽培面積のおおむね80%を占めるまでの上位都道府県及び、茶の畑作物共済事業等を実施する都道府県である。

ウ 生葉収穫量と荒茶生産量

単位：t

区分	生葉収穫量	荒茶生産量					
		計	おおい茶	普通せん茶	玉緑茶	番茶	その他
平成28年産	(364,500)	80,200	6,980	47,300	1,760	21,800	2,320
29	(369,800)	82,000	…	…	…	…	…
30	(383,600)	86,300	…	…	…	…	…
令和元	(357,400)	81,700	…	…	…	…	…
2	328,800	69,800	…	…	…	…	…
うち静岡	112,600	25,200	…	…	…	…	…

資料：農林水産省統計部「作物統計」
注：1　茶生産量には、自家消費用のものを含む。
　　2　（　）内の値については、主産県計の値を掲載している。
　　主産県とは、平成28年産までについては、全国の茶種別荒茶生産量（平成26年産）のおおむね80%を占めるまでの上位都道府県及び、茶の畑作物共済事業等を実施する都道府県である。
　　また、平成29年産からは、直近の全国調査年における全国の茶栽培面積のおおむね80%を占めるまでの上位都道府県、強い農業づくり交付金（令和元年産からは「強い農業・担い手づくり総合支援交付金」）による茶に係る事業を実施する都道府県及び畑作物共済事業を実施し、半相殺方式を採用している都道府県である。

エ 需給

(ア)　1世帯当たり年間の購入数量（二人以上の世帯・全国）

単位：g

品目	平成28年	29	30	令和元	2
緑茶	849	850	798	791	827
紅茶	189	188	173	186	189

資料：総務省統計局「家計調査年報」

(イ)　輸出入量及び金額

品目	令和元		2	
	数量	金額	数量	金額
輸出	t	千円	t	千円
緑茶	5,108	14,641,614	5,274	16,187,625
輸入				
緑茶	4,390	2,951,023	3,917	2,615,578
紅茶	18,438	11,788,199	14,958	9,648,963

資料：財務省関税局「貿易統計」をもとに農林水産省統計部にて作成。

8 工芸農作物 (続き)
(1) 茶 (続き)
　オ 保険・共済

区分	単位	茶	
		令和元年産	2 (概数値)
引受組合等数	組合	15	10
引受戸数	戸	471	366
引受面積	ha	349	257
共済金額	100万円	400	289
共済掛金	〃	17	13
支払対象戸数	戸	193	174
支払対象面積	ha	149	133
支払共済金	100万円	34	35

資料：農林水産省経営局資料による。
注：農業保険法による畑作物共済の実績である。

カ 価格
(ア) 農産物価格指数

平成27年＝100

品目	平成28年	29	30	令和元	2
生葉	93.8	123.3	108.7	102.5	90.4
荒茶	103.1	126.4	108.8	104.0	94.5

資料：農林水産省統計部「農業物価統計」

(イ) 年平均小売価格 (東京都区部)

単位：円

品目	銘柄	数量 単位	平成28年	29	30	令和元	2
緑茶	煎茶（抹茶入りを含む。）、 100〜300ｇ袋入り	100ｇ	570	558	560	557	567
紅茶	ティーバッグ、25〜30袋入り	10袋	107	105	104	106	104

資料：総務省統計局「小売物価統計調査年報」

(2)　その他の工芸農作物
　　ア　販売目的の工芸農作物の作物別作付（栽培）経営体数
　　　　（各年2月1日現在）

単位：経営体

年次	なたね	こんにゃくいも	てんさい	さとうきび
平成27年	…	3,085	7,338	15,350
令和2	829	1,918	6,645	10,909

資料：農林水産省統計部「農林業センサス」

イ　生産量

年産・主要生産県	1)てんさい		年産・主要生産県	3)い	
	作付面積	収穫量		作付面積	収穫量（乾燥茎）
	ha	t		ha	t
平成28年産	59,700	3,189,000	平成28年産	643	8,340
29	58,200	3,901,000	29	578	8,530
30	57,300	3,611,000	30	541	7,500
令和元	56,700	3,986,000	令和元	476	7,130
2	56,800	3,912,000	2	424	6,300
			熊本	420	6,260

年産・主要生産県	2)さとうきび		年産・主要生産県	葉たばこ	
	収穫面積	収穫量		収穫面積	収穫量
	ha	t		ha	t
平成28年産	22,900	1,574,000	平成28年産	7,962	17,945
29	23,700	1,297,000	29	7,572	19,023
30	22,600	1,196,000	30	7,065	16,998
令和元	22,100	1,174,000	令和元	6,484	16,798
2	22,500	1,336,000	2	6,079	13,748
沖縄	12,900	813,900	熊本県	937	2,161
			沖縄県	772	1,685
			岩手県	676	1,652
			青森県	635	1,486
			長崎県	521	1,235

年産・主要生産県	なたね		年産・主要生産県	こんにゃくいも		
	作付面積	収穫量		栽培面積	収穫面積	収穫量
	ha	t		ha	ha	t
平成28年産	1,980	3,650	平成28年産	4) 3,470	4) 2,060	4) 71,300
29	1,980	3,670	29	5) 3,860	5) 2,330	5) 64,700
30	1,920	3,120	30	3,700	2,160	55,900
令和元	1,900	4,130	令和元	5) 3,660	5) 2,150	5) 59,100
2	1,830	3,580	2	5) 3,570	5) 2,140	5) 53,700
北海道	1,040	2,830	群馬	3,210	1,930	50,200

資料：農林水産省統計部「作物統計」
　　　葉たばこは、全国たばこ耕作組合中央会「府県別の販売実績」
注：1　葉たばこについては、収穫面積と販売重量（乾燥）である。
　　2　こんにゃくいもの栽培面積とは、収穫までの養成期間中のものを含む全ての面積をいう。
　　3　こんにゃくいもの主産県は、令和元年産までは栃木県及び群馬県の2県であったが、令和2年産からは群馬県のみである。
　1)は、北海道の調査結果である。
　2)は、鹿児島県及び沖縄県の調査結果である。
　3)は、福岡県及び熊本県の調査結果である。
　4)は、栃木県及び群馬県の調査結果であり、主産県計の値である。
　5)は、主産県の調査結果から推計したものである。

8 工芸農作物（続き）
(2) その他の工芸農作物（続き）
ウ 輸出入量及び金額

品目名	令和元		2	
	数量	金額	数量	金額
	t	千円	t	千円
輸出				
砂糖類	5,938	2,050,732	6,718	2,163,465
たばこ	5,574	16,374,539	6,565	14,202,611
輸入				
こんにゃく芋	159	171,117	111	137,057
砂糖類	1,457,132	65,671,007	1,310,595	63,666,527
こんにゃく（調製食料品）	14,951	2,433,427	12,666	2,182,891
たばこ	117,652	598,699,462	108,990	580,974,614
畳表	14,449	5,803,243	12,366	4,950,685

資料：財務省関税局「貿易統計」をもとに農林水産省統計部にて作成。

エ 保険・共済

区分	単位	さとうきび		てんさい		ホップ	
		令和元年産	2 （概数値）	令和元年産	2 （概数値）	令和元年産	2 （概数値）
引受組合等数	組合	4	4	5	5	5	5
引受戸数	戸	8,161	7,485	6,163	6,022	118	110
引受面積	ha	10,293	9,476	52,266	51,961	79	75
共済金額	100万円	9,083	8,548	53,158	52,299	260	258
共済掛金	〃	545	504	2,377	2,250	10	10
支払対象戸数	戸	2,318	821	582	561	13	19
支払対象面積	ha	2,478	753	5,675	430	10	12
支払共済金	100万円	344	91	366	292	4	6

資料：農林水産省経営局資料による。
注：農業保険法による畑作物共済の実績である。

オ 生産費（令和2年産）

単位：円

区分	生産費（10a当たり）		
	生産費 （副産物価額差引）	支払利子・ 地代算入生産費	資本利子・ 地代全額算入生産費
てんさい	94,290	96,242	106,245
さとうきび	*121,783	*128,889	*138,239
なたね	46,473	49,166	58,071

資料：農林水産省統計部「農業経営統計調査 農産物生産費統計」
注：1 調査期間は、てんさいが令和2年1月から令和2年12月まで、さとうきびが平成31年4月から令和2年3月まで、なたねが令和元年9月から令和2年8月までの1年間である。
　　2 生産費とは、生産物の一定単位量の生産のために消費した経済費用の合計をいう。ここでいう費用の合計とは、生産物の生産に要した材料、賃借料及び料金、用役等（労働・固定資産等）の価額の合計である。
　　3 本調査は、てんさい及びさとうきびについては2015年農林業センサスに基づく農業経営体、なたねについては平成26年度経営所得安定対策等加入申請者情報の経営体のうち、世帯による農業経営を行い、調査対象作目を10a以上作付けし、販売した経営体（個別経営）を対象に実施した。
　　4 「*」を付したさとうきびの値は、令和元年産の結果である。

カ 価格
(ア) 農産物価格指数

平成27年＝100

品目・銘柄等級	平成28年	29	30	令和元	2
てんさい	100.4	101.9	96.9	94.6	93.1
こんにゃくいも（生いも）	80.5	75.4	91.6	74.1	74.3
葉たばこ（中葉、Aタイプ）	98.2	97.9	100.0	102.6	103.5
い草（草丈120cm、上）	126.4	119.7	93.7	95.6	93.8
い表（3種表、綿糸）	110.1	119.9	111.2	101.1	109.4

資料：農林水産省統計部「農業物価統計」

(イ) さとうきびに係る甘味資源作物交付金単価

単位：円

区分	令和2年産	3
交付金単価（1t当たり）	16,860	16,860

資料：農林水産省農産局地域作物課資料
注：1 この単価は、四捨五入により小数点以下第一位まで算出された糖度（以下単に「糖度」という。）が13.1度以上14.3度以下のさとうきびに適用する。
　　2 糖度が5.5度以上13.1度未満のさとうきびに係る甘味資源作物交付金の単価は、糖度が13.1度を0.1度下回るごとに100円を、この単価から差し引いた額とする。
　　3 糖度が14.3度を超えるさとうきびに係る甘味資源作物の交付金の単価は、糖度が14.3度を0.1度上回るごとに100円を、この単価に加えた額とする。

8 工芸農作物（続き）
(2) その他の工芸農作物（続き）
キ 加工
(ア) 精製糖生産量

単位：t

年度	計	グラニュ	白双	中双	上白
平成27年度	1,677,336	504,392	37,242	32,385	597,140
28	1,689,217	508,716	36,926	31,417	592,490
29	1,640,808	510,403	35,467	29,538	564,105
30	1,620,781	515,775	33,476	25,006	551,242
令和元	1,575,585	499,505	32,076	25,362	539,692

年度	中白	三温	角糖	氷糖	液糖
平成27年度	379	84,780	2,972	14,375	403,671
28	394	86,486	2,751	16,080	413,957
29	322	84,937	2,078	12,092	401,866
30	332	84,867	1,513	15,009	393,561
令和元	313	81,997	1,430	15,814	379,396

資料：精糖工業会館「ポケット砂糖統計2020」（以下(ウ)まで同じ。）
注：最終製品生産量であり、液糖は固形換算していない。

(イ) 甘蔗糖及びビート糖生産量

単位：t

砂糖年度 （10月～9月）	甘蔗糖（さとうきび）			ビート糖（てんさい）	
	砂糖生産量			製品	
	計	分蜜糖	含蜜糖	ビート糖	ビートパルプ
平成27年度	143,130	135,067	8,064	677,222	186,266
28	191,902	181,552	10,350	505,193	138,850
29	143,860	134,084	9,776	656,669	177,842
30	135,763	125,995	9,768	614,718	164,959
令和元	141,257	132,739	8,519	651,155	185,388

(ウ) 砂糖需給表

単位：t

年次	生産	輸入	輸出	純輸入	消費	年末在庫
平成27年	740,000	1,284,470	1,318	1,283,152	2,100,000	714,366
28	735,000	1,264,223	1,531	1,262,692	2,110,000	602,058
29	710,000	1,236,711	1,555	1,235,156	2,115,000	432,214
30	774,000	1,184,473	1,646	1,182,827	2,100,000	289,041
令和元	777,000	1,208,261	1,756	1,206,505	2,050,000	222,546

注：粗糖換算数量である。

(エ) 1世帯当たり年間の砂糖購入数量（二人以上の世帯・全国）

単位：g

品目	平成28年	29	30	令和元	2
砂糖	5,400	5,143	4,736	4,446	4,427

資料：総務省統計局「家計調査年報」

9　花き
(1)　販売目的の花き類の品目別作付（栽培）経営体数
　　（各年2月1日現在）

単位：経営体

区分	切り花類	球根類	鉢もの類	花壇用苗もの類
平成27年	38,083	2,862	6,043	4,292
令和2	**30,152**	**2,097**	**4,548**	**3,495**

資料：農林水産省統計部「農林業センサス」

(2)　主要花きの作付（収穫）面積及び出荷量

品目	令和元年産		2	
	1)作付面積	2)出荷量	1)作付面積	2)出荷量
	ha	100万本（球・鉢）	ha	100万本（球・鉢）
切り花類	13,800	3,482	13,410	3,252
うちきく	4,490	1,412	4,314	1,300
カーネーション	271	223	262	206
ばら	302	221	291	201
りんどう	422	85	407	82
宿根かすみそう	194	49	196	47
洋ラン類	119	15	109	13
スターチス	170	119	168	118
ガーベラ	82	137	80	127
トルコギキョウ	424	97	411	88
ゆり	693	124	659	116
アルストロメリア	79	58	79	54
切り葉	609	122	581	92
切り枝	3,620	206	3,625	206
球根類	259	76	255	74
鉢もの類	1,549	205	1,503	191
うちシクラメン	167	16	162	15
洋ラン類	178	14	174	12
観葉植物	271	37	262	41
花木類	351	43	313	34
花壇用苗もの類	1,327	579	1,301	566
うちパンジー	252	119	243	113

資料：農林水産省統計部「花き生産出荷統計」
注：　1)の球根類及び鉢もの類は、収穫面積である。
　　　2)の単位は、切り花類及び花壇用苗もの類が100万本、球根類が100万球、鉢もの類が
　　100万鉢である。

9 花き（続き）
(3) 花木等の作付面積及び出荷数量

品目	平成30年		令和元	
	作付面積	出荷数量	作付面積	出荷数量
	ha	千本	ha	千本
花木類	3,460	67,103	2,777	54,583
ツツジ	303	5,432	242	4,689
サツキ	290	6,028	229	4,677
カイヅカイブキ	58	592	40	390
タマイブキ	3	40	2	20
ツバキ	89	756	73	617
モミジ	75	1,144	80	889
ヒバ類	214	3,945	189	3,642
ツゲ類	141	1,828	109	1,570
その他	2,287	47,338	1,813	38,089
芝	5,241	1) 3,818	4,529	1) 3,263
地被植物類	93	2) 23,904	75	1) 34

資料：農林水産省「花木等生産状況調査」
注：1)の単位は、haである。
　　2)の単位は、千本・千鉢である。
　　平成30年は全国、令和元年は主産県を対象に調査を実施した。

(4) 産出額

単位：億円

品目	平成27年	28	29	30	令和元
きく	692	680	625	614	597
トルコギキョウ	117	120	127	121	116
ゆり	217	217	214	202	190
ばら	190	180	178	164	156
カーネーション	126	117	111	103	99
切り枝	151	167	169	180	186
シクラメン	87	87	74	73	69
洋ラン類	333	348	364	353	355
観葉植物	113	118	125	122	116
花木類	168	161	155	146	138
芝	59	67	66	65	63

資料：農林水産省統計部「生産農業所得統計」

(5)　輸出入実績
　ア　輸出入量及び金額

品目	単位	令和元年		2	
		数量	金額	数量	金額
			千円		千円
輸出					
1)球根	千個	688	72,119	626	64,064
2)植木等	―	…	9,288,329	…	10,551,859
3)切花	kg	191,399	884,361	214,104	811,365
輸入					
1)球根	千個	306,618	5,737,762	283,941	5,346,177
3)切花	kg	44,616,592	39,345,541	39,886,107	34,686,971

資料：財務省関税局「貿易統計」をもとに農林水産省統計部にて作成。（以下イまで同じ。）
注：　1)は、りん茎、塊茎、塊根、球茎、冠根及び根茎（休眠し、生長し又は花が付いている
　　　ものに限る。）並びにチコリー及びその根（主として食用に供するものを除く。）
　　　2)は、球根を除く生きている植物及びきのこ菌糸のうち、根を有しない挿穂及び接ぎ穂
　　　並びに樹木及び灌木（食用果実又はナットのものを除く。）
　　　3)は、生鮮のもの及び乾燥し、染色し、漂白し、染み込ませ又はその他の加工をしたも
　　　ので、花束用又は装飾用に適するものに限る。

イ　国・地域別輸出入数量及び金額

区分	単位	令和元年		2	
		数量	金額	数量	金額
			千円		千円
輸出					
球根	千個	688	72,119	626	64,064
うちオランダ	〃	214	21,417	231	19,993
ブラジル		112	15,538	110	13,419
中華人民共和国	〃	247	20,660	108	12,511
切花	kg	191,399	884,361	214,104	811,365
うち中華人民共和国	〃	66,335	207,047	125,906	315,264
アメリカ合衆国	〃	49,806	272,303	26,984	165,302
大韓民国		21,492	151,666	13,683	87,370
輸入					
球根	千個	306,618	5,737,762	283,941	5,346,177
うちオランダ	〃	267,180	4,459,021	246,977	4,096,842
ニュージーランド	〃	17,825	638,338	15,915	583,159
フランス	〃	7,668	295,953	7,172	276,776
切花	kg	44,616,592	39,345,541	39,886,107	34,686,971
うちコロンビア	〃	7,678,801	8,610,799	7,460,228	8,079,720
マレーシア	〃	12,204,299	9,215,610	9,343,671	7,527,406
中華人民共和国	〃	7,026,348	4,933,025	7,283,300	4,845,358

注：令和2年の輸出入金額が多い国・地域について、上位3か国を掲載した。

9 花き（続き）

(6) 年平均小売価格（東京都区部）

単位：円

品目	銘柄	数量単位	平成28年	29	30	令和元	2
切り花 1)　カーネーション	スタンダードタイプ（輪もの）	本	195	194	197	196	198
きく	輪もの	〃	223	222	224	227	227
バラ	輪もの	〃	317	328	334	335	337
2 鉢植え	観葉植物、ポトス、5号鉢(上口直径15cm程度)、土栽培、普通品	鉢	552	555	600	587	586

資料：総務省統計局「小売物価統計調査年報」
注：1)は、平成29年1月に基本銘柄を改正した。

(7) 1世帯当たり年間の支出金額（二人以上の世帯・全国）

単位：円

品目	平成28年	29	30	令和元	2
切り花	9,317	8,757	8,255	8,401	8,152
園芸用植物	4,057	4,121	3,784	3,543	3,947

資料：総務省統計局「家計調査年報」

10 施設園芸

(1) 施設園芸に利用したハウス・ガラス室の面積規模別経営体数
（各年2月1日現在）

単位：経営体

区分	計	5a未満	5 ～ 10	10 ～ 20	20 ～ 30	30 ～ 50	50a以上
平成27年	174,729	51,862	21,129	33,415	24,465	24,534	19,324
令和2	139,540	39,570	16,359	27,377	19,672	19,725	16,837

資料：農林水産省統計部「農林業センサス」

(2) 園芸用ガラス室・ハウスの設置実面積及び栽培延べ面積

単位：ha

区分	平成21年	24	26	28	30
設置実面積					
ガラス室・ハウス計	49,049	46,449	43,232	43,220	42,164
野菜	33,890	32,469	30,330	31,342	30,924
花き	7,745	7,188	6,500	6,589	6,062
果樹	7,414	6,791	6,402	5,290	5,179
ガラス室	2,039	1,889	1,658	1,663	1,595
野菜	811	797	753	792	764
花き	1,096	962	862	840	820
果樹	131	130	43	31	11
ハウス	47,010	44,560	41,574	41,558	40,569
野菜	33,079	31,672	29,577	30,548	30,159
花き	6,649	6,227	5,638	5,750	5,242
果樹	7,282	6,661	6,359	5,260	5,168
栽培延べ面積					
ガラス室・ハウス計	62,182	56,226	53,249	57,168	54,791
野菜	46,052	41,948	39,635	44,698	42,489
花き	9,232	8,090	7,412	7,264	7,117
果樹	6,898	6,189	6,202	5,206	5,185

資料：平成21年は農林水産省生産局「園芸用施設及び農業用廃プラスチックに関する調査」
　　　平成24、26、28、30年は農林水産省生産局「園芸用施設の設置等の状況」
注：1　平成21、24年は、前年の7月から当年の6月までの対象期間である。
　　　平成26、28、30年は、前年の11月から当年の10月までの対象期間である。
　　2　同一施設に、二つ以上の作目が栽培された場合は、その栽培期間が最長である作目に分類した。

10 施設園芸（続き）
(3) 保険・共済

区分	単位	計		ガラス室		プラスチックハウス	
		平成30年度	令和元年度（概数値）	平成30年度	令和元年度（概数値）	平成30年度	令和元年度（概数値）
1) 引受組合等数	組合	139	107	110	82	139	107
2) 引受戸数	戸	135,877	138,623	4,033	3,751	134,079	134,872
引受棟数	棟	613,286	585,071	10,828	9,820	602,458	575,251
引受面積	a	2,265,737	2,185,977	63,293	57,429	2,202,443	2,128,548
共済金額	100万円	637,657	622,151	68,824	61,326	568,834	560,825
共済掛金	〃	6,121	5,593	113	100	6,008	5,493
保険料	〃	2,213	1,554	36	41	2,177	1,513
再保険料	〃	1,501	1,364	18	15	1,483	1,349
3) うち1棟ごと	〃	1,018	924	9	7	1,009	916
4) 年間超過	〃	483	440	9	8	474	432
2) 支払対象戸数	戸	22,358	15,505	780	373	21,783	15,203
支払対象棟数	棟	51,121	39,014	1,309	593	49,812	38,421
被害額	100万円	8,799	7,237	340	536	8,459	6,701
支払共済金	〃	6,967	5,706	267	424	6,700	5,282
支払保険金	〃	3,294	3,448	67	325	3,226	3,123
支払再保険金	〃	1,416	2,240	1	132	1,073	1,101
3) うち1棟ごと	〃	1,074	1,233	1	132	1,073	1,101
4) 年間超過	〃	343	1,008	…	…	…	…

資料：農林水産省経営局資料による。
注：農業保険法による園芸施設共済の実績である。
　　1)の引受組合等数は、実組合等数である。
　　2)の引受戸数及び被害戸数は、延べ戸数である。
　　3)は、1棟ごとの超過損害歩合再保険方式に係るものである。
　　4)は、年間超過損害歩合再保険方式に係るものである。

Ⅸ 畜産

1 家畜飼養

(1) 乳用牛（各年2月1日現在）

ア 乳用牛の飼養戸数・飼養頭数

年次	飼養戸数	飼養頭数							1戸当たり飼養頭数
		計	成畜（2歳以上）					子畜（2歳未満の未経産牛）	
			計	経産牛					
				小計	搾乳牛	乾乳牛			
	戸	千頭	千頭	千頭	千頭	千頭		千頭	頭
平成29年	16,400	1,323	914	852	735	117		409	80.7
30	15,700	1,328	907	847	731	116		421	84.6
31	15,000	1,332	901	839	730	110		431	88.8
令和2	14,400	1,352	900	839	715	124		452	93.9
3	13,800	1,356	910	849	726	123		446	98.3

資料：農林水産省統計部「畜産統計」（以下(2)まで同じ。）
注： 令和2年以降の数値は、牛個体識別全国データベース等の行政記録情報及び関係統計を用いて集計した加工統計である（以下(2)まで同じ。）。

イ 乳用牛の成畜飼養頭数規模別飼養戸数

単位：戸

年次・全国農業地域	計	成畜飼養頭数規模							子畜のみ
		1～19頭	20～29	30～49	50～79	80～99	100～199	200頭以上	
平成29年	16,100	3,100	2,270	3,960	3,420	1,040 1)	1,920	…	410
30	15,400	2,900	2,160	3,810	3,140	1,120 1)	1,940	…	361
31	14,800	2,910	1,910	3,690	2,950	924 1)	2,000	…	410
令和2	14,400	2,890	1,880	3,500	2,870	952	1,400	561	320
3	13,800	2,710	1,740	3,280	2,820	946	1,420	610	296
北海道	5,710	445	293	1,170	1,660	636	956	391	160
東北	2,000	772	380	439	207	59	51	29	59
北陸	266	70	62	73	43	6	6	2	4
関東・東山	2,560	689	497	677	364	91	137	73	33
東海	582	105	83	176	97	31	59	26	5
近畿	412	113	82	107	50	16	26	11	7
中国	597	165	95	163	74	27	39	25	9
四国	286	87	52	82	34	9	10	10	2
九州	1,350	257	192	373	278	64	129	42	17
沖縄	64	8	7	22	14	7	5	1	－

注：1 平成31年以前の数値は、学校、試験場などの非営利的な飼養者を含まない。
　2 令和2年から階層区分を変更したため、「100頭以上」は、「100～199」及び「200頭以上」とした。
　　1)は「200頭以上」を含む。

(2) 肉用牛（各年2月1日現在）

ア 肉用牛の飼養戸数及び飼養頭数

年次	飼養戸数		飼養頭数							1戸当たり飼養頭数
		乳用種のいる戸数	計	肉用種					乳用種	
				めす		おす				
				2歳未満	2歳以上	2歳未満	2歳以上			
	戸	戸	千頭	千頭	千頭	千頭	千頭		千頭	頭
平成29年	50,100	5,130	2,499	430	640	484	110		835	49.9
30	48,300	4,850	2,514	440	651	504	106		813	52.0
31	46,300	4,670	2,503	459	655	517	103		769	54.1
令和2	43,900	4,560	2,555	483	655	549	105		763	58.2
3	42,100	4,390	2,605	500	662	560	108		776	61.9

注： 乳用種の数値には、ホルスタイン種などの肉用を目的としている乳用種のほか交雑種を含む。

1 家畜飼養（続き）
(2) 肉用牛（各年2月1日現在）（続き）
イ 肉用牛の総飼養頭数規模別飼養戸数

単位：戸

年次	計	1～4頭	5～9	10～19	20～29	30～49	50～99	100～199	200～499	500頭以上
平成29年	49,800	13,200	10,300	9,970	1) 7,880	…	4,200	2,100	2) 2,220	741
30	48,000	12,400	9,620	9,480	1) 8,070	…	4,150	2,090	2) 2,210	769
31	46,000	11,000	9,520	9,120	1) 8,020	…	3,910	2,180	2) 2,250	759
令和2	43,900	10,700	8,890	8,070	4,010	4,020	3,920	2,180	1,400	743
3	42,100	9,700	8,260	7,760	3,880	4,130	3,950	2,210	1,420	763

注：1 平成31年以前の数値は、学校、試験場などの非営利的な飼養者を含まない。
　　2 令和2年から階層区分を変更したため、「20～49」は「20～29」及び「30～49」に、
　　　「200頭以上」は「200～499」及び「500頭以上」とした。
　　1)は「30～49」を含む。
　　2)は「500頭以上」を含む。

ウ 肉用牛の種類別飼養頭数規模別飼養戸数（令和3年）
(ｱ) 子取り用めす牛

単位：戸

区分	計	1～4頭	5～9	10～19	20～49	50～99	100頭以上
全国	36,900	14,500	8,330	6,670	5,460	1,470	549

注： 階層区分に用いた子取り用めす牛飼養頭数は、牛個体識別全国データベースにおいて出産経験のある肉用種めすの頭数である。

(ｲ) 肉用種の肥育用牛

単位：戸

区分	計	1～9頭	10～19	20～29	30～49	50～99	100～199	200～499	500頭以上
全国	6,790	3,550	660	435	537	692	515	285	114

注： 階層区分に用いた肉用種の肥育用牛飼養頭数は、牛個体識別全国データベースにおいて1歳以上の肉用種おすの頭数である。

(ｳ) 乳用種

単位：戸

区分	計	1～4頭	5～19	20～29	30～49	50～99	100～199	200～499	500頭以上
全国	4,390	1,730	767	187	200	308	386	442	364

(3) 種おす牛の飼養頭数（各年2月1日現在）

単位：頭

年次	計	肉用牛					乳用牛		
		小計	黒毛和種	褐毛和種	日本短角種	その他	小計	ホルスタイン種	ジャージー種とその他
平成28年	2,177	1,455	1,249	73	96	37	722	717	5
29	2,135	1,439	1,234	75	91	39	696	689	7
30	2,089	1,426	1,225	72	95	34	663	658	5
31	2,029	1,397	1,196	74	94	33	632	626	6
令和2	2,012	1,361	1,168	76	83	34	651	645	6

資料：農林水産省畜産局資料
注：対象は家畜改良増殖法に基づく種畜検査に合格して飼養されているものである。

(4) 豚（各年2月1日現在）

ア 豚の飼養戸数・飼養頭数

年次	飼養戸数	飼養頭数					1戸当たり飼養頭数
		計	子取り用めす豚	種おす豚	肥育豚	その他	
	戸	千頭	千頭	千頭	千頭	千頭	頭
平成29年	4,670	9,346	839	44	7,797	666	2,001.3
30	4,470	9,189	824	39	7,677	650	2,055.7
31	4,320	9,156	853	36	7,594	673	2,119.4
令和2	…	…	…	…	…	…	nc
3	3,850	9,290	823	32	7,676	759	2,413.0

資料：農林水産省統計部「畜産統計」（以下(7)まで同じ。）
注：令和2年は、2020年農林業センサス実施年のため調査を休止した（以下(5)ウまで同じ。）。

イ 肥育豚の飼養頭数規模別飼養戸数

単位：戸

年次	計	肥育豚飼養頭数規模							肥育豚なし
		小計	1～99頭	100～299	300～499	500～999	1,000～1,999	2,000頭以上	
平成29年	4,510	4,270	560	544	473	897	801	990	246
30	4,310	4,080	533	530	405	798	789	1,030	232
31	4,170	3,950	479	448	428	813	756	1,030	213
令和2	…	…	…	…	…	…	…	…	…
3	…	3,490	350	386	358	679	718	997	‥

注：1 階層区分に用いた肥育豚頭数は、調査日現在における肥育中の成豚（繁殖用を除く。）と自家で肥育
　する予定の子豚（販売予定の子豚を除く。）の合計頭数である。
　　2 学校、試験場などの非営利的な飼養者を含まない（以下ウまで同じ。）。

ウ 子取り用めす豚の飼養頭数規模別飼養戸数

単位：戸

年次	計	子取り用めす豚飼養頭数規模							子取り用めす豚なし
		小計	1～9頭	10～29	30～49	50～99	100～199	200頭以上	
平成29年	4,510	3,650	265	381	343	818	769	1,070	861
30	4,310	3,490	249	368	362	698	725	1,090	821
31	4,170	3,320	227	337	303	706	689	1,050	851
令和2	…	…	…	…	…	…	…	…	…
3	‥	2,910	185	272	238	564	616	1,030	‥

1 家畜飼養（続き）
(5) 採卵鶏・ブロイラー（各年2月1日現在）
ア 採卵鶏及びブロイラーの飼養戸数・飼養羽数

年次	飼養戸数		飼養羽数						ブロイラー		
		採卵鶏（種鶏のみの飼養者を除く。）	計	採卵鶏（めす）		種鶏	1戸当たり成鶏めす飼養羽数（種鶏を除く。）		飼養戸数	飼養羽数	1戸当たり飼養羽数
				ひな（6か月未満）	成鶏めす（6か月以上）						
	戸	戸	千羽	千羽	千羽	千羽	千羽		戸	千羽	千羽
平成29年	2,440	2,350	178,900	40,265	136,101	2,534	57.9		2,310	134,923	58.4
30	2,280	2,200	184,350	42,914	139,036	2,400	63.2		2,260	138,776	61.4
31	2,190	2,120	184,917	40,576	141,792	2,549	66.9		2,250	138,228	61.4
令和2	…	…	…	…	…	…	nc		…	…	nc
3	‥	1,880	‥	40,221	140,697	‥	74.8		2,160	139,658	64.7

注：採卵鶏は1,000羽未満の飼養者、ブロイラーは年間出荷羽数3,000羽未満の飼養者を含まない。

イ 採卵鶏の成鶏めす飼養羽数規模別飼養戸数

単位：戸

年次	計	成鶏めす飼養羽数規模						ひなのみ
		小計	1,000～4,999羽	5,000～9,999	10,000～49,999	50,000～99,999	100,000羽以上	
平成29年	2,320	2,110	579	295	670	229	340	203
30	2,180	1,990	536	287	613	226	332	184
31	2,100	1,920	508	259	598	230	329	173
令和2	…	…	…	…	…	…	…	…
3	‥	1,700	429	250	499	192	334	‥

注：1,000羽未満の飼養者及び学校、試験場などの非営利的な飼養者を含まない。

ウ ブロイラーの出荷羽数規模別出荷戸数

単位：戸

年次	計	3,000～49,999羽	50,000～99,999	100,000～199,999	200,000～299,999	300,000～499,999	500,000羽以上
平成29年	2,310	270	323	698	422	333	268
30	2,270	240	313	673	431	338	272
31	2,250	236	319	692	363	362	282
令和2	…	…	…	…	…	…	…
3	2,180	221	272	665	360	368	298

注：年間出荷羽数3,000羽未満の飼養者及び学校、試験場などの非営利的な飼養者を含まない。

(6)　都道府県別主要家畜の飼養戸数・飼養頭数
　　　（乳用牛・肉用牛）（令和3年）

全国・都道府県	乳用牛		肉用牛		
	飼養戸数	飼養頭数	飼養戸数	飼養頭数	
					乳用種
	戸	千頭	戸	千頭	千頭
全国	**13,800**	**1,356**	**42,100**	**2,605**	**776**
北海道	5,710	830	2,270	536	337
青森	164	12	792	53	24
岩手	806	41	3,860	91	18
宮城	457	18	2,820	80	10
秋田	83	4	718	19	2
山形	203	11	606	41	1
福島	283	12	1,750	51	10
茨城	300	24	456	50	19
栃木	636	53	812	82	39
群馬	434	34	517	56	25
埼玉	171	8	139	17	6
千葉	488	28	243	40	29
東京	47	2	22	1	0
神奈川	156	5	54	5	3
新潟	165	6	184	12	6
富山	35	2	31	4	1
石川	45	3	79	4	0
福井	21	1	45	2	1
山梨	54	3	63	5	3
長野	275	14	354	21	5
岐阜	102	6	464	33	2
静岡	185	14	112	19	12
愛知	258	22	340	42	29
三重	37	7	148	29	3
滋賀	44	3	89	20	4
京都	47	4	70	5	0
大阪	24	1	9	1	0
兵庫	246	13	1,190	57	8
奈良	40	3	45	4	0
和歌山	11	1	52	3	0
鳥取	112	9	265	21	8
島根	88	11	802	33	7
岡山	216	17	395	34	19
広島	127	9	484	26	12
山口	54	3	364	15	3
徳島	83	4	174	23	13
香川	64	5	164	21	12
愛媛	91	5	160	10	5
高知	48	3	146	6	1
福岡	190	12	191	23	8
佐賀	40	2	554	53	1
長崎	141	7	2,250	91	14
熊本	508	44	2,280	135	28
大分	103	12	1,080	51	11
宮崎	215	14	5,150	250	23
鹿児島	155	14	7,030	351	15
沖縄	64	4	2,250	82	0

注：　令和3年の数値は、牛個体識別全国データベースの行政記録情報及び関連統計を用いて集計した
　　　加工統計である

1 家畜飼養 (続き)
(7) 都道府県別主要家畜の飼養戸数・飼養頭羽数 (豚・鶏) (令和3年)

全国 ・ 都道府県	豚		鶏				
	飼養戸数	飼養頭数	1) 採卵鶏			4) ブロイラー	
			2) 飼養戸数	3) 飼養羽数		飼養戸数	飼養羽数
	戸	千頭	戸	千羽		戸	千羽
全国	**3,850**	**9,290**	**1,880**	**180,918**		**2,160**	**139,658**
北海道	199	725	56	6,652		9	5,087
青森	63	353	27	7,734		64	7,087
岩手	85	485	19	4,982		315	22,600
宮城	109	199	37	3,754		41	1,990
秋田	72	279	14	2,393		1	x
山形	78	167	13	479		17	x
福島	62	126	43	5,286		32	850
茨城	285	513	96	17,756		44	1,327
栃木	92	427	46	5,890		10	x
群馬	201	644	52	8,449		25	1,507
埼玉	65	81	65	3,972		1	x
千葉	250	615	104	11,605		25	1,757
東京	10	3	13	57		–	–
神奈川	44	69	47	1,049		–	–
新潟	98	182	38	6,910		10	882
富山	14	23	17	917		–	–
石川	12	20	13	1,199		–	–
福井	3	1	9	665		3	64
山梨	16	17	22	534		10	409
長野	58	61	19	593		18	717
岐阜	27	80	50	4,669		14	881
静岡	84	92	39	5,345		26	1,118
愛知	140	292	124	8,854		11	850
三重	46	100	71	6,172		11	629
滋賀	7	5	19	262		2	x
京都	8	12	28	1,474		11	456
大阪	6	3	12	55		–	–
兵庫	21	20	46	6,319		50	2,466
奈良	11	5	22	243		2	x
和歌山	7	1	18	282		17	230
鳥取	18	64	11	445		11	3,222
島根	5	36	17	956		3	396
岡山	19	43	68	9,767		18	3,768
広島	26	113	49	9,989		8	606
山口	8	35	14	1,892		29	1,552
徳島	21	42	22	778		144	3,908
香川	22	33	47	4,196		31	2,160
愛媛	70	203	43	2,453		25	1,020
高知	15	26	9	261		8	385
福岡	46	80	66	3,364		37	1,206
佐賀	35	83	26	319		64	3,751
長崎	88	201	58	1,763		50	3,050
熊本	156	350	39	1,844		68	4,217
大分	39	148	22	1,265		52	2,659
宮崎	404	797	54	3,816		443	28,012
鹿児島	477	1,234	116	12,008		381	27,085
沖縄	225	203	40	1,251		14	636

注:1)は、1,000羽未満の飼養者を含まない。
　2)は、種鶏のみの飼養者を除く数値である。
　3)は、種鶏を除く採卵鶏の飼養羽数の数値である。
　4)は、ブロイラーの年間出荷羽数3,000羽未満の飼養者を含まない。

2 生産量及び出荷量（頭羽数）
(1) 生乳生産量及び用途別処理量

年次	1)生乳生産量	用途別処理量				搾乳牛頭数（各年2月1日現在）
		2)牛乳等向け	業務用向け	乳製品向け	その他	
	t	t	t	t	t	千頭
平成28年	7,393,717	3,991,966	308,202	3,349,178	52,573	752
29	7,276,523	3,986,478	322,564	3,240,814	49,231	735
30	7,289,227	3,999,805	350,351	3,243,275	46,147	731
令和元	7,313,530	3,999,655	346,127	3,269,669	44,206	730
2	7,438,218	4,019,561	300,580	3,374,111	44,546	715

資料：農林水産省統計部「牛乳乳製品統計」（以下(2)まで同じ。）
　　　搾乳牛頭数は、農林水産省統計部「畜産統計」
注： 1)は、生産者の自家飲用、子牛のほ乳用を含む。
　　 2)は、牛乳、加工乳・成分調整牛乳、乳飲料、はっ酵乳及び乳酸菌飲料の飲用向けに仕向けたものである。

(2) 牛乳等の生産量

単位：kl

年次	飲用牛乳等						乳飲料	はっ酵乳	乳酸菌飲料
	計	牛乳	業務用	加工乳・成分調整牛乳	業務用	成分調整牛乳			
平成28年	3,488,163	3,049,421	292,833	438,742	42,685	339,727	1,238,828	1,104,917	140,011
29	3,538,986	3,090,779	299,317	448,207	53,573	352,642	1,177,800	1,072,051	124,495
30	3,556,019	3,141,688	326,726	414,331	49,866	317,415	1,129,372	1,067,820	125,563
令和元	3,571,543	3,160,464	322,321	411,079	58,478	288,215	1,127,879	1,029,592	115,992
2	3,573,856	3,179,724	280,924	394,132	42,612	282,329	1,108,195	1,059,866	117,248

(3) 枝肉生産量

単位：t

年次	豚	牛							子牛	馬
		計	成牛	和牛	乳牛	交雑牛	その他の牛			
平成28年	1,278,623	464,351	463,749	205,068	141,900	111,570	5,210		602	3,670
29	1,272,301	469,096	468,497	205,909	135,421	122,021	5,146		598	3,916
30	1,284,213	475,336	474,820	212,052	130,494	127,089	5,185		516	3,850
令和元	1,278,886	470,918	470,434	215,854	127,537	121,414	5,630		484	4,102
2	1,305,823	477,457	476,990	226,931	125,474	117,690	6,895		467	4,025

資料：農林水産省統計部「畜産物流通統計」（以下(6)まで同じ。）
注： 枝肉生産量は、食肉卸売市場調査及びと畜場統計調査結果から1頭当たり枝肉重量を算出し、この1頭当たり枝肉重量にと畜頭数を乗じて推計したものである（以下(4)まで同じ。）。

2 生産量及び出荷量（頭羽数）（続き）
(4) 肉豚・肉牛のと畜頭数及び枝肉生産量（令和2年）

主要生産県	と畜頭数	枝肉生産量	主要生産県	と畜頭数	枝肉生産量
	頭	t		頭	t
肉豚			肉牛（成牛）		
全国	**16,691,343**	**1,305,823**	**全国**	**1,047,346**	**476,990**
鹿児島	2,773,421	217,006	北海道	226,094	93,206
茨城	1,329,491	104,023	鹿児島	99,753	47,936
北海道	1,279,926	100,110	東京	88,876	43,437
青森	1,109,623	86,813	兵庫	59,864	27,431
宮崎	1,050,926	82,228	宮崎	51,042	24,648
千葉	892,904	69,861	福岡	50,546	24,055
群馬	775,437	60,661	茨城	37,121	15,683
神奈川	608,484	47,609	熊本	33,357	15,480
長崎	580,521	45,417	埼玉	32,688	14,798
埼玉	568,360	44,459	大阪	30,128	14,706

注：と畜頭数上位10都府県について掲載した。

(5) 肉用若鶏（ブロイラー）の処理量

区分	単位	平成28年	29	30	令和元	2
処理羽数	千羽	677,332	685,105	700,571	712,493	**725,190**
処理重量	t	2,009,269	2,052,065	2,082,914	2,131,953	**2,163,628**

注：年間の食鳥処理羽数が30万羽を超える食鳥処理場のみを調査対象者としている。

(6) 鶏卵の主要生産県別生産量

単位：t

主要生産県	平成28年	29	30	令和元	2
全国	2,562,243	2,601,173	2,627,764	2,639,733	**2,632,882**
茨城	203,205	232,533	224,245	234,209	**232,686**
鹿児島	166,975	175,578	181,956	187,797	**190,021**
千葉	170,651	171,679	167,795	166,471	**156,998**
広島	131,766	130,768	129,712	135,443	**140,323**
岡山	131,667	131,815	129,953	136,443	**127,841**
栃木	55,541	67,456	94,330	107,030	**105,387**
青森	102,231	101,721	107,212	105,236	**104,399**
愛知	101,441	107,038	108,133	104,732	**104,192**
北海道	104,318	104,030	103,311	102,885	**102,151**
兵庫	115,510	99,191	93,638	88,611	**99,434**

注：1 生産量は、出荷量に自家消費量、種卵、その他を加えて推計した。
　　2 令和2年生産量上位10都道府県について掲載した。

3 需給
(1) 肉類需給表

年度・種類別		国内生産量	輸入量	在庫の増減量	国内消費仕向量	純食料	一人1年当たり供給量	一人1日当たり供給量
		千t	千t	千t	千t	千t	kg	g
平成28年度	肉類計	3,291	2,927	0	6,203	4,013	32	87
	うち牛肉	463	752	△ 19	1,231	760	6	16
	豚肉	1,277	1,290	12	2,552	1,576	12	34
	鶏肉	1,545	842	9	2,369	1,649	13	36
29	肉類計	3,325	3,127	23	6,412	4,147	33	90
	うち牛肉	471	817	△ 7	1,291	797	6	17
	豚肉	1,272	1,357	5	2,621	1,618	13	35
	鶏肉	1,575	905	22	2,448	1,703	13	37
30	肉類計	3,365	3,195	△ 2	6,544	4,212	33	91
	うち牛肉	476	886	26	1,331	817	7	18
	豚肉	1,282	1,344	△ 21	2,644	1,624	13	35
	鶏肉	1,599	914	△ 8	2,511	1,738	14	38
令和元	肉類計	3,399	3,255	81	6,556	4,228	34	92
	うち牛肉	471	890	16	1,339	824	7	18
	豚肉	1,290	1,400	62	2,626	1,615	13	35
	鶏肉	1,632	916	2	2,537	1,759	14	38
2	**肉類計**	**3,452**	**3,043**	**△ 67**	**6,540**	**4,231**	**34**	**92**
(概算値)	**うち牛肉**	**479**	**845**	**△ 13**	**1,329**	**820**	**7**	**18**
	豚肉	**1,310**	**1,298**	**△ 40**	**2,644**	**1,632**	**13**	**35**
	鶏肉	**1,656**	**859**	**△ 11**	**2,516**	**1,751**	**14**	**38**

資料：農林水産省大臣官房政策課食料安全保障室「食料需給表」（以下(2)まで同じ。）
注：1 肉類計には、くじら、その他の肉を含む。
　　2 輸入は枝肉（鶏肉は骨付き肉）に換算した。

(2) 生乳需給表

年度・種類別		国内生産量	輸入量	在庫の増減量	国内消費仕向量	純食料	一人1年当たり供給量	一人1日当たり供給量
		千t	千t	千t	千t	千t	kg	g
平成28年度	飲用向け	3,989	0	0	3,985	3,945	31	85
	乳製品向け	3,302	4,554	△ 31	7,864	7,628	60	165
29	飲用向け	3,984	0	0	3,979	3,939	31	85
	乳製品向け	3,258	5,000	110	8,122	7,878	62	170
30	飲用向け	4,006	0	0	4,001	3,940	31	85
	乳製品向け	3,231	5,164	△ 11	8,379	8,085	64	175
令和元	飲用向け	3,997	0	0	3,991	3,938	31	85
	乳製品向け	3,321	5,238	152	8,378	8,100	64	175
2	**飲用向け**	**4,034**	**0**	**0**	**4,026**	**3,986**	**32**	**87**
(概算値)	**乳製品向け**	**3,355**	**4,987**	**159**	**8,144**	**7,900**	**63**	**172**

注：農家自家用生乳を含まない。

3 需給 (続き)
(3) 1世帯当たり年間の購入数量 (二人以上の世帯・全国)

品目	単位	平成28年	29	30	令和元	2
生鮮肉	g	47,202	47,792	49,047	48,694	53,573
うち牛肉	〃	6,422	6,581	6,717	6,538	7,186
豚肉	〃	20,418	20,788	21,518	21,179	22,990
鶏肉	〃	16,243	16,315	16,865	16,912	18,774
牛乳	l	78.51	78.03	76.24	75.80	78.17
卵	g	31,120	31,264	31,933	31,746	34,000

資料:総務省統計局「家計調査年報」

(4) 畜産物の輸出入実績
ア 輸出入量及び金額

品目	令和元年		2	
	数量	金額	数量	金額
	t	千円	t	千円
輸出				
食肉及びその調整品				
牛肉 (くず肉含む)	4,340	29,674,547	4,845	28,873,653
豚肉 (くず肉含む)	1,921	1,133,815	2,454	1,757,617
鶏肉 (くず肉含む)	9,375	1,941,346	9,882	2,063,489
酪農品・鳥卵				
牛乳・部分脱脂乳	6,027	1,378,692	7,829	1,777,216
粉乳等	7,449	11,262,535	9,524	13,713,744
乳幼児用調整品	7,389	11,167,517	8,897	13,626,293
チーズ・カード	743	1,129,416	988	1,461,538
輸入				
食肉及びその調整品				
食肉				
牛肉 (くず肉含む)	616,435	385,119,263	601,132	357,371,803
牛の臓器・舌	79,343	99,338,822	76,719	96,018,941
豚肉 (くず肉含む)	958,997	505,077,786	891,848	475,105,797
豚の臓器	22,965	6,453,815	21,283	6,297,101
鶏肉	562,888	135,674,945	534,995	117,266,717
馬肉	5,832	5,200,673	4,646	3,732,234
食肉調整品				
ソーセージ等	36,566	20,671,303	29,505	17,102,619
ハム・ベーコン等	5,196	6,589,549	4,611	5,869,083
酪農品・鳥卵				
脱脂粉乳	47,206	11,497,160	38,856	11,148,652
全粉乳	810	663,441	1,822	770,318
バター	24,233	14,065,303	17,851	9,413,406
プロセスチーズ	9,031	5,866,598	9,043	5,599,772
ナチュラルチーズ	293,570	138,536,486	282,507	130,725,255

資料:財務省関税局「貿易統計」をもとに農林水産省統計部にて作成。 (以下イまで同じ。)

イ 国・地域別輸入量及び金額

品目	令和元年		2	
	数量	金額	数量	金額
	t	千円	t	千円
牛肉（くず肉含む）	616,435	385,119,263	601,132	357,371,803
うちオーストラリア	294,280	183,479,794	263,313	162,213,965
アメリカ合衆国	241,148	155,803,945	255,077	150,702,445
カナダ	42,930	21,113,647	38,021	17,880,758
豚肉（くず肉含む）	958,997	505,077,786	891,848	475,105,797
うちアメリカ合衆国	248,807	130,718,293	254,336	133,328,181
カナダ	231,699	121,867,444	233,421	124,019,940
スペイン	122,604	64,823,433	103,684	56,376,125
鶏肉	562,888	135,674,945	534,995	117,266,717
うちブラジル	422,723	94,582,961	396,970	79,086,143
タイ	120,441	37,043,345	123,614	35,408,339
アメリカ合衆国	16,194	3,088,822	12,137	2,169,669
馬肉	5,832	5,200,673	4,646	3,732,234
うちカナダ	2,833	2,721,622	2,235	1,943,991
ポーランド	786	753,841	563	514,391
アルゼンチン	1,039	864,090	702	493,907

注：令和2年の輸入量が多い国・地域について、上位3か国を掲載した。

4 疾病、事故及び保険・共済
(1) 家畜伝染病発生状況

単位：戸

年次	豚熱		流行性脳炎	結核	ヨーネ病			伝染性海綿状脳症	高病原性鳥インフルエンザ		腐蛆病
	豚	いのしし1)	豚	牛	牛	めん羊	山羊	めん羊	鶏	あひる	蜜蜂
平成28年	–	–	5	–	315	–	1	1	5	2	42
29	–	–	–	–	374	–	1	1	5	–	30
30	5	1	–	–	321	1	2	–	1	–	42
令和元	45	–	–	–	380	1	3	–	–	–	33
2	10	–	1	–	399	1	–	–	33	–	39

資料：農林水産省消費・安全局「監視伝染病の発生状況」
注： 家畜伝染病予防法第13条に基づく患畜届出農家戸数である。
　　（ただし、豚熱及び高病原性鳥インフルエンザは疑似患畜の件数を含む。）
　1) いのししは飼養いのししに限り、野生いのししは含まない。

4 疾病、事故及び保険・共済（続き）
(2) 年度別家畜共済

(旧制度)

区分	単位	平成27年度	28	29	30	令和元 (概数値)
加入						
頭数	千頭	6,388	6,479	6,724	5,917	—
共済価額	100万円	1,588,082	1,793,375	2,178,245	2,115,058	—
共済金額	〃	717,690	772,496	890,133	830,188	—
共済掛金	〃	58,046	60,634	60,143	57,165	—
保険料	〃	25,988	26,513	25,158	24,254	—
再保険料	〃	19,910	20,751	21,307	20,232	—
共済事故						
死廃						
頭数	千頭	385	387	412	447	118
支払共済金	100万円	28,161	30,196	34,203	36,330	6,553
支払保険金	〃	19,422	20,085	21,726	21,823	3,072
支払再保険金	〃	14,080	15,098	17,101	18,165	3,276
病傷						
件数	千件	2,394	2,429	2,437	2,460	666
支払共済金	100万円	27,304	28,034	27,617	28,367	7,269
支払保険金	〃	6,845	6,784	5,996	5,611	1,126
支払再保険金	〃	5,412	5,583	5,337	5,482	1,333

資料：農林水産省経営局「家畜共済統計表」ただし、令和元年度は経営局資料による（以下(4)まで同じ。）
注：農業保険法による家畜共済事業の実績である（以下(4)まで同じ。）。
　　旧制度（平成30年12月末までに共済掛金期間が開始したもの）の実績である（以下(4)まで同じ。）。

(新制度)

区分	単位	平成30年度	令和元 (概数値)
加入			
死亡廃用			
頭数	千頭	984	7,374
共済価額	100万円	411,278	3,587,527
共済金額	〃	162,053	1,539,809
共済掛金	〃	3,118	38,120
疾病傷害			
頭数	千頭	304	235
支払限度額	100万円	10,123	7,928
共済金額	〃	3,628	4,518
共済掛金	〃	1,926	2,278
共済事故			
死亡廃用			
頭数	千頭	6	343
支払共済金	100万円	518	34,859
疾病傷害			
件数	千件	28	1,770
支払共済金	100万円	290	21,076

資料：経営局資料による（以下(4)まで同じ。）。
注：農業保険法による家畜共済事業の実績である（以下(4)まで同じ。）。
　　新制度（平成31年1月以降に共済掛金期間が開始したもの）の実績である（以下(4)まで同じ。）。

(3) 畜種別共済事故別頭数

畜種	単位	平成27年度	28	29	30	令和元 （概数値）
共済事故						
死廃						
乳用牛等	頭	149,105	151,116	148,001	149,336 1,463	15,053 114,878
肉用牛等	〃	57,696	59,508	62,930	65,310 1,358	18,163 75,804
馬	〃	517	517	549	515 3	176 367
種豚	〃	4,445	4,519	4,568	4,661 65	908 4,276
肉豚	〃	173,088	171,700	195,640	226,684 3,236	83,739 147,926
病傷						
乳用牛等	件	1,322,747	1,334,996	1,313,387	1,317,982 9,711	250,978 975,824
肉用牛等	〃	1,051,340	1,072,624	1,101,477	1,120,232 18,081	405,650 783,463
馬	〃	13,631	13,905	13,211	13,849 29	8,414 5,107
種豚	〃	6,771	7,166	9,089	8,176 182	833 5,648
肉豚	〃	−	−	−	−	−

注：平成30年度及び令和元年度は、上段が旧制度である。
　　下段が新制度である。

(4) 畜種別家畜共済（令和元年度）（概数値）

区分	単位	乳用牛等		肉用牛等		馬		種豚		肉豚	
		旧制度	新制度	旧制度	新制度	旧制度	新制度	旧制度	新制度	旧制度	新制度
加入											
死亡廃用											
頭数	千頭	−	1,807	−	3,041	−	21	−	291	−	2,215
共済価額	100万円	−	1,285,532	−	2,209,274	−	40,410	−	21,541	−	30,771
共済金額	〃	−	536,579	−	941,821	−	23,640	−	14,894	−	22,875
共済掛金	〃	−	21,373	−	13,877	−	446	−	236	−	2,188
疾病傷害											
頭数	千頭	−	100	−	129	−	6	−	0	−	−
支払限度額	100万円	−	4,135	−	3,666	−	126	−	0	−	−
共済金額	〃	−	2,594	−	1,801	−	122	−	0	−	−
共済掛金	〃	−	1,460	−	748	−	70	−	0	−	−
共済事故											
死亡廃用											
頭数	千頭	15	115	18	76	0	0	1	4	84	148
支払共済金	100万円	2,233	20,870	3,312	12,052	229	345	43	197	726	1,396
疾病傷害											
件数	千件	251	976	406	783	8	5	1	6	−	−
支払共済金	100万円	3,048	13,013	4,077	7,927	138	86	7	50	−	−

5 生産費

(1) 牛乳生産費（生乳100kg当たり）

費目	単位	平成30年度 実数	2)費目割合	令和元年 実数	2)費目割合
			%		%
物財費	円	7,726	81.6	7,920	82.0
種付料費	〃	154	1.6	165	1.7
飼料費	〃	4,146	43.8	4,258	44.1
敷料費	〃	118	1.2	113	1.2
光熱水料及び動力費	〃	292	3.1	293	3.0
その他の諸材料費	〃	16	0.2	17	0.2
獣医師料及び医薬品費	〃	304	3.2	311	3.2
賃借料及び料金	〃	181	1.9	178	1.8
物件税及び公課諸負担	〃	114	1.2	117	1.2
乳牛償却費	〃	1,695	17.9	1,772	18.4
建物費	〃	218	2.3	220	2.3
自動車費	〃	54	0.6	53	0.5
農機具費	〃	409	4.3	398	4.1
生産管理費	〃	25	0.3	25	0.3
労働費	〃	1,741	18.4	1,735	18.0
費用合計	〃	9,467	100.0	9,655	100.0
生産費（副産物価額差引）	〃	7,594	－	7,769	－
支払利子・地代算入生産費	〃	7,671	－	7,844	－
資本利子・地代全額算入生産費	〃	8,068	－	8,236	－
1経営体当たり搾乳牛飼養頭数（通年換算）	頭	56.4	－	58.7	－
1頭当たり3.5%換算乳量	kg	9,696		9,670	
1) 〃 粗収益	円	1,077,294		1,083,744	
〃 所得	〃	291,225		278,479	
〃 投下労働時間	時間	101.48		99.56	

資料：農林水産省統計部「農業経営統計調査報告　畜産物生産費」（以下(4)まで同じ。）。
注：1　乳脂肪分3.5%に換算した牛乳（生乳）100kg当たり生産費である（以下(2)まで同じ。）。
　　2　調査期間は、平成30年度は当年4月から翌年3月、令和元年は当年1月から12月までの1年間である（以下(4)まで同じ。）。
　　1)は、加工原料乳生産者補給金及び集送乳調整金を含む。
　　2)は、四捨五入の関係で計と内訳の合計は一致しない。

(2) 飼養頭数規模別牛乳生産費（生乳100kg当たり）（令和元年）

飼養頭数規模	費用合計	飼料費	乳牛償却費	労働費	生産費（副産物価額差引）	支払利子・地代算入生産費	資本利子・地代全額算入生産費	1頭当たり投下労働時間	1)1日当たり家族労働報酬
	円	円	円	円	円	円	円	時間	円
平均	9,655	4,258	1,772	1,735	7,769	7,844	8,236	99.56	25,081
1 ～ 20頭未満	12,197	5,108	1,499	3,788	10,134	10,236	10,603	194.18	10,231
20 ～ 30	11,448	5,146	1,506	2,895	9,305	9,430	9,810	148.98	14,904
30 ～ 50	10,212	4,520	1,581	2,326	8,325	8,404	8,773	123.93	19,707
50 ～ 100	9,575	4,197	1,698	1,778	7,640	7,714	8,137	98.67	24,684
100 ～ 200	8,773	3,836	1,889	1,179	7,053	7,115	7,490	76.56	42,616
200頭以上	9,452	4,294	2,087	1,058	7,520	7,590	7,977	65.47	48,535

注：1)は、家族労働報酬÷家族労働時間×8時間（1日換算）。
　　なお、家族労働報酬＝粗収益－（生産費総額－家族労働費）である。

(3) 肉用牛生産費（1頭当たり）

費目	単位	去勢若齢肥育牛		子牛	
		平成30年度	令和元年	平成30年度	令和元年
物財費	円	1,293,885	1,245,936	410,599	415,680
種付料	〃	-	-	20,957	21,467
もと畜費	〃	894,275	844,283	-	-
飼料費	〃	319,345	323,576	237,620	235,611
敷料費	〃	12,579	12,873	8,517	8,608
光熱水料及び動力費	〃	12,978	13,592	10,807	11,528
その他の諸材料費	〃	292	338	522	872
獣医師料及び医薬品費	〃	10,424	10,055	24,000	23,616
賃借料及び料金	〃	6,704	6,500	15,126	14,380
物件税及び公課諸負担	〃	5,324	6,014	8,911	9,075
繁殖雌牛償却費	〃	-	-	45,300	48,909
建物費	〃	12,804	11,144	16,027	15,339
自動車費	〃	5,911	6,078	7,080	8,824
農機具費	〃	11,494	9,734	14,101	15,576
生産管理費	〃	1,755	1,749	1,631	1,875
労働費	〃	75,799	77,887	183,114	183,010
費用合計	〃	1,369,684	1,323,823	593,713	598,690
生産費（副産物価額差引）	〃	1,361,086	1,313,460	571,349	575,293
支払利子・地代算入生産費	〃	1,379,845	1,328,937	582,776	585,466
資本利子・地代全額算入生産費	〃	1,389,314	1,336,990	650,969	655,600
1経営体当たり販売頭数	頭	42.3	42.4	12.1	12.7
1)粗収益	円	1,374,094	1,342,042	766,274	764,005
1)所得	〃	54,041	70,929	336,995	327,905
投下労働時間	時間	49.72	50.00	126.45	124.20

費目	単位	乳用雄肥育牛		乳用雄育成牛	
		平成30年度	令和元年	平成30年度	令和元年
物財費	円	505,466	510,114	233,042	236,575
もと畜費	〃	244,943	253,603	145,356	147,756
飼料費	〃	223,292	219,937	64,840	64,443
敷料費	〃	7,535	9,036	9,038	9,479
光熱水料及び動力費	〃	8,532	8,262	2,612	2,849
その他の諸材料費	〃	214	162	7	17
獣医師料及び医薬品費	〃	3,098	2,814	5,103	6,303
賃借料及び料金	〃	2,537	2,848	828	829
物件税及び公課諸負担	〃	1,793	2,031	953	927
建物費	〃	6,940	5,157	1,583	1,278
自動車費	〃	2,290	1,905	559	506
農機具費	〃	3,767	3,874	1,968	1,991
生産管理費	〃	525	485	195	197
労働費	〃	24,940	22,320	10,639	10,647
費用合計	〃	530,406	532,434	243,681	247,222
生産費（副産物価額差引）	〃	524,906	527,772	240,513	243,284
支払利子・地代算入生産費	〃	525,983	529,273	241,249	244,025
資本利子・地代全額算入生産費	〃	533,596	534,792	243,087	245,369
1経営体当たり販売頭数	頭	121.4	110.6	425.8	446.8
粗収益	円	504,780	515,860	261,133	258,746
所得	〃	△ 4,102	2,065	25,796	20,178
投下労働時間	時間	15.76	13.12	6.12	5.93

注：1)の子牛については、繁殖雌牛の1頭当たりの数値である。

5 生産費（続き）
(3) 肉用牛生産費（1頭当たり）（続き）

費目	単位	交雑種肥育牛		交雑種育成牛	
		平成30年度	令和元年	平成30年度	令和元年
物財費	円	780,187	748,809	331,266	363,829
もと畜費	〃	430,702	405,634	229,783	262,548
飼料費	〃	298,560	297,952	77,717	77,021
敷料費	〃	7,940	8,200	5,539	5,564
光熱水料及び動力費	〃	9,807	9,251	4,016	3,611
その他の諸材料費	〃	254	235	34	229
獣医師料及び医薬品費	〃	4,966	3,677	6,166	6,086
賃借料及び料金	〃	3,170	3,362	667	758
物件税及び公課諸負担	〃	2,583	2,706	843	1,437
建物費	〃	12,382	9,105	2,981	2,938
自動車費	〃	3,324	2,300	1,212	1,099
農機具費	〃	5,456	5,513	2,090	2,321
生産管理費	〃	1,043	874	218	217
労働費	〃	39,749	40,181	14,968	14,929
費用合計	〃	819,936	788,990	346,234	378,758
生産費（副産物価額差引）	〃	813,250	781,801	341,824	374,140
支払利子・地代算入生産費	〃	819,596	786,870	342,911	374,963
資本利子・地代全額算入生産費	〃	829,119	794,770	347,053	378,006
1経営体当たり販売頭数	頭	94.7	101.9	202.7	253.1
粗収益	円	805,211	807,056	395,932	415,967
所得	〃	10,048	46,254	60,369	48,731
投下労働時間	時間	24.81	24.31	9.28	9.06

(4) 肥育豚生産費（1頭当たり）

費目	単位	平成30年度	令和元年
物財費	円	28,540	29,219
種付料	〃	151	171
もと畜費	〃	74	87
飼料費	〃	20,451	20,957
敷料費	〃	106	116
光熱水料及び動力費	〃	1,661	1,730
その他の諸材料費	〃	52	102
獣医師料及び医薬品費	〃	1,992	1,917
賃借料及び料金	〃	228	284
物件税及び公課諸負担	〃	183	210
繁殖雌豚費	〃	739	741
種雄豚費	〃	93	98
建物費	〃	1,510	1,456
自動車費	〃	307	319
農機具費	〃	857	894
生産管理費	〃	136	137
労働費	〃	4,610	4,767
費用合計	〃	33,150	33,986
生産費（副産物価額差引）	〃	32,187	33,077
支払利子・地代算入生産費	〃	32,270	33,159
資本利子・地代全額算入生産費	〃	32,943	33,824
1経営体当たり販売頭数	頭	1,399.0	1,300.6
粗収益	円	36,946	37,538
所得	〃	7,504	7,596
投下労働時間	時間	2.91	2.95

6 価格
(1) 肉用子牛生産者補給金制度における保証基準価格及び合理化目標価格

単位：円／頭

品種区分		平成30年度 (4/1〜12/29)	30 (12/30〜3/31)	令和元 (4/1〜9/30)	元 (10/1〜3/31)	2	3
黒毛和種	保証基準価格	341,000	531,000	531,000	541,000	541,000	541,000
	合理化目標価格	284,000	421,000	421,000	429,000	429,000	429,000
褐毛和種	保証基準価格	311,000	489,000	489,000	498,000	498,000	498,000
	合理化目標価格	261,000	388,000	388,000	395,000	395,000	395,000
その他の肉専用種	保証基準価格	222,000	314,000	314,000	320,000	320,000	320,000
	合理化目標価格	151,000	249,000	249,000	253,000	253,000	253,000
乳用種	保証基準価格	141,000	161,000	161,000	164,000	164,000	164,000
	合理化目標価格	98,000	108,000	108,000	110,000	110,000	110,000
交雑種	保証基準価格	216,000	269,000	269,000	274,000	274,000	274,000
	合理化目標価格	158,000	212,000	212,000	216,000	216,000	216,000

資料：農林水産省畜産局資料（以下(2)まで同じ。）
注：1 肉用子牛生産安定等特別措置法に基づくものである。
　　2 ＴＰＰ11の発効に伴い、平成30年度中に改定。
　　3 消費税率の引上げに伴い、令和元年度中に改定。

(2) 加工原料乳生産者補給金及び集送乳調整金単価

単位：円

1kg当たり補給金等単価	平成29年度	30	令和元	2	3
加工原料乳生産者補給金	10.56	8.23	8.31	8.31	8.26
集送乳調整金	…	2.43	2.49	2.54	2.59

注：1 平成29年度までは加工原料乳生産者補給金等暫定措置法に、平成30年度からは畜産
　　　経営の安定に関する法律に基づくものである。
　　2 平成29年度から、生クリーム等向けについて加工原料乳生産者補給金の対象に追加
　　　した上で、補給金単価を一本化した。
　　3 平成30年度から、加工原料乳生産者補給金と集送乳調整金に分け、別々に算定した。

6 価格（続き）
(3) 家畜類の価格指数

平成27年＝100

年次	農産物価格指数					
	肉用牛			鶏卵	生乳	肉豚
	去勢肥育和牛若齢	雌肥育和牛	乳雄肥育（ホルスタイン種）	M、1級	総合乳価	肥育豚
平成28年	109.2	112.6	104.0	92.8	101.5	94.6
29	106.7	105.3	100.1	94.0	103.0	102.7
30	107.5	105.3	103.8	85.4	103.7	90.7
令和元	106.3	105.0	105.8	80.2	105.6	92.2
2	95.9	93.5	99.0	81.3	106.1	97.5

年次	農産物価格指数（続き）				
	肉鶏	乳子牛	和子牛		子豚
	ブロイラー	ホルスタイン純粋種雌生後6か月程度	雌生後10か月程度	雄生後10か月程度	生後90〜110日
平成28年	97.8	146.4	122.2	123.1	95.7
29	99.5	168.5	121.2	123.7	98.7
30	98.2	156.3	116.1	118.7	95.9
令和元	97.2	136.8	116.8	118.5	97.2
2	99.0	130.5	103.7	104.4	102.5

資料：農林水産省統計部「農業物価統計」

(4) 主要食肉中央卸売市場の豚・牛枝肉1kg当たり卸売価格

単位：円

年次	豚					牛（成牛）				
	さいたま	東京	名古屋	大阪	福岡	さいたま	東京	名古屋	大阪	福岡
平成28年	466	481	493	459	493	1,203	2,125	2,108	2,104	2,026
29	509	525	535	499	532	1,079	1,972	1,995	1,929	1,876
30	452	477	477	427	485	1,060	2,009	2,068	1,919	1,864
令和元	458	479	492	439	485	1,099	2,053	2,069	1,984	1,829
2	492	515	529	458	514	1,012	1,854	1,896	1,801	1,734

資料：農林水産省統計部「畜産物流通統計」（以下(5)まで同じ。）
注：価格は、年間枝肉卸売総価額を年間枝肉卸売総重量で除して算出したものである。

(5) 食肉中央卸売市場（東京・大阪）の豚・牛枝肉規格別卸売価格（令和2年平均）
　　ア　豚枝肉1kg当たり卸売価格

単位：円

種類	東京				大阪			
	極上	上	中	並	極上	上	中	並
豚	594	565	527	480	715	547	513	484

注：　価格は、規格別の年間枝肉卸売総価額を年間枝肉卸売総重量で除して算出したものである
　　（以下エまで同じ。）。

イ　牛枝肉1kg当たり卸売価格

単位：円

種類	東京				大阪			
	A 5 （B 5）	A 4 （B 4）	B 4 （B 3）	B 3 （B 2）	A 5 （B 5）	A 4 （B 4）	B 4 （B 3）	B 3 （B 2）
和牛めす	2,696	2,135	1,836	1,349	2,485	2,123	1,958	1,646
和牛去勢	2,475	2,119	1,920	1,731	2,522	2,079	1,951	1,750
乳牛めす	－		798	714	－	－	－	750
乳牛去勢	－	－	987	928	－	－	1,058	1,033
交雑牛めす	1,819	1,594	1,506	1,344	1,968	1,719	1,659	1,435
交雑牛去勢	1,872	1,646	1,563	1,403	1,978	1,732	1,674	1,479

注：（　）内は乳牛めす及び乳牛去勢の規格である。

(6)　年平均小売価格（東京都区部）

単位：円

品目	銘柄	数量 単位	平成 28年	29	30	令和元	2
牛肉	国産品、ロース	100 g	898	906	901	897	924
〃	輸入品、チルド（冷蔵）、肩ロース又はもも	〃	281	288	281	269	267
1) 豚肉	バラ（黒豚を除く。）	〃	224	229	233	236	239
〃	もも（黒豚を除く。）	〃	195	198	202	202	199
鶏肉	ブロイラー、もも肉	〃	135	136	135	130	128
牛乳	店頭売り、1,000mL紙容器入り	1 本	224	221	208	214	216
鶏卵	白色卵、パック詰（10個入り）、サイズ混合、〔卵重〕「MS52g～LL76g未満」、「MS52g～L70g未満」又は「M58g～L70g未満」	1パック	242	245	230	223	223

資料：総務省統計局「小売物価統計調査年報」
注：1)は、平成30年1月に基本銘柄を改正した。

7　畜産加工
(1)　生産量
ア　乳製品

単位：t

品目	平成28年	29	30	令和元	2
全粉乳	11,505	9,415	9,795	9,994	9,067
脱脂粉乳	127,598	121,063	120,004	124,900	139,953
調製粉乳	27,657	26,728	27,771	27,336	28,232
ホエイパウダー	…	19,008	19,367	19,371	18,859
バター	66,210	59,808	59,499	62,441	71,520
1) クリーム	111,029	115,848	116,190	116,297	110,125
チーズ	148,611	149,586	156,998	155,991	159,796
うち直接消費用ナチュラルチーズ	23,119	24,047	24,147	24,989	25,807
加糖れん乳	35,323	34,635	32,412	34,203	30,329
無糖れん乳	601	470	461	419	388
脱脂加糖れん乳	4,117	3,985	3,845	3,831	3,321
2) アイスクリーム(kl)	141,767	147,708	148,253	146,909	131,543

資料：農林水産省統計部「牛乳乳製品統計」
注：　1)は、平成28年以前、「クリームを生産する目的で脂肪分離したもの」に限定していたところではあるが、平成29年以降、バター、チーズ等を製造する過程で生産されるクリーム及び飲用牛乳等の脂肪調整用の抽出クリームのうち、製菓、製パン、飲料等の原料や家庭用として販売するものを含めるよう調査定義を変更した。
　　　2)は、乳脂肪分8％以上のものを計上している。

7 畜産加工（続き）
(1) 生産量（続き）
イ 年次食肉加工品生産数量

単位：t

年次	ベーコン類	ハム類	プレスハム類	ソーセージ類	ウィンナーソーセージ
平成28年	91,707	104,951	31,839	310,344	228,707
29	95,233	111,064	29,163	318,802	239,494
30	96,880	112,106	25,896	319,460	238,921
令和元	96,940	112,546	24,354	317,085	238,520
2	98,137	112,340	21,107	318,239	243,491

資料：日本ハム・ソーセージ工業協同組合「年次食肉加工品生産数量」

(2) 需給
1世帯当たり年間の購入数量（二人以上の世帯・全国）

単位：g

品目		平成28年	29	30	令和元	2
加工肉	ハム	2,782	2,777	2,592	2,709	2,714
	ソーセージ	5,222	5,315	5,301	5,322	5,742
	ベーコン	1,471	1,514	1,546	1,535	1,754
乳製品	粉ミルク	326	306	287	330	…
	バター	471	492	503	532	650
	チーズ	3,084	3,309	3,488	3,548	4,051

資料：総務省統計局「家計調査年報」

8 飼料
(1) 配合飼料の生産量

単位：千t

年度	配合・混合飼料	配合飼料の用途別								
		計	養鶏用			養豚用	乳牛用	肉牛用	1)その他
			育すう用	ブロイラー用	成鶏用				
平成28年度	23,629	23,179	696	3,812	5,605	5,614	2,998	4,397	56
29	23,867	23,385	713	3,853	5,751	5,579	2,991	4,442	57
30	23,803	23,308	710	3,803	5,769	5,548	2,982	4,437	58
令和元	24,138	23,608	680	3,859	5,812	5,642	3,034	4,520	60
2	24,149	23,612	668	3,816	5,699	5,722	3,078	4,569	60

資料：（公社）配合飼料供給安定機構「飼料月報」
注：1)は、うずら用とその他の家畜家きん用である。

(2)　植物油かす等の生産量

単位：千 t

年次	1)ふすま	1)とうもろこし	1)米ぬか	米ぬか油かす	大豆油かす	なたね油かす	魚粉
平成28年	957	10,917	68	252	1,716	1,340	177
29	966	11,258	60	257	1,834	1,331	182
30	973	11,522	64	255	1,813	1,294	181
令和元	966	11,768	62	261	1,864	1,310	189
2	976	11,841	62	273	1,750	1,241	195

資料：米ぬか油かす・大豆油かす・なたね油かすは、農林水産省統計部「油糧生産実績」
　　　ふすま・とうもろこし・米ぬかは、(公社)配合飼料供給安定機構「飼料月報」
　　　魚粉は、日本水産油脂協会「水産油脂統計年鑑」
注：1)は、原料使用量であり、会計年度の数値である。

(3)　主要飼料用作物の収穫量

年産	牧草		青刈りとうもろこし		ソルゴー	
	作付(栽培)面積	収穫量	作付面積	収穫量	作付面積	収穫量
	千ha	千t	千ha	千t	千ha	千t
平成28年産	735	1) 24,689	93	1) 4,255	15	1) 655
29	728	25,497	95	4,782	14	665
30	1) 726	1) 24,621	1) 95	1) 4,488	1) 14	1) 618
令和元	1) 724	1) 24,850	1) 95	1) 4,841	1) 13	1) 578
2	719	1) 24,244	95	1) 4,718	13	1) 538

資料：農林水産省統計部「作物統計」(以下(4)まで同じ。)
注：　1)は、主産県の調査結果から推計したものである。
　　　なお、主産県とは、直近の全国調査年における全国の作付(栽培)面積のおおむね80%を占める
　　までの上位都道府県及び農業競争力強化基盤整備事業のうち飼料作物に係るものを実施する都道府
　　県である。

8 飼料（続き）
(4) 主要飼料用作物の収穫量（都道府県別）（令和2年産）

都道府県	牧草		青刈りとうもろこし		ソルゴー	
	作付（栽培）面積	収穫量	作付面積	収穫量	作付面積	収穫量
	ha	t	ha	t	ha	t
全国	719,200	24,244,000	95,200	4,718,000	13,000	537,600
北海道	530,400	16,973,000	57,400	3,100,000	x	x
青森	18,100	474,200	1,430	53,800	–	–
岩手	35,500	940,800	5,090	185,300	2	59
宮城	12,000	…	1,150	…	19	…
秋田	6,010	…	345	…	–	…
山形	4,660	…	831	…	6	…
福島	6,430	…	1,570	…	55	…
茨城	1,450	68,900	2,440	128,300	322	15,200
栃木	7,440	299,800	5,060	178,600	304	7,600
群馬	2,680	116,600	2,580	128,000	72	2,390
埼玉	595	…	242	…	136	…
千葉	954	29,100	926	47,200	431	18,000
東京	75	…	32	…	1	…
神奈川	112	…	210	…	35	…
新潟	1,120	…	159	…	15	…
富山	572	…	10	…	25	…
石川	715	…	9	…	194	…
福井	403	…	6	…	29	…
山梨	870	32,000	150	7,190	1	53
長野	4,120	…	1,760	…	113	…
岐阜	2,600	…	192	…	43	…
静岡	1,350	…	350	…	184	…
愛知	693	23,500	175	6,700	345	9,250
三重	205	…	17	…	20	…
滋賀	100	…	65	…	54	…
京都	153	…	15	…	87	…
大阪	x	…	x	…	–	…
兵庫	890	30,400	138	4,030	709	16,200
奈良	58	…	2	…	8	…
和歌山	46	…	–	…	3	…
鳥取	2,200	74,100	798	28,500	302	7,700
島根	1,380	41,500	50	1,360	166	5,000
岡山	2,780	…	620	…	256	…
広島	1,820	…	143	…	155	…
山口	1,210	28,600	10	320	382	9,590
徳島	278	…	70	…	85	…
香川	80	…	38	…	74	…
愛媛	589	…	288	…	194	…
高知	347	…	6	…	71	…
福岡	1,500	…	62	…	151	…
佐賀	885	34,300	7	218	322	9,820
長崎	5,650	288,200	446	18,400	2,100	85,300
熊本	14,400	599,000	3,210	138,000	756	38,700
大分	5,060	217,600	671	28,500	766	38,600
宮崎	15,800	910,100	4,710	212,900	2,540	133,400
鹿児島	19,000	1,100,000	1,700	80,800	1,430	66,200
沖縄	5,830	618,000	0	19	7	206

(5)　飼料総合需給表（可消化養分総量換算）

単位：千TDN t，％

区分	需要量	供給量				
		粗飼料		濃厚飼料		
			国内供給			純国内産原料
	a	b	c		d	e
平成28年度	23,820	4,877	3,792		18,944	2,593
29	24,593	5,125	3,989		19,468	2,497
30	24,498	5,021	3,835		19,477	2,362
令和元	24,772	5,041	3,873		19,731	2,375
2　（概算）	24,975	4,991	3,813		19,984	2,393

区分	純国内産自給率		
	飼料自給率	粗飼料自給率	濃厚飼料自給率
	(c+e)/a	c/b	e/d
平成28年度	27	78	14
29	26	78	13
30	25	76	12
令和元	25	77	12
2　（概算）	25	76	12

資料：農林水産省畜産局資料
注：1　可消化養分総量（TDN：Total Digestible Nutrients）とは、エネルギー含量を示す単位であり、飼料の実量とは異なる。
　　2　純国内産原料とは、国内産に由来する濃厚飼料（国内産飼料用小麦・大麦等）であり、輸入食料原料から発生した副産物（輸入大豆から搾油した後発生する大豆油かす等）を除いたものである。

(6)　飼料の輸出入量及び金額

品目	令和元年		2	
	数量	金額	数量	金額
	t	千円	t	千円
輸出				
配合調整飼料	17,498	6,737,743	20,152	7,791,844
輸入				
脱脂粉乳（飼料用）	30,309	6,934,270	28,699	7,891,022
ホエイ（飼料用）	35,393	4,749,954	34,795	4,913,927
大麦（裸麦を含む。）	1,147,830	35,186,976	1,209,211	32,360,755
オート	45,957	2,235,938	46,627	2,169,899
とうもろこし	15,982,824	384,108,758	15,769,971	351,591,307
うち、飼料用	11,638,036	274,317,947	11,616,315	253,130,767
グレインソルガム	453,277	10,879,565	382,232	9,113,047
魚粉	213,288	31,747,958	203,110	29,540,436
大豆油粕（調整飼料用）	1,641,980	75,813,612	1,916,281	85,321,857

資料：財務省関税局「貿易統計」をもとに農林水産省統計部にて作成。
注：飼料用と記述していないものは、他用途のものを含む。

(7) 主要飼料の卸売価格

単位：円

年度	大豆油かす 工場置場渡し (kg)	配合飼料（生産者価格・工場渡し）				
		大すう用 (20kg)	成鶏用 (20kg)	ブロイラー 用（後期） (20kg)	乳牛用 (20kg)	肉豚用 (20kg)
平成28年度	56	1,251	1,377	1,413	1,316	1,286
29	56	1,257	1,388	1,418	1,331	1,310
30	60	1,305	1,457	1,484	1,399	1,371
令和元	58	1,310	1,451	1,474	1,392	1,373
2	62	1,332	1,479	1,484	1,404	1,390

資料：（公社）配合飼料供給安定機構「飼料月報」

(8) 飼料の価格指数

平成27年＝100

年次	一般 ふすま	大豆 油かす	ビート パルプ （外国産）	配合飼料	
				鶏（成鶏用） 粗たん白質 15〜19%	鶏（ブロイラー用 （後期）） 粗たん白質 15〜19%
平成28年	94.5	90.8	90.3	93.6	94.2
29	89.0	92.8	89.2	90.9	92.3
30	92.1	94.9	93.3	93.9	95.3
令和元	96.1	90.0	96.9	94.9	95.1
2	98.5	91.4	98.4	95.7	95.1

年次	配合飼料（続き）			
	乳用牛（飼育用） 粗たん白質 15〜18%	豚(幼豚(育成用)) 粗たん白質 15〜19%	豚(若豚(育成用)) 粗たん白質 12.5〜16.5%	肉用牛（肥育用） 粗たん白質 12〜15%
平成28年	94.3	92.3	92.3	93.0
29	94.8	92.4	92.6	92.2
30	98.5	95.7	96.3	96.0
令和元	99.2	96.2	97.1	98.5
2	100.3	96.1	97.1	99.3

資料：農林水産省統計部「農業物価統計」

9 養蚕
(1) 輸出入実績
ア 輸出入量及び金額

品目	令和元年		2	
	数量	金額	数量	金額
	kg	千円	kg	千円
輸出				
生糸	229	2,176	-	
その他の蚕糸	10,371	43,340	7,755	33,370
輸入				
生糸	292,388	1,959,072	147,310	943,581
生糸（野蚕のもの）	1,316	10,711	733	6,199
生糸・玉糸	291,072	1,948,361	146,577	937,382
その他の蚕糸	95,706	263,446	92,888	231,614

資料：財務省関税局「貿易統計」をもとに農林水産省統計部にて作成（以下イまで同じ。）。

イ 生糸の国別輸入量及び金額

区分	令和元年		2	
	数量	金額	数量	金額
	kg	千円	kg	千円
生糸・玉糸	291,072	1,948,361	146,577	937,382
中華人民共和国	217,199	1,424,795	77,622	484,226
ブラジル	73,693	522,302	68,712	452,205
ミャンマー	-	-	243	951

注：令和2年の輸入量が多い国・地域について、上位3か国を掲載した。

(2) 保険・共済

区分	単位	蚕繭	
		令和元年産	2 （概数値）
引受組合等数	組合	12	11
引受戸数	戸	149	117
引受箱数	箱	1,595	1,158
共済金額	100万円	99	74
共済掛金	〃	1	1
支払対象戸数	戸	29	16
支払対象箱数	箱	134	69
支払共済金	100万円	2	1

資料： 農林水産省経営局資料による。
注：農業保険法による畑作物共済の実績である。

X その他の農産加工品

1 油脂

(1) 植物油脂生産量

単位：千 t

区分	平成28年	29	30	令和元	2
計	2,592	2,731	2,780	2,837	2,734
国産	63	66	66	68	70
大豆油	0	0	0	0	0
なたね・からし油	0	0	1	1	1
米油	63	66	64	67	69
らっかせい油	0	0	1	0	0
その他	0	0	0	0	0
輸入	2,529	2,665	2,714	2,769	2,664
大豆油	449	480	476	500	456
なたね・からし油	1,050	1,075	1,044	1,052	1,011
綿実油	7	7	9	8	6
サフラワー油	7	6	6	7	5
ごま油	50	54	56	56	57
とうもろこし油	79	79	83	81	73
らっかせい油	1	0	0	0	0
ひまわり油	24	24	24	28	28
米油	30	24	34	33	32
オリーブ油	45	57	60	73	70
やし油	43	42	40	39	37
パーム核油	79	72	79	74	73
パーム油	647	708	754	779	761
あまに油	7	7	8	11	9
ひまし油	0	18	25	18	21
桐油	0	1	1	1	1
その他	11	11	15	9	24

資料：農林水産省大臣官房新事業・食品産業部「我が国の油脂事情」（以下(2)まで同じ。）
注：輸入は、原料を輸入して国内で搾油したもの及び製品を直接輸入したものの計である。

(2) 食用加工油脂生産量

単位：t

区分	平成28年	29	30	令和元	2
マーガリン	166,982	167,836	165,765	170,189	158,631
家庭用	15,515	14,150	14,230	14,669	13,550
学校給食用	1,008	957	875	908	639
業務用	150,469	152,729	150,660	154,612	144,442
ファットスプレッド	58,283	56,530	52,683	51,450	52,721
ショートニング	252,272	236,080	229,261	220,438	204,955
精製ラード	53,989	24,071	24,020	24,744	23,807

(3) 輸出入量及び金額

品目	令和元年		2	
	数量	金額	数量	金額
	t	千円	t	千円
輸出				
植物性油脂(原料)	…	11,873,047	…	10,789,162
油脂原料	785	2,793,982	266	1,717,965
油脂	17,411	8,907,223	16,460	8,750,850
大豆油	432	98,734	528	70,247
菜種油・からし種油	1,503	367,412	2,869	544,223
あまに油	17	7,324	17	8,614
パーム油	41	19,585	9	5,135
ひまし油	321	128,451	332	127,328
ごま油	9,244	6,490,738	8,550	6,578,609
油粕	724	171,842	6,095	320,347
大豆油粕	527	70,495	616	84,298
輸入				
植物性油脂 (原料)	…	558,382,832	…	558,156,460
油脂原料	6,085,674	326,900,674	5,768,256	309,972,489
大豆	3,392,154	167,315,776	3,163,360	159,159,732
落花生 (調製していないもの)	36,071	7,802,022	32,018	7,021,183
菜種 (採油用)	2,359,212	112,531,434	2,252,378	103,041,234
ごま (採油用)	186,161	33,040,658	204,864	34,458,409
からし菜の種 (採油用)	4,656	519,150	3,816	408,287
綿実 (採油用)	93,084	2,918,572	98,816	2,973,718
サフラワーの種 (採油用)	594	41,546	561	38,372
亜麻の種 (採油用)	4,147	245,749	3,719	223,332
ひまの種 (採油用)	…	379	−	−
ひまわりの種 (採油用)	2,174	906,748	1,937	1,004,467
油脂	1,154,416	135,403,050	1,111,281	131,289,988
なたね油	37,799	3,878,767	35,826	3,768,395
綿実油	2,944	337,752	1,459	176,372
オリーブ油	72,843	35,331,340	70,128	29,886,063
やし油	39,010	4,272,539	37,025	4,604,624
パーム油	611,452	42,364,477	681,942	52,281,528
パーム核油	73,891	6,782,051	72,855	6,807,597
植物性油脂	21,615	6,069,113	18,332	4,952,011
油粕	3,342,576	96,079,108	4,220,181	116,893,983
大豆油粕 (調製飼料用)	1,641,980	75,813,612	1,916,281	85,321,857
動物性油脂	86,707	15,672,261	75,060	16,689,525
牛脂	19,423	1,636,738	9,891	893,967

資料：財務省関税局「貿易統計」をもとに農林水産省統計部にて作成。

2 でん粉・水あめ・ぶどう糖
(1) でん粉・水あめ・ぶどう糖生産量

単位：千 t

でん粉年度	ばれいしょでん粉	かんしょでん粉	小麦でん粉	コーンスターチ	水あめ	ぶどう糖			規格外ぶどう糖
						規格内			
						結晶ぶどう糖	精製ぶどう糖		
平成27年度	187	35	17	2,273	618	48	11		30
28	151	39	17	2,271	602	49	11		30
29	182	29	17	2,303	571	50	11		28
30	169	27	17	2,295	581	50	10		30
令和元	**178**	**28**	**16**	**2,108**	**540**	**48**	**10**		**31**

資料：農林水産省農産局地域作物課資料
注：沖縄県を含まない。

(2) でん粉の輸入実績

品目	（統計番号）	令和元年		2	
		数量	1kg当たり単価	数量	1kg当たり単価
		kg	円	kg	円
とうもろこしでん粉 計 (1108.12.010) (1108.12.020) (1108.12.090) (1108.12.091) (1108.12.099)		3,337,186	91	2,581,939	112
ばれいしょでん粉 計 (1108.13.010) (1108.13.020) (1108.13.090) (1108.13.091) (1108.13.099)		10,246,920	87	11,368,189	86
マニオカでん粉 計 (1108.14.010) (1108.14.020) (1108.14.090) (1108.14.091) (1108.14.099)		138,430,535	50	121,460,007	46
サゴでん粉 計 (1108.19.011) (1108.19.012) (1108.19.017) (1108.19.018) (1108.19.019)		17,159,500	59	15,016,906	57
小麦でん粉 計 (1108.11.010) (1108.11.090)		－	－	－	－
その他でん粉 計 (1108.19.091) (1108.19.092) (1108.19.097) (1108.19.098) (1108.19.099)		1,445,026	280	1,008,180	334

資料：農畜産業振興機構「でん粉の輸入実績」（以下(3)まで同じ。）
注：財務省関税局「貿易統計」を集計したものであり、統計番号はそのコードである（以下(3)まで同じ。）。

(3) 化工でん粉の輸入実績

品目	（統計番号）	令和元年		2	
		数量	1kg当たり単価	数量	1kg当たり単価
		kg	円	kg	円
でん粉誘導体 計	(3505.10.100)	440,269,591	92	401,519,415	88
デキストリン 計	(3505.10.200)	12,636,379	118	12,868,033	119
膠着剤 計	(3505.20.000)	214,975	208	162,669	216
仕上剤、促染剤、媒染剤等 計	(3809.10.000)	3,892	227	1,246	182

3　調味料
(1)　生産量

年次	みそ	しょうゆ	グルタミン酸ソーダ	1)食酢	2)マヨネーズ	1)3)カレー
	千t	千kl	千t	千kl	千t	千t
平成28年	476	776	19	436	414	‥
29	482	769	18	428	416	‥
30	478	757	20	430	411	‥
令和元	482	744	18	432	410	‥
2	475	702	15	‥	400	‥

資料：みそ及びしょうゆは、農林水産省大臣官房政策課食料安全保障室「食品産業動態調査」
　　　それ以外は、農林水産省大臣官房新事業・食品産業部資料による。
注：1)は、会計年度である。
　　2)は、ドレッシングを含む。
　　3)は、カレー粉・カレールゥである。

(2)　1世帯当たり年間の購入数量（二人以上の世帯・全国）

品目	単位	平成28年	29	30	令和元	2
しょう油	ml	5,618	5,249	4,981	4,708	4,832
みそ	g	5,301	5,168	5,194	5,076	5,262
酢	ml	2,024	1,954	2,180	2,008	1,960
マヨネーズ・マヨネーズ風調味料	g	2,509	2,474	2,520	2,617	2,817
カレールウ	〃	1,501	1,418	1,441	1,412	1,455

(3)　輸出量及び金額

品目	令和元年		2	
	数量	金額	数量	金額
	t	千円	t	千円
輸出				
調味料	‥	47,969,323	‥	50,524,219
醤油	42,776	7,681,355	39,336	7,513,280
味噌	18,434	3,824,228	15,995	3,843,903

資料：財務省関税局「貿易統計」をもとに農林水産省統計部にて作成。

4　菓子類の出荷額

単位：100万円

年次	食パン	菓子パン（イーストドーナッツを含む）	洋生菓子	和生菓子	ビスケット類・干菓子	米菓	あめ菓子	チョコレート類	他に分類されない菓子
平成27年	361,910	936,023	808,941	539,450	424,305	342,561	182,664	445,666	765,552
28	338,998	992,416	793,738	563,595	457,260	359,289	169,628	512,574	749,958
29	336,350	1,013,719	824,243	561,229	465,029	298,841	166,823	564,642	773,993
30	339,508	1,002,095	848,788	553,936	469,745	382,202	170,953	590,009	808,149
令和元	**349,382**	**1,001,101**	**855,314**	**547,097**	**473,121**	**384,364**	**176,111**	**615,718**	**809,729**

資料：　経済産業省大臣官房調査統計グループ「工業統計表（品目編）」。ただし、平成27年は
　　　　「平成28年経済センサス－活動調査　製造業（品目編）」による（以下6まで同じ。）。
注：従業者4人以上の事業所の数値である（以下6まで同じ。）。

5　飲料類の出荷額

単位：100万円

年次	炭酸飲料	ジュース	コーヒー飲料（ミルク入りを含む）	茶系飲料	ミネラルウォーター	その他の清涼飲料
平成27年	224,824	420,419	377,249	640,140	108,903	416,051
28	280,603	417,896	313,461	539,124	134,386	391,876
29	273,590	400,323	305,466	587,581	166,095	410,058
30	314,143	383,709	345,859	627,552	184,685	539,896
令和元	**353,601**	**366,874**	**358,591**	**654,858**	**178,289**	**451,624**

6　酒類の出荷額

単位：100万円

年次	果実酒	ビール	発泡酒	清酒（濁酒を含む）	焼酎	合成清酒	ウイスキー	味りん（本直しを含む）	チュウハイ・カクテル
平成27年	80,040	1,142,210	218,970	434,995	517,555	8,126	158,645	45,728	217,454
28	62,232	1,175,930	228,280	443,582	504,898	8,998	156,975	45,310	186,197
29	64,853	1,100,848	216,892	455,281	476,214	9,006	155,649	43,416	177,597
30	64,520	1,055,594	198,380	434,105	471,166	8,483	158,700	33,738	191,323
令和元	**61,208**	**1,011,264**	**183,131**	**409,876**	**454,587**	**5,407**	**173,083**	**31,444**	**213,195**

7　缶・瓶詰
(1)　生産数量（内容重量）

単位：kg

品目	平成28年	29	30	令和元	2
総計	3,117,831,527	2,982,939,127	2,736,976,289	2,575,416,983	2,312,867,741
1) 丸缶	3,023,804,382	2,891,374,349	2,657,436,465	2,496,274,224	2,237,442,362
水産	101,665,163	98,566,147	104,410,499	98,716,047	93,327,346
果実	30,388,814	29,524,056	28,773,457	28,153,917	28,791,119
野菜	38,205,374	38,355,729	34,983,221	33,594,353	32,145,228
ジャム	291,490	337,329	235,720	176,750	157,291
食肉	6,274,315	6,028,578	6,340,063	6,827,992	6,293,027
調理・特殊	43,892,999	41,823,653	40,452,463	37,858,228	37,326,849
飲料	2,803,086,227	2,676,738,857	2,442,241,042	2,290,946,937	2,039,401,502
2) 大缶	31,968,990	29,709,489	29,162,317	29,842,002	26,471,117
3) びん詰	62,058,155	61,855,289	50,377,507	49,300,757	48,954,262

資料：日本缶詰びん詰レトルト食品協会「缶詰時報」（以下(2)まで同じ。）
注：　内容重量は、内容総量を基礎として算出したものである。ただし、アスパラガス、スイートコーン
　　　及びなめこ以外の野菜水煮にあっては固形量によった。
　　　1)は、主として一般に流通している食料缶詰の総称であり、炭酸飲料、スポーツドリンク、ビール、
　　　酒、れん粉乳の缶詰及び缶入りは除外した。
　　　2)は、18Ｌ缶、9Ｌ缶など、業務用として造られる大型缶詰であり、飲料は除外した。
　　　3)は、飲料、酒類、乳製品などの、びん入りを除外した。

(2)　輸出入量及び金額

品目	令和元年		2	
	数量	金額	数量	金額
	kg	千円	kg	千円
輸出				
総計	13,169,272	8,978,511	15,633,646	9,685,032
水産	3,292,472	3,146,701	3,758,975	3,300,879
果実	1,769,854	1,904,245	1,851,151	2,071,224
野菜	309,143	300,631	268,108	254,414
ジャム	221,130	196,735	283,490	245,111
食肉	1,414	1,136	1,416	1,791
ジュース	7,575,259	3,429,063	9,470,506	3,811,613
輸入				
総計	673,952,451	174,905,544	671,656,202	167,782,878
水産	62,902,427	52,511,206	60,080,942	45,388,359
果実合計	238,480,481	47,062,560	243,954,390	49,364,043
果実	232,586,413	45,333,406	238,987,037	47,882,762
果実パルプ	5,894,068	1,729,154	4,967,353	1,481,281
野菜	314,894,269	50,081,092	316,594,264	50,595,869
ジャム	13,494,850	3,714,102	14,514,956	3,784,004
食肉	44,180,424	21,536,584	36,511,650	18,650,603
(参考)				
ジュース	228,492,247	66,257,735	222,107,947	59,733,421
その他水及び炭酸水	77,584,322	20,682,991	79,471,960	21,179,997

注：　輸出入統計は、財務省「日本貿易月表」より缶びん詰と思われる品目を抜粋している。

XI 環境等

1 環境保全型農業の推進

(1) 有機農業に取り組んでいる経営体の取組品目別作付（栽培）経営体数
と作付（栽培）面積（令和2年2月1日現在）

年次・全国農業地域	計	有機農業に取り組んでいる						
		計		水稲		大豆	
		作付（栽培）実経営体数	作付（栽培）面積	作付経営体数	作付面積	作付経営体数	作付面積
	経営体	経営体	ha	経営体	ha	経営体	ha
全国	1,075,705	69,309	115,269	35,244	60,624	2,862	5,122
北海道	34,913	2,731	18,162	660	3,712	374	1,349
都府県	1,040,792	66,578	97,107	34,584	56,912	2,488	3,773
東北	194,193	11,603	25,315	7,408	16,917	490	1,580
北陸	76,294	5,694	11,806	4,680	10,156	138	368
関東・東山	235,938	16,353	20,792	5,654	8,381	522	432
東海	92,650	5,189	6,162	2,367	3,257	193	368
近畿	103,835	7,589	8,860	4,816	6,284	534	464
中国	96,594	5,020	5,468	3,089	3,872	311	147
四国	65,418	3,583	2,893	1,462	1,255	38	7
九州	164,560	10,944	15,267	5,087	6,760	260	407
沖縄	11,310	603	544	21	29	2	0

年次・全国農業地域	有機農業に取り組んでいる（続き）						有機農業に取り組んでいない
	野菜		果樹		その他		
	作付（栽培）経営体数	作付（栽培）面積	栽培経営体数	栽培面積	作付（栽培）経営体数	作付（栽培）面積	
	経営体	ha	経営体	ha	経営体	ha	経営体
全国	24,647	18,435	12,750	9,630	6,598	21,458	1,006,396
北海道	1,463	3,562	201	309	775	9,230	32,182
都府県	23,184	14,873	12,549	9,321	5,823	12,228	974,214
東北	3,189	2,295	1,837	1,996	660	2,527	182,590
北陸	837	357	452	262	253	662	70,600
関東・東山	7,563	6,171	4,346	3,027	1,239	2,781	219,585
東海	1,777	867	928	574	853	1,096	87,461
近畿	2,220	700	1,140	869	546	543	96,246
中国	1,528	605	817	371	347	473	91,574
四国	1,327	610	1,063	670	303	351	61,835
九州	4,454	3,154	1,781	1,469	1,439	3,477	153,616
沖縄	289	114	185	83	183	318	10,707

資料：農林水産省統計部「2020年農林業センサス」

(2) エコファーマー認定状況 (各年度末現在)

単位：件

農政局名等	平成27年度	28	29	30	令和元
全国	154,669	129,389	111,864	95,207	83,767
北海道	4,863	4,610	4,149	3,363	2,397
東北	34,126	28,945	26,180	23,094	20,423
関東	27,606	25,106	22,842	18,171	16,535
北陸	38,686	34,695	28,627	24,837	23,312
東海	3,788	3,484	3,283	3,110	1,978
近畿	14,669	5,860	4,822	4,018	2,954
中国四国	7,746	7,271	6,680	5,764	5,031
九州	22,676	18,924	14,757	12,362	10,464
沖縄	509	494	524	488	673

資料：農林水産省農産局資料
注： エコファーマーとは、「持続性の高い農業生産方式の導入の促進に関する法律」に基づき、
　　「持続性の高い農業生産方式の導入に関する計画」を都道府県知事に提出し認定を受けた農業
　　者の愛称である。

2　新エネルギーの導入量

年度		太陽光発電		風力発電		廃棄物発電＋バイオマス発電	
		万kl	万kW	万kl	万kW	万kl	万kW
平成7年度	(1995年度)	1.1	–	0.4	1.0	81	65
12	(2000)	8.1	33.0	5.9	14.4	120	110
17	(2005)	34.7	142.2	44.2	108.5	252	215
22	(2010)	88.4	361.8	99.4	244.2	327	240
27	(2015)	793.8	3,248.0	123.6	303.4	401	293
28	(2016)	946.1	3,871.1	136.2	334.4	447	326
29	(2017)	1,078.9	4,414.6	143.4	351.9	503	367
30	(2018)	1,240.5	5,075.5	150.4	369.1	565	412
令和元	(2019)	1,354.5	5,542.0	169.4	415.9	621	453

年度		バイオマス熱利用	太陽熱利用	廃棄物熱利用	1)未利用エネルギー	黒液・廃材等	合計
		万kl	万kl	万kl	万kl	万kl	万kl
平成7年度	(1995年度)	…	135	3.8	3.0	472	696
12	(2000)	…	89	4.5	4.5	490	722
17	(2005)	142.0	61	149.0	4.9	470	1,159
22	(2010)	173.7	44	137.8	4.7	492	1,368
27	(2015)	…	29	…	…	…	…
28	(2016)	…	27	…	…	…	…
29	(2017)	…	25	…	…	…	…
30	(2018)	…	22	…	…	…	…
令和元	(2019)	…	38	…	…	…	…

資料：日本エネルギー経済研究所「ＥＤＭＣ／エネルギー・経済統計要覧(2021年版)」
注：平成24年度(2012年度)以降はＥＤＭＣで推計した結果である。
　　1)は、雪氷熱利用を含む。

3 温室効果ガスの排出量

区分	単位	平成2年度(1990年度)	17(2005)	25(2013)	30(2018)	令和元(2019)(速報値)
二酸化炭素（CO₂）合計	100万 t CO₂	1,164	1,293	1,317	1,144	1,106
エネルギー起源	〃	1,068	1,201	1,235	1,065	1,029
非エネルギー起源	〃	96.3	92.7	81.7	78.4	77.0
うちその他（農業・間接CO₂等）	〃	6.7	4.6	3.5	3.0	3.0
メタン（CH₄）合計	100万 t CO₂換算	44.4	35.8	32.5	30.1	30.0
うち農業（家畜の消化管内発酵、稲作等）	〃	25.4	24.9	24.8	23.4	23.5
一酸化二窒素（N₂O）合計	〃	31.9	25.0	21.5	20.2	20.2
うち農業（家畜排せつ物の管理、農用地の土壌等）	〃	11.4	9.9	9.4	9.3	9.4

資料：環境省地球環境局「2019年度（令和元年度）の温室効果ガス排出量（速報値）について」

4 食品産業における食品廃棄物等の年間発生量、発生抑制の実施量及び再生利用等実施率（平成29年度）

区分	食品廃棄物等の年間発生量						発生抑制の実施量	3)再生利用等実施率
	計	1)食品リサイクル法で規定している用途への実施量	熱回収の実施量	減量した量	2)その他	廃棄物としての処分量		
	千 t	千 t	千 t	千 t	千 t	千 t	千 t	％
食品産業計	17,666	12,297	444	1,640	411	2,873	2,958	84
うち食品製造業	14,106	11,252	443	1,605	380	427	2,292	95
食品卸売業	268	153	1	14	20	80	36	67
食品小売業	1,230	474	0	4	3	748	290	51
外食産業	2,062	419	0	17	8	1,617	339	32

資料：農林水産省統計部「食品循環資源の再生利用等実態調査」
注： 食品循環資源の再生利用等実態調査結果と食品リサイクル法第9条第1項に基づく定期報告結果を用いて推計したものである。
　　1)食品リサイクル法で規定している用途とは、肥料、飼料、メタン、油脂及び油脂製品、炭化製品（燃料及び還元剤）又はエタノールの原材料としての再生利用である。
　　2)その他とは、再生利用の実施量として、1)以外の食用品（食品添加物や調味料、健康食品等）、工業資材用（舗装用資材、塗料の原料等）、工芸用等の用途に仕向けた量及び不明のものをいう。
　　3)再生利用等実施率

$$= \frac{当該年度の（発生抑制の実施量＋食品リサイクル法で規定している用途への実施量＋熱回収の実施量×0.95＋減量した量）}{当該年度の（発生抑制の実施量＋食品廃棄物等の年間発生量）}$$

XII 農業団体等

1 農業協同組合・同連合会

(1) 農業協同組合・同連合会数（各年3月31日現在）

年次	単位農協				連合会		
	計	総合農協 (出資組合)	専門農協		計	出資 連合会	非出資 連合会
			出資組合	非出資 組合			
	組合	組合	組合	組合	連合会	連合会	連合会
平成29年	2,273	679	831	763	187	181	6
30	2,209	672	811	726	182	177	5
31	1,964	649	664	651	182	177	5
令和2	1,736	627	582	527	180	175	5
3	1,621	598	532	491	178	174	4

資料：農林水産省経営局「農業協同組合等現在数統計」（以下(3)まで同じ。）

(2) 主要業種別出資農業協同組合数（各年3月31日現在）

単位：組合

年次	専門農協	畜産	酪農	養鶏	園芸特産	農村工業
平成29年	831	98	148	61	218	47
30	811	95	149	61	211	43
31	664	81	135	46	184	25
令和2	582	62	115	40	172	17
3	532	56	106	38	166	10

(3) 農業協同組合・同連合会の設立・合併・解散等の状況

区分	平成28年度		29		30		令和元		2	
	単位 農協	連合会	単位 農協	連合会	単位 農協	連合会	単位 農協	連合会	単位 農協	連合会
	組合	連合会	組合	連合会	組合	連合会	組合	連合会	組合	連合会
増加	7	1	3	－	3	－	3	－	5	－
新設認可	1	－	－	－	1	－	1	－	1	－
合併設立	1	－	1	－	2	－	2	－	1	－
定款変更	5	1	2	－	－	－	－	－	3	－
行政区域の変更	－	－	－	－	－	－	－	－	－	－
減少	84	4	60	4	253	－	96	3	100	－
普通解散	21	3	12	－	23	－	21	3	11	－
吸収合併解散	13	－	1	－	21	－	12	－	22	－
設立合併解散	4	－	3	－	6	－	14	－	4	－
包括承継による消滅	－	－	－	2	－	－	－	－	－	1
認可後登記前取消	－	－	－	－	－	－	－	－	－	－
承認取消解散	－	－	－	－	－	－	－	－	－	－
解散命令による解散	10	－	1	－	－	－	－	－	－	－
定款変更	5	1	2	－	－	－	－	－	3	－
行政区域の変更	－	－	－	－	－	－	－	－	－	－
みなし解散	25	－	35	－	195	－	45	－	57	1
組織変更	6	－	6	2	8	－	4	－	3	－
増減	△ 77	△ 3	△ 57	△ 4	△ 250	－	△ 93	△ 3	△ 95	△ 2

注：1 単位農協・連合会とも増減数が「1(1) 農業協同組合・同連合会数」の差と一致しな
いのは、前期末現在数を修正しているためである。
　　2 「みなし解散」及び「組織変更」は、平成28年度から新たに追加された項目である。

1 農業協同組合・同連合会（続き）
(4) 総合農協の組合員数

単位：人

事業年度	合計	正組合員			准組合員		
		計	個人	法人	計	個人	団体
平成27年	10,370,172	4,433,389	4,415,549	17,840	5,936,783	5,857,393	79,390
28	10,444,426	4,367,858	4,348,560	19,298	6,076,568	5,997,642	78,926
29	10,511,348	4,304,501	4,283,685	20,816	6,206,847	6,128,521	78,326
30	10,490,707	4,247,743	4,225,505	22,238	6,242,964	6,165,396	77,568
令和元	**10,465,781**	**4,178,595**	**4,154,980**	**23,615**	**6,287,186**	**6,210,117**	**77,069**

資料：農林水産省経営局「総合農協統計表」（以下(5)まで同じ。）

(5) 総合農協の事業実績
ア 購買事業

品目	平成30年事業年度				令和元			
	当期受入高	1)系統利用率	当期供給・取扱高	購買利益（購買手数料を含む。）	当期受入高	1)系統利用率	当期供給・取扱高	購買利益（購買手数料を含む。）
	100万円	%	100万円	100万円	100万円	%	100万円	100万円
計	2,192,100	64.8	2,500,528	301,026	2,106,288	64.7	2,400,928	296,295
生産資材	1,666,573	67.1	1,846,869	176,067	1,626,906	66.8	1,803,181	177,225
肥料	240,170	81.0	272,301	33,692	237,137	80.8	269,589	33,721
農薬	194,964	65.2	220,381	24,746	192,440	65.0	219,168	26,449
飼料	316,609	60.4	329,024	12,021	315,587	60.5	327,674	12,257
農業機械	212,224	65.2	237,558	24,514	206,516	65.5	232,342	23,551
燃料	281,184	85.4	318,577	34,766	251,844	85.6	285,771	33,678
自動車（二輪車を除く。）	51,010	42.2	56,063	5,018	47,221	40.3	51,847	4,700
その他	370,411	55.4	412,963	41,309	376,159	55.5	416,789	42,866
生活物資	525,528	57.3	653,658	124,959	479,382	64.7	597,747	119,070
食料品	147,812	47.1	179,545	30,572	135,457	49.3	163,289	27,355
衣料品	4,057	63.7	4,765	695	3,649	62.2	4,317	644
耐久消費財	28,647	53.4	31,990	3,187	25,872	55.8	28,810	2,907
日用保健雑貨用品	37,147	49.9	42,283	4,883	33,814	48.9	38,157	4,327
家庭燃料	133,568	82.2	190,222	54,790	135,827	84.9	190,775	54,217
その他	174,295	48.9	204,852	30,833	144,763	42.8	172,397	29,620

注：1)は、当期受入高のうち農協又は同連合会からの当期受入高の占める割合である。

イ 販売事業

品目	平成30年事業年度			令和元		
	当期販売・取扱高	1)系統利用率	販売手数料（販売利益を含む。）	当期販売・取扱高	1)系統利用率	販売手数料（販売利益を含む。）
	100万円	％	100万円	100万円	％	100万円
計	4,567,883	81.4	146,087	4,525,128	81.1	143,513
米	858,742	69.3	36,424	854,539	69.2	36,376
麦	48,230	94.8	3,685	63,476	92.7	4,896
雑穀・豆類	65,362	75.5	4,896	72,899	74.0	5,135
野菜	1,310,342	86.4	39,695	1,260,192	85.6	35,563
果実	421,024	90.3	12,530	417,309	89.5	12,752
花き・花木	123,942	78.0	3,478	120,088	78.8	3,429
畜産物	1,349,881	90.6	17,464	1,353,102	90.3	17,486
うち生乳	473,519	97.8	5,306	497,476	97.3	5,519
肉用牛	585,514	86.1	8,179	577,273	85.5	8,101
肉豚	94,883	91.1	1,029	100,142	91.1	1,118
肉鶏	4,154	16.7	37	4,103	19.2	35
鶏卵	17,947	67.0	254	17,253	65.8	249
その他	390,359	50.0	27,915	383,523	51.7	27,876
うち茶	43,294	79.8	866	31,963	78.7	547

注：1)は、当期販売・取扱高のうち農協又は同連合会への当期販売・取扱高の占める割合である。

2 農業委員会数及び委員数
（各年10月1日現在）

年次	委員会数	農業委員数	農地利用最適化推進委員数
	委員会	人	人
平成28年	1,706	33,174	3,257
29	1,703	26,119	13,465
30	1,703	23,196	17,824
令和元	1,703	23,125	17,770
2	1,702	23,201	17,698

資料：農林水産省経営局資料

3 土地改良区数、面積及び組合員数
（各年3月31日現在）

年次	土地改良区数	面積	組合員数
	改良区	ha	人
平成29年	4,585	2,534,760	3,592,232
30	4,504	2,530,213	3,568,616
31	4,455	2,513,828	3,533,664
令和2	4,403	2,497,912	3,504,527
3	4,325	2,481,069	3,460,184

資料：農林水産省農村振興局資料

4 普及職員数及び普及指導センター数

年度	普及職員数	農業革新支援専門員数	普及指導センター数
	人	人	箇所
平成28年度	7,338	584	361
29	7,321	594	361
30	7,292	607	360
令和元	7,267	606	360
2	7,225	618	359

資料：農林水産省農産局資料
注：1 データは年度末時点のものである。
　　2 普及職員数とは、普及指導員及び実務経験中職員等の合計である。

農 山 村 編

I　農業集落

1　最も近いDID（人口集中地区）までの所要時間別農業集落数（令和2年2月1日現在）

単位：集落

全国農業地域	自動車利用						計測不能
	計	15分未満	15分～30分	30分～1時間	1時間～1時間半	1時間半以上	
全国	138,243	48,426	50,702	32 251	4 146	404	2,314
北海道	7,066	1,878	2,426	2,114	513	63	72
都府県	131,177	46,548	48,276	30,137	3,633	341	2,242
東北	17,590	5,390	7,161	4,416	534	74	15
北陸	11,046	4,583	4,436	1,561	104	1	361
関東・東山	24,260	11,670	8,936	3,388	228	8	30
東海	11,556	5,589	3,730	1,910	290	23	14
近畿	10,795	4,476	3,745	2,268	281	16	9
中国	19,616	4,451	8,012	6,469	391	3	290
四国	11,059	3,355	3,908	2,821	638	69	268
九州	24,515	6,648	8,185	7,227	1,159	147	1,149
沖縄	740	386	163	77	8	–	106

資料：農林水産省統計部「2020年農林業センサス」（以下5（2）まで同じ。）
注：1　DIDとは、国勢調査において人口密度約4,000人／km²以上の国勢調査基本単位区がいくつか隣接し、合わせて人口5,000人以上を有する地域をいう
　　　（DID：Densely Inhabited District）。
　　2　DID中心施設は、農業集落の中心地から最も近いDIDの地域内にある施設のなかでDIDの重心位置から直線距離が最も近い施設を設定した。ただし、重心位置から1km圏内の施設については、別途定めた施設分類の優先度により中心施設を設定した。
　　　なお、農業集落の中心地から直線距離100km圏外の施設は除いた。
　　3　最も近いDIDまでの所要時間は、農業集落の中心地から直線距離が近く、かつ2の条件を満たした施設を最大で3施設抽出し、抽出した3つの施設を自動車による移動として経路検索したうえで、所要時間が最も短い施設までの結果を採用した。

2　耕地面積規模別農業集落数（令和2年2月1日現在）

単位：集落

全国農業地域	耕地のある農業集落							耕地がない農業集落
	計	10ha未満	10～20	20～30	30～50	50～100	100ha以上	
全国	135,999	48,331	29,729	17,680	18,275	14,362	7,622	2,244
北海道	6,759	695	304	276	600	1,423	3,461	307
都府県	129,240	47,636	29,425	17,404	17,675	12,939	4,161	1,937
東北	17,320	3,255	2,634	2,323	3,366	3,785	1,957	270
北陸	10,861	3,112	2,364	1,682	1,943	1,391	369	185
関東・東山	24,056	7,204	4,939	3,507	4,125	3,393	888	204
東海	11,459	4,345	2,827	1,645	1,455	979	208	97
近畿	10,675	3,762	2,915	1,678	1,504	702	114	120
中国	19,276	10,444	5,270	2,013	1,164	346	39	340
四国	10,862	6,029	2,857	1,056	636	263	21	197
九州	24,019	9,269	5,514	3,413	3,380	1,986	457	496
沖縄	712	216	105	87	82	94	108	28

3 耕地率別農業集落数 (令和2年2月1日現在)

単位：集落

全国農業地域	耕地のある農業集落						耕地のない農業集落
	計	10%未満	10〜20	20〜30	30〜50	50%以上	
全国	135,999	51,159	24,444	16,388	22,484	21,524	2,244
北海道	6,759	1,723	839	603	1,097	2,497	307
都府県	129,240	49,436	23,605	15,785	21,387	19,027	1,937
東北	17,320	5,465	3,090	2,038	2,706	4,021	270
北陸	10,861	3,444	1,738	1,039	1,656	2,984	185
関東・東山	24,056	6,572	3,747	3,322	5,747	4,668	204
東海	11,459	4,669	1,869	1,525	2,246	1,150	97
近畿	10,675	4,665	2,152	1,359	1,574	925	120
中国	19,276	10,595	4,216	1,923	1,659	883	340
四国	10,862	4,911	1,824	1,207	1,661	1,259	197
九州	24,019	8,849	4,823	3,276	4,020	3,051	496
沖縄	712	266	146	96	118	86	28

4 実行組合のある農業集落数 (令和2年2月1日現在)

単位：集落

全国農業地域	計	実行組合がある	実行組合がない
全国	138,243	94,519	43,724
北海道	7,066	5,012	2,054
都府県	131,177	89,507	41,670
東北	17,590	13,288	4,302
北陸	11,046	9,764	1,282
関東・東山	24,260	18,791	5,469
東海	11,556	9,187	2,369
近畿	10,795	8,012	2,783
中国	19,616	10,121	9,495
四国	11,059	5,542	5,517
九州	24,515	14,600	9,915
沖縄	740	202	538

5 農業集落の寄り合いの状況（令和2年2月1日現在）
(1) 過去1年間に開催された寄り合いの回数規模別農業集落数

単位：集落

全国 農業地域	合計	寄り合いがある							寄り合いがない
		計	1～2回	3～5回	6～11回	12～23回	24回以上		
全国	138,243	129,340	19,683	32,668	35,089	34,001	7,899		8,903
北海道	7,066	6,153	891	2,046	1,950	1,102	164		913
都府県	131,177	123,187	18,792	30,622	33,139	32,899	7,735		7,990
東北	17,590	16,765	1,575	3,671	5,396	4,630	1,493		825
北陸	11,046	10,479	1,058	2,368	3,244	2,969	840		567
関東・東山	24,260	22,983	3,301	6,029	6,796	5,285	1,572		1,277
東海	11,556	10,806	1,846	2,389	2,424	3,469	678		750
近畿	10,795	10,321	1,299	2,116	2,498	3,425	983		474
中国	19,616	17,968	3,411	4,805	4,160	4,888	704		1,648
四国	11,059	10,088	2,461	3,057	2,261	2,080	229		971
九州	24,515	23,092	3,776	6,074	6,210	5,905	1,127		1,423
沖縄	740	685	65	113	150	248	109		55

(2) 寄り合いの議題別農業集落数

単位：集落

全国 農業地域	寄り合いを開催した農業集落数	寄り合いの議題（複数回答）							寄り合いを開催しなかった農業集落数
		農業生産に係る事項	農道・農業用排水路・ため池の管理	集落共有財産・共用施設の管理	環境美化・自然環境の保全	農業集落行事（祭り・イベントなど）の実施	農業集落内の福祉・厚生	再生可能エネルギーへの取組	
全国	129,340	77,811	98,276	87,105	114,843	112,704	74,774	4,639	8,903
北海道	6,153	4,560	3,865	3,719	5,261	5,381	3,549	281	913
都府県	123,187	73,251	94,411	83,386	109,582	107,323	71,225	4,358	7,990
東北	16,765	13,270	13,728	12,508	15,313	14,507	10,267	592	825
北陸	10,479	8,606	9,324	8,359	9,314	9,375	6,100	240	567
関東・東山	22,983	11,831	16,569	15,110	20,604	20,281	13,539	923	1,277
東海	10,806	5,786	8,056	6,866	9,267	9,269	5,717	438	750
近畿	10,321	7,505	8,877	7,773	9,145	9,127	6,235	473	474
中国	17,968	8,937	13,156	11,630	15,934	15,654	10,505	592	1,648
四国	10,088	4,207	7,230	6,037	8,242	8,743	4,592	256	971
九州	23,092	12,837	17,148	14,683	21,125	19,735	13,806	807	1,423
沖縄	685	272	323	420	638	632	464	37	55

Ⅱ　農村の振興と活性化

1　多面的機能支払交付金の実施状況

(1)　農地維持支払交付金

年度・ 地域 ブロック	対象組織数 A	広域活動 組織数	認定農用地 面積 B	1)農用地 面積 C	1組織当たり の平均認定 農用地面積 B／A	カバー率 B／C
	組織	組織	ha	千ha	ha	%
平成28年度	29,079	807	2,250,822	4,189.1	77	54
29	28,290	853	2,265,742	4,180.5	80	54
30	28,348	899	2,292,522	4,166.9	81	55
令和元	26,618	947	2,274,027	4,153.9	85	55
2	26,233	991	2,290,820	4,146.1	87	55
北海道	741	46	782,482	1,163.0	1,056	67
東北	5,634	249	440,029	819.4	78	54
関東	3,428	77	218,216	634.2	64	34
北陸	2,932	215	223,463	302.0	76	74
東海	1,676	48	86,703	154.2	52	56
近畿	3,525	40	118,190	183.8	34	64
中国	2,854	88	93,835	217.3	33	43
四国	1,268	28	48,648	127.1	38	38
九州	4,121	174	257,210	502.4	62	51
沖縄	54	26	22,045	42.6	408	52

資料：農林水産省農村振興局「多面的機能支払交付金の実施状況」（以下(3)まで同じ。）
注：　農地維持支払交付金とは、水路の草刈り、泥上げなどの農用地、水路、農道等の地域資源の基礎
　　　的な保全等の取組への支援である。
　　　1)は、「農用地区域内の農地面積調査」における農地面積に「農用地区域内の採草放牧地面積」
　　　（農村振興局調べ）を基に「都道府県別農用地区域内の地目別面積比率」（農村振興局調べ）によ
　　　る採草放牧地面積比率により推計した面積を加えた面積である（以下(3)まで同じ。）。

(2)　資源向上支払交付金（地域資源の質的向上を図る共同活動）

年度・ 地域 ブロック	対象組織数 A	広域活動 組織数	認定農用地 面積 B	1)農用地 面積 C	1組織当たり の平均認定 農用地面積 B／A	カバー率 B／C
	組織	組織	ha	千ha	ha	%
平成28年度	23,279	747	1,996,037	4,189.1	86	48
29	22,299	786	2,001,220	4,180.5	90	48
30	22,223	832	2,023,175	4,166.9	91	49
令和元	20,923	877	2,013,793	4,153.9	96	48
2	20,815	925	2,042,052	4,146.1	98	49
北海道	699	42	725,525	1,163.0	1,038	62
東北	4,361	218	379,697	819.4	87	46
関東	2,404	64	163,568	634.2	68	26
北陸	2,442	214	211,384	302.0	87	70
東海	1,349	46	76,531	154.2	57	50
近畿	3,092	36	107,684	183.8	35	59
中国	2,151	87	82,458	217.3	38	38
四国	949	28	41,847	127.1	44	33
九州	3,318	165	234,231	502.4	71	47
沖縄	50	25	19,127	42.6	383	45

注：　資源向上支払交付金（地域資源の質的向上を図る共同活動）とは、水路、農道等の施設の軽微
　　　な補修、農村環境の保全等の取組への支援である。

(3)　資源向上支払交付金（施設の長寿命化のための活動）

年度・ 地域 ブロック	対象組織数 A	広域活動 組織数	対象農用地 面積 B	1)農用地 面積 C	1組織当たり の平均対象 農用地面積 B／A	カバー率 B／C
	組織	組織	ha	千ha	ha	%
平成28年度	11,880	529	676,408	4,189.1	57	16
29	11,586	575	689,393	4,180.5	60	16
30	11,616	616	710,587	4,166.9	61	17
令和元	11,134	686	741,169	4,153.9	67	18
2	11,116	719	757,628	4,146.1	68	18
北海道	14	1	9,679	1,163.0	691	1
東北	1,838	127	154,032	819.4	84	19
関東	1,400	64	101,503	634.2	73	16
北陸	1,077	171	111,281	302.0	103	37
東海	763	43	51,530	154.2	68	33
近畿	2,228	34	70,854	183.8	32	39
中国	1,299	81	60,423	217.3	47	28
四国	725	27	33,937	127.1	47	27
九州	1,749	153	155,136	502.4	89	31
沖縄	23	18	9,255	42.6	402	22

注：　資源向上支払交付金（施設の長寿命化のための活動）とは、農業用排水路等の施設の長寿命化の
　　ための補修・更新等の取組への支援である。

2 中山間地域等直接支払制度
(1) 集落協定に基づく「多面的機能を増進する活動」の実施状況

単位：協定

年度・地方農政局等	国土保全機能を高める取組		保険休養機能を高める取組				自然生態系の保全に資する取組	
	周辺林地の下草刈	土壌流亡に配慮した営農	棚田オーナー制度	市民農園等の開設・運営	体験民宿(グリーン・ツーリズム)	景観作物の作付け	魚類・昆虫類の保護	鳥類の餌場の確保
平成28年度	16,973	416	89	129	161	7,359	453	315
29	16,915	389	90	129	163	7,368	472	298
30	16,980	381	90	137	161	7,405	428	291
令和元	17,006	384	85	136	154	7,409	420	290
2	15,920	296	75	97	102	6,491	373	292
北海道	23	2	0	5	8	87	2	6
東北	2,607	27	1	13	37	1,064	81	24
関東	1,168	87	19	13	10	790	65	5
北陸	1,177	9	16	10	11	499	72	107
東海	1,127	8	4	6	1	216	26	23
近畿	1,660	42	13	7	7	377	25	21
中国四国	5,034	69	12	28	12	1,546	63	51
九州	3,122	52	10	15	16	1,908	39	55
沖縄	2	0	0	0	0	4	0	0

年度・地方農政局等	自然生態系の保全に資する取組（続き）						1)その他活動
	粗放的畜産	堆きゅう肥の施肥	拮抗植物の利用	合鴨・鯉の利用	輪作の徹底	緑肥作物の作付け	
平成28年度	212	2,579	31	73	52	347	750
29	190	2,559	37	66	49	332	765
30	191	2,533	39	69	50	325	770
令和元	191	2,533	28	68	50	338	763
2	168	1,988	55	48	47	271	812
北海道	22	59	1	1	11	18	216
東北	17	262	0	0	0	7	142
関東	4	75	0	5	4	18	55
北陸	5	82	2	2	4	6	23
東海	0	32	0	1	0	8	45
近畿	12	120	2	4	3	10	42
中国四国	38	669	15	27	15	55	199
九州	70	687	35	8	10	147	89
沖縄	0	2	0	0	0	2	1

資料：農林水産省農村振興局「中山間地域等直接支払交付金の実施状況」（以下(2)まで同じ。）
注：各都道府県からの報告を基に各年3月31日現在の制度の実施状況を取りまとめたものである。
　　1)には、「都市農村交流イベントの実施」、「学童等の農業体験の受入れ」等がある。

(2) 制度への取組状況

全国 都道府県	令和元年度					2				
	交付 市町村数	協定数			交付金 交付面積	交付 市町村数	協定数			交付金 交付面積
		計	集落 協定	個別 協定			計	集落 協定	個別 協定	
	市町村	協定	協定	協定	100ha	市町村	協定	協定	協定	100ha
全国	1,002	26,013	25,454	559	6,654	990	23,985	23,421	564	6,389
北海道	98	332	331	1	3,211	98	322	320	2	3,126
青森	29	513	507	6	98	26	438	434	4	87
岩手	31	1,155	1,113	42	241	30	1,061	1,017	44	231
宮城	13	234	224	10	23	13	212	204	8	22
秋田	22	547	541	6	104	22	483	479	4	98
山形	34	493	485	8	85	34	477	468	9	84
福島	45	1,176	1,145	31	153	46	1,078	1,045	33	149
茨城	9	99	99	–	6	9	88	88	0	5
栃木	11	217	211	6	22	12	134	130	4	21
群馬	18	193	190	3	14	18	168	166	2	14
埼玉	13	62	59	3	3	12	50	46	4	3
千葉	13	133	130	3	9	13	120	117	3	9
東京	–	–	–	–	–	0	0	0	0	0
神奈川	5	10	10	–	0	4	7	7	0	0
山梨	19	317	309	8	37	17	298	290	8	35
長野	71	1,080	1,068	12	94	69	1,013	1,002	11	91
静岡	17	230	230	–	25	15	169	169	0	20
新潟	22	844	829	15	227	22	759	747	12	220
富山	12	309	309	–	46	13	307	307	0	47
石川	16	494	479	15	52	16	432	417	15	49
福井	17	289	285	4	25	17	266	261	5	24
岐阜	25	888	863	25	91	25	852	821	31	90
愛知	6	315	309	6	21	6	276	271	5	18
三重	17	219	218	1	17	16	220	217	3	19
滋賀	10	151	149	2	17	10	162	160	2	21
京都	16	506	503	3	52	16	485	482	3	50
大阪	–	–	–	–	–	0	0	0	0	0
兵庫	24	573	573	–	53	27	590	590	0	55
奈良	14	309	309	–	27	13	288	288	0	27
和歌山	23	590	587	3	101	23	554	551	3	91
鳥取	17	641	630	11	80	17	599	586	13	76
島根	19	1,188	1,136	52	130	17	1,077	1,022	55	120
岡山	25	1,347	1,322	25	122	25	1,243	1,214	29	115
広島	18	1,624	1,484	140	212	18	1,502	1,367	135	201
山口	17	780	762	18	120	17	726	705	21	112
徳島	17	468	464	4	29	17	410	407	3	25
香川	12	416	415	1	26	12	384	383	1	24
愛媛	18	874	873	1	118	17	782	782	0	106
高知	31	599	598	1	68	31	543	543	0	64
福岡	30	598	589	9	56	30	526	520	6	49
佐賀	19	493	493	–	72	19	465	465	0	65
長崎	19	1,007	964	43	99	19	928	883	45	93
熊本	36	1,388	1,376	12	327	36	1,309	1,298	11	315
大分	17	1,231	1,207	24	160	17	1,197	1,172	25	154
宮崎	20	371	371	–	55	20	345	345	0	51
鹿児島	26	697	694	3	78	26	627	625	2	71
沖縄	11	13	11	2	44	10	13	10	3	42

注 : 1 各年 3 月31日現在の実施状況を取りまとめた結果である。
　　 2 集落協定とは、直接支払の対象となる農用地において農業生産活動等を行う複数の農業者等が
　　　　締結する協定であり、個別協定とは、認定農業者等が農用地の所有権等を有する者との間におけ
　　　　る利用権の設定等や農作業受委託契約に基づき締結する協定である。

3 環境保全型農業直接支払交付金の実施状況
(1) 実施市町村数、実施件数及び実施面積

年度・地方農政局等	実施市町村数	実施市町村割合	実施件数	実施面積
	市町村	%	件	ha
平成29年度	899	52	3,822	89,082
30	885	52	3,609	79,465
令和元	887	52	3,479	79,839
2	841	49	3,155	80,789
北海道	84	47	120	18,910
東北	116	51	552	20,525
関東	183	42	471	5,855
北陸	72	89	385	7,991
東海	40	32	85	932
近畿	84	42	719	15,894
中国四国	114	56	366	3,784
九州	148	54	457	6,898
沖縄	—	—	—	—

資料：農林水産省農産局「環境保全型農業直接支払交付金の実施状況」（以下(2)まで同じ。）
注： 1 平成29年度から令和２年度における実施市町村割合は、全国の市町村数1,718市町村
（総務省調べ）における割合を記載。
2 平成30年度から複数取組への支援を廃止。

(2) 支援対象取組別の実施面積

単位：ha

年度・地方農政局等	全国共通取組								地域特認取組
	堆肥の施用	カバークロップ	リビングマルチ	草生栽培	不耕起播種	長期中干し	秋耕	有機農業	
令和２年度	19,127	18,596	2,196	60	259	3,043	564	10,986	25,959
北海道	4,469	7,652	2,113	5	2	—	44	1,882	2,743
東北	7,655	3,150	3	—	199	2,535	97	2,170	4,716
関東	622	3,303	1	28	—	—	37	1,704	160
北陸	1,690	845	12	—	—	318	291	916	3,919
東海	248	356	—	—	—	—	12	196	121
近畿	1,537	680	67	12	—	161	30	919	12,486
中国四国	1,451	997	—	1	4	28	50	976	277
九州	1,454	1,612	—	14	55	—	3	2,223	1,537
沖縄	—	—	—	—	—	—	—	—	—

注： 1 カバークロップとは、主作物の栽培期間の前後のいずれかにカバークロップ（緑肥）を作付け
する取組をいう。
2 リビングマルチとは、主作物の畝間に緑肥を作付けする取組をいう。
3 草生栽培とは、果樹又は茶の園地に緑肥を作付けする取組をいう。
4 不耕起播種とは、前作の畝を利用し、畝の播種部分のみ耕起する専用播種機によって播種を行
う取組をいう。
5 長期中干しとは、通常よりも長期間の中干しを実施する取組をいう。
6 秋耕とは、水稲収穫後の作物残さを秋季にすき込む取組をいう。
7 有機農業の取組は、化学肥料及び化学合成農薬を使用しない取組をいう。
（令和２年度より、定義を見直し「国際水準の有機農業」の実施を要件とした。）
8 地域特認取組とは、地域の環境や農業の実態等を勘案した上で、地域を限定して支援の対象と
する取組をいう。
9 リビングマルチ、草生栽培、不耕起播種、長期中干し及び秋耕の取組は、令和２年度から全国
共通取組として支援。

4 農林漁業体験民宿の登録数（各年度末現在）

単位：軒

年度	地方農政局等									
	計	北海道	東北	関東	北陸	東海	近畿	中国四国	九州	沖縄
平成30年度	353	10	60	79	83	25	26	27	39	4
令和元	338	10	61	74	80	20	25	26	39	3
2	327	10	57	71	79	21	23	25	38	3

資料：都市農山漁村交流活性化機構資料及び株式会社百戦錬磨資料

5 市民農園数及び面積の推移

開設主体	単位	平成27年度末	28	29	30	令和元
農園数						
合計	農園	4,223	4,223	4,165	4,147	4,169
地方公共団体	〃	2,321	2,260	2,208	2,197	2,153
農業協同組合	〃	511	526	491	474	478
農業者	〃	1,078	1,108	1,148	1,162	1,188
その他(NPO等)	〃	313	329	318	314	350
面積						
合計	ha	1,380.6	1,370.8	1,312.2	1,299.9	1,296.0
地方公共団体	〃	880.7	868.8	811.9	815.0	804.5
農業協同組合	〃	118.3	117.4	113.3	111.7	111.7
農業者	〃	290.5	293.1	306.0	290.1	292.2
その他(NPO等)	〃	91.2	91.4	81.0	83.1	87.5

資料：農林水産省農村振興局資料
注： これは、市民農園整備促進法（平成2年法律第44号）、特定農地貸付けに関する農地法等の
　　特例に関する法律（平成元年法律第58号）及び都市農地の貸借の円滑化に関する法律（平成30
　　年法律第68号）に基づき開設した市民農園数及びその面積である。

6 地域資源の保全状況別農業集落数（令和2年2月1日現在）

単位：集落

区分	農地	森林	ため池・湖沼	河川・水路	農業用用排水路
当該地域資源のある農業集落	135,999	104,372	46,927	123,666	125,891
うち保全している	71,472	28,564	30,459	74,694	102,188
構成比（％）	52.6	27.4	64.9	60.4	81.2

資料：農林水産省統計部「2020年農林業センサス」
注：構成比は、それぞれの地域資源のある農業集落を100として算出した。

7 農業用水量の推移（用途別）（1年間当たり）

単位：億m³

区分	平成25年 (2013年)	26 (2014)	27 (2015)	28 (2016)	29 (2017)
計	540	541	540	538	537
水田かんがい用水	507	507	506	504	503
畑地かんがい用水	29	30	29	29	29
畜産用水	4	4	4	4	4

資料：国土交通省水管理・国土保全局「令和2年版 日本の水資源の現況」
注： 農業用水量は、実際の使用量の計測が難しいため、耕地の整備状況、かんがい面積、単位
　　用水量（減水深）、家畜飼養頭羽数などから、国土交通省水資源部で推計した数値である。

8　野生鳥獣資源利用実態
(1)　食肉処理施設の解体実績等
ア　解体頭・羽数規模別食肉施設数

単位：施設

区分	計	解体頭・羽数規模							
		50頭・羽数以下	51～100	101～300	301～500	501～1,000	1,001～1,500	1,501頭・羽数以上
平成29年度	590	274	110	137	30	24	9	6
30	633	275	127	141	41	27	10	12
令和元	667	302	121	146	43	34	8	13

資料：農林水産省統計部「野生鳥獣資源利用実態調査報告」（以下(2)イまで同じ。）

イ　鳥獣種別の解体頭・羽数

区分	計	イノシシ	シカ	その他鳥獣				
				小計	クマ	アナグマ	鳥類	1)その他
	頭・羽	頭	頭	頭・羽	頭	頭	羽	頭・羽
平成29年度	96,907	28,038	64,406	4,463	172	281	3,950	60
30	114,655	34,600	74,136	5,919	240	535	4,960	184
令和元	122,203	34,481	81,869	5,853	357	480	4,744	272

注：1)は、ノウサギ等である。

ウ　ジビエ利用量

単位：t

区分	合計	食肉処理施設が販売						ペットフード	解体処理のみを請け負って依頼者へ渡した食肉	自家消費向け食肉
		計	食肉							
			小計	イノシシ	シカ	その他鳥獣				
平成29年度	1,629	1,519	1,146	324	814	8		373	26	84
30	1,887	1,774	1,400	426	957	17		374	17	96
令和元	2,008	1,905	1,392	406	973	13		513	15	88

8 野生鳥獣資源利用実態（続き）
(2) 食肉処理施設の販売実績等
ア 食肉処理施設で処理して得た金額

単位：100万円

区分	合計	販売金額				
		計	食肉			
			小計	イノシシ	シカ	その他鳥獣
平成29年度	3,147	3,125	2,919	1,247	1,640	32
30	3,821	3,795	3,577	1,618	1,892	67
令和元	**3,769**	**3,737**	**3,427**	**1,486**	**1,875**	**66**

区分	販売金額（続き）					解体処理の請負料金
	食肉以外					
	小計	ペットフード	皮革	鹿角製品（鹿茸等）	その他	
平成29年度	206	193	6	6	1	22
30	218	201	8	8	1	26
令和元	**310**	**293**	**6**	**10**	**1**	**32**

イ イノシシ、シカの部位別等販売数量及び販売金額（令和元年度）

区分	単位	合計	食肉卸売・小売					
			計	部位				
				小計	モモ	ロース	肩	ヒレ
販売数量								
イノシシ	kg	406,180	374,735	138,726	41,587	29,772	14,303	2,144
シカ	kg	973,193	876,537	474,866	181,409	71,435	38,640	8,687
販売金額								
イノシシ	万円	148,550	137,012	46,794	13,351	13,208	5,235	882
シカ	万円	187,540	164,518	89,826	39,141	23,545	6,367	3,264

区分	単位	食肉卸売・小売（続き）					
		部位（続き）		枝肉	その他	加工仕向け	調理仕向け・
		スネ	その他				
販売数量							
イノシシ	kg	3,587	47,333	27,181	208,828	18,407	13,038
シカ	kg	32,865	141,830	102,699	298,972	57,315	39,341
販売金額							
イノシシ	万円	758	13,360	6,696	83,522	5,559	5,979
シカ	万円	3,561	13,948	9,346	65,346	11,286	11,736

注：食肉卸売・小売のその他は、部位及び枝肉以外のもの（分類不可を含む。）である。

(3)　野生鳥獣による農作物被害及び森林被害
　　ア　農作物被害面積、被害量及び被害金額

区分	単位	計	獣類				
			小計	イノシシ	シカ	サル	その他獣類
被害面積							
平成29年度	千ha	53.2	46.3	6.7	35.4	1.2	3.0
30	〃	51.8	45.5	5.9	35.8	1.0	2.8
令和元	〃	48.4	42.9	5.5	33.8	1.0	2.6
被害量							
平成29年度	千t	474.2	445.4	31.7	372.9	5.2	35.6
30	〃	495.6	464.5	31.5	392.1	4.6	36.3
令和元	〃	457.5	429.2	31.6	360.7	4.9	32.0
被害金額							
平成29年度	100万円	16,387	13,186	4,782	5,527	903	1,974
30	〃	15,777	12,881	4,733	5,410	823	1,915
令和元	〃	15,801	12,660	4,619	5,304	860	1,877

区分	単位	鳥類		
		小計	カラス	その他鳥類
被害面積				
平成29年度	千ha	6.9	3.0	3.9
30	〃	6.3	2.6	3.7
令和元	〃	5.5	2.3	3.2
被害量				
平成29年度	千t	28.8	17.4	11.4
30	〃	31.1	21.0	10.1
令和元	〃	28.4	16.9	11.5
被害金額				
平成29年度	100万円	3,200	1,470	1,730
30	〃	2,897	1,425	1,472
令和元	〃	3,141	1,329	1,812

資料：農林水産省農村振興局調べ
注：表示単位未満の数値から算出しているため、掲載数値による算出と一致しないことがある。

8　野生鳥獣資源利用実態（続き）
(3)　野生鳥獣による農作物被害及び森林被害（続き）
　　イ　主な野生鳥獣による森林被害面積

単位：ha

区分	計	イノシシ	シカ	クマ
森林被害面積				
平成29年度	6,364	80	4,711	609
30	5,880	67	4,249	569
令和元	4,870	62	3,469	432

区分	ノネズミ	カモシカ	ノウサギ	サル
森林被害面積				
平成29年度	583	252	120	8
30	699	209	81	6
令和元	601	167	138	1

資料：林野庁調べ
注：主な野生鳥獣とは、イノシシ、シカ、クマ、ノネズミ、カモシカ、ノウサギ、サルを指す。

(4)　狩猟及び有害捕獲等による主な野生鳥獣の捕獲頭・羽数

区分	獣類					カワウ
	イノシシ	シカ	サル	カモシカ	クマ類	
	頭	頭	頭	頭	頭	羽
平成26年度						
計	520,615	588,080	27,193	740	4,512	27,540
狩猟	174,421	189,933	–	–	367	5,168
1) 有害捕獲等	346,194	398,147	27,193	740	4,145	22,372
平成27年度						
計	553,741	593,690	25,087	669	2,354	27,833
狩猟	166,118	168,690	–	–	430	4,576
2) 有害捕獲等	387,623	425,000	25,087	669	1,924	23,257
平成28年度						
計	620,454	579,283	25,091	579	4,210	25,427
狩猟	162,731	161,134	–	–	383	4,516
3) 有害捕獲等	457,723	418,149	25,091	579	3,827	20,911

資料：農林水産省統計部、農村振興局「野生鳥獣資源利用実態調査報告」（環境省「鳥獣関係統計」）
注：1)　環境大臣、都道府県知事、市町村長による鳥獣捕獲許可の中の「有害鳥獣捕獲」
　　　　及び「特定鳥獣保護管理計画に基づく数の調整」による捕獲頭・羽数である。
　　2)　環境大臣、都道府県知事、市町村長による鳥獣捕獲許可の中の「被害の防止」、
　　　　「第一種特定鳥獣保護計画に基づく鳥獣の保護（平成26年の法改正で創設）」、
　　　　「第二種特定鳥獣管理計画に基づく鳥獣の数の調整（平成26年の法改正で創設）」、
　　　　「特定鳥獣保護管理計画に基づく数の調整」及び「指定管理鳥獣捕獲等事業（平
　　　　成26年の法改正で創設）」による捕獲頭・羽数である。
　　3)　環境大臣、都道府県知事、市町村長による鳥獣捕獲許可の中の「被害の防止」、
　　　　「第一種特定鳥獣保護計画に基づく鳥獣の保護（平成26年の法改正で創設）」、
　　　　「第二種特定鳥獣管理計画に基づく鳥獣の数の調整（平成26年の法改正で創設）」
　　　　及び「指定管理鳥獣捕獲等事業（平成26年の法改正で創設）」による捕獲頭・羽数
　　　　である。

8 野生鳥獣資源利用実態（続き）
(5) 都道府県別被害防止計画の作成状況（令和2年4月末現在）

単位：市町村

全国・ 都道府県	全市町村数	被害防止計画 作成済み
全国	1,741	1,502
北海道	179	176
青森	40	37
岩手	33	33
宮城	35	32
秋田	25	25
山形	35	34
福島	59	57
茨城	44	29
栃木	25	25
群馬	35	33
埼玉	63	32
千葉	54	45
東京	62	1
神奈川	33	19
山梨	27	26
長野	77	77
静岡	35	34
新潟	30	30
富山	15	14
石川	19	19
福井	17	17
岐阜	42	35
愛知	54	37
三重	29	25
滋賀	19	17
京都	26	23
大阪	43	24
兵庫	41	35
奈良	39	31
和歌山	30	30
鳥取	19	19
島根	19	17
岡山	27	26
広島	23	23
山口	19	19
徳島	24	23
香川	17	16
愛媛	20	19
高知	34	34
福岡	60	57
佐賀	20	20
長崎	21	21
熊本	45	45
大分	18	17
宮崎	26	26
鹿児島	43	41
沖縄	41	27

資料：農林水産省農村振興局資料
注： 「鳥獣による農林水産業等に係る被害の防止のための特別措置に関する
　　法律」に基づき、市町村が地域の実情に応じて作成した被害防止計画の
　　作成状況をとりまとめたものである。

林　業　編

I 森林資源

1 林野面積（令和2年2月1日現在）

単位：千ha

全国 ・ 都道府県	林野面積		
	計	現況森林面積	森林以外の草生地
全国	**24,770**	**24,436**	**334**
北海道	5,504	5,313	191
青森	626	613	13
岩手	1,152	1,140	12
宮城	408	404	4
秋田	833	818	15
山形	645	644	1
福島	942	938	5
茨城	199	198	1
栃木	339	339	0
群馬	409	407	2
埼玉	119	119	0
千葉	161	155	6
東京	77	76	1
神奈川	94	93	0
新潟	803	799	4
富山	241	241	–
石川	278	278	1
福井	310	310	0
山梨	349	347	2
長野	1,029	1,022	8
岐阜	841	839	2
静岡	493	488	5
愛知	218	218	0
三重	371	371	0
滋賀	204	204	1
京都	342	342	0
大阪	57	57	0
兵庫	563	562	1
奈良	284	284	0
和歌山	360	360	0
鳥取	258	257	1
島根	528	524	4
岡山	489	485	4
広島	618	610	8
山口	440	437	3
徳島	313	313	0
香川	87	87	0
愛媛	401	400	1
高知	594	592	2
福岡	222	222	0
佐賀	111	111	0
長崎	246	242	5
熊本	466	458	9
大分	455	449	6
宮崎	586	584	2
鹿児島	589	585	4
沖縄	116	106	9

資料：農林水産省統計部「2020年農林業センサス」

2 所有形態別林野面積（各年2月1日現在）

年次・都道府県		林野面積合計	国有				独立行政法人等
			計	林野庁	林野庁以外の官庁	計	
平成27年	(1)	24,802	7,176	7,037	138	17,627	693
令和2	**(2)**	**24,770**	**7,153**	**7,013**	**140**	**17,617**	**648**
北海道	(3)	5,504	2,916	2,826	89	2,588	144
青森	(4)	626	380	378	3	245	12
岩手	(5)	1,152	365	363	2	787	21
宮城	(6)	408	122	117	5	286	12
秋田	(7)	833	372	372	0	461	14
山形	(8)	645	328	328	0	317	7
福島	(9)	942	373	371	2	569	13
茨城	(10)	199	44	44	0	155	0
栃木	(11)	339	119	119	0	220	6
群馬	(12)	409	179	177	1	231	9
埼玉	(13)	119	12	12	0	108	6
千葉	(14)	161	8	7	0	153	1
東京	(15)	77	6	6	0	71	0
神奈川	(16)	94	9	9	0	84	1
新潟	(17)	803	225	223	2	578	8
富山	(18)	241	61	60	1	180	14
石川	(19)	278	26	25	1	252	7
福井	(20)	310	37	36	1	273	14
山梨	(21)	349	6	4	2	343	10
長野	(22)	1,029	325	325	0	704	30
岐阜	(23)	841	155	155	0	686	23
静岡	(24)	493	85	82	3	408	14
愛知	(25)	218	11	10	0	207	2
三重	(26)	371	22	22	0	349	13
滋賀	(27)	204	19	17	2	185	1
京都	(28)	342	7	6	1	335	16
大阪	(29)	57	1	1	0	56	0
兵庫	(30)	563	30	28	1	534	27
奈良	(31)	284	13	11	1	271	11
和歌山	(32)	360	16	16	0	344	12
鳥取	(34)	258	30	30	0	228	14
島根	(35)	528	32	32	0	496	33
岡山	(36)	489	37	35	2	452	9
広島	(37)	618	47	46	1	571	16
山口	(38)	440	11	11	0	428	12
徳島	(39)	313	17	16	1	296	12
香川	(40)	87	8	7	1	79	0
愛媛	(41)	401	39	38	0	362	8
高知	(42)	594	124	124	0	470	17
福岡	(43)	222	25	24	1	198	3
佐賀	(44)	111	15	15	0	95	3
長崎	(45)	246	24	23	1	222	2
熊本	(46)	466	63	61	2	403	14
大分	(47)	455	50	44	6	404	15
宮崎	(48)	586	177	175	2	409	26
鹿児島	(49)	589	150	149	1	438	10
沖縄	(50)	116	32	31	0	84	0

資料：農林水産省統計部「農林業センサス」
注：林野面積は、現況森林面積と森林以外の草生地を加えた面積である。

単位：千ha

民有						
	公有				私有	
小計	都道府県	森林整備法人 （林業・造林公社）	市区町村	財産区		
3,370	1,272	391	1,406	302	13,564	(1)
3,409	**1,310**	**352**	**1,436**	**311**	**13,560**	(2)
965	621	0	344	-	1,479	(3)
45	15	-	16	13	188	(4)
157	86	-	63	9	609	(5)
61	14	10	36	1	213	(6)
110	12	28	54	16	337	(7)
51	3	16	15	17	259	(8)
96	11	16	45	25	461	(9)
6	2	-	4	1	148	(10)
22	12	0	4	7	193	(11)
24	7	2	14	0	198	(12)
19	10	3	6	-	83	(13)
10	8	-	1	0	143	(14)
24	14	1	8	1	47	(15)
36	28	-	4	5	47	(16)
78	6	11	54	6	492	(17)
39	14	9	12	4	127	(18)
35	12	15	8	0	210	(19)
39	26	-	12	1	220	(20)
199	177	-	12	11	133	(21)
197	19	18	111	49	478	(22)
115	20	27	51	17	548	(23)
45	7	-	22	16	349	(24)
25	12	-	6	8	179	(25)
31	4	-	22	6	304	(26)
39	6	23	3	7	145	(27)
28	10	-	7	11	291	(28)
5	1	-	1	3	51	(29)
75	7	25	34	9	432	(30)
23	8	-	11	4	236	(31)
21	5	4	8	4	311	(32)
41	5	15	9	12	173	(34)
53	3	24	24	2	410	(35)
79	7	24	36	12	364	(36)
69	26	-	35	8	485	(37)
72	1	14	56	1	344	(38)
26	7	10	8	1	258	(39)
14	2	-	6	5	65	(40)
36	7	0	21	8	318	(41)
48	10	15	23	0	406	(42)
25	6	-	15	4	169	(43)
12	3	-	10	-	80	(44)
43	7	14	21	1	176	(45)
64	11	9	37	7	325	(46)
36	15	-	20	1	352	(47)
51	14	10	27	0	332	(48)
74	7	10	58	-	354	(49)
48	6	-	43	-	36	(50)

3 都道府県別林種別森林面積（森林計画対象以外の森林も含む。）
（平成29年3月31日現在）

単位：千ha

全国・都道府県	森林面積計	立木地			天然林	森林計画対象のみ	竹林	伐採跡地	未立木地
		小計	人工林	森林計画対象のみ					
全国	25,048	23,684	10,204	10,184	13,481	13,401	167	109	1,088
北海道	5,538	5,230	1,475	1,474	3,755	3,731	–	36	273
青森	633	607	269	269	337	336	–	6	20
岩手	1,171	1,101	489	489	612	610	0	21	49
宮城	417	400	198	197	201	197	2	2	14
秋田	839	815	410	409	406	405	0	3	21
山形	669	627	186	186	441	441	0	2	41
福島	974	925	341	340	584	583	1	4	44
茨城	187	178	111	111	67	67	2	1	6
栃木	349	336	156	155	180	178	1	1	12
群馬	423	397	177	177	220	220	1	1	23
埼玉	120	118	59	59	59	58	0	0	1
千葉	157	136	61	60	74	73	6	0	16
東京	79	74	35	35	39	39	0	1	3
神奈川	95	90	36	36	54	50	1	0	3
新潟	855	726	162	162	564	562	2	0	127
富山	285	224	55	54	169	169	1	1	60
石川	286	267	102	101	165	165	2	0	17
福井	312	303	124	124	178	178	1	0	8
山梨	348	326	154	153	172	172	1	1	21
長野	1,069	1,001	445	440	557	548	2	1	65
岐阜	862	815	385	384	430	430	1	3	43
静岡	497	470	280	278	189	187	4	1	23
愛知	218	212	140	140	72	71	2	1	2
三重	372	363	230	230	133	133	2	2	6
滋賀	203	196	85	85	111	110	1	0	6
京都	342	332	132	131	200	199	5	0	5
大阪	57	54	28	28	26	25	2	0	1
兵庫	560	545	238	238	306	306	3	0	12
奈良	284	279	172	172	107	105	1	0	3
和歌山	361	356	220	220	136	136	1	1	2
鳥取	259	250	140	140	110	110	3	0	5
島根	524	503	205	205	298	298	11	0	10
岡山	483	466	205	205	261	259	5	1	11
広島	611	597	201	201	396	395	2	0	12
山口	437	420	195	195	225	224	12	0	5
徳島	315	305	190	190	116	116	4	1	4
香川	88	81	23	23	58	57	3	0	3
愛媛	401	386	245	244	141	141	4	0	10
高知	595	583	388	388	195	195	5	2	5
福岡	222	202	140	140	62	59	14	0	6
佐賀	110	101	74	74	27	27	3	0	6
長崎	243	229	105	105	124	124	4	0	10
熊本	463	429	280	280	149	149	10	1	22
大分	453	411	233	233	178	174	14	3	24
宮崎	586	564	333	332	231	231	6	8	7
鹿児島	588	555	279	278	276	276	18	2	13
沖縄	107	100	12	12	88	88	0	0	6

資料：林野庁資料（以下7(2)まで同じ。）

4　人工林の齢級別立木地面積（平成29年3月31日現在）

単位：千ha

全国 農業地域	計	10年生 以下	11～20	21～30	31～40	41～50	51～60	61～70	71年生 以上
全国	10,184	170	278	572	1,428	2,637	3,020	1,233	847
北海道	1,474	74	74	100	257	457	374	103	35
東北	1,889	21	40	110	310	539	543	207	120
北陸	442	3	10	30	72	93	103	57	74
関東・東山	1,227	8	19	50	125	256	406	218	145
東海	1,033	3	13	42	107	200	318	167	182
近畿	874	4	16	43	111	212	262	105	121
中国	947	13	32	74	157	239	283	97	53
四国	845	4	14	40	93	219	293	123	60
九州	1,442	41	59	81	195	419	434	156	57
沖縄	12	0	0	1	2	5	4	1	0

注：森林計画対象の森林面積である。

5　樹種別立木地面積（平成29年3月31日現在）

単位：千ha

全国 農業地域	立木地計	人工林						天然林	
		針葉樹	すぎ	ひのき	まつ類	からまつ	広葉樹	針葉樹	広葉樹
全国	23,586	9,867	4,438	2,595	818	977	318	2,167	11,234
北海道	5,205	1,428	32	0	2	398	46	766	2,965
東北	4,460	1,843	1,245	39	350	204	46	259	2,312
北陸	1,515	430	372	12	28	4	12	60	1,013
関東・東山	2,631	1,191	429	288	120	340	36	299	1,105
東海	1,853	1,011	385	529	62	28	22	150	670
近畿	1,754	859	426	392	40	0	15	211	669
中国	2,232	920	322	447	148	2	27	305	980
四国	1,354	821	405	391	23	0	24	58	451
九州	2,481	1,357	821	497	37	0	85	47	992
沖縄	100	8	0	–	7	–	5	12	76

注：森林計画対象の森林面積である。

6 保安林面積

単位：千ha

保安林種	平成27年度	28	29	30	令和元
保安林面積計	12,170	12,184	12,197	12,214	**12,230**
水源かん養保安林	9,185	9,195	9,204	9,224	**9,235**
土砂流出・崩壊防備保安林	2,644	2,649	2,656	2,662	**2,666**
飛砂防備保安林	16	16	16	16	**16**
防風保安林	56	56	56	56	**56**
水害・潮害防備保安林	14	15	14	15	**15**
なだれ・落石防止保安林	22	22	22	22	**22**
魚つき保安林	60	60	60	60	**60**
保健保安林	701	701	704	704	**704**
風致保安林	28	28	28	28	**28**
1) その他の保安林	189	189	189	189	**189**

注： 1 同一箇所で2種類以上の保安林に指定されている場合、それぞれの保安林種に計上している。
　　 2 保安林面積計は1の重複を除いた実面積であるため、保安林種別の面積の合計とは一致しない。
　　 3 1)は、干害防備保安林、防雪保安林、防霧保安林、防火保安林及び航行目標保安林である。

7 林道
(1) 林道の現況

単位：km

年次	計	国有林	併用林道	民有林	森林組合が管理
平成27年	139,090	45,655	7,984	93,435	2,832
28	139,236	45,818	8,017	93,418	2,800
29	139,417	45,951	7,987	93,466	2,778
30	139,551	46,081	8,061	93,471	2,743
令和元	**139,679**	**46,195**	**8,065**	**93,484**	**2,715**

(2) 林道新設（自動車道）

単位：km

年次	計	国有林林道	民有林林道 小計	補助林道 国庫補助	一般	道整備交付金	農免	公団	林業構造改善	県単独補助	融資林道・自力林道
平成27年	413	175	238	221	153	67	–	–	–	13	3
28	364	147	217	202	147	55	–	–	–	12	3
29	356	163	193	183	136	48	–	–	–	8	1
30	305	129	175	169	127	42	–	–	–	6	0
令和元	**294**	**131**	**162**	**155**	**116**	**38**	–	–	–	**7**	**1**

Ⅱ 林業経営

1 林業経営体（各年2月1日現在）

(1) 都道府県別組織形態別経営体数

単位：経営体

| 年次・都道府県 | 計 | 法人化している | | | | 地方公共団体・財産区 | 法人化していない | |
		農事組合法人	会社	各種団体	その他の法人			個人経営体
平成27年	87,284	145	2,456	2,337	661	1,289	80,396	77,692
令和2	**34,001**	**72**	**1,994**	**1,608**	**419**	**828**	**29,080**	**27,776**
北海道	4,565	16	495	124	40	62	3,828	3,806
青森	678	3	68	44	2	34	527	521
岩手	1,728	7	89	78	19	22	1,513	1,435
宮城	489	1	32	39	6	13	398	354
秋田	1,010	6	68	43	16	37	840	754
山形	451	−	29	34	5	23	360	323
福島	777	2	43	31	18	37	646	620
茨城	407	−	27	11	1	2	366	362
栃木	1,015	−	40	15	9	20	931	897
群馬	358	−	36	30	10	15	267	253
埼玉	129	−	8	4	4	1	112	110
千葉	199	−	10	3	1	−	185	185
東京	152	−	24	3	11	3	111	107
神奈川	139	−	14	27	3	11	84	77
新潟	637	−	20	79	12	13	513	491
富山	181	−	9	18	2	1	151	147
石川	416	2	15	13	5	3	378	374
福井	356	1	5	31	8	5	306	300
山梨	153	−	43	14	3	23	70	64
長野	1,008	8	58	115	20	91	716	613
岐阜	1,584	1	70	67	12	40	1,394	1,338
静岡	837	1	53	27	22	24	710	643
愛知	498	−	16	7	6	12	457	443
三重	527	−	39	31	8	4	445	432
滋賀	306	1	6	43	13	11	232	211
京都	619	1	20	86	12	19	481	409
大阪	128	−	10	7	4	1	106	103
兵庫	514	−	18	86	11	15	384	328
奈良	652	1	27	23	8	13	580	561
和歌山	340	−	27	21	9	12	271	256
鳥取	843	−	20	33	11	32	747	701
島根	875	−	21	20	9	14	811	787
岡山	1,174	2	43	17	20	22	1,070	1,029
広島	1,453	2	48	53	20	15	1,315	1,294
山口	543	1	11	12	1	7	511	502
徳島	264	−	10	12	2	9	231	231
香川	88	−	5	6	−	5	72	72
愛媛	968	1	40	23	7	16	881	869
高知	882	−	38	39	5	18	782	729
福岡	719	−	18	23	4	32	642	606
佐賀	406	1	9	39	9	13	335	300
長崎	178	1	7	35	3	12	120	114
熊本	1,255	4	81	20	5	33	1,112	1,076
大分	1,329	6	42	39	6	12	1,224	1,177
宮崎	1,796	1	126	43	5	9	1,612	1,535
鹿児島	367	2	56	35	12	12	250	234
沖縄	8	−	−	5	−	−	3	3

資料：農林水産省統計部「農林業センサス」（以下2(6)まで同じ。）

1 林業経営体（各年2月1日現在）（続き）
 (2) 保有山林面積規模別経営体数

単位：経営体

年次・全国農業地域	計	1) 3 ha未満	3〜5	5〜10	10〜20	20〜30	30〜50	50〜100	100ha以上
平成27年	87,284	2,247	23,767	24,391	17,494	6,832	5,361	3,572	3,620
令和2	34,001	1,520	6,236	8,197	7,023	3,191	2,854	2,151	2,829
北海道	4,565	150	704	1,187	1,049	436	380	273	386
都府県	29,436	1,370	5,532	7,010	5,974	2,755	2,474	1,878	2,443
東北	5,133	304	879	1,198	1,041	457	449	343	462
北陸	1,590	80	385	422	280	122	103	71	127
関東・東山	3,560	264	753	858	642	268	235	209	331
東海	3,446	119	556	765	688	363	341	258	356
近畿	2,559	111	431	570	435	216	217	229	350
中国	4,888	110	1,031	1,349	1,206	420	323	209	240
四国	2,202	65	327	486	515	292	211	146	160
九州	6,050	313	1,166	1,362	1,167	617	595	413	417
沖縄	8	4	4	−	−	−	−	−	−

注：1)は、保有山林なしの林業経営体を含む。

(3) 保有山林の状況

年次	所有山林		貸付山林		借入山林		保有山林	
	経営体数	面積	経営体数	面積	経営体数	面積	経営体数	面積
	経営体	ha	経営体	ha	経営体	ha	経営体	ha
平成27年	85,529	4,027,399	2,834	222,712	2,178	568,687	86,027	4,373,374
令和2	32,623	2,992,198	1,624	210,048	1,272	540,541	32,973	3,322,691

(4) 林業労働力

年次	雇い入れた実経営体数	実人数	延べ人日
	経営体	人	人日
平成27年	8,524	63,834	7,008,284
令和2	3,897	43,415	5,670,875

年次	常雇い			臨時雇い（手伝い等を含む。）		
	経営体数	実人数	延べ人日	経営体数	実人数	延べ人日
	経営体	人	人日	経営体	人	人日
平成27年	3,743	32,726	6,145,949	6,319	31,108	862,335
令和2	2,536	22,929	4,916,735	2,375	20,486	754,140

(5) 素材生産を行った経営体数と素材生産量

年次	計		保有山林の素材生産量		受託もしくは立木買いによる素材生産量			
	実経営体数	素材生産量	経営体数	素材生産量	経営体数	立木買い	素材生産量	立木買い
	経営体	m³	経営体	m³	経営体	経営体	m³	m³
平成27年	10,490	19,888,089	7,939	4,342,650	3,712	1,811	15,545,439	6,133,040
令和2	5,839	20,414,409	3,886	4,344,838	2,695	1,410	16,069,571	6,990,778

(6) 林業作業の受託を行った経営体数と受託面積

年次	林業作業の受託を行った実経営体数	植林		下刈りなど	
		経営体数	面積	経営体数	面積
	経営体	経営体	ha	経営体	ha
平成27年	5,159	1,309	24,401	2,406	148,833
令和2	3,349	1,212	26,190	1,697	129,788

年次	間伐		主伐（請負）		主伐（立木買い）	
	経営体数	面積	経営体数	面積	経営体数	面積
	経営体	ha	経営体	ha	経営体	ha
平成27年	3,415	215,771	976	18,368	1,413	25,457
令和2	2,251	164,906	987	27,798	876	20,975

(7) 林業作業の受託料金収入規模別経営体数

単位：経営体

年次・全国農業地域	計	収入なし	100万円未満	100〜300	300〜500	500〜1,000	1,000〜3,000	3,000〜5,000	5,000万円以上
平成27年	87,284	82,125	1,536	603	289	597	747	396	991
令和2	34,001	30,652	606	340	204	317	534	342	1,006
北海道	4,565	4,183	36	13	6	23	73	58	173
都府県	29,436	26,469	570	327	198	294	461	284	833
東北	5,133	4,511	93	51	37	70	95	64	212
北陸	1,590	1,468	21	11	6	14	21	13	36
関東・東山	3,560	3,202	48	30	27	32	61	40	120
東海	3,446	3,157	58	26	22	28	50	31	74
近畿	2,559	2,271	64	42	21	27	36	28	70
中国	4,888	4,585	67	37	18	25	40	27	89
四国	2,202	1,971	48	39	17	16	30	20	61
九州	6,050	5,301	171	91	50	82	126	61	168
沖縄	8	3	–	–	–	–	2	–	3

注： 受託料金収入には、立木買いによる素材生産の受託料金収入（素材売却額と立木購入額の差額）を含む。

2 林業経営体のうち団体経営（各年2月1日現在）

(1) 保有山林面積規模別経営体数

単位：経営体

年次・全国農業地域	計	1) 3 ha 未満	3～5	5～10	10～20	20～30	30～50	50～100	100ha 以上
平成27年	9,592	1,174	845	1,206	1,352	772	846	1,078	2,319
令和2	6,225	1,026	353	557	723	421	531	667	1,947
北海道	759	137	35	76	82	45	59	61	264
都府県	5,466	889	318	481	641	376	472	606	1,683
東北	1,126	182	67	99	130	79	101	127	341
北陸	278	51	20	22	20	19	17	28	101
関東・東山	892	215	51	59	107	50	60	88	262
東海	590	94	21	55	59	36	57	62	206
近畿	691	71	28	45	84	51	68	108	236
中国	575	79	36	61	76	34	53	59	177
四国	301	48	21	32	41	20	20	24	95
九州	1,008	146	72	108	124	87	96	110	265
沖縄	5	3	2	－	－	－	－	－	－

注：1)は、保有山林なしの林業経営体を含む。

(2) 保有山林の状況

年次	所有山林		貸付山林		借入山林		保有山林	
	経営体数	面積	経営体数	面積	経営体数	面積	経営体数	面積
	経営体	ha	経営体	ha	経営体	ha	経営体	ha
平成27年	8,202	2,792,809	991	195,368	964	560,721	8,627	3,158,161
令和2	5,059	2,362,943	787	192,691	746	536,216	5,372	2,706,468

(3) 林業労働力

年次	雇い入れた実経営体数	実人数	延べ人日
	経営体	人	人日
平成27年	3,141	43,746	6,404,740
令和2	2,624	36,941	5,367,462

年次	常雇い			臨時雇い（手伝い等を含む。）		
	経営体数	実人数	延べ人日	経営体数	実人数	延べ人日
	経営体	人	人日	経営体	人	人日
平成27年	2,447	28,486	5,744,806	1,841	15,260	659,934
令和2	2,116	22,034	4,748,092	1,354	14,907	619,370

(4)　素材生産を行った経営体数と素材生産量

年次	計		保有山林の素材生産量		受託もしくは立木買いによる素材生産量			
	実経営体数	素材生産量	経営体数	素材生産量	経営体数	立木買い	素材生産量	立木買い
	経営体	m³	経営体	m³	経営体	経営体	m³	m³
平成27年	2,971	16,048,897	1,422	2,614,690	2,026	1,071	13,434,207	5,044,646
令和2	2,257	17,343,614	998	3,087,650	1,634	864	14,255,964	6,170,201

(5)　林業作業の受託を行った経営体数と受託面積

年次	林業作業の受託を行った実経営体数	植林		下刈りなど	
		経営体数	面積	経営体数	面積
	経営体	経営体	ha	経営体	ha
平成27年	2,360	961	22,491	1,344	140,424
令和2	2,113	986	23,855	1,269	123,832

年次	間伐		主伐（請負）		主伐（立木買い）	
	経営体数	面積	経営体数	面積	経営体数	面積
	経営体	ha	経営体	ha	経営体	ha
平成27年	1,827	200,127	591	15,178	829	21,583
令和2	1,600	157,509	703	25,747	608	19,339

(6)　林業作業の受託料金収入規模別経営体数

単位：経営体

年次・全国農業地域	計	収入なし	100万円未満	100〜300	300〜500	500〜1,000	1,000〜3,000	3,000〜5,000	5,000万円以上
平成27年	9,592	7,232	138	120	94	242	489	321	956
令和2	6,225	4,112	116	102	85	169	363	291	987
北海道	759	435	12	7	3	17	62	51	172
都府県	5,466	3,677	104	95	82	152	301	240	815
東北	1,126	727	28	17	7	36	57	47	207
北陸	278	179	9	7	6	12	17	13	35
関東・東山	892	604	15	13	17	28	56	39	120
東海	590	405	12	8	13	14	36	30	72
近畿	691	539	12	11	8	14	23	17	67
中国	575	389	6	16	10	12	30	25	87
四国	301	178	1	8	6	8	21	19	60
九州	1,008	656	21	15	15	28	59	50	164
沖縄	5	−	−	−	−	−	2	−	3

注：　受託料金収入には、立木買いによる素材生産の受託料金収入（素材生産売却額と立木購入額の差額）を含む。

3 林業就業人口（各年10月1日現在）

単位：万人

区分	平成7年	12	17	22	27
林業就業者	8.6	6.7	4.7	6.9	6.4
うち65歳以上	1.6	1.7	1.2	1.2	1.4

資料：総務省統計局「国勢調査」

4 林業分野の新規就業者の動向

単位：人

区分	平成27年度	28	29	30	令和元
新規林業就業者数	3,204	3,055	3,114	2,984	2,855

資料：林野庁資料

5 家族経営体（1経営当たり）（全国平均）（平成30年）
(1) 林業経営の総括

区分	林業所得	林業粗収益	林業経営費	保有山林面積		
				計	人工林	天然林・その他
	千円	千円	千円	ha	ha	ha
全国	**1,038**	**3,780**	**2,742**	**64.4**	**46.4**	**18.0**
保有山林面積規模別						
20 ～ 50 ha未満	671	2,168	1,497	30.4	22.8	7.6
50 ～ 100	1,314	5,549	4,235	67.6	46.7	20.9
100 ～ 500	2,163	7,803	5,640	187.3	140.4	46.8
500ha以上	4,634	14,415	9,781	681.6	423.5	258.1

資料：農林水産省統計部「林業経営統計調査報告」（以下6(2)まで同じ。）

(2) 林業粗収益と林業経営費

単位：千円

| 区分 | 部門別粗収益 | | | | 林業経営費 | | | |
	計	立木販売	素材生産	その他		雇用労賃	原木費	請負わせ料金
全国	**3,780**	**207**	**2,144**	**1,429**	**2,742**	**306**	**298**	**1,065**
保有山林面積規模別								
20 ～ 50 ha未満	2,168	140	1,126	902	1,497	168	116	502
50 ～ 100	5,549	122	3,212	2,215	4,235	640	849	1,092
100 ～ 500	7,803	575	4,775	2,453	5,640	272	91	3,810
500ha以上	14,415	2,256	8,973	3,186	9,781	1,056	495	3,566

(3) 林業投下労働時間

単位：時間

区分	計	家族労働	雇用労働
全国	**807**	**653**	**154**
保有山林面積規模別			
20 ～ 50 ha未満	702	614	88
50 ～ 100	1,031	745	286
100 ～ 500	824	664	160
500ha以上	1,348	407	941

(4) 部門別林業投下労働時間

| 区分 | 単位 | 部門別投下労働時間 | | | | |
		計	育林	素材生産	受託	その他
全国	**時間**	**807**	**181**	**318**	**90**	**218**
構成比	％	100.0	22.4	39.4	11.2	27.0
保有山林面積規模別						
20 ～ 50 ha未満	時間	702	175	239	68	220
50 ～ 100	〃	1,031	178	429	177	247
100 ～ 500	〃	824	203	469	－	152
500ha以上	〃	1,348	191	701	239	217

6 会社経営体（1経営体当たり）（全国平均）（平成30年度）

(1) 総括

区分	収益					費用				
	合計	売上高			営業外収益③	合計	営業費用			営業外費用⑥
		計	林業事業売上高①	林業事業外売上高②			計	林業事業営業費用④	林業事業外営業費用⑤	
全国	197,944	192,447	121,130	71,317	5,497	190,917	189,748	127,502	62,246	1,169
林業事業売上高別										
5,000万円未満	51,171	47,869	27,787	20,082	3,302	53,129	52,938	35,846	17,092	191
5,000万～1億	108,436	104,073	76,261	27,812	4,363	104,697	104,082	81,493	22,589	615
1 ～3	360,556	352,377	170,015	182,362	8,179	347,939	345,429	182,199	163,230	2,510
3億円以上	521,761	513,735	464,607	49,128	8,026	491,891	489,862	450,945	38,917	2,029

単位：千円

区分	営業利益			経常利益⑩	特別利益⑪	特別損失⑫	法人税、住民税及び事業税⑬	当期純利益⑭
	計⑦	林業事業営業利益⑧	林業事業外営業利益⑨					
全国	2,699	△ 6,372	9,071	7,027	2,704	1,891	2,645	5,195
林業事業売上高別								
5,000万円未満	△ 5,069	△ 8,059	2,990	△ 1,958	1,333	3,731	325	△ 4,681
5,000万～1億	△ 9	△ 5,232	5,223	3,739	1,001	495	1,130	3,115
1 ～3	6,948	△12,184	19,132	12,617	6,716	3,443	5,590	10,300
3億円以上	23,873	13,662	10,211	29,870	1,497	6	6,935	24,426

注：1 調査対象経営体は、直近の農林業センサスに基づく林業経営体のうち、株式会社、合名・合資会社等により林業を営む経営体で、①過去1年間の素材生産量が1,000㎥以上、②過去1年間の受託収入が2,000万円以上のいずれかに該当する経営体である（以下(2)まで同じ。）。
　　　2 計算方法は以下のとおりである。
　　　　　　⑧＝①－④　　　　　⑨＝②－⑤
　　　　　　⑩＝⑦＋③－⑥　　　⑭＝⑩＋⑪－⑫－⑬

(2) 林業事業経営収支

単位：千円

区分	林業事業売上高				林業事業営業費用					
	計	保有山林	請負収入	立木買い素材生産収入	計	売上原価	賃金	原木購入費	減価償却費	販売費及び一般管理費
全国	121,130	856	79,826	40,448	127,502	98,133	33,345	14,523	13,127	29,369
林業事業売上高別										
5,000万円未満	27,787	169	17,197	10,421	35,846	24,045	10,553	484	5,000	11,801
5,000万～1億	76,261	351	63,885	12,025	81,493	55,574	24,019	2,449	6,690	25,919
1 ～3	170,015	880	97,099	72,036	182,199	142,444	43,429	27,457	21,568	39,755
3億円以上	464,607	5,840	279,592	179,175	450,945	394,159	113,943	78,749	42,929	56,786

7 林業機械の普及
(1) 民有林の主な在来型林業機械所有台数

単位：台

年度	チェーンソー	小型集材機	大型集材機	刈払機
平成27年	170,361	3,103	3,951	186,528
28	157,197	2,893	3,774	167,232
29	130,544	2,631	3,493	134,860
30	123,031	2,359	3,295	126,427
令和元	**110,158**	**2,108**	**3,019**	**107,615**

資料：林野庁「森林・林業統計要覧」（以下(2)まで同じ。）

(2) 高性能林業機械の年度別普及状況

単位：台

年度	フェラーバンチャ	ハーベスタ	プロセッサ	スキッダ	フォワーダ	タワーヤーダ	スイングヤーダ	その他の高性能林業機械
平成27年	145	1,521	1,802	126	2,171	152	959	810
28	156	1,572	1,851	118	2,328	151	1,012	1,014
29	166	1,757	1,985	123	2,474	150	1,059	1,225
30	161	1,849	2,069	115	2,650	152	1,082	1,581
令和元	**166**	**1,918**	**2,155**	**111**	**2,784**	**149**	**1,095**	**1,840**

(3) 木材加工機械の生産台数

単位：台

年次	木工機械及び製材機械	合板機械（繊維板機械を含む。）
平成28年	3,227	209
29	2,902	297
30	2,458	334
令和元	3,324	424
2	**3,297**	**256**

資料：経済産業省調査統計グループ「令和2年経済産業省生産動態統計年報機械統計編」

8　治山事業
(1)　国有林野内治山事業

単位：100万円

事業種類	平成27年度	28	29	30	令和元
治山事業計	19,556	20,829	20,163	24,655	29,709
直轄治山事業	18,117	19,065	17,960	21,855	26,086
山地治山	14,721	15,845	15,284	19,416	24,039
山地復旧	14,268	15,337	14,773	18,242	23,092
復旧治山	10,925	10,903	10,995	14,471	19,117
山地災害重点地域総合対策					98
流木防止総合対策					548
地域防災対策総合治山	625	937	950	525	616
地すべり防止	665	450	648	532	1,008
防災林造成	2,053	3,047	2,180	2,715	1,705
予防治山	454	507	511	1,173	947
水源地域等保安林整備	3,396	3,220	2,676	2,439	2,047
水源地域整備	1,521	1,460	1,086	942	631
保安林整備	1,688	1,635	1,558	1,454	1,310
保安林管理道整備	26	0	16	15	59
共生保安林整備	161	125	15	28	47
その他	1,439	1,764	2,203	2,801	3,623

資料：林野庁資料（以下(2)まで同じ。）
注：1　数値は、各年度の実績額である。
　　2　その他は、測量設計費、船舶及び機械器具費、営繕宿舎費を指す。
　　3　平成24年度より東日本大震災復興特会分を加算している。

(2)　民有林の治山事業

単位：100万円

事業種類	平成29年度	30	31	令和2	3
治山事業費計	49,602	47,012	61,948	57,597	41,701
治山事業費	48,085	45,501	60,437	56,110	40,246
直轄治山事業費	8,671	8,736	12,730	12,037	9,064
直轄地すべり防止事業費	3,456	3,384	4,145	3,964	2,288
治山事業調査費	173	173	176	176	176
治山事業費補助	33,870	31,732	41,402	37,597	26,337
山地治山総合対策	27,958	25,629	33,681	30,160	20,236
水源地域等保安林整備	4,193	4,203	4,456	3,874	2,521
治山等激甚災害対策特別緊急	1,719	1,900	3,265	3,563	3,580
後進地域特例法適用団体補助率差額	1,886	1,457	1,944	2,322	2,362
営繕宿舎費	27	18	40	14	19
治山事業工事諸費	1,517	1,511	1,511	1,487	1,455

注：1　数値は、当初予算額（国費）である。
　　2　このほかに農山漁村地域整備交付金（平成29年度：101,650百万円の内数、平成30年度：91,650
　　　百万円の内数、平成31年度：97,714百万円の内数、令和2年度：98,475百万円の内数、令和3年度：
　　　80,725百万円の内数がある。）
　　3　平成24年度より東日本大震災復興特別会計分を加算している。

Ⅲ　育林と伐採

1　樹種別人工造林面積の推移

単位：ha

年度	計	針葉樹					広葉樹
		すぎ	ひのき	まつ類	からまつ	その他	
平成27年度	19,429	5,537	2,039	185	4,467	5,250	1,950
28	21,106	6,766	1,972	291	5,017	4,983	2,077
29	22,069	7,102	1,979	406	5,388	5,423	1,771
30	21,568	6,899	1,845	277	5,486	5,106	1,956
令和元	**22,788**	**7,189**	**1,821**	**311**	**6,466**	**5,046**	**1,954**

資料：林野庁「森林・林業統計要覧」（以下3まで同じ。）
注：民有林における人工造林面積であり、樹下植栽による面積を含む。

2　再造林、拡大造林別人工造林面積

単位：ha

年度	人工造林面積			国有林			民有林		
	計	再造林	拡大造林	小計	再造林	拡大造林	小計	再造林	拡大造林
平成27年度	25,173	20,618	4,555	5,745	5,729	15	19,429	14,889	4,540
28	27,050	22,421	4,629	5,944	5,918	25	21,106	16,502	4,603
29	30,212	25,660	4,552	8,143	8,125	18	22,069	17,535	4,534
30	30,182	25,967	4,216	8,614	8,614	0	21,568	17,353	4,216
令和元	**33,404**	**28,955**	**4,449**	**10,616**	**10,616**	**0**	**22,788**	**18,339**	**4,449**

注：1　樹下植栽による面積を含む。
　　2　国有林には、新植のほか改植、人工下種及び官行造林面積を含む。
　　3　民有林には、水源林造成事業による造林面積を含む。

3　伐採立木材積

単位：千㎥

年度	計	国有林			民有林
		小計	1)林野庁所管	2)官行造林地	
平成27年度	43,806	8,826	8,228	598	34,980
28	45,682	8,718	8,277	441	36,964
29	48,051	9,246	8,654	592	38,805
30	47,630	9,155	8,588	567	38,475
令和元	**48,390**	**9,105**	**8,582**	**523**	**39,285**

注：主伐と間伐の合計材積であり、民有林は推計値である。
　　1)は、立木竹及び幼齢木補償に該当するもの、事業支障木等の伐採であって当年度に販売を
　　行わないもの、立木販売による緑化用立木竹及び環境緑化樹木生産事業による資材、分収造林、
　　分収育林及び林野・土地と共に売り払ったものを含む（民収分を含む。）。
　　2)は、国持分譲渡に係るもの、立木竹及び幼齢木補償に該当するもの及び事業支障木等の伐
　　採であって当年度に販売を行わないものを含む（民収分を含む。）。

Ⅳ 素材生産量

1 都道府県別主要部門別素材生産量

単位：千㎥

年次・都道府県	計	製材用	1)合板等用	2)木材チップ用
平成28年	20,660	12,182	3,682	4,796
29	21,408	12,632	4,122	4,654
30	21,640	12,563	4,492	4,585
令和元	21,883	12,875	4,745	4,263
2 （概数値）	19,882	11,615	4,195	4,072
北海道	2,850	1,455	563	832
青森	894	318	327	249
岩手	1,355	429	548	378
宮城	576	167	256	153
秋田	1,123	477	450	196
山形	266	189	69	8
福島	853	469	50	334
茨城	423	347	4	72
栃木	540	438	5	97
群馬	208	132	37	39
埼玉	63	30	0	33
千葉	58	21	2	35
東京	28	15	3	10
神奈川	11	9	0	2
新潟	99	53	27	19
富山	79	43	22	14
石川	138	58	48	32
福井	121	56	35	30
山梨	144	22	48	74
長野	466	171	202	93
岐阜	364	234	67	63
静岡	328	174	110	44
愛知	208	103	85	20
三重	274	168	63	43
滋賀	59	16	18	25
京都	141	48	39	54
大阪	9	3	–	6
兵庫	264	73	119	72
奈良	107	88	4	15
和歌山	166	102	25	39
鳥取	254	72	136	46
島根	429	86	229	114
岡山	339	283	31	25
広島	295	131	49	115
山口	228	123	31	74
徳島	267	152	x	x
香川	8	7	–	1
愛媛	523	485	x	x
高知	497	336	x	x
福岡	177	149	1	27
佐賀	113	91	1	21
長崎	106	56	0	50
熊本	964	754	131	79
大分	1,014	818	171	25
宮崎	1,879	1,772	40	67
鹿児島	572	391	31	150
沖縄	2	1	–	1

資料：農林水産省統計部「木材需給報告書」。ただし令和2年は「令和2年 木材統計」（以下2まで同じ。）。
注：1 素材とは、用材（薪炭材及びしいたけ原木を除く。）に供される丸太及びそま角をいい、輸入木
　　材にあっては、大中角、盤及びその他の半製品を含めた。
　　2 素材生産量は、調査対象工場に入荷した素材の入荷量（輸入材を除く。）をもって生産量とした。
　　1)は、平成28年までは「合板用」、平成29年からはLVL用を含めた「合板等用」である。
　　2)は、木材チップ工場に入荷した原料のうち、素材の入荷量のみを計上した。

2　樹種別、需要部門別素材生産量（令和2年）（概数値）

単位：千㎥

樹種	計	製材用	合板等用	木材チップ用
計	**19,882**	**11,615**	**4,195**	**4,072**
針葉樹小計	18,037	11,499	4,183	2,355
あかまつ・くろまつ	570	114	190	266
すぎ	11,663	7,841	2,502	1,320
ひのき	2,722	2,014	448	260
からまつ	2,008	894	823	291
えぞまつ・とどまつ	932	592	200	140
その他	142	44	20	78
広葉樹	1,845	116	12	1,717

3　間伐実績及び間伐材の利用状況

年度	1)間伐実績			2)間伐材利用量						
				計	民有林					国有林
	計	民有林	国有林		小計	3)製材	4)丸太	5)原材料		
	千ha	千ha	千ha	万㎥	万㎥	万㎥	万㎥	万㎥		万㎥
平成29年度	410	304	106	812	556	275	28	253		256
30	370	269	101	746	494	237	25	232		252
令和元	**365**	**268**	**98**	**768**	**521**	**253**	**30**	**237**		**247**

資料：林野庁「森林・林業統計要覧」
注：計の不一致は四捨五入による。
　　1)は、森林吸収源対策の実績として把握した数値である。
　　2)は、丸太材積に換算した量（推計値）である。
　　3)は、建築材、梱包材等である。
　　4)は、足場丸太、支柱等である。
　　5)は、木材チップ、おが粉等である。

V 特用林産物
1 主要特用林産物生産量

区分	単位	生産量	区分	単位	生産量	区分	単位	生産量
乾しいたけ			ひらたけ			1)きくらげ類		
平成28年	t	2,735	平成28年	t	3,449	平成28年	t	1,278
29	〃	2,544	29	〃	3,828	29	〃	1,710
30	〃	2,635	30	〃	4,001	30	〃	2,309
令和元	〃	2,414	令和元	〃	3,862	令和元	〃	2,315
2	〃	2,302	2	〃	3,824	2	〃	3,132
大分	〃	916	新潟	〃	1,458	(乾きくらげ類)		
宮崎	〃	400	福岡	〃	906	山口	〃	29
熊本	〃	177	長野	〃	672	鳥取	〃	21
岩手	〃	120	茨城	〃	292	宮城	〃	15
愛媛	〃	119	三重	〃	91	茨城	〃	10
						大阪	〃	x
生しいたけ			ぶなしめじ			まつたけ		
平成28年	t	69,100	平成28年	t	116,271	平成28年	t	69
29	〃	68,961	29	〃	117,712	29	〃	18
30	〃	69,754	30	〃	117,916	30	〃	56
令和元	〃	71,071	令和元	〃	118,597	令和元	〃	14
2	〃	70,280	2	〃	122,802	2	〃	32
徳島	〃	7,912	長野	〃	51,965	岩手	〃	19
北海道	〃	5,424	新潟	〃	23,163	長野	〃	9
岩手	〃	4,734	福岡	〃	14,986	岡山	〃	1
群馬	〃	4,123	香川	〃	x	和歌山	〃	0
秋田	〃	3,849	茨城	〃	3,761	高知	〃	0
なめこ			まいたけ			たけのこ		
平成28年	t	22,935	平成28年	t	48,523	平成28年	t	35,592
29	〃	22,946	29	〃	47,728	29	〃	23,582
30	〃	22,809	30	〃	49,670	30	〃	25,364
令和元	〃	23,285	令和元	〃	51,108	令和元	〃	22,285
2	〃	22,835	2	〃	54,993	2	〃	26,449
新潟	〃	4,982	新潟	〃	36,877	福岡	〃	7,487
山形	〃	4,458	静岡	〃	5,366	鹿児島	〃	6,590
長野	〃	4,355	福岡	〃	3,904	熊本	〃	2,921
福島	〃	1,548	長野	〃	2,763	京都	〃	2,246
北海道	〃	1,370	北海道	〃	2,453	香川	〃	989
						わさび		
						(根茎＋葉柄)		
えのきたけ			エリンギ			平成28年	t	2,266
平成28年	t	133,297	平成28年	t	40,475	29	〃	2,214
29	〃	135,615	29	〃	39,088	30	〃	2,080
30	〃	140,038	30	〃	39,413	令和元	〃	1,973
令和元	〃	128,974	令和元	〃	37,635	2	〃	2,017
2	〃	127,914	2	〃	38,500	(根茎)		
長野	〃	77,230	長野	〃	15,193	長野	〃	876
新潟	〃	19,655	新潟	〃	12,860	静岡	〃	513
宮崎	〃	x	広島	〃	x	岩手	〃	365
福岡	〃	4,506	福岡	〃	2,293	高知	〃	66
長崎	〃	x	香川	〃	1,482	北海道	〃	61

資料：林野庁「特用林産基礎資料」（以下4 (2)まで同じ。）
注：都道府県は、生産量上位5都道府県を表章した。なお、生産量が同じ場合は都道府県番号順で掲載した。
　　1)は、乾きくらげ類を生換算（×10）と生きくらげ類の合計したものである。

区分	単位	生産量	区分	単位	生産量	区分	単位	生産量
木ろう			桐材			木酢液		
平成28年	t	24	平成28年	m³	492	平成28年	kl	2,774
29	〃	15	29	〃	465	29	〃	2,410
30	〃	41	30	〃	404	30	〃	2,450
令和元	〃	26	令和元	〃	264	令和元	〃	2,087
2	〃	21	2	〃	200	2	〃	1,743
愛媛	〃	10	福島	〃	127	岩手	〃	773
福岡	〃	10	群馬	〃	73	宮崎	〃	315
長崎	〃	1				静岡	〃	x
石川	〃	0				熊本	〃	177
						北海道	〃	55
生うるし			竹炭			竹酢液		
平成28年	kg	1,294	平成28年	m³	411	平成28年	kl	203
29	〃	1,434	29	〃	526	29	〃	193
30	〃	1,845	30	〃	534	30	〃	197
令和元	〃	1,997	令和元	〃	447	令和元	〃	193
2	〃	2,051	2	〃	451	2	〃	151
岩手	〃	1,525	福岡	〃	239	香川	〃	x
茨城	〃	371	鳥取	〃	79	熊本	〃	23
栃木	〃	100	熊本	〃	22	徳島	〃	7
福島	〃	25	徳島	〃	x	佐賀	〃	x
長野	〃	13	山口	〃	10	愛媛	〃	x
つばき油			木炭			薪		
平成28年	kl	70	平成28年	t	16,769	平成28年	千層積m³	83
29	〃	61	29	〃	15,942	29	〃	83
30	〃	45	30	〃	14,699	30	〃	77
令和元	〃	40	令和元	〃	14,393	令和元	〃	74
2	〃	42	2	〃	12,925	2	〃	84
長崎	〃	28	(白炭)			北海道	〃	14
東京	〃	9	高知	〃	1,363	長野	〃	11
鹿児島	〃	4	和歌山	〃	1,045	福島	〃	10
岩手	〃	0	宮崎	〃	227	鹿児島	〃	8
福井	〃	0	大分	〃	101	高知	〃	5
			三重	〃	x			
			(黒炭)					
竹材			岩手	〃	2,082	オガライト		
平成28年	千束	1,272	北海道	〃	819	平成28年	t	185
29	〃	1,196	熊本	〃	440	29	〃	88
30	〃	1,143	鹿児島	〃	340	30	〃	79
令和元	〃	1,071	栃木	〃	110	令和元	〃	66
2	〃	1,030	(粉炭)			2	〃	31
鹿児島	〃	612	島根	〃	1,544	北海道	〃	x
熊本	〃	240	奈良	〃	1,130	兵庫	〃	x
大分	〃	44	岐阜	〃	613	高知	〃	x
京都	〃	19	宮崎	〃	x			
高知	〃	18	北海道	〃	368			

1 主要特用林産物生産量（続き）

区分	単位	生産量	区分	単位	生産量	区分	単位	生産量
オガ炭			れん炭			豆炭		
平成28年	t	6,553	平成28年	t	5,123	平成28年	t	7,262
29	〃	6,628	29	〃	6,615	29	〃	7,306
30	〃	6,479	30	〃	5,936	30	〃	6,846
令和元	〃	6,481	令和元	〃	4,728	令和元	〃	6,093
2	〃	6,363	2	〃	4,054	2	〃	5,735
鳥取	〃	x	福島	〃	x	新潟	〃	x
愛媛	〃	x	新潟	〃	x	山口	〃	x
奈良	〃	x	山口	〃	x			
山口	〃	x						
宮崎	〃	555						

2 栽培きのこ類生産者数
(1) ほだ木所有本数規模別原木しいたけ生産者数

単位：戸

年次	計	600本未満	600 ～ 3,000	3,000 ～ 10,000	10,000 ～ 30,000	30,000本以上
平成28年	18,696	8,692	4,622	3,559	1,525	298
29	18,117	8,328	4,562	3,420	1,502	305
30	18,077	8,853	4,248	3,217	1,468	291
令和元	16,622	8,531	3,948	2,678	1,198	267
2	15,192	7,878	3,286	2,693	1,097	238

(2) なめこ、えのきたけ、ひらたけ等の生産者数

単位：戸

年次	なめこ	えのきたけ	ひらたけ	ぶなしめじ	まいたけ	まつたけ
平成28年	1,660	571	765	404	957	2,936
29	1,600	522	727	360	934	2,208
30	1,565	455	732	346	956	2,953
令和元	1,577	446	658	388	825	2,426
2	1,706	385	756	381	1,116	2,519

3 しいたけ原木伏込量（材積）

単位：100㎥

年次	乾しいたけ				生しいたけ			
	計	なら	くぬぎ	その他	計	なら	くぬぎ	その他
平成28年	2,055	498	1,512	45	1,141	666	456	20
29	1,979	467	1,466	46	1,134	626	489	19
30	1,724	413	1,274	37	1,021	593	411	17
令和元	1,587	385	1,182	20	919	538	345	18
2	1,531	482	1,038	12	891	520	353	19

4 特用林産物の主要国別輸出入量
(1) 輸出

区分	単位	令和元年		2	
		数量	金額	数量	金額
			千円		千円
乾しいたけ (0712.39-100)	t	33	162,308	33	220,201
香港	〃	16	96,374	12	72,361
アメリカ	〃	10	23,729	14	83,223
台湾	〃	5	22,023	2	23,968
シンガポール	〃	1	8,473	2	22,905
オーストラリア	〃	0	2,535	1	4,089
オランダ	〃	0	1,824	0	607
その他	〃	1	7,350	2	13,048
その他きのこ (生鮮・冷蔵) (0709.59-000)	〃	841	331,822	1,049	538,935
台湾	〃	344	100,520	241	104,413
香港	〃	263	131,950	586	308,613
シンガポール	〃	108	37,940	90	46,230
タイ	〃	67	18,262	20	8,550
マレーシア	〃	52	31,160	41	20,849
ベトナム	〃	2	1,992	3	3,079
アメリカ	〃	4	3,468	67	46,275
その他	〃	1	6,530	1	926
きのこ (調整したもの) (2003.90-000)	kg	97,502	82,059	93,036	71,378
アメリカ	〃	53,839	42,788	35,988	27,190
台湾	〃	34,736	29,912	35,349	29,557
カナダ	〃	4,268	3,926	3,370	2,668
香港	〃	1,923	2,668	1,796	2,550
オランダ	〃	622	474	518	395
マレーシア	〃	622	412	–	–
中国	〃	2	252	13,039	6,468
その他	〃	1,490	1,627	2,976	2,550
漆ろう及びはぜろう (1515.90-100)	〃	6,700	22,229	4,490	16,776
ドイツ	〃	6,000	19,904	3,870	13,439
イタリア	〃	300	1,245	220	924
フランス	〃	200	540	–	–
オーストラリア	〃	200	540	–	–
カナダ	〃	–	–	300	2,176
中国	〃	–	–	100	237
その他	〃	–	–	–	–
竹材 (1401.10-000)	t	153	7,657	13	7,735
インドネシア	〃	10	6,166	7	4,980
中国	〃	2	835	4	2,043
トルコ	〃	0	300	–	–
アメリカ	〃	0	356	–	–
タイ	〃	–	–	2	712
その他	〃	–	–	–	–
木炭 (4402.90-000)	〃	460	325,077	439	283,901
台湾	〃	175	29,981	150	24,721
アラブ首長国	〃	115	96,295	156	122,725
サウジアラビア	〃	39	41,267	11	11,974
カタール	〃	32	48,131	16	23,114
中国	〃	25	10,197	75	29,160
オーストラリア	〃	19	8,017	9	7,877
フランス	〃	7	26,328	10	31,688
その他	〃	48	64,861	12	32,642

注:財務省「貿易統計」を集計したものであり、( ) のコードは統計品目番号である (以下(2)まで同じ。)。

4 特用林産物の主要国別輸出入量（続き）
(2) 輸入

区分	単位	令和元年		2	
		数量	金額	**数量**	**金額**
			千円		千円
乾しいたけ (0712.39-010)	t	4,869	5,805,248	4,354	4,903,169
中国	〃	4,864	5,797,111	4,278	4,798,465
ベトナム	〃	2	2,854	21	29,314
韓国	〃	1	2,962	－	－
香港	〃	1	1,565	55	75,314
その他	〃	0	756	－	－
しいたけ (生及び冷蔵) (0709.59-020)	〃	1,835	576,960	1,785	502,041
中国		1,835	576,960	1,785	502,041
イタリア	〃	－	－	－	－
その他のきのこ (生及び冷蔵) (0709.59-090)	〃	208	240,811	167	186,002
韓国	〃	149	48,272	125	36,653
フランス	〃	26	82,984	17	57,098
イタリア	〃	7	26,968	6	22,075
ポーランド	〃	6	14,157	6	14,244
その他	〃	20	68,430	14	55,932
乾きくらげ (0712.32-000)	〃	2,459	2,358,060	2,319	2,252,115
中国	〃	2,445	2,344,222	2,249	2,164,549
ベトナム	〃	7	7,584	6	5,521
香港	〃	6	5,598	63	82,045
台湾	〃	1	656	－	－
まつたけ (0709.59-011)	〃	849	4,269,003	629	4,077,951
中国	〃	510	3,012,649	454	3,145,716
カナダ	〃	153	56,279	75	381,217
アメリカ	〃	149	514,635	68	403,314
トルコ	〃	21	56,279	22	52,562
メキシコ	〃	8	45,899	6	35,020
ブータン	〃	4	36,864	3	22,479
韓国	〃	3	104,722	1	37,643
1) きのこ調整品	〃	14,697	5,743,412	12,779	5,257,694
木炭 (4402.90-092、4402.90-099、440290-010の合計)		89,770	8,604,495	73,739	7,295,619
フィリピン	〃	22,850	1,613,080	19,010	1,353,149
インドネシア	〃	19,853	1,598,454	17,518	1,370,430
マレーシア	〃	19,618	1,635,674	17,483	1,444,322
ラオス	〃	10,162	1,791,395	9,247	1,572,572
その他	〃	17,287	1,965,892	10,481	1,555,146
きのこ菌糸 (しいたけ以外) (0602.90-019)	〃	9,626	527,049	6,287	393,775
オランダ	〃	7,883	374,942	3,821	193,393
ベルギー	〃	1,159	52,955	1,445	72,277
中国	〃	249	15,715	704	34,961
アメリカ	〃	170	51,432	171	51,184
フランス	〃	78	25,245	113	37,263
その他	〃	87	6,760	33	4,697

注： 1)の統計品目番号は、2003.10-100、2003.10-219、2003.10-220、2003.90-100、
2003.90-210、2003.90-220である。

Ⅵ 被害と保険

1 林野の気象災害

年次	1)気象災害面積（民有林のみ）							
	計	風害	水害	雪害	干害	凍害	潮害	ひょう害
	ha	ha	ha	ha	ha	ha	ha	ha
平成27年	5,686	3,858	39	1,414	319	57	-	-
28	14,575	12,879	482	383	155	676	-	-
29	3,766	907	686	1,412	617	144	-	-
30	3,985	3,233	198	111	228	216	-	-
令和元	1,952	1,022	81	27	449	90	282	-

資料：林野庁「森林・林業統計要覧」
注：1)は、被害区域面積である。

2 林野の火災被害

年次	出火件数	焼損面積	損害額
	件	ha	100万円
平成27年	1,106	538	255
28	1,027	384	157
29	1,284	938	900
30	1,363	606	202
令和元	1,391	837	269

資料：総務省消防庁「消防白書」

3 主な森林病害虫等による被害

年度	からまつ先枯病	松くい虫（マツ材線虫病）	カシノナガキクイムシ	くりたまばち	すぎたまばえ	まつばのたまばえ	すぎはだに	のねずみ	まいまいが	松毛虫
	千ha	千㎥	千㎥	千ha	千ha	千ha	千ha	千ha	千ha	千ha
平成27年度	-	481	83	-	-	-	-	1	0	0
28	-	440	84	-	-	-	-	1	-	0
29	-	399	93	-	-	-	-	1	-	0
30	-	352	45	-	-	-	-	1	-	0
令和元	-	302	60	-	-	-	-	1	-	0

資料：林野庁「森林・林業統計要覧」
注：林野庁所管国有林及び民有林の合計である。

4 森林保険

年度	年度末保有高			損害てん補実績		支払保険金額
	件数	面積	責任保険金額	件数	面積	
	件	千ha	100万円	件	千ha	100万円
平成27年度	108,859	742	807,708	1,956	1	587
28	102,161	704	769,831	2,077	1	737
29	97,525	673	741,946	1,779	1	591
30	93,253	652	718,837	1,865	1	701
令和元	89,011	615	683,338	1,467	0.5	394

資料：森林研究・整備機構「森林保険に関する統計資料」

Ⅶ 需給
1 木材需給表
(1) 需要

単位：千㎥

| 年次 | 総需要量 | | | | | | しいたけ原木 | 燃料材 |
| | 計 | 用材 | | | | | | |
		小計	製材用	パルプ・チップ用	合板用	その他		
平成27年	75,160	70,883	25,358	31,783 （ 6,667）	9,914	3,829	315	3,962 （ 12,473）
28	78,077	71,942	26,150	31,619 （ 6,853）	10,248	3,925	328	5,807 （ 12,488）
29	81,854	73,742	26,370	32,302 （ 7,107）	10,667	4,403	311	7,800 （ 12,484）
30	82,478	73,184	25,708	32,009 （ 6,792）	11,003	4,465	274	9,020 （ 12,918）
令和元	81,905	71,269	25,270	31,061 （ 6,258）	10,474	4,464	251	10,386 （ 12,827）

| 年次 | 国内消費 | | | | 輸出 | | |
	小計	用材	しいたけ原木	燃料材	小計	用材	燃料材
平成27年	72,871	68,602	315	3,955	2,288	2,281	7
28	75,960	69,830	328	5,802	2,117	2,112	5
29	79,235	71,128	311	7,795	2,619	2,614	5
30	79,643	70,353	274	9,016	2,836	2,831	4
令和元	79,190	68,558	251	10,382	2,715	2,711	4

資料：林野庁「木材需給表」（以下(2)まで同じ。）
注：1 この需給表は、木材が製材工場・パルプ工場、その他各需要部門に入荷する1年間の数量を基に、需要量＝供給量として作成した。製材品・木材パルプ・合板等の丸太以外で輸入・輸出されたものは、全て丸太材積に換算した。
　　2 パルプ・チップ用及び燃料材の（ ）書は外数であり、工場残材及び解体材・廃材から生産された木材チップ等である。
　　3 平成26年から、木質バイオマス発電施設等においてエネルギー利用された燃料用チップ等を燃料材に計上。
　　4 数値の合計値は、四捨五入のため、計に一致しない場合がある。

(2) 供給

| 年次 | 総供給量 | | | | | しいたけ原木 | 燃料材 |
| | 計 | 用材 | | | | | |
		小計	丸太	その他			
	千㎥	千㎥	千㎥	千㎥		千㎥	千㎥
平成27年	75,160	70,883	26,404	44,479		315	3,962
28	78,077	71,942	27,194	44,747		328	5,807
29	81,854	73,742	27,713	46,029		311	7,800
30	82,478	73,184	27,990	45,194		274	9,020
令和元	81,905	71,269	27,804	43,465		251	10,386

| 年次 | 国内生産 | | | | 輸入 | | | 自給率 |
	小計	用材	しいたけ原木	燃料材	小計	用材	燃料材	
	千㎥	千㎥	千㎥	千㎥	千㎥	千㎥	千㎥	％
平成27年	24,918	21,797	315	2,806	50,242	49,086	1,156	33.2
28	27,141	22,355	328	4,458	50,936	49,586	1,350	34.8
29	29,660	23,312	311	6,037	52,194	50,430	1,764	36.2
30	30,201	23,680	274	6,248	52,277	49,505	2,772	36.6
令和元	30,988	23,805	251	6,932	50,917	47,464	3,454	37.8

2 材種別、需要部門別素材需要量

単位：千㎥

年次・材種	計	製材用	1) 合板等用	2) 木材チップ用
平成28年	26,029	16,590	4,638	4,801
29	26,466	16,802	5,004	4,660
30	26,545	16,672	5,287	4,586
令和元	26,348	16,637	5,448	4,263
2 （概数値）	23,550	14,851	4,626	4,073
国産材	19,882	11,615	4,195	4,072
輸入材計	3,668	3,236	431	1
南洋材	103	34	69	0
米材	2,841	2,557	284	0
北洋材	270	210	60	0
ニュージーランド材	322	303	18	1
その他	132	132	0	-

資料：農林水産省統計部「木材需給報告書」。ただし、令和元年は「令和元年木材統計」
　　（以下4まで同じ。）。
注：1)は、平成28年までは「合板用」、平成29年からはＬＶＬ用を含めた「合板等用」である。
　　2)は、木材チップ工場に入荷した原料のうち、素材の入荷量のみを計上した。

3 材種別素材供給量

単位：千㎥

年次	計	国産材		
		小計	針葉樹	広葉樹
平成28年	26,029	20,660	18,470	2,188
29	26,466	21,408	19,258	2,153
30	26,545	21,640	19,462	2,178
令和元	26,348	21,883	19,876	2,007
2 （概数値）	23,550	19,882	18,037	1,845

年次	1) 輸入材						
	小計	南洋材	ラワン材	米材	北洋材	ニュージーランド材	その他
平成28年	5,370	243	188	4,106	381	458	179
29	5,059	217	…	3,882	348	466	149
30	4,905	175	…	3,746	359	440	185
令和元	4,465	164	…	3,423	321	393	164
2 （概数値）	3,668	103	…	2,841	270	322	132

注：平成29年から南洋材のうちラワン材の把握を廃止した。
　　1)は、輸入材半製品を含む。

4 需要部門別素材の輸入材依存割合

単位：％

年次	素材需要量計	製材用	1)合板等用	木材チップ用
平成28年	20.6	26.6	20.6	0.1
29	19.1	24.8	17.6	0.1
30	18.5	24.6	15.0	0.0
令和元	16.9	22.6	12.9	0.0
2 （概数値）	15.6	21.8	9.3	0.0

注：輸入材依存割合は、木材統計調査による材種別素材供給量に占める輸入材の割合である。
　　1)は、平成28年までは「合板用」、平成29年からはＬＶＬ用を含めた「合板等用」である。

5 木材の輸出入量及び金額

品目	単位	令和元年		2	
		数量	金額	数量	金額
			千円		千円
輸出					
素材（丸太）	千㎥	1,130	14,713,623	1,384	16,339,283
製材	〃	147	5,965,998	173	6,756,974
パーティクルボード	t	11,698	597,563	9,291	449,703
合板	千㎡	8,149	6,212,159	7,387	5,558,180
繊維板	t	3,868	463,759	3,031	356,803
輸入					
素材（丸太）	千㎥	3,019	80,673,363	2,301	60,628,336
製材	〃	5,700	229,386,901	4,933	184,474,910
合板用単板	t	222,594	13,184,317	136,655	7,840,391
パーティクルボード	〃	351,960	20,235,048	311,230	17,642,722
繊維板	〃	421,376	30,153,343	349,413	23,929,087
合板	千㎡	235,816	120,103,378	209,836	92,382,493

資料：財務省関税局「貿易統計」をもとに農林水産省統計部にて作成。

6　丸太・製材の輸入

材種・国名	4) 丸太					
	平成30年		令和元		2	
	数量	金額	数量	金額	数量	金額
	千m³	億円	千m³	億円	千m³	億円
合計	3,278	994	3,019	807	2,301	608
1) 米材	2,574	833	2,372	664	1,852	519
米国	1,681	576	1,517	438	1,579	447
カナダ	894	257	855	226	272	72
2) 南洋材	157	55	135	46	82	25
インドネシア	0	0	0	2	0	1
マレーシア	75	28	33	11	28	9
パプアニューギニア	82	27	102	32	53	15
北洋材	141	31	129	30	62	15
ニュージーランド材	382	62	355	53	284	38
チリ材	–	–	–	–	–	–
3) 欧州材	17	7	20	7	14	6
スウェーデン	–	–	–	–	–	–
フィンランド	–	–	–	–	–	–
EU計	17	6	20	7	14	6
アフリカ材	4	3	4	3	2	2
中国	1	1	1	1	1	1
その他	2	2	3	3	3	3

材種・国名	5) 製材					
	平成30年		令和元		2	
	数量	金額	数量	金額	数量	金額
	千m³	億円	千m³	億円	千m³	億円
合計	5,968	2,584	5,700	2,294	4,933	1,845
1) 米材	2,034	1,035	1,727	789	1,372	595
米国	243	182	244	179	192	132
カナダ	1,791	853	1,483	610	1,180	463
2) 南洋材	81	69	79	67	60	50
インドネシア	21	17	24	19	20	16
マレーシア	58	50	53	47	37	32
パプアニューギニア	0	0	0	0	0	0
北洋材	852	337	916	364	812	309
ニュージーランド材	66	23	67	24	51	18
チリ材	319	101	294	95	210	60
3) 欧州材	2,558	946	2,565	886	2,384	758
スウェーデン	739	259	718	230	787	229
フィンランド	930	321	897	283	786	232
EU計	2,539	936	2,532	873	2,339	742
アフリカ材	3	5	4	5	2	3
中国	34	44	33	42	32	36
その他	21	24	15	21	11	16

資料：林野庁「木材輸入実績」（速報値）
注：　1)は、米国、カナダより輸入された材である。
　　　2)は、インドネシア、マレーシア、パプアニューギニア、ソロモン諸島、フィリピン、
　　　シンガポール、ブルネイの7カ国より輸入された材である。
　　　3)は、ロシアを除く全ての欧州各国より輸入された材である。
　　　4)は、輸入統計品目表第 4403 項の合計である。
　　　5)は、輸入統計品目表第 4407 項の合計である。

Ⅷ 価格

1 木材価格

(1) 素材価格（1m³当たり）

単位：円

年次	製材用素材			
	まつ中丸太 径 24〜28cm 長3.65〜4.0m 込み	すぎ中丸太 径 14〜22cm 長3.65〜4.0m 込み	ひのき中丸太 径 14〜22cm 長3.65〜4.0m 込み	米つが丸太 径 30cm上 長 6.0m上 No.3
平成30年	12,800	13,600	18,400	26,800
令和元	12,900	13,500	18,100	26,900
2	12,400	12,700	17,200	…

資料：農林水産省統計部「木材需給報告書」（以下(3)まで同じ。）

注：1 この統計は、当該都道府県の年間の素材の消費量により加重平均して算出した
（以下(2)まで同じ。）。

2 製材用素材価格は製材工場、合単板用素材価格は合単板工場、木材チップ用素材価格は
木材チップ工場における工場着購入価格である（以下(3)まで同じ。）。

3 ここに掲載した全国の年価格は、月別の全国価格を単純平均により算出し下2桁で四捨五入
した。ただし、針葉樹合板の価格については、下1桁で四捨五入した（以下(3)まで同じ。）。

4 平成30年から、平成28年の素材・素材製品の生産動向等を踏まえ、調査都道府県、調査対象
工場等の見直しを行ったことから、平成29年以前の数値とは接続しない（以下(3)まで同じ。）。

(2) 木材製品卸売価格（1m³当たり）

単位：円

年次	すぎ正角 厚 10.5cm 幅 10.5cm 長 3.0m 2級	すぎ正角（乾燥材） 厚 10.5cm 幅 10.5cm 長 3.0m 2級	ひのき正角 厚 10.5cm 幅 10.5cm 長 3.0m 2級	ひのき正角（乾燥材） 厚 10.5cm 幅 10.5cm 長 3.0m 2級
平成30年	61,200	66,500	76,600	85,600
令和元	61,900	66,700	76,900	85,900
2	62,400	66,700	77,600	85,500

年次	米つが正角（防腐処理材） 厚 12.0cm 幅 12.0cm 長 4.0m 2級	米つが正角（防腐処理材・乾燥材） 厚 12.0cm 幅 12.0cm 長 4.0m 2級	1) 針葉樹合板 厚 1.2cm 幅 91.0cm 長 1.82m 1類
平成30年	82,600	90,500	1,290
令和元	83,100	90,800	1,290
2	…	…	1,250

注：1)は、1枚当たりの価格である。

(3) 木材チップ価格（1t当たり）

単位：円

年次	針葉樹 パルプ向け	広葉樹 パルプ向け
平成30年	14,000	18,700
令和元	14,500	19,100
2	14,800	19,400

注：当該都道府県の年間の木材チップの生産量により加重平均して算出した。

2　地区別平均山林素地価格（普通品等10ａ当たり）

単位：円

地区	用材林地				
	平成28年	29	30	令和元	2
全国平均	43,478	42,800	42,262	41,930	41,372
東北	45,148	44,309	43,622	43,175	42,550
関東	83,087	81,236	79,507	78,341	77,012
北陸	47,940	47,158	46,522	46,141	45,431
東山	49,636	48,673	47,989	47,627	47,400
東海	37,839	37,422	36,868	36,609	36,337
近畿	33,963	33,622	33,361	33,301	32,919
中国	35,565	35,170	34,801	34,558	34,084
四国	24,597	24,160	23,991	23,894	23,706
九州	45,254	44,663	44,236	43,931	43,086
北海道	10,558	10,486	10,447	10,391	10,343

地区	薪炭林地				
	平成28年	29	30	令和元	2
全国平均	29,716	29,503	29,235	29,074	28,719
東北	33,713	33,426	33,288	33,096	32,850
関東	51,238	50,588	49,640	49,545	48,834
北陸	30,127	29,960	29,819	29,683	29,646
東山	37,132	36,897	36,457	36,333	36,024
東海	25,185	25,048	24,610	24,433	24,326
近畿	20,584	20,492	20,429	20,336	20,133
中国	26,434	26,253	26,058	25,948	25,398
四国	17,102	17,056	16,929	16,857	16,630
九州	29,068	28,805	28,425	28,136	27,500
北海道	8,724	8,685	8,681	8,681	8,685

資料：　日本不動産研究所「山林素地及び山元立木価格調（2020年3月末現在）」
（以下3まで同じ。）

注：1　山林素地価格とは、林地として利用する場合の売買価格で、売り手・買い手に相応と認められて取引される実測（なわのびがない）10ａ当たりの素地価格であり、素地価格は、用材林地（杉・桧・松等主として針葉樹が植生している林地）と薪炭林地（くぬぎ・なら・かし等主として広葉樹が植生している林地）の価格である。

2　全国及び各地区の集計対象は次のとおりである。

全国：北海道・千葉県・東京都・神奈川県・滋賀県（令和元年のみ）・大阪府・奈良県・香川県・沖縄県を除く。

東北：青森県・岩手県・宮城県・秋田県・山形県・福島県

関東：茨城県・栃木県・群馬県・埼玉県

北陸：新潟県・富山県・石川県・福井県

東山：山梨県・長野県・岐阜県

東海：静岡県・愛知県・三重県

近畿：滋賀県（令和元年は除く）・京都府・兵庫県・和歌山県

中国：鳥取県・島根県・岡山県・広島県・山口県

四国：徳島県・愛媛県・高知県

九州：福岡県・佐賀県・長崎県・熊本県・大分県・宮崎県・鹿児島県

なお、千葉県・東京都・神奈川県・滋賀県・大阪府・奈良県及び香川県のほとんどの市町村の山林素地価格が宅地及び観光開発等への転用が見込まれ高額のため、地区別平均及び全国平均の集計対象から除いている。また、前記6都府県以外で宅地及び観光開発等への転用が見込まれ高額な山林素地価格の市町村も除いている。また、北海道は都道府県と林相が異なること、沖縄県は調査市町村数が少ないこと等のため、全国平均の集計対象から除いている。

3 平均山元立木価格（普通品等利用材積1㎥当たり）

単位：円

樹種	平成28年	29	30	令和元	2
すぎ	2,804	2,881	2,995	3,061	2,900
1)ひのき	6,170	6,200	6,589	6,747	6,358
2)まつ	1,681	1,705	1,733	1,799	1,814

注：1　山元立木価格とは、山に立っている樹木の、1㎥当たりの利用材積売渡価格であり、
最寄木材市場渡し素材価格から生産諸経費等を差し引いた価格をいう。
　　2　林相が異なる北海道と集計客体数が少なかった都府県を、次の種別ごとに除いた全国
平均価格である。
　　　すぎは、北海道・千葉県・東京都・大阪府・香川県・沖縄県を除く。
　　　ひのきは、北海道・青森県・岩手県・秋田県・山形県・千葉県・東京都・神奈川県・
新潟県・富山県・大阪府・香川県・沖縄県を除く。
　　　まつは、茨城県・栃木県・埼玉県・千葉県・東京都・富山県・福井県・静岡県・三重県・大阪
府・兵庫県・奈良県・和歌山県・鳥取県・香川県・高知県・福岡県・佐賀県・長崎県・
鹿児島県・沖縄県を除く。
　　1)は、平成28年まで岩手県を含む。
　　2)は、平成29年まで奈良県、平成30年まで栃木県を含む。

IX 流通と木材関連産業
1 製材工場・出荷量等総括表

年次	工場数 (12月31日現在)	製材用動力の総出力数	製材用素材入荷量		1)製材用素材消費量	製材品出荷量
			国産材	1)輸入材		
	工場	千kW	千m³	千m³	千m³	千m³
平成28年	4,934	623	12,182	4,408	16,557	9,293
29	4,814	632	12,632	4,171	16,861	9,457
30	4,582	625	12,563	4,109	16,645	9,202
令和元	4,382	619	12,875	3,762	16,440	9,032
2 (概数値)	4,115	600	11,615	3,236	14,979	8,203

資料： 農林水産省統計部「木材需給報告書」。ただし、令和2年は「令和2年 木材統計」 (以下2 (2)まで同じ。)。
注：7.5kW未満の工場分を含まない。
　　1)は、輸入材半製品を含む。

2 製材用素材入荷量
(1) 国産材・輸入材別素材入荷量

単位：千m³

年次	計	国産材	1)輸入材						
			小計	南洋材	ラワン材	米材	北洋材	ニュージーランド材	その他
平成28年	16,590	12,182	4,408	59	4	3,513	230	430	174
29	16,802	12,632	4,171	83	…	3,283	242	421	145
30	16,672	12,563	4,109	43	…	3,224	243	415	184
令和元	16,637	12,875	3,762	x	…	2,961	230	364	x
2 (概数値)	14,851	11,615	3,236	34	…	2,557	210	303	132

注：平成29年調査から南洋材のうちラワン材の把握を廃止した。
　　1)は、輸入材半製品を含む。

(2) 製材用素材の国産材・輸入材入荷別工場数及び入荷量

年次	計		国産材のみ		国産材と輸入材		輸入材のみ	
	工場数	1)入荷量	工場数	入荷量	工場数	1)入荷量	工場数	1)入荷量
	工場	千m³	工場	千m³	工場	千m³	工場	千m³
平成28年	4,867	16,590	3,716	11,212	874	2,909	277	2,470
29	4,782	16,802	3,642	11,449	872	3,007	268	2,344
30	4,551	16,672	3,521	11,628	792	2,726	238	2,318
令和元	4,340	16,637	3,358	11,890	771	2,798	211	1,949
2 (概数値)	4,067	14,851	3,237	10,842	653	2,356	177	1,653

注：工場数は、各年に製材用素材の入荷のあった工場である。
　　1)は、輸入材半製品を含む。

3 木材の入荷量
素材の入荷先別入荷量及び仕入金額（平成30年）

区分	単位	計	素材生産者 直接、国・公共機関から	自ら素材生産したもの	素材生産業者から	流通業者 製材工場から	合単板・LVL工場から
入荷量							
工場計	千m³	26,544	1,050	1,418	7,116	482	168
製材工場	〃	16,672	760	1,042	2,984	402	–
合単板工場	〃	5,019	78	48	1,678	8	5
LVL工場	〃	267	0	–	38	–	19
木材チップ工場	〃	4,586	212	328	2,416	72	144
木材流通業者計	〃	28,472	2,547	3,324	11,001	1,514	147
木材市売市場等	〃	11,992	2,048	1,768	7,676	91	2
木材市売市場	〃	11,178	1,847	1,734	7,142	74	2
木材センター	〃	814	201	34	534	17	–
木材販売業者	〃	16,480	499	1,556	3,325	1,423	145
仕入金額							
工場計	100万円	371,231	10,797	13,743	74,607	15,499	1,232
製材工場	〃	263,106	8,385	10,541	37,158	14,468	–
合単板工場	〃	76,250	1,053	614	20,646	77	107
LVL工場	〃	3,510	1	–	387	–	374
木材チップ工場	〃	28,365	1,358	2,588	16,416	954	751
木材流通業者計	〃	635,355	21,694	37,085	142,900	62,342	4,468
木材市売市場等	〃	155,873	17,119	21,745	104,722	4,234	23
木材市売市場	〃	145,172	15,429	21,494	98,838	3,246	23
木材センター	〃	10,701	1,690	251	5,884	988	–
木材販売業者	〃	479,482	4,575	15,340	38,178	58,108	4,445

区分	単位	流通業者（続き） プレカット工場から	集成材・CLT工場から	木材市売市場から	競り売り	競り売り以外	木材センターから
入荷量							
工場計	千m³	4	…	5,693	3,746	1,754	996
製材工場	〃	…	…	5,421	3,716	1,705	608
合単板工場	〃	…	…	79	30	49	310
LVL工場	〃	…	…	0	0	–	24
木材チップ工場	〃	4	–	193	…	…	54
木材流通業者計	〃	…	…	1,525	1,081	444	171
木材市売市場等	〃	…	…	42	31	11	6
木材市売市場	〃	…	…	40	29	11	6
木材センター	〃	…	…	2	2	0	–
木材販売業者	〃	…	…	1,483	1,050	433	165
仕入金額							
工場計	100万円	19	…	78,398	52,154	25,084	13,253
製材工場	〃	…	…	76,298	51,710	24,588	8,217
合単板工場	〃	…	…	928	432	496	4,226
LVL工場	〃	…	…	12	12	–	430
木材チップ工場	〃	19	–	1,160	…	…	380
木材流通業者計	〃	…	…	34,008	19,907	14,101	6,564
木材市売市場等	〃	…	…	748	594	154	112
木材市売市場	〃	…	…	665	515	150	112
木材センター	〃	…	…	83	79	4	–
木材販売業者	〃	…	…	33,260	19,313	13,947	6,452

区分	単位	流通業者（続き）			その他	
		木材販売業者から	総合商社から	外国から直接輸入	産業廃棄物処理業者から	その他から
入荷量						
工場計	千㎥	3,278	3,494	…	620	2,223
製材工場	〃	1,964	2,036	…	…	1,453
合単板工場	〃	798	1,293	…	…	723
LVL工場	〃	148	39	…	…	−
木材チップ工場	〃	368	126	−	620	47
木材流通業者計	〃	2,875	2,986	…	…	2,382
木材市売市場等	〃	106	24	…	…	228
木材市売市場	〃	84	22	…	…	228
木材センター	〃	22	2	…	…	−
木材販売業者	〃	2,769	2,962	…	…	2,154
仕入金額						
工場計	100万円	54,857	69,349	…	237	39,239
製材工場	〃	38,169	42,295	…	…	27,575
合単板工場	〃	12,366	24,795	…	…	11,438
LVL工場	〃	1,411	895	…	…	−
木材チップ工場	〃	2,911	1,364	−	237	226
木材流通業者計	〃	105,877	131,605	…	…	88,813
木材市売市場等	〃	2,861	816	…	…	3,493
木材市売市場	〃	1,211	661	…	…	3,493
木材センター	〃	1,650	155	…	…	−
木材販売業者	〃	103,016	130,789	…	…	85,320

資料：農林水産省統計部「平成30年 木材流通構造調査」

4　製材品出荷量
(1)　用途別製材品出荷量

単位：千㎥

年次	計	建築用材	土木建設用材	木箱仕組板・こん包用材	家具・建具用材	その他用材
平成28年	9,293	7,623	376	1,019	51	221
29	9,457	7,766	371	1,067	61	193
30	9,202	7,468	376	1,125	61	172
令和元	9,032	7,269	445	1,122	56	140
2　（概数値）	8,203	6,646	395	973	63	126

資料：農林水産省統計部「木材需給報告書」。ただし、令和2年は「令和2年 木材統計」。
注：工場出荷時における用途別の出荷量である。

4 製材品出荷量（続き）
(2) 製材品の販売先別出荷量及び販売金額（平成30年）

区分	単位	計	工場				
			製材工場へ	合単板・LVL工場へ	プレカット工場へ	枠組壁工法住宅用部材組立工場へ	集成材・CLT工場へ
出荷量							
製材工場	千m³	9,202	349	0	959	42	1,193
木材流通業者計	〃	19,589	518	175	1,681	74	72
木材市売市場等	〃	2,392	194	131	235	12	31
木材市売市場	〃	2,224	194	131	219	12	31
木材センター	〃	168	–	–	16	–	–
木材販売業者	〃	17,197	324	44	1,446	62	41
販売金額							
製材工場	100万円	414,687	11,349	7	52,075	1,855	37,410
木材流通業者計	〃	1,073,337	23,326	2,977	108,166	1,840	4,346
木材市売市場等	〃	134,425	4,318	2,259	14,932	598	862
木材市売市場	〃	124,290	4,318	2,259	14,049	598	862
木材センター	〃	10,135	–	–	883	–	–
木材販売業者	〃	938,912	19,008	718	93,234	1,242	3,484

区分	単位	流通業者				その他				
		木材市売市場へ	木材センターへ	木材販売業者へ	総合商社へ	こん包業へ	木材薬品処理工場へ	建築業者へ	ホームセンターへ	その他へ
出荷量										
製材工場	千m³	1,265	971	1,530	993	707	26	426	105	636
木材流通業者計	〃	586	95	6,438	66	421	5	7,824	46	1,591
木材市売市場等	〃	247	60	1,201	7	–	2	245	16	13
木材市売市場	〃	236	54	1,099	7	–	2	215	16	10
木材センター	〃	11	6	102	–	–	–	30	0	3
木材販売業者	〃	339	35	5,237	59	421	3	7,579	30	1,578
販売金額										
製材工場	100万円	57,415	53,986	73,635	45,949	27,304	1,363	21,699	5,435	25,205
木材流通業者計	〃	42,246	5,425	301,897	4,021	16,665	114	494,831	1,937	65,546
木材市売市場等	〃	17,104	3,265	72,720	416	–	76	16,410	681	784
木材市売市場	〃	16,436	2,934	66,166	416	–	76	14,897	664	614
木材センター	〃	668	331	6,554	–	–	–	1,513	17	170
木材販売業者	〃	25,142	2,160	229,177	3,605	16,665	38	478,421	1,256	64,762

資料：農林水産省統計部「平成30年 木材流通構造調査」

5　製材品別
(1)　合板
　ア　単板製造用素材入荷量

単位：千㎥

年次	入荷量		
	計	国産材	輸入材
平成28年	4,638	3,682	957
29	5,004	4,122	882
30	5,287	4,492	795
令和元	5,448	4,745	703
2　（概数値）	4,626	4,195	431

資料：農林水産省統計部「木材需給報告書」。ただし、令和2年は「令和2年　木材統計」
　　　（以下ウまで同じ。）。
注：平成29年から「単板」に含まれる用途を「合板用」から「合板及びLVL用」に変更した。

イ　普通合板生産量

単位：千㎥

年次	計	ベニヤコアー合板			特殊コアー合板
		小計	1）1類	2）2類	
平成28年	3,063	3,033	2,881	152	30
29	3,287	…	…	…	…
30	3,298	…	…	…	…
令和元	3,337	…	…	…	…
2　（概数値）	2,999	…	…	…	…

注：平成29年から普通合板の種類別生産量の把握を廃止した。
　　1)は、完全耐水性である。
　　2)は、普通の耐水性である。

ウ　特殊合板生産量

単位：千㎥

年次	計	1）オーバーレイ合板	プリント合板	塗装合板	天然木化粧合板	その他の合板	
							木質複合床板
平成28年	642	17	101	4	38	480	364
29	623	…	…	…	…	…	…
30	580	…	…	…	…	…	…
令和元	562	…	…	…	…	…	…
2　（概数値）	488	…	…	…	…	…	…

注：平成29年から特殊合板の種類別生産量の把握を廃止した。
　　1)は、ポリエステル・塩化ビニル・ジアリルフタレート化粧合板の計である。

5 製材品別（続き）

(1) 合板（続き）

エ 合板の販売先別出荷量及び販売金額（平成30年）

区分	単位	計	工場				
			製材工場へ	合単板・LVL工場へ	プレカット工場へ	枠組壁工法住宅用部材組立工場へ	集成材・CLT工場へ
出荷量							
合単板工場	千m³	3,878	1	84	159	59	–
木材流通業者計	〃	12,146	8	10	909	78	0
木材市売市場等	〃	84	–	9	15	3	0
木材市売市場	〃	60	–	9	15	3	0
木材センター	〃	24	–	–	–	–	–
木材販売業者	〃	12,062	8	1	894	75	–
販売金額							
合単板工場	100万円	258,585	35	5,070	8,652	3,172	–
木材流通業者計	〃	732,261	689	129	43,665	3,660	22
木材市売市場等	〃	4,958	–	114	807	173	22
木材市売市場	〃	3,125	–	114	807	173	22
木材センター	〃	1,833					
木材販売業者	〃	727,303	689	15	42,858	3,487	–

区分	単位	流通業者				その他				
		木材市売市場へ	木材センターへ	木材販売業者へ	総合商社へ	こん包業へ	木材薬品処理工場へ	建築業者へ	ホームセンターへ	その他へ
出荷量										
合単板工場	千m³	5	0	336	2,776	0	–	149	51	259
木材流通業者計	〃	2	1	4,258	467	52	–	5,198	732	433
木材市売市場等	〃	2	0	51	–	–	–	5	–	0
木材市売市場	〃	2	0	28	–	–	–	3	–	0
木材センター	〃	–	–	23	–	–	–	2	–	–
木材販売業者	〃	0	1	4,207	467	52	–	5,193	732	433
販売金額										
合単板工場	100万円	266	1	25,409	181,887	1	–	8,635	1,556	23,902
木材流通業者計	〃	101	42	286,748	39,946	2,191	–	249,292	54,345	51,431
木材市売市場等	〃	94	9	3,402	–	–	–	330	–	7
木材市売市場	〃	94	9	1,680	–	–	–	219	–	7
木材センター	〃	–	–	1,722	–	–	–	111	–	–
木材販売業者	〃	7	33	283,346	39,946	2,191	–	248,962	54,345	51,424

資料：農林水産省統計部「平成30年 木材流通構造調査」

(2) LVL

ア 生産量（令和2年）

単位：千m³

区分	計	構造用	その他
全国	206	104	102

資料：農林水産省統計部「令和2年 木材統計」
注：自工場で生産されたLVLの量をいい、自社他工場から受け入れたものは除く。

イ　LVLの販売先別出荷量及び販売金額（平成30年）

区分	単位	計	工場				
			製材工場へ	合単板・LVL工場へ	プレカット工場へ	枠組壁工法住宅用部材組立工場へ	集成材・CLT工場へ
出荷量							
LVL工場	千㎥	181	－	14	46	1	0
木材流通業者計	〃	1,007	1	－	11	0	－
木材市売市場等	〃	11	－	－	0	0	－
木材市売市場	〃	10	－	－	0	0	－
木材センター	〃	1	－	－	－	－	－
木材販売業者	〃	996	1	－	11	0	－
販売金額							
LVL工場	100万円	12,492	－	981	2,273	53	12
木材流通業者計	〃	71,847	77	－	893	9	－
木材市売市場等	〃	634	－	－	13	9	－
木材市売市場	〃	595	－	－	13	9	－
木材センター	〃	39	－	－	－	－	－
木材販売業者	〃	71,213	77	－	880	0	－

区分	単位	流通業者				その他				
		木材市売市場へ	木材センターへ	木材販売業者へ	総合商社へ	こん包業へ	木材薬品処理工場へ	建築業者へ	ホームセンターへ	その他へ
出荷量										
LVL工場	千㎥	0	－	1	113	0	－	1	－	6
木材流通業者計	〃	0	0	111	0	33	－	126	－	723
木材市売市場等	〃	0	0	9	－	－	－	1	－	－
木材市売市場	〃	0	0	8	－	－	－	1	－	－
木材センター	〃	－	0	1	－	－	－	－	－	－
木材販売業者	〃	－	0	102	0	33	－	125	－	723
販売金額										
LVL工場	100万円	0	－	58	8,678	11	－	67	－	359
木材流通業者計	〃	5	30	12,858	4	1,492	－	10,900	－	45,577
木材市売市場等	〃	5	8	542	－	－	－	56	－	－
木材市売市場	〃	5	5	507	－	－	－	56	－	－
木材センター	〃	－	3	35	－	－	－	－	－	－
木材販売業者	〃	－	22	12,316	4	1,492	－	10,844	－	45,577

資料：農林水産省統計部「平成30年　木材流通構造調査」

(3)　集成材
ア　生産量（令和2年）

単位：千㎥

区分	計	構造用				その他
		小計	大断面	中断面	小断面	
全国	1,740	1,671	24	896	751	69

資料：農林水産省統計部「令和2年　木材統計」
注：自工場で生産された集成材の量をいい、自社他工場から受け入れた物は除く。

5　製材品別（続き）
(3)　集成材（続き）
イ　集成材の販売先別出荷量及び販売金額（平成30年）

区分	単位	計	工場				
			製材工場へ	合単板・LVL工場へ	プレカット工場へ	枠組壁工法住宅用部材組立工場へ	集成材・CLT工場へ
出荷量							
集成材工場	千m³	1,919	11	0	904	−	6
木材流通業者計	〃	2,444	8	0	534	1	75
木材市売市場等	〃	154	−	0	35	−	0
木材市売市場	〃	141	−	−	35	−	0
木材センター	〃	13	−	0	−	−	−
木材販売業者	〃	2,290	8	−	499	1	75
販売金額							
集成材工場	100万円	133,859	590	1	58,886	−	488
木材流通業者計	〃	226,594	507	26	40,358	183	10,376
木材市売市場等	〃	17,743	−	26	2,448	−	24
木材市売市場	〃	16,852	−	−	2,448	−	24
木材センター	〃	891	−	26	−	−	−
木材販売業者	〃	208,851	507	−	37,910	183	10,352

区分	単位	流通業者				その他				
		木材市場へ	木材センターへ	木材販売業者へ	総合商社へ	こん包業へ	木材薬品処理工場へ	建築業者へ	ホームセンターへ	その他へ
出荷量										
集成材工場	千m³	12	147	283	338	−	16	79	0	122
木材流通業者計	〃	10	9	638	6	0	0	1,124	4	35
木材市売市場等	〃	0	0	108	1	−	−	10	0	−
木材市売市場	〃	0	0	104	−	−	−	2	−	−
木材センター	〃	−	−	4	1	−	−	8	0	−
木材販売業者	〃	10	9	530	5	0	0	1,114	4	35
販売金額										
集成材工場	100万円	922	11,541	20,376	25,721	−	1,044	6,811	20	7,460
木材流通業者計	〃	940	695	65,314	478	15	19	102,085	488	5,112
木材市売市場等	〃	14	4	14,450	45	−	−	732	1	−
木材市売市場	〃	14	4	14,186	−	−	−	177	−	−
木材センター	〃	−	−	264	45	−	−	555	1	−
木材販売業者	〃	926	691	50,864	433	15	19	101,353	487	5,112

資料：農林水産省統計部「平成30年 木材流通構造調査」

ウ　輸入実績

品目	平成30年		令和元		2	
	数量	価額	数量	価額	数量	価額
	千㎥	100万円	千㎥	100万円	千㎥	100万円
集成材	936	53,993	973	50,922	1,022	51,087
うち構造用集成材	813	43,557	838	40,424	910	42,038

資料：林野庁「木材輸入実績」（速報値）

(4)　CLT
　ア　生産量（令和2年）

単位：千㎥

区分	計	構造用	その他
全国	13	11	2

資料：農林水産省統計部「令和2年　木材統計」
注：自工場で生産されたCLTの量をいい、自社他工場から受け入れたものは除く。

5 製材品別（続き）
(4) CLT（続き）
イ CLTの販売先別出荷量及び販売金額（平成30年）

区分	単位	計	工場				
			製材工場へ	合単板・LVL工場へ	プレカット工場へ	枠組壁工法住宅用部材組立工場へ	集成材・CLT工場へ
出荷量							
CLT工場	千m³	14	0	–	1	–	0
木材流通業者計	〃	44	3	1	–	–	–
木材市売市場等	〃	7	3	1	–	–	–
木材市売市場	〃	7	3	1	–	–	–
木材センター	〃	–	–	–	–	–	–
木材販売業者	〃	37	–	–	–	–	–
販売金額							
CLT工場	100万円	1,791	15	–	148	–	21
木材流通業者計	〃	4,948	355	124	–	–	–
木材市売市場等	〃	882	355	124	–	–	–
木材市売市場	〃	882	355	124	–	–	–
木材センター	〃	–	–	–	–	–	–
木材販売業者	〃	4,066	–	–	–	–	–

区分	単位	流通業者				その他				
		木材市売市場へ	木材センターへ	木材販売業者へ	総合商社へ	こん包業へ	木材薬品処理工場へ	建築業者へ	ホームセンターへ	その他へ
出荷量										
CLT工場	千m³	0	–	1	1	–	0	11	–	0
木材流通業者計	〃	6	–	7	–	–	–	19	–	7
木材市売市場等	〃	–	–	–	–	–	–	0	–	2
木材市売市場	〃	–	–	–	–	–	–	0	–	2
木材センター	〃	–	–	–	–	–	–	–	–	–
木材販売業者	〃	6	–	7	–	–	–	19	–	5
販売金額										
CLT工場	100万円	1	–	77	82	–	1	1,402	–	43
木材流通業者計	〃	309	–	1,421	–	–	–	1,884	–	857
木材市売市場等	〃	–	–	–	–	–	–	4	–	400
木材市売市場	〃	–	–	–	–	–	–	4	–	400
木材センター	〃	–	–	–	–	–	–	–	–	–
木材販売業者	〃	309	–	1,421	–	–	–	1,880	–	457

資料：農林水産省統計部「平成30年 木材流通構造調査」

(5) 木材チップ
原材料入手区分別木材チップ生産量

単位：千t

年次	計	素材 （原木）	工場残材		林地残材	解体材・ 廃材
			自己の工場か ら振り向けた もの	他の工場から 購入したもの		
平成28年	5,826	2,567	1,675	301	87	1,194
29	5,954	2,555	1,906	282	127	1,087
30	5,706	2,481	1,823	274	105	1,023
令和元	5,266	2,328	1,679	235	57	967
2 （概数値）	4,753	2,119	1,570	209	49	806

資料：農林水産省統計部「木材需給報告書」。ただし、令和2年は「令和2年 木材統計」。

(6) パルプ
ア 製品生産量

単位：千t

年次	製紙パルプ					
	計	クラフト パルプ	サーモメカニ カルパルプ	リファイナー グラウンド パルプ	砕木パルプ	その他 製紙パルプ
平成28年	8,637	8,030	356	139	89	24
29	8,742	8,169	336	126	88	23
30	8,627	8,059	317	137	90	24
令和元	8,374	7,840	297	130	86	20
2	7,056	6,604	247	107	80	18

資料： 経済産業省調査統計グループ「経済産業省生産動態統計年報 紙・印刷・プラスチック製品・
ゴム製品統計編令和元年－2019－」（以下イまで同じ。）

イ 原材料消費量

単位：千㎥

年次	合計	国産材					輸入材				
		計	原木	チップ			計	原木	チップ		
				小計	針葉樹	広葉樹			小計	針葉樹	広葉樹
平成28年	29,050	9,275	291	8,985	6,996	1,988	19,774	－	19,774	3,337	16,438
29	29,723	9,498	276	9,222	7,274	1,948	20,225	－	20,225	3,269	16,956
30	29,292	8,802	274	8,529	6,844	1,685	20,490	－	20,490	3,374	17,116
令和元	28,667	8,764	262	8,502	6,791	1,711	19,903	－	19,903	3,090	16,813
2	24,361	8,158	247	7,910	6,388	1,522	16,203	－	16,203	2,621	13,582

5 製材品別（続き）
(7) 工場残材
　　工場残材の販売先別出荷量等及び販売金額（平成30年）

区分	計	出					
		小計	自社の チップ 工場へ	他社の チップ 工場へ	木質 ボード 工場へ	ペレット 製造 業者へ	畜産業者 等へ
出荷量							
工場計	12,927	10,658	2,555	721	432	53	2,759
製材工場	8,747	7,659	2,511	460	8	10	1,986
合単板工場	1,330	706	28	182	384	1	12
ＬＶＬ工場	72	56	－	1	2	－	4
プレカット工場	968	893	10	73	38	13	186
集成材工場	756	486	6	3	0	7	204
ＣＬＴ工場	8	7	－	2	－	－	1
木材チップ工場	1,046	851	…	…	－	22	366

区分	計	自社の チップ 工場へ	他社の チップ 工場へ	木質 ボード 工場へ	ペレット 製造 業者へ	畜産業者 等へ	おが粉 製造業者 等へ
販売金額							
工場計	34,758	12,449	2,265	421	106	4,149	1,265
製材工場	28,227	12,245	2,097	58	11	3,128	1,033
合単板工場	755	102	52	320	5	6	0
ＬＶＬ工場	145	－	3	1	－	2	15
プレカット工場	1,738	83	106	39	47	186	115
集成材工場	2,767	19	1	3	24	223	42
ＣＬＴ工場	36	－	6	－	－	0	－
木材チップ工場	1,090	…	…	－	19	604	60

資料：農林水産省統計部「平成30年 木材流通構造調査」

単位：千㎥

荷					産業廃棄物として処理	自工場で消費(熱利用等)	その他へ
おが粉製造業者等へ	堆肥製造業者等へ	発電・熱利用及び併用施設へ	チップ等集荷業者・木材流通業者等へ	その他へ			
205	1,033	1,714	500	183	2,001	88	
67	717	1,140	324	116	934	39	
–	5	75	20	18	606	0	
–	22	22	–	–	16	–	
86	17	247	58	14	58	4	
–	135	65	26	2	267	2	
1	3	0	–	–	2	–	
51	134	165	72	33	118	43	

単位：100万円

堆肥製造業者等へ	発電・熱利用及び併用施設へ	チップ等集荷業者・木材流通業者等へ	その他へ
5,304	6,157	2,456	
2,756	4,663	2,175	
4	257	9	
56	69	–	
46	908	127	
2,347	74	33	
27	2	–	
68	184	112	

6 木質バイオマスのエネルギー利用
(1) 業種別木質バイオマスエネルギー利用事業所数及び木質バイオマス利用量
　　（令和元年）

業種	事業所数	事業所内で利用した木質バイオマス				
		木材チップ	木質ペレット	薪	木粉（おが粉）	左記以外の木質バイオマス
	事業所	絶乾t	t	t	t	t
計	1,437	9,423,386	992,163	53,976	428,502	408,767
製造業	529	4,836,893	44,698	40,959	401,812	362,501
製材業、木製品製造業	241	416,073	193	21,813	222,059	253,885
合板製造業	36	630,863	6,507	1,660	8,230	47,624
集成材製造業	47	131,398	88	3,356	44,558	14,790
建築用木製組立材料製造業（プレカット）	12	24,020	-	2,354	1,058	888
パーティクルボード製造業	6	83,505	-	-	8,494	-
繊維板製造業	5	131,727	1	1	1	414
床板（フローリング）製造業	17	10,824	32	5,926	13,106	3,720
木製容器製造業（木材加工業）	1	32	-	-	-	-
その他の木材産業	41	62,012	511	2,501	12,526	26,315
食料品製造業	21	144,753	497	857	1,007	6,254
繊維工業	6	94,903	63	-	-	-
家具・装備品製造業	13	1,498	167	2,464	948	1,747
パルプ・紙・紙加工品製造業	38	2,431,698	4,804	-	86,663	2,722
印刷・同関連業	-	-	-	-	-	-
化学工場	10	182,106	-	-	-	980
その他	35	491,481	31,835	27	3,162	3,162
農業	98	13,306	6,798	1,350	12,171	15,355
電気・ガス・熱供給・水道業	121	4,363,924	911,030	1,235	6,029	3,641
宿泊業・飲食サービス業	88	7,672	4,399	1,832	9	455
宿泊業	83	7,664	4,322	1,561	9	455
飲食店	5	8	77	271	-	-
生活関連サービス・娯楽業	180	54,677	8,108	6,398	308	862
洗濯業、理容業、美容業	5	23,206	-	-	-	-
一般公衆浴場業、その他の公衆浴場業（温泉）	140	26,857	6,307	6,396	308	462
スポーツ施設提供業	24	4,087	1,463	-	-	400
公園、遊園地、その他の娯楽業	11	527	338	2	-	-
教育	96	2,170	2,637	48	-	2
学校教育	64	1,308	1,887	-	-	-
その他教育、学習支援業	32	862	750	48	-	2
医療・福祉	129	7,740	7,508	637	-	-
医療業	23	3,415	1,421	-	-	-
老人福祉、介護事業、障害者福祉事業	73	4,146	5,436	587	-	-
児童福祉事業（保育所）	30	101	567	50	-	-
その他	3	78	84	-	-	-
協同組合	25	67,241	639	48	7,813	24,521
その他	171	69,763	6,346	1,469	360	1,430

資料：林野庁「木質バイオマスエネルギー利用動向調査」（以下(3)まで同じ。）
注：絶乾tとは、絶乾比重（含水率0％）に基づき算出された実重量である。

(2)　事業所における利用機器の所有形態別木質バイオマスの種類別利用量
　　（令和元年）

事業所における利用機器の所有形態	事業所内で利用した木質バイオマス				
	木材チップ	木質ペレット	薪	木粉（おが粉）	左記以外の木質バイオマス
	絶乾 t	t	t	t	t
計	9,423,386	992,163	53,976	428,502	408,767
発電機のみ所有	5,492,757	943,492	－	50,432	3,335
ボイラーのみ所有	1,218,180	42,956	52,874	146,824	332,410
発電機及びボイラーの両方を所有	2,712,449	5,715	1,102	231,246	73,022

(3)　事業所における利用機器の所有形態別木材チップの由来別利用量
　　（令和元年）

単位：絶乾 t

事業所における利用目的	利用した木材チップの由来						
	計	間伐材・林地残材等	製材等残材	建設資材廃棄物（解体材、廃材）	輸入チップ	輸入丸太を用いて国内で製造	左記以外の木材（剪定枝等）
計	9,423,386	3,029,178	1,711,924	4,063,912	307,015	－	311,357
うちパルプ等の原料用から燃料用に転用した量	126,071	865	85,168	40,038	－	－	－
発電機のみ所有	5,492,757	2,492,869	572,480	1,915,378	287,433	－	224,597
ボイラーのみ所有	1,218,180	119,750	541,514	543,301	9,245	－	4,370
発電機及びボイラーの両方を所有	2,712,449	416,559	597,930	1,605,233	10,337	－	82,390

X 森林組合

1 森林組合（各年度末現在）

年度	組合数	組合員数	正組合員数	払込済出資金	組合員所有森林面積	設立登記組合数
	組合	人	人	百万円	千ha	組合
平成27年度	629	1,530,716	1,471,816	54,274	10,658	629
28	622	1,524,538	1,466,118	54,329	10,665	624
29	621	1,511,674	1,453,248	54,381	10,643	621
30	617	1,502,962	1,444,890	54,294	10,554	617
令和元	613	1,495,048	1,437,705	54,293	10,562	613

資料：林野庁「森林組合統計」（以下3まで同じ。）
注：「森林組合一斉調査」の調査票提出組合の数値である（以下3まで同じ。）。

2 森林組合の部門別事業実績

単位：100万円

| 区分 | | 計 | 指導 | 販売、加工 | 森林整備 | | 金融 |
					購買、養苗	森林整備、利用・福利厚生、林地供給	
平成29年度	実績	272,048	1,508	132,836	9,277	128,373	55
	構成比(%)	100.0	0.6	48.8	3.4	47.2	0.0
30	実績	271,051	1,529	137,146	8,849	123,483	45
	構成比(%)	100.0	0.6	50.6	3.3	45.6	0.0
令和元	実績	273,447	1,516	136,830	9,175	125,894	31
	構成比(%)	100.0	0.6	50.0	3.4	46.0	0.0

3 生産森林組合（各年度末現在）

年度	組合数	組合員数	払込済出資金	組合経営森林面積	設立登記組合数
	組合	人	100万円	千ha	組合
平成27年度	2,369	209,153	25,101	327	3,001
28	2,300	201,545	24,259	319	2,949
29	2,226	196,453	23,347	322	2,913
30	2,102	183,611	22,091	308	2,844
令和元	2,067	178,014	21,791	309	2,765

水 産 業 編

I 漁業構造

1 海面漁業経営体

(1) 漁業経営体の基本構成(各年11月1日現在)

年次	漁業経営体数	漁船				
		無動力漁船隻数	船外機付漁船隻数	動力漁船		
				隻数	トン数	
	経営体	隻	隻	隻	T	
平成25年	94,507	3,779	67,572	81,647	612,269.9	
30	79,067	3,080	59,201	69,920	547,521.4	

年次	11月1日現在の海上作業従事者数					
	計	家族			団体経営体の責任のある者	雇用者
		小計	男	女		
	人	人	人	人	人	人
平成25年	177,728	95,414	81,181	14,233	…	82,314
30	155,692	82,593	71,433	11,160	6,847	66,252

資料:農林水産省統計部「漁業センサス」(以下(4)まで同じ。)
注:1 漁業経営体とは、過去1年間に利潤又は生活の資を得るために、生産物を販売することを目的として、海面において水産動植物の採捕又は養殖の事業を行った世帯又は事業所をいう。ただし、過去1年間における漁業の海上作業従事日数が30日未満の個人漁業経営体は除く(以下(5)まで同じ。)。
　　2 平成30年調査において「雇用者」から「団体経営体の責任のある者」を分離して新たに調査項目として設定しており、平成25年値は「雇用者」に「団体経営体の責任のある者」を含んでいる。

(2) 経営体階層別経営体数(各年11月1日現在)

単位:経営体

年次	計	漁船非使用	無動力漁船	船外機付漁船	動力漁船使用		
					1T未満	1~3	3~5
平成25年	94,507	3,032	97	20,709	2,770	14,109	21,080
30	79,067	2,595	47	17,364	2,002	10,652	16,810

年次	動力漁船使用(続き)						
	5~10	10~20	20~30	30~50	50~100	100~200	200~500
平成25年	8,247	3,643	559	466	293	252	76
30	7,495	3,339	494	430	252	233	64

年次	動力漁船使用(続き)			大型定置網	さけ定置網	小型定置網	海面養殖
	500~1,000	1,000~3,000	3,000T以上				
平成25年	55	53	3	431	821	2,867	14,944
30	50	52	2	409	534	2,293	13,950

注:階層区分は、販売金額1位の漁業種類及び使用した動力漁船の合計トン数によって区分した。

1 海面漁業経営体（続き）
(3) 経営組織別経営体数（全国・都道府県・大海区）（各年11月1日現在）

単位：経営体

区分	計	個人経営体	会社	漁業協同組合	漁業生産組合	共同経営	その他
平成25年	94,507	89,470	2,534	211	110	2,147	35
30	79,067	74,526	2,548	163	94	1,700	36
北海道	11,089	10,006	411	26	12	629	5
青森	3,702	3,567	48	9	5	72	1
岩手	3,406	3,317	17	24	10	37	1
宮城	2,326	2,214	80	3	13	16	－
秋田	632	590	14	－	－	26	2
山形	284	271	5	－	－	6	2
福島	377	354	14	－	－	9	－
茨城	343	318	23	2	－	－	－
千葉	1,796	1,739	37	11	3	6	－
東京	512	503	4	3	－	－	2
神奈川	1,005	920	65	5	3	12	－
新潟	1,338	1,307	18	2	1	9	1
富山	250	204	24	2	5	15	－
石川	1,255	1,176	65	－	1	11	2
福井	816	778	21	1	－	16	－
静岡	2,200	2,095	75	4	4	21	1
愛知	1,924	1,849	15	1	－	59	－
三重	3,178	3,054	60	4	2	57	1
京都	636	618	12	－	3	2	1
大阪	519	493	5	－	1	20	－
兵庫	2,712	2,247	67	－	1	397	－
和歌山	1,581	1,535	19	4	1	21	1
鳥取	586	538	42	5	－	－	1
島根	1,576	1,487	54	－	3	31	1
岡山	872	843	13	1	－	15	－
広島	2,162	2,059	101	－	1	1	－
山口	2,858	2,790	45	11	－	8	4
徳島	1,321	1,276	34	－	1	9	1
香川	1,234	1,125	106	－	－	3	－
愛媛	3,444	3,284	146	2	1	10	1
高知	1,599	1,507	69	3	－	20	－
福岡	2,386	2,277	35	7	－	66	1
佐賀	1,609	1,554	10	3	－	42	－
長崎	5,998	5,740	226	12	－	18	2
熊本	2,829	2,734	78	4	2	10	1
大分	1,914	1,807	102	－	1	4	－
宮崎	950	790	149	－	9	1	1
鹿児島	3,115	2,877	210	7	11	9	1
沖縄	2,733	2,683	29	7	－	12	2
北海道太平洋北区	6,964	6,364	281	21	3	291	4
太平洋北区	8,163	7,828	171	37	27	98	2
太平洋中区	10,615	10,160	256	28	12	155	4
太平洋南区	6,581	6,055	454	8	13	47	4
北海道日本海北区	4,125	3,642	130	5	9	338	1
日本海北区	4,495	4,314	72	5	7	92	5
日本海西区	5,187	4,877	230	6	8	61	5
東シナ海区	19,740	18,898	625	49	13	147	8
瀬戸内海区	13,197	12,388	329	4	2	471	3

注： 1 個人経営体は，漁業経営体のうち，個人で漁業を営んだものをいう。会社は，会社法に基づき設立された株式会社，合名会社，合資会社及び合同会社をいう。なお，特例有限会社は株式会社に含む。
　　 2 漁業協同組合は，水産業協同組合法に規定する漁業協同組合及び漁業協同組合連合会をいう。漁業生産組合は，水産業協同組合法に規定する漁業生産組合をいう。
　　 3 共同経営は，二つ以上の漁業経営体（個人又は法人）が，漁船，漁網等の主要生産手段を共有し，漁業経営を共同で行ったものであり，その経営に資本又は現物を出資しているものをいう。これに該当する漁業経営体の調査は，代表者に対してのみ実施した。

(4) 営んだ漁業種類別経営体数（複数回答）（各年11月1日現在）

単位：経営体

年次	計（実数）	底びき網						船びき網	まき網
		遠洋底びき網	以西底びき網	沖合底びき網		小型底びき網			大中型まき網
				1そうびき	2そうびき				1そうまき遠洋かつお・まぐろ
平成25年	94,507	5	2	223	19	10,710		3,348	17
30	79,067	3	3	239	25	8,857		3,145	17

年次	まき網（続き）				刺網			さんま棒受網
	大中型まき網（続き）			中・小型まき網	さけ・ます流し網	かじき等流し網	その他の刺網	
	1そうまき近海かつお・まぐろ	1そうまきその他	2そうまき					
平成25年	6	51	11	514	102	45	23,398	237
30	11	45	12	384	42	24	19,033	135

年次	大型定置網	さけ定置網	小型定置網	その他の網漁業	はえ縄			その他のはえ縄
					遠洋まぐろはえ縄	近海まぐろはえ縄	沿岸まぐろはえ縄	
平成25年	467	1,089	5,142	4,401	74	217	451	4,575
30	439	792	3,869	3,784	63	176	364	3,812

年次	釣							
	遠洋かつお一本釣	近海かつお一本釣	沿岸かつお一本釣	遠洋いか釣	近海いか釣	沿岸いか釣	ひき縄釣	その他の釣
平成25年	20	53	537	2	59	7,567	7,031	27,024
30	21	41	403	1	44	5,782	5,409	22,070

年次	小型捕鯨	潜水器漁業	採貝・採藻	その他の漁業	海面養殖			
					魚類養殖			
					ぎんざけ養殖	ぶり類養殖	まだい養殖	ひらめ養殖
平成25年	4	1,642	32,493	25,081	18	795	830	120
30	3	1,595	26,097	22,568	66	643	699	96

年次	海面養殖（続き）							
	魚類養殖（続き）			ほたてがい養殖	かき類養殖	その他の貝類養殖	くるまえび養殖	ほや類養殖
	とらふぐ養殖	くろまぐろ養殖	その他の魚類養殖					
平成25年	…	92	695	2,950	2,977	695	90	552
30	200	96	464	3,019	3,021	635	90	856

年次	海面養殖（続き）						
	その他の水産動物類養殖	こんぶ類養殖	わかめ類養殖	のり類養殖	その他の海藻類養殖	真珠養殖	真珠母貝養殖
平成25年	187	1,980	3,794	4,021	744	722	519
30	143	1,628	3,442	3,414	790	615	405

注：平成25年の「くろまぐろ養殖」は「まぐろ類養殖」である。

1 海面漁業経営体（続き）
(5) 経営体階層別、漁獲物・収獲物の販売金額規模別経営体数
（平成30年11月1日現在）

単位：経営体

区分	計	100万円未満	100～500	500～1,000	1,000～2,000	2,000～5,000	5,000万～1億	1～5	5～10	10億円以上
計	79,067	23,668	27,760	10,992	6,763	5,848	2,120	1,603	186	127
漁船非使用	2,595	1,775	735	71	10	2	–	–	1	1
漁船使用										
無動力漁船	47	33	13	1	–	–	–	–	–	–
船外機付漁船	17,364	9,159	6,519	1,345	291	39	8	3	–	–
動力漁船使用										
1 T未満	2,002	1,361	591	43	5	1	1	–	–	–
1～3	10,652	5,525	4,437	563	107	18	1	1	–	–
3～5	16,810	3,444	8,353	3,275	1,334	378	24	2	–	–
5～10	7,495	811	2,622	2,006	1,264	677	97	18	–	–
10～20	3,339	191	461	655	715	863	324	127	2	1
20～30	494	15	25	42	110	208	67	26	1	–
30～50	430	14	11	15	33	164	123	64	5	1
50～100	252	4	6	3	6	11	56	165	1	–
100～200	233	2	2	1	–	1	13	186	21	7
200～500	64	2	–	–	–	1	–	29	26	6
500～1,000	50	–	–	–	–	–	1	6	24	19
1,000～3,000	52	–	–	–	–	–	–	–	11	41
3,000 T以上	2	–	–	–	–	–	–	–	–	2
大型定置網	409	3	12	11	26	65	126	156	9	1
さけ定置網	534	21	52	53	72	134	100	94	5	3
小型定置網	2,293	317	994	454	271	183	58	16	–	–
海面養殖										
魚類養殖										
ぎんざけ養殖	60	–	–	–	1	3	14	40	–	2
ぶり類養殖	520	4	7	7	28	65	154	198	41	16
まだい養殖	445	7	22	20	45	98	73	149	16	15
ひらめ養殖	54	2	9	4	7	16	8	7	1	–
とらふぐ養殖	139	8	14	9	14	44	26	21	2	1
くろまぐろ養殖	69	8	–	–	–	1	8	27	15	10
その他の魚類養殖	105	10	22	9	19	17	14	13	1	–
ほたてがい養殖	2,496	40	270	430	702	786	213	55	–	–
かき類養殖	2,067	247	598	437	314	304	122	44	1	–
その他の貝類養殖	235	113	76	19	17	6	3	1	–	–
くるまえび養殖	75	1	6	3	9	16	15	24	1	–
ほや類養殖	167	24	59	47	31	6	–	–	–	–
その他の水産動物類養殖	50	2	11	20	12	3	2	–	–	–
こんぶ類養殖	916	18	135	289	384	86	3	–	–	1
わかめ類養殖	1,835	285	818	436	211	66	16	3	–	–
のり類養殖	3,214	141	255	327	535	1,445	406	103	2	–
その他の海藻類養殖	661	60	398	155	40	4	2	2	–	–
真珠養殖	594	15	122	126	132	135	42	22	–	–
真珠母貝養殖	248	6	105	116	18	2	–	1	–	–

資料：農林水産省統計部「2018年漁業センサス」
注：「100万円未満」は、「販売金額なし」及び漁獲物・収獲物の販売金額の調査項目に回答を得られな
　かった経営体を含む。

2 内水面漁業経営体
(1) 内水面漁業経営体数(各年11月1日現在)

単位：経営体

区分	計 (実数)	湖沼で漁業を 営んだ 経営体	湖沼で養殖業を 営んだ経営体	湖沼は採捕のみ で湖沼以外で養 殖業を営んだ経 営体	養殖業を営ん だ経営体	湖沼漁業を 営んだ経営体
平成25年	5,503	2,484	82	28	3,129	110
30	4,772	2,133	59	6	2,704	65

資料：農林水産省統計部「漁業センサス」（以下(3)まで同じ。）
注：「湖沼で漁業を営んだ経営体」には、年間湖上作業従事日数が29日以下の個人経営体を含む。

(2) 湖沼漁業経営体の基本構成(各年11月1日現在)

区分	経営 体数	保有漁船隻数			使用動 力漁船 合計 トン数	湖上作業従事者数			
		無動力 漁船	船外機 付漁船	動力 漁船		家族・雇用者別		男女別	
						家族	雇用者	男	女
	経営体	隻	隻	隻	T	人	人	人	人
平成25年	2,266	227	1,990	1,373	2,803	3,296	822	3,159	959
30	1,930	148	1,655	1,079	2,062	2,562	632	2,610	584

注：年間湖上作業従事日数29日以下の個人経営体を除く。

(3) 内水面養殖業経営体の基本構成(各年11月1日現在)

区分	経営体 総数	養殖池数	養殖面積	養殖業従事者数			
				家族・雇用者別		男女別	
				家族	雇用者	男	女
	経営体	面	m²	人	人	人	人
平成25年	3,129	51,228	37,744,862	4,276	6,272	7,520	3,028
30	2,704	48,884	25,857,944	3,353	6,085	6,900	2,538

2 内水面漁業経営体（続き）
(4) 販売金額1位の養殖種類別経営組織別経営体数（平成30年11月1日現在）

単位：経営体

区分	計	個人	会社	漁業協同組合	漁業生産組合	共同経営	その他
計	2,704	1,868	597	71	54	49	65
食用	1,788	1,134	487	37	45	49	36
にじます	210	116	68	10	14	1	1
その他のます類	411	279	73	11	16	20	12
あゆ	123	51	52	10	7	1	2
こい	105	75	26	1	1	1	1
ふな	107	99	3	−	−	4	1
うなぎ	396	194	187	3	3	7	2
すっぽん	49	26	20	1	−	−	2
海水魚種	30	17	9	1	−	2	1
その他	357	277	49	−	4	13	14
種苗用	125	26	28	34	8	−	29
ます類	54	14	16	10	5	−	9
あゆ	50	2	10	20	2	−	16
こい	7	6	1	−	−	−	−
その他	14	4	1	4	1	−	4
観賞用	782	707	74	−	1	−	−
錦ごい	512	458	53	−	1	−	−
その他	270	249	21	−	−	−	−
真珠	9	1	8	−	−	−	−

資料：農林水産省統計部「2018年漁業センサス」（以下3まで同じ。）

3 大海区別漁業集落数（平成30年11月1日現在）

単位：集落

区分	全国	北海道太平洋北区	太平洋北区	太平洋中区	太平洋南区	北海道日本海北区	日本海北区	日本海西区	東シナ海区	瀬戸内海区
漁業集落数	6,298	275	564	736	598	318	457	632	1,704	1,014

4 漁港
　　漁港種類別漁港数

単位：漁港

年次	総数			1)第1種			2)第2種	3)第3種	4)特3種	5)第4種
	計	海面	内水面	小計	海面	内水面	海面	海面	海面	海面
平成29年	2,860	2,821	39	2,128	2,089	39	519	101	13	99
30	2,823	2,784	39	2,089	2,050	39	521	101	13	99
31	2,806	2,767	39	2,069	2,030	39	524	101	13	99
令和2	2,790	2,751	39	2,052	2,013	39	525	101	13	99
3	2,785	2,746	39	2,047	2,008	39	525	101	13	99

資料：水産庁「漁港一覧」
注：1)は、利用範囲が地元漁業を主とするものをいう。
　　2)は、利用範囲が第1種漁港よりも広く第3種漁港に属さないものをいう。
　　3)は、利用範囲が全国的なものをいう。
　　4)は、第3種漁港のうち水産業の振興上特に重要な漁港で政令で定めるものをいう。
　　5)は、離島、その他辺地にあって、漁場開発又は漁船の避難上特に必要なものをいう。

5 漁船（各年12月31日現在）
(1) 漁船の勢力（総括表）

年次	総隻数	推進機関有無別			海水・淡水別			
		動力漁船		無動力漁船	海水漁業		淡水漁業	
		隻数	総トン数	隻数	動力漁船	無動力漁船	動力漁船	無動力漁船
	隻	隻	千T	隻	隻	隻	隻	隻
平成27年	250,817	243,488	968	7,329	236,769	4,105	6,719	3,224
28	244,569	237,953	949	6,616	231,418	4,001	6,535	2,615
29	237,503	230,886	929	6,617	224,575	3,735	6,311	2,882
30	230,504	224,791	923	5,713	218,720	3,764	6,071	1,949
令和元	225,276	218,734	905	6,542	212,939	3,961	5,795	2,581

資料：水産庁「漁船統計表」（以下(3)まで同じ。）
注：1 この統計調査の対象漁船は、漁船法及び漁船法施行規則に基づく漁船登録票を有する次の日本
　　　船舶とする（以下(3)まで同じ。）。
　　　ア　もっぱら漁業に従事する船舶
　　　イ　漁業に従事する船舶で漁獲物の保蔵又は製造の設備を有するもの
　　　ウ　もっぱら漁場から漁獲物又はその製品を運搬する船舶
　　　エ　もっぱら漁業に関する試験、調査、指導若しくは練習に従事する船舶又は漁業の取締に従
　　　　　事する船舶であって漁ろう設備を有するもの
　　2 漁船には、漁船法に基づく登録漁船のほかに、対象外の総トン数1トン未満の無動力漁船を含む。

(2) 総トン数規模別海水漁業動力漁船数

単位：隻

年次	計	5T未満	5〜10	10〜15	15〜20	20〜30
平成27年	236,769	210,819	15,200	5,046	4,365	35
28	231,418	205,823	14,985	4,969	4,343	35
29	224,575	199,320	14,746	4,919	4,326	34
30	218,720	193,695	14,583	4,880	4,322	34
令和元	212,939	188,277	14,321	4,824	4,307	34

年次	30〜50	50〜100	100〜200	200〜500	500〜1,000	1,000T以上
平成27年	89	309	398	462	32	14
28	87	292	386	451	33	14
29	87	282	377	436	34	14
30	82	276	369	427	34	18
令和元	83	259	365	417	35	17

(3) 機関種類別及び船質別海水漁業動力漁船数

単位：隻

年次	機関種類別			船質別		
	ジーゼル	焼玉	電気点火	鋼船	木船	FRP船
平成27年	118,431	-	118,338	3,349	2,902	230,518
28	115,217	-	116,201	3,314	2,593	225,511
29	111,414	-	113,161	3,293	2,306	218,976
30	108,255	-	110,465	3,282	2,034	213,404
令和元	105,005	-	107,934	3,250	1,811	207,878

Ⅱ　漁業労働力

1　世帯員数（個人経営体出身）（各年11月1日現在）

単位：千人

年次	計	男			女		
		小計	14歳以下	15歳以上	小計	14歳以下	15歳以上
平成28年	235.0	123.5	10.1	113.4	111.5	10.0	101.4
29	222.6	116.9	9.1	107.8	105.7	9.2	96.4
30	223.0	118.5	9.8	108.7	104.5	9.3	95.2
令和元	198.9	106.3	8.9	97.4	92.6	8.2	84.4

資料：農林水産省統計部「漁業就業動向調査（平成28、29年）」、「2018年漁業センサス」、
　　　「漁業構造動態調査（令和元年）」

2　漁業従事世帯員・役員数（平成30年11月1日現在）
(1)　年齢階層別漁業従事世帯員・役員数

区分	計	15〜29歳	30〜39	40〜49	50〜59	60〜64	65〜69	70〜74	75歳以上
数（人）									
計	134,466	4,832	9,335	15,612	24,128	15,987	21,239	17,106	26,227
漁業従事世帯員	123,685	4,488	8,292	13,723	21,355	14,536	19,806	16,159	25,326
漁業従事役員	10,781	344	1,043	1,889	2,773	1,451	1,433	947	901
構成比（%）									
計	100.0	3.6	6.9	11.6	17.9	11.9	15.8	12.7	19.5
漁業従事世帯員	100.0	3.6	6.7	11.1	17.3	11.8	16.0	13.1	20.5
漁業従事役員	100.0	3.2	9.7	17.5	25.7	13.5	13.3	8.8	8.4

資料：農林水産省統計部「2018年漁業センサス」（以下(2)まで同じ。）

(2)　責任のある者の状況
ア　年齢階層別責任のある者数

区分	計	15〜29歳	30〜39	40〜49	50〜59	60〜64	65〜69	70〜74	75歳以上
数（人）									
計	95,392	1,540	5,222	10,719	18,213	12,150	15,942	12,930	18,676
個人経営体	84,611	1,196	4,179	8,830	15,440	10,699	14,509	11,983	17,775
団体経営体	10,781	344	1,043	1,889	2,773	1,451	1,433	947	901
構成比（%）									
計	100.0	1.6	5.5	11.2	19.1	12.7	16.7	13.6	19.6
個人経営体	100.0	1.4	4.9	10.4	18.2	12.6	17.1	14.2	21.0
団体経営体	100.0	3.2	9.7	17.5	25.7	13.5	13.3	8.8	8.4

イ　団体経営体における役職別責任のある者数

区分	計（実数）	経営主	海上作業において責任のある者					陸上作業において責任のある者
			漁ろう長	船長	機関長	養殖場長	左記以外	
数（人）	10,781	5,584	1,663	3,587	839	798	2,892	3,875
割合（%）	100.0	51.8	15.4	33.3	7.8	7.4	26.8	35.9
平均年齢（歳）	−	59.0	57.5	55.3	54.9	53.5	53.7	59.9

3　漁業就業者
(1)　自家漁業のみ・漁業雇われ別漁業就業者数(各年11月1日現在)

単位：千人

年次	計	個人経営体の 自家漁業のみ	漁業従事役員	漁業雇われ
平成28年	160.0	95.7	…	64.3
29	153.5	92.0	…	61.5
30	151.7	86.9	8.7	56.0
令和元	144.7	80.3	7.6	56.8
2　(概数値)	135.7	75.8	7.4	52.4

資料：農林水産省統計部「漁業就業動向調査(平成28、29年)」、「2018年漁業センサス」、「漁業
　　　構造動態調査(令和元、2年)」
注：　平成30年調査において「漁業雇われ」から「漁業従事役員」を分離して新たに調査項目として
　　設定しており、平成29年以前は「漁業雇われ」に11月1日現在で漁業に従事した「漁業従事役員」
　　を含んでいる。

(2)　新規就業者数 (平成30年11月1日現在)

単位：人

区分	計	個人経営体の 自家漁業のみ	漁業雇われ
新規就業者	1,862	469	1,393

資料：農林水産省統計部「2018年漁業センサス」

(3)　卒業者の漁業就業者数 (各年3月卒業)

単位：人

区分	漁業就業者		区分	漁業就業者	
	平成31年	令和2		平成31年	令和2
中学校			大学		
計	(70)	(76)	計	109	108
男	(59)	(65)	男	89	83
女	(11)	(11)	女	20	25
特別支援学校中学部			大学院修士課程		
計	(1)	(1)	計	17	19
男	(1)	(-)	男	12	15
女	(-)	(1)	女	5	4
高等学校 (全日・定時制)			大学院博士課程		
計	454	390	計	2	3
男	422	354	男	1	-
女	32	36	女	1	3
高等学校 (通信制)			大学院専門職学位課程		
計	15	16	計	-	-
男	12	12	男	-	-
女	3	4	女	-	-
中等教育学校 (後期課程)			短期大学		
計	1	-	計	2	6
男	1	-	男	1	2
女	-	-	女	1	4
特別支援学校高等部			高等専門学校		
計	11	7	計	1	-
男	11	7	男	1	-
女	-	-	女	-	-

資料：文部科学省総合教育政策局〔学校基本調査〕
注：1　卒業後の状況調査における、産業別の就職者数である。
　　2　進学しかつ就職した者を含む。
　　3　中学校及び特別支援学校 (中等部) は漁業就業者の区分をされていないため、農業・林業
　　　を含む一次産業への就業者を ( ) で掲載した。

Ⅲ 漁業経営

1 個人経営体（1経営体当たり）（全国平均）（令和元年）

(1) 漁船漁業及び小型定置網漁業
ア 概要及び分析指標

区分	使用動力船総トン数	事業所得			漁労所得率	付加価値額（純生産）	物的経費	純生産性	漁業固定資本装備率
		計	漁労所得	漁労外事業所得					
	T	千円	千円	千円	%	千円	千円	千円	千円
漁船漁業									
平均	4.61	2,547	2,303	244	28.6	4,174	3,884	1,988	1,584
3 T未満	1.09	1,480	1,323	157	43.2	1,832	1,229	1,078	687
3〜5	4.71	2,641	2,379	262	35.1	3,367	3,420	1,772	1,735
5〜10	7.84	3,846	3,540	306	25.9	7,192	6,484	2,569	2,411
10〜20	15.19	6,523	6,219	304	20.8	14,968	14,888	3,481	2,007
20〜30	24.66	6,581	5,940	641	23.3	14,353	11,091	2,871	1,634
30〜50	37.73	6,801	4,958	1,843	10.6	26,314	20,387	2,799	1,397
50〜100	72.29	17,123	11,823	5,300	9.1	61,407	69,078	4,874	2,004
100 T以上	226.65	7,534	6,770	764	1.8	167,254	203,887	8,119	3,677
うち100〜200	134.93	11,781	10,890	891	5.4	96,484	103,390	5,883	1,599
200 T以上	x	x	x	x	x	x	x	x	x
小型定置網漁業	5.02	2,961	2,536	425	24.8	6,004	4,216	1,334	599

資料：農林水産省統計部「令和元年漁業経営統計調査報告」（以下2まで同じ。）
注： 1 調査対象経営体は、第2種兼業を除く個人漁業経営体のうち、主として漁船漁業を営む経営体
　　　及び主として小型定置網漁業を営む経営体並びに主として養殖業（ぶり類、まだい、ほたてがい、
　　　かき類及びのり類）を営む経営体である（以下(2)まで同じ。）。
　　2 東日本大震災の影響により、漁業が行えなかった等から福島県を除く結果である。

イ 経営収支

単位：千円

区分	漁労収入	漁業生産物収入	漁労支出	雇用労賃	漁船・漁具費	油費	修繕費	販売手数料	減価償却費
漁船漁業									
平均	8,058	7,512	5,755	980	433	996	455	490	727
3 T未満	3,061	2,981	1,738	199	180	245	116	210	204
3〜5	6,787	6,154	4,408	247	338	963	432	427	660
5〜10	13,676	12,851	10,136	2,213	669	1,528	759	830	1,536
10〜20	29,856	27,515	23,637	5,335	1,816	4,148	1,545	1,725	1,999
20〜30	25,444	23,845	19,504	5,973	987	3,129	1,592	1,218	1,905
30〜50	46,701	44,790	41,743	15,589	2,121	5,551	2,452	1,947	3,185
50〜100	130,485	126,470	118,662	41,353	9,326	22,190	8,945	6,171	10,522
100 T以上	371,141	358,992	364,371	100,844	11,884	67,259	40,050	11,734	25,520
うち100〜200	199,874	187,646	188,984	66,224	5,009	41,680	19,294	8,221	8,654
200 T以上	x	x	x	x	x	x	x	x	x
小型定置網漁業	10,220	9,399	7,684	2,021	703	367	551	649	962

(2) 海面養殖業
ア 概要及び分析指標

区分	養殖施設面積	事業所得			漁労所得率	付加価値額（純生産）	物的経費	純生産性	漁業固定資本装備率
		計	漁労所得	漁労外事業所得					
	㎡	千円	千円	千円	％	千円	千円	千円	千円
ぶり類養殖業	1,245	6,021	5,824	197	5.1	5,614	108,656	660	1,762
まだい養殖業	1,743	1,210	1,192	18	1.4	△ 2,574	87,888	△ 780	2,469
ほたてがい養殖業	9,699	3,656	3,624	32	18.3	9,051	10,776	870	1,149
かき類養殖業	4,116	9,137	8,180	957	26.5	21,083	9,779	2,849	1,552
のり類養殖業	12,548	8,821	8,600	221	30.0	15,717	12,952	2,664	3,062

注：養殖施設面積は、主とする養殖業の養殖施設面積である。

イ 経営収支

単位：千円

区分	漁労収入	養殖業生産物収入	漁労支出	雇用労賃	漁船・漁具費	油費	修繕費	販売手数料	減価償却費
ぶり類養殖業	114,270	110,156	108,446	3,095	986	1,290	1,528	1,965	5,283
まだい養殖業	85,314	83,641	84,122	2,042	889	779	592	1,396	2,721
ほたてがい養殖業	19,827	15,944	16,203	3,446	1,710	954	1,338	1,027	3,411
かき類養殖業	30,862	28,597	22,682	6,869	551	669	900	464	2,253
のり類養殖業	28,669	27,056	20,069	2,073	794	1,935	1,799	1,120	3,743

2　会社経営体（1経営体当たり）（全国平均）（令和元年度）
(1)　漁船漁業及び海面養殖業の総括

区分	収入				支出			
	計	漁労売上高	漁労外売上高	営業外収益	計	漁労売上原価	漁労販売費及び一般管理費	漁労外売上原価
	千円	千円	千円	千円	千円	千円	千円	千円
漁船漁業								
平均	366,511	295,549	56,606	14,356	363,585	274,881	55,113	24,021
10～20T未満	72,925	58,543	13,170	1,212	72,826	48,566	17,078	3,709
20～50	82,415	68,189	11,993	2,233	82,935	56,881	15,413	2,346
50～100	182,339	139,250	33,845	9,244	167,772	113,325	33,133	16,952
100～200	360,727	301,441	48,425	10,861	366,907	261,893	70,296	26,023
200～500	604,576	561,033	28,934	14,609	600,987	469,421	110,977	13,189
500T以上	2,169,935	1,680,249	394,863	94,823	2,178,922	1,707,073	241,966	178,399
500～1,000	1,072,449	896,388	133,574	42,487	1,019,610	856,413	129,361	16,986
1,000T以上	2,924,456	2,219,153	574,499	130,804	2,975,953	2,291,905	319,384	289,371
1,000～3,000	2,853,573	2,123,972	604,769	124,832	2,909,104	2,209,511	315,124	308,235
3,000T以上	x	x	x	x	x	x	x	x
海面養殖業								
ぶり類養殖業	309,441	278,984	27,699	2,758	294,157	243,088	26,233	21,102
まだい養殖業	290,745	270,750	15,282	4,713	282,830	226,095	33,360	17,272

区分	支出（続き）		1)漁労利益	2)漁労外利益	営業利益	経常利益	当期純利益	3)漁業投下資本利益率	4)売上利益率	5)自己資本比率
	漁労外販売費及び一般管理費	営業外費用								
	千円	千円	千円	千円	千円	千円	千円	％	％	％
漁船漁業										
平均	5,389	4,181	△ 34,445	27,196	△ 7,249	2,926	△ 2,921	nc	nc	30.4
10～20T未満	2,332	1,141	△ 7,101	7,129	28	99	△ 366	nc	nc	6.8
20～50	7,865	430	△ 4,105	1,782	△ 2,323	520	3,150	nc	nc	15.4
50～100	2,638	1,724	△ 7,208	14,255	7,047	14,567	7,212	nc	nc	nc
100～200	4,561	4,134	△ 30,748	17,841	△ 12,907	△ 6,180	△ 7,059	nc	nc	40.6
200～500	610	6,790	△ 19,365	15,135	4,230	3,589	5,752	nc	nc	30.6
500T以上	26,056	25,428	△ 268,790	190,408	△ 78,382	8,987	△ 34,774	nc	nc	33.0
500～1,000	974	15,876	△ 89,386	115,614	26,228	52,839	7,417	nc	nc	34.2
1,000T以上	43,300	31,993	△ 392,136	241,828	△ 150,308	△ 51,497	△ 63,785	nc	nc	32.7
1,000～3,000	46,187	30,047	△ 400,663	250,347	△ 150,316	△ 55,531	△ 68,320	nc	nc	34.9
3,000T以上	x	x	x	x	x	x	x	x	x	x
海面養殖業										
ぶり類養殖業	957	2,777	9,663	5,640	15,303	15,284	13,762	5.9	3.5	2.8
まだい養殖業	593	5,510	11,295	△ 2,583	8,712	7,915	4,077	6.4	4.2	15.7

注：　調査対象経営体は、会社経営体のうち、主として漁船漁業を営み、かつ、使用する動力漁船の
　　　合計総トン数が10トン以上の経営体及び主として養殖業（ぶり類、まだい）を営む経営体である
　　　（以下(2)まで同じ。）。
　　　1)は、漁労売上高－（漁労売上原価＋漁労販売費及び一般管理費）である。
　　　2)は、漁労外売上高－（漁労外売上原価＋漁労外販売費及び一般管理費）である。
　　　3)は、漁労利益÷漁業投下資本額×100である。
　　　4)は、漁労利益÷漁労売上高×100である。
　　　5)は、（株主資本合計(期首)＋評価・換算差額等(期首)）÷負債・純資産合計（期首）×100
　　　である。

(2)　漁船漁業経営体の主とする漁業種類別の階層別

単位：千円

区分	漁労売上高	漁労売上原価	労務費	油費	減価償却費	漁労販売費及び一般管理費	1)漁労利益
沖合底びき網							
50～100Ｔ未満	166,686	131,345	61,024	25,348	8,175	29,122	6,219
100～200Ｔ	340,277	295,887	131,636	55,236	26,246	72,000	△ 27,610
船びき網							
10～20Ｔ未満	12,192	17,386	10,173	2,959	1,227	10,976	△ 16,170
20～50未満	59,898	37,541	16,843	4,807	4,255	14,253	8,104
50～100Ｔ	86,045	76,576	25,703	19,911	4,487	16,068	△ 6,599
大型まき網							
500Ｔ以上	2,522,769	2,591,365	840,090	447,497	351,510	344,365	△412,961
うち500～1,000	1,065,742	983,346	342,741	166,839	126,810	184,109	△101,713
1,000Ｔ以上	3,494,121	3,663,379	1,171,657	634,602	501,309	451,205	△620,463
うち1,000～3,000	3,494,121	3,663,379	1,171,657	634,602	501,309	451,205	△620,463
中・小型まき網							
50～100Ｔ未満	150,986	123,215	63,464	15,703	14,131	41,405	△ 13,634
100～200未満	368,118	308,057	142,867	34,067	55,359	83,077	△ 23,016
200～500未満	626,954	456,588	224,271	76,218	41,171	178,672	△ 8,306
遠洋・近海まぐろはえ縄							
10～20Ｔ未満	93,989	70,407	26,005	15,589	2,004	21,472	2,110
500Ｔ以上	1,262,224	1,255,716	373,001	301,620	121,889	202,661	△196,153
うち500～1,000	690,737	636,292	182,659	178,014	27,029	98,397	△ 43,952
1,000Ｔ以上	1,452,720	1,462,189	436,448	342,822	153,509	237,415	△246,884
うち1,000～3,000	1,178,450	1,203,990	340,865	293,713	123,710	219,182	△244,722
遠洋・近海かつお一本釣							
100～200Ｔ未満	246,751	220,265	74,316	69,255	8,537	78,255	△ 51,769
500Ｔ以上	864,916	1,026,540	297,725	279,205	112,440	147,533	△309,157
遠洋・近海いか釣							
100～200Ｔ未満	105,674	97,441	37,475	30,748	3,038	22,718	△ 14,485
その他の漁業							
10～20Ｔ未満	60,926	47,999	22,407	9,532	4,738	15,841	△ 2,914

注：1)は、漁労売上高－（漁労売上原価＋漁労販売費及び一般管理費）である。

3　沿岸漁家の漁労所得

単位：万円

区分	平成27年	28	29	30	令和元
沿岸漁家平均	351	338	348	273	216
沿岸漁船漁家	261	235	219	186	169
海面養殖漁家	821	1,004	1,166	763	491

資料：水産庁資料
注：　1　農林水産省統計部「漁業経営調査報告」及び「漁業センサス」の結果を用いて水産庁が
　　　　算出した数値である。
　　　2　沿岸漁家平均は、「漁業経営調査報告」の個人経営体調査の結果を「漁業センサス」の
　　　　10トン未満の漁船漁業、小型定置網漁業、海面養殖業の経営体数の比に応じて加重平均し
　　　　て算出した。
　　　3　沿岸漁船漁家は、「漁業経営調査報告」の個人経営体調査の結果から、10トン未満分を
　　　　再集計し作成した。
　　　4　漁船漁業については、東日本大震災により漁業が行えなかったこと等から、福島県の経
　　　　営体を除く結果である。
　　　5　平成28（2016）年調査において、調査体系の見直しが行われたため、平成28（2016）年
　　　　以降、わかめ類養殖と真珠養殖を除く結果である。
　　　6　漁労収入には、制度受取金等（漁業）を含めていない。

4　生産資材（燃油1kl当たり価格の推移）

単位：円

区分	平均29年	30	令和元	2	3
燃油価格	72,329	86,517	84,350	70,121	83,029

資料：水産庁資料
注：　1　全漁連京浜地区のＡ重油の価格であり、主に20トン未満の漁船への供給について適用する。
　　　2　価格は、各年の平均価格であり、令和3年は1月から同年7月までの平均価格である。

Ⅳ 水産業・漁業地域の活性化と女性の活動

1 漁業地域の活性化の取組状況（平成30年11月1日現在）

(1) 会合・集会等の議題別漁業地区数（複数回答）

単位：地区

区分	会合・集会等を開催した漁業地区数（実数）	会合・集会等の議題（複数回答）							
		特定区画漁業権・共同漁業権の変更	企業参入	漁業権放棄	漁業補償	漁業地区の共有財産・共有施設の管理	自然環境の保全	漁業地区の行事（祭り・イベント等）	その他
実数 全国	1,468	687	19	35	111	166	244	611	931
割合(%) 全国	100.0	46.8	1.3	2.4	7.6	11.3	16.6	41.6	63.4

資料：農林水産省統計部「2018年漁業センサス」（以下(5)まで同じ。）

(2) 漁業協同組合が関係する活動別漁業地区数（複数回答）

単位：地区

区分	計（実数）	関係する活動（複数回答）					
		新規漁業就業者・後継者を確保する取組	ゴミ（海岸・海上・海底）の清掃活動	6次産業化への取組	ブルー・ツーリズムの取組	水産に関する伝統的な祭り・文化・芸能の保存	各種イベントの開催
実数 全国	1,520	453	1,336	167	71	416	564
割合(%) 全国	100.0	29.8	87.9	11.0	4.7	27.4	37.1

(3) 漁業体験参加人数規模別漁業地区数及び年間延べ参加人数

区分	漁業体験を行った漁業地区数	参加人数規模別						漁業体験の年間延べ参加人数
		10人未満	10〜20	20〜50	50〜100	100〜200	200人以上	
	地区	地区	地区	地区	地区	地区	地区	人
全国	**320**	**73**	**29**	**83**	**47**	**27**	**61**	**132,028**
北海道太平洋北区	10	–	1	6	2	–	1	2,943
太平洋北区	37	9	5	13	3	2	5	3,268
太平洋中区	46	9	3	11	6	4	13	82,810
太平洋南区	15	3	1	2	3	3	3	3,051
北海道日本海北区	15	5	–	6	2	–	2	4,673
日本海北区	25	5	1	7	7	2	3	2,006
日本海西区	18	3	1	3	5	2	4	2,229
東シナ海区	69	20	4	21	7	6	11	11,756
瀬戸内海区	85	19	13	14	12	8	19	19,292

(4) 魚食普及活動参加人数規模別漁業地区数及び年間延べ参加人数

区分	魚食普及活動を行った漁業地区数	参加人数規模別						魚食普及活動の年間延べ参加人数
		10人未満	10～20	20～50	50～100	100～200	200人以上	
	地区	地区	地区	地区	地区	地区	地区	人
全国	**377**	**53**	**51**	**96**	**47**	**41**	**89**	**381,723**
北海道太平洋北区	21	4	1	5	6	1	4	1,953
太平洋北区	36	4	6	13	7	1	5	23,596
太平洋中区	52	10	4	6	3	11	18	64,729
太平洋南区	21	3	2	6	1	2	7	6,915
北海道日本海北区	19	2	4	7	1	2	3	1,597
日本海北区	23	－	5	3	2	4	9	138,349
日本海西区	21	4	1	3	5	3	5	5,743
東シナ海区	81	8	11	25	9	10	18	46,103
瀬戸内海区	103	18	17	28	13	7	20	92,738

(5) 水産物直売所利用者数規模別漁業地区数及び年間延べ利用者数

区分	水産物直売所がある漁業地区数	利用者数規模別					水産物直売所の施設数	水産物直売所の年間延べ利用者数
		500人未満	500～1,000	1,000～5,000	5,000～10,000	10,000人以上		
	地区	地区	地区	地区	地区	地区	施設	人
全国	**316**	**50**	**25**	**83**	**39**	**119**	**343**	**13,145,300**
北海道太平洋北区	12	1	－	3	－	8	12	279,900
太平洋北区	13	3	2	4	1	3	14	77,900
太平洋中区	57	3	4	12	15	23	62	1,486,600
太平洋南区	13	1	1	3	2	6	13	3,693,900
北海道日本海北区	20	2	1	5	4	8	21	1,249,100
日本海北区	14	1	1	4	－	8	14	726,000
日本海西区	20	4	3	5	1	7	20	311,900
東シナ海区	92	13	7	27	11	34	100	3,475,000
瀬戸内海区	75	22	6	20	5	22	85	1,845,600

2 漁協への女性の参画状況

単位：人

区分	平成27年度	28	29	30	**令和元**
漁協個人正組合員数	144,305	138,988	134,570	129,373	**124,702**
男	136,234	131,017	126,891	122,215	**117,538**
女	8,071	7,971	7,679	7,158	**7,164**
漁協役員数	9,537	9,373	9,330	9,195	**9,075**
男	9,487	9,323	9,279	9,148	**9,037**
女	50	50	51	47	**38**

資料：水産庁「水産業協同組合統計表」
注：漁協は、各年4月1日から翌年3月末までの間に終了した事業年度ごとの数値である。

3 漁業・水産加工場における女性の就業者数及び従事者数（平成30年11月1日現在）

区分	実数			割合		
	計	男	女	計	男	女
	人	人	人	％	％	％
漁業就業者数	151,701	134,186	17,515	100.0	88.5	11.5
水産加工場従業者数	171,354	68,357	102,997	100.0	39.9	60.1

資料：農林水産省統計部「2018年漁業センサス」
注：1　「漁業就業者」とは、満15歳以上で過去1年間に漁業の海上作業に30日以上従事した者をいう。
　　2　「水産加工場従業者数」とは、平成30年11月1日現在に従事した者をいう。

V 生産量

1 生産量の推移

年次	1)総生産量	計	海面				
			漁業				
			小計	遠洋	沖合	沿岸	
	千t	千t	千t	千t	千t	千t	
平成28年	4,359	4,296	3,264	334	1,936	994	
29	4,306	4,244	3,258	314	2,051	893	
30	4,421	4,364	3,359	349	2,042	968	
令和元	4,197	4,144	3,228	329	1,970	930	
2 (概数値)	4,175	4,124	3,157	264	2,020	872	

年次	海面(続き)	2)内水面			3)捕鯨業
	養殖業	計	漁業	養殖業	
	千t	千t	千t	千t	頭
平成28年	1,033	63	28	35	66
29	986	62	25	37	30
30	1,005	57	27	30	55
令和元	915	53	22	31	86
2 (概数値)	967	51	22	29	‥

資料: 農林水産省統計部「漁業・養殖業生産統計」(以下4まで同じ。)。

注: 海面漁業における「遠洋漁業」、「沖合漁業」及び「沿岸漁業」の内訳については、本調査で定義した次の漁業種類ごとの漁獲量の積上げである。

遠洋漁業: 遠洋底びき網漁業、以西底びき網漁業、大中型1そうまき遠洋かつお・まぐろまき網漁業、太平洋底刺し網等漁業、遠洋まぐろはえ縄漁業、大西洋等はえ縄等漁業、遠洋かつお一本釣漁業及び沖合いか釣漁業(沖合漁業に属するものを除く。)

沖合漁業: 沖合底びき網漁業、小型底びき網漁業、大中型1そうまきその他のまき網漁業、大中型2そうまき網漁業、中・小型まき網漁業、さけ・ます流し網漁業、かじき等流し網漁業、さんま棒受網漁業、近海まぐろはえ縄漁業、沿岸まぐろはえ縄漁業、東シナ海はえ縄漁業、近海かつお一本釣漁業、沿岸かつお一本釣漁業、沖合いか釣漁業(遠洋漁業に属するものを除く。)、沿岸いか釣漁業、日本海べにずわいがに漁業及びずわいがに漁業

沿岸漁業: 船びき網漁業、その他の刺網漁業(遠洋漁業に属するものを除く。)、大型定置網漁業、さけ定置網漁業、小型定置網漁業、その他の網漁業、その他のはえ縄漁業(遠洋漁業又は沖合漁業に属するものを除く。)、ひき縄釣漁業、その他の釣漁業及びその他の漁業(遠洋漁業又は沖合漁業に属するものを除く。)

1)は、捕鯨業を除く。

2)のうち、内水面漁業については、平成28年から30年は主要112河川24湖沼、令和元年以降は主要113河川24湖沼を調査の対象とした。なお、調査の範囲が販売を目的として漁獲された量のみであることから、遊漁者(レクリエーションを主な目的として水産動植物を採捕するもの)による採捕量は含まない。内水面養殖業については、ます類、あゆ、こい及びうなぎを調査の対象とした。

3)は、調査捕鯨による捕獲頭数を含まない。

2 海面漁業

(1) 都道府県・大海区別漁獲量

単位：千t

都道府県・大海区	平成28年	29	30	令和元	2 (概数値)
全国	3,264	3,258	3,359	3,228	3,157
北海道	750	739	877	882	895
青森	107	102	90	80	86
岩手	85	76	90	93	64
宮城	163	158	185	195	152
秋田	7	6	6	6	6
山形	5	4	4	4	4
福島	48	53	50	69	72
茨城	244	295	259	291	301
千葉	115	120	133	111	101
東京	49	41	47	52	45
神奈川	35	32	33	34	28
新潟	30	30	29	29	23
富山	40	24	42	23	26
石川	59	37	62	40	53
福井	15	12	11	12	12
静岡	183	202	195	173	170
愛知	78	70	62	60	53
三重	170	155	132	131	122
京都	10	9	11	9	10
大阪	18	19	9	14	15
兵庫	56	41	40	41	39
和歌山	22	19	15	14	13
鳥取	73	74	83	82	86
島根	109	133	113	80	89
岡山	4	4	3	3	3
広島	17	16	16	14	19
山口	27	26	26	22	23
徳島	10	11	10	10	9
香川	18	16	19	16	12
愛媛	82	80	75	74	73
高知	66	66	73	63	64
福岡	26	26	29	18	17
佐賀	10	8	8	10	7
長崎	286	317	291	251	228
熊本	18	18	18	15	13
大分	35	32	32	31	36
宮崎	102	97	103	100	119
鹿児島	74	75	64	59	54
沖縄	16	16	16	16	16
北海道太平洋北区	386	362	394	364	350
太平洋北区	631	670	661	715	662
太平洋中区	630	620	601	562	518
太平洋南区	269	256	267	249	274
北海道日本海北区	364	377	482	518	544
日本海北区	98	79	94	75	74
日本海西区	280	279	292	234	262
東シナ海区	449	477	443	383	348
瀬戸内海区	157	138	124	128	125

注：捕鯨業を除く。

2 海面漁業（続き）
(2) 魚種別漁獲量

単位：千 t

魚種	平成28年	29	30	令和元	2 （概数値）
海面漁業計	3,264	3,258	3,359	3,228	3,157
魚類計	2,686	2,690	2,739	2,591	2,549
まぐろ類計	168	169	165	161	173
くろまぐろ	10	10	8	10	12
みなみまぐろ	5	4	5	6	6
びんなが	43	46	42	30	61
めばち	39	39	37	34	32
きはだ	71	69	72	80	61
その他のまぐろ類	1	1	1	1	1
まかじき	2	2	2	2	2
めかじき	8	8	8	6	6
くろかじき類	3	3	2	2	2
その他のかじき類	1	1	1	1	1
かつお	228	219	248	229	163
そうだがつお類	12	8	12	8	8
さめ類	31	32	32	24	21
さけ・ます類計	112	72	95	60	63
さけ類	96	69	84	56	56
ます類	15	3	12	4	7
このしろ	4	5	5	5	4
にしん	8	9	12	15	14
まいわし	378	500	522	556	701
うるめいわし	98	72	55	61	41
かたくちいわし	171	146	111	130	143
しらす	63	51	51	60	59
まあじ	125	145	118	97	97
むろあじ類	27	20	17	17	12
さば類	503	518	542	450	377
さんま	114	84	129	46	30
ぶり類	107	118	100	109	105
ひらめ	7	7	7	7	6
かれい類	43	47	41	41	40
まだら	44	44	51	53	56
すけとうだら	134	129	127	154	160
ほっけ	17	18	34	34	41
きちじ	1	1	1	1	1
はたはた	7	6	5	5	5
にぎす類	3	3	3	3	2
あなご類	4	3	3	3	3
たちうお	7	6	6	6	7
まだい	15	15	16	16	15
1)ちだい	・・・	・・・	・・・	2	2
1)きだい	・・・	・・・	・・・	4	4

注：令和元年調査から、以下の魚種分類の見直しを行った。
　1)は、「ちだい・きだい」を細分化し、「ちだい」、「きだい」とした。
　2)は、「くろだい・へだい」を細分化し、「くろだい」、「へだい」とした。
　3)は、「その他の水産動物類」から、「なまこ類」を分離した。

単位：千 t

魚種	平成28年	29	30	令和元	2 (概数値)
2)くろだい	・・・	・・・	・・・	2	2
2)へだい	・・・	・・・	・・・	1	0
いさき	4	4	4	3	4
さわら類	20	15	16	16	16
すずき類	7	7	6	6	5
いかなご	21	12	15	11	6
あまだい類	1	1	1	1	1
ふぐ類	5	4	5	5	4
その他の魚類	171	176	162	176	151
えび類計	17	17	15	13	12
いせえび	1	1	1	1	1
くるまえび	0	0	0	0	0
その他のえび類	15	15	13	12	11
かに類計	28	26	24	23	20
ずわいがに	4	4	4	4	3
べにずわいがに	16	15	14	13	12
がざみ類	2	2	2	2	2
その他のかに類	6	4	4	4	3
おきあみ類	17	14	14	20	2
貝類計	266	284	350	386	382
あわび類	1	1	1	1	1
さざえ	6	6	5	5	5
あさり類	9	7	8	8	4
ほたてがい	214	236	305	339	346
その他の貝類	36	34	32	33	27
いか類計	110	103	84	73	80
するめいか	70	64	48	40	47
あかいか	4	4	5	7	8
その他のいか類	36	35	31	26	25
たこ類	37	35	36	35	33
3)なまこ類	・・・	・・・	・・・	7	6
うに類	8	8	8	8	7
海産ほ乳類	1	1	0	0	0
その他の水産動物類	14	11	11	5	3
海藻類計	81	70	79	67	64
こんぶ類	58	46	56	47	45
その他の海藻類	23	24	23	20	18

2　海面漁業（続き）
(3)　漁業種類別漁獲量

単位：千 t

漁業種類	平成28年	29	30	令和元	2 （概数値）
海面漁業計	3,264	3,258	3,359	3,228	3,157
遠洋底びき網	10	9	8	8	x
以西底びき網	4	x	x	4	3
1)沖合底びき網	213	207	215	250	263
小型底びき網	302	317	383	418	416
船びき網	207	177	171	170	155
大中型まき網					
1そうまき　遠洋かつお・まぐろ	185	176	206	202	152
2)　　〃　　　その他	645	780	693	734	765
2そうまき	40	38	52	39	27
中・小型まき網	461	464	427	362	396
さけ・ます流し網	x	1	1	1	x
かじき等流し網	4	4	4	4	4
その他の刺網	119	121	124	128	110
さんま棒受網	114	84	129	46	30
定置網　大型	212	194	235	226	238
〃　　さけ	89	59	77	62	63
〃　　小型	83	73	90	82	81
その他の網漁業	46	50	48	52	38
まぐろはえ縄　遠洋	79	74	74	69	62
〃　　　近海	42	43	38	40	36
〃　　　沿岸	5	5	4	4	4
その他のはえ縄	26	24	22	24	19
かつお一本釣　遠洋	52	48	55	45	40
〃　　　近海	29	29	30	23	24
〃　　　沿岸	11	13	16	12	13
3)いか釣　　沖合	24	23	15	10	13
〃　　　沿岸	35	34	27	21	25
ひき縄釣	13	13	14	13	12
その他の釣	32	29	28	28	26
4)その他の漁業	179	164	170	154	138

注：令和元年調査から、以下の漁業種類分類の見直しを行った。
　1)は、「沖合底びき網1そうびき」、「沖合底びき網2そうびき」を統合し、「沖合底びき網」とした。
　2)は、「大中型まき網1そうまき近海かつお・まぐろ」、「大中型まき網1そうまきその他」を統合し
　　「大中型まき網1そうまきその他」とした。
　3)は、平成28年～30年までは「近海いか釣」の値である。令和元年以降は「沖合いか釣」の値である。
　4)は、「採貝・採藻」、「その他の漁業」を統合し、「その他の漁業」とした。

(4) 漁業種類別魚種別漁獲量
　　ア　底びき網
　　　(7)　遠洋底びき網

単位：t

年次	漁獲量	かれい類	すけとうだら	いか類
平成28年	9,990	2,029	－	－
29	9,466	2,157	－	－
30	8,078	1,819	－	－
令和元	7,595	1,489	71	－
2 （概数値）	x	x	x	x

注：1　この漁業は、北緯10度20秒の線以北、次に掲げる線から成る線以西の太平洋の海域以外の海域において、総トン数15トン以上の動力漁船により底びき網を使用して行うもの（指定漁業）である。
　　① 北緯25度17秒以北の東経152度59分46秒の線
　　② 北緯25度17秒東経152度59分46秒の点から北緯25度15秒東経128度29分53秒の点に至る直線
　　③ 北緯25度15秒東経128度29分53秒の点から北緯25度15秒東経120度59分55秒の点に至る直線
　　④ 北緯25度15秒以南の東経120度59分55秒の線
　　2　魚種については、「平成29年漁業・養殖業生産統計年報」漁業種類別・魚種別漁獲量における当該漁業種類の漁獲量上位（その他の魚類を除く。）を掲載した（以下クまで同じ。）。

(イ)　沖合底びき網

単位：t

年次	漁獲量	にしん	ひらめ・かれい類	まだら	すけとうだら	するめいか	その他のいか類
平成28年	212,510	2,787	14,356	22,873	96,928	13,445	7,961
29	207,498	5,303	15,417	22,876	87,209	11,349	9,357
30	214,566	3,912	13,098	25,827	84,190	10,115	8,503
令和元	250,223	6,190	12,515	24,315	111,502	8,838	8,818
2 （概数値）	262,500	3,900	13,200	27,700	126,000	10,500	6,700

注：　この漁業は、北緯25度15秒東経128度29分53秒の点から北緯25度17秒東経152度59分46秒の点に至る直線以北、次の①、②及び③からなる線以東、東経152度59分46秒の線以西の太平洋の海域において総トン数15トン以上の動力漁船により底びき網を使用して行うもの（指定漁業）である。
　　① 北緯33度9分27秒以北の東経127度59分52秒の線
　　② 北緯33度9分27秒東経127度59分52秒の点から北緯33度9分27秒東経128度29分52秒の点に至る直線
　　③ 北緯33度9分27秒東経128度29分52秒の点から北緯25度15秒東経128度29分53秒の点に至る直線

2　海面漁業（続き）
(4)　漁業種類別魚種別漁獲量（続き）
　　　ア　底びき網（続き）
　　　　(ｳ)　小型底びき網

単位：t

年次	漁獲量	ひらめ・かれい類	たい類	えび類	ほたてがい	いか類	たこ類
平成28年	301,620	10,539	5,032	7,642	213,084	6,838	3,187
29	317,378	9,840	5,189	7,708	235,381	6,696	2,780
30	382,650	9,488	5,339	6,661	304,345	4,999	2,135
令和元	418,082	8,280	5,651	5,642	339,207	5,970	2,357
2　(概数値)	416,000	7,600	5,500	4,900	345,600	5,800	2,400

注：　この漁業は、総トン数15トン未満の動力漁船により底びき網を使用して行うもの（法定知事許可漁業）である。

イ　船びき網

単位：t

年次	漁獲量	まいわし	かたくちいわし	しらす	たい類	いかなご	おきあみ類
平成28年	206,790	29,692	69,696	61,890	5,803	12,336	16,500
29	177,002	42,864	52,380	50,057	5,888	2,034	13,755
30	170,902	43,210	46,853	49,574	6,243	3,173	13,697
令和元	169,524	15,767	57,623	59,028	6,531	1,397	20,335
2　(概数値)	154,600	11,800	69,600	57,800	6,000	300	2,000

注：　この漁業は、海底以外の中層若しくは表層をえい網する網具（ひき回し網）又は停止した船（いかりで固定するほか、潮帆又はエンジンを使用して対地速度をほぼゼロにしたものを含む。）にひき寄せる網具（ひき寄せ網）を使用して行うもの（瀬戸内海において総トン数5トン以上の動力漁船を使用して行うものは、法定知事許可漁業）である。

ウ　まき網
(ア)　大中型まき網1そうまき遠洋かつお・まぐろ

単位：t

年次	漁獲量	びんなが	めばち	きはだ	かつお	そうだ かつお類
平成28年	185,087	4	3,945	37,556	143,325	9
29	175,647	11	3,629	41,303	130,585	20
30	205,783	3	4,781	41,005	159,916	3
令和元	201,530	1	3,492	47,861	150,132	0
2　（概数値）	152,300	0	3,100	33,400	115,600	0

注：1　この漁業（大中型まき網漁業）は、総トン数40トン（北海道恵山岬灯台から青森県尻屋崎
　　　灯台に至る直線の中心点を通る正東の線以南、同中心点から尻屋崎灯台に至る直線のうち同
　　　中心点から同直線と青森県の最大高潮時海岸線との最初の交点までの部分、同交点から最大
　　　高潮時海岸線を千葉県野島崎灯台正南の線と同海岸線との交点に至る線及び同点正南の線か
　　　ら成る線以東の太平洋の海域にあっては、総トン数15トン）以上の動力漁船によりまき網を
　　　使用して行うもの（指定漁業）である。
　　2　大中型まき網漁業のうち、1そうまきでかつお・まぐろ類をとることを目的として、遠洋
　　　（太平洋中央海区（東経179度59分43秒以西の北緯20度21分の線、北緯20度21分以北、北緯40
　　　度16秒以南の東経179度59分43秒の線及び東経179度59分43秒以東の北緯40度16秒の線から成
　　　る線以南の太平洋の海域（南シナ海の海域を除く。）））又はインド洋海区（南緯19度59分
　　　35秒以北（ただし、東経95度4秒から東経119度59分56秒の間の海域については、南緯9度59
　　　分36秒以北）のインド洋の海域）で操業するものである。

(イ)　大中型まき網1そうまきその他

単位：t

年次	漁獲量	かつお	まいわし	うるめ いわし	まあじ	さば類	ぶり類
平成28年	645,330	11,511	173,230	14,908	49,804	333,860	25,078
29	780,090	23,991	273,755	11,512	57,398	353,916	29,533
30	692,826	8,620	258,244	4,714	41,359	330,479	24,188
令和元	734,315	9,724	391,774	6,453	34,260	248,742	21,333
2　（概数値）	765,100	9,700	477,200	4,800	37,700	194,000	15,600

注：　この漁業は、大中型まき網漁業のうち1そうまきで大中型遠洋かつお・まぐろまき網に
　　　係る海域以外で操業するものである。

2　海面漁業（続き）
（4）　漁業種類別魚種別漁獲量（続き）
　　　ウ　まき網（続き）
（ウ）　大中型まき網2そうまき

単位：t

年次	漁獲量	まいわし	かたくち いわし	まあじ	さば類	ぶり類
平成28年	39,827	10,508	1,318	2,149	19,979	3,777
29	37,936	25,225	673	2,216	3,751	3,454
30	52,492	40,553	632	1,172	3,820	5,691
令和元	38,597	26,587	646	1,227	4,419	4,971
2　（概数値）	27,300	11,200	300	3,500	3,900	7,000

注：この漁業は、大中型まき網漁業のうち2そうまきで行うものである。

（エ）　中・小型まき網

単位：t

年次	漁獲量	まいわし	うるめ いわし	かたくち いわし	まあじ	さば類	ぶり類
平成28年	461,027	110,291	72,958	80,350	49,374	84,951	20,786
29	464,150	105,482	52,610	71,669	63,495	110,847	18,393
30	426,726	76,615	43,632	50,061	53,549	150,087	13,196
令和元	361,551	40,582	48,424	57,288	41,127	122,833	13,450
2　（概数値）	396,200	118,200	31,300	55,300	37,000	108,600	14,700

注：　この漁業は、指定漁業以外のまき網（総トン数5トン以上40トン未満の船舶により行う漁業は、
　　法定知事許可漁業）である。

エ 敷網
さんま棒受網

単位：t

年次	漁獲量	さんま
平成28年	114,027	113,728
29	84,040	83,574
30	128,947	128,422
令和元	45,529	45,528
2 （概数値）	29,600	29,600

注： この漁業は、棒受網を使用してさんまをとることを目的とするもの
（北緯34度54分6秒の線以北、東経139度53分18秒の線以東の太平洋
の海域（オホーツク海及び日本海の海域を除く。）において総トン数
10トン以上の動力漁船により行うものは、指定漁業）である。

オ 定置網
(ア) 大型定置網

単位：t

年次	漁獲量	まいわし	かたくちいわし	まあじ	さば類	ぶり類	いか類
平成28年	211,674	39,572	9,272	13,945	44,877	37,736	7,974
29	194,236	32,460	11,499	12,522	33,724	46,868	8,133
30	235,124	79,691	5,335	11,819	40,112	39,808	8,474
令和元	225,866	49,299	7,753	11,031	60,276	49,594	6,602
2 （概数値）	238,400	61,200	10,300	10,000	52,400	49,000	8,000

注： この漁業は、漁具を定置して営むものであって、身網の設置される場所の最深部が最高潮時
において水深27メートル（沖縄県にあっては、15メートル）以上であるもの（瀬戸内海におけ
るます網漁業並びに陸奥湾（青森県焼山崎から同県明神崎灯台に至る直線及び陸岸によって
囲まれた海面をいう。）における落とし網漁業及びひます網漁業を除く。）である。

(イ) さけ定置網

単位：t

年次	漁獲量	さけ類	ます類	ほっけ	いか類
平成28年	88,560	77,739	2,493	970	331
29	59,076	51,150	347	284	157
30	76,510	63,996	2,411	1,742	161
令和元	62,004	46,771	671	2,572	2,230
2 （概数値）	63,300	47,400	700	2,700	200

注： この漁業は、漁具を定置して営むものであって、身網の設置される場所の最深部が最高潮時
において水深27メートル以上であるものであり、北海道においてさけを主たる漁獲物とするも
のである。

2　海面漁業（続き）
(4)　漁業種類別魚種別漁獲量（続き）
　　　オ　定置網（続き）
　　　　（ウ）　小型定置網

単位：t

年次	漁獲量	さけ類	まあじ	さば類	ぶり類	ひらめ・かれい類	ほっけ
平成28年	83,048	6,742	5,712	4,272	5,695	2,968	1,793
29	73,005	7,286	5,411	2,964	7,486	3,842	5,394
30	90,160	8,293	6,093	3,326	5,127	3,346	7,510
令和元	81,893	6,282	5,292	3,465	6,784	3,944	10,985
2（概数値）	81,100	5,600	5,200	4,600	6,500	4,300	7,600

注：この漁業は、定置網であって大型定置網及びさけ定置網以外のものである。

カ　はえ縄
　　（ア）　遠洋まぐろはえ縄

単位：t

年次	漁獲量	みなみまぐろ	びんなが	めばち	きはだ	めかじき	さめ類
平成28年	78,982	4,605	8,430	26,854	11,803	4,718	14,818
29	73,672	4,072	6,821	25,456	11,871	4,632	14,836
30	74,247	5,293	8,371	22,556	11,159	4,080	15,853
令和元	68,730	5,969	8,329	21,893	13,715	3,017	7,882
2（概数値）	62,300	5,900	6,800	20,000	10,500	2,600	9,800

注：　この漁業は、総トン数120トン（昭和57年7月17日以前に建造され、又は建造に着手された
　　ものにあっては、80トン。以下釣漁業において同じ。）以上の動力漁船により、浮きはえ縄
　　を使用してまぐろ、かじき又はさめをとることを目的とするもの（指定漁業）である。

（イ）　近海まぐろはえ縄

単位：t

年次	漁獲量	びんなが	めばち	きはだ	まかじき	めかじき	さめ類
平成28年	42,100	15,038	6,891	5,045	836	2,768	9,862
29	42,757	15,713	6,992	4,755	753	2,228	10,800
30	38,426	11,959	6,924	4,876	640	2,381	10,279
令和元	39,875	11,090	7,170	7,024	938	1,921	10,034
2（概数値）	35,600	10,600	6,700	6,400	1,100	2,200	6,200

注：　この漁業は、総トン数10トン（我が国の排他的経済水域、領海及び内水並びに我が国の排他的
　　経済水域によって囲まれた海域から成る海域（東京都小笠原村南鳥島に係る排他的経済水域及び
　　領海を除く。）にあっては、総トン数20トン）以上120トン未満の動力漁船により、浮きはえ縄
　　を使用してまぐろ、かじき又はさめをとることを目的とするもの（指定漁業）である。

キ　はえ縄以外の釣
(ア)　遠洋かつお一本釣

単位：t

年次	漁獲量	くろまぐろ	びんなが	めばち	きはだ	かつお	そうだがつお類
平成28年	51,734	2	8,655	446	525	42,050	1
29	47,860	－	12,110	676	533	34,404	1
30	54,808	－	9,401	637	351	44,238	0
令和元	45,183	2	4,694	273	185	40,021	1
2（概数値）	40,300	0	23,300	600	300	16,100	0

注：　この漁業は、総トン数120トン以上の動力漁船により、釣りによってかつお又はまぐろをとることを目的とするもの（指定漁業）である。

(イ)　近海かつお一本釣

単位：t

年次	漁獲量	くろまぐろ	びんなが	めばち	きはだ	かつお	そうだがつお類
平成28年	29,464	22	5,754	590	1,671	20,387	35
29	28,530	67	8,753	816	1,570	16,812	35
30	30,333	7	8,394	705	1,507	19,510	27
令和元	23,248	0	3,662	165	1,344	17,686	40
2（概数値）	23,600	0	12,600	400	400	9,400	0

注：　この漁業は、総トン数10トン（我が国の排他的経済水域、領海及び内水並びに我が国の排他的経済水域によって囲まれた海域から成る海域（東京都小笠原村南鳥島に係る排他的経済水域及び領海を除く。）にあっては、総トン数20トン）以上120トン未満の動力漁船により、釣りによってかつお又はまぐろをとることを目的とするもの（指定漁業）である。

(ウ)　沖合いか釣

単位：t

年次	漁獲量	するめいか	あかいか	その他のいか類
平成28年	24,152	20,521	3,563	68
29	22,541	18,274	4,163	104
30	14,657	10,144	4,499	14
令和元	10,449	3,562	6,836	51
2（概数値）	12,700	5,200	7,500	0

注1：　平成28年～30年までは、総トン数30トン以上200トン未満の動力漁船により釣りによっていかをとることを目的とした「近海いか釣」の値である。
注2：　令和元年以降は、総トン数30トン以上の動力漁船により釣りによっていかをとることを目的とした「沖合いか釣」の値である。

2 海面漁業（続き）
(4) 漁業種類別魚種別漁獲量（続き）
　キ　はえ縄以外の釣（続き）
　　(エ)　沿岸いか釣

単位：t

年次	漁獲量	するめいか	あかいか	その他のいか類
平成28年	35,149	25,289	6	9,812
29	34,341	25,248	9	9,035
30	27,467	18,493	7	8,944
令和元	21,253	15,813	3	5,425
2（概数値）	25,300	19,800	0	5,500

注：　この漁業は、釣りによっていかをとることを目的とする漁業であって、沖合いか釣以外
　　のものである。（総トン数5トン以上30トン未満の動力漁船により行うものは、届出漁業
　　（知事許可等を要するものもある。））

　ク　その他の漁業

単位：t

年次	漁獲量	あわび類	さざえ	あさり類	その他の貝類	こんぶ類	その他の海藻類
平成28年	179,453	1,131	5,262	7,957	19,428	58,041	22,678
29	163,520	958	5,068	6,745	19,237	45,506	24,462
30	170,483	903	4,465	7,628	17,298	55,877	23,021
令和元	154,273	823	4,669	7,658	15,627	46,543	20,293
2（概数値）	138,000	700	4,000	4,300	12,400	45,000	18,400

注：　この漁業は、網漁業、釣漁業、捕鯨業以外の全ての漁業をいう。

3 海面養殖業
  魚種別収獲量

単位：t

魚種	平成28年	29	30	令和元	2 (概数値)
海面養殖業計	1,032,537	986,056	1,004,871	915,228	967,000
魚類計	247,593	247,633	249,491	248,137	248,900
ぎんざけ	13,208	15,648	18,053	15,938	17,300
ぶり類	140,868	138,999	138,229	136,367	137,100
まあじ	740	810	848	839	600
しまあじ	3,941	4,435	4,763	4,409	4,000
まだい	66,965	62,850	60,736	62,301	62,400
ひらめ	2,309	2,250	2,186	2,006	2,600
ふぐ類	3,491	3,924	4,166	3,824	3,200
くろまぐろ	13,413	15,858	17,641	19,584	18,500
その他の魚類	2,659	2,859	2,868	2,869	3,200
貝類計	373,956	309,437	351,104	306,561	310,300
ほたてがい	214,571	135,090	173,959	144,466	151,000
かき類（殻付き）	158,925	173,900	176,698	161,646	158,900
その他の貝類	460	447	448	449	400
くるまえび	1,381	1,354	1,478	1,458	1,300
ほや類	18,271	19,639	11,962	12,484	9,400
その他の水産動物類	106	137	168	179	200
海藻類計	391,210	407,835	390,647	346,389	396,800
こんぶ類	27,068	32,463	33,532	32,812	30,100
わかめ類	47,672	51,114	50,775	45,099	53,200
のり類（生重量）	300,683	304,308	283,688	251,362	288,700
1)うち板のり（千枚）	7,792,052	7,845,680	7,285,399	6,483,349	7,508,000
もずく類	15,225	19,392	22,036	16,470	24,300
その他の海藻類	560	557	616	646	500
真珠	20	20	21	19	16

注：種苗養殖を除く。
  1)は、のり類（生重量）のうち板のりの生産量を枚数換算したものである。

4　内水面漁業及び内水面養殖業
(1)　内水面漁業魚種別漁獲量

単位：t

年次	漁獲量	さけ類	わかさぎ	あゆ	こい	ふな	うなぎ	しじみ
平成28年	27,937	7,471	1,181	2,390	220	534	71	9,580
29	25,215	5,802	943	2,168	213	512	71	9,868
30	26,957	6,696	1,146	2,140	210	456	69	9,646
令和元	21,767	6,240	981	2,053	175	423	66	9,520
2　(概数値)	21,759	6,610	934	2,099	162	397	65	8,894

注：1　主要魚種のみ掲載しており、積み上げても漁獲量に一致しない（以下(2)まで同じ。）。
　　2　内水面漁業については、平成28年から30年は主要112河川及び24湖沼、令和元年以降は主要
　　　113河川24湖沼を調査の対象とした。
　　3　内水面漁業販売を目的として漁獲された量であるため、遊漁者（レクリエーションを主な
　　　目的として水産動植物を採捕するもの）による採捕量を含まない。

(2)　内水面養殖業魚種別収獲量

単位：t

年次	収獲量	ます類	あゆ	こい	うなぎ	1)淡水真珠
平成28年	35,198	7,806	5,183	3,131	18,907	0.1
29	36,839	7,639	5,053	3,015	20,979	0.1
30	29,849	7,342	4,310	2,932	15,111	0.1
令和元	31,216	7,188	4,089	2,741	17,071	0.0
2　(概数値)	29,181	5,897	4,044	2,247	16,887	0.0

注：1)は、琵琶湖、霞ヶ浦及び北浦のみであり、収獲量には含まない。

Ⅵ 水産加工
1 水産加工品生産量

単位：t

品目	平成27年	28	29	30	令和元
ねり製品	530,137	514,397	505,116	509,569	499,920
かまぼこ類	470,563	454,821	444,116	448,861	440,095
魚肉ハム・ソーセージ類	59,574	59,576	61,000	60,709	59,825
1) 冷凍食品	258,481	253,851	248,443	255,888	250,432
素干し品	13,558	11,489	8,644	7,051	6,835
するめ	8,007	5,600	2,423	2,244	2,106
いわし	693	717	603	665	747
その他	4,858	5,172	5,618	4,142	3,982
塩干品	164,566	156,310	148,119	139,569	134,784
うちいわし	12,933	12,049	10,935	10,267	8,930
あじ	32,286	31,236	30,043	27,276	24,606
煮干し品	63,342	56,243	50,224	59,031	55,191
うちいわし	24,651	18,988	18,992	21,951	18,397
しらす干し	32,088	31,953	26,428	29,905	30,451
塩蔵品	184,655	171,171	166,340	181,630	169,955
いわし	1,078	1,070	1,109	992	874
さば	44,355	37,622	37,900	38,608	36,600
さけ・ます	87,587	84,774	83,813	91,383	89,480
たら・すけとうだら	11,373	12,694	11,876	13,240	12,558
さんま	9,674	6,692	5,925	5,685	3,362
その他	30,588	28,319	25,717	31,721	27,081
くん製品	6,475	7,304	6,335	6,843	6,626
節製品	83,833	81,523	81,061	79,595	78,643
うちかつお節	27,612	29,352	29,240	28,712	29,104
けずり節	30,516	29,681	28,924	27,429	27,031
2) その他の食用加工品	376,536	378,059	354,266	347,628	336,120
うち水産物つくだ煮類	77,040	75,141	72,587	…	…
水産物漬物	54,992	62,884	57,742	53,808	48,216
3) 生鮮冷凍水産物	1,416,228	1,401,661	1,366,166	1,397,231	1,281,265
うちまぐろ類	26,211	20,270	21,898	24,789	16,280
かつお類	13,223	12,199	17,921	17,884	15,845
さけ・ます類	103,882	83,781	63,609	77,891	61,987
いわし類	329,168	381,506	393,409	345,009	382,449
さば類	380,965	410,327	425,576	458,239	360,029
いかなご・こうなご	12,311	9,565	6,001	9,064	8,717
すり身	49,269	41,850	40,645	40,380	52,543

資料： 農林水産省統計部「水産物流通調査 水産加工統計調査」。ただし、平成30年は「2018年
　　　漁業センサス」による。
注：1 水産加工品とは、水産動植物を主原料（原料割合で50%以上）として製造された、食用加
　　　工品及び生鮮冷凍水産物をいう（以下2まで同じ。）。
　　2 船上加工品の生産量を含まない（以下2まで同じ。）。
　　3 一度加工された製品を購入し、再加工して新製品としたときは、その生産量もそれぞれの
　　　品目に計上した（以下2まで同じ。）。
　　　1)は、水産物を主原料として加工又は調理した後、マイナス18℃以下で凍結し、凍結状態で保
　　　持した「包装食品」である。
　　　2)は、塩辛、水産物漬物、調味加工品等である。
　　　3)は、水産物の生鮮品を凍結室において凍結したもので、水産物の丸、フィレー、すり身等
　　　のものをいう。なお、すり身については、原料魚ではなく「すり身」に計上した。

2 都道府県別水産加工品生産量（令和元年）

単位：t

全国・都道府県	ねり製品	1)冷凍食品	塩干品	塩蔵品	2)その他の食用加工品	3)生鮮冷凍水産物
全国	499,920	250,432	134,784	169,955	336,120	1,281,265
北海道	23,766	21,725	12,187	40,980	49,648	301,221
青森	3,536	15,662	382	8,793	14,892	54,424
岩手	5	9,307	587	608	3,951	68,530
宮城	x	28,747	4,872	17,694	26,264	146,607
秋田	x	125	5	122	545	1,057
山形	38	x	14	x	1,203	65
福島	4,493	3,819	3,647	142	3,437	11,186
茨城	x	5,972	15,374	10,505	17,052	119,999
栃木	x	1,366	13	-	398	115
群馬	-	x	x	x	2,414	x
埼玉	x	855	x	724	5,262	2,362
千葉	34,150	11,108	23,212	62,734	5,726	177,869
東京	x	15	182	x	6,267	32
神奈川	13,386	x	9,130	x	2,437	1,775
新潟	58,007	7,315	433	4,119	7,342	1,414
富山	2,704	96	944	25	2,978	4,134
石川	15,510	766	235	23	1,301	3,598
福井	1,426	225	807	438	950	459
山梨	x	-	x	-	1,808	x
長野	-	x	9	-	230	44
岐阜	7,321	215	14	x	378	130
静岡	20,958	33,791	18,533	1,622	11,832	531
愛知	17,051	10,110	751	3,271	9,312	10,921
三重	3,797	2,525	4,076	4,502	10,258	107,349
滋賀	8,145	1,360	x	46	646	121
京都	1,301	25	202	88	1,762	3,467
大阪	6,195	1,376	x	244	7,609	4,160
兵庫	44,391	5,337	5,734	296	21,865	3,486
奈良	29	x	-	-	251	-
和歌山	1,318	1,351	1,513	281	6,844	499
鳥取	1,532	9,679	4,258	2,215	4,634	50,420
島根	5,525	1,347	4,776	65	1,758	5,629
岡山	14,230	83	x	-	3,031	995
広島	x	x	106	804	15,951	6,585
山口	38,528	17,368	5,589	3,334	11,418	1,443
徳島	1,116	1,013	140	113	202	918
香川	1,926	3,286	x	x	5,827	513
愛媛	x	7,871	739	597	10,704	8,343
高知	1,912	1,420	697	x	1,475	1,573
福岡	x	8,976	682	1,719	17,790	5,272
佐賀	6,528	x	1,422	1,455	3,483	34,524
長崎	x	5,099	2,832	397	5,282	58,591
熊本	2,388	1,217	37	36	4,082	2,307
大分	377	2,799	5,103	3	8,381	21,203
宮崎	2,851	444	921	27	5,815	30,851
鹿児島	8,530	9,532	4,591	134	11,019	22,209
沖縄	x	196	2	x	406	4,272

資料：農林水産省統計部「水産物流通調査 水産加工統計調査」
注： 1)は、水産物を主原料として加工又は調理した後、マイナス18℃以下で凍結し、凍結状態で保持した「包装食品」である。
　　 2)は、塩辛、水産物漬物、調味加工品等である。
　　 3)は、水産物の生鮮品を凍結室において凍結したもので、水産物の丸、フィレー、すり身等のものをいう。

3 水産缶詰・瓶詰生産量（内容重量）

単位：t

品目	平成28年	29	30	令和元	2
丸缶	101,665	98,566	104,410	98,716	93,327
かに	2,906	2,366	1,498	1,291	1,040
さけ	2,550	2,284	2,096	2,176	1,957
まぐろ・かつお類	35,744	33,945	31,756	31,345	33,064
まぐろ	25,338	24,429	23,556	22,280	23,517
かつお	10,406	9,516	8,200	9,066	9,547
さば	37,117	38,977	49,349	44,878	39,034
いわし	4,152	4,749	7,233	7,854	7,606
さんま	11,678	9,748	6,732	5,381	5,007
くじら	485	458	370	365	369
いか	1,624	1,142	977	930	804
その他魚類	444	423	457	493	494
かき	90	61	66	108	114
赤貝	870	522	209	326	413
あさり	388	520	530	550	559
ほたて貝	1,301	1,201	975	865	796
その他貝類	586	588	532	692	617
水産加工品	1,731	1,581	1,630	1,460	1,452
大缶	20	14	28	29	69
瓶詰	8,628	7,727	7,456	7,408	7,740
のり	6,218	5,487	5,201	5,201	5,548
その他水産	2,410	2,239	2,254	2,206	2,192

資料：日本缶詰びん詰レトルト食品協会「水産缶びん詰生産数量の推移」

Ⅶ 保険・共済

1 漁船保険（各年度末現在）

（1） 引受実績

区分	単位	平成27年度	28	29	30	令和元
計						
隻数	隻	170,465	167,711	164,784	161,759	158,242
総トン数	千T	779	772	763	750	737
保険価額	100万円	1,066,313	1,072,642	1,087,807	1,087,843	1,101,634
保険金額	〃	1,016,287	1,019,676	1,035,054	1,038,094	1,054,078
純保険料	〃	17,132	16,935	16,865	16,605	16,541
再保険料	〃	15,144	14,962	－	－	－
動力漁船						
隻数	隻	170,198	167,450	164,525	161,499	157,988
総トン数	千T	777	770	761	748	734
保険価額	100万円	1,065,663	1,071,932	1,087,192	1,087,235	1,101,019
保険金額	〃	1,015,654	1,018,983	1,034,454	1,037,501	1,053,475
純保険料	〃	17,120	16,921	16,854	16,594	16,530
再保険料	〃	15,133	14,950	－	－	－
無動力漁船						
隻数	隻	267	261	259	260	254
総トン数	千T	2	2	2	2	2
保険価額	100万円	650	710	615	608	615
保険金額	〃	632	693	599	593	603
純保険料	〃	12	14	11	11	11
再保険料	〃	11	12	－	－	－

資料： 平成28年度まで水産庁「漁船保険統計表」。ただし、平成29年度以降は日本漁船保険
　　　組合資料をもとに水産庁において作成（以下（2）まで同じ。）。
注：1　平成29年度改正（H29.4.1施行）により、普通保険から漁船保険に名称変更。
　　2　平成29年4月日本漁船保険組合が設立されたことにより、再保険料は「－」とした。
　　3　漁船保険（普通損害＋満期）の実績である（以下（2）まで同じ。）。

（2） 支払保険金

区分	単位	平成27年度	28	29	30	令和元
計						
件数	件	35,732	28,711	33,601	32,644	30,811
損害額	100万円	12,632	9,749	12,506	12,597	12,372
支払保険金	〃	12,327	9,538	12,299	12,250	12,162
全損						
件数	件	260	205	272	287	311
損害額	100万円	1,146	1,067	1,545	1,554	1,505
支払保険金	〃	1,134	1,064	1,540	1,471	1,488
1) 分損						
件数	件	34,879	27,986	32,640	31,685	29,803
損害額	100万円	11,377	8,639	10,600	10,822	10,425
支払保険金	〃	11,085	8,432	10,397	10,558	10,233
救助費						
件数	件	593	520	689	672	697
損害額	100万円	109	42	362	221	442
支払保険金	〃	108	42	361	221	441

注：1)は、特別救助費・特定分損及び救助を必要とした分損事故の救助費を含む。

2 漁業共済
(1) 契約実績

区分	単位	平成27年度	28	29	30	令和元
漁獲共済						
件数	件	14,498	14,481	14,411	14,428	14,397
共済限度額	100万円	487,255	513,373	531,026	558,203	560,977
共済金額	〃	311,098	328,131	340,899	361,795	367,798
純共済掛金	〃	12,421	12,897	12,653	13,320	14,964
養殖共済						
件数	件	5,669	5,601	5,515	5,469	5,661
共済価額	100万円	255,343	255,339	277,183	281,402	298,379
共済金額	〃	156,871	163,035	180,193	187,319	204,251
純共済掛金	〃	3,162	3,369	3,603	3,615	4,348
特定養殖共済						
件数	件	8,335	8,321	8,574	8,433	8,215
共済限度額	100万円	113,677	121,987	131,366	140,052	143,639
共済金額	〃	85,690	92,123	100,729	109,929	117,842
純共済掛金	〃	5,069	5,398	4,744	5,578	6,931
漁業施設共済						
件数	件	30,551	29,847	29,039	28,892	28,072
共済価額	100万円	27,766	29,037	29,916	30,797	31,123
共済金額	〃	15,216	16,301	17,810	18,147	18,555
純共済掛金	〃	647	682	656	679	672

資料：全国漁業共済組合連合会資料をもとに水産庁において作成（以下(2)まで同じ。）。
注：各年度の契約実績の数値は、各当該年度内に開始した共済契約を集計。（令和2年3月末時点）

(2) 支払実績

区分	単位	平成27年度	28	29	30	令和元
漁獲共済						
件数	件	5,283	5,758	6,197	4,905	792
支払共済金	100万円	8,349	11,448	15,959	13,947	9,560
養殖共済						
件数	件	884	1,110	1,013	952	1,139
支払共済金	100万円	2,085	1,833	3,111	2,727	1,688
特定養殖共済						
件数	件	1,335	1,021	1,686	2,863	－
支払共済金	100万円	1,585	1,193	2,610	6,080	－
漁業施設共済						
件数	件	1,229	751	589	266	352
支払共済金	100万円	1,343	342	521	238	157

注： 各年度の数値は、(1)の各年度内に開始した共済契約に基づき支払われた共済金の実績を
集計したものである。（令和2年3月末現在）

Ⅷ 需給と流通
1 水産物需給表
(1) 魚介類

区分	単位	平成28年度	29	30	令和元	2（概数値）
魚介類						
国内生産	千t	3,887	3,828	3,952	3,783	3,714
生鮮・冷凍	〃	1,660	1,806	1,670	1,536	1,296
塩干・くん製・その他	〃	1,435	1,244	1,482	1,404	1,547
かん詰	〃	196	187	187	178	171
飼肥料	〃	596	591	613	665	700
輸入	〃	3,852	4,086	4,049	4,210	3,885
生鮮・冷凍	〃	998	1,013	954	959	897
塩干・くん製・その他	〃	1,947	2,060	2,005	2,040	1,838
缶詰	〃	154	160	163	166	155
飼肥料	〃	753	853	927	1,045	995
輸出	〃	596	656	808	715	721
生鮮・冷凍	〃	495	551	722	626	627
塩干・くん製・その他	〃	87	75	59	57	47
缶詰	〃	7	8	6	5	6
飼肥料	〃	7	22	21	27	41
国内消費仕向	〃	7,365	7,382	7,154	7,192	6,794
生鮮・冷凍	〃	2,180	2,250	1,904	1,895	1,580
塩干・くん製・その他	〃	3,325	3,228	3,424	3,404	3,359
缶詰	〃	343	340	348	341	325
飼肥料	〃	1,517	1,564	1,478	1,552	1,530
国民一人1日当たり供給純食料	g	68.0	66.9	64.8	69.1	64.2
生鮮・冷凍	〃	25.4	25.9	21.8	23.2	19.3
塩干・くん製・その他	〃	38.7	37.1	39.1	41.7	41.0
缶詰	〃	4.0	3.9	4.0	4.2	4.0
飼肥料	〃	0.0	0.0	0.0	0.0	0.0

資料：農林水産省大臣官房政策課食料安全保障室「食料需給表」（以下(2)まで同じ。）

(2) 海藻類・鯨肉

単位：千t

区分	平成28年度	29	30	令和元	2（概数値）
海藻類					
国内生産	94	96	94	83	92
輸入	45	46	46	46	42
輸出	2	2	2	2	2
国内消費仕向	137	140	138	127	132
食用	116	117	115	106	114
加工用	21	23	22	21	18
鯨肉					
国内生産	3	2	3	1	2
輸入	1	1	0	1	0
輸出	0	0	0	0	0
国内消費仕向	3	2	4	2	2

注：海藻類は、乾燥重量である。

2　産地品目別上場水揚量

単位：t

品目		平成27年	28	29	30	令和元
まぐろ	（生鮮）	3,632	3,793	4,198	3,784	4,225
〃	（冷凍）	2,631	2,895	2,945	3,333	3,990
びんなが	（生鮮）	35,085	26,542	29,838	28,239	18,225
〃	（冷凍）	11,659	10,583	11,567	8,283	6,610
めばち	（生鮮）	4,057	4,404	4,806	4,139	4,640
〃	（冷凍）	25,370	22,728	18,910	16,606	17,302
きはだ	（生鮮）	7,096	10,973	7,422	10,681	9,488
〃	（冷凍）	31,509	27,908	35,193	27,452	34,763
かつお	（生鮮）	54,334	53,829	50,928	48,502	43,944
〃	（冷凍）	182,153	177,808	158,614	196,512	192,389
まいわし		228,917	333,389	458,970	459,324	509,483
うるめいわし		83,840	76,071	57,496	35,017	47,472
かたくちいわし		75,646	69,379	51,874	33,942	59,715
まあじ		132,845	113,255	124,505	94,421	84,686
むろあじ		9,951	19,176	13,946	8,354	11,605
さば類		517,358	509,346	489,826	530,564	425,010
さんま		113,036	109,876	77,638	112,845	46,880
ぶり類		98,600	84,014	95,275	80,560	89,809
かれい類	（生鮮）	25,242	25,556	28,838	24,097	25,381
たら	（生鮮）	40,645	35,453	36,936	41,271	41,693
ほっけ		9,917	7,997	8,710	19,219	15,740
1) するめいか	（生鮮）	86,552	41,949	35,630	27,715	32,257
1) 〃	（冷凍）	24,609	21,492	18,690	12,571	3,764

資料：水産庁「水産物流通調査　産地水産物流通調査」
注：1　産地卸売市場に上場された水産物の数量である（搬入量は除く。）。
　　2　水揚げ量は、市場上場量のみである。
　　1)は、「まついか類」を含む。

3 産地市場の用途別出荷量（令和元年）

単位：t

品目	計	生鮮食用	ねり製品・すり身	缶詰	その他の食用加工品	魚油・飼肥料	養殖用又は漁業用餌料
1) 合計	1,154,059	341,398	3,765	124,159	257,393	145,160	282,184
生鮮品計	946,964	244,904	3,765	112,320	158,631	145,160	282,184
まぐろ	3,084	3,082	－	2	－	－	－
めばち	2,528	2,437	－	－	91	－	－
きはだ	4,084	3,979	－	－	105	－	－
かつお	23,612	22,152	－	706	754	－	－
さけ・ます類	19,320	10,817	－	133	8,370	－	－
まいわし	383,190	83,842	2,298	21,073	13,619	136,729	125,629
かたくちいわし	15,574	1,047	－	－	3,345	2,291	8,891
まあじ	65,862	24,310	462	－	17,561	587	22,942
さば類	307,095	39,650	758	87,466	54,435	2,404	122,382
さんま	28,966	12,149	－	2,549	8,866	3,149	2,253
ぶり類	40,812	18,827	－	－	21,981	－	4
かれい類	9,606	6,727	102	－	2,777	－	－
たら	26,772	9,308	145	－	17,319	－	－
するめいか	16,459	6,577	－	391	9,408	－	83
冷凍品計	207,095	96,494	－	11,839	98,762	－	－
まぐろ	2,801	2,801	－	－	－	－	－
めばち	12,622	9,597	－	－	3,025	－	－
きはだ	29,160	27,360	－	1,226	574	－	－
かつお	161,240	56,418	－	10,586	94,236	－	－
するめいか	1,272	348	－	27	927	－	－

資料：水産庁「水産物流通調査　産地水産物流通調査」
注：産地32漁港における19品目別上場水揚量の用途別出荷量を調査した結果である。
　　1)の合計は、調査した19品目の積み上げ値であり、生鮮品及び冷凍品の各計は、それぞれ
　の品目の積み上げ値である。

4 魚市場数及び年間取扱高

年次	魚市場数	年間取扱高							
		数量					金額		
		総数	活魚	水揚量	搬入量	輸入品	総額	活魚	輸入品
	市場	千t	千t	千t	千t	千t	億円	億円	億円
平成25年	859	5,870	219	3,465	2,405	283	27,626	1,867	2,745
30	803	5,043	228	3,148	1,895	148	26,347	2,316	1,774

資料：農林水産省統計部「漁業センサス」（以下6まで同じ。）
注：平成25年は平成26年1月1日現在、30年は平成31年1月1日現在の結果である（以下6まで同じ。）。

5 冷凍・冷蔵工場数、冷蔵能力及び従業者数

年次	冷凍・冷蔵工場数計	冷蔵能力計	1日当たり凍結能力	従業者数	外国人
	工場	千t	t	人	人
平成25年	5,357	11,326	212,672	150,559	10,154
30	4,904	11,536	243,604	141,546	14,016

6 営んだ加工種類別水産加工場数及び従業者数

年次	水産加工場数計(実数)	缶・びん詰	焼・味付のり	寒天	油脂	飼肥料	ねり製品(実数)	かまぼこ類	魚肉ハム・ソーセージ類	冷凍食品
	工場	工場	工場	工場	工場	工場	工場	工場	工場	工場
平成25年	8,514	155	355	42	23	141	1,432	1,413	34	883
30	7,289	161	312	30	27	114	1,143	1,130	26	919

年次	素干し品	塩干品	煮干し品	塩蔵品	くん製品	節製品	その他の食用加工品	生鮮冷凍水産物	従業者数	外国人
	工場	工場	工場	工場	工場	工場	工場	工場	人	人
平成25年	742	1,922	1,280	842	206	641	2,769	1,580	188,235	13,458
30	550	1,645	1,049	770	215	528	2,442	1,400	171,354	17,336

7 1世帯当たり年間の購入数量（二人以上の世帯・全国）

単位：g

品目	平成28年	29	30	令和元	2
魚介類					
鮮魚					
まぐろ	2,260	2,122	1,929	1,930	2,029
あじ	1,219	1,120	932	844	821
いわし	765	726	642	550	577
かつお	974	803	815	884	718
かれい	889	823	713	699	743
さけ	2,744	2,487	2,507	2,520	2,839
さば	966	906	966	864	894
さんま	1,221	918	1,135	767	440
たい	582	529	423	409	557
ぶり	1,836	1,873	1,617	1,536	1,737
1)いか	1,577	1,226	1,154	1,103	1,220
1)たこ	692	697	539	539	646
2)えび	1,393	1,337	1,347	1,343	1,470
2)かに	488	439	358	362	393
他の鮮魚	4,722	4,415	4,333	4,358	4,712
さしみ盛合わせ	1,702	1,670	1,468	1,561	1,463
3)貝類					
あさり	879	849	705	725	743
しじみ	282	270	286	307	260
かき（貝）	471	502	467	416	436
ほたて貝	440	330	393	452	571
他の貝	269	249	202	233	243
塩干魚介					
塩さけ	1,525	1,419	1,278	1,322	1,430
たらこ	712	689	665	664	696
しらす干し	541	537	398	470	506
干しあじ	710	652	575	506	506
他の塩干魚介	4,358	4,405	4,051	3,802	4,121
他の魚介加工品					
かつお節・削り節	241	236	227	220	223
乾物・海藻					
4)わかめ	918	876	865	861	866
5)こんぶ	306	263	277	253	229

資料：総務省統計局「家計調査年報」
注：1)は、ゆでを含む。
　　2)は、ゆで、蒸しを含む。
　　3)は、殻付き、むき身、ゆで物、蒸し物を含む。
　　4)は、生わかめ、干わかめなどをいう。
　　5)は、だしこんぶ、とろろこんぶ、蒸しこんぶなどをいう。

8　輸出入量及び金額

品目名	単位	令和元年		2	
		数量	金額	数量	金額
			千円		千円
輸出					
たい（活）	t	2,528	2,184,286	4,016	2,188,911
さけ・ます（生鮮・冷蔵・冷凍）	〃	10,229	4,229,692	10,329	3,937,997
ひらめ・かれい（生鮮・冷蔵・冷凍）	〃	7,595	1,649,026	5,081	1,186,018
まぐろ類（生鮮・冷蔵・冷凍）	〃	17,216	11,752,863	38,520	16,590,362
かつお類（生鮮・冷蔵・冷凍）	〃	24,438	3,508,149	25,390	3,797,668
いわし（生鮮・冷蔵・冷凍）	〃	95,518	8,008,986	91,422	7,748,909
さば（生鮮・冷蔵・冷凍）	〃	169,458	20,611,574	171,739	20,444,123
すけそうだら（生鮮・冷蔵・冷凍）	〃	14,053	2,086,040	10,977	1,663,040
さめ（生鮮・冷蔵・冷凍）	〃	4,318	421,150	2,436	191,358
さんま（冷凍）	〃	7,500	983,801	2,849	550,719
ぶり（生鮮・冷蔵・冷凍）	〃	29,509	22,920,196	37,673	17,262,424
えび（冷凍）	〃	715	689,262	556	451,250
かに（冷凍）	〃	1,071	1,479,555	871	1,303,293
ホタテ貝（生鮮・冷蔵・冷凍・乾燥・塩蔵）	〃	84,004	44,671,792	77,582	31,446,429
いか（活・生鮮・冷蔵・冷凍）	〃	3,451	2,376,165	2,817	1,885,833
たこ（活・生鮮・冷蔵・冷凍・乾燥・塩蔵）	〃	421	498,788	281	319,535
ほや（活・生鮮・冷蔵）	〃	5,672	1,193,010	3,577	846,970
乾こんぶ	〃	415	748,030	435	808,988
いわし（缶詰）	〃	66	43,515	161	96,159
まぐろ類（缶詰）	〃	325	475,175	418	581,003
かつお類（缶詰）	〃	202	237,521	54	103,026
さば（缶詰）	〃	2,007	1,163,277	2,433	1,290,530
練り製品	〃	12,776	11,168,486	11,639	10,381,513
かき（缶詰）	〃	65	207,108	108	265,799
真珠	kg	49,646	35,203,512	22,046	8,445,165

資料：財務省関税局「貿易統計」をもとに農林水産省統計部にて作成。
注：1　（活）は、生きているものである。
　　2　（塩蔵）は、塩水漬けを含む。

8 輸出入量及び金額（続き）

品目名	単位	令和元年		2	
		数量	金額	数量	金額
			千円		千円
輸入					
うなぎ（稚魚）	t	12	23,552,734	6	6,094,615
うなぎ（活）	〃	6,733	24,663,655	5,441	16,962,793
さけ・ます（生鮮・冷蔵・冷凍）	〃	240,941	221,816,214	250,762	199,608,781
ひらめ・かれい（生鮮・冷蔵・冷凍）	〃	35,781	24,095,037	36,967	22,196,438
まぐろ類（生鮮・冷蔵・冷凍）	〃	182,692	185,338,650	180,671	156,053,656
かつお類（生鮮・冷蔵・冷凍）	〃	36,838	5,567,176	29,914	4,269,191
にしん（生鮮・冷蔵・冷凍）	〃	24,658	3,936,180	13,179	2,408,211
いわし（生鮮・冷蔵・冷凍）	〃	5,710	274,578	7,241	364,169
さば（生鮮・冷蔵・冷凍）	〃	66,204	17,034,468	52,751	12,919,350
あじ（冷凍）	〃	19,926	4,027,612	18,562	3,639,011
かじき（生鮮・冷蔵・冷凍、めかじき含む）	〃	10,990	7,475,376	11,501	6,691,648
まだら（生鮮・冷蔵・冷凍）	〃	10,425	5,274,673	12,302	5,032,366
たい（生鮮・冷蔵・冷凍）	〃	156	39,303	141	30,923
ぶり（生鮮・冷蔵・冷凍）	〃	192	47,933	278	64,065
さわら（生鮮・冷蔵・冷凍）	〃	1,673	900,953	1,248	661,190
ふぐ（生鮮・冷蔵・冷凍）	〃	3,253	1,088,044	2,607	725,882
さんま（冷凍）	〃	6,369	1,106,367	3,427	1,068,304
えび（活・生鮮・冷蔵・冷凍）	〃	159,079	182,773,925	150,406	160,031,795
かに（活・生鮮・冷蔵・冷凍）	〃	27,717	64,880,984	20,655	47,333,068
ホタテ貝（活・生鮮・冷蔵・冷凍）	〃	241	157,291	193	149,993
いか（活・生鮮・冷蔵・冷凍もんごう含む）	〃	105,763	63,744,477	101,954	57,002,346
たこ（活・生鮮・冷蔵・冷凍）	〃	34,911	35,350,536	37,748	33,734,576
あさり（活・生鮮・冷蔵・冷凍）	〃	36,308	7,429,969	36,110	7,240,701
あわび（活・生鮮・冷蔵・冷凍）	〃	2,612	8,230,056	2,076	5,963,067
しじみ（活・生鮮・冷蔵・冷凍）	〃	3,436	638,599	1,156	275,701
うに（活・生鮮・冷蔵・冷凍）	〃	11,161	23,489,143	11,174	21,841,688
乾のり	〃	2,363	6,796,220	2,385	6,214,686
わかめ	〃	26,471	9,640,576	25,112	8,864,334
かつお（缶詰）	〃	17,182	9,815,742	18,032	9,774,333
まぐろ（缶詰）	〃	28,619	17,841,777	28,490	17,217,380
かつお節	〃	3,867	3,032,244	4,629	3,579,900
真珠	－	…	38,762,239	…	14,072,761

Ⅸ　価格
1　品目別産地市場卸売価格（1kg当たり）

単位：円

品目		平成27年	28	29	30	令和元
まぐろ	（生鮮）	1,907	1,776	1,899	2,021	2,090
〃	（冷凍）	1,778	1,789	1,784	1,713	1,738
びんなが	（生鮮）	399	413	384	425	478
〃	（冷凍）	398	350	345	368	449
めばち	（生鮮）	1,514	1,461	1,339	1,423	1,287
〃	（冷凍）	937	1,025	1,149	1,065	975
きはだ	（生鮮）	989	739	937	877	898
〃	（冷凍）	387	402	447	474	389
かつお	（生鮮）	364	354	378	316	314
〃	（冷凍）	193	203	256	192	171
まいわし		59	52	49	42	41
うるめいわし		53	62	57	68	83
かたくちいわし		46	50	52	63	64
まあじ		179	191	175	199	239
むろあじ		160	120	93	106	118
さば類		80	80	85	96	105
さんま		219	214	278	185	293
ぶり類		315	379	359	377	370
かれい類	（生鮮）	405	372	347	364	344
たら	（生鮮）	314	327	299	250	225
ほっけ		247	213	152	96	74
1) するめいか	（生鮮）	289	532	570	567	645
1) 〃	（冷凍）	376	633	618	609	876

資料：水産庁「水産物流通調査　産地水産物流通調査」
注：1　産地卸売市場に上場された水産物の数量である（搬入量は除く。）。
　　2　水揚げ量は、市場上場量のみである。
　　1)は、「まついか類」を含む。

2　年平均小売価格（東京都区部）

単位：円

品目	銘柄	数量単位	平成28年	29	30	令和元	2
まぐろ	めばち又はきはだ、刺身用、さく、赤身	100 g	398	422	453	454	433
あじ	まあじ、丸（長さ約15cm以上）	〃	104	109	110	110	114
いわし	まいわし、丸（長さ約12cm以上）	〃	91	83	88	89	95
かつお	たたき、刺身用、さく	〃	189	206	196	194	205
かれい	まがれい、あかがれい、むしがれい又はまこがれい、丸（長さ約20cm以上）	〃	148	…	…	…	…
さけ	トラウトサーモン、ぎんざけ、アトランティックサーモン（ノルウェーサーモン）、べにざけ又はキングサーモン、切り身、塩加工を除く。	〃	287	311	324	326	366
さば	まさば又はごまさば、切り身	〃	116	122	120	116	113
さんま	丸（長さ約25cm以上）	〃	86	95	104	100	118
たい	まだい、刺身用、さく	〃	585	595	631	653	626
ぶり	切り身（刺身用を除く。）	〃	262	262	276	289	277
いか	するめいか、丸	〃	119	141	140	161	156
たこ	まだこ、ゆでもの又は蒸しもの	〃	284	297	374	368	347
えび	輸入品、冷凍、パック包装又は真空包装、無頭（10～14尾入り）	〃	321	321	316	326	324
あさり	殻付き	〃	124	122	120	123	125
かき（貝）	まがき、むき身	〃	391	359	349	365	373
ほたて貝	むき身（天然ものを除く。）、ゆでもの又は蒸しもの	〃	255	295	294	276	270
塩さけ	ぎんざけ、切り身	100 g	192	210	216	227	224

資料：総務省統計局「小売物価統計調査年報」

単位：円

品目	銘柄	数量単位	平成28年	29	30	令和元	2
たらこ	切れ子を含む、並	100g	435	439	456	444	450
しらす干し	並	〃	458	472	563	577	586
干しあじ	まあじ、開き、並	〃	168	168	167	164	163
煮干し	かたくちいわし、並	〃	237	241	232	236	239
ししゃも	子持ちししゃも、カラフトシシャモ（カペリン）、8〜12匹入り、並	〃	172	197	178	181	207
2) 揚げかまぼこ	さつま揚げ、並	〃	111	110	111	114	116
3) ちくわ	焼きちくわ（煮込み用を除く。）、袋入り（3〜6本入り）、並	〃	103	103	103	104	104
かまぼこ	蒸かまぼこ、板付き、内容量80〜140g、普通品	〃	152	154	155	163	165
かつお節	かつおかれぶし削りぶし、パック入り（2.5g×10袋入り）、普通品	1パック	246	250	266	271	264
塩辛	いかの塩辛、並	100g	181	205	245	246	244
2) 魚介漬物	みそ漬、さわら又はさけ、並	〃	227	233	235	232	216
4) 魚介つくだ煮	小女子、ちりめん又はしらす、パック入り又は袋入り（50〜150g入り）、並	〃	496	488	524	506	494
いくら	さけ卵、塩漬又はしょう油漬、並	〃	1,228	1,505	1,951	1,822	1,709
2) 魚介缶詰	まぐろ缶詰、油漬、きはだまぐろ、フレーク、内容量70g入り、3缶又は4缶パック	1缶	121	120	118	123	126
2) 干しのり	焼きのり、袋入り（全形10枚入り）、普通品	1袋	425	433	439	445	445
わかめ	生わかめ、湯通し塩蔵わかめ（天然ものを除く。）、国産品、並	100g	275	274	289	285	290
こんぶ	だしこんぶ、国産品、並	〃	630	628	639	662	718
ひじき	乾燥ひじき、芽ひじき、国産品、並	〃	1,433	1,573	1,826	1,894	1,869

注：2)は、平成28年1月に品目の名称及び基本銘柄を改正した。
　　3)は、平成29年1月に基本銘柄を改正した。
　　4)は、平成30年7月に基本銘柄を改正した。

X 水産資源の管理

1 資源管理・漁場改善の取組（平成30年11月1日現在）
(1) 管理対象魚種別延べ取組数（複数回答）

単位：取組

区分	計 （実数）	ひらめ	あわび類	まだい	かれい類	いか類	その他のたい類	たこ類	さざえ	なまこ類	うに類
全国	5,476	1,013	765	710	582	496	442	439	435	402	333

資料：農林水産省統計部「2018年漁業センサス」（以下2まで同じ。）

(2) 漁業資源の管理内容別取組数（複数回答）

単位：取組

区分	計 （実数）	漁獲（採捕・収獲）枠の設定	漁業資源の増殖	その他
全国	3,006	872	1,930	681

(3) 漁場の保全・管理内容別取組数（複数回答）

単位：取組

区分	計 （実数）	漁場の保全	藻場・干潟の維持管理	薬品等の不使用の取組	漁場の造成	漁場利用の取決め	その他
全国	2,160	1,025	379	168	431	1,135	482

(4) 漁獲の管理内容別取組数（複数回答）

単位：取組

区分	漁法（養殖方法）の規制	漁船の使用規制	漁具の規制	漁期の規制	出漁日数、操業時間の規制	漁獲（採捕、収獲）サイズの規制	漁獲量（採捕量、収獲量）の規制	その他
全国	768	539	1,447	2,555	1,807	2,197	797	373

2　遊漁関係団体との連携の具体的な取組別漁業地区数（平成30年11月1日現在）

単位：地区

区分	遊漁関係団体との連携がある漁業地区数	連携した取組の具体的内容						
		漁業資源の管理				漁場の保全・管理		
		小計（実数）	漁獲（採捕・収獲）枠の設定	漁業資源の増殖	その他	小計（実数）	漁場の保全	藻場・干潟の維持管理
全国	168	49	17	31	8	69	17	4

区分	連携した取組の具体的内容（続き）							
	漁場の保全・管理（続き）				漁獲の管理			
	薬品等の不使用の取組	漁場の造成	漁場利用の取決め	その他	小計（実数）	漁法（養殖方法）の規制	漁船の使用規制	漁具の規制
全国	3	6	45	16	119	10	4	31

区分	連携した取組の具体的内容（続き）				
	漁獲の管理（続き）				
	漁期の規制	出漁日数、操業時間の規制	漁獲（採捕、収獲）サイズの規制	漁獲量（採捕量、収獲量)の規制	その他
全国	38	31	60	43	33

XI 水産業協同組合

1 水産業協同組合・同連合会数（各年度末現在）

単位：組合

区分		平成28年度	29	30	令和元	2	事業別組合数（令和2年度）		
							1)信用事業	購買事業	販売事業
単位組合合計		2,445	2,435	2,406	2,392	2,310	75	926	906
沿海地区	出資漁協	958	953	943	937	879	73	784	747
〃	非出資漁協	2	2	2	2	2	－	1	0
内水面地区	出資漁協	663	660	654	649	645	1	38	79
〃	非出資漁協	152	153	154	153	152	－	0	1
業種別	出資漁協	91	89	88	89	89	1	39	42
〃	非出資漁協	4	4	4	4	4	－	1	1
漁業生産組合		479	478	467	466	449	－	－	－
水産加工業協同組合		97	96	94	92	90	0	63	36
連合会合計		145	144	144	143	143	28	52	47
出資漁連		96	96	96	95	95	－	45	43
非出資漁連		10	10	10	10	10	－	0	0
信用漁連		29	28	28	28	28	28	－	－
水産加工連		9	9	9	9	9	－	7	4
共水連		1	1	1	1	1	－	－	－

資料：水産庁「水産業協同組合年次報告」
注：1　大臣認可及び知事認可による単位組合及び連合会である。
　　2　本表では、当該組合において水産業協同組合法（昭和23年法律第242号）に基づき行うことが
　　　できる業務でない場合は「－」と表示し、当該業務を水産業協同組合法上行うことができるが、
　　　当該事業年度において実績がなかった場合には「0」と表示した。
　　1)は、信用事業を行う組合のうち、貯金残高を有する組合の数である。

2 沿海地区出資漁業協同組合（令和元事業年度末現在）

(1) 組合員数

単位：人

組合	合計	正組合員数							准組合員数
		計	漁民				漁業生産組合	漁業を営む法人(漁業生産組合を除く.)	
			小計	漁業者	漁業従事者				
沿海地区出資漁協	277,124	126,914	124,702	107,352	17,350		98	2,114	150,210

資料：水産庁「水産業協同組合統計表」（以下(3)まで同じ。）

(2) 正組合員数別漁業協同組合数

単位：組合

組合	計	50人未満	50～99	100～199	200～299	300～499	500～999	1,000人以上
沿海地区出資漁協	922	381	219	173	63	55	20	11

(3) 出資金額別漁業協同組合数

単位：組合

組合	計	100万円未満	100～500	500～1,000	1,000～2,000	2,000～5,000	5,000～1億	1億円以上
沿海地区出資漁協	922	13	50	50	127	219	161	302

東日本大震災からの復旧・復興状況編

東日本大震災からの復旧・復興状況
1　甚大な被害を受けた3県（岩手県、宮城県及び福島県）の農林業経営体数 の状況
(1)　被災3県の農林業経営体数

単位：経営体

区分	農林業経営体	農業経営体				林業経営体
		計	個人経営体	団体経営体	法人経営	
平成22年	183,315	179,396	175,912	3,484	1,552	15,853
27	141,102	139,022	135,480	3,542	2,007	9,073
令和2	**109,319**	**107,983**	**104,518**	**3,465**	**2,284**	**2,994**
対前回増減率（%）						
平成27年	△ 23.0	△ 22.5	△ 23.0	1.7	29.3	△ 42.8
令和2	**△ 22.5**	**△ 22.3**	**△ 22.9**	**△ 2.2**	**13.8**	**△ 67.0**
(参考)全国増減率(%)						
平成27年	△ 18.7	△ 18.0	△ 18.5	4.9	25.3	△ 37.7
令和2	**△ 22.2**	**△ 21.9**	**△ 22.6**	**2.8**	**13.3**	**△ 61.0**

資料：農林水産省統計部「農林業センサス」（以下(2)まで同じ。）

(2)　農業経営体の推移

単位：経営体

区分	平成22年		27		令和2	
	農業経営体	個人経営体	農業経営体	個人経営体	**農業経営体**	**個人経営体**
被災3県計	179,396	175,912	139,022	135,480	**107,983**	**104,518**
1) 沿海市区町村	33,493	32,913	20,959	20,470	**14,817**	**14,267**
2) 内陸市区町村	145,903	142,999	118,063	115,010	**93,166**	**90,251**
岩手県	57,001	55,693	46,993	45,598	**35,380**	**34,133**
宮城県	50,741	49,534	38,872	37,578	**30,005**	**28,714**
福島県	71,654	70,685	53,157	52,304	**42,598**	**41,671**
増減率（%）						
被災3県計			△ 22.5	△ 23.0	**△ 22.3**	**△ 22.9**
1) 沿海市区町村			△ 37.4	△ 37.8	**△ 29.3**	**△ 30.3**
2) 内陸市区町村			△ 19.1	△ 19.6	**△ 21.1**	**△ 21.5**
岩手県			△ 17.6	△ 18.1	**△ 24.7**	**△ 25.1**
宮城県			△ 23.4	△ 24.1	**△ 22.8**	**△ 23.6**
福島県			△ 25.8	△ 26.0	**△ 19.9**	**△ 20.3**

注：　1)は、次に掲げる市区町村（令和2年2月1日現在）である。
　　　岩手県：宮古市、大船渡市、久慈市、陸前高田市、釜石市、大槌町、山田町、岩泉町、田野畑村、
　　　　　普代村、野田村及び洋野町
　　　宮城県：宮城野区、若林区、石巻市、塩竈市、気仙沼市、名取市、多賀城市、岩沼市、東松島市、
　　　　　亘理町、山元町、松島町、七ヶ浜町、利府町、女川町及び南三陸町
　　　福島県：いわき市、相馬市、南相馬市、広野町、楢葉町、富岡町、大熊町、双葉町、浪江町及び
　　　　　新地町
　　　2)は岩手県、宮城県及び福島県に所在する市区町村のうち、1)に掲げる市区町村を除く市区町村である。

2 津波被災農地における年度ごとの営農再開可能面積の見通し

区分	単位	令和2年度まで累計	3年度	4年度	1)5年度以降	小計	2)避難指示区域	復旧対象農地計	3)転用(見込み含む)	津波被災農地合計
計	ha	18,560	90	220	690	19,560	130	19,690	1,790	21,480
岩手県	〃	550	–	–	–	550	–	550	180	730
宮城県	〃	13,710			–	13,710	–	13,710	630	14,340
福島県	〃	3,350	90	220	690	4,350	130	4,480	980	5,460
青森県・茨城県・千葉県	〃	950	–	–	–	950	–	950	–	950
復旧対象農地に対する割合	%	94	1	1	3	99	1	100		
小計に対する割合	〃	95	1	1	3	100				
津波被災農地に対する割合	〃	86	1	1	3	91	1	92	8	100

資料：農林水産省「農村振興局資料」
注： 1)は、農地復旧と一体的に農地の大区画化等を実施する予定の農地（5年度以降：300ha）
　　　及び海水が浸入しているなど被害が甚大な農地の一部やまちづくり等で他の復旧・復興事業
　　　との調整が必要な農地（5年度以降：390ha）である。
　　　2)は、原子力発電所事故に伴い設定されている避難指示区域の中で、避難指示解除や除
　　　染の完了等の状況を踏まえつつ、復旧に向けて取り組む農地である。
　　　3)は、農地の転用等により復旧不要となる農地（見込みを含む。）である。

3 東日本大震災による甚大な被害を受けた3県における漁業関係の動向
(1) 漁業経営体数

県	平成20年	25 ①	休廃業 経営体 ②	新規着業 経営体 ③	30 ④ (①-②+③)	対前回比 (30/25)
	経営体	経営体	経営体	経営体	経営体	経営体
3県計	10,062	5,690	1,588	2,007	6,109	107.4
岩手県	5,313	3,365	946	987	3,406	101.2
宮城県	4,006	2,311	640	655	2,326	100.6
福島県	743	14	2	365	377	2,692.9

資料：農林水産省統計部「漁業センサス」（以下(2)まで同じ。）
注：1 「休廃業経営体」とは、2013年漁業センサスの漁業経営体であって、2018年漁業センサスの漁業経営体（継続経営体）にならなかった経営体をいう。なお、漁業地区をまたがって転出した経営体については、実質的に経営が継続している経営体であっても休廃業経営体としている。
また、「継続経営体」とは、2013年漁業センサスと2018年漁業センサスの海面漁業調査客体名簿を照合して、同一漁業地区内で世帯主氏名と、事業所名又は代表者名が一致し、かつ経営組織が一致した経営体をいう。
2 「新規着業経営体」とは、2018年漁業センサスの漁業経営体であって、継続経営体以外の経営体をいう。なお、漁業地区をまたがって転入した経営体については、実質的に経営が継続している経営体であっても新規着業経営体としている。

(2) 漁協等が管理・運営する漁業経営体数及び漁業従事者数

区分	単位	計			漁業協同組合等			個人経営体、会社、 共同経営等		
		平成 25年	30	対前 回比	平成 25年	30	対前 回比	平成 25年	30	対前 回比
				%			%			%
漁業経営体										
3県計	経営体	5,690	6,109	107.4	85	50	58.8	5,605	6,059	108.1
岩手県	〃	3,365	3,406	101.2	33	34	103.0	3,332	3,372	101.2
宮城県	〃	2,311	2,326	100.6	52	16	30.8	2,259	2,310	102.3
福島県	〃	14	377	2,692.9	−	−	nc	14	377	2,692.9
漁業従事者										
3県計	人	13,827	14,548	105.2	2,525	922	36.5	11,302	13,626	120.6
岩手県	〃	6,173	6,187	100.2	1,202	776	64.6	4,971	5,411	108.9
宮城県	〃	7,245	7,255	100.1	1,323	146	11.0	5,922	7,109	120.0
福島県	〃	409	1,106	270.4	−	−	nc	409	1,106	270.4

注：1 漁業従事者とは、満15歳以上で平成25、30年11月1日現在で海上作業に従事した者をいう。
2 漁業協同組合等とは、漁業協同組合（支所含む。）と漁業生産組合をいい、復興支援事業等を活用し、支所ごと又は養殖種類ごとに復興計画を策定し認定を受けた漁業協同組合（支所等含む。）を含む。

3　東日本大震災による甚大な被害を受けた3県における漁業関係の動向（続き）
(3)　岩手県における漁業関係の動向
　　ア　漁業センサスにおける主な調査結果

区分	単位	平成25年	30	対前回増減率 (30／25)
				%
海面漁業経営体	経営体	3,365	3,406	1.2
個人経営体	〃	3,278	3,317	1.2
団体経営体	〃	87	89	2.3
会社、共同経営、その他	〃	54	55	1.9
漁業協同組合等	〃	33	34	3.0
海上作業従事者	人	6,173	6,187	0.2
個人経営体	〃	4,004	4,564	14.0
団体経営体	〃	2,169	1,623	△ 25.2
会社、共同経営、その他	〃	967	847	△ 12.4
漁業協同組合等	〃	1,202	776	△ 35.4
漁船	隻	5,740	5,791	0.9
販売金額1位の漁業種類別				
かき類養殖	〃	79	165	108.9
わかめ類養殖	〃	195	143	△ 26.7
大型定置網	〃	149	156	4.7

資料：農林水産省統計部「漁業センサス」

イ　海面漁業生産量及び漁業産出額

区分		単位	平成22年	27	29	30
海面漁業生産量	(1)	t	187,850	151,506	113,231	126,589
海面漁業	(2)	〃	136,416	108,752	75,792	90,087
たら類	(3)	〃	23,562	15,217	7,423	6,177
おきあみ類	(4)	〃	18,561	13,817	6,346	11,380
さば類	(5)	〃	19,325	17,046	10,101	9,199
まぐろ類	(6)	〃	5,450	5,289	5,014	4,332
あわび類	(7)	〃	283	344	181	168
海面養殖業	(8)	〃	51,434	42,754	37,439	36,502
わかめ類	(9)	〃	19,492	18,972	18,908	18,220
こんぶ類	(10)	〃	14,517	13,926	7,460	8,079
ほたてがい	(11)	〃	6,673	3,621	x	x
かき類	(12)	〃	9,578	5,755	6,420	6,646
海面漁業産出額	(13)	100万円	38,468	38,347	39,738	37,883
海面漁業	(14)	〃	28,721	30,638	30,244	28,652
たら類	(15)	〃	1,556	2,843	1,616	1,316
おきあみ類	(16)	〃	957	444	622	1,306
さば類	(17)	〃	1,233	1,185	1,048	869
まぐろ類	(18)	〃	3,803	5,263	5,377	4,382
あわび類	(19)	〃	2,627	3,587	1,763	2,173
海面養殖業	(20)	〃	9,747	7,708	9,494	9,231
わかめ類	(21)	〃	3,036	2,783	4,200	3,874
こんぶ類	(22)	〃	1,947	1,877	1,285	1,545
ほたてがい	(23)	〃	2,097	1,688 x		x
かき類	(24)	〃	2,216	1,205	1,781	1,866

資料：海面漁業生産量は農林水産省統計部「漁業・養殖業生産統計」
　　　海面漁業産出額は農林水産省統計部「漁業産出額」
注：　平成29年漁業産出額の公表から、中間生産物である「種苗」を海面漁業産出額から除外するよう
　　概念を変更しており、過去に遡及して推計した。

区分	単位	平成25年	30	対前回増減率 （30／25）
				％
魚市場	市場	14	14	0.0
水産物取扱数量	t	136,169	113,826	△ 16.4
水産物取扱金額	万円	3,759,894	4,012,709	6.7
冷凍・冷蔵工場	工場	145	128	△ 11.7
従業者	人	3,824	3,430	△ 10.3
冷蔵能力	t	144,650	172,902	19.5
水産加工場	工場	154	135	△ 12.3
従業者	人	4,302	3,377	△ 21.5
生産量（生鮮冷凍水産物）	t	90,063	72,829	△ 19.1

令和元	2 （概数値）	震災前との対比					
		（27／22）	（29／22）	（30／22）	（元／22）	（2／22）	
		％	％	％	％	％	
122,344	94,800	80.7	60.3	67.4	65.1	50.5	(1)
92,774	64,400	79.7	55.6	66.0	68.0	47.2	(2)
9,061	4,700	64.6	31.5	26.2	38.5	19.9	(3)
10,519	1,600	74.4	34.2	61.3	56.7	8.6	(4)
19,197	12,800	88.2	52.3	47.6	99.3	66.2	(5)
5,550	5,600	97.0	92.0	79.5	101.8	102.8	(6)
145	100	121.6	64.0	59.4	51.2	35.3	(7)
29,570	30,400	83.1	72.8	71.0	57.5	59.1	(8)
12,647	16,400	97.3	97.0	93.5	64.9	84.1	(9)
7,666	5,200	95.9	51.4	55.7	52.8	35.8	(10)
x	x	54.3	x	x	x	x	(11)
6,341	6,200	60.1	67.0	69.4	66.2	64.7	(12)
34,605	‥	99.7	103.3	98.5	90.0	nc	(13)
25,748	‥	106.7	105.3	99.8	89.6	nc	(14)
1,336	‥	182.7	103.9	84.6	85.9	nc	(15)
574	‥	46.4	65.0	136.5	60.0	nc	(16)
1,568	‥	96.1	85.0	70.5	127.2	nc	(17)
6,445	‥	138.4	141.4	115.2	169.5	nc	(18)
2,021	‥	136.5	67.1	82.7	76.9	nc	(19)
8,857	‥	79.1	97.4	94.7	90.9	nc	(20)
3,882	‥	91.7	138.3	127.6	127.9	nc	(21)
1,534	‥	96.4	66.0	79.4	78.8	nc	(22)
x	‥	80.5	x	x	x	nc	(23)
1,744	‥	54.4	80.4	84.2	78.7	nc	(24)

3 東日本大震災による甚大な被害を受けた3県における漁業関係の動向（続き）
(4) 宮城県における漁業関係の動向
　ア　漁業センサスにおける主な調査結果

区分	単位	平成25年	30	対前回増減率 （30／25）
				％
海面漁業経営体	経営体	2,311	2,326	0.6
個人経営体	〃	2,191	2,214	1.0
団体経営体	〃	120	112	△ 6.7
会社、共同経営、その他	〃	68	96	41.2
漁業協同組合等	〃	52	16	△ 69.2
海上作業従事者	人	7,245	7,255	0.1
個人経営体	〃	4,405	5,284	20.0
団体経営体	〃	2,840	1,971	△ 30.6
会社、共同経営、その他	〃	1,517	1,825	20.3
漁業協同組合等	〃	1,323	146	△ 89.0
漁船	隻	4,704	5,318	13.1
販売金額1位の漁業種類別				
かき類養殖	〃	168	241	43.5
ほたてがい養殖	〃	104	119	14.4
大型定置網	〃	38	39	2.6

資料：農林水産省統計部「漁業センサス」

イ　海面漁業生産量及び漁業産出額

区分		単位	平成22年	27	29	30
海面漁業生産量	(1)	t	347,911	242,072	249,746	265,911
海面漁業	(2)	〃	224,588	165,320	158,328	184,738
たら類	(3)	〃	15,148	14,410	5,574	4,508
いわし類	(4)	〃	18,593	12,678	18,717	38,766
ぶり類	(5)	〃	2,336	2,711	5,597	3,257
あじ類	(6)	〃	662	1,949	1,853	616
その他の魚類	(7)	〃	20,016	6,116	10,746	14,326
海面養殖業	(8)	〃	123,323	76,752	91,418	81,173
わかめ類	(9)	〃	19,468	15,702	19,113	16,939
のり類	(10)	〃	24,417	14,923	16,079	13,075
かき類	(11)	〃	41,653	18,691	24,417	26,086
ほたてがい	(12)	〃	12,822	8,670	4,695	2,759
海面漁業産出額	(13)	100万円	77,081	73,405	81,992	78,871
海面漁業	(14)	〃	52,353	53,049	56,375	56,319
たら類	(15)	〃	2,559	3,357	1,453	1,110
いわし類	(16)	〃	964	734	986	1,765
ぶり類	(17)	〃	362	569	1,052	752
あじ類	(18)	〃	85	618	571	213
その他の魚類	(19)	〃	4,984	2,206	4,535	6,760
海面養殖業	(20)	〃	24,728	20,356	25,618	22,552
わかめ類	(21)	〃	3,310	3,042	4,432	3,928
のり類	(22)	〃	5,340	3,946	5,874	3,958
かき類	(23)	〃	4,904	3,217	3,214	3,185
ほたてがい	(24)	〃	3,385	3,402	2,465	1,129

資料：海面漁業生産量は農林水産省統計部「漁業・養殖業生産統計」
　　　海面漁業産出額は農林水産省統計部「漁業産出額」
注：　平成29年漁業産出額の公表から、中間生産物である「種苗」を海面漁業産出額から除外するよう
　　概念を変更しており、過去に遡及して推計した。

区分	単位	平成25年	30	対前回増減率 (30／25)
				%
魚市場	市場	10	**10**	0.0
水産物取扱数量	t	317,815	**334,686**	5.3
水産物取扱金額	万円	12,536,124	**13,659,700**	9.0
冷凍・冷蔵工場	工場	183	**208**	13.7
従業者	人	5,364	**7,601**	41.7
冷蔵能力	t	494,183	**503,434**	1.9
水産加工場	工場	293	**291**	△ 0.7
従業者	人	8,644	**9,964**	15.3
生産量（生鮮冷凍水産物）	t	113,507	**162,391**	43.1

令和元	2 (概数値)	震災前との対比					
		(27／22)	(29／22)	(30／22)	(元／22)	(2／22)	
		%	%	%	%	%	
270,728	**234,300**	69.6	71.8	76.4	77.8	67.3	(1)
195,460	**152,400**	73.6	70.5	82.3	87.0	67.9	(2)
5,003	**3,600**	95.1	36.8	29.8	33.0	23.8	(3)
47,203	**53,100**	68.2	100.7	208.5	253.9	285.6	(4)
3,790	**3,300**	116.1	239.6	139.4	162.2	141.3	(5)
804	**500**	294.4	279.9	93.1	121.5	75.5	(6)
26,739	**12,500**	30.6	53.7	71.6	133.6	62.5	(7)
75,268	**81,900**	62.2	74.1	65.8	61.0	66.4	(8)
18,309	**22,600**	80.7	98.2	87.0	94.0	116.1	(9)
11,616	**15,500**	61.1	65.9	53.5	47.6	63.5	(10)
21,406	**18,200**	44.9	58.6	62.6	51.4	43.7	(11)
3,343	**5,500**	67.6	36.6	21.5	26.1	42.9	(12)
83,445	‥	95.2	106.4	102.3	108.3	nc	(13)
58,483	‥	101.3	107.7	107.6	111.7	nc	(14)
930	‥	131.2	56.8	43.4	36.3	nc	(15)
2,303	‥	76.1	102.3	183.1	238.9	nc	(16)
672	‥	157.2	290.6	207.7	185.6	nc	(17)
215	‥	727.1	671.8	250.6	252.9	nc	(18)
11,594	‥	44.3	91.0	135.6	232.6	nc	(19)
24,961	‥	82.3	103.6	91.2	100.9	nc	(20)
5,948	‥	91.9	133.9	118.7	179.7	nc	(21)
4,348	‥	73.9	110.0	74.1	81.4	nc	(22)
3,250	‥	65.6	65.5	64.9	66.3	nc	(23)
1,507	‥	100.5	72.8	33.4	44.5	nc	(24)

3　東日本大震災による甚大な被害を受けた3県における漁業関係の動向（続き）
(5)　福島県における漁業関係の動向
　　ア　漁業センサスにおける主な調査結果

区分	単位	平成25年	30	対前回増減率 （30／25）
				％
海面漁業経営体	経営体	14	377	2,592.9
個人経営体	〃	-	354	nc
団体経営体	〃	14	23	64.3
会社、共同経営、その他	〃	14	23	64.3
漁業協同組合等	〃	-	-	nc
海上作業従事者	人	409	1,106	170.4
個人経営体	〃	-	776	nc
団体経営体	〃	409	330	△ 19.3
会社、共同経営、その他	〃	409	330	△ 19.3
漁業協同組合等	〃	-	-	nc
漁船	隻	32	444	1,287.5

資料：農林水産省統計部「漁業センサス」

　イ　海面漁業生産量及び漁業産出額

区分		単位	平成22年	27	29	30
海面漁業生産量	(1)	t	80,398	45,446	52,846	50,077
海面漁業	(2)	〃	78,939	45,446	52,846	50,033
まぐろ類	(3)	〃	3,980	3,449	2,990	3,213
かつお	(4)	〃	2,844	2,451	2,247	1,007
さんま	(5)	〃	17,103	8,314	5,080	7,615
するめいか	(6)	〃	2,146	1,074	531	161
海面養殖業	(7)	〃	1,459	-	-	44
海面漁業産出額	(8)	100万円	18,713	9,531	10,132	9,679
海面漁業	(9)	〃	18,181	9,531	10,132	9,666
まぐろ類	(10)	〃	3,337	3,845	3,302	2,675
かつお	(11)	〃	693	674	733	258
さんま	(12)	〃	2,052	1,920	1,448	1,439
するめいか	(13)	〃	505	315	300	88
海面養殖業	(14)	〃	532	-	-	13

資料：海面漁業生産量は農林水産省統計部「漁業・養殖業生産統計」
　　　海面漁業産出額は農林水産省統計部「漁業産出額」
注：　平成29年漁業産出額の公表から、中間生産物である「種苗」を海面漁業産出額から除外するよう
　　　概念を変更しており、過去に遡及して推計した。

区分	単位	平成25年	30	対前回増減率 (30／25)
				%
魚市場	市場	1	5	400.0
水産物取扱数量	t	4,071	9,887	142.9
水産物取扱金額	万円	64,966	309,713	376.7
冷凍・冷蔵工場	工場	63	65	3.2
従業者	人	1,780	1,778	△ 0.1
冷蔵能力	t	80,000	78,847	△ 1.4
水産加工場	工場	87	102	17.2
従業者	人	1,781	2,079	16.7
生産量（生鮮冷凍水産物）	t	6,859	9,454	37.8

令和元	2 (概数値)	震災前との対比					
		(27／22)	(29／22)	(30／22)	(元／22)	(2／22)	
		%	%	%	%	%	
69,540	72,300	56.5	65.7	62.3	86.5	89.9	(1)
69,415	72,200	57.6	66.9	63.4	87.9	91.5	(2)
1,312	3,900	86.7	75.1	80.7	33.0	98.0	(3)
821	1,000	86.2	79.0	35.4	28.9	35.2	(4)
3,055	2,400	48.6	29.7	44.5	17.9	14.0	(5)
415	400	50.0	24.7	7.5	19.3	18.6	(6)
125	100	－	－	3.0	8.6	6.9	(7)
8,752	‥	50.9	54.1	51.7	46.8	nc	(8)
8,698	‥	52.4	55.7	53.2	47.8	nc	(9)
1,274	‥	115.2	99.0	80.2	38.2	nc	(10)
194	‥	97.3	105.8	37.2	28.0	nc	(11)
980	‥	93.6	70.6	70.1	47.8	nc	(12)
268	‥	62.4	59.4	17.4	53.1	nc	(13)
53	‥	－	－	2.4	10.0	nc	(14)

付　　表

I　目標・計画・評価
1　食料・農業・農村基本計画
(1)　令和12年度における食料消費の見通し及び生産努力目標

主要品目	食料消費の見通し				4) 生産努力目標	
	2) 1人・1年当たり消費量		3) 国内消費仕向量			
	平成30年度	令和12年度	平成30年度	令和12年度	平成30年度	令和12年度
	kg	kg	万t	万t	万t	万t
米	54	51	845	797	821	806
米（米粉用米・飼料用米を除く。）	54	50	799	714	775	723
米粉用米	0.2	0.9	2.8	13	2.8	13
飼料用米	－	－	43	70	43	70
小麦	32	31	651	579	76	108
大麦・はだか麦	0.3	0.3	198	196	17	23
大豆	6.7	6.4	356	336	21	34
そば	0.7	0.7	14	13	2.9	4.0
かんしょ	3.8	4.0	84	85	80	86
ばれいしょ	17	17	336	330	226	239
なたね	－	－	257	264	0.3	0.4
野菜	90	93	1,461	1,431	1,131	1,302
果実	36	36	743	707	283	308
砂糖　　（精糖換算）	18	17	231	206	75	80
てん菜	－	－	－	－	361	368
〃　（精糖換算）	－	－	－	－	61	62
さとうきび	－	－	－	－	120	153
〃　（精糖換算）	－	－	－	－	13	18
茶	0.7	0.7	8.6	7.9	8.6	9.9
畜産物	－	－	－	－	－	－
生乳	96	107	1,243	1,302	728	780
牛肉	6.5	6.9	93	94	33	40
豚肉	13	13	185	179	90	92
鶏肉	14	15	251	262	160	170
鶏卵	18	18	274	261	263	264
1) 飼料作物	－	－	435	519	350	519
(参考)						
魚介類	24	25	716	711	392	536
（うち食用）	24	25	569	553	335	474
海藻類	0.9	0.9	14	13	9.3	9.8
きのこ類	3.5	3.8	53	54	47	49

資料：「食料・農業・農村基本計画」（令和2年3月31日閣議決定）（以下(3)まで同じ。）
注：本表においては、事実不詳の項目も「－」で表記している。
　　1)は、可消化養分総量（ＴＤＮ）である。
　　2)は、飼料用等を含まず、かつ、皮や芯などを除いた部分である。
　　3)は、飼料用等も含む。
　　4)は、輸出目標を踏まえたものである。

1 食料・農業・農村基本計画（続き）
(2) 農地面積の見通し、延べ作付面積及び耕地利用率

区分	単位	平成30年	令和12年
農地面積	万ha	442.0	414
	〃	(令和元年 439.7)	
延べ作付け面積	〃	404.8	431
耕地利用率	％	92	104

(3) 食料自給率等の目標
ア 食料自給率
a 供給熱量ベースの総合食料自給率

単位：％、Kcal

区分	平成30年度	令和12年度
1) 供給熱量ベースの総合食料自給率	37	45
1人・1日当たり国産供給熱量（分子）	912	1,031
1人・1日当たり総供給熱量（分母）	2,443	2,314

注：1) 食料のカロリー（熱量）に着目した、国内に供給される食料の熱量に対する国内生産の
割合である。

b 生産額ベースの総合食料自給率

単位：％、億円

区分	平成30年度	令和12年度
1) 生産額ベースの総合食料自給率	66	75
食料の国内生産額（分子）	106,211	118,914
食料の国内消費仕向額（分母）	162,110	158,178

注：1) 食料の経済的価値に着目した、国内に供給される食料の生産額に対する国内生産の割合で
ある。令和12年度は、各品目の現状の単価を基準に、ＴＰＰの影響等を見込んでいる。

(3)　食料自給率等の目標
　イ　飼料自給率及び食料国産率

単位：%

区分	平成30年度	令和12年度
1) 飼料自給率	25	34
供給熱量ベースの食料国産率 2)	46	53
生産額ベースの食料国産率 2)3)	69	79

注：1)　国内に供給される飼料に対する国内生産の割合である。粗飼料及び濃厚飼料を可消化養
　　　　分総量（TDN）に換算して算出したものである。
　　2)　食料国産率は、国内に供給される食料に対する国内生産の割合である。
　　3)　令和12年度は、各品目の現状の単価を基準に、TPPの影響等を見込んでいる。

2　第5次男女共同参画基本計画における成果目標
　　地域における男女共同参画の推進＜成果目標＞

項目	現状	成果目標（期限）
農業委員に占める女性の割合	・女性委員が登用されていない組織数 273/1,703 （2019年度）	・女性委員が登用されていない組織数 0 （2025年度）
	・農業委員に占める女性の割合 12.1% （2019年度）	・農業委員に占める女性の割合 20%（早期）、更に30%を目指す （2025年度）
農業協同組合の役員に占める女性の割合	・女性役員が登用されていない組織数 107/639 （2018年度）	・女性役員が登用されていない組織数 0 （2025年度）
	・役員に占める女性の割合 8.0% （2018年度）	・役員に占める女性の割合 10%（早期）、更に15%を目指す （2025年度）
土地改良区（土地改良区連合を含む。）の理事に占める女性の割合	・女性理事が登用されていない組織数 3,737/3,900 （2016年度）	・女性理事が登用されていない組織数 0 （2025年度）
	・理事に占める女性の割合 0.6% （2016年度）	・理事に占める女性の割合 10% （2025年度）
認定農業者数に占める女性の割合	4.8% （2019年3月）	5.5% （2025年度）
家族経営協定の締結数	58,799 件 （2019 年度）	70,000 件 （2025年度）

資料：第5次男女共同参画基本計画～すべての女性が輝く令和の社会へ～（令和2年12月25日閣議決定）
注：農林水産関係のみ抜粋

3　多面的機能の評価額
(1)　農業の有する多面的機能の評価額

単位：1年当たり億円

区分	洪水防止機能	河川流況安定機能	地下水かん養機能	土壌侵食（流出）防止機能	土砂崩壊防止機能	有機性廃棄物処理機能	気候緩和機能	保健休養・やすらぎ機能
評価額	34,988	14,633	537	3,318	4,782	123	87	23,758

資料：　日本学術会議「地球環境・人間生活にかかわる農業及び森林の多面的な機能の評価について（答申）」（平成13年11月）及び(株)三菱総合研究所「地球環境・人間生活にかかわる農業及び森林の多面的な機能の評価に関する調査研究報告書」（平成13年11月）による（以下(2)まで同じ。）。

注：1　農業及び森林の多面的機能のうち、物理的な機能を中心に貨幣評価が可能な一部の機能について、日本学術会議の特別委員会等の討議内容を踏まえて評価を行ったものである（以下(2)まで同じ。）。
　　2　機能によって評価手法が異なっていること、また、評価されている機能が多面的機能全体のうち一部の機能にすぎないこと等から、合計額は記載していない（以下(2)まで同じ。）。
　　3　保健休養・やすらぎ機能については、機能のごく一部を対象とした試算である。

(2)　森林の有する多面的機能の評価額

単位：1年当たり億円

区分	二酸化炭素吸収機能	化石燃料代替機能	表面侵食防止機能	表層崩壊防止機能	洪水緩和機能	水資源貯留機能	水質浄化機能	保健・レクリエーション機能
評価額	12,391	2,261	282,565	84,421	64,686	87,407	146,361	22,546

注：保健・レクリエーション機能については、機能のごく一部を対象とした試算である。

(3)　水産業・漁村の有する多面的機能の評価額

単位：1年当たり億円

区分	物質循環補完機能	環境保全機能	生態系保全機能	生命財産保全機能	防災・救援機能	保養・交流・教育機能
評価額	22,675	63,347	7,684	2,017	6	13,846

資料：　日本学術会議「地球環境・人間生活にかかわる水産業及び漁村の多面的な機能の内容及び評価について（答申）」（平成16年8月3日）の別紙「水産業・漁村の持つ多面的な機能の評価（試算）」（株式会社三菱総合研究所による試算（2004年））

注：1　水産業・漁村の多面的な機能の経済価値の全体を表すものではない。
　　2　各項目の表す機能のうち、貨幣評価が可能な一部の機能について代替法により評価額を算出した。
　　3　保養・交流・教育機能は、都市から漁村への旅行における支出額合計の推定値（総市場規模）。

4 森林・林業基本計画
(1) 森林の有する多面的機能の発揮に関する目標

区分	単位	令和2年 (現況)	目標とする森林の状態		
			令和7年	令和12年	令和22年
森林面積					
合計	万ha	2,510	2,510	2,510	2,510
育成単層林	〃	1,010	1,000	990	970
育成複層林	〃	110	130	150	190
天然生林	〃	1,380	1,370	1,360	1,340
総蓄積	100万㎥	5,410	5,660	5,860	6,180
1ha当たり蓄積	㎥	216	225	233	246
総成長量	100万㎥/年	70	67	65	63
1ha当たり成長量	㎥/年	2.8	2.7	2.6	2.5

資料：「森林・林業基本計画」(令和3年6月15日閣議決定)　(以下(2)まで同じ。)
注1：本計画では、「指向する森林の状態」として育成単層林660万ha、育成複層林
　　　680万ha、天然生林1,170万ha、合計2,510万haを参考として提示している。
注2：森林面積は、10万ha単位で四捨五入しているため、計が一致しないものがある。
注3：目標とする森林の状態及び指向する森林の状態は、令和2年を基準として算出
　　　している。
注4：令和2年の値は、令和2年4月1日の数値である。

(2) 林産物の供給及び利用に関する目標
ア　木材供給量の目標

単位：100万㎥

区分	令和元年 (実績)	令和7年 (目標)	令和12年 (目標)
木材供給量	31	40	42

イ　木材の用途別利用量の目標と総需要量の見通し

単位：100万㎥

用途区分	利用量			総需要量		
	令和元年 (実績)	令和7年 (目標)	令和12年 (目標)	令和元年 (実績)	令和7年 (見通し)	令和12年 (見通し)
建築用材等 計	18	25	26	38	40	41
製材用材	13	17	19	28	29	30
合板用材	5	7	7	10	11	11
非建築用材 計	13	15	16	44	47	47
パルプ・チップ用材	5	5	5	32	30	29
燃料材	7	8	9	10	15	16
その他	2	2	2	2	2	2
合計	31	40	42	82	87	87

注1：用途別の利用量は、国産材に係るものである。
注2：「燃料材」とは、ペレット、薪、炭、燃料用チップである。
注3：「その他」とは、しいたけ原木、原木輸出等である。
注4：百万㎥単位で四捨五入しているため、計が一致しないものがある。

5　水産基本計画
(1)　平成39年度における食用魚介類、魚介類全体及び海藻類の生産量及び
　　消費量の目標

区分	単位	平成26年度	27	39 （すう勢値）	39 （目標値）
食用魚介類					
生産量目標	万 t	378	362	358	387
消費量目標	〃	628	614	509	553
人口一人1年当たり消費量 　（粗食料ベース）	kg	49.4	48.3	42.7	46.4
魚介類全体					
生産量目標	万 t	430	418	411	455
消費量目標	〃	789	767	667	711
海藻類					
生産量目標	万 t	47	49	40	49
消費量目標	〃	70	71	60	66
人口一人1年当たり消費量 　（粗食料ベース）	kg	0.9	0.9	0.8	0.9

資料：「水産基本計画」（平成29年4月28日閣議決定）（以下(2)まで同じ。）

(2)　水産物の自給率の目標

単位：%

区分	平成26年度	27 （概算値）	39 （目標値）
食用魚介類	60	59	70
魚介類全体	55	54	64
海藻類	67	70	74

Ⅱ　参考資料
1　世界の国の数と地域経済機構加盟国数

区分	国数	加盟国
世界の国の数	196	日本が承認している国の数195か国と日本
国連加盟国数	193	
地域経済機構		
ASEAN Association of Southeast Asian Nations 東南アジア諸国連合	10	1967年8月設立 インドネシア、シンガポール、タイ、フィリピン、マレーシア、ブルネイ、ベトナム、ミャンマー、ラオス、カンボジア
EU European Union 欧州連合	27	1952年7月設立 イタリア、オランダ、ドイツ、フランス、ベルギー、ルクセンブルク、アイルランド、デンマーク、ギリシャ、スペイン、ポルトガル、オーストリア、スウェーデン、フィンランド、エストニア、キプロス、スロバキア、スロベニア、チェコ、ハンガリー、ポーランド、マルタ、ラトビア、リトアニア、ブルガリア、ルーマニア、クロアチア
うちユーロ参加国	19	アイルランド、イタリア、オーストリア、オランダ、スペイン、ドイツ、フィンランド、フランス、ベルギー、ポルトガル、ルクセンブルク、ギリシャ、スロベニア、キプロス、マルタ、スロバキア、エストニア、ラトビア、リトアニア
OECD Organisation for Economic Co-operation and Development 経済協力開発機構	37	1961年9月設立 アイスランド、アイルランド、アメリカ合衆国、イギリス、イタリア、オーストリア、オランダ、カナダ、ギリシャ、スイス、スウェーデン、スペイン、デンマーク、ドイツ、トルコ、ノルウェー、フランス、ベルギー、ポルトガル、ルクセンブルク、日本、フィンランド、オーストラリア、ニュージーランド、メキシコ、チェコ、ハンガリー、ポーランド、韓国、スロバキア、チリ、スロベニア、イスラエル、エストニア、ラトビア、リトアニア、コロンビア
うちDAC加盟国 Development Assistance Committee 開発援助委員会	29	アイスランド、アイルランド、アメリカ合衆国、イギリス、イタリア、オーストリア、オランダ、カナダ、ギリシャ、スイス、スウェーデン、スペイン、デンマーク、ドイツ、ノルウェー、フランス、ベルギー、ポルトガル、ルクセンブルク、日本、フィンランド、オーストラリア、ニュージーランド、チェコ、ハンガリー、ポーランド、韓国、スロバキア、スロベニア

資料：総務省統計局「世界の統計　2021」
注：令和3年1月1日現在

2　計量単位
(1)　計量法における計量単位

物象の状態の量・ 計量単位（特殊の計量）	標準と なるべき 単位記号	物象の状態の量・ 計量単位（特殊の計量）	標準と なるべき 単位記号
長さ		**体積**	
1) メートル	m	1) 立方メートル	m³
2) 海里（海面又は空中における長さの計）	M又はnm	1) リットル	l又はL
		2) トン（船舶の体積の計量）	T
3) ヤード	yd	3) 立方ヤード	yd³
3) インチ	in	3) 立方インチ	in³
3) フート又はフィート	ft	3) 立方フート又はフィート	ft³
		3) ガロン	gal
質量			
1) キログラム	kg	**仕事**	
1) グラム	g	1) ジュール又はワット秒	J 又はW・s
1) トン	t		
2) もんめ（真珠の質量の計量）	mom	**工率**	
3) ポンド	lb	1) ワット	W
3) オンス	oz		
		熱量	
温度		1) ワット時	W・h
1) セルシウス度又は度	℃	2) カロリー（人若しくは動物が摂取する物の熱量又は人若しくは動物が代謝により消費する熱量の計量）	cal
面積			
1) 平方メートル	m²		
2) アール（土地の面積の計量）	a		
2) ヘクタール（　〃　）	ha	2) キロカロリー（　〃　）	kcal
3) 平方ヤード	yd²		
3) 平方インチ	in²		
3) 平方フート又はフィート	ft²		
3) 平方マイル	mile²		

資料：　経済産業省「計量法における単位規制の概要」表1、4、5及び8より農林水産省統計部で抜粋
　　　　（以下(2)まで同じ。）
注：1) は、SI単位（国際度量衡総会で決議された国際単位系）に係る計量単位
　　2) は、用途を限定する非SI単位
　　3) は、ヤード・ポンド法における単位

(2)　10の整数乗を表す接頭語

接頭語	接頭語が表す乗数	標準と なるべき 単位記号	接頭語	接頭語が表す乗数	標準と なるべき 単位記号
ヨタ	十の二十四乗	Y	デシ	十分の一	d
ゼタ	十の二十一乗	Z	センチ	十の二乗分の一	c
エクサ	十の十八乗	E	ミリ	十の三乗分の一	m
ペタ	十の十五乗	P	マイクロ	十の六乗分の一	μ
テラ	十の十二乗	T	ナノ	十の九乗分の一	n
ギガ	十の九乗	G	ピコ	十の十二乗分の一	p
メガ	十の六乗	M	フェムト	十の十五乗分の一	f
キロ	十の三乗	k	アト	十の十八乗分の一	a
ヘクト	十の二乗	h	ゼプト	十の二十一乗分の一	z
デカ	十	da	ヨクト	十の二十四乗分の一	y

(3)　計量単位換算表

計量単位（定義等）		メートル法換算	計量単位（定義等）		メートル法換算
長さ			**体積**		
海里		1,852m	トン（船舶）	（1,000/353㎥、100立方フィート）	2.832㎥
インチ	（1/36ヤード）	2.540cm			
フィート	（1/3ヤード）	30.480cm	立方インチ	（1/46,656立方ヤード）	16.3871㎤
ヤード		0.9144m			
マイル	（1,760ヤード）	1,609.344m	立方フィート	（1/27立方ヤード）	0.0283168㎥
寸	（1/10尺）	3.0303cm	立方ヤード	（0.9144の3乗立方メートル）	0.76455486㎥
尺	（10/33メートル）	0.30303m			
間	（6尺）	1.8182m	英ガロン		4.546092L
里	（12,960尺）	3.9273km	米ガロン	（0.003785412立方メートル）	3.78541L
			英ブッシェル	（7.996英ガロン）	36.368735L
質量			米ブッシェル	（9.309米ガロン）	35.239067L
オンス	（1/16ポンド）	28.3495g	立方寸	（1/1,000立方尺）	27.826㎤
ポンド		0.45359237kg	立方尺	（10/33の3乗立方メートル）	0.027826㎥
米トン(short ton)	（2,000ポンド）	0.907185t			
英トン(long ton)	（2,240ポンド）	1.01605t	勺（しゃく）	（1/100升）	0.018039L
			合	（1/10升）	180.39㎤
匁（もんめ）	（1/1,000貫）	3.75g	升	（2,401/1,331,000立方メートル）	1.8039L
貫		3.75kg			
斤	（0.16貫）	600g	斗	（10升）	18.039L
			石	（100升）	0.18039kl
面積				（10斗）	180.39L
アール		100㎡	石（木材）	（10立方尺）	0.27826㎥
ヘクタール	（100アール）	10,000㎡			
平方インチ	（1/1,296平方ヤード）	6.4516㎠	**工率**		
平方フィート	（1/9平方ヤード）	929.03㎠	英馬力		746W
平方ヤード	（0.9144の2乗平方メートル）	0.836127㎡	仏馬力		735.5W
平方マイル	（3,097,600平方ヤード）	2.58999k㎡	**熱量**		
エーカー		0.404686ha	カロリー	（4.184ジュール）	4,184J
		4,04686㎡		（4.184ワット秒）	4,184W・s
平方寸	（1/100平方尺）	9.1827㎠	キロカロリー	（1,000カロリー）	1,000cal
平方尺	（10/33の2乗平方メートル）	0.091827㎡			
歩又は坪	（400/121平方メートル、1平方間）	3.3058㎡			
畝（せ）	（30歩）	99.174㎡			
反	（300歩）	991.74㎡			
町	（3,000歩）	9917.4㎡			

3 農林水産省業務運営体制図

(1) 本省庁（令和3年7月1日現在）

農林水産大臣	副 大 臣	大臣政務官	農林水産事務次官	農林水産審議官	農林水産大臣秘書官

大 臣 官 房 長		消費・安全局長	輸出・国際局長	農 産 局 長	畜 産 局 長

大臣官房長
- 総 括 審 議 官
- 総 括 審 議 官
- 技 術 総 括 審 議 官
- 危機管理・政策立案総括審議官
- 公文書監理官（サイバーセキュリティ・情報化審議官が兼務）
- サイバーセキュリティ・情報化審議官
- 輸 出 促 進 審 議 官
- 生 産 振 興 審 議 官
- 審 議 官
- 参 事 官
- 参 事 官
- 報 道 課 長
- 秘 書 課 長
- 文 書 課 長
- 予 算 課 長
- 政 策 課 長
- 技術政策室長
- 食料安全保障室長
- 広 報 評 価 課 長
- 広報室長
- 報道室長
- 情報管理室長
- 情報分析室長
- 地 方 課 長
- 災害総合対策室長
- 環境バイオマス政策課長
- 地球環境対策室長
- 再生可能エネルギー室長

新事業・食品産業部長
- 新事業・食品産業政策課長
- ファイナンス室長
- 商品取引室長
- 食 品 流 通 課 長
- 卸売市場室長
- 食 品 製 造 課 長
- 食品企業行動室長
- 基準認証室長
- 外 食・食 文 化 課 長
- 食品ロス・リサイクル対策室長
- 食文化室長

統 計 部 長
- 管 理 課 長
- 統計品質向上室長
- 経 営・構 造 統 計 課 長
- センサス統計室長
- 生産流通消費統計課長
- 消費統計室長
- 統 計 企 画 管 理 官

検査・監察部長
- 調 整・監 察 課 長
- 審査室長
- 行政監察室長
- 会 計 監 査 室 長
- 検 査 課 長

消費・安全局長
- 総 務 課 長
- 消費者行政・食育課長
- 食品表示・規格室長
- 米穀流通・食品表示監視室長
- 食 品 安 全 政 策 課 長
- 食品安全科学室長
- 国際基準室長
- 農 産 安 全 管 理 課 長
- 農薬対策室長
- 畜 水 産 安 全 管 理 課 長
- 水産安全室長
- 植 物 防 疫 課 長
- 防疫対策室長
- 国際室長
- 動 物 衛 生 課 長
- 家畜防疫対策室長
- 国際衛生対策室長

輸出・国際局長
- 総 務 課 長
- 国際政策室長
- 輸 出 企 画 課 長
- 輸 出 支 援 課 長
- 輸出環境整備室長
- 国 際 地 域 課 長
- 国 際 経 済 課 長
- 知 的 財 産 課 長
- 種苗室長
- 参 事 官

農 産 局 長
- 総 務 課 長
- 生産推進室長
- 国際室長
- 会計室長
- 穀 物 課 長
- 米麦流通加工対策室長
- 経営安定対策室長
- 園 芸 作 物 課 長
- 園芸流通加工対策室長
- 花き・果樹・施設園芸振興室長
- 地 域 対 策 官
- 地 域 作 物 課 長

農 業 政 策 部 長
- 企 画 課 長
- 米穀貿易企画室長
- 水田農業対策室長
- 貿 易 業 務 課 長
- 米麦品質保証室長
- 技 術 普 及 課 長
- 生産資材対策室長
- 農業環境対策課長

畜 産 局 長
- 総 務 課 長
- 畜産総合推進室長
- 企 画 課
- 畜産経営安定対策室長
- 畜 産 振 興 課 長
- 畜産技術室長
- 家畜遺伝資源管理保護室長
- 飼 料 課 長
- 流通飼料対策室長
- 牛 乳 乳 製 品 課 長
- 食 肉 鶏 卵 課 長
- 食肉需給対策室長
- 競 馬 監 督 課 長

経営局長

総務課長
調整室長
経営政策課長
担い手総合対策室長
農地政策課長
農地集積促進室長
就農・女性課長
女性活躍推進室長
協同組織課長
経営・組織対策室長
金融調整課長
保険課長
農業経営収入保険室長
保険監理官

農村振興局長

次長

総務課長

農村政策部長

農村計画課長
農村政策推進室長
地域振興課長
中山間地域・日本型直接支払室長
都市農村交流課長
農泊推進室長
都市農業室長
鳥獣対策・農村環境課長
鳥獣対策室長
農村環境対策室長

整備部長

設計課長
計画調整室長
施工企画調整室長
海外土地改良技術室長
土地改良企画課長
水資源課長
農業用水対策室長
施設保全管理室長
農地資源課長
経営体育成基盤整備推進室長
多面的機能支払推進室長
地域整備課長
防災課長
防災・減災対策室長
災害対策室長

農林水産技術会議

会長

委員

事務局長
(技術総括審議官が兼務)

研究総務官
研究統括官
研究開発官
研究調整課長
研究企画課長
イノベーション戦略室長
研究推進課長
産学連携室長
国際研究官
筑波産学連携支援センター

林野庁長官

次長

林政部長

林政課長
企画課長
経営課長
林業労働・経営対策室長
特用林産対策室長
木材産業課長
木材製品技術室長
木材利用課長
木材貿易対策室長

森林整備部長

計画課長
施工企画調整室長
海外林業協力室長
森林利用課長
森林集積推進室長
山村振興・緑化推進室長
整備課長
造林間伐対策室長
治山課長
山地災害対策室長
研究指導課長
技術開発推進室長
森林保護対策室長

国有林野部長

管理課長
福利厚生室長
経営企画課長
国有林野総合利用推進室長
国有林野生態系保全室長
業務課長
国有林野管理室長

水産庁長官

次長

漁政部長

参事官
漁政課長
船舶管理室長
企画課長
水産業体質強化推進室長
水産経営課長
指導室長
加工流通課長
水産物貿易対策室長
漁業保険管理官

資源管理部長

審議官
参事官
管理調整課長
資源管理推進室長
沿岸・遊漁室長
国際課長
捕鯨室長
かつお・まぐろ漁業室長
海外漁業協力室長
漁業取締室長

増殖推進部長

参事官
研究指導課長
海洋技術室長
漁場資源課長
生態系保全室長
栽培養殖課長
内水面漁業振興室長

漁港漁場整備部長

計画課長
整備課長
防災漁村課長
水産施設災害対策室長

漁業取締本部長 *1

副本部長 *2

本部員 *3

*1 水産庁長官をもって充てる。

*2 水産庁次長をもって充てる。

*3 ※印の者をもって充てる。

3 農林水産省業務運営体制図（続き）
(2) 地方農政局等

4 地方農政局等所在地

地方農政局等	郵便番号	所在地	電話番号 （代表）	インターネット ホームページアドレス
北海道農政事務所	064-8518	北海道札幌市中央区南22条西6-2-22 エムズ南22条第2ビル	011-330-8800	https://www.maff.go.jp/hokkaido/
札幌地域拠点	064-8518	北海道札幌市中央区南22条西6-2-22 エムズ南22条第2ビル	011-330-8821	https://www.maff.go.jp/hokkaido/sapporo/index.html
函館地域拠点	040-0032	北海道函館市新川町25-18 函館地方合同庁舎	0138-26-7800	https://www.maff.go.jp/hokkaido/hakodate/index.html
旭川地域拠点	078-8506	北海道旭川市宮前1条3-3-15 旭川地方合同庁舎	0166-30-9300	https://www.maff.go.jp/hokkaido/asahikawa/index.html
釧路地域拠点	085-0017	北海道釧路市幸町10-3 釧路地方合同庁舎	0154-23-4401	https://www.maff.go.jp/hokkaido/kushiro/index.html
帯広地域拠点	080-0016	北海道帯広市西6条南7-3 帯広地方合同庁舎	0155-24-2401	https://www.maff.go.jp/hokkaido/obihiro/index.html
北見地域拠点	090-0018	北海道北見市青葉町6-8 北見地方合同庁舎	0157-23-4171	https://www.maff.go.jp/hokkaido/kitami/index.html
東北農政局	980-0014	宮城県仙台市青葉区本町3-3-1 仙台合同庁舎A棟	022-263-1111	https://www.maff.go.jp/tohoku/index.html
青森県拠点	030-0861	青森県青森市長島1-3-25 青森法務総合庁舎	017-775-2151	https://www.maff.go.jp/tohoku/tiiki/aomori/index.html
岩手県拠点	020-0033	岩手県盛岡市盛岡駅前北通1-10 橋市盛岡ビル5階	019-624-1125	https://www.maff.go.jp/tohoku/tiiki/iwate/index.html
宮城県拠点	980-0014	宮城県仙台市青葉区本町3-3-1 仙台合同庁舎A棟	022-263-1111	https://www.maff.go.jp/tohoku/tiiki/miyagi/index.html
秋田県拠点	010-0951	秋田県秋田市山王7-1-5	018-862-5611	https://www.maff.go.jp/tohoku/tiiki/akita/index.html
山形県拠点	990-0023	山形県山形市松波1-3-7	023-622-7231	https://www.maff.go.jp/tohoku/tiiki/yamagata/index.html
福島県拠点	960-8073	福島県福島市南中央3-36 福島県土地改良会館3階	024-534-4141	https://www.maff.go.jp/tohoku/tiiki/hukusima/index.html
関東農政局	330-9722	埼玉県さいたま市中央区新都心2-1 さいたま新都心合同庁舎2号館	048-600-0600	https://www.maff.go.jp/kanto/index.html
茨城県拠点	310-0061	茨城県水戸市北見町1-9	029-221-2184	https://www.maff.go.jp/kanto/hiikinet/ibaraki/index.html
栃木県拠点	320-0806	栃木県宇都宮市中央2-1-16	028-633-3311	https://www.maff.go.jp/kanto/hiikinet/tochigi/index.html
群馬県拠点	371-0025	群馬県前橋市紅雲町1-2-2	027-221-1181	https://www.maff.go.jp/kanto/hiikinet/gunma/index.html
埼玉県拠点	330-9722	埼玉県さいたま市中央区新都心2-1 さいたま新都心合同庁舎2号館	048-600-0600	https://www.maff.go.jp/kanto/hiikinet/saitama/index.html
千葉県拠点	260-0014	千葉県千葉市中央区本千葉町10-18	043-224-5611	https://www.maff.go.jp/kanto/hiikinet/chiba/index.html

地方農政局等	郵便番号	所在地	電話番号 （代表）	インターネット ホームページアドレス
東京都拠点	135-0062	東京都江東区東雲1-9-5 東雲合同庁舎	03-5144-5255	https://www.maff.go.jp/kanto/c hiikinet/tokyo/index.html
神奈川県拠点	231-0003	神奈川県横浜市中区北仲通5-57 横浜第2合同庁舎	045-211-1331	https://www.maff.go.jp/kanto/c hiikinet/kanagawa/index.html
山梨県拠点	400-0031	山梨県甲府市丸の内1-1-18 甲府合同庁舎	055-254-6055	https://www.maff.go.jp/kanto/c hiikinet/yamanashi/index.html
長野県拠点	380-0846	長野県長野市旭町1108 長野第1合同庁舎	026-233-2500	https://www.maff.go.jp/kanto/c hiikinet/nagano/index.html
静岡県拠点	420-8618	静岡県静岡市葵区東草深町7-18	054-246-6121	https://www.maff.go.jp/kanto/c hiikinet/shizuoka/index.html
北陸農政局	920-8566	石川県金沢市広坂2-2-60 金沢広坂合同庁舎	076-263-2161	https://www.maff.go.jp/hokurik u/index.html
新潟県拠点	951-8035	新潟県新潟市中央区船場町2-3435-1	025-228-5211	https://www.maff.go.jp/hokurik u/nousei/niigata.html
富山県拠点	930-0856	富山県富山市牛島新町11-7 富山地方合同庁舎	076-441-9300	https://www.maff.go.jp/hokurik u/nousei/toyama.html
石川県拠点	921-8031	石川県金沢市野町3-1-23 金沢野町庁舎	076-241-3154	https://www.maff.go.jp/hokurik u/nousei/ishikawa.html
福井県拠点	910-0859	福井県福井市日之出3-14-15 福井地方合同庁舎	0776-30-1610	https://www.maff.go.jp/hokurik u/nousei/fukui.html
東海農政局	460-8516	愛知県名古屋市中区三の丸1-2-2 名古屋農林総合庁舎1号館	052-201-7271	https://www.maff.go.jp/tokai/i ndex.html
岐阜県拠点	500-8288	岐阜県岐阜市中鶉2-26	058-271-4044	https://www.maff.go.jp/tokai/a rea/gifu/index.html
愛知県拠点	466-0857	愛知県名古屋市昭和区安田通4-8	052-763-4492	https://www.maff.go.jp/tokai/a rea/aichi/index.html
三重県拠点	514-0006	三重県津市広明町415-1	059-228-3151	https://www.maff.go.jp/tokai/a rea/mie/index.html
近畿農政局	602-8054	京都府京都市上京区西洞院通下長者町 下る丁子風呂町 京都農林水産総合庁舎	075-451-9161	https://www.maff.go.jp/kinki/in dex.html
滋賀県拠点	520-0044	滋賀県大津市京町3-1-1 大津びわ湖合同庁舎	077-522-4261	https://www.maff.go.jp/kinki/ti iki/siga/index_2012.html
京都府拠点	602-8054	京都府京都市上京区西洞院通下長者町 下る丁子風呂町 京都農林水産総合庁舎	075-451-9161	https://www.maff.go.jp/kinki/ti iki/kyoto/index.html
大阪府拠点	540-0008	大阪府大阪市中央区大手前1-5-44 大阪合同庁舎1号館	06-6943-9691	https://www.maff.go.jp/kinki/ti iki/osaka/index_2012.html
兵庫県拠点	650-0024	兵庫県神戸市中央区海岸通29 神戸地方合同庁舎	078-331-9941	https://www.maff.go.jp/kinki/ti iki/kobe/index.html
奈良県拠点	630-8113	奈良県奈良市法蓮町387 奈良第3地方合同庁舎	0742-32-1870	https://www.maff.go.jp/kinki/ti iki/nara/index_2.html

4 地方農政局等所在地（続き）

地方農政局等	郵便番号	所在地	電話番号 （代表）	インターネット ホームページアドレス
和歌山県拠点	640-8143	和歌山県和歌山市二番丁3 和歌山地方合同庁舎	073-436-3831	https://www.maff.go.jp/kinki/tiiki/wakayama/index2012.html
中国四国農政局	700-8532	岡山県岡山市北区下石井1-4-1 岡山第2合同庁舎	086-224-4511	https://www.maff.go.jp/chushi/index.html
鳥取県拠点	680-0845	鳥取県鳥取市富安2-89-4 鳥取第1地方合同庁舎	0857-22-3131	https://www.maff.go.jp/chushi/nousei/tottori/index.html
島根県拠点	690-0001	島根県松江市東朝日町192	0852-24-7311	https://www.maff.go.jp/chushi/nousei/shimane/index.html
岡山県拠点	700-0927	岡山県岡山市北区西古松2-6-18 西古松合同庁舎	086-899-8610	https://www.maff.go.jp/chushi/nousei/okayama/okayama.html
広島県拠点	730-0012	広島県広島市中区上八丁堀6-30 広島合同庁舎2号館	082-228-5840	https://www.maff.go.jp/chushi/nousei/hiroshima/index.html
山口県拠点	753-0088	山口県山口市中河原町6-16 山口地方合同庁舎	083-922-5200	https://www.maff.go.jp/chushi/nousei/yamaguchi/index.html
徳島県拠点	770-0943	徳島県徳島市中昭和町2-32	088-622-6131	https://www.maff.go.jp/chushi/nousei/tokushima/index.html
香川県拠点	760-0019	香川県高松市サンポート3-33 高松サンポート合同庁舎南館	087-883-6500	https://www.maff.go.jp/chushi/nousei/kagawa/index.html
愛媛県拠点	790-8519	愛媛県松山市宮田町188 松山地方合同庁舎	089-932-1177	https://www.maff.go.jp/chushi/nousei/ehime/index.html
高知県拠点	780-0870	高知県高知市本町4-3-41 高知地方合同庁舎	088-875-7236	https://www.maff.go.jp/chushi/nousei/kochi/index.html
九州農政局	860-8527	熊本県熊本市西区春日2-10-1 熊本地方合同庁舎	096-211-9111	https://www.maff.go.jp/kyusyu/index.html
福岡県拠点	812-0018	福岡県福岡市博多区住吉3-17-21	092-281-8261	https://www.maff.go.jp/kyusyu/fukuoka/index.html
佐賀県拠点	840-0803	佐賀県佐賀市栄町3-51	0952-23-3131	https://www.maff.go.jp/kyusyu/saga/index.html
長崎県拠点	852-8106	長崎県長崎市岩川町16-16 長崎地方合同庁舎	095-845-7121	https://www.maff.go.jp/kyusyu/nagasaki/index.html
熊本県拠点	860-8527	熊本県熊本市西区春日2-10-1 熊本地方合同庁舎	096-300-6020	https://www.maff.go.jp/kyusyu/kumamoto/index.html
大分県拠点	870-0047	大分県大分市中島西1-2-28	097-532-6131	https://www.maff.go.jp/kyusyu/oita/index.html
宮崎県拠点	880-0801	宮崎県宮崎市老松2-3-17	0985-22-3181	https://www.maff.go.jp/kyusyu/miyazaki/index.html
鹿児島県拠点	892-0816	鹿児島県鹿児島市山下町13-21 鹿児島合同庁舎	099-222-5840	https://www.maff.go.jp/kyusyu/kagoshima/index.html
内閣府 沖縄総合事務局 農林水産部農政課	900-0006	沖縄県那覇市おもろまち2-1-1 那覇第2地方合同庁舎2号館	098-866-1627	http://www.ogb.go.jp/nousui/index.html

5　「ポケット農林水産統計－令和3年版－2021」府省等別資料

府省等の名称は、令和3年8月1日現在による。
日本の政府統計が閲覧できる、政府統計ポータルサイト「e-Stat」もご利用下さい。
　　　　　https://www.e-stat.go.jp/

府省等	電話番号（代表）	ホームページアドレス・資料名
内閣府	03-5253-2111	https://www.cao.go.jp/
政策統括官（経済財政分析担当）		「海外経済データ」
男女共同参画局		「第5次男女共同参画基本計画」
経済社会総合研究所		http://www.esri.cao.go.jp/
		「国民経済計算年報」
日本学術会議	03-3403-3793	http://www.scj.go.jp/
総務省	03-5253-5111	https://www.soumu.go.jp/
自治財政局		「地方財政白書」
統計局	03-5273-2020	https://www.stat.go.jp/
		「国勢調査」
		「人口推計」
		「家計調査年報」
		「小売物価統計調査年報」
		「消費者物価指数年報」
		「労働力調査年報」
		「経済センサス」
		「世界の統計」
消防庁	03-5253-5111	https://www.fdma.go.jp/
		「消防白書」
財務省	03-3581-4111	https://www.mof.go.jp/
関税局		「貿易統計」
		「最近の輸出入動向」
文部科学省	03-5253-4111	https://www.mext.go.jp/
総合教育政策局		「学校基本調査報告書」
厚生労働省	03-5253-1111	https://www.mhlw.go.jp/
健康局		「国民健康・栄養調査報告」
政策統括官		「人口動態統計」
		「毎月勤労統計調査年報」
国立社会保障・人口問題研究所		http://www.ipss.go.jp/
	03-3595-2984	「日本の将来推計人口」
農林水産省	03-3502-8111	https://www.maff.go.jp/
大臣官房		「食料・農業・農村基本計画」
		「食料需給表」
		「食品産業動態調査」
新事業・食品産業部		「我が国の油脂事情」
		「卸売市場をめぐる情勢について」
統計部		「農業経営統計調査　営農類型別経営統計」
		「農業経営統計調査　経営形態別経営統計」
		「農業経営統計調査　農産物生産費統計」
		「農業経営統計調査　畜産物生産費統計」
		「生産農業所得統計」
		「市町村別農業産出額（推計）」
		「林業産出額」
		「漁業経営調査報告」

5　「ポケット農林水産統計－令和3年版－2021」府省等別資料（続き）

府省等	電話番号（代表）	ホームページアドレス・資料名

統計部（続き）

「農業物価統計」
「生産者の米穀在庫等調査結果」
「林業経営統計調査報告」
「組織法人経営体に関する経営分析調査」
「農林業センサス報告書」
「漁業センサス報告書」
「新規就農者調査」
「漁業就業動向調査報告書」
「農業構造動態調査報告書」
「集落営農実態調査報告書」
「総合農協統計表」
「森林組合統計」
「耕地及び作付面積統計」
「作物統計」
「野菜生産出荷統計」
「地域特産野菜生産状況調査」
「果樹生産出荷統計」
「花き生産出荷統計」
「花木等生産状況調査」
「土壌改良資材の農業用払出量調査」
「畜産統計」
「木材需給報告書」
「木材流通構造調査報告書」
「特用林産基礎資料」
「木質バイオマスエネルギー利用動向調査」
「漁業・養殖業生産統計年報」
「6次産業化総合調査」
「野生鳥獣資源利用実態調査報告」
「食品流通段階別価格形成調査報告」
「青果物卸売市場調査報告」
「畜産物流通統計」
「水産加工統計調査」
「産地水産物流通調査」
「牛乳乳製品統計」
「生鮮野菜価格動向調査報告」
「食品循環資源の再生利用等実態調査」
「食品製造業におけるHACCPに沿った衛生管理の
　入状況実態調査」
「農林漁業及び関連産業を中心とした産業連関表」
「農業・食料関連産業の経済計算」

消費・安全局

「食品表示法の食品表示基準に係る指示及び命令件数」
「監視伝染病の発生状況」

輸出・国際局

「農林水産物輸出入概況」

農産局

「特産果樹生産動態等調査」
「園芸用施設の設置等の状況」
「農作業死亡事故」
「新規需要米等の用途別作付・生産状況の推移」
「米の相対取引価格」
「全国の生産数量目標、主食用米生産量等の推移」
「都道府県別の生産数量目標、主食用米生産量等の状況」

畜産局

「飼料月報」

5　「ポケット農林水産統計－令和3年版－2021」府省等別資料（続き）

府省等	電話番号（代表）	ホームページアドレス・資料名
経営局		「認定農業者の認定状況」 「家族経営協定に関する実態調査」 「農地中間管理機構の実績等に関する資料」 「農地の移動と転用」 「農業協同組合等現在数統計」 「農作物共済統計表」 「畑作物共済統計表」 「果樹共済統計表」 「園芸施設共済統計表」 「家畜共済統計表」
農村振興局		「農業基盤情報基礎調査」 「荒廃農地面積について」 「中山間地域等直接支払交付金の実施状況」 「多面的機能支払交付金の取組状況」
林野庁	03-3502-8111	https://www.rinya.maff.go.jp/ 「森林・林業基本計画」 「森林・林業統計要覧」 「木材需給表」 「木材輸入実績」 「森林国営保険事業統計書」 「国有林野事業統計書」
水産庁	03-3502-8111	https://www.jfa.maff.go.jp/ 「水産基本計画」 「漁船統計表」 「漁業保険統計表」 「水産業協同組合統計表」 「水産業協同組合年次報告」 「漁港一覧」
経済産業省 大臣官房調査統計グループ	03-3501-1511	https://www.meti.go.jp/ 「工業統計表」 「経済産業省生産動態統計年報　機械統計編」 「経済産業省生産動態統計年報　紙・印刷 ・プラスチック製品 ・ゴム製品統計編」 「商業統計表」 「海外事業活動基本調査」 「経済センサス」
商務情報政策局		「電子商取引に関する市場調査」
国土交通省 水管理・国土保全局	03-5253-8111	https://www.mlit.go.jp/ 「日本の水資源の現況」
国土地理院	029-864-1111	https://www.gsi.go.jp/ 「全国都道府県市区町村別面積調」
海上保安庁	03-3591-6361	https://www.kaiho.mlit.go.jp/ 「日本の領海等概念図」
環境省	03-3581-3351	https://www.env.go.jp/ 「温室効果ガス排出量」 「鳥獣関係統計」

5　「ポケット農林水産統計－令和3年版－2021」府省等別資料（続き）

府省等	電話番号（代表）	ホームページアドレス・資料名

国立研究開発法人
森林研究・整備機構
　森林保険セン　044-382-3500
https://www.ffpri.affrc.go.jp/
　　　「森林保険に関する統計資料」

中央銀行
日本銀行　　　　03-3279-1111
調査統計局
https://www.boj.or.jp/
　　　「企業物価指数」

政府関係機関
株式会社　日本政策金融公庫
　農林水産事業　03-3270-5585
https://www.jfc.go.jp/
　　　「業務統計年報」

独立行政法人
独立行政法人　労働政策研究・研修機構
　　　　　　　03-5903-6111
https://www.jil.go.jp/
　　　「データブック国際労働比較」

独立行政法人　農業者年金基金
　　　　　　　03-3502-3941
https://www.nounen.go.jp/
　　　「農業者年金事業の実施状況」

独立行政法人　農林漁業信用基金
　　　　　　　03-3434-7812
http://www.jaffic.go.jp/

独立行政法人　農畜産業振興機構
　　　　　　　03-3583-8196
https://www.alic.go.jp/
　　　「でん粉の輸入実績」

団体その他
全国たばこ耕作組合中央会
　　　　　　　03-3432-4401
http://www.jtga.or.jp/
　　　「府県別の販売実績」

日本ハム・ソーセージ工業協同組合
　　　　　　　03-3444-1211
http://hamukumi.lin.gr.jp/
　　　「年次食肉加工品生産数量」

日本集成材工業協同組合
　　　　　　　03-6271-0591
https://www.syuseizai.com/

一般社団法人　全国農業会議所
　　　　　　　03-6910-1121
https://www.nca.or.jp/
　　　「田畑売買価格等に関する調査結果」

一般社団法人　全国米麦改良協会
　　　　　　　03-3262-1325
https://www.zenkokubeibaku.or.jp/
　　　「民間流通麦の入札における落札決定状況」

一般社団法人　日本自動販売システム機械工業会
　　　　　　　03-5579-8131
https://www.jvma.or.jp/
　　　「自販機普及台数」

一般社団法人　日本農業機械工業会
　　　　　　　03-3433-0415
http://www.jfmma.or.jp/
　　　「農業機械輸出実績」「農業機械輸入実績」

一般社団法人　日本フードサービス協会
　　　　　　　03-5403-1060
http://www.jfnet.or.jp/
　　　「外食産業市場規模推計について」

一般財団法人　日本エネルギー経済研究所
　　　　　　　03-5547-0222
https://eneken.ieej.or.jp/
　　　「EDMC/エネルギー・経済統計要覧」

一般財団法人　日本水産油脂協会
　　　　　　　03-3469-6891
http://www.suisan.or.jp/
　　　「水産油脂統計年鑑」

5　「ポケット農林水産統計－令和3年版－2021」府省等別資料（続き）

府省等	電話番号（代表）	ホームページアドレス・資料名

団体その他（続き）

一般財団法人　日本不動産研究所
　　　　　　　03-3503-5331
https://www.reinet.or.jp/
「山林素地及び山元立木価格調」

一般財団法人　農林統計協会
　　　　　　　03-3492-2990
http://www.aafs.or.jp/
「ポケット肥料要覧」

公益社団法人　日本缶詰びん詰レトルト食品協会
　　　　　　　03-5256-4801
https://www.jca-can.or.jp/
「缶詰時報」

公益財団法人　日本関税協会
　　　　　　　03-6826-1430
https://www.kanzei.or.jp/
「外国貿易概況」

株式会社　精糖工業会館
　　　　　03-3511-2085
https://seitokogyokai.com/
「ポケット砂糖統計」

株式会社　農林中金総合研究所
　　　　　03-6362-7700
https://www.nochuri.co.jp/
「農林漁業金融統計」

索 引

　この索引は、各表のタイトルに含まれるキーワードを抽出して作成したものです。
　原則として、表頭・表側の単語は含まれませんので、小さい概念については、その上位概念で検索するなど、利用に当たっては留意願います。
　右側の数値は掲載ページで、はじめの1文字（概、食、農、村、林、水、震、付）はそれぞれの編（概況編、食料編、農業編、農山村編、林業編、水産業編、東日本大震災からの復旧・復興状況編及び付表）を示しています。

そ

た

ポケット農林水産統計　令和3年版

令和4年3月　発行　　　　　　定価は表紙に表示してあります。

　編　集　　農林水産省大臣官房統計部
　　　　　　〒100-8950　東京都千代田区霞が関1丁目2番1号

　発　行　　一般財団法人　農 林 統 計 協 会
　　　　　　〒141-0031　東京都品川区西五反田7-22-17　TOCビル
　　　　　　電話(03)3492-2987　　振替　00190-5-70255

ISBN978-4-541-04365-8　C3061